有机化学思维进阶

Logical Reasoning in Organic Chemistry: 258 Advanced Problems

裴坚 吕萍 | 编著

化学工业出版社
·北京·

内 容 提 要

《有机化学思维进阶》以习题的形式介绍有机化学中的一些重要概念和反应机理。全书共分三个部分，第一部分为258道习题，共5章，按有机化学基本概念相关的问题，基本概念问题的提升，有机反应机理中的初级问题、中级问题和高级问题循序渐进安排内容，本部分双栏排版，空白栏方便读者记录思考和解答过程。第二部分为258道习题的解析，该解析不是答案的简单提供，而是向读者提供编者的思考过程，有助于读者建立起自己的思维模式。第三部分为基本训练，共两章，分别包括有机反应基本训练100题和有机反应机理基本训练100题，有助于读者检验前面两部分的学习效果，本部分习题答案可扫封四二维码获取。

《有机化学思维进阶》可供学习有机化学的本科生、考研人员和化学奥赛学员使用，也可供有机化学研究人员和爱好者参考。

图书在版编目（CIP）数据

有机化学思维进阶/裴坚，吕萍编著. —北京：化学工业出版社，2020.8（2025.2重印）

高等学校教材

ISBN 978-7-122-37034-1

Ⅰ. ①有… Ⅱ. ①裴… ②吕… Ⅲ. ①有机化学-高等学校-教材 Ⅳ. ①O6

中国版本图书馆CIP数据核字（2020）第083375号

责任编辑：宋林青　李　琰　　　装帧设计：关　飞

责任校对：王素芹

出版发行：化学工业出版社（北京市东城区青年湖南街13号　邮政编码　100011）

印　　装：三河市航远印刷有限公司

880mm×1230mm　1/16　印张19¾　字数595千字　　2025年2月北京第1版第7次印刷

购书咨询：010-64518888　　售后服务：010-64518899

网　　址：http://www.cip.com.cn

凡购买本书，如有缺损质量问题，本社销售中心负责调换。

定　　价：68.00元　

前言

这不是一本提供标准答案的习题解析集。

此书依据编写者这些年来在基础有机化学教学过程中的相关积累，结合编写者的教学体会，重点介绍有机化学中的一些重要概念和反应的相关机理以及思维方式。

本书共分为三个部分，第一部分包含了五章，向读者提供了 258 道习题。前两章主要介绍有机化学的基本概念，其中第一章包含有机化学基本概念的理解，这些基本概念对后续有机化学的学习有很重要的指导作用，共含 50 道习题；第二章是在第一部分基本概念的基础上，继续深入介绍分子轨道、过渡态能量、构象分析等目前有机化学发展过程中的一些重要概念，使读者在第一章基本概念理解的基础上得以进一步提高，共有 50 道习题。第三至五章为有机反应机理的理解和提升，按照难度分别为初级、中级和高级，这样有助于读者由浅入深的学习，更快地提升对有机反应机理的理解。其中第三章向读者提供了 50 道初级题，主要要求读者为这些转换过程提供反应中间体，而不特别要求电子转移过程，建立起始原料和反应产物之间的桥梁，为后续对电子转移过程的理解打下必要的基础；第四章则是在第三章的基础上要求读者开始熟悉电子转移的过程和箭头的使用，包含了 50 道中级习题，要求读者为这些反应提供合理的、分步的电子转移过程，并需标出准确的电子转移箭头；在此基础上，尝试让读者了解反应试剂、温度、溶剂以及反应过程的立体化学等重点；第五章为读者提供了 58 道有机反应机理高级习题，不仅要求读者为这些反应提供合理的、分步的电子转移过程，并须标出准确的电子转移箭头，更需要读者掌握过渡金属催化的反应，判断反应的温度、溶剂对有机反应的影响以及反应过程的立体化学等重点，经过这三章的有机反应机理训练，使读者完整掌握有机反应机理的思维方式。第二部分包含了五章即第六至十章，是第一部分五章的习题解答，这五章的内容不是简单向读者提供答案，而是向读者提供了编者思考前五章这些问题的方式和完整的过程，使读者在阅读和理解这些习题的过程中建立自己对有机化学的思维方式。第三部分共含两章，分别包括有机反应基本训练 100 题和有机反应机理基本训练 100 题，希望读者在经过前面的十章学习后，对自己的能力进行一定的衡量和判断。这部分的答案读者可通过扫描封底的二维码获取。

本书中所涉及的相关问题大多来源于各类文献，特别是近些年有机化学的最新进展。本书期望通过这些介绍能让读者进一步了解科学发展之迅速，昨天看上去准确的解答到今天可能存在一些谬误，昨天无法准确回答的问题今天也许能给出一些合理的解释。通过这些介绍，期望读者不要拘泥于课本上的一些知识，而能在学习过程中升华自己，并对有机化学发展、建立自己的理解。

此书的编写不再是简单地给出答案，而是对每一个概念和过程进行细致、认真的分析。通过这些分析，使读者能准确把握这些要点，从而使自己也能具有分析问题和解决问题的能力。也更期望通过这样的介绍方式，使读者在以后的学习过程中不再只是单纯追求答案，而是尝试去学会理解和分析产生这些问题和需求的解答过程。

学习不是为了只追求答案，更多的是为了享受提升自己的过程。所以，读者在阅读此书时不是为了核对自己所写的是否与书中提供的解答或者所谓的标准答案相符，而是对科学问题的思考过程和方式。

此书给读者展示了参与有机反应的各类活性物种的反应性，如碳负离子或烯醇负离子反应的多变性和碳正离子的多样性反应等等，给读者展示了有机反应丰富多彩的一面，也正是这些丰富多彩的反应创造了我们美丽的世界，也给了我们更多探求这个世界奥秘的欲望。经过这 258 题的解析，编者尝试告诉各位读者，尤其是刚接触有机化学的同学们，学会思考远比知道一个答案要重要得多。

由于本书准备的时间比较仓促，对有机化学新的发展，如过渡金属催化的反应、碳氢键的活化、小分子催化等反应的介绍相对较少，有待于在以后继续的修改中加以改进。

本书第一章～第十章由北京大学裴坚编写，第十一章和第十二章由浙江大学吕萍编写，编者进行了交叉审稿，对原稿进行了改进。但由于编者自身知识上的缺陷，难免存在疏漏之处，敬请批评指正。

世界是美丽的，让我们怀着美好的心态去拥抱这个世界，也拥抱创造这个美丽世界的有机化学！

编者

2020 年 5 月 1 日

目 录

第一部分 问 题 / 1

第二部分 问题解析 / 47

第三部分 基本训练 / 277

1 第一部分 问 题

第一章 基本概念相关的问题

第 1 题

请解释 NH_3 的分子形状为何不是三角形而是三角锥形，键角为 107.3°；而 H_2O 的分子形状不是直线形，而是折线形，键角为 104.5°。

第 2 题

请画出以下分子的 Lewis 结构式：

HI，$CH_3CH_2CH_3$，CH_3OH，HSSH，SiO_2，O_2，CS_2

第 3 题

请画出亚硝基氯的所有符合八隅体规则的共振式。你认为哪一个更合理？

第 4 题

对比硝基甲烷和亚硝酸甲酯的 Lewis 结构，至少画出这两个化合物的两个共振式。根据这些共振式，分别判断每一个化合物的两个 N–O 键的极性和键级？(硝基甲烷是有机合成中的一种溶剂，也是有机合成中的重要合成子。硝基官能团的氧化态很高，其中包含的两个氧原子可以使硝基化合物在乏氧条件下也能够充分燃烧。在赛车中，在燃料中引入“硝基”可以使燃料增加额外的动力。)

第 5 题

依据所给的数据，给出用星号标记的碳原子的杂化形式和连接这两个碳原子的键的成键方式。你认为这种键会比普通的碳碳单键强还是弱？

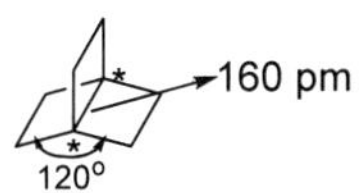

第 6 题

判断下列反应式中的每一种物质哪些属于 Brønsted 酸，哪些属于 Brønsted 碱，指出反应平衡是向左还是向右移动；如有可能，计算每个反应的 K。

(a) $H_2O + HCN \rightleftharpoons H_3O^+ + CN^-$

(b) $CH_3O^- + NH_3 \rightleftharpoons CH_3OH + NH_2^-$

(c) $HF + CH_3COO^- \rightleftharpoons F^- + CH_3COOH$

(d) $CH_3^- + NH_3 \rightleftharpoons CH_4 + NH_2^-$

(e) $H_3O^+ + Cl^- \rightleftharpoons H_2O + HCl$

(f) $CH_3COOH + CH_3S^- \rightleftharpoons CH_3COO^- + CH_3SH$

第 7 题

判断以下基团或试剂中每一个原子的亲核性或亲电性？

I^-，H^+，$^+CH_3$，H_2S，$AlCl_3$，MgO

第 8 题

实验结果表明当丙烷与 Br_2 和 Cl_2 的等物质的量混合物反应时，溴化产物的选择性比丙烷与 Br_2 反应时要差。请解释原因。

第 9 题

在烷基的自由基卤化反应中加入某些物质可以使反应几乎完全停止。例如，I_2 对甲烷氯化反应有抑制作用。请解释原因。

第 10 题

$PhICl_2$ 是一个烷烃氯化试剂，请判断此化合物分子的几何形状，并写出此试剂将烷烃 RH 转化为 RCl 的反应机理。

RH + $C_6H_5ICl_2$ ⟶ RCl + HCl + C_6H_5I

此外，它还可以使甾族化合物氯化，如与下面的甾族化合物反应生成 3 个单氯代的主产物。请画出这三个化合物的立体结构。

(甾族化合物，含 CH_3、H_3C、H 标注) + $C_6H_5ICl_2$ $\xrightarrow{h\nu}$

第 11 题

确定以下化合物的手性位点和绝对构型，并画出此化合物的对映体的立体结构。

(H_3CO、H、H、NCH_3 标注的结构式)

第 12 题

研究结果表明单卤代环丙烷和单卤代环丁烷的 S_N2 反应比类似的非环二级卤代烷要慢得多。请解释此实验结果。

第 13 题

碘代烷烃由相应的氯代物在丙酮中与碘化钠通过 S_N2 反应而高产率地制备。由于氯化钠不溶于丙酮，其沉淀使平衡朝正方向进行。因此，没有必要使用过量的 NaI，而且这个过程在很短的时间内就完成了。有个学生尝试以(*S*)-2-氯戊烷为原料合成(*R*)-2-碘戊烷。为了保证实验顺利进行，他加入了过量的 NaI，并将反应液搅拌了一个周末。结果，他高产率得到了 2-碘戊烷；但出乎他意料，产物为外消旋体。请解释此实验结果。

第 14 题

请画出以下转换的反应中间体，并说明其中酸的作用。

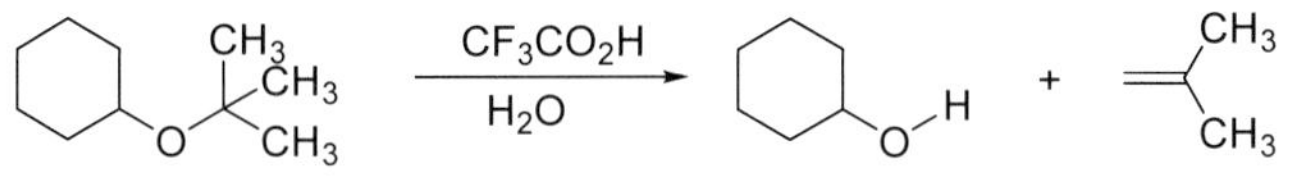

CF_3CO_2H, H_2O; CH_3, CH_3, CH_3, O, O, H, +

第 15 题

对比以下两个反应的结果，请解释其不同的原因。

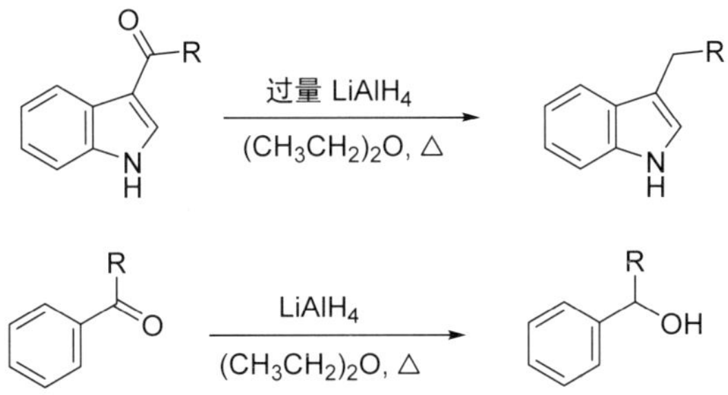

O, R, N, H, 过量 $LiAlH_4$, $(CH_3CH_2)_2O$, △, R, N, H

R, O, $LiAlH_4$, $(CH_3CH_2)_2O$, △, R, OH

第 16 题

请画出以下反应的所有中间体：

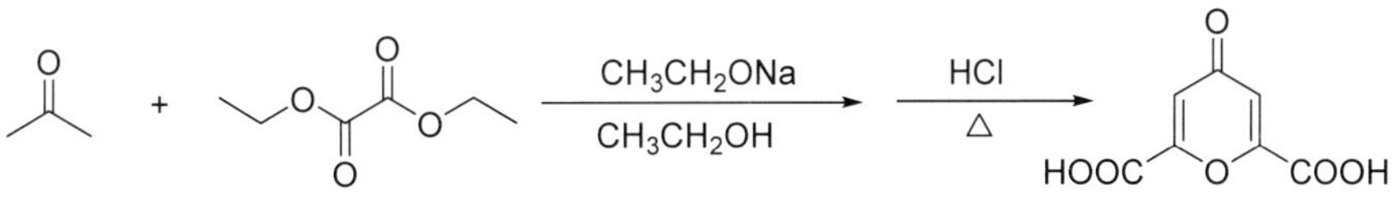

O, +, O, O, O, O, CH_3CH_2ONa, CH_3CH_2OH, HCl, △, O, HOOC, O, COOH

第 17 题

在微量酸存在下，葡萄糖与氨反应产生 *β*-D-吡喃葡萄糖基氨，请解释为何只有 C1 位的羟基被取代？

第 18 题

碳酸实际上是非常稳定的，在完全无水条件下可分离得到。它的分解是一种脱羧反应，水可以强烈催化此脱羧过程。目前不使用专门的技术很难完全排除水分，这也说明了为什么很难得到纯的碳酸。请画出水分子催化碳酸脱羧的过程 (提示：试试把一个水分子和一个碳酸分子排成由氢键稳定的六元环，然后看脱羧时是否有环芳香过渡态存在)。依据你的结论，判断水能否催化以下化合物的脱羧过程。如果能，请画出其过渡态和最终产物；如果不能，请解释原因。

1. 碳酸单甲酯；2. 碳酸二酯；3. 氨基甲酸；4. 氨基甲酸甲酯

第 19 题

Sandmeyer 反应中在亚铜离子催化下芳烃重氮盐的重氮基团被 Cl^-、Br^-或 CN^-取代，这个反应包括了自由基在内的复杂的机理。请解释为什么这些取代反应不能以 S_N1 或 S_N2 途径进行。

第 20 题

作为一种儿童药物，泰诺比阿司匹林有更大的市场优势，泰诺的水溶液比阿司匹林水溶液稳定。请解释其原因。

泰诺　　阿司匹林

第 21 题

四氰基乙烯在碱性水溶液中加热时可以转化为三氰基乙烯醇(它的烯醇型结构是稳定的)，请为此转换提供合理的机理。

第 22 题

请为以下反应提供合理的反应机理：

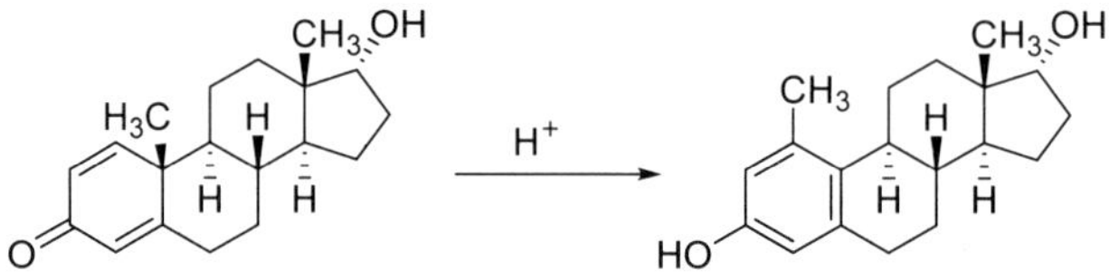

H^+

第 23 题

请解释以下实验结果：

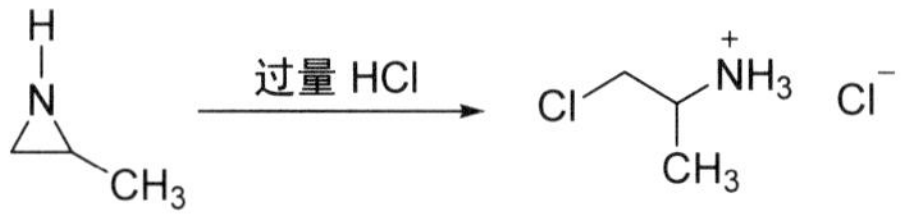

过量 HCl

第 24 题

请为以下反应提供合理的中间体：

H_2O (痕量)　△

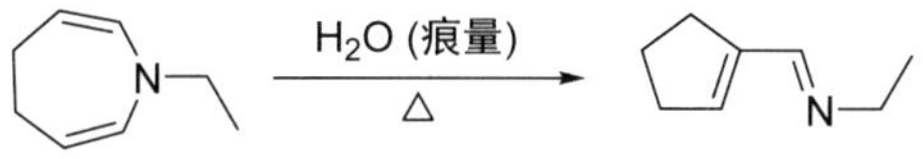

第 25 题

请为以下反应提供合理的中间体：

H_3O^+

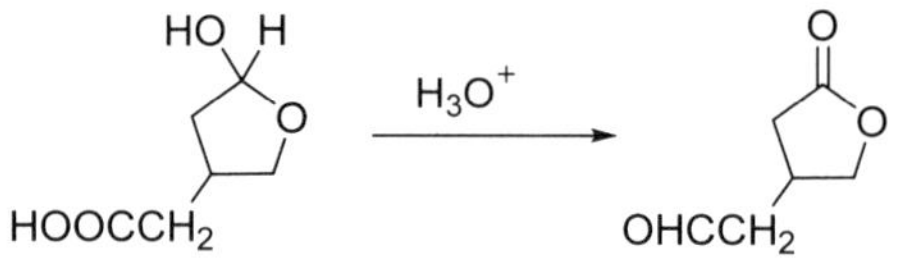

第 26 题

实验结果表明 1,3-二甲苯的卤化反应比 1,2-二甲苯或 1,4-二甲苯的卤化反应快 100 倍，请解释其原因。

第 27 题

[14]轮烯最稳定的异构体的 ^1H NMR 谱图在 $\delta = -0.61$ (4H) 和 7.88 (10H) 处有 2 个信号峰。以下给出了 [14]轮烯的 2 个可能的异构体，它们的差别在哪里？哪一种结构与所给出的 ^1H NMR 谱图吻合？为什么？

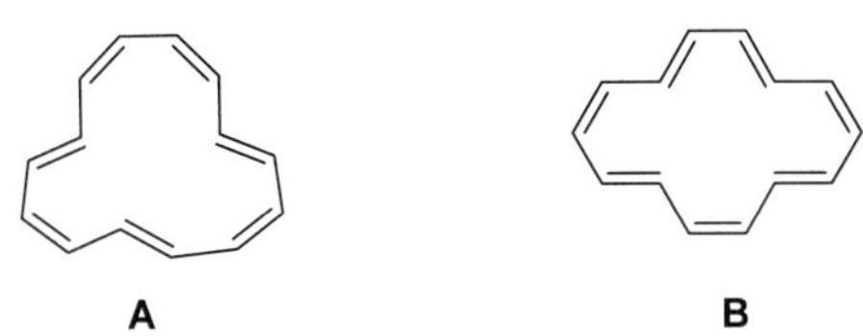

第 28 题

2,3-二苯基环丙烯酮可与 HBr 反应，画出此反应产物的结构，并说明此化合物稳定存在的理由。

第 29 题

烷基苯比苯更易接受亲电进攻。请画出烷基苯的芳香亲电取代反应过程能量图，说明甲苯的亲电取代反应与苯的区别。

第 30 题

根据 Hückel 规则，判断下列化合物哪些具有芳香性：

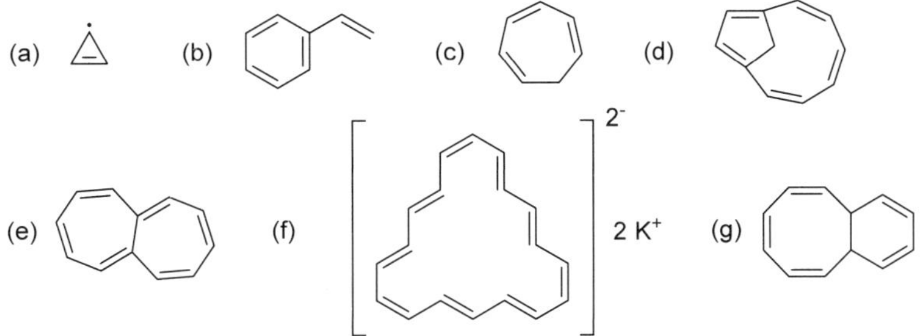

第 31 题

请画出磺化反应的逆反应和 SO_3 的水合反应。

第 32 题

在一个已发表的合成实验中，丙酮和乙烯基溴化镁反应，反应混合物以强酸水溶液中和。产物的 ^{1}H NMR 谱图如下所示，请画出此产物的结构简式。如果反应混合物 (不适当地)在酸的水溶液中保持过长的时间，可观察到另一个化合物的产生，它的 ^{1}H NMR 谱图的信号峰分别位于: δ 1.70 (s, 3H), 1.79 (s, 3H), 2.25 (宽 s, 1H), 4.10 (d, J = 8 Hz, 2H) 和 5.45 (t, J = 8 Hz, 1H)。请画出第二个产物的结构简式，并说明其产生的原因。

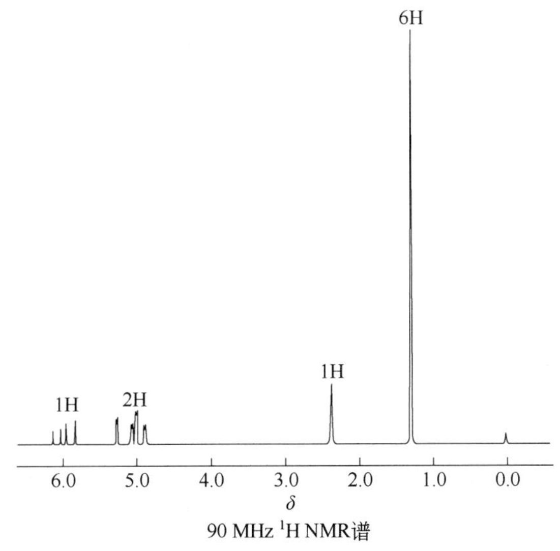

90 MHz ^{1}H NMR谱

第 33 题

请画出以下电环化反应产物的立体结构：

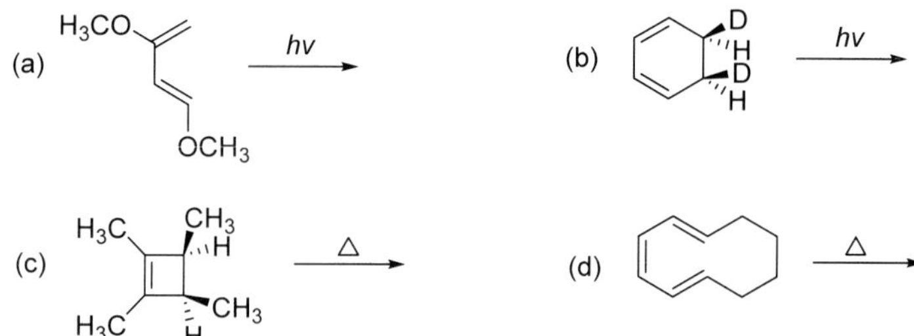

第 34 题

请给出丙炔与 Br_2 水溶液的反应产物。

第 35 题

芥子气——二(2-氯乙基)硫醚，bis(2-chloroethyl)sulfane，是一种生物武器，其毒性很强，与空气中的水分反应后立即生成 HCl；然而，1,5-二氯戊烷的毒性就要弱得多。请解释此现象。

第 36 题

比较以下两个化合物，哪一个氮原子具有较强的碱性？并解释。

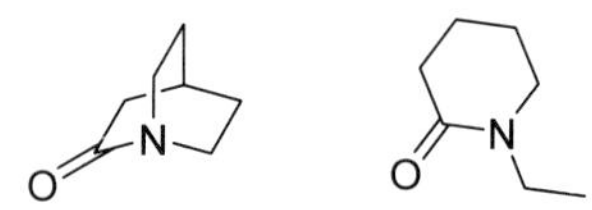

第 37 题

请画出以下反应的势能图，并在图中标出第一个反应的活化能和氢化能，第二个反应的活化能、过渡态和中间体的结构式。

1. 顺式和反式 2-丁烯在 Pd/C 催化下的氢化反应。
2. 2-甲基丙烯与溴化氢反应。

第 38 题

根据以下反应势能图判断：

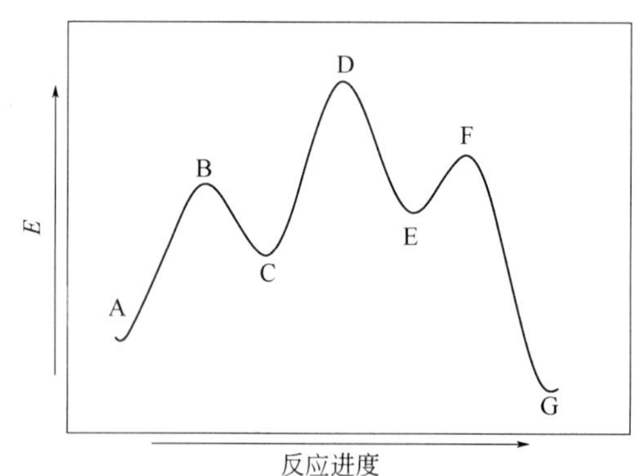

38-1　在此反应中形成了哪些中间体和过渡态？将正确的字母填入下面

中间体：______________________________；　过渡态：________________________；

38-2　图中反应速度最快的步骤是________________；

38-3　图中哪一个物种最稳定？________________　；

38-4　化合物 A 可以转化为 C；E 也可以转化为 C；你认为哪一种转化更

快？__________；

38-5 反应的决速步是______________；

38-6 哪一个中间体最稳定？______________；

38-7 哪一个正反应的反应速率常数最大？______________；

38-8 哪一个逆反应的反应速率常数最小？______________。

第 39 题

依据以下不同温度下的速率常数，请计算在 30 °C 时，该反应的$\Delta G^{\neq}$、$\Delta H^{\neq}$以及$\Delta S^{\neq}$。

温度/°C	所测得的速率常数/s^{-1}
31.0	2.11×10^{-5}
40.0	4.44×10^{-5}
51.5	1.16×10^{-4}
59.8	2.10×10^{-4}
69.2	4.34×10^{-4}

常用数据：普朗克常数 (Planck's constant)，6.626×10^{-34} J·S；k_B：玻尔兹曼常数 (Boltzman constant)，1.38×10^{-23} J·K^{-1}；气体常数，8.314 J·K^{-1} mol^{-1}。

第 40 题

1992 年，印度化学家在 20 °C 下用四氯化锡作为 Lewis 酸催化三元环开环转化为五元环的反应。请为此转换提供合理的反应中间体：

H_3CO SCH3 SCH3 O $SnCl_4$ PhH, 82% H_3CO H_3CS SCH_3 O

第 41 题

1989 年，法国化学家研究甲基海松酸酯(化合物 **1**)的骨架重排反应。化合物 **1** 在 0 °C 下，在碱性溶液($NaHCO_3$)的 THF/H_2O 混合溶液中与溴反应 10 min，可以转化为含有二萜 **2**、**3**、**4** 以及 **5** 的混合物。请为此转换提供合理的中间体。

COOMe **1** Br_2, $NaHCO_3$ THF, H_2O

OH Br COOMe **2** (41%) + OH Br COOMe **3** (18%)

OH Br OH COOMe **4** (5%) + Br O Br COOMe **5** (11%)

第 42 题

1979 年，印度化学家进行了以下的反应，产率为 58%。他们认为，该反应包含了两次甲酰化以及后续的还原过程。通过氘代同位素标记实验确定，还原所需的氢来自 *N*-甲基-*N*-苯基甲酰胺中的甲基。请为此反应提供合理的中间体。

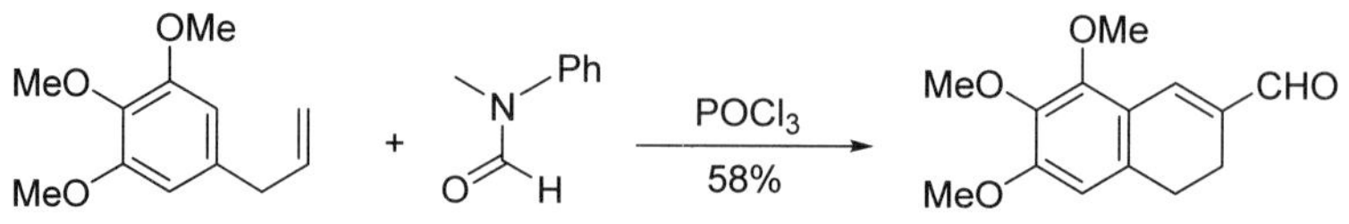

第 43 题

请为以下反应提供合理的中间体：

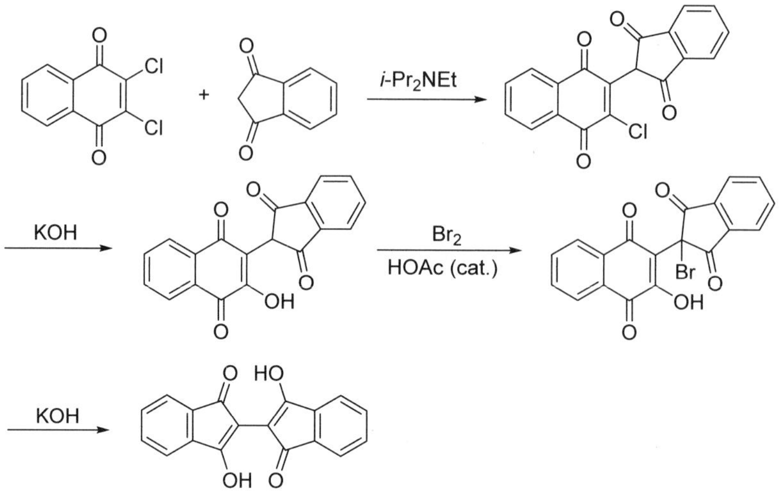

第 44 题

请为以下转换提供合理的中间体：

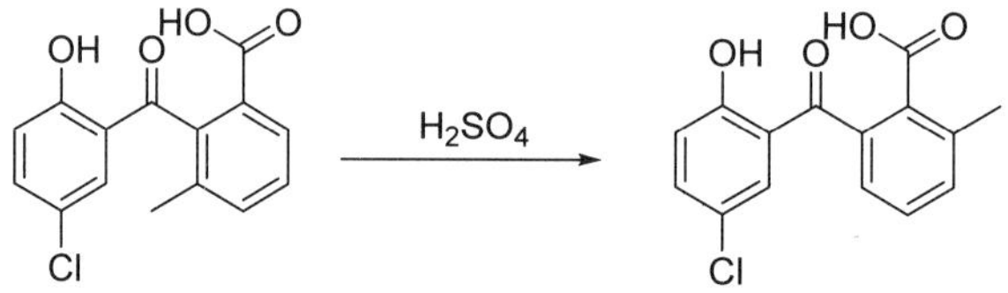

依据你所提供的机理，完成以下反应式，写出三种以上的产物：

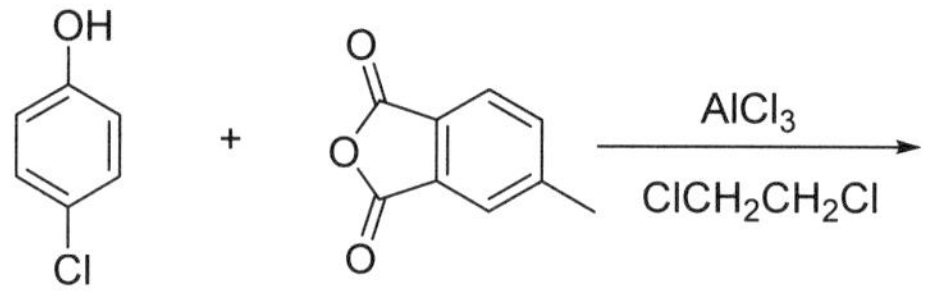

第 45 题

请画出以下反应的反应势能图，并对产物烯烃的立体选择性做出合理解释：

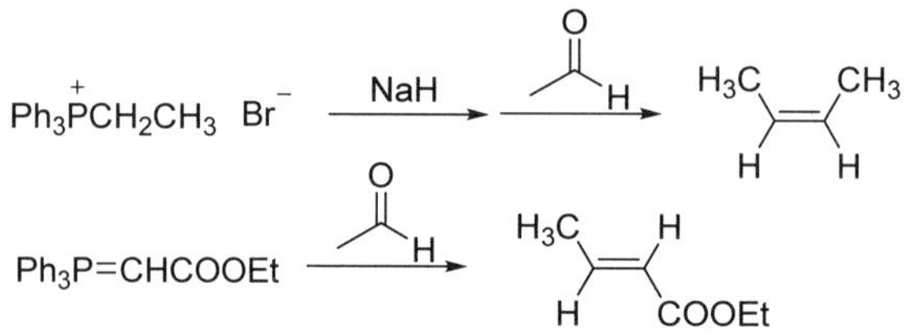

说明：以上均为主产物。

第 46 题

2-甲基-2-环戊烯酮在碱性条件下可以转化为 5-甲基-2-环戊烯酮；而 2-甲基-2-环己烯酮在同样条件下无法异构化为 5-甲基-2-环己烯酮。请解释。

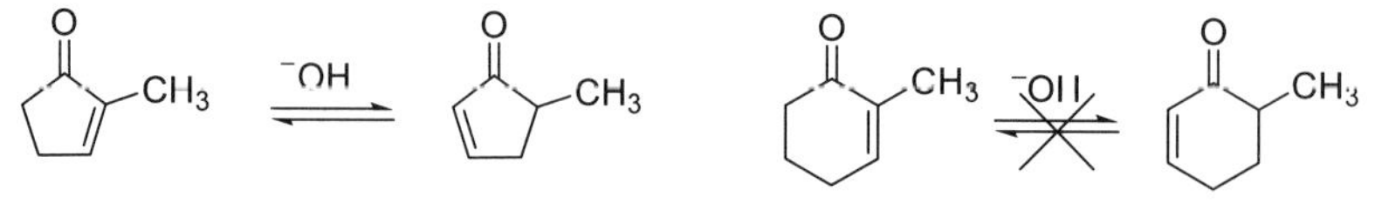

第 47 题

请为以下转换提供合理的中间体：

HCl, CH_3CN
80 °C

第 48 题

请为以下转换提供合理的中间体：

NaI, DMF
NaI, DMF
43%

第 49 题

1996 年，美国科学家观察到，在 $PhNEt_2$ 中 200 °C 下进行反应，化合物 **1** 可转化为产物 **2**。此外，将 HMDS 加入以上反应体系中，产物 **2** 的产率有了显著提高。基于这些实验结果，请提出这种转变的机理，并思考 HMDS 的作用。

$(Me_3Si)_2NH$
$PhNEt_2$, 200 °C
81%

1 **2**

第 50 题

请写出此转换过程中第一步反应合理的中间体，并请预测第二步反应的产物：

$Ph_3P{=}NPh$
?

第二章　基本概念问题的提升

第 1 题

在利用霍夫曼消除反应推导底物的结构式时，通常采用完全甲基化，而不是乙基化。请解释原因，并思考霍夫曼消除反应的特点。

第 2 题

在 HI 溶液中烷氧基苯解离时通常生成苯酚而不是碘苯，请解释此结果。结合这个实例，思考如何使这个反应在比较温和的条件和对更多官能团具有兼容性的条件下进行。

第 3 题

请给以下四个酯类化合物在缩合反应中的反应活性进行排序，并说明原因。

HCOOEt，EtOOCCOOEt，EtOCOOEt，PhCOOEt

第 4 题

请完成以下反应式，在方框中画出过渡态的结构式，并标出产物的手性中心的构型。

$[\quad]^{\ddagger} \rightarrow$

$[\quad]^{\ddagger} \rightarrow$

第 5 题

在脑文格（Knoevenagel）反应中，通常得到 α,β-不饱和化合物。如：

PhCHO + $CH_2(COOEt)_2$ —(哌啶 NH, 0 °C)→ $PhCH=C(COOEt)_2$

而 Knoevenagel 在 1894 年刚研究此反应时，利用甲醛和丙二酸二乙酯反应得到了以下产物：

HCHO + $CH_2(COOEt)_2$ —(Et_2NH)→ $(EtOOC)_2CH-CH_2-CH(COOEt)_2$

请解释此反应与前一个反应不同的原因，并说明发生了何种类型的反应。并在此基础上，思考保证 Knoevenagel 反应顺利进行的反应条件。

第 6 题

茚在 CCl_4 中溴化时会生成 15%顺式加成产物：

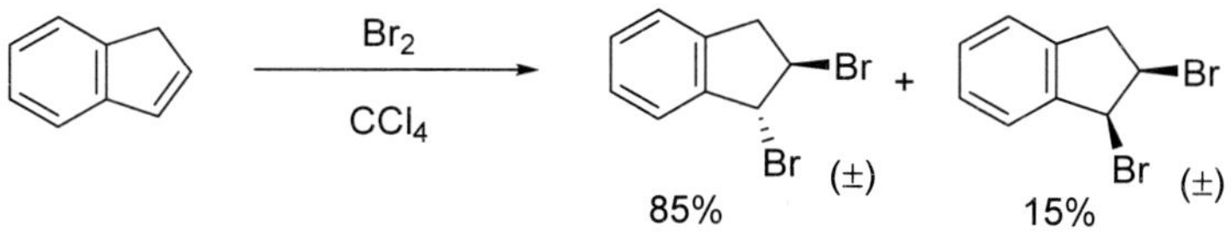

Br$_2$ / CCl$_4$ → (±) 85% + (±) 15%

茚酮在相同的条件下只生成了反式产物，请解释此实验结果。

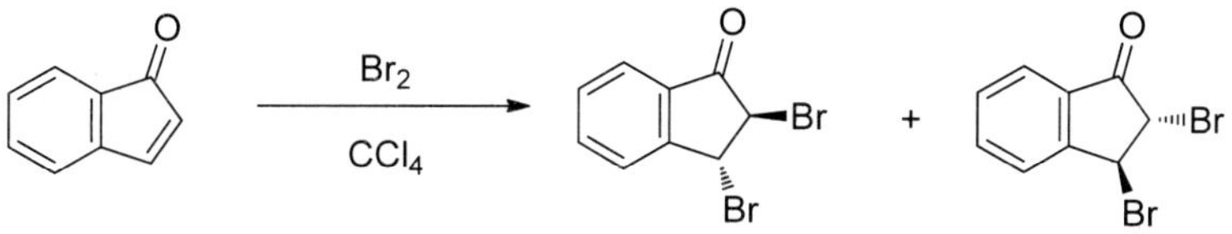

Br$_2$ / CCl$_4$

请结合以上反应结果，预测以下反应的产物。

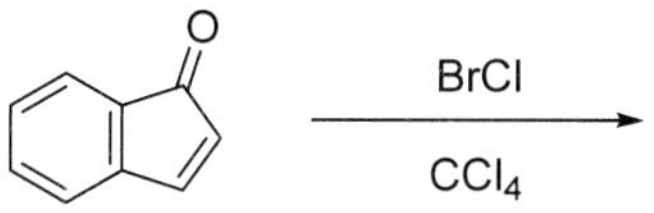

BrCl / CCl$_4$

第 7 题

以下两个化合物都非常不稳定，很容易在室温下失去氮气，生成同一种物质，产物含有一个苯环、一个螺原子，没有桥环体系，请推断产物的结构。

第 8 题

4-芳基-5-对甲苯磺酰氧基己酸甲酯在硅胶或在酸性条件下可以转化为五元环和六元环两种内酯。此反应在芳基上必须有给电子时才可以进行。

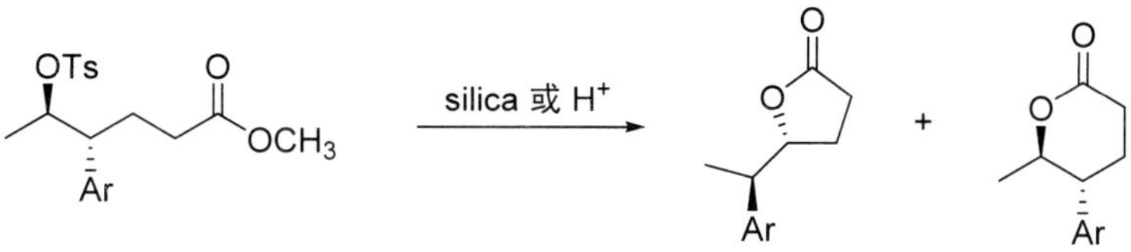

silica 或 H$^+$

在相同反应条件下，4-芳基-5-对甲苯磺酰氧基戊酸甲酯只能转化成五元环的γ-丁内酯。

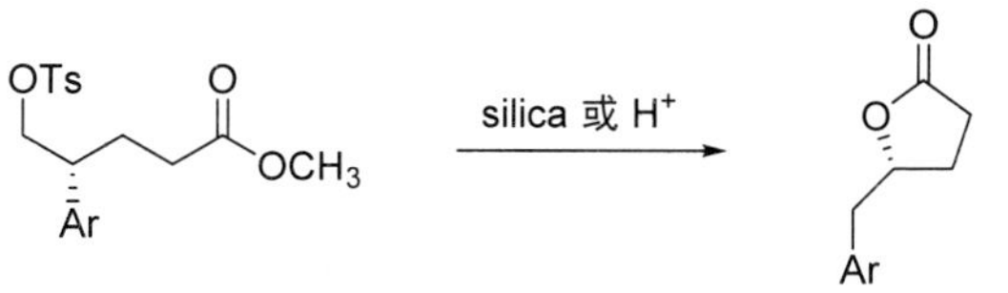

silica 或 H$^+$

请解释此实验结果，并说明为何芳基必须带有给电子基团。

第 9 题

请为以下三个化合物转化为甲基取代烯醇盐提供必要的反应条件：

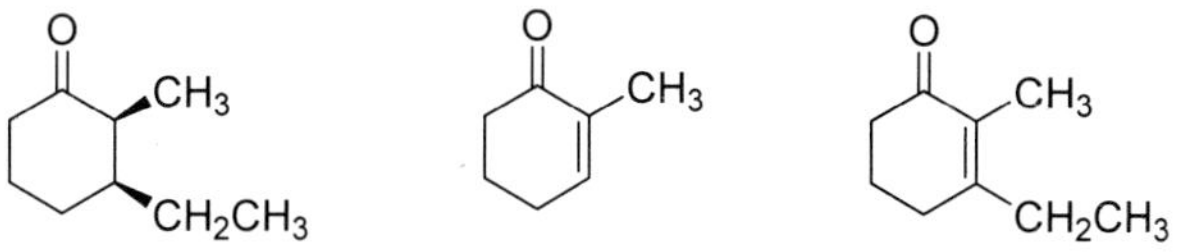

说明：每一种方法只能使用一次。

第 10 题

请解释以下转换在不同有机碱和溶剂条件下产物不同的原因。

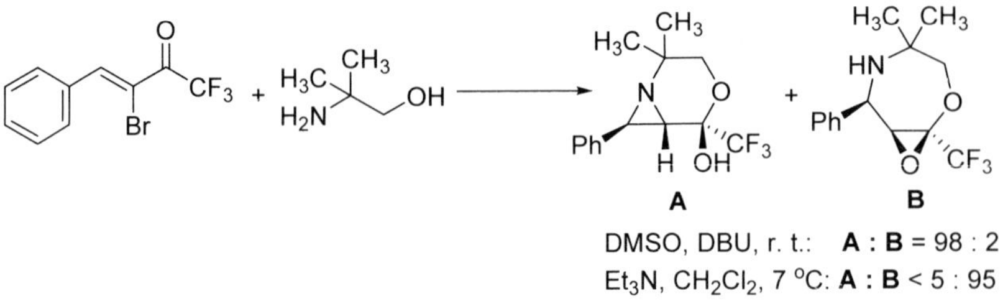

DMSO, DBU, r. t.: **A : B** = 98 : 2

Et_3N, CH_2Cl_2, 7 °C: **A : B** < 5 : 95

第 11 题

请说明以下反应中 $SnCl_2$ 的作用：

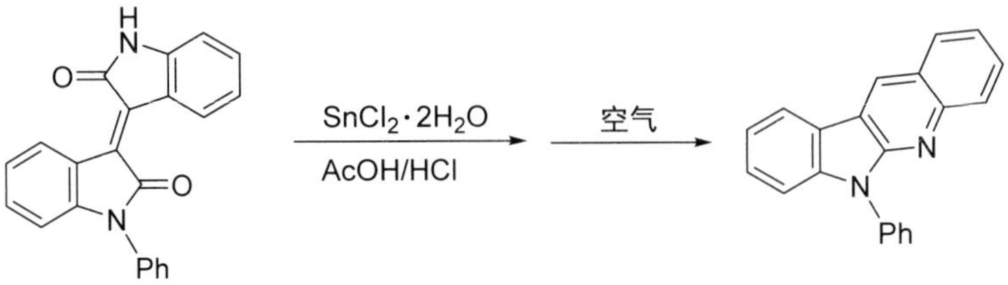

$SnCl_2 \cdot 2H_2O$, AcOH/HCl；空气

除了 $SnCl_2$ 外，还会有哪些试剂具有类似的作用？

第 12 题

请确定此化合物中酸性最强的氢，并说明你的理由。

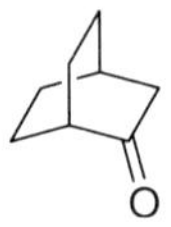

第 13 题

请解释以下化合物在加热下可以立体专一性地形成目标化合物的原因。

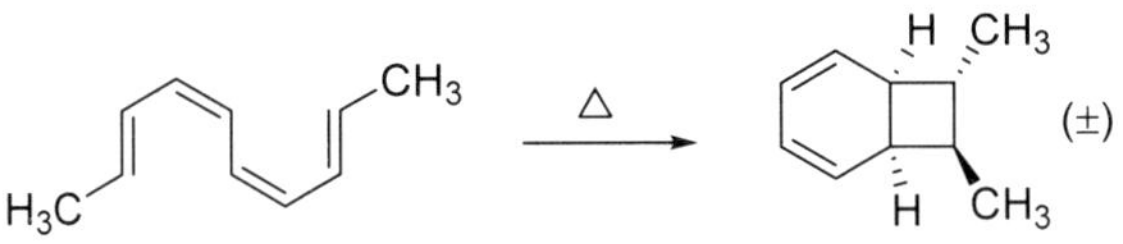

第 14 题

请解释以下两者生成不同产物的原因：

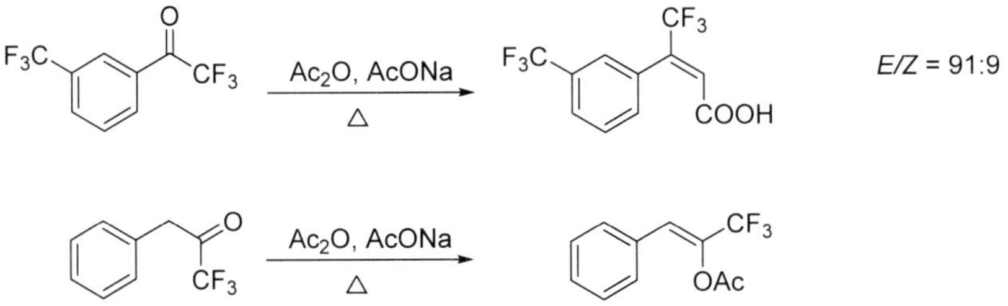

Ac_2O, AcONa, △　　*E/Z* = 91:9

Ac_2O, AcONa, △

第 15 题

3-戊酮在碱的作用下形成 *Z*-和 *E*-烯醇锂盐，*Z/E* 比例和碱有关，试解释之。

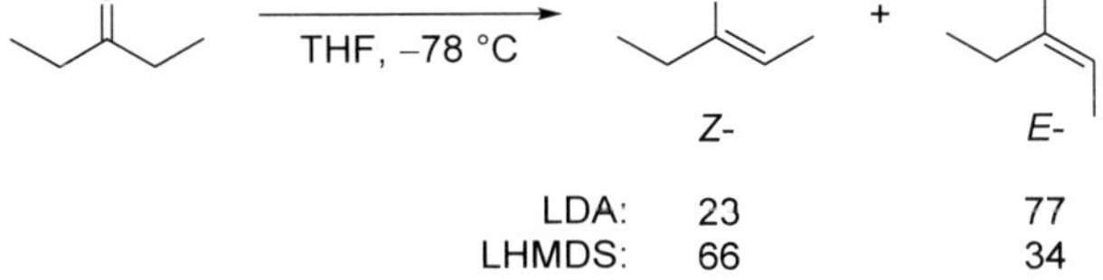

碱, THF, −78 °C

	Z-	*E*-
LDA:	23	77
LHMDS:	66	34

第 16 题

请将以下四个酮类化合物按酸性从强到弱进行排序：

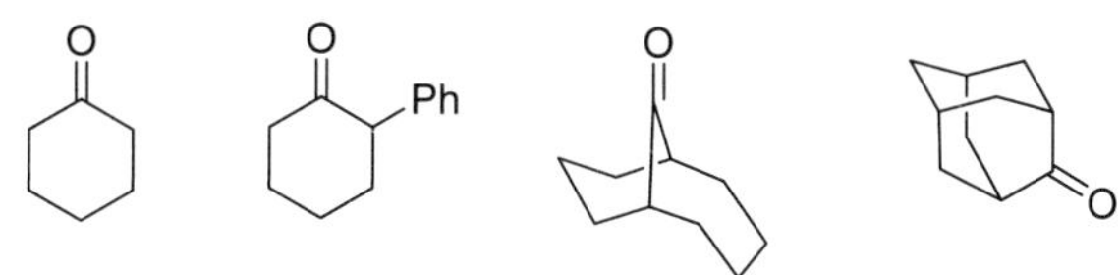

第 17 题

以下两个环状化合物的酸性约是非环状类似物的 4 倍，请解释原因：

第 18 题

苯酚的 pK_a 与硝基甲烷非常接近，均为 10 左右，但是在碱性条件下，它们去质子的速率相差 10^6 倍。你认为哪个更易去质子，并请给出你的理由。

第 19 题

请把以下化合物按酸性从强到弱进行排列，并给出你的理由。

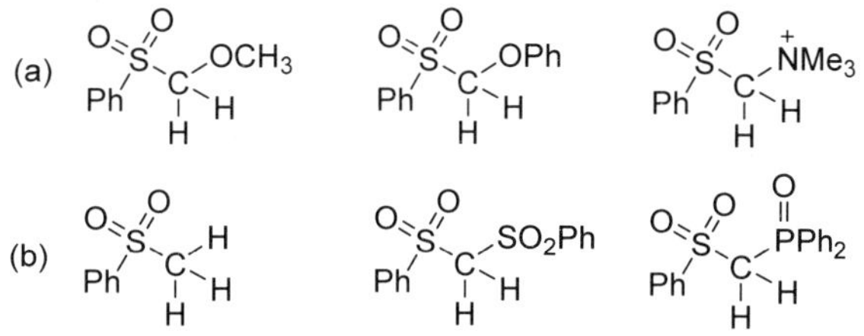

第 20 题

某项专利公开了一种抗艾滋病药物 d4T 的合成方法。其中包括 5-甲基尿苷中 3 个羟基的不同转换方法。具体步骤如下图所示（说明：第一步 MsCl 过量）：

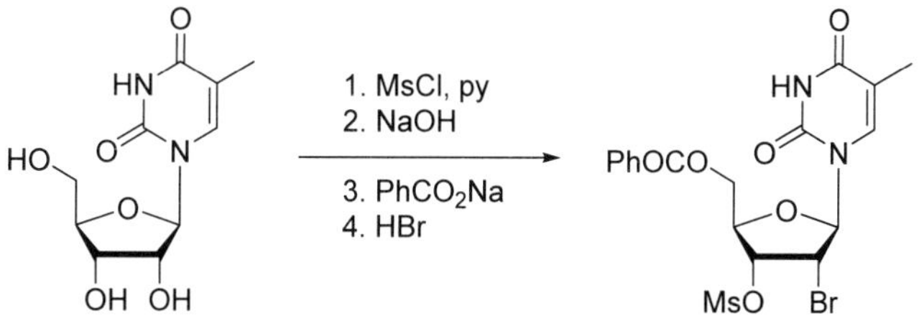

请画出每一步产物的结构式，并解释此转换的目的，说明溴原子连接的碳原子的立体化学。

然后，为以下转换提供反应的试剂。

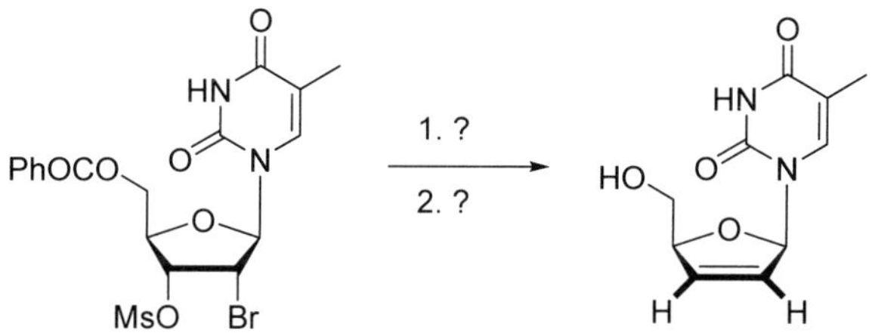

第 21 题

请解释以下转换的立体选择性和区域选择性：

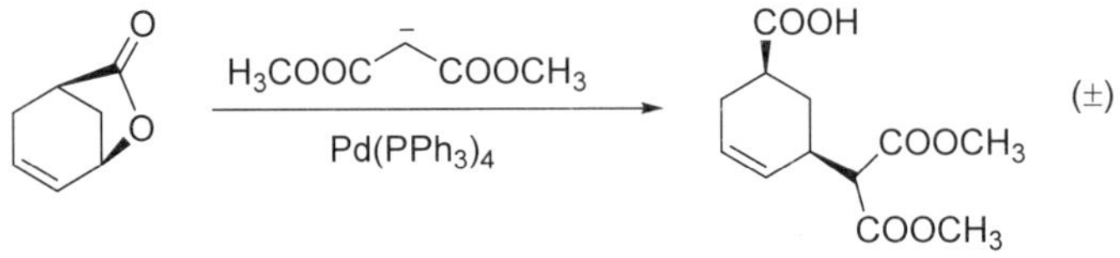

第 22 题

请依据所给的反应条件，画出化合物 **B** 和 **C** 的结构式：

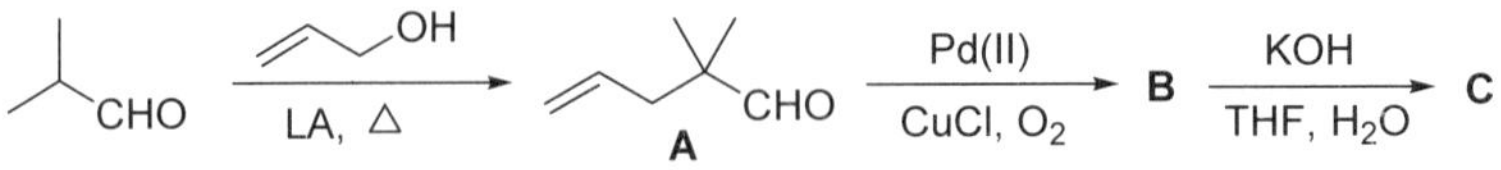

B：IR: 1730, 1710 cm^{-1}; ^{1}H NMR: δ 9.4 (1H, s), 2.6 (2H, s), 2.0 (3H, s), 1.0 (6H, s)。

C：IR: 1710 cm^{-1}; ^{1}H NMR: δ 7.3 (1H, d, J = 5.5 Hz), 6.8 (1H, d, J = 5.5 Hz), 2.1 (2H, s), 1.15 (6H, s)。

第 23 题

请解释以下反应的结果及其立体化学 (原料为对映体纯)：

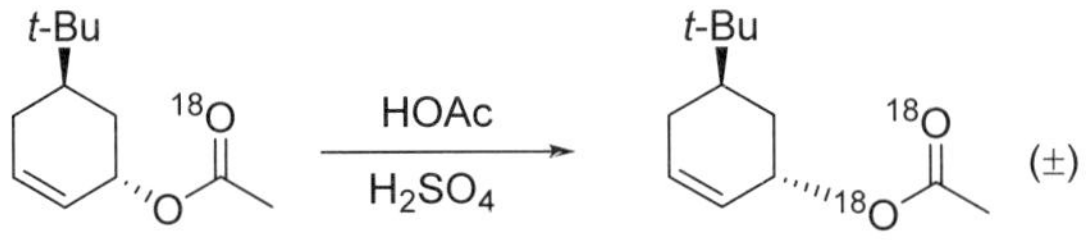

第 24 题

下面这个酯在 pH 值为 2～7 时的水解反应速率与 pH 无关。当 pH = 5 时，反应速率与缓冲溶液中 AcO$^-$的浓度成正比；在 H_2O 中的反应速度是在 D_2O 中的两倍。当 pH 值大于 7 时，水解反应速率随 pH 值增加而增加。请解释此实验结果。

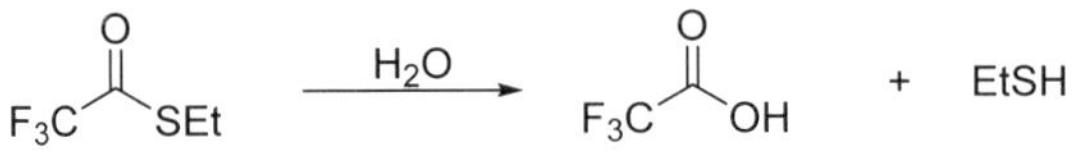

第 25 题

氯离子可以催化以下反应，请解释此实验结果：

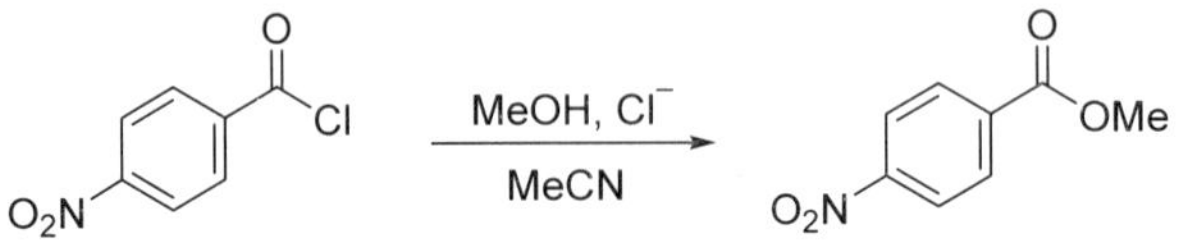

第 26 题

以下水解反应在 0.1 mol·L^{-1} 硫酸中 $k_{H_2O}/k_{D_2O} = 0.7$，$\Delta S = -76$ J·mol^{-1}·K^{-1}。请为此水解反应提供反应机理：

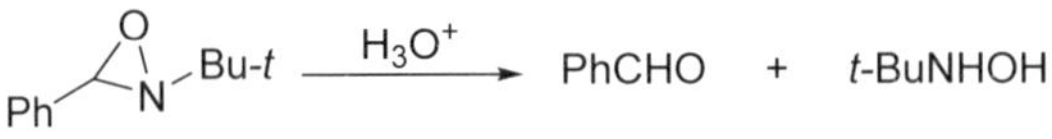

第 27 题

化合物 **A** 在甲醇中分解形成化合物 **B**。**B** 的分子式为 $C_8H_{14}O$，^{1}H NMR: δ 5.80 (1H, ddd, J = 17.9, 9.2, 4.3 Hz), 5.50 (1H, dd, J = 17.9, 7.9 Hz), 4.20 (1H, m)，3.50 (3H, s), 1.3~2.7 (8H, m)，请画出化合物 **B** 的结构式：

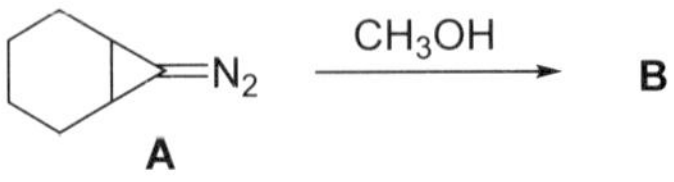

化合物 **B** 不稳定，在 20 °C 可以异构化为 **C**。请画出化合物 **C** 的结构式。

第 28 题

以下反应会有两个产物，已经给出了产率高的产物结构式，请画出产率较低的产物结构式，并对此实验结果给出你的解释：

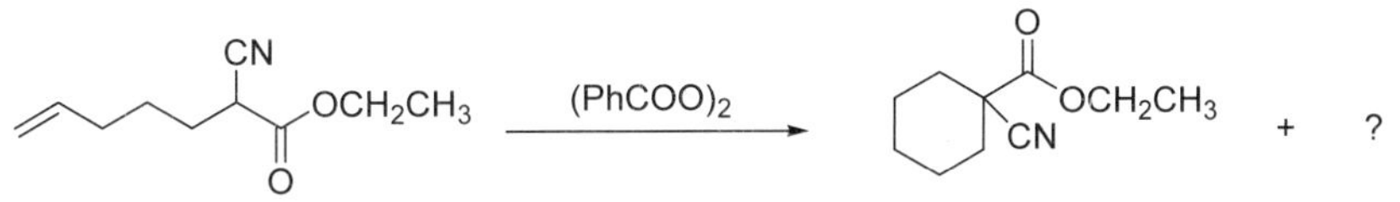

$(PhCOO)_2$ ⟶ + ?

第 29 题

请依据所给的信息完成以下反应式：

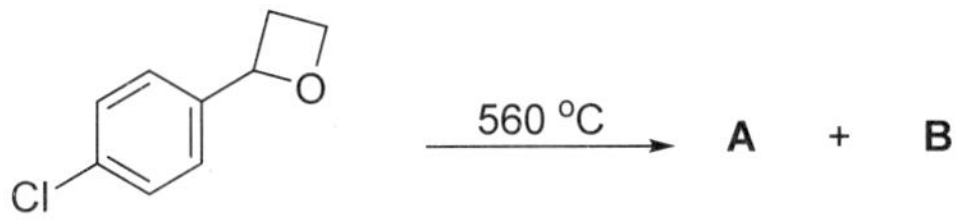

560 °C ⟶ **A** + **B**

A：*m*/*z*：138 (100%)，140 (33%)；^{1}H NMR：δ 7.1 (4H, s), 6.5 (1H, dd, J = 17, 11 Hz), 5.5 (1H, dd, J = 17, 2 Hz), 5.1 (1H, dd, J = 11, 2 Hz)。

B：*m*/*z*：111 (45%), 113 (15%), 139 (60%), 140 (100%), 141 (20%), 142 (33%)；^{1}H NMR：δ 9.9 (1H, s), 7.75 (2H, d, J = 9 Hz), 7.43 (2H, d, J = 9 Hz)。

第 30 题

请依据所给的信息，画出化合物 **A** 和 **B** 的结构简式：

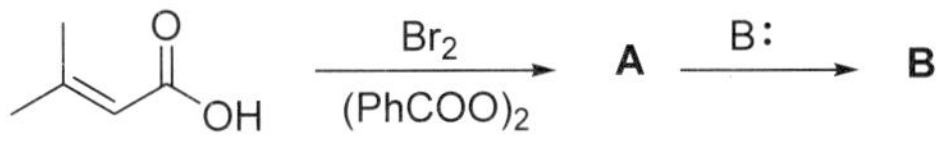

Br_2 / $(PhCOO)_2$ ⟶ **A** —B:⟶ **B**

A 的分子式为 $C_5H_6Br_2O_2$，不稳定，在碱的作用下转化为稳定的化合物 **B**。**B** 的分子式为 $C_5H_5BrO_2$，^{1}H NMR：δ 6.18 (1H, s)，5.00 (2H, s)，4.18 (2H, s)。

第 31 题

请给出以下转换的所有中间体：

C=O —*m*-CPBA⟶

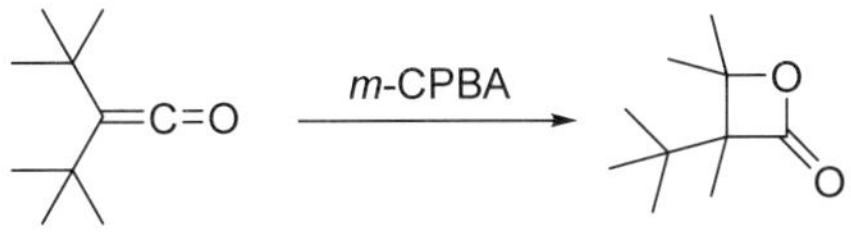

第 32 题

请给出以下转换的所有中间体：

t-Bu—N COOH —$SOCl_2$⟶ *t*-Bu N O Cl

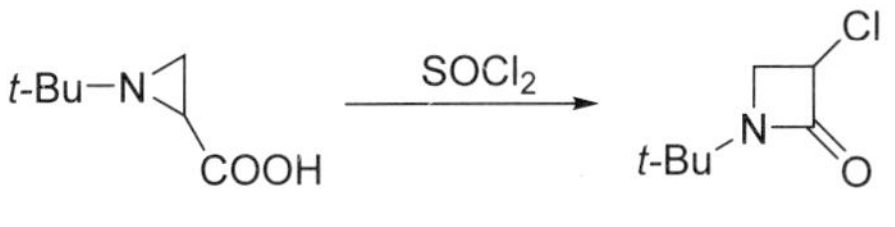

第 33 题

请给出以下转换的所有中间体：

COONa H TsO —165 °C⟶

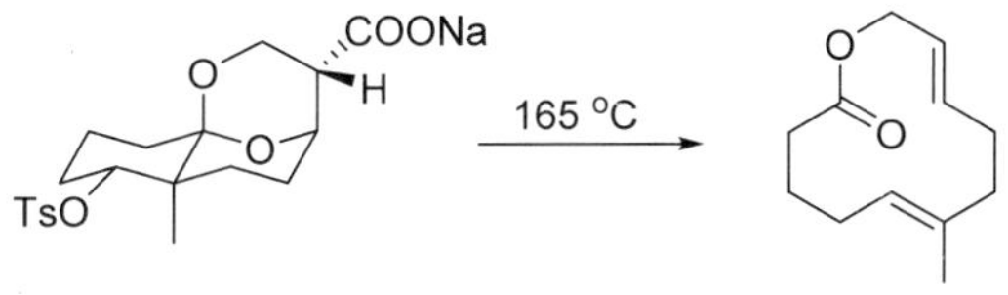

第 34 题

在以下转换中，*anti* 型化合物的反应速率比 *syn* 型化合物快 10^7 倍。请解释此实验结果，此外，你认为 *syn* 型化合物转化后乙酰氧基所连接的碳原子的立体构型是否能确定？

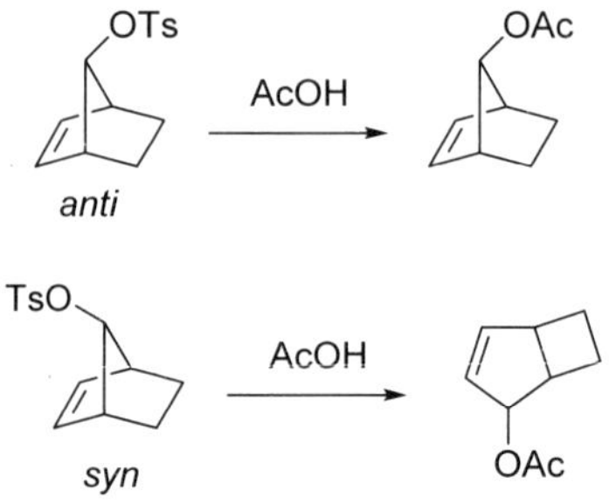

OTs AcOH OAc

anti

TsO AcOH OAc

syn

第 35 题

请按自由基的稳定性从强到弱进行排序：

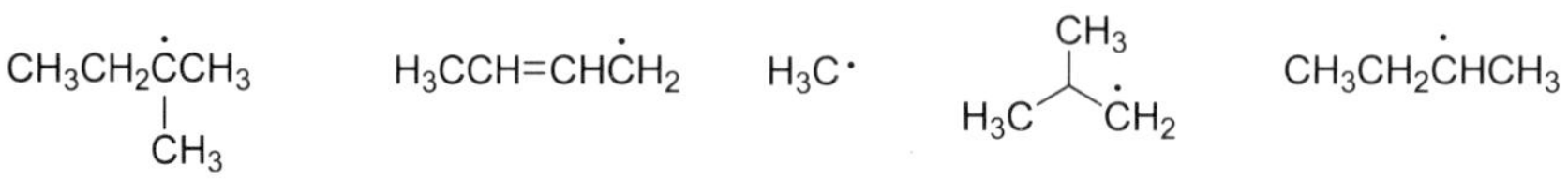

$CH_3CH_2\dot{C}(CH_3)CH_3$ $H_3CCH{=}CH\dot{C}H_2$ $H_3C^{\cdot}$ $(CH_3)_2CH\dot{C}H_2$ $CH_3CH_2\dot{C}HCH_3$

第 36 题

丙酮与其烯醇在水溶液中的 pK_a 值分别为 19 和 11，计算丙酮烯醇化反应的平衡常数。

第 37 题

请为以下转换提供合适的试剂：

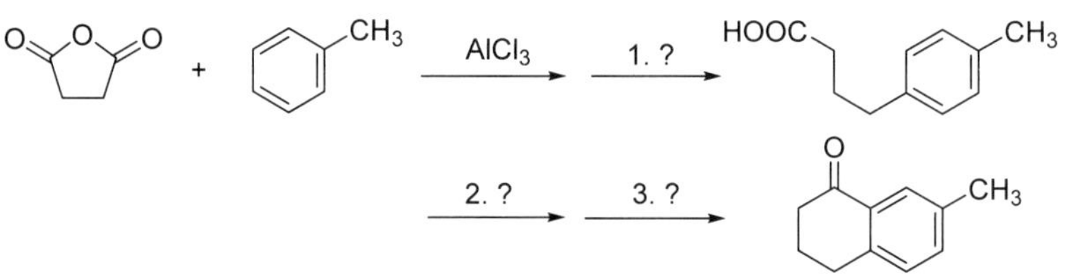

AlCl$_3$ → 1. ? → HOOC ... CH$_3$

2. ? → 3. ? → O ... CH$_3$

第 38 题

实验结果表明环丙酮主要以水合物的形式存在于水中，而 2-羟基乙醛在水中不是形成分子内半缩醛，请解释原因。

第 39 题

请完成以下反应式，并给出你的理由：

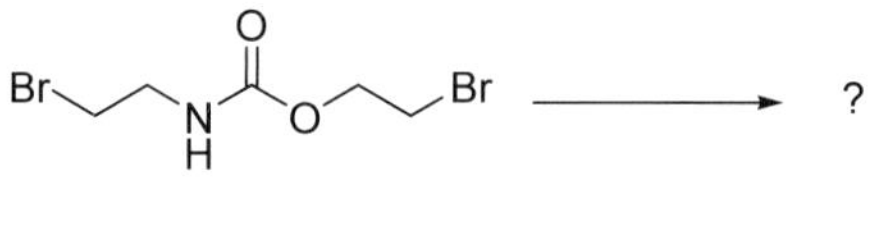

Br ... N H ... O ... O ... Br → ?

第 40 题

实验结果表明吡啶的水溶性要比吡咯的高，请解释此实验结果。并预测与这两个化合物相比，咪唑的水溶性处在哪个位置。

第 41 题

酮的烯醇化过程有时可以表示为一个协同的 σ 重排。这个反应是否可以在加热的条件下进行？请给出你的理由。

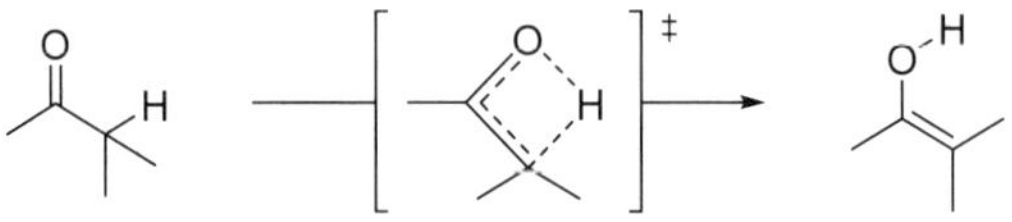

O H → [O H]‡ → O H

第 42 题

当两种三级烷基取代的肟混合后经酸处理后，会得到烷基交叉重排产物，此过程称为 Beckman 碎片化。这与常见的 Beckman 重排为分子内反应有所不同。请解释此实验结果。

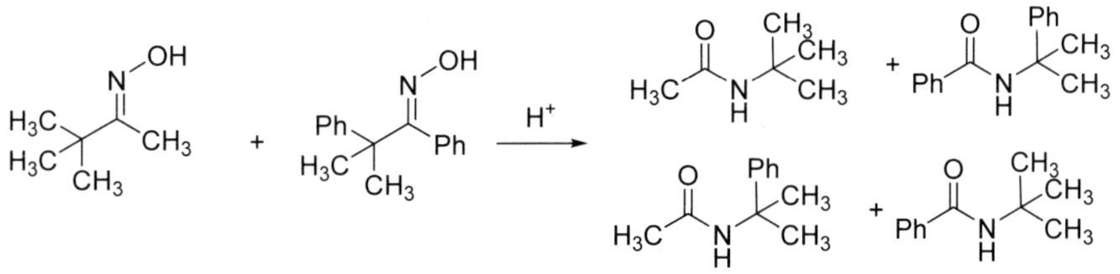

第 43 题

此反应的一级反应速率常数是相应的苯甲酸环癸烯酯的 1500 倍，请解释其原因：

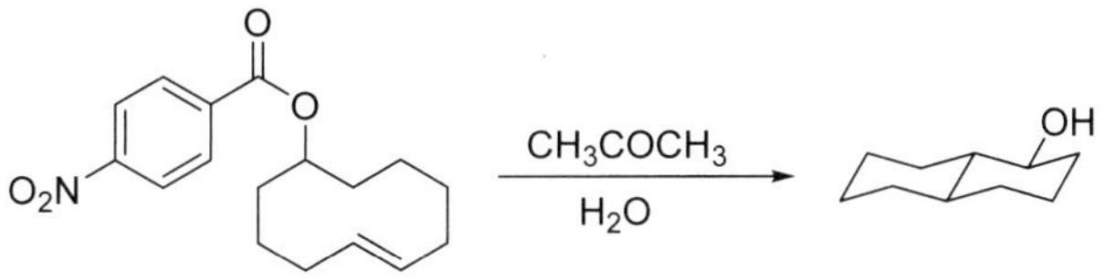

第 44 题

请完成以下反应，产物为吡啶衍生物，并解释反应的区域选择性：

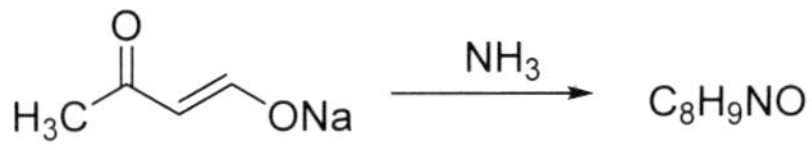

第 45 题

请完成以下反应，最终产物为吡啶衍生物：

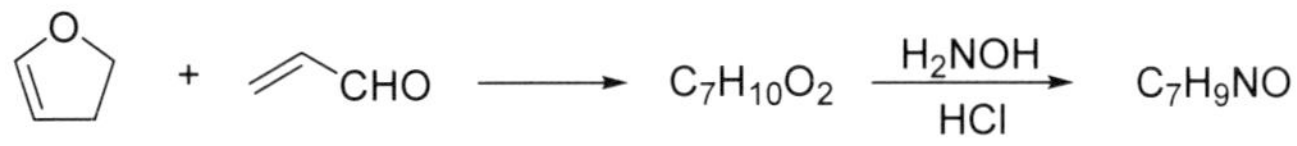

第 46 题

请依据所给的信息画出两个产物的结构式：

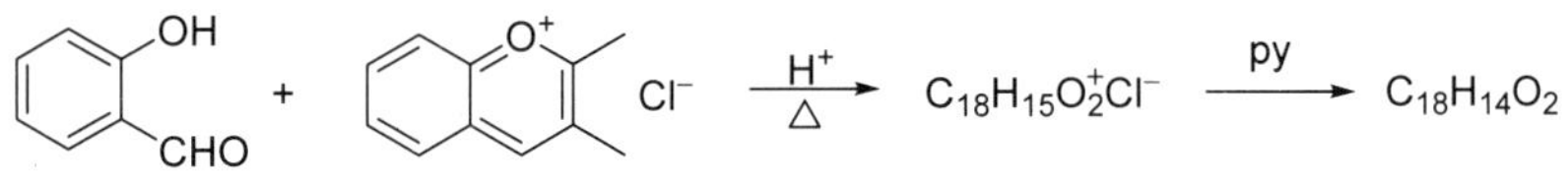

第 47 题

将吡咯按以下三个步骤连续处理，最终产物的分子式为 $C_{10}H_{16}N_2$，请推导最终产物的结构式：

(i) $Me_2NH/HCHO/AcOH$；(ii) CH_3I; (iii) 哌啶，EtOH。

第 48 题

以下反应均生成了噻吩的衍生物，请依据所给的条件推测产物的结构式：

(i) $(NC)_2C{=}C(CN)_2 + H_2S$，产物的分子式为 $C_6H_4N_4S$；

(ii) $(EtO_2C)_2$ 与 $(EtO_2CCH_2)_2S/NaOEt$ 反应，接着加入 NaOH 水溶液，然后再加 Me_2SO_4，产物的分子式为 $C_8H_8O_6S$。

第 49 题

2-甲基-3-硝基吡啶和 4-甲基-3-硝基吡啶分别与 $(EtO_2C)_2/EtONa$ 反应，接着在 Pd/C 催化剂作用下氢化，产物的分子式均为 $C_{10}H_{10}N_2O_2$。请画出这两个产物的结构式。

第 50 题

请完成以下反应式：

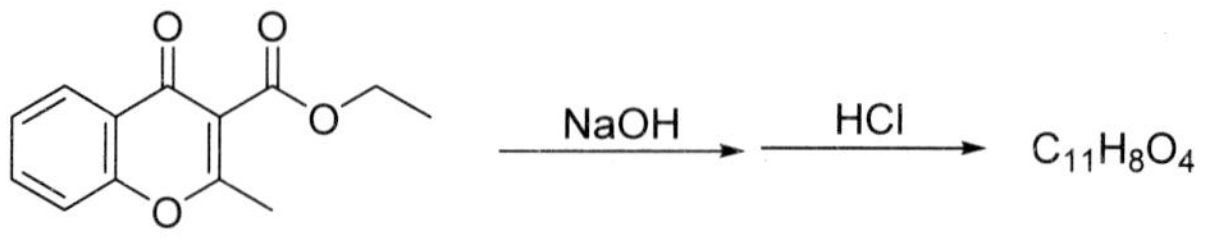

$$\xrightarrow{\text{NaOH}}\xrightarrow{\text{HCl}} C_{11}H_8O_4$$

提示：产物不是羧酸，但可以溶解于稀碱。

第三章　有机反应机理中的初级问题

第 1 题

硫酰氯(SO_2Cl_2)是一种液体，作为氯气的替代品可用于烷烃的氯化，请画出硫酰氯与 CH_4 反应生成一氯化物的机理。

第 2 题

请为以下转换提供合理的转换过程,并为自己所提供的机理提供可能的实验方案：

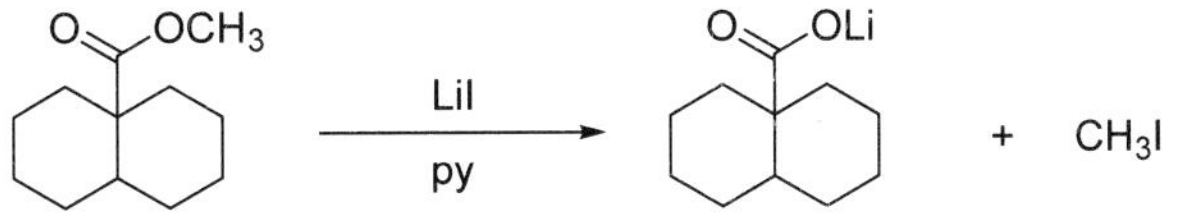

O　OCH3　LiI　py　O　OLi　+　CH3I

第 3 题

请为以下转换提供合理的中间体（提示：其中可能包括酸性条件下的双键顺反构型转化、环化以及重排）：

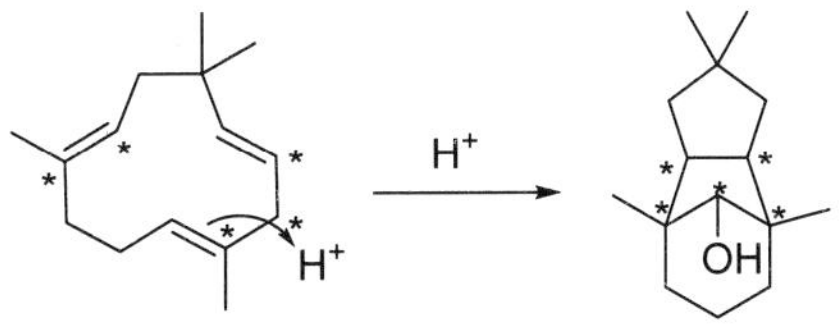

H+　H+　humulene　OH

第 4 题

请为乙炔与 $HgCl_2$ 水溶液反应提供合理的中间体和产物。

第 5 题

法尼醇 (farnesol)是紫丁香花的主要香味成分。它在加热下用浓 H_2SO_4 处理先转化为红没药烯 (bisabolene)，最终转化为杜松烯 (δ-cadinene)。杜松烯是杜松和雪松挥发精油的成分之一。请为这些转换提供合理的中间体。

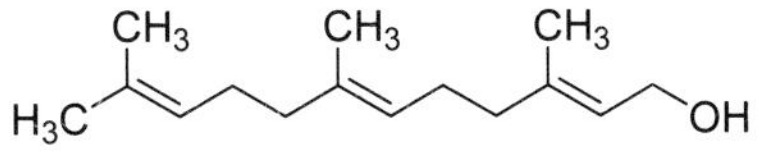

CH3　CH3　CH3　H3C　OH
farnesol

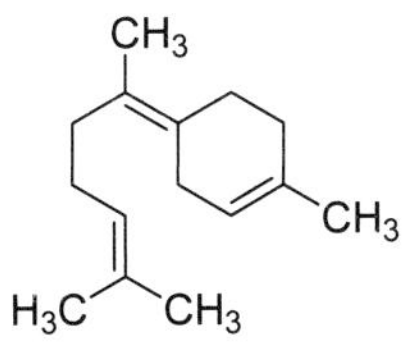

CH3　CH3　H3C　CH3
bisabolene

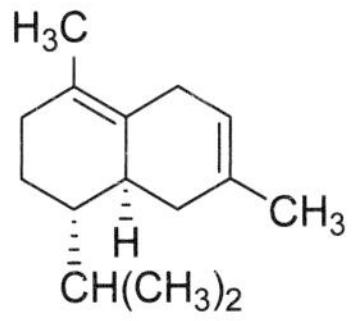

H3C　CH3　H　CH(CH3)2
cadinene

第 6 题

焦磷酸牻牛儿醇酯 (geranyl pyrophosphate)在生物体中可以转化为碳正离子，然后生成天然产物樟脑 (camphor)、柠檬烯 (limonene)和α-蒎烯 (α-pinene)，请为这些转化提供合理的中间体。

geranyl pyrophosphate

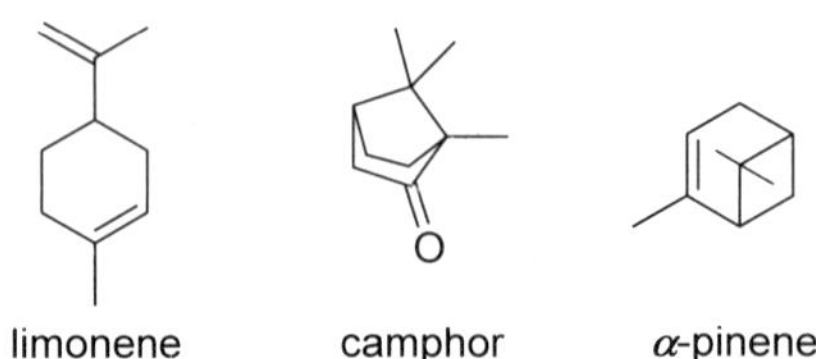

limonene　camphor　α-pinene

第 7 题

请为以下转换提供合理的中间体：

KOH, 150 °C, 15 h

第 8 题

请为以下转换提供合理的中间体：

H_2O

第 9 题

请为将 1-苯丙酮还原为丙苯的 Wolff-Kishner 还原提供合理的中间体：

$H_2N{-}NH_2$, KOH △

第 10 题

古希腊和古罗马的医生，如希波克拉底 (Hippocrates)和老普林尼 (Pliny the Elder)，发现 *Amaryllidaceae* 属野花(如水仙花)的提取物对疣子和皮肤肿瘤具有良好的疗效。这些提取物含有一些已知的有效抗癌活性物质，但含量很少，且结构复杂 [如(+)-*trans*-dihydrolycoricidine]，它们的合成非常具有挑战性。请为以下转换提供合理的中间体：

B

第 11 题

请为以下转换提供两种反应机理，并采用合理的方法证明你所提出的反应机理：

COOH, OH, CH —HCl, △→ C, O, O, CH

第 12 题

请为化合物 **A** 在酸性条件下转化为 nepetalactone 提供合理的反应中间体：

H, COOH, CHO, H —H^+→ H, O, O, H

A nepetalactone

第 13 题

1,4-丁二醇在 CrO_3 氧化下生成γ-丁内酯，请提供此转换的合理中间体。

HO, OH —CrO_3→ O, O

第 14 题

请为以下转换提供合理的中间体：

$(CH_3)_3CCH_2NH_2$ + $2H_2C{=}O$ —$NaBH_3CN$, CH_3OH→ $(CH_3)_3CCH_2N(CH_3)_2$ 84 %

第 15 题

请为以下转换提供合理的中间体：

O, H + O —$(CH_3)_3N$→ OH, O

第 16 题

请为以下转换提供合理的中间体：

R, D —O_2, 羟基酶→ R, D, OH

提示：氧气在羟基酶作用下转化为 HOOH。

第 17 题

3-溴苯甲醚在 Pd(0)催化下与 2-甲基丙胺反应生成 3-甲氧基-*N*-(2-甲基丙基)-苯胺，请为此转换提供合理的中间体：

O, CH_3, Br —Pd (0), NH_2→ O, CH_3, N, H

第 18 题

请为以下转换提供合理的中间体：

1. KNH_2, 液 NH_3
2. H^+, H_2O (后处理)

78 %

提示：第一步转换至少需要3倍量氨基钾。

第19题

请为以下转换提供合理的中间体：

, aq. H_2SO_4, $(NH_4)_2S_2O_8$, 90 °C

74 %

第20题

请为以下转换提供合理的中间体：

Ac_2O, △

64%

第21题

请为此转换提供两种可能的机理，你认为哪一种更为合理？

H^+

第22题

请为以下反应提供合理的反应机理：

$P(OEt)_3$, △

83%

第23题

请为以下反应提供合理的反应机理，并解释以下实验结果：

$POCl_3$

7 : 3

第24题

请画出中间产物 **A** 的结构简式，并为这个转换提供合理的中间体：

$(COCl)_2$, PhCl

Et_3NHCl, 90 °C

85%

A

$ClH_2C—≡—CH_2Cl$

120 °C, 5 d

第 25 题

请画出中间体 **A** 的结构简式，并为这个转换提供其他合理的中间体：

i-Pr, MeO, O, OMe, NH_2 —— aq. HCl, 0 °C / 43% → **A** —— $-H_2O$ → OH, i-Pr, N

第 26 题

请画出中间体 **A** 的结构简式，并为这个转换提供其他合理的中间体：

Me, Me, N, O, Bn —— $POCl_3$, DMF / 0~75 °C / 94% → [**A** ($C_{18}H_{27}Cl_2N_3O$)] → Me, CHO, N, Cl

第 27 题

请画出中间体 **A** 的结构简式，并为这个转换提供其他合理的中间体：

Me, Me, O —— EtONO, HCl / Et_2O, 0 °C / 92% → **A** —— $POCl_3$,PCl_3 / 60~80 °C / 97% → Me, Me, Cl, N, Cl

第 28 题

请为这个转换提供合理的中间体：

Me, O, Me, O —— hv, 0.2 mol·L^{-1} H_2SO_4 / 69% → Me, O, O, Me

第 29 题

请为这个转换提供合理的中间体：

AcO, O, O —— CH_2=CHCHO, / $CDCl_3$, 134 °C → O, O, CHO, H

第 30 题

请完成以下反应式，并为这个转换提供其他合理的中间体：

O, CH_2OAc —— Br_2, KOAc / MeOH → **A** —— 0.1 mol·L^{-1} H_2SO_4 / △ → **B** —— aq. N_2H_4, △ / 49% → CH_2OH, N, N, H

A 的分子式为 $C_9H_{14}O_5$。

第 31 题

请为这个转换提供合理的中间体：

NOH + H—≡—H —— KOH, DMSO / 80~100 °C → H, H, N, H 和/或 H, H, N

第 32 题

请为这个转换提供合理的中间体：

HO–(1,4-dithiane-2,5-diol)–OH + $NCCH_2CN$ $\xrightarrow[81\%]{Et_3N,\ MeOH,\ MW}$ 2-amino-3-cyanothiophene (CN, S, NH_2)

第 33 题

请画出中间体 **A** 的结构简式，并为这个转换提供其他合理的中间体：

2-(pent-4-ynyl)furan $\xrightarrow[80\%]{Hg(OAc)_2,\ Sc(OTf)_3,\ MeCN,\ r.t.}$ **A** $\xrightarrow{TfOH}$ 4-methylene-4,5,6,7-tetrahydrobenzofuran

第 34 题

请为下面木糖 (xylose) 转换为糠醛 (furfural) 提供合理的中间体：

$(C_5H_8O_4)_n$ (pentosans) ⟶ xylose (HO, OH, OH, O, OH) $\xrightarrow[-\ 2H_2O]{H_3O^+,\ 100\ ^oC}$ furfural (O, CHO)

第 35 题

请画出中间体 **A** 的结构简式，并为这个转换提供其他合理的中间体：

i-Pr–CHO + $NO_2CH_2CH_2CO_2Me$ (MeO_2C) $\xrightarrow{Amberlyst,\ EtOAc,\ r.t.}$ **A** $\xrightarrow{-\ MeOH,\ -\ HNO_2}$ 5-(*i*-Pr)-furan-2(5H)-one (H, *i*-Pr, O, O)

注：Amberlyst 为强酸性离子交换树脂

第 36 题

请画出中间体 **A** 的结构简式，并为这个转换提供其他合理的中间体：

2-furyl–C(O)–CH_2–CN + HO–CH_2–CO_2Et $\xrightarrow[80\%]{DEAD,\ Ph_3P,\ THF,\ 0\ ^oC}$ **A** $\xrightarrow[61\%]{DBU,\ r.t.}$ 2-(2-furyl)-4-amino-furan-5-CO_2Et (NH_2, O, O, CO_2Et)

第 37 题

请为这个转换提供合理的中间体：

R–C$_6$H$_3$(CH_3)(NO_2) $\xrightarrow{DMFDMA}$ R–C$_6$H$_3$(CH=CH–NMe_2)(NO_2) $\xrightarrow[-\ Me_2NH]{[H]}$ R–indole (N, H)

第 38 题

请为这个转换提供合理的中间体：

indol-3-yl–CH_2–C(H)(CO_2Me)($NHCO_2Me$) (N, H) $\xrightarrow[90\%]{H_3PO_4,\ r.t.}$ pyrroloindoline (H, CO_2Me, H, NCO_2Me, N, H, H)

依据以上反应方式，写出以下反应的产物：

indol-3-yl–CH_2–C(H)(CO_2Me)($NHSO_2anth$) (N, H) $\xrightarrow[80\%]{NBS,\ Et_3N,\ CH_2Cl_2,\ r.t.}$

第 39 题

请为这个转换提供合理的中间体：

n-Bu_3SnH, AIBN, PhMe, △

56%

第 40 题

请为这个转换提供合理的中间体：

$NHNH_2$ + ; aq. H_2SO_4, DMA, 100 °C; 90%; OH; N H

第 41 题

请为此反应提供合理的中间体：

R; O; OH; + ; O; R^2; CN; R^1; DBU (2.5 equiv.); CDI (2 equiv.); THF, r.t.; R^2; R; R^1

第 42 题

请为此反应提供合理的中间体：

R^3; O; R^1; R^2; NH_2; $PhCH_2NH_2$; H_2O, 80 °C; R^3; R^2; N; R^1

说明：R^3 在苯环上任意位置取代均可以。

第 43 题

请画出中间体 **A** 的结构式，并为这个转换过程提供合理的中间体：

R^1; Cl; Cl; N; O; R; Ar; O; t-BuOK/甲苯; –45 °C ~ r.t., 24 h; **A**; H^+; R^2; OH; R^1; N; O; R

第 44 题

番木鳖碱 (strychnine)是从中药马钱子中分离的一种吲哚生物碱。在过去的 200 年中，有机化学家对此类化合物的研究做出了很多出色的工作。1947 年，Robert Robinson 爵士因其在马钱子碱和其他生物碱等方面的杰出工作荣获诺贝尔化学奖。以下是 1999 年 Bosch 对映选择性合成番木鳖碱的最后一步，其原料为 Wieland-Gumlich 醛：

$CH_2(COOH)_2$, Ac_2O

NaOAc, AcOH, 110 °C

49%

Wieland-Gumlich aldehyde

strychnine

请为这个转换过程提供合理的中间体。

第 45 题

请为以下转换提供合理的中间体：

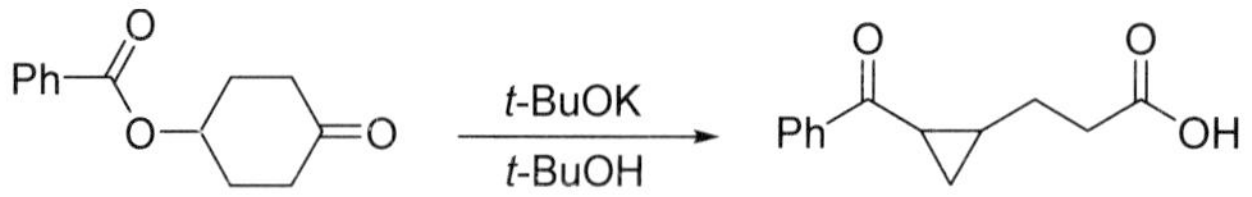

第 46 题

请为以下转换提供合理的中间体：

R = OMe, Me, Ph

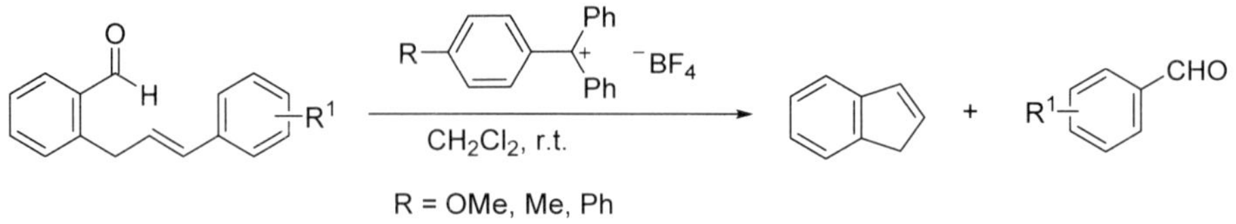

第 47 题

请为以下转换提供合理的中间体：

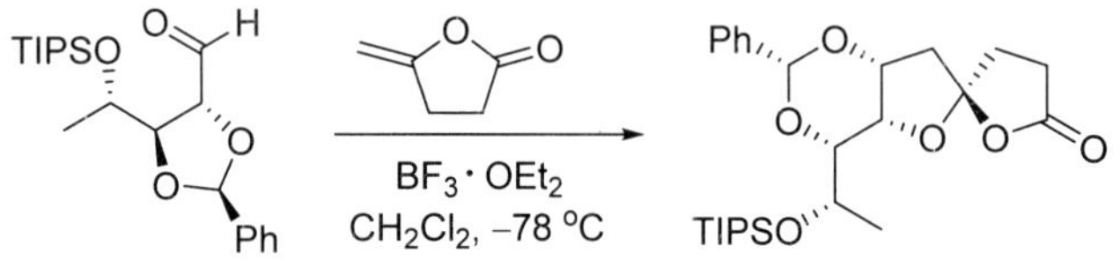

第 48 题

Nazarov 反应是合成多取代环戊烯酮的重要反应之一。下列反应除了得到了预想的产物 **B** 之外，还分离得到了少量的化合物 **C**。

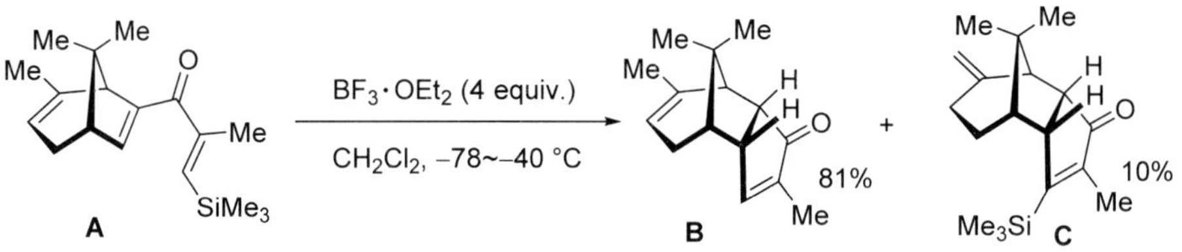

请为此转换提供合理的可能机理。（请注意过渡态/中间体的立体化学）。

第 49 题

多取代的水杨醛类化合物及其衍生物具有许多重要的生物活性。最近报道了一种利用 4-吡喃酮 **A** 和苯乙烯合成多取代的水杨醛的方法。

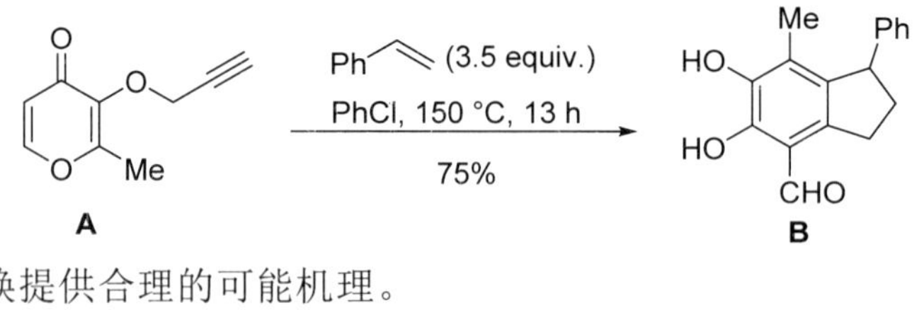

1. 请为此转换提供合理的可能机理。
2. 为什么使用过量的苯乙烯？

第 50 题

请为以下转换提供合理的中间体：

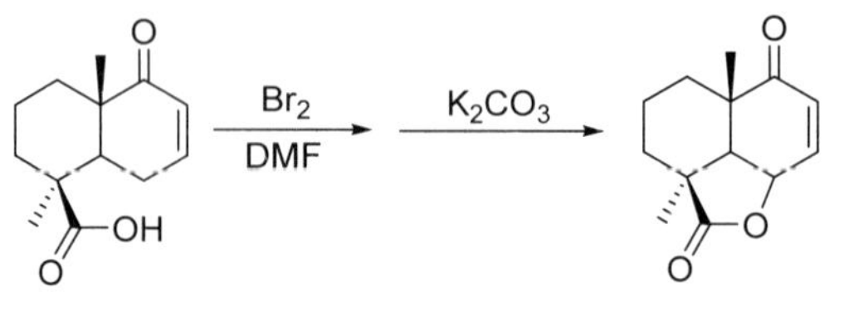

第四章 有机反应机理中的中级问题

第 1 题

请为以下转换提供合理的电子转移过程，须标出准确的电子转移箭头：

HO, Ph, O, N, CO_2Et —NaH→ —$PhCH_2Br$→ EtO_2CO, Ph, O, N, CH_2Ph

第 2 题

请为以下转换提供合理的电子转移过程，须标出准确的电子转移箭头：

MeO, OTs —CH_3COOH→ MeO, $OCOCH_3$

第 3 题

请为以下转换提供合理的电子转移过程，须标出准确的电子转移箭头：

CH_3, CH_3, H_3C —CH_3COOH→ H_3C, CH_3, CH_3, H_3C, OAc

第 4 题

请为以下转换提供合理的电子转移过程，须标出准确的电子转移箭头：

NH + O= —PhH, H_2SO_4 (cat.)→ N, Ph

第 5 题

请为以下转换提供合理的电子转移过程，须标出准确的电子转移箭头，并解释两反应结果不同的原因：

CH_3, H_3CO_2SO, H_3C, H, CH_3, CH_3, OH —t-BuOK→ CH_3, H_3C, H, CH_3, CH_3, OH

CH_3, H_3CO_2SO, H_3C, H, CH_3, CH_3, OH —t-BuOK→ O

第 6 题

请为以下转换提供合理的电子转移过程，须标出准确的电子转移箭头：

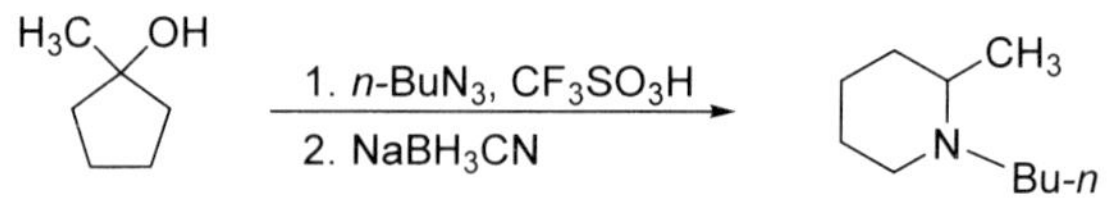

第 7 题

请为以下转换提供合理的电子转移过程，须标出准确的电子转移箭头：

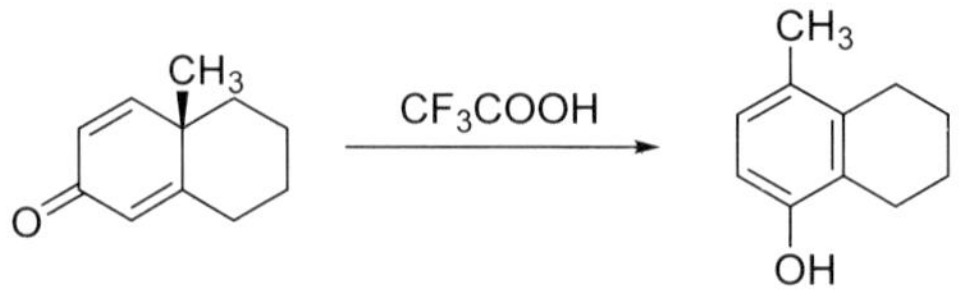

第 8 题

请为以下转换提供合理的电子转移过程，须标出准确的电子转移箭头：

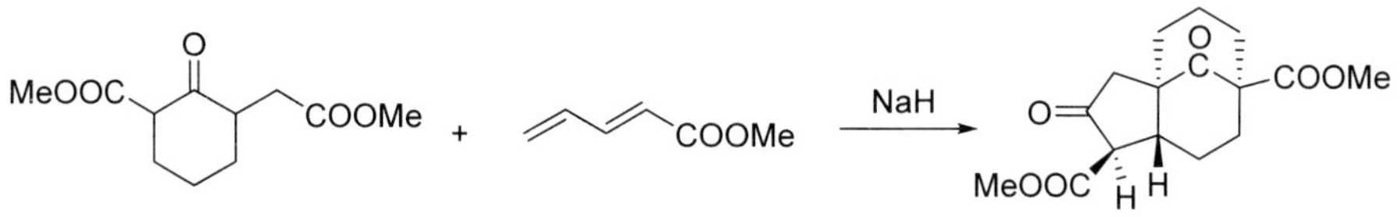

第 9 题

请为以下转换提供合理的电子转移过程，须标出准确的电子转移箭头：

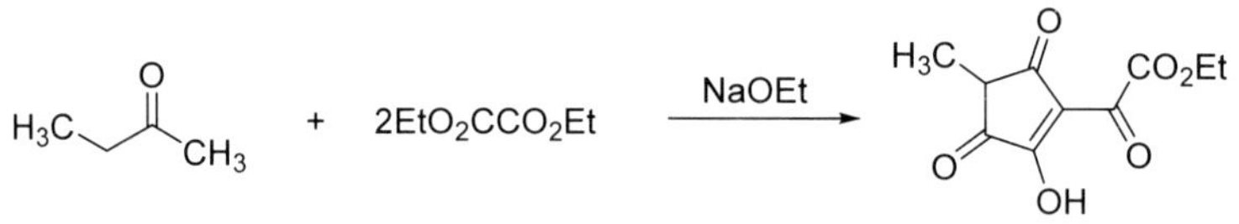

第 10 题

请为以下转换提供合理的电子转移过程，须标出准确的电子转移箭头：

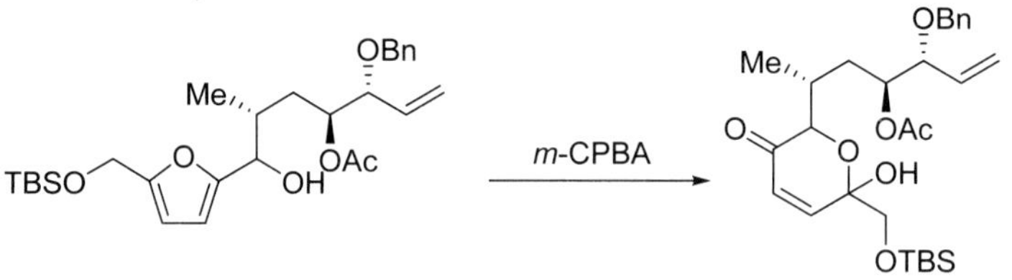

第 11 题

请画出产物的结构简式，并为以下转换提供合理的电子转移过程，须标出准确的电子转移箭头：

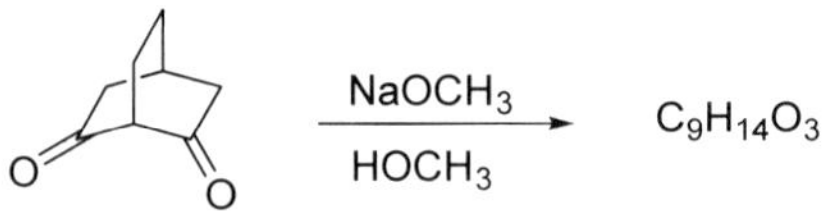

第 12 题

请为以下转换提供合理的电子转移过程，须标出准确的电子转移箭头，并解释其选择性：

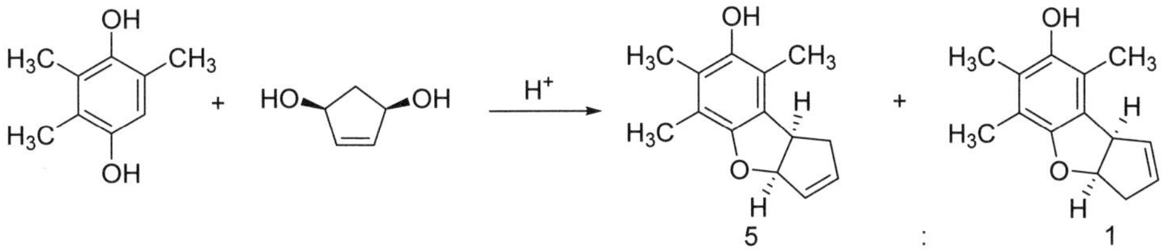

第 13 题

请为以下转换提供合理的电子转移过程，须标出准确的电子转移箭头：

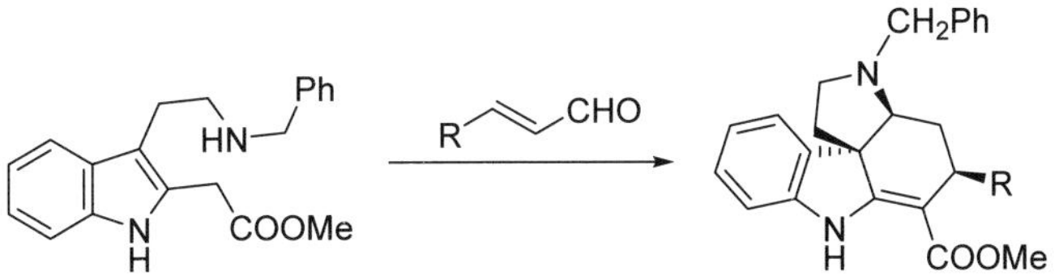

第 14 题

请为以下转换提供合理的电子转移过程，须标出准确的电子转移箭头：

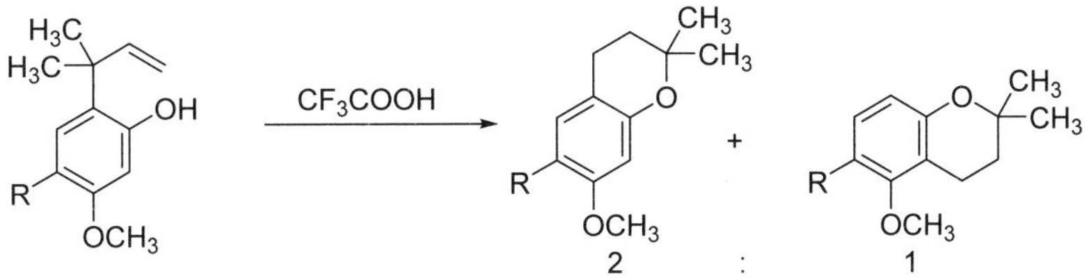

第 15 题

请为以下转换提供合理的电子转移过程，须标出准确的电子转移箭头：

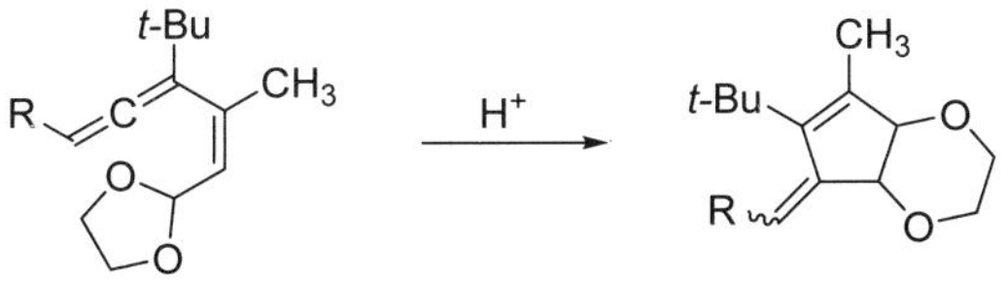

第 16 题

请为以下转换提供合理的电子转移过程，须标出准确的电子转移箭头：

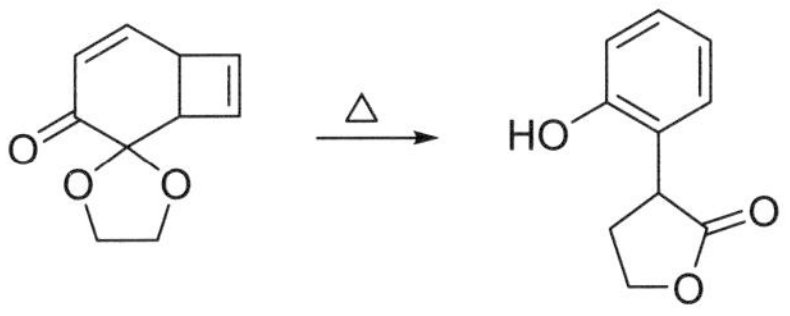

第 17 题

请为以下转换提供合理的电子转移过程，须标出准确的电子转移箭头：

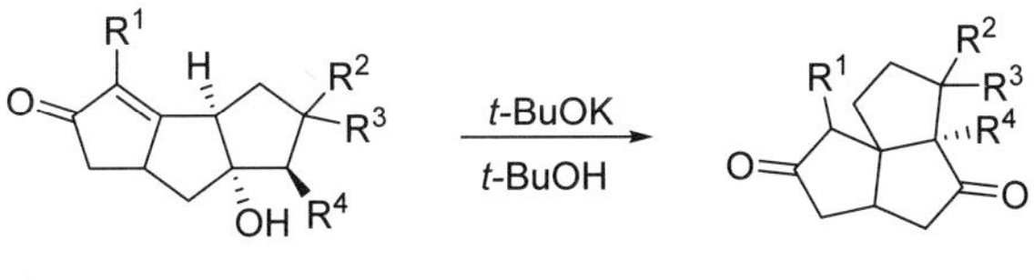

第 18 题

请为以下转换提供合理的电子转移过程，须标出准确的电子转移箭头：

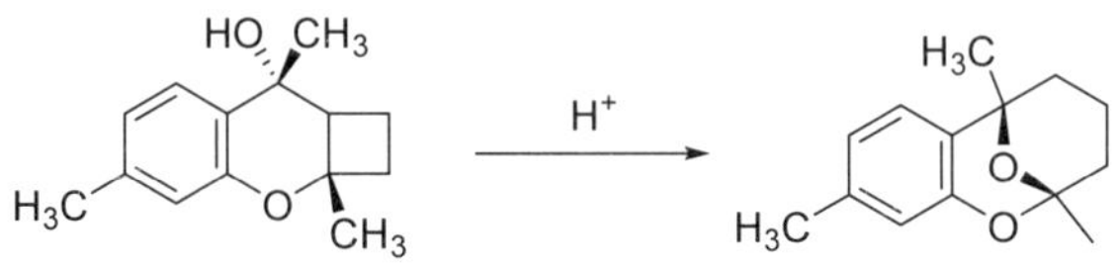

第 19 题

请为以下转换提供合理的电子转移过程，须标出准确的电子转移箭头，并解释两者的不同点：

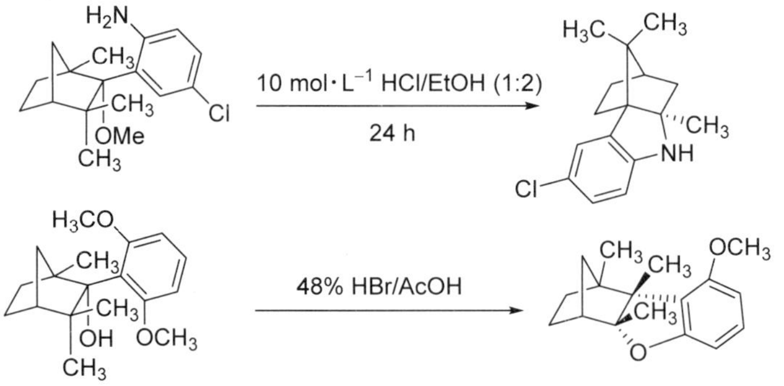

10 mol·L^{-1} HCl/EtOH (1:2)

24 h

48% HBr/AcOH

第 20 题

请为以下转换提供合理的电子转移过程，须标出准确的电子转移箭头：

TsOH, CH_3COCH_3

△

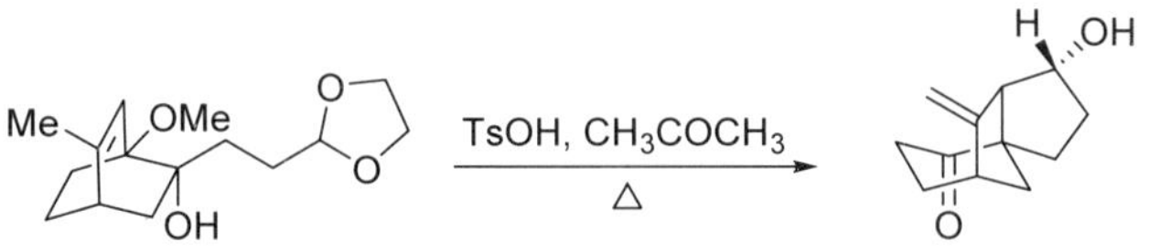

第 21 题

请为以下转换提供合理的电子转移过程，须标出准确的电子转移箭头：

180 °C

80%

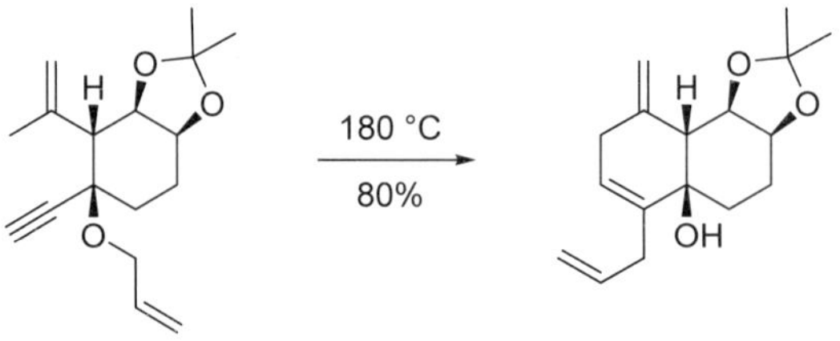

第 22 题

请为以下转换提供合理的电子转移过程，须标出准确的电子转移箭头：

H_3O^+

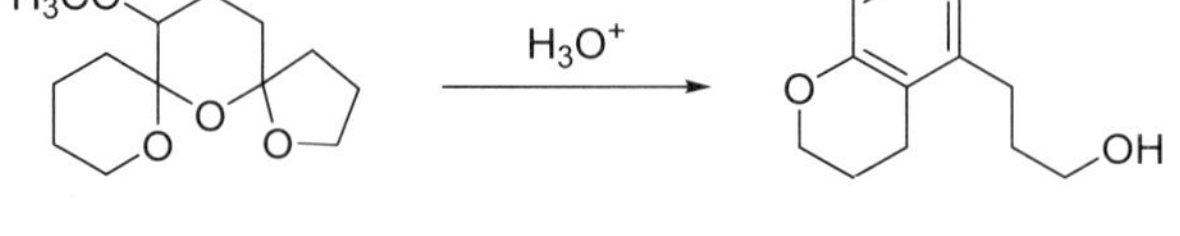

第 23 题

请为以下转换提供合理的电子转移过程，须标出准确的电子转移箭头：

CH_3OCH_2Cl

i-Pr_2NEt

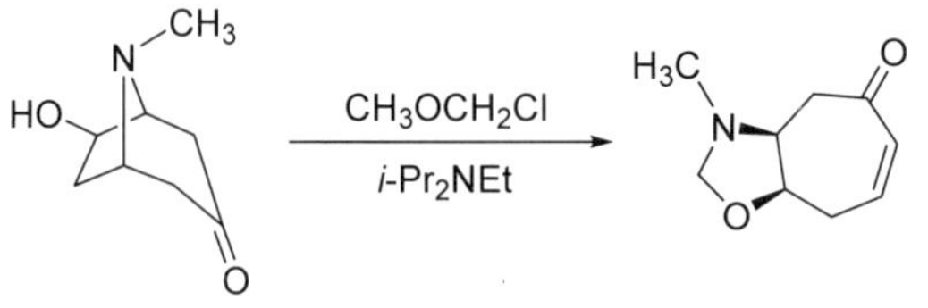

第 24 题

请为以下转换提供合理的电子转移过程，须标出准确的电子转移箭头：

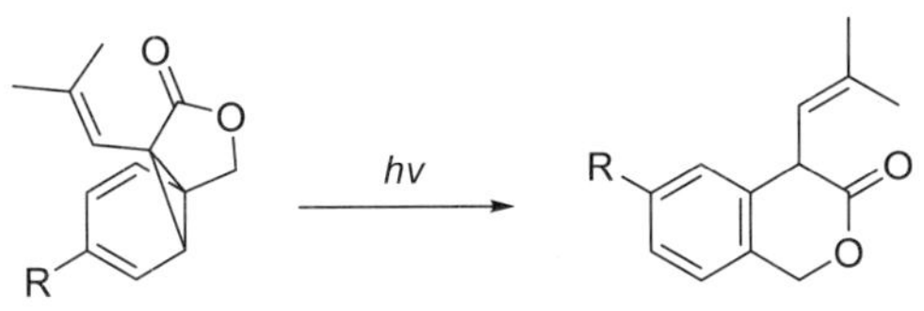

$$\xrightarrow{h\nu}$$

第25题

请为以下转换提供合理的电子转移过程，须标出准确的电子转移箭头：

CH_2Br CO_2CH_3 $\xrightarrow[KPF_6]{AgNO_3}$ O_2NO $COOCH_3$

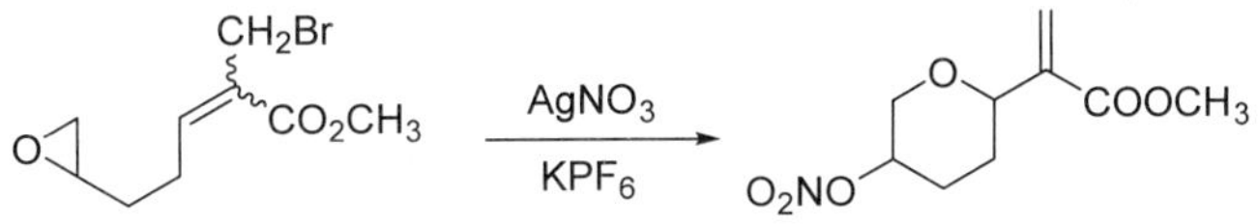

如果使用 $TiBr_4$，请预测其产物的结构。

第26题

请为以下转换提供合理的电子转移过程，须标出准确的电子转移箭头：

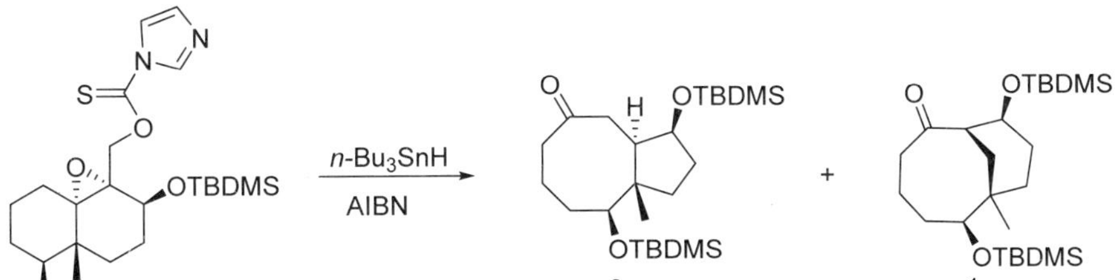

S N N O O OTBDMS OTBDMS $\xrightarrow[AIBN]{n\text{-}Bu_3SnH}$ O H OTBDMS OTBDMS + O OTBDMS OTBDMS

8 : 1

S N N O O OTBDMS OTBDMS $\xrightarrow[AIBN]{n\text{-}Bu_3SnH}$ O H OTBDMS OTBDMS + O OTBDMS OTBDMS

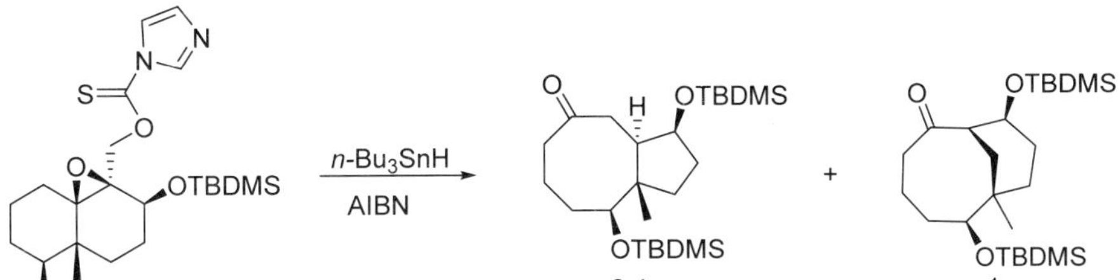

2.4 : 1

第27题

请为以下转换提供合理的电子转移过程，须标出准确的电子转移箭头：

OH S R^1 R^2 $\xrightarrow{Hg(II)/H_3O^+}$ R^1 S R^2 OH

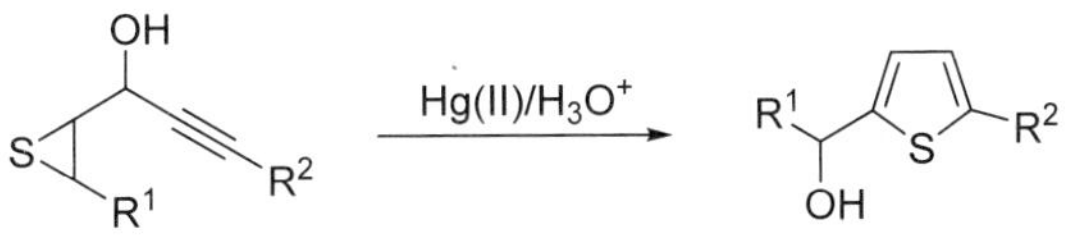

依据以上结果，完成以下反应式：

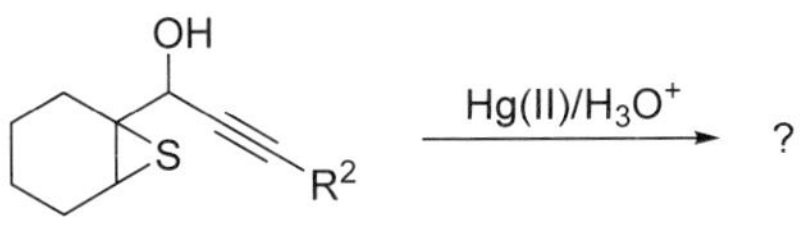

OH S R^2 $\xrightarrow{Hg(II)/H_3O^+}$?

第28题

请为以下转换提供合理的电子转移过程，须标出准确的电子转移箭头：

SCH_3 $COOCH_3$ R O O $\xrightarrow[HO^-]{R^1COCH_3}$ SCH_3 $COOCH_3$ R R^1

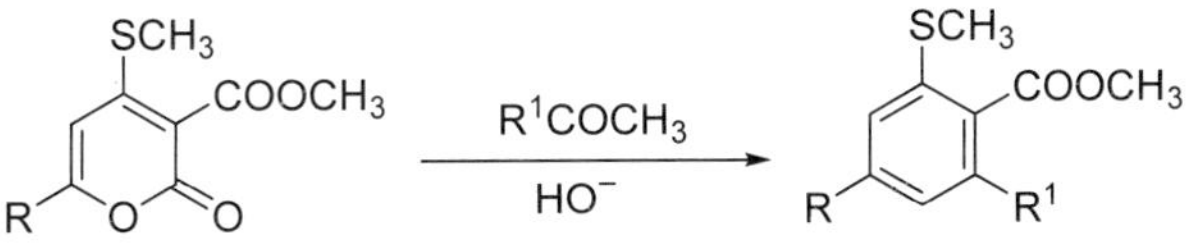

第29题

请为以下转换提供合理的电子转移过程，须标出准确的电子转移箭头：

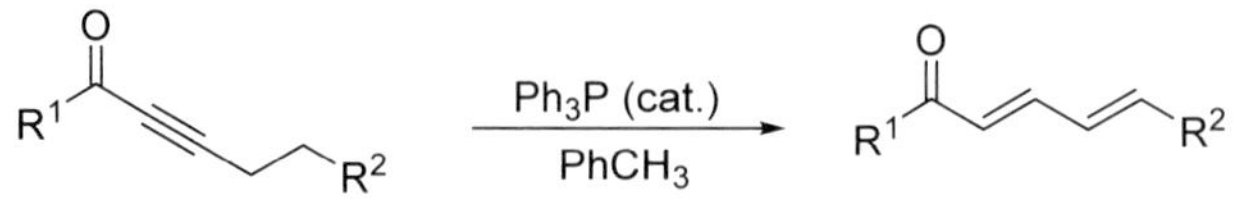

说明：底物为酮时无需酸催化，而为酯时需要少量酸催化

第 30 题

请为以下转换提供合理的电子转移过程，须标出准确的电子转移箭头：

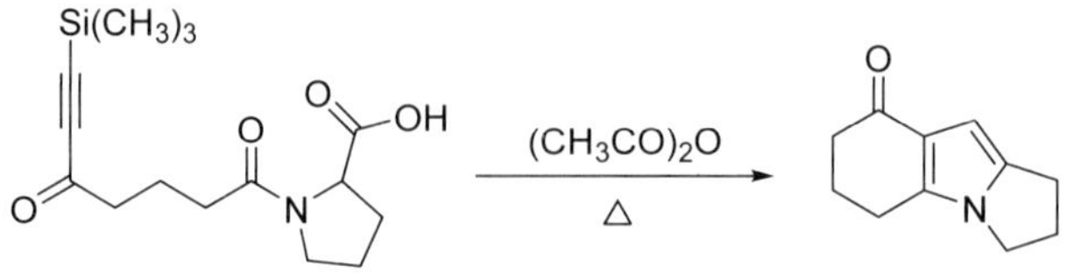

第 31 题

请为以下转换提供合理的电子转移过程，须标出准确的电子转移箭头：

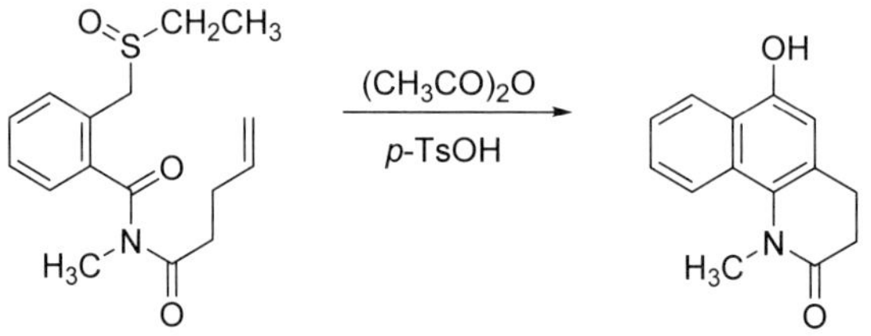

第 32 题

请为以下转换提供合理的电子转移过程，须标出准确的电子转移箭头：

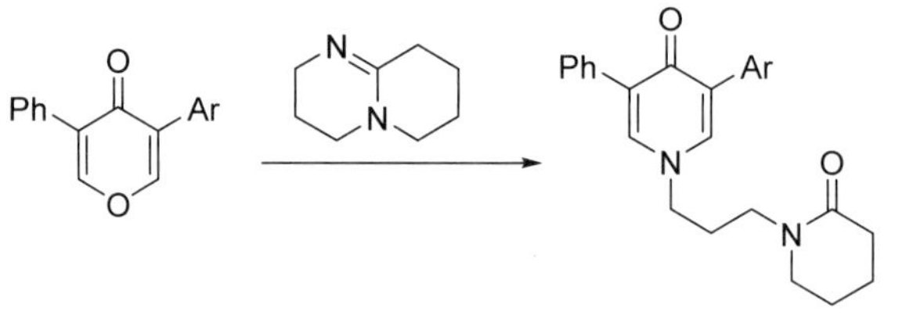

第 33 题

请为以下转换提供合理的电子转移过程，须标出准确的电子转移箭头：

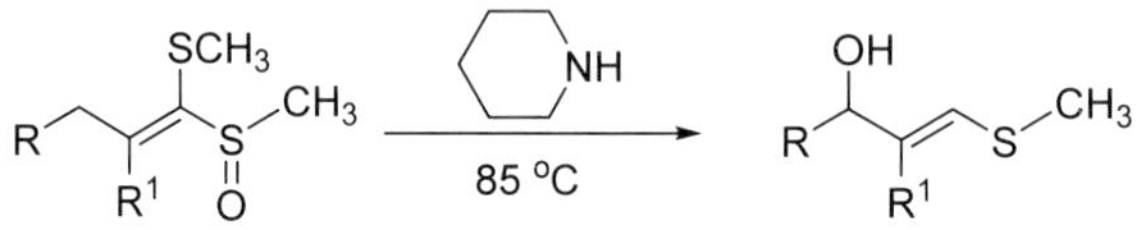

第 34 题

请为以下转换提供合理的电子转移过程，须标出准确的电子转移箭头：

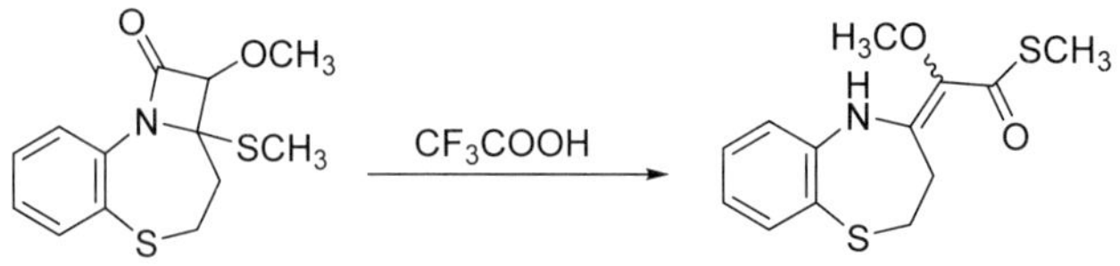

第 35 题

请为以下转换提供合理的电子转移过程，须标出准确的电子转移箭头：

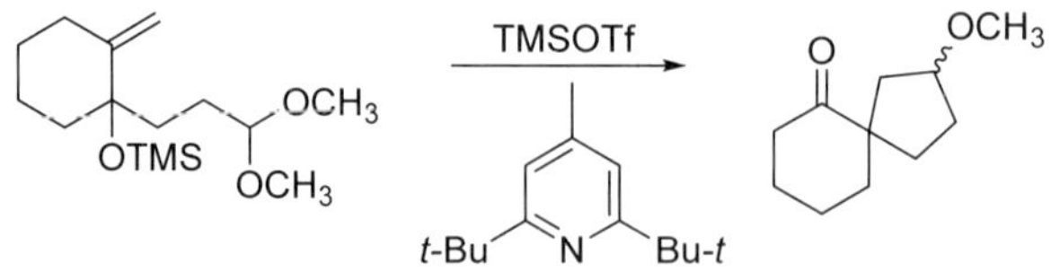

第 36 题

请为以下转换提供合理的电子转移过程，须标出准确的电子转移箭头：

$BF_3(g)$

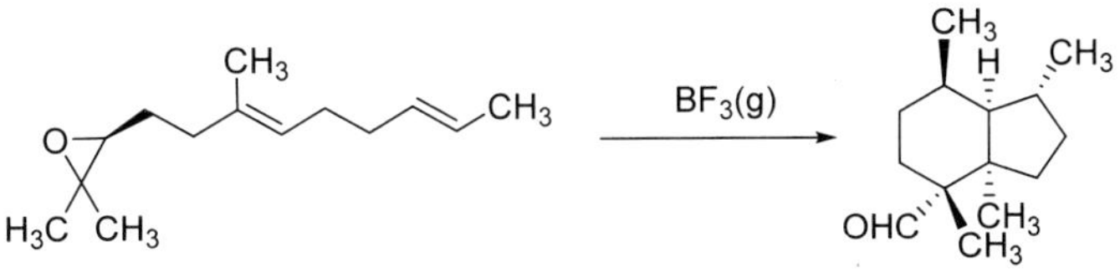

第 37 题

请为以下转换提供合理的电子转移过程，须标出准确的电子转移箭头：

CH_3AlCl_2

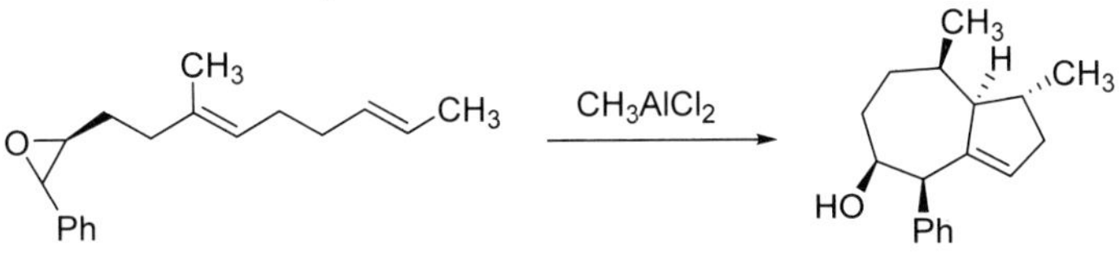

第 38 题

对比以下两个反应，请为以下转换提供合理的电子转移过程，须标出准确的电子转移箭头，并说明其不同点：

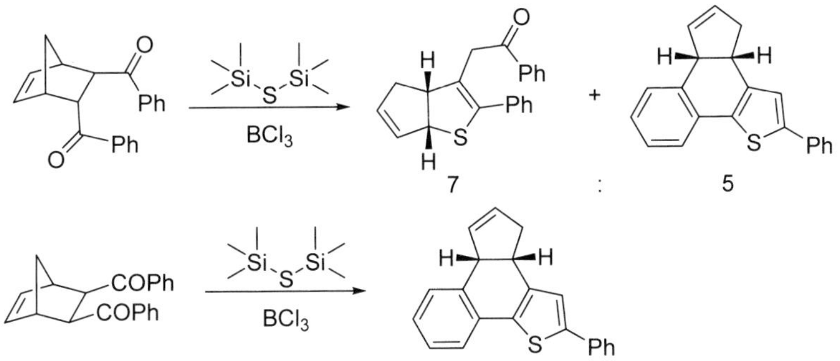

BCl_3　7 : 5

BCl_3

第 39 题

请为以下转换提供合理的电子转移过程，须标出准确的电子转移箭头：

$Rh_2(OAc)_4$, AcOH　11 : 1

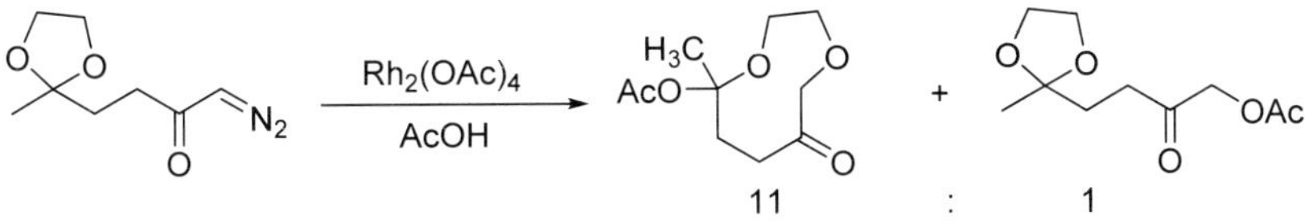

第 40 题

请为以下转换提供合理的电子转移过程，须标出准确的电子转移箭头：

500 °C

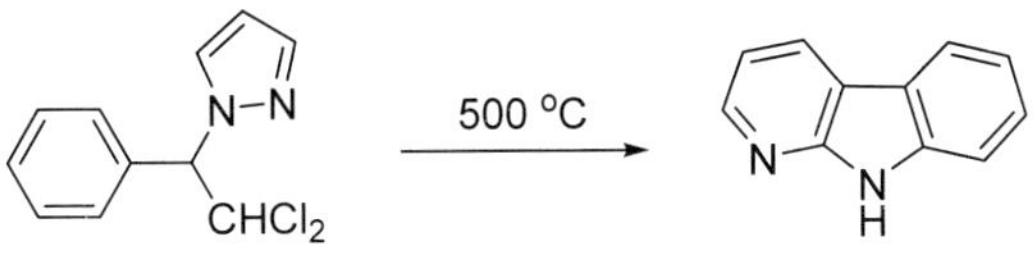

第 41 题

请为以下转换提供合理的电子转移过程，须标出准确的电子转移箭头：

△ 或 $h\nu$

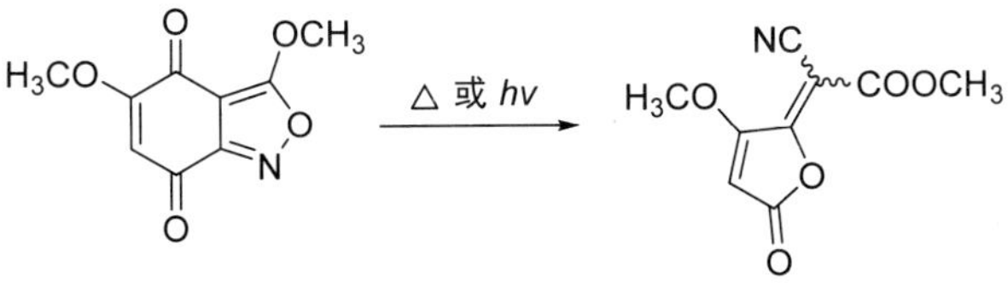

第 42 题

请画出中间体 **A** 的结构简式，并为以下转换提供合理的电子转移过程，须标出准确的电子转移箭头：

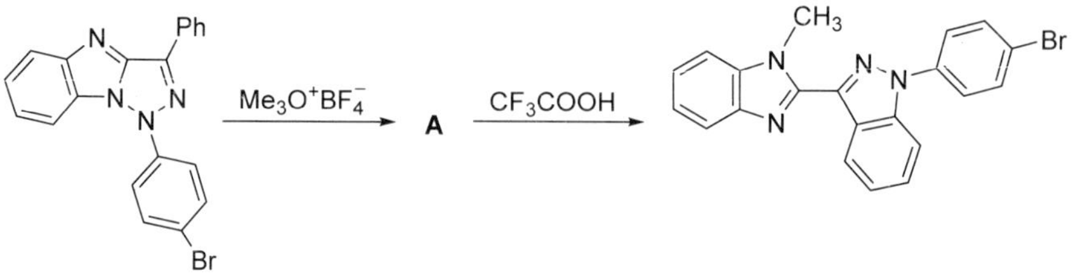

第 43 题

请为以下转换提供合理的电子转移过程，须标出准确的电子转移箭头：

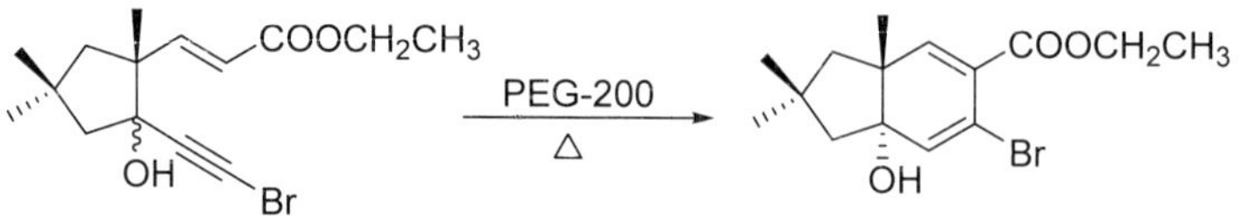

说明：PEG-200 为平均分子量约 200 $g \cdot mol^{-1}$ 的聚乙二醇。

第 44 题

请画出中间体 **A** 的结构简式，为以下转换提供合理的电子转移过程，须标出准确的电子转移箭头：

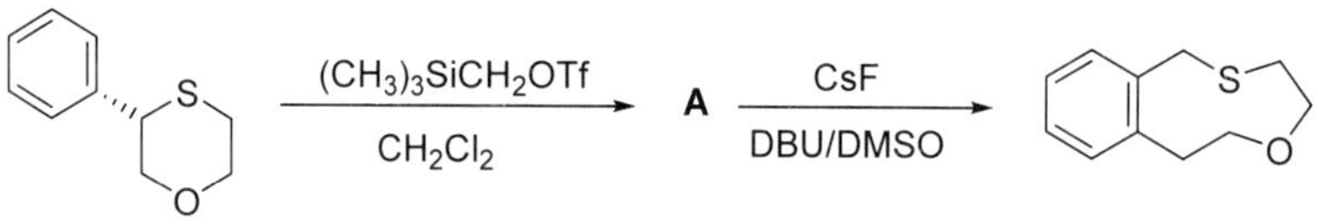

第 45 题

请为以下转换提供合理的电子转移过程，须标出准确的电子转移箭头：

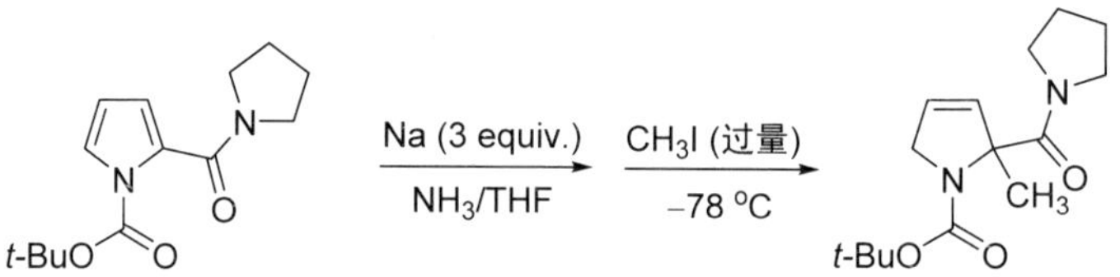

第 46 题

请为以下转换提供合理的电子转移过程，须标出准确的电子转移箭头：

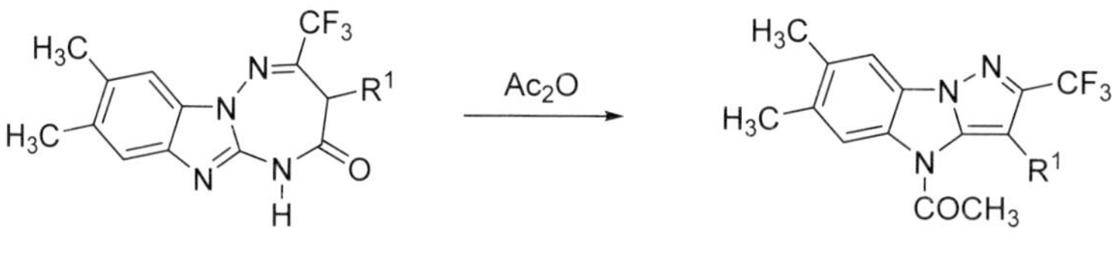

第 47 题

请为以下转换提供合理的电子转移过程，须标出准确的电子转移箭头：

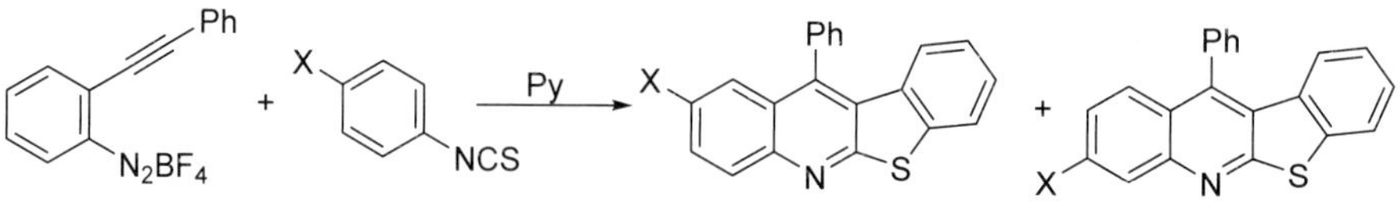

研究表明，当 X = OCH_3 时，产物 **2** 的产率很低；而当 X = Cl 时，产物 **2** 的产率明显得到提升。此外，如果重氮盐所取代的苯环上有取代基，不管是吸电子基团

还是给电子基团均对产物没有明显影响，请解释原因。

提示：这是一个自由基反应。

第 48 题

请为以下转换提供合理的电子转移过程，须标出准确的电子转移箭头：

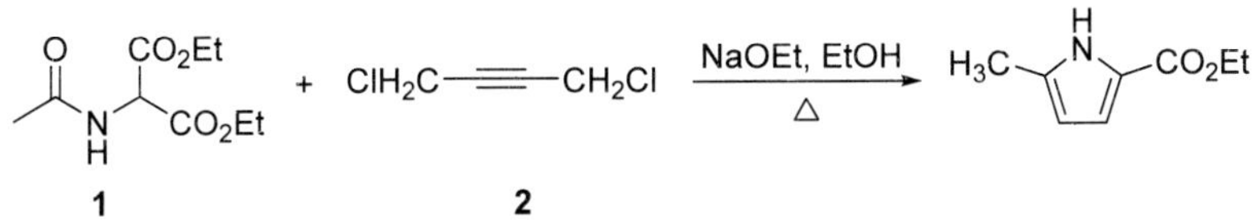

研究结果表明，当体系中加入 2 倍量的化合物 **1** 和 2 倍量的乙醇钠在乙醇溶液中回流，得到一个简单的取代产物 **3**；而在 10 倍量的乙醇钠作用下，则得到目标产物吡咯衍生物。请画出取代产物 **3** 的结构简式。

第 49 题

请为以下转换提供合理的电子转移过程，须标出准确的电子转移箭头：

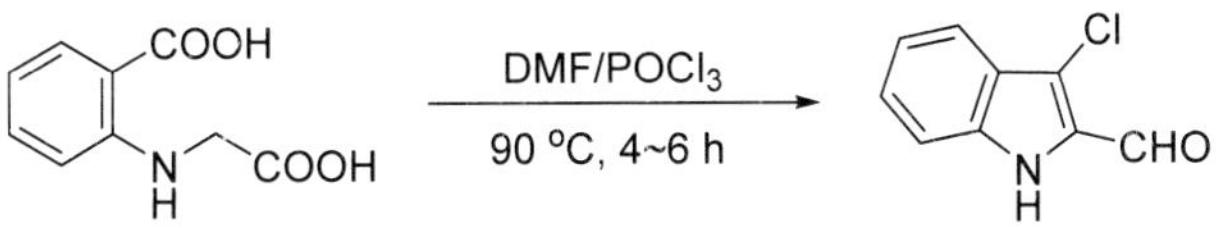

提示：反应过程中，会有一个非常重要的副产物：

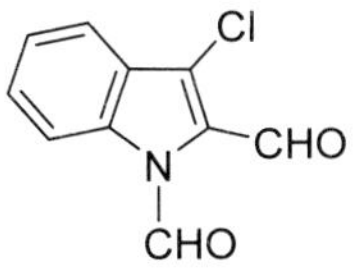

此化合物在 90 °C 下加热 6 h 就可以转化为目标产物。

第 50 题

请为以下转换提供合理的电子转移过程，须标出准确的电子转移箭头，并标出带*的碳原子的立体构型：

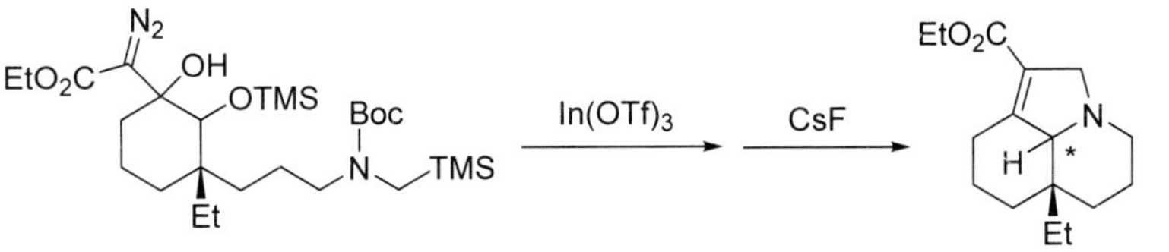

第五章 有机反应机理中的高级问题

第 1 题

请为以下转换提供合理的电子转移过程，须标出准确的电子转移箭头：

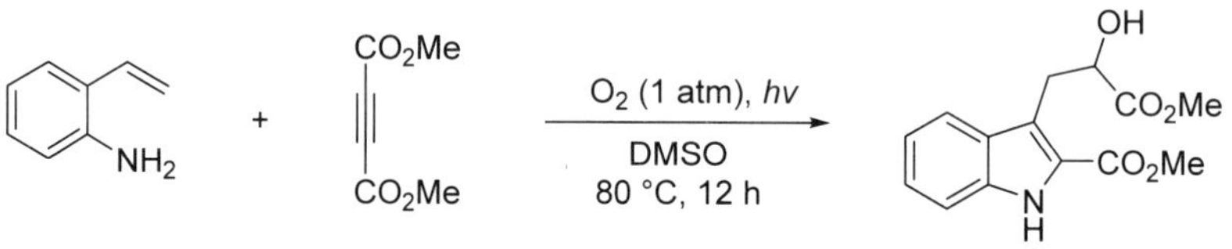

NH2
CO2Me
CO2Me
O2 (1 atm), hv
DMSO
80 °C, 12 h
OH
CO2Me
CO2Me
N
H

第 2 题

请为以下转换提供合理的电子转移过程，须标出准确的电子转移箭头：

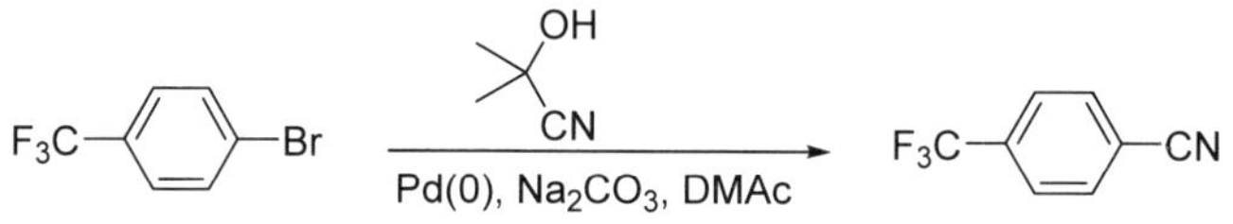

F3C
Br
OH
CN
Pd(0), Na2CO3, DMAc
F3C
CN

第 3 题

请为以下转换提供合理的电子转移过程，须标出准确的电子转移箭头：

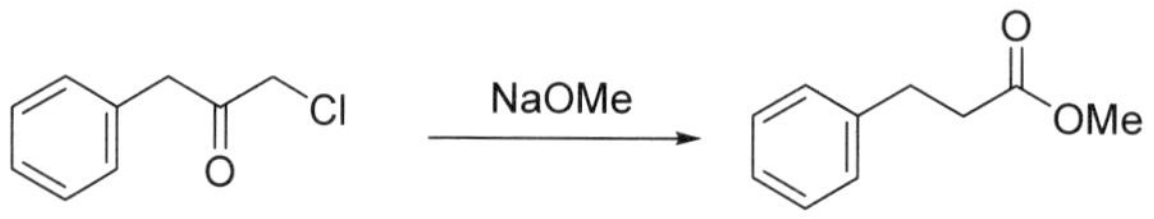

Cl
O
NaOMe
O
OMe

第 4 题

请为以下转换提供合理的电子转移过程，须标出准确的电子转移箭头：

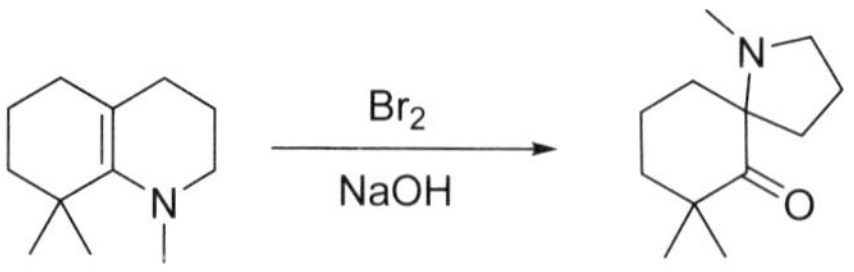

N
Br2
NaOH
N
O

第 5 题

请为以下转换提供合理的电子转移过程，须标出准确的电子转移箭头，并解释两反应不同结果的原因：

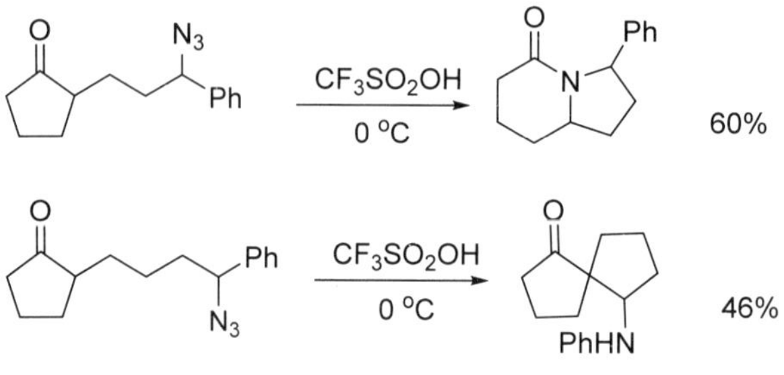

O
N3
Ph
CF3SO2OH
0 °C
O
N
Ph
60%
O
Ph
N3
CF3SO2OH
0 °C
O
PhHN
46%

第 6 题

请为以下转换提供合理的电子转移过程，须标出准确的电子转移箭头：

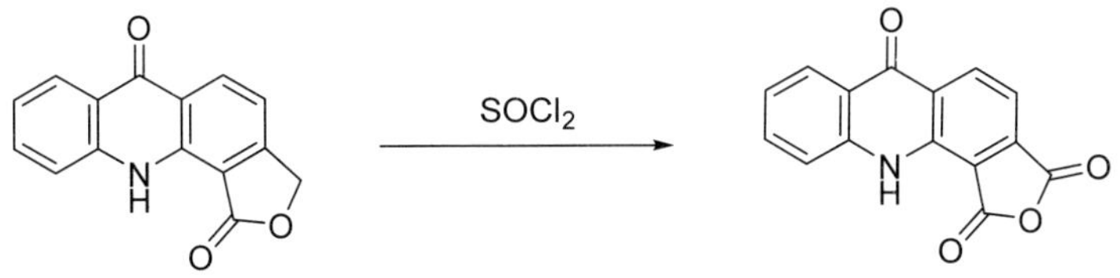

第 7 题

请为以下转换提供合理的电子转移过程，须标出准确的电子转移箭头：

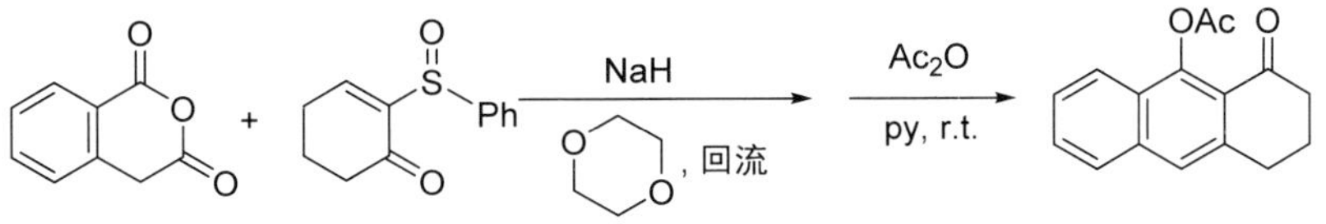

第 8 题

请为以下转换提供合理的电子转移过程，须标出准确的电子转移箭头：

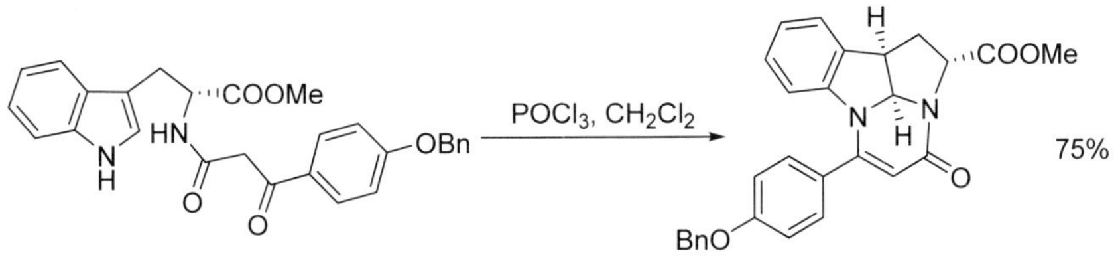

第 9 题

请为以下转换提供合理的电子转移过程，须标出准确的电子转移箭头：

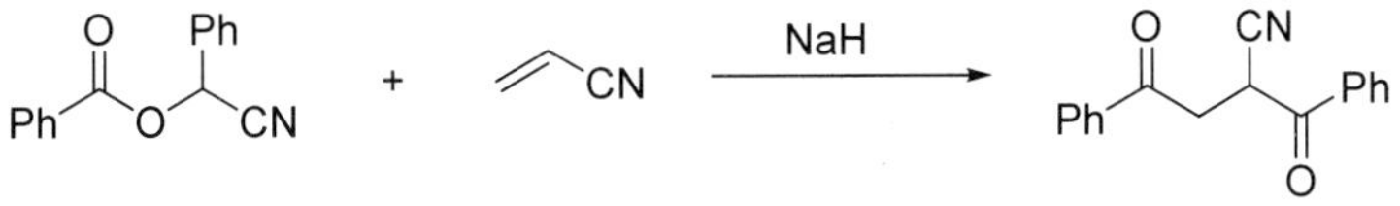

第 10 题

请为以下转换提供合理的电子转移过程，须标出准确的电子转移箭头：

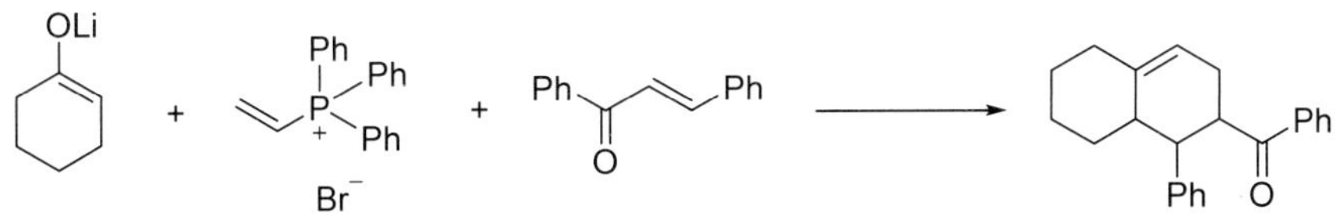

第 11 题

请为以下转换提供合理的电子转移过程，须标出准确的电子转移箭头：

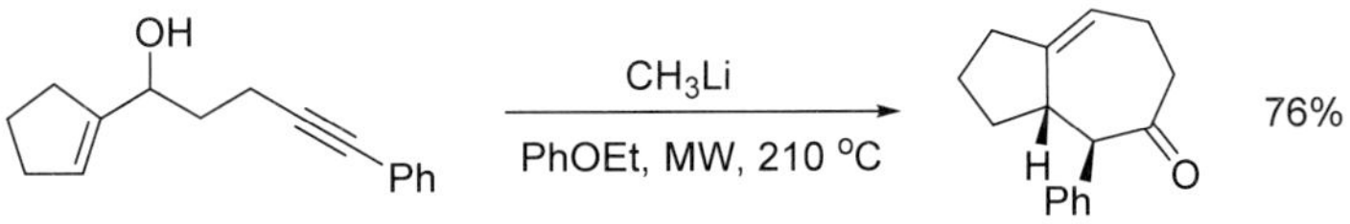

第 12 题

请为以下转换提供合理的电子转移过程，须标出准确的电子转移箭头，并解释其选择性：

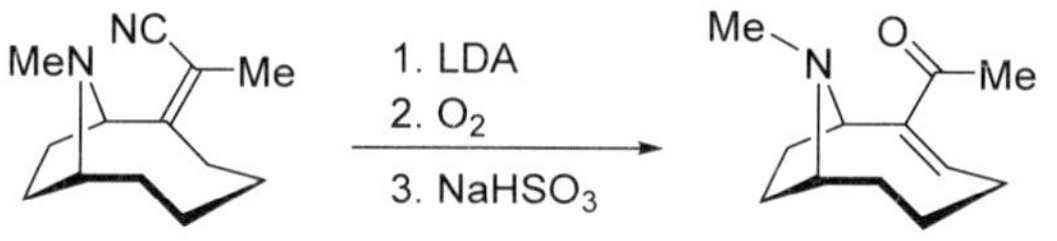

第13题

请为以下转换提供合理的电子转移过程，须标出准确的电子转移箭头：

NaOH

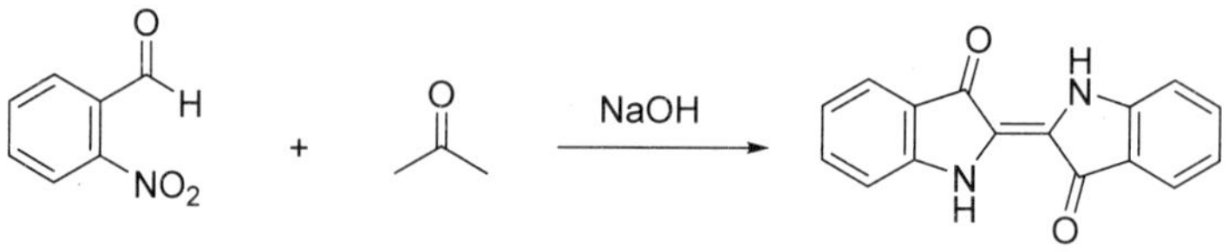

提示：在碱性条件下，形成的关键中间体为

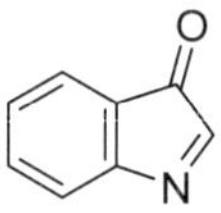

第14题

请为以下转换提供合理的电子转移过程，须标出准确的电子转移箭头：

NaOCl

HOOC COOH

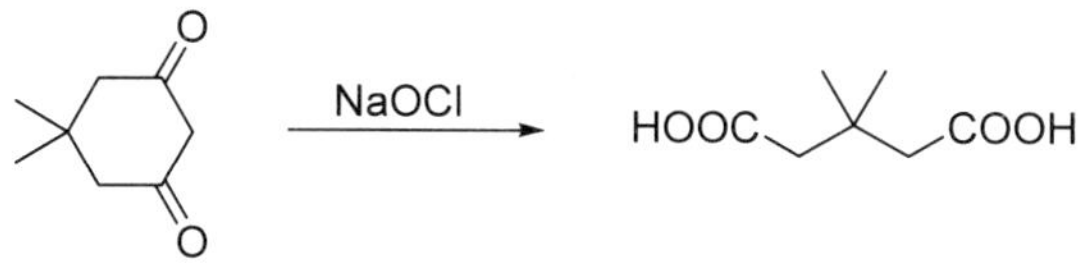

第15题

请为以下转换提供合理的电子转移过程，须标出准确的电子转移箭头：

B

CH_3CN, r.t.

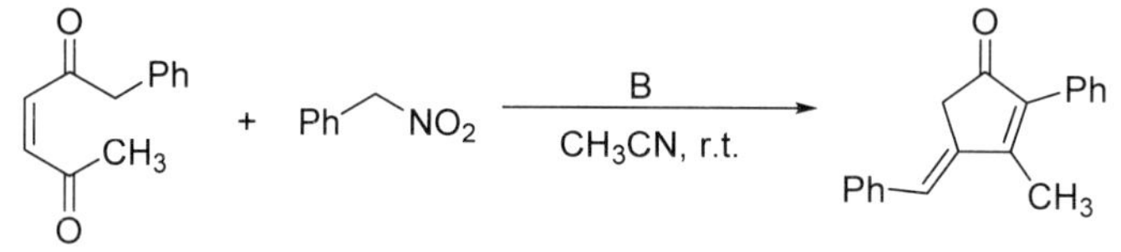

实验结果表明体系中没有以下副产物，为什么？

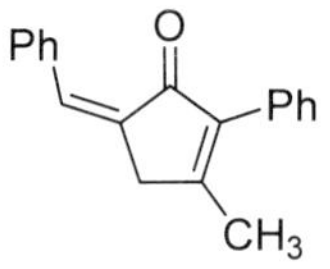

第16题

请利用反应机理分析以下实验结果，解释不能环化的原因：

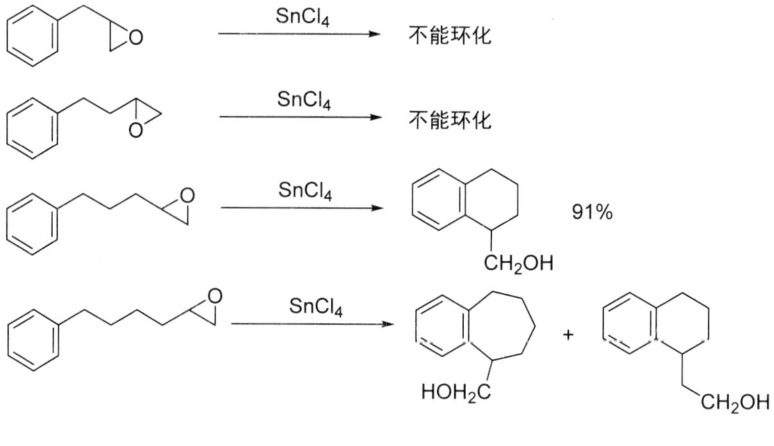

$SnCl_4$ 不能环化

$SnCl_4$ 不能环化

$SnCl_4$ 91%

$SnCl_4$

第 17 题

请为以下转换提供合理的电子转移过程，须标出准确的电子转移箭头：

+ RCOOH $\xrightarrow[n\text{-}Bu_4NI,\ DCE,\ 60\ ^\circ C,\ 6\ h]{t\text{-}BuOOH}$

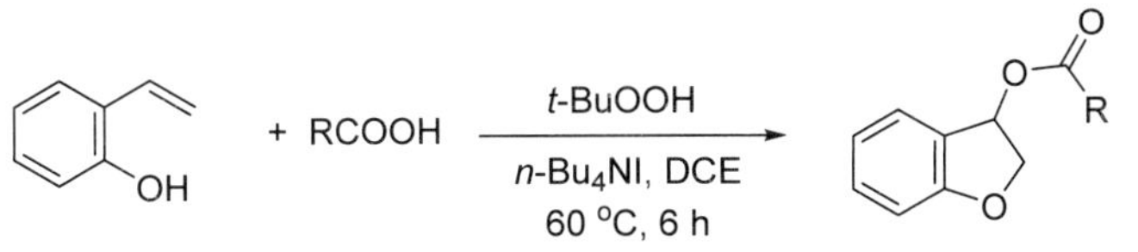

第 18 题

请为以下转换提供合理的电子转移过程，须标出准确的电子转移箭头：

$\xrightarrow{t\text{-}BuOK}$ $\xrightarrow{H^+,\ MeOH}$

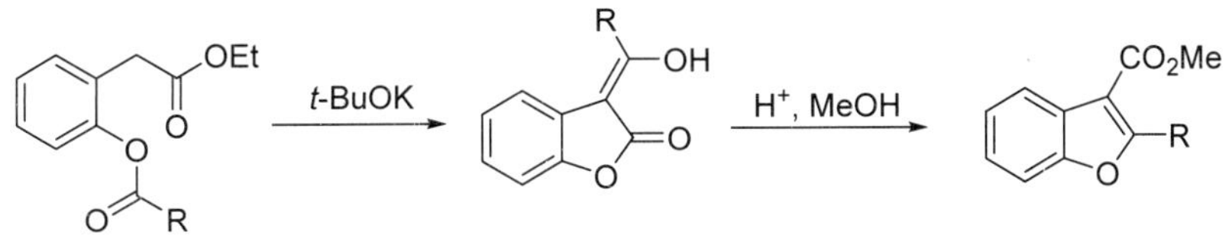

第 19 题

请为以下转换提供合理的电子转移过程，须标出准确的电子转移箭头：

+ $\xrightarrow[EtOH,\ 回流,\ 5\ h]{PhSO_3H\ (30\%,\ 摩尔分数)}$

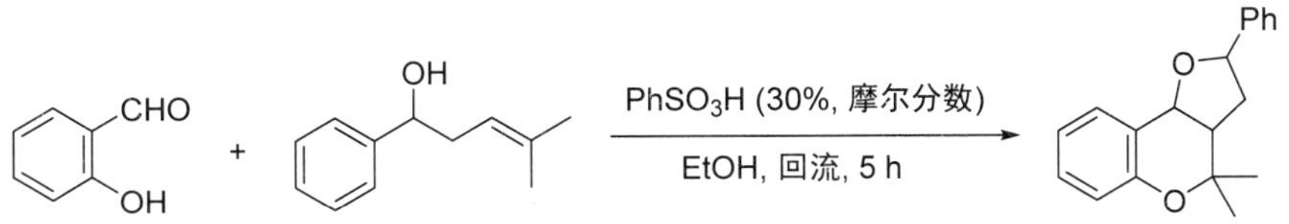

实验结果表明此反应具有高度的立体选择性，请解释此立体化学的不同点：

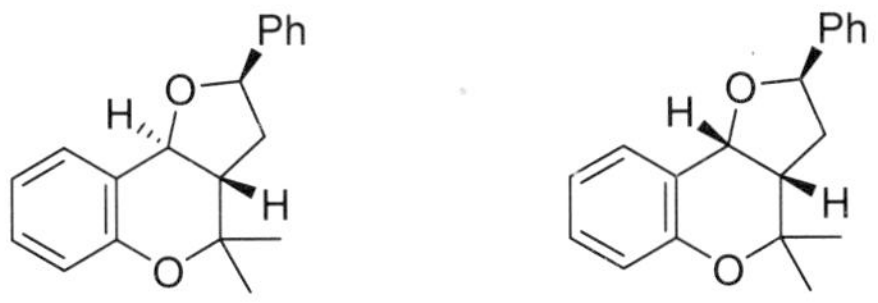

90 : 10

第 20 题

请为以下转换提供合理的电子转移过程，须标出准确的电子转移箭头：

+ $\xrightarrow[DCM,\ r.t.\sim 40\ ^\circ C]{CF_3SO_3H\ (1.2\ equiv.)}$

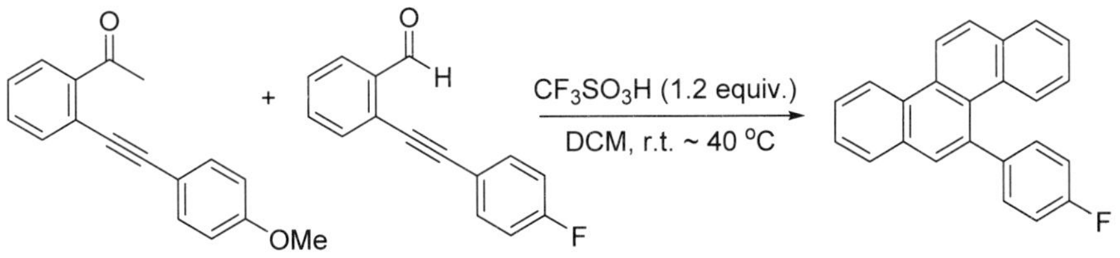

第 21 题

请为以下转换提供合理的电子转移过程，须标出准确的电子转移箭头：

$\xrightarrow[CH_2Cl_2,\ r.t.,\ 24\ h]{PhI(OAc)_2,\ TMSI}$

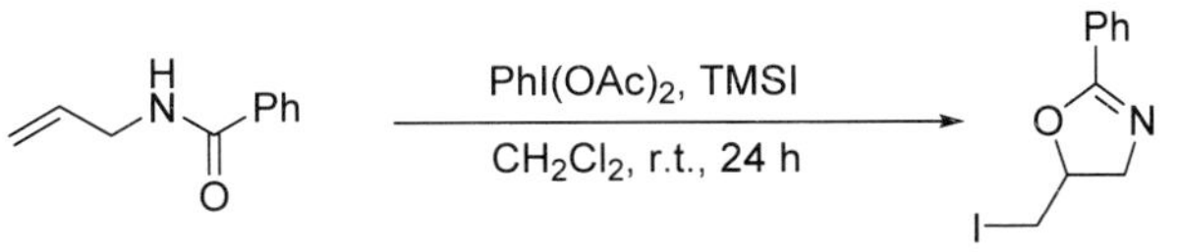

^{1}H NMR 研究，表明加入 TMSI 后，氮原子上氢的化学位移从 6.35 移到了 9.35，氮原子连接烷基链上所有氢原子的化学位移均移向低场。请结合你所给出的机理，解释此实验结果。

第 22 题

请为以下转换提供合理的电子转移过程，须标出准确的电子转移箭头，并推测此反应的副产物：

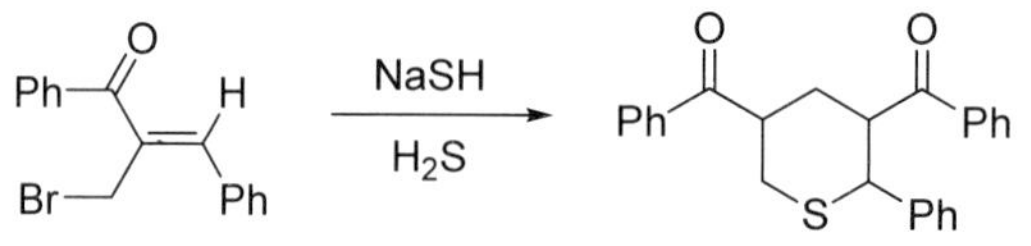

第 23 题

请为以下转换提供合理的电子转移过程，须标出准确的电子转移箭头 (DMAD 为丁炔二酸二甲酯)：

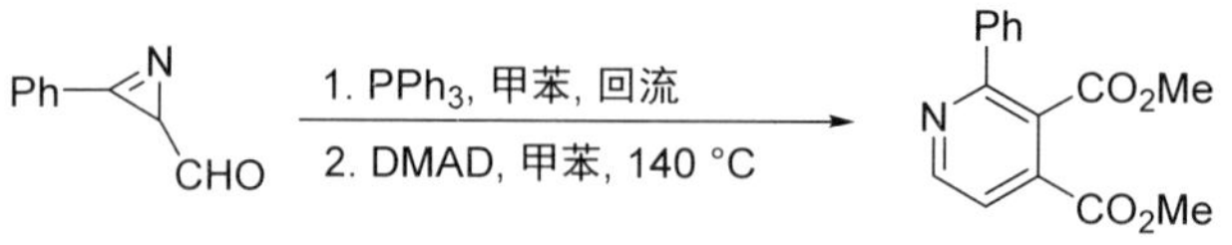

第 24 题

请为以下转换提供合理的电子转移过程，须标出准确的电子转移箭头：

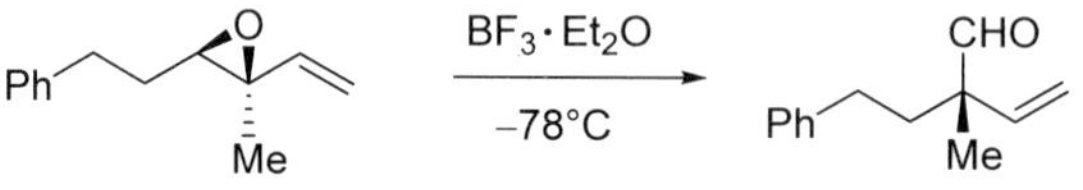

实验中没有观测到以下产物的形成，请解释此反应的立体化学和实验结果：

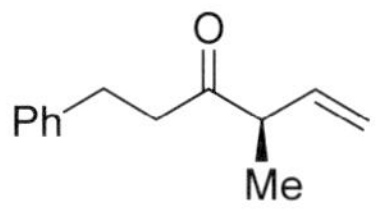

第 25 题

请为以下转换提出二种可能的反应机理，并设计可以区分所提出的两种机理的实验方法：

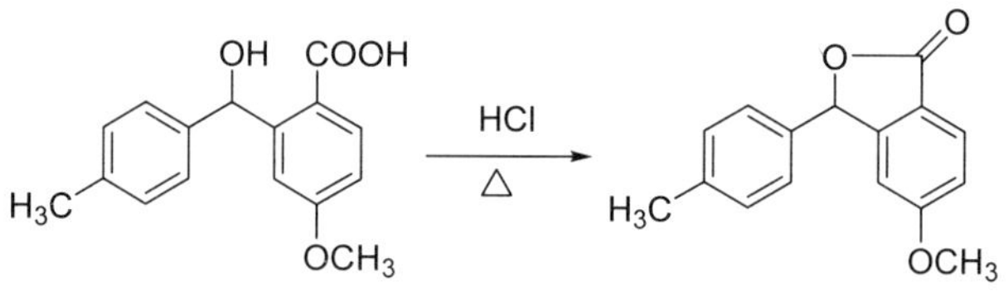

第 26 题

请为以下转换提供合理的电子转移过程，须标出准确的电子转移箭头：

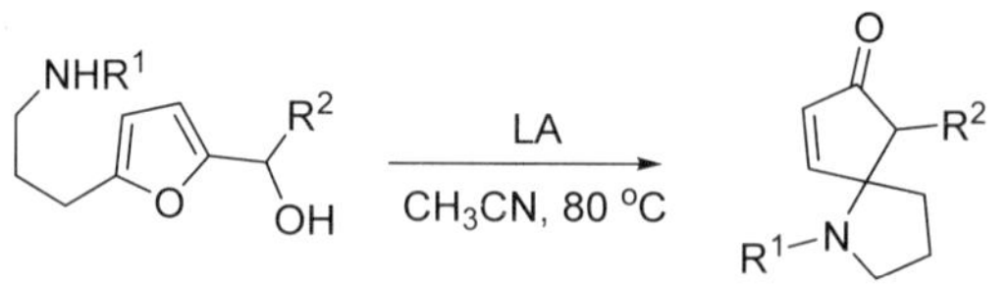

第 27 题

请为以下转换提供合理的电子转移过程，须标出准确的电子转移箭头：

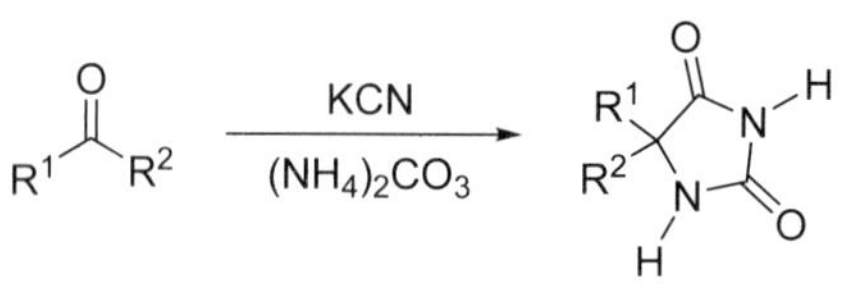

第 28 题

请为以下转换提供合理的电子转移过程，须标出准确的电子转移箭头：

$$R^2, R^1, R^3, R^4 \text{ 取代环戊烯酮} \xrightarrow[\text{碱}]{H_2O_2} \xrightarrow[AcOH]{N_2H_4} \text{HO}, R^2, R^1, R^3, R^4 \text{ 取代环戊烯醇}$$

第 29 题

请为以下转换提供合理的电子转移过程，须标出准确的电子转移箭头：

AgSCF₃, 三氯异氰尿酸；THF, r.t., 2 h

第 30 题

请为以下转换提供合理的电子转移过程，须标出准确的电子转移箭头：

Br_2

第 31 题

请为以下转换提供合理的电子转移过程，须标出准确的电子转移箭头：

$F_3C{\equiv}COOEt$ + H_2N-噻二唑-CF_3 →（MeOH, r.t., 40 h）

第 32 题

请为以下转换提供合理的电子转移过程，须标出准确的电子转移箭头：

NaOEt / EtOH

第 33 题

请为以下转换提供合理的电子转移过程，须标出准确的电子转移箭头：

CHO + OH + → $BF_3 \cdot OEt_2$，r.t. ~ 40 °C

第 34 题

请为以下转换提供合理的电子转移过程，须标出准确的电子转移箭头：

Pd$(OAc)_2$, NaOBu-*t*
PCy_2, 甲苯, 80 °C

TFA/CH_2Cl_2
23 °C

第 35 题

请为以下转换提供合理的电子转移过程，须标出准确的电子转移箭头：

HO OSEM O O O O → OsO_4, NMO / *t*-BuOH/THF/H_2O / 0 °C, 18 h → HO HO CH_2OH OSEM

NMO: *N*-甲基吗啉-*N*-氧化物

第 36 题

请为以下转换提供合理的电子转移过程，须标出准确的电子转移箭头：

BnOOC COOBn Me OH OH → 2% HCl (质量分数)/MeOH / 18 h → HO OH MeOOC BnOOC Me OH COOBn

第 37 题

请为以下转换提供合理的电子转移过程，须标出准确的电子转移箭头：

HO → Pb$(OAc)_4$ (1.5 equiv.), O_3/O_2 / DCM, 0 °C, 1 h → O

第 38 题

请为以下转换提供合理的电子转移过程，须标出准确的电子转移箭头：

BnO HO O OEt OEt → B(OBu-*n*)$_2$ / BHT, *m*-DCB / 130 °C, 4 h → EtO EtO O O HO BnO

第 39 题

请为以下转换提供合理的电子转移过程，须标出准确的电子转移箭头：

OH → Pb$(OAc)_4$ → OAc + O

第 40 题

请为以下转换提供合理的电子转移过程，须标出准确的电子转移箭头：

p-TsOH; PhH, △

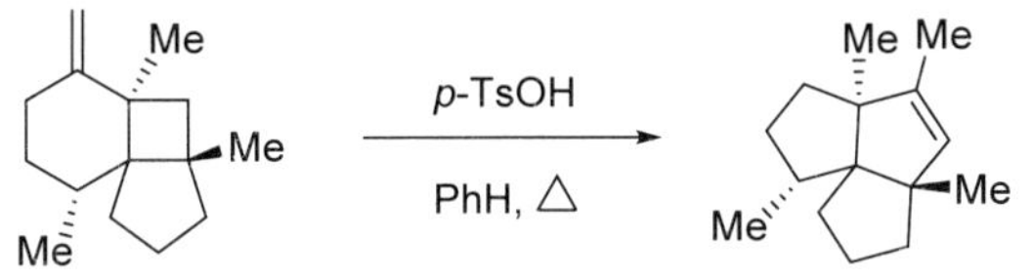

第 41 题

请为以下转换提供合理的电子转移过程，须标出准确的电子转移箭头：

I_2, $NaHCO_3$; MeOH, CH_2Cl_2

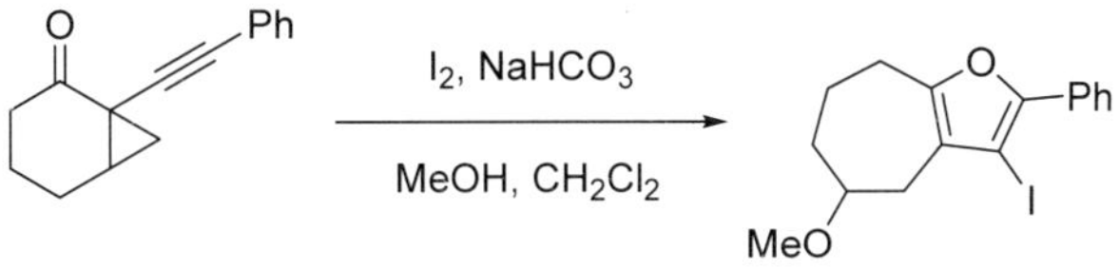

第 42 题

请画出中间体 **A** 的结构简式，并为以下转换提供合理的电子转移过程，须标出准确的电子转移箭头：

$NaNH_2$, NH_3 (l) 或 t-BuOK, DMSO → **A** ($C_{15}H_{14}N_2O_3$) → NaOH, H_2O

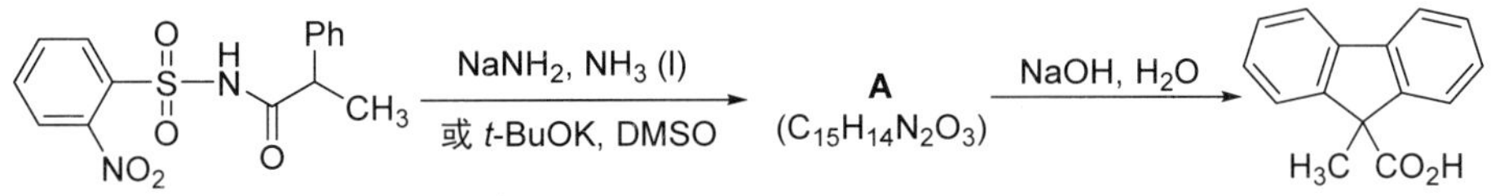

A 的光谱数据：FT-IR (cm^{-1}): 3470, 3360; 1670; 1535, 1365；NMR ($CDCl_3$): δ 2.15 (3H, s), 5.87 (2H，宽峰，s), 6.9~7.9 (9H, m)。

第 43 题

请为以下转换提供合理的电子转移过程，须标出准确的电子转移箭头：

$AgNO_3$

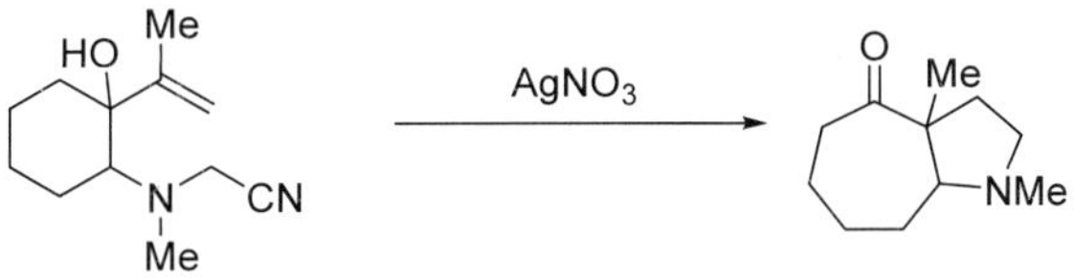

第 44 题

请为以下转换中的立体化学结果提供合理的解释：

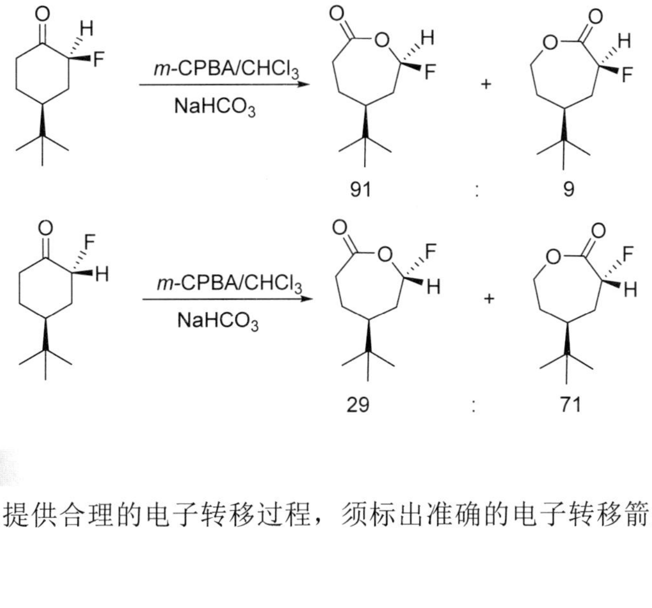

m-CPBA/$CHCl_3$; $NaHCO_3$

91 : 9

m-CPBA/$CHCl_3$; $NaHCO_3$

29 : 71

第 45 题

请为以下转换提供合理的电子转移过程，须标出准确的电子转移箭头：

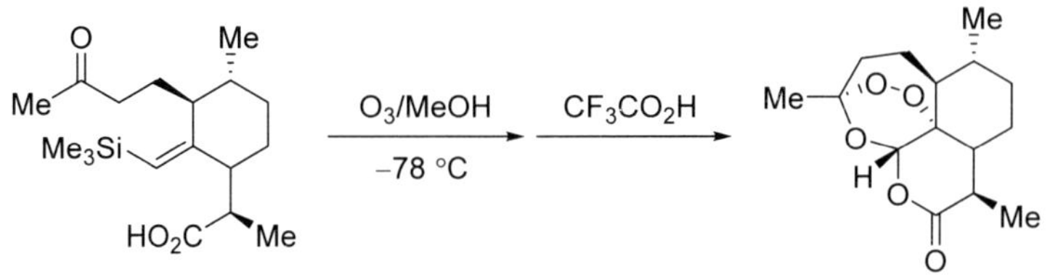

第 46 题

请为以下转换提供合理的电子转移过程，须标出准确的电子转移箭头：

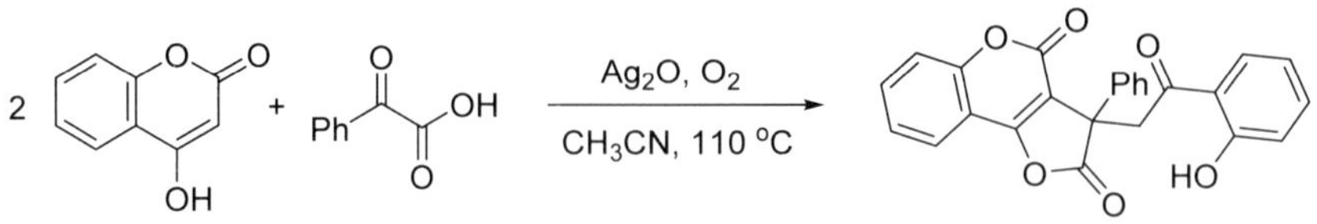

第 47 题

请为以下转换提供合理的电子转移过程，须标出准确的电子转移箭头：

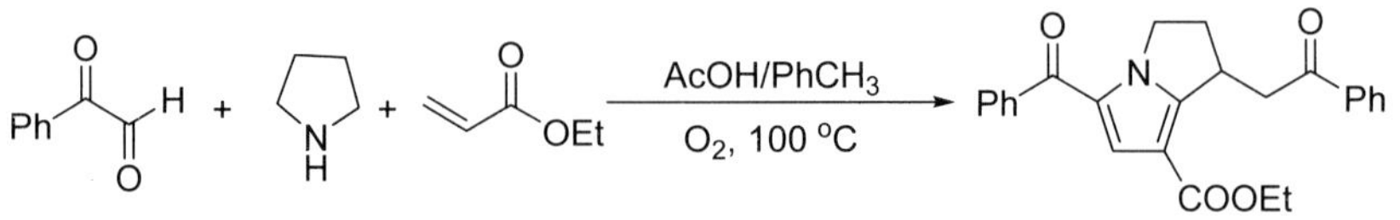

第 48 题

请为以下转换提供合理的电子转移过程，须标出准确的电子转移箭头：

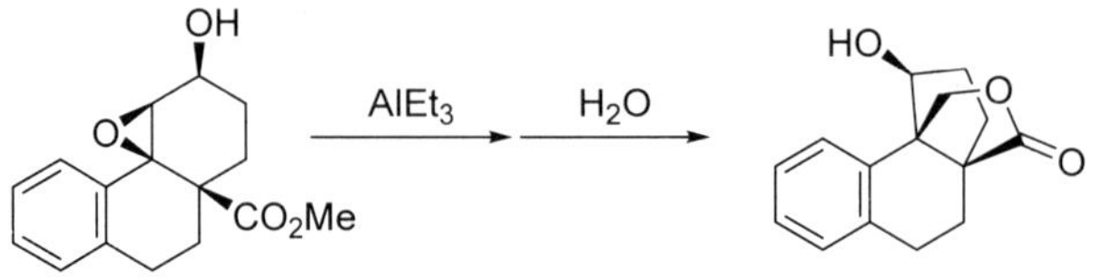

第 49 题

请为以下转换提供合理的电子转移过程，须标出准确的电子转移箭头：

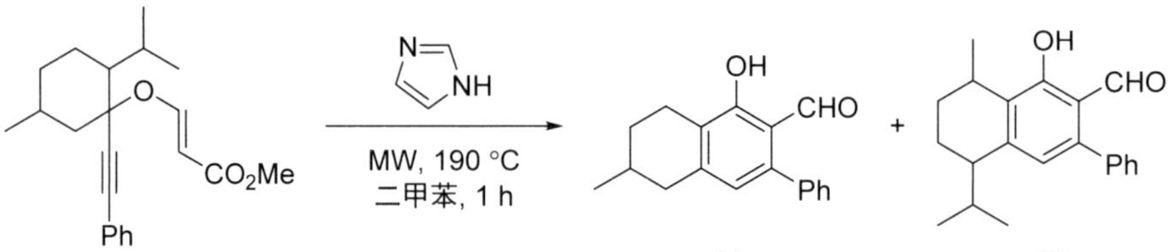

第 50 题

请为以下转换提供合理的电子转移过程，须标出准确的电子转移箭头，并解释此反应的区域选择性：

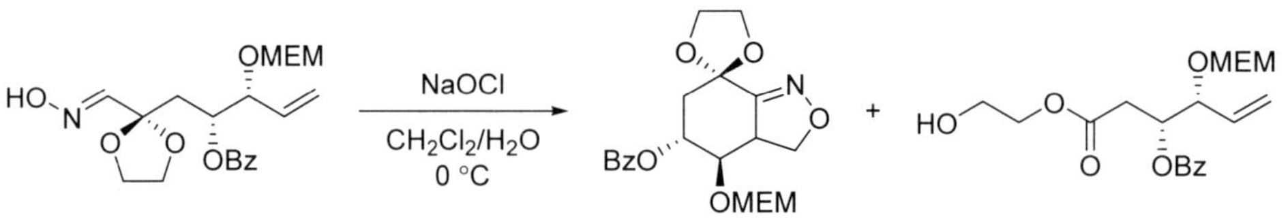

第 51 题

请为以下转换提供合理的电子转移过程，须标出准确的电子转移箭头：

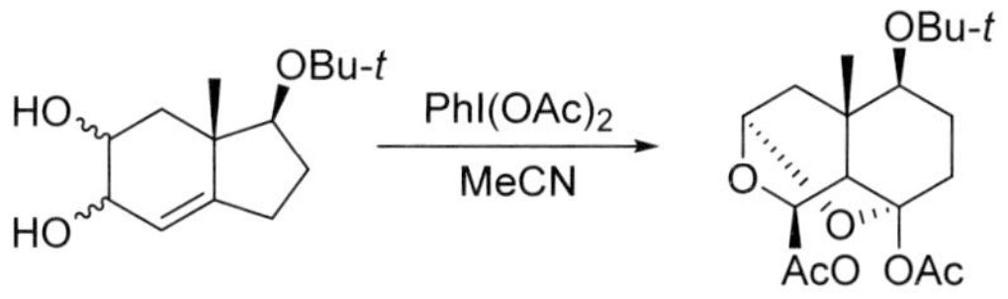

第 52 题

第 51 题的产物经碳酸钾的甲醇水混合溶液后处理，可以重排。请为此转换提供合理的电子转移过程，须标出准确的电子转移箭头：

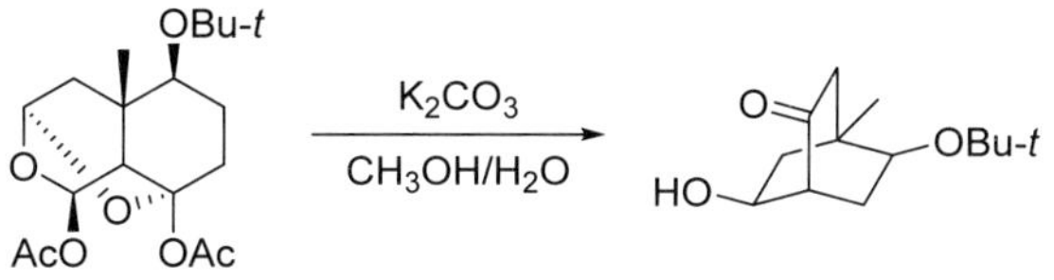

第 53 题

此原料在稀碱处理下转化为四个产物，但产率高低不一。对这些产物的准确了解可为研究反应的转化过程提供更为充分的证据。请为以下转换提供合理的电子转移过程，须标出准确的电子转移箭头，以及产率最高的产物中羟基的构型：

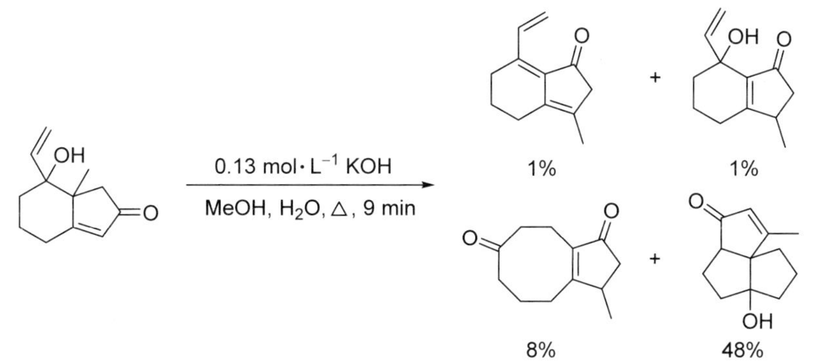

第 54 题

请为以下转换提供合理的电子转移过程，须标出准确的电子转移箭头，并尝试分析是否还有其他副产物：

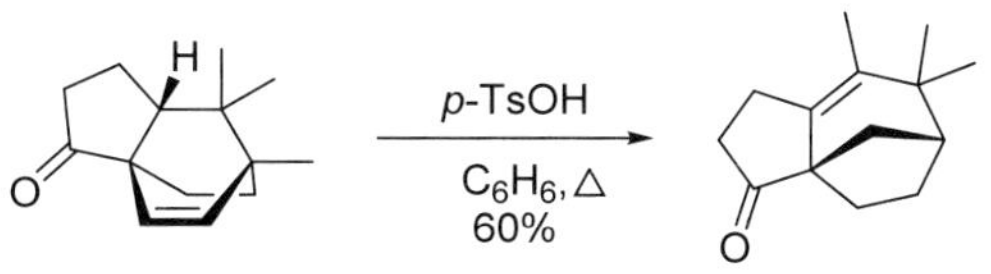

第 55 题

有机化学分子结构的些微变化都会导致完全不同的反应结果。下面转换的底物与上一题的只有很小的差别，唯一的变化只是并环上氢的差向异构化。但在相同的条件下，却还有不同的产物。请为以下转换提供合理的电子转移过程，须标出准确的电子转移箭头，并解释这两个反应不同的原因：

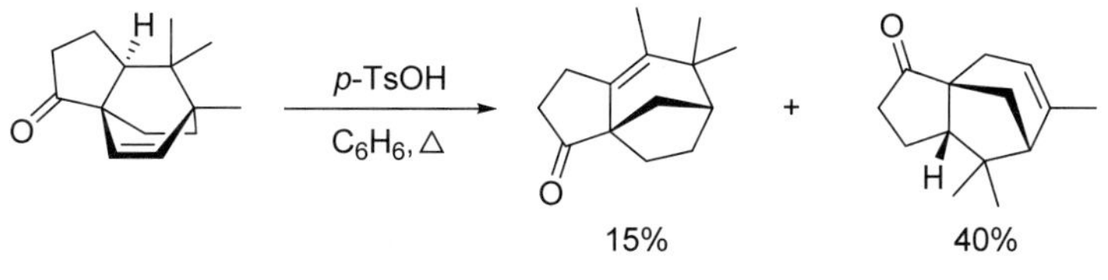

第 56 题

第 56 题　请考虑以下碳正离子还可以形成哪些产物：

54-II

第 57 题

化合物 3,5,5-三甲基环己-2-烯-1-酮在碱的作用下三聚构建了六元环，产物为以下两个产物之一，即化合物 **A** 和 **B** 的其中一个，另一个肯定是错误的。研究人员通过 X 射线衍射技术确定了其结构，但是后续的研究表明他们对产物的结构鉴定发生了偏差。请为以下两个产物的转换提供合理的电子转移过程，须标出准确的电子转移箭头，并依据你提供的转换过程，确认此反应准确的产物。

NaOH, H_2O

150 °C, 20 h

14%

A + **B**

第 58 题

请为以下转换提供合理的电子转移过程，须标出准确的电子转移箭头：

1. *t*-BuOK

2. H_3O^+

SO_2Me

2

第二部分　问题解析

第六章　基本概念相关的问题解析

第 1 题

请解释 NH_3 的分子形状为何不是三角形而是三角锥形，键角为 107.3º；而 H_2O 的分子形状不是直线形，而是折线形，键角为 104.5º。

解答：

价层电子对互斥理论（VSEPR）是将成键电子对与孤对电子的概念，和原子轨道的概念相结合，为了使电子对之间斥力达到最小，成键电子与孤对电子距离越远越好，从而构建分子的立体形状。VSEPR 模型简单形象化了分子的空间构型。基本判断的原则为：

对于一个分子，首先需要计算中心原子价层电子的对数 P：

$$孤对电子数 + 成键电子数(包括配位原子的成键电子)/2$$

当 $P = 2$ 时，分子形状为直线形；当 $P = 3$ 时，分子形状为平面形；当 $P = 4$ 时，分子形状为四面体形；当 $P = 5$ 时，分子形状为三角双锥形；当 $P = 6$ 时，分子形状为八面体形；当 $P = 7$ 时，分子形状为五角双锥形。

判断有机分子的结构两个重要原则：

1. 不同的键电子对之间排斥作用的大小顺序为：三键 > 双键 > 单键；
2. 电子间的排斥大小为：孤对电子/孤对电子 > 孤对电子/成键电子 > 成键电子/成键电子。

因此，按照以上原则，可以得出结论：

1. NH_3 和 H_2O 的中心原子均为不等性 sp^3 杂化；
2. 根据 VSEPR 理论，NH_3 和 H_2O 中心原子的成键电子对数和孤对电子数之和为 4，σ键与孤对电子之间构成四面体；NH_3 有一对孤对电子，分子呈三角锥形，但由于孤对电子与成键电子对间排斥力较大，使得 H–N–H 键角比甲烷中 H–C–H 小；H_2O 有两对孤对电子，分子呈折线形；由于孤对电子与孤对电子排斥力最大，使得 H–O–H 键角比氨中 H–N–H 还小。

第 2 题

请画出以下分子的 Lewis 结构式：

HI，$CH_3CH_2CH_3$，CH_3OH，$HSSH$，SiO_2，O_2，CS_2

解答：

Lewis 结构式对于理解后续有机反应是有帮助的。

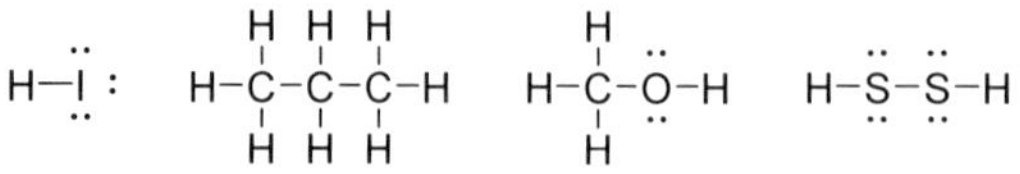

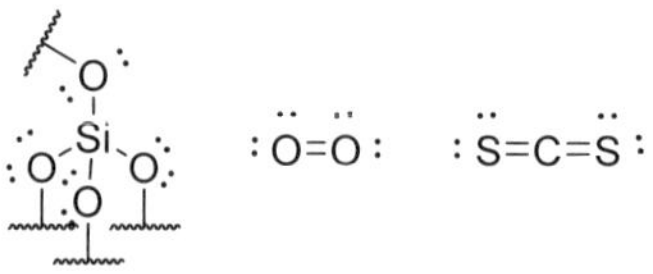

说明：此处画 Lewis 结构式时，不强调分子的形状，但要满足八隅体规则，因此，O_2 即为图中所示结构。

第 3 题

请画出亚硝基氯的所有符合八隅体规则的共振式。你认为哪一个更合理？

解答：

前者不带形式电荷，更加稳定。

第 4 题

对比硝基甲烷和亚硝酸甲酯的 Lewis 结构，至少画出这两个化合物的两个共振式。根据这些共振式，分别判断每一个化合物的两个 N–O 键的极性和键级？(硝基甲烷是有机合成中的一种溶剂，也是有机合成中的重要合成子。硝基官能团的氧化态很高，其中包含的两个氧原子可以使硝基化合物在乏氧条件下也能够充分燃烧。在赛车中，在燃料中引入“硝基”可以使燃料增加额外的动力。)

解答：

硝基甲烷和亚硝酸甲酯的路易斯结构式如下图所示：

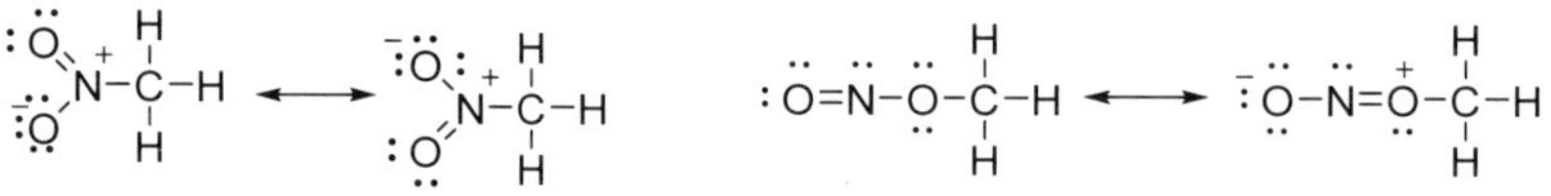

硝基甲烷　　亚硝酸甲酯

硝基甲烷的两个共振式均存在形式电荷，硝基甲烷的两个 N–O 键等同，键级为 1.5。

亚硝酸甲酯的两个 N–O 键不同，外侧的为 1.5~2，内侧的为 1~1.5。在亚硝酸甲酯中，NO 双键和单键不能完全离域，这个与羧酸根负离子不同，但存在共轭效应，因此，双键要弱一些，单键要偏向于双键一些，因此，其键级小于 2，大于 1.5。答案中画出的亚硝酸甲酯两种共振式贡献如果一样，则两个 N–O 键的键级都是 1.5，但是事实上肯定左边的共振式成分多，所以左边共振式中外侧的 N–O 键级是 1.5~2，内侧的 N–O 键级是 1~1.5。

硝基甲烷的极性大于硝酸甲酯。

第 5 题

依据所给的数据，给出用星号标记的碳原子的杂化形式和连接这两个碳原子的键的成键方式。你认为这种键会比普通的碳碳单键强还是弱？

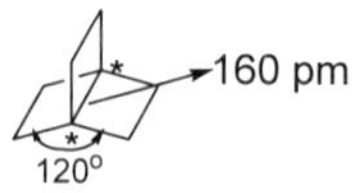

160 pm

120°

解答：

由于此分子为桥环且是并环的结构，桥头碳原子(用*表示)连接的三根碳碳键为平面型的，因此此碳原子为 sp^2 杂化；并环的碳碳键通过两个未杂化的 p 轨道头碰头形成 σ 键，肯定比普通的碳碳单键弱。

千万不要去记每一根键的键长，关键要注意分子的形状，分子的形状才是决定性的。在这个分子中，这根碳碳键肯定要长一些，而且没有 s 成分的 σ 键键能也较弱。在此分子中，由于环张力，每一根键肯定都会弱一些。关键是要理解：在分子形状确定的情况下，如果要进行化学反应，应该去确定哪根键最弱，然后去思考如何设计。

第 6 题

判断下列反应式中的每一种物质哪些属于 Brønsted 酸，哪些属于 Brønsted 碱，指出反应平衡是向左还是向右移动，如有可能，计算每个反应的 K。

(a) $H_2O + HCN \rightleftharpoons H_3O^+ + {}^-CN$

(b) $CH_3O^- + NH_3 \rightleftharpoons CH_3OH + {}^-NH_2$

(c) $HF + CH_3COO^- \rightleftharpoons F^- + CH_3COOH$

(d) ${}^-CH_3 + NH_3 \rightleftharpoons CH_4 + {}^-NH_2$

(e) $H_3O^+ + Cl^- \rightleftharpoons H_2O + HCl$

(f) $CH_3COOH + CH_3S^- \rightleftharpoons CH_3COO^- + CH_3SH$

解答：

此题是为了理解 Brønsted 酸和碱的概念。平衡移动应考虑实际的浓度情况，本题指标准条件下的平衡移动：

(a) H_3O^+和 HCN 是 Brønsted 酸；H_2O 和 CN^-是 Brønsted 碱；$\log K = -9.4$；平衡左移。

(b) NH_3 和 CH_3OH 是 Brønsted 酸；CH_3O^-和 NH_2^-是 Brønsted 碱；$\log K = -38 - (-15.5) = -22$；平衡左移。

(c) HF 和 CH_3COOH 是 Brønsted 酸；F^-和 CH_3COO^-是 Brønsted 碱；$\log K = -3.17 - (-4.76) = 1.59$；平衡右移。

(d) NH_3 和 CH_4 是 Brønsted 酸；CH_3^-和 NH_2^-是 Brønsted 碱；$\log K = -38 - (-48) = 10$；平衡右移。

(e) H_3O^+和 HCl 是 Brønsted 酸；H_2O 和 Cl^-是 Brønsted 碱；$\log K = -(-8.0) = 8.0$；平衡左移。

(f) CH_3SH 和 CH_3COOH 是 Brønsted 酸；CH_3S^-和 CH_3COO^-是 Brønsted 碱；$\log K = -4.76 - (-10.4) = 5.6$；平衡右移。

说明：这道题更多的是想让同学们知道有机反应都是可逆的，同学们在学习过程中总被酸碱反应只能正向进行所限制，因此，需要让同学们思考如何让反应可逆。学会判断只是一方面，知道有机反应的可逆性才是根本性的。此处是为同学们后续学习有机机理打下一定基础。

第 7 题

判断以下基团或试剂中每一个原子的亲核性或亲电性？

I^-，H^+，${}^+CH_3$，H_2S，$AlCl_3$，MgO

解答：

此题是为了在学习基本的亲核性、亲电性概念的基础上，进一步了解每一种物种都具有两面性，它所连接的一个基团是亲核性的，另一个可能就具有亲电性。同时，亲核性和亲电性在反应过程中的体现要看具体的反应。例如，对于 $AlCl_3$，常更多地理解 $AlCl_3$ 是 Lewis 酸，具有亲电性，很少去考虑其中 Cl 的亲核性质。所以，一个化合物既会是 Lewis 酸，也会是 Lewis 碱。

亲核性：I^-、H_2S (S)、$AlCl_3$ (Cl)、MgO (O)

亲电性：H^+、${}^+CH_3$ (H、C)、H_2S (H)、$AlCl_3$ (Al)、MgO (Mg)

第 8 题

实验结果表明当丙烷与 Br_2 和 Cl_2 的等物质的量混合物反应时，溴化产物的选择性比丙烷与 Br_2 反应时要差。请解释原因。

解答：

这是烷烃卤化的自由基反应。其基本过程主要包括：

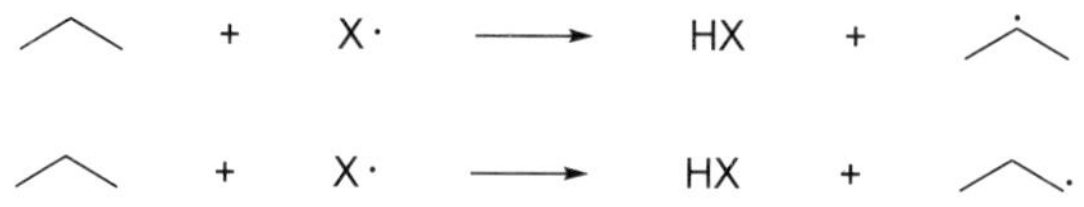

产物比例由以上两步反应决定，该步反应为卤代反应的决速步，因此为动力学问题。对于上述反应，氯化和溴化均为吸热反应，氯化吸热少，溴化吸热多。因此，氯化反应的过渡态出现得早，过渡态更近似于底物（丙烷）；溴化反应的过渡态出现得晚，过渡态更近似于产物（两种丙基自由基）。因此，氯化反应两种产物的过渡态能量差别较小，选择性差；溴化反应两种产物的过渡态能量差别较大，选择性好。因此，丙烷与等物质的量的 Cl_2 和 Br_2 反应时，由于氯自由基与丙烷反应更快，因此生成了两种自由基，两种自由基接着与 Br_2 反应，就生成了两种溴代丙烷，这就使得溴化反应的选择性比丙烷与 Br_2 单独反应要差得多。

自由基是有机化学学习阶段最早接触的反应，但内容较少。自由基溴化的选择性高，但氯化的选择性较低。可以设想一下，如果将氯化和溴化过程混在一起会发生什么情况？混在一起时，我们不仅要思考卤素自由基的稳定性、活性，还要考虑过渡态的能量关系，理解过渡态出现的时间与反应选择性的关系，过渡态能量接近于产物还是接近于原料与选择性的关系。

假定在这个体系中溴自由基的浓度远远大于氯自由基的浓度，反应的情况会如何？在这种反应体系中，自由基的浓度总是最少的，不可能所有的溴都迅速分解成自由基。此处只是讨论选择性变差了的原因，没有讨论具体变了多少，或者百分比等，不要将所有不确定因素都集中在一起讨论。

第 9 题

在烷基的自由基卤化反应中加入某些物质可以使反应几乎完全停止。例如，I_2 对甲烷氯化反应有抑制作用。请解释原因。

解答：

本题是为了让读者了解自由基抑制剂。苯酚、硫苯酚以及碘都是自由基抑制剂。碘是很容易形成自由基的，这也说明了碘为何是自由基抑制剂，在此基础上，理解不同的自由基抑制剂的作用方式。实际上，在自然界中，很多物质都可以形成自由基。

1. 与 Cl–Cl 键和 C–H 键相比，I–I 键的键能小，活性更高，更易反应，优先和体系中的自由基反应，生成碘代物和碘自由基，从而抑制了其他自由基反应；
2. 碘自由基反应活性低，难以继续反应，导致链传递无法发生，自由基反应终止。

第 10 题

$PhICl_2$ 是一个烷烃氯化试剂，请判断此化合物分子的几何形状，并写出此试剂将烷烃 RH 转化为 RCl 的反应机理。

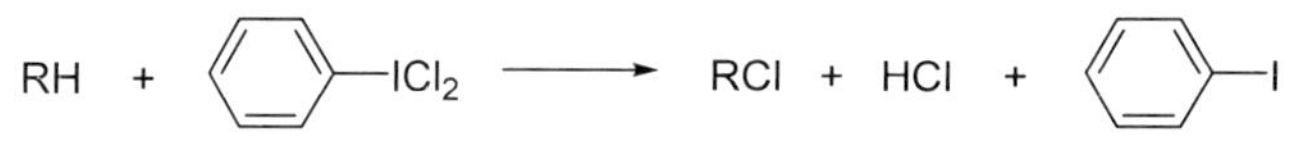

此外，它还可以使甾族化合物氯化，如与下面的甾族化合物反应生成 3 个单氯代的主产物。请画出这三个化合物的立体结构。

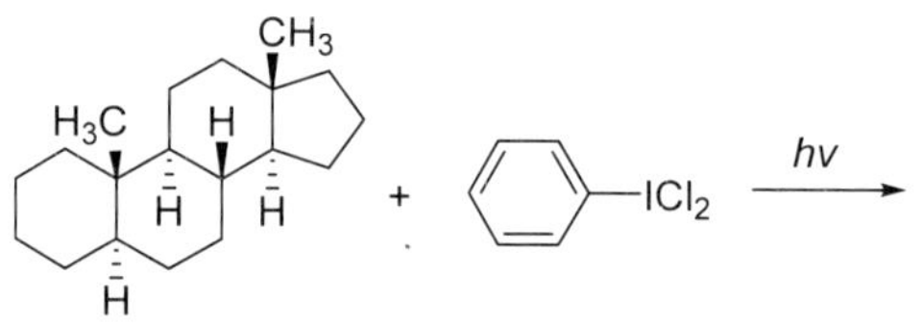

解答：

考虑孤对电子与孤对电子、孤对电子与 σ 键以及 σ 键与 σ 键的排斥力之间的区别。此分子中碘的杂化方式为 sp^2，依据 VSEPR 可以判断此分子的形状为“T”字形。

此反应为自由基反应。其反应机理为：

链引发：

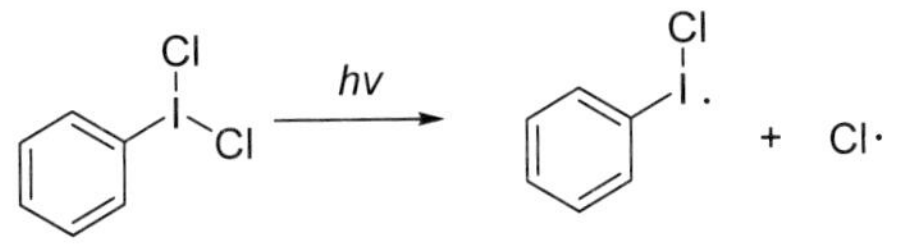

链转移：

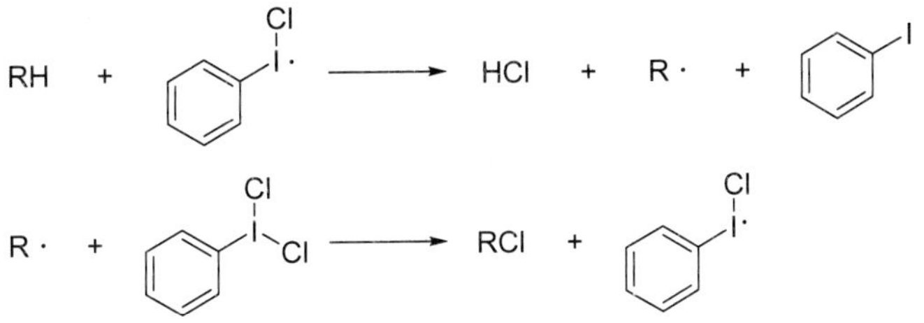

链终止：

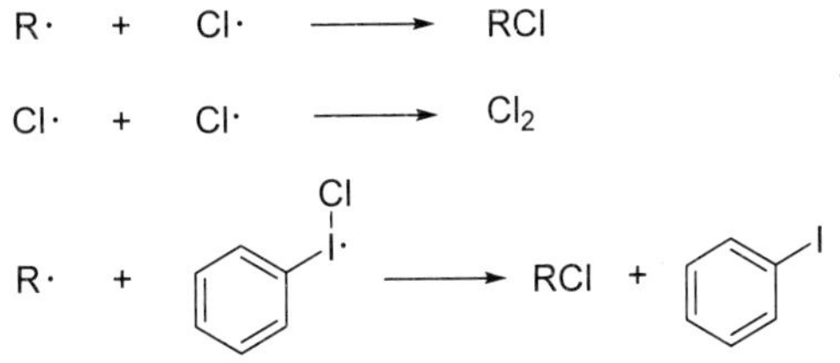

三种产物：

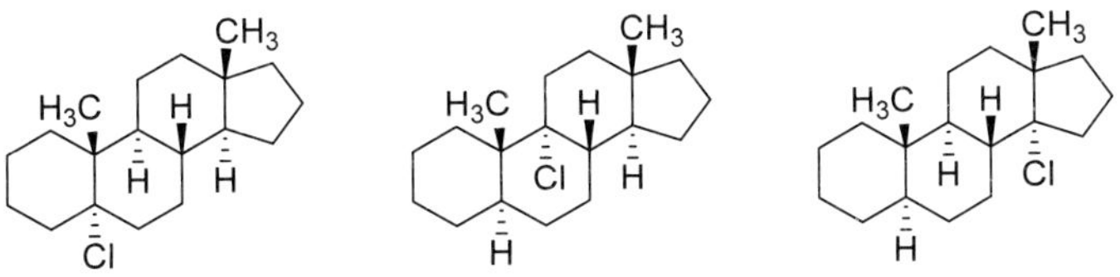

向上的氢受到两个甲基的位阻，反应活性较差。

❖第 11 题

确定以下化合物的手性位点和绝对构型，并画出此化合物的对映体的立体结构。

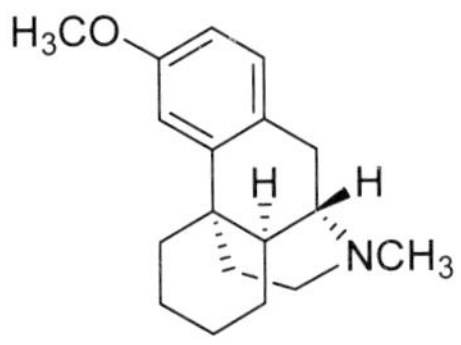

解答：

这是为了让读者学习如何画立体结构。如有条件的话，可以使用化学绘图软件。立体结构对读者学习有机化学非常重要，读者更要清楚理解有机分子的三维结构。

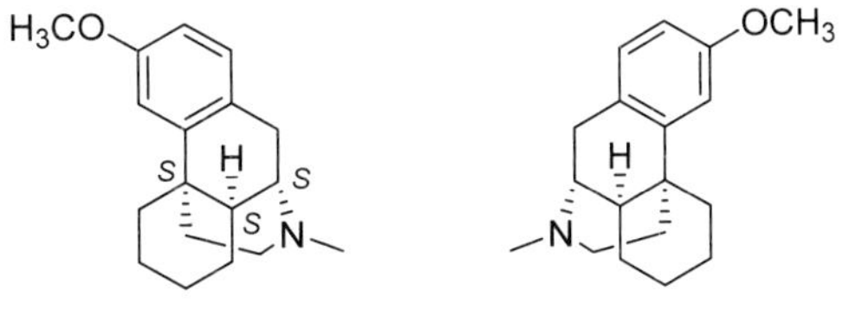

左侧为手性位点和绝对构型，右侧为对映体。

其对映体的立体结构为：

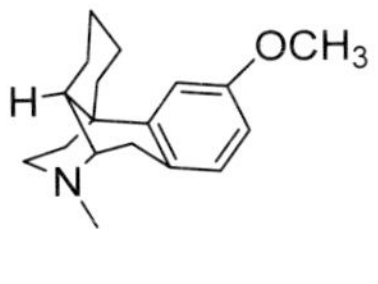

❖第 12 题

研究结果表明单卤代环丙烷和单卤代环丁烷的 S_N2 反应比类似的非环二级卤代烷要慢得多。请解释此实验结果。

解答：

需要深入理解 S_N2 反应中的过渡态。通过环状化合物与开链化合物的对比，就可以了解有机反应中能量与反应的关系。实际上，在有机反应中，能量是非常重要的一个环节，只是在学习过程中常被忽视。

卤代烃 S_N2 反应需要经历三角双锥过渡态完成瓦尔登反转，非取代键的键角需要从正四面体的 109º28'扩张到 120º。环丙烷和环丁烷的键角仅有 60º 和 88º，键角增大会导致环张力变大，故 S_N2 反应难以发生。

❖第 13 题

碘代烷烃可由相应的氯代物在丙酮中与碘化钠通过 S_N2 反应而高产率地制备。由于氯化钠不溶于丙酮，其沉淀使平衡朝正方向进行。因此，没有必要使用过量的 NaI，而且这个过程在很短的时间内就完成了。有个学生尝试以(*S*)-2-氯戊烷为原料合成(*R*)-2-碘戊烷。为了保证实验顺利进行，他加入了过量的 NaI，并将反应液搅拌了一个周末。结果，他高产率得到了 2-碘戊烷；但出乎他意料，产物为外消旋体。请解释此实验结果。

解答：

碘负离子是好的亲核基团，也是好的离去基团；当碘离子浓度较大时，进一步发生碘负离子与碘代烷的亲核取代反应，导致产物消旋。

❖第 14 题

请画出以下转换的反应中间体，并说明其中酸的作用。

CF_3CO_2H

H_2O

解答：

这是酸性条件下的 E1 消除反应。氧首先被质子化，然后形成很稳定的碳正离子——叔丁基正离子，叔丁基正离子脱去质子形成异丁烯：

CF_3CO_2H

H_2O

酸将氧质子化，从而增强环己氧基的离去能力。

❖第 15 题

对比以下两个反应的结果，请解释其不同的原因。

过量 $LiAlH_4$

$(CH_3CH_2)_2O$, △

$LiAlH_4$

$(CH_3CH_2)_2O$, △

解答：

从两个反应的对比可以发现，基团的变化会使反应结果完全改变。酮羰基最终被还原为亚甲基的关键在于杂原子的给电子能力。在碱性条件下，吲哚的氮原子为负离子，才可以促使氧与金属结合离去。如果吲哚上的氮连接烷基取代基，这个反应会被大幅度抑制。吲哚环有较强给电子能力，辅助羟基离去，使第二步还原能够发生。

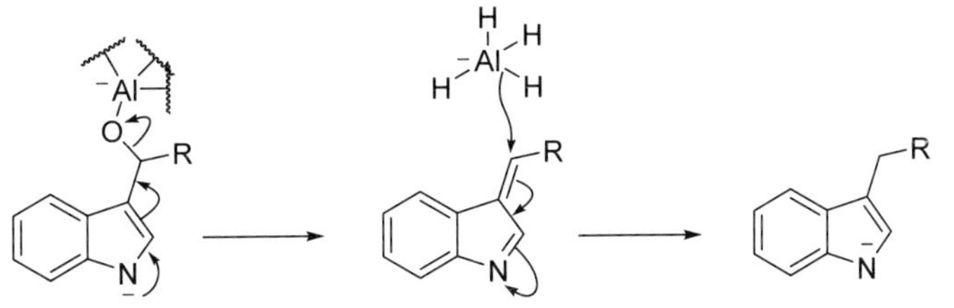

请思考如果将吲哚环改成苯并呋喃环，反应的结果会怎么样？

第 16 题

请画出以下反应的所有中间体：

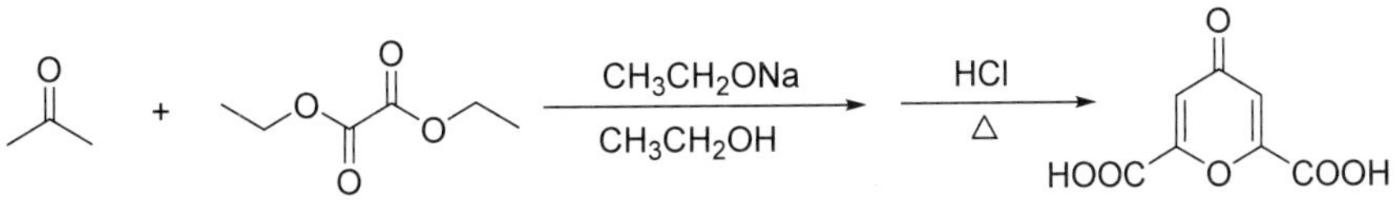

CH_3CH_2ONa / CH_3CH_2OH；HCl / △

HOOC … COOH

解答：

这是一道非常简单的缩合反应，包含了在碱性条件下羟醛缩合、E1cb、1,5-二羰基化合物的环化、水解等一系列反应。丙酮和无α氢的草酸乙酯反应，酮羰基的两个α位都能进行反应。在碱性条件下，酯水解形成羧酸；在酸性条件下，1,5-二羰基关环形成吡喃环，这与1,4-二羰基化合物形成呋喃环的关环反应类似。

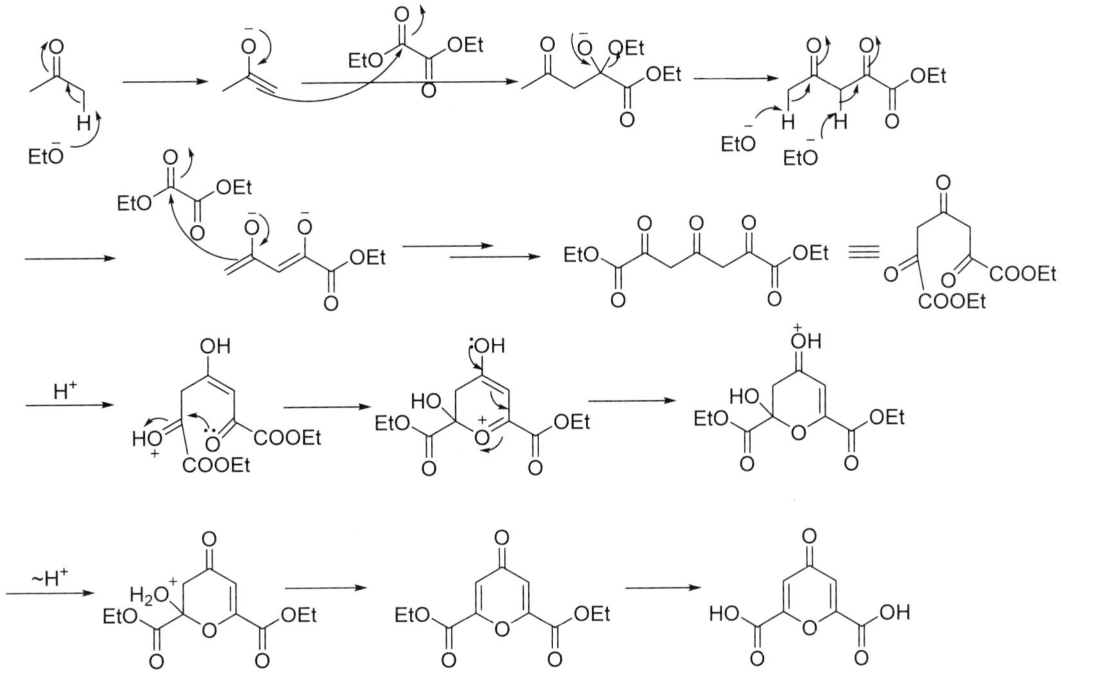

(酸性水解过程读者可尝试自己完成)

说明：在过量的强碱如氨基钠或三苯甲基负离子作用下，体系可以形成双负离子。当然，在某些共轭体系中，双负离子更容易形成。

第 17 题

在微量酸存在下，葡萄糖与氨反应产生β-D-吡喃葡萄糖基氨，请解释为何只有 C1 位的羟基被取代？

解答：

糖化学主要包括羟基的反应、半缩酮和半缩醛的反应、异头碳效应等基本概念。葡萄糖在水溶液中存在形式通常为：半缩醛在微量酸作用下形成羰基正离子，接着氨与羰基正离子发生加成反应。这也是缩醛或缩酮保护的后续反应。氨对羰基正离子的加成也与缩醛或酮的后续过程一样。

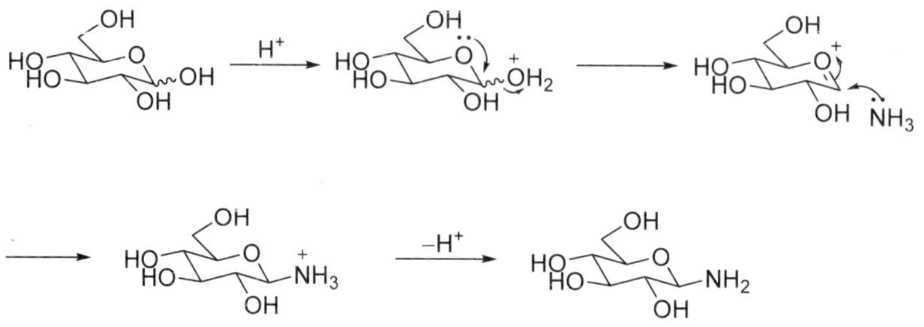

❖第 18 题

碳酸实际上是非常稳定的，在完全无水条件下可分离得到。它的分解是一种脱羧反应，水可以强烈催化此脱羧过程。目前不使用专门的技术很难完全排除水分，这也说明了为什么碳酸是一种难以得到纯的形态的物种。请画出水分子催化碳酸脱羧的过程(提示：试试把一个水分子和一个碳酸分子排成由氢键稳定的六元环，然后看脱羧时是否有环芳香过渡态存在)。依据你的结论，判断水能否催化以下化合物的脱羧过程。如果能，请画出其过渡态和最终产物；如果不能，请解释原因。

1. 碳酸单甲酯；2. 碳酸二酯；3. 氨基甲酸；4. 氨基甲酸甲酯

解答：

此题主要是让读者理解两个分子经环状过渡态进行反应的要点：首先是通过环状过渡态使反应容易进行；其次是如果能形成芳香过渡态，反应就更容易进行。此外，碳酸与水在形成六元环过渡态时，水分子只能提供一个氢，不能提供两个。

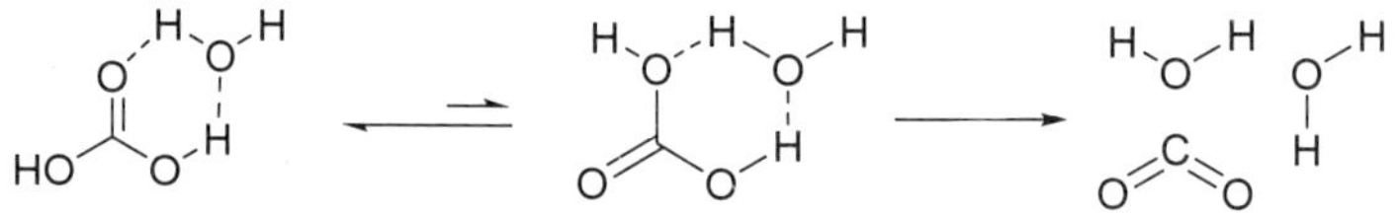

这是一个 6 电子过渡态。从这个过渡态可以清楚发现能脱羧的底物至少需要一个能与水分子的氧原子形成氢键的羟基或氨基。

1. 能，脱羧产物为甲醇和 CO_2。

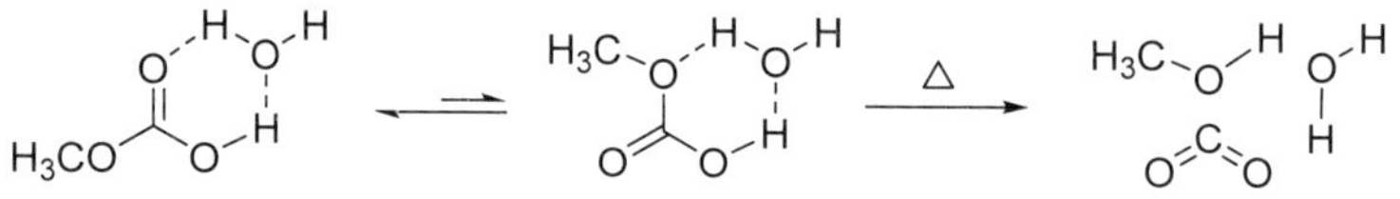

2. 不能。

3. 能，脱羧产物为 NH_3 和 CO_2。

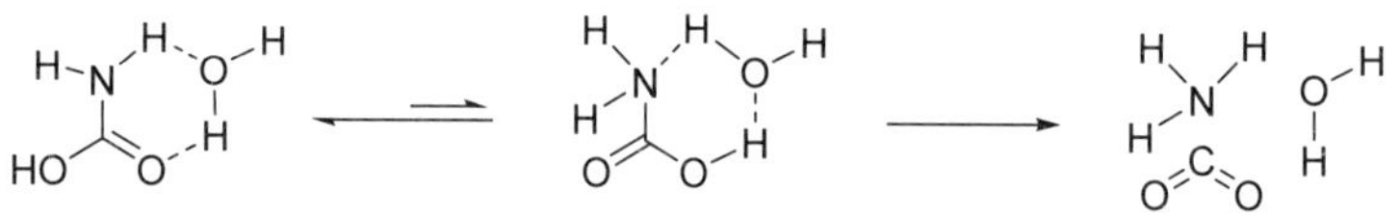

4. 能，脱羧产物为 HNCO 和甲醇。

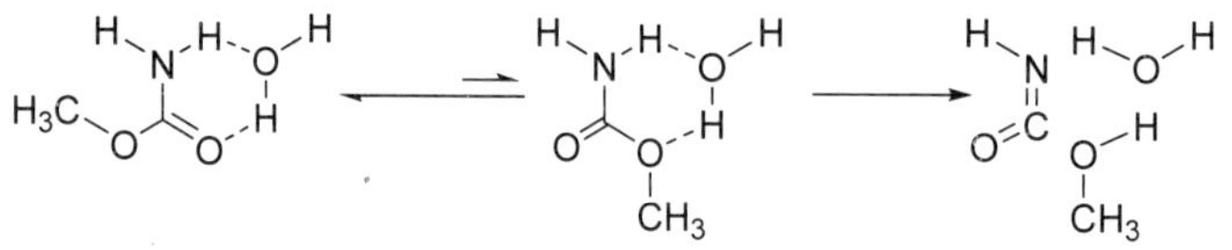

❖第 19 题

Sandmeyer 反应中在亚铜离子催化下芳烃重氮盐的重氮基团被 Cl^-、Br^-或 CN^-取代，这个反应包括了自由基在内的复杂的机理。请解释为什么这些取代反应不能以 S_N1 或 S_N2 途径进行。

解答：

结合 S_N1 类取代反应的要求（稳定的碳正离子）和 S_N2 类取代反应的要求（反式进攻，三角双锥型过渡态），去理解苯环为何不能进行这两类反应。

若发生 S_N1，则会生成苯基正离子，苯基正离子稳定性差，能量高，不利于反应。

若发生 S_N2，亲核试剂需要在重氮基团 C–N 键的反键轨道进攻；C–N 键的反键轨道在苯环内部，位阻效应使 sp^2 杂化碳的 S_N2 反应难以发生。

因此，这个反应为芳基自由基反应。

第 20 题

作为一种儿童药物，泰诺比阿司匹林有更大的市场优势，泰诺的水溶液比阿司匹林水溶液稳定。请解释其原因。

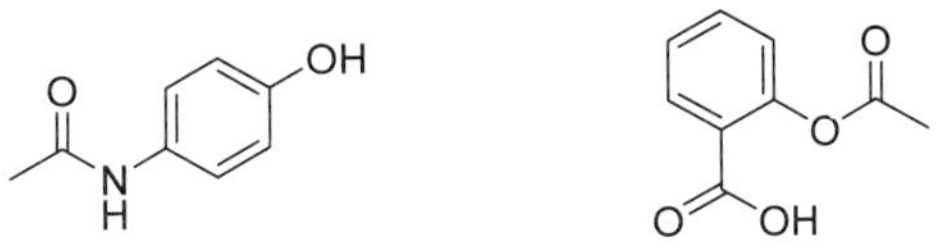

泰诺　　阿司匹林

解答：

泰诺的主要成分为对乙酰氨基苯酚，阿司匹林的主要成分为乙酰水杨酸。

酰胺比酯更加稳定，同时对乙酰氨基苯酚的酸性比乙酰水杨酸更弱。

实际上，水杨酸很容易导致胃溃疡、恶心等问题，乙酰化后这些问题都解决了。成酯后可以降低身体中水杨酸的浓度，降低这些副作用。

有机化学与我们的日常生活紧密结合。酰胺比酯稳定不仅是书本上的知识，还落实在我们的生活中。请思考这种稳定性在药物中有何益处？还有早期的磺胺类药物中磺酰胺的稳定性。

第 21 题

四氰基乙烯在碱性水溶液中加热时可以转化为三氰基乙烯醇(它的烯醇型是稳定的)，请为此转换提供合理的机理。

解答：

这个结合了 Michael 加成的正反应和逆反应，在这个过程中，可以考虑碳碳双键从亲核性向亲电性转化的过程，烯烃与溴或正离子的亲电加成反应，以及烯烃与负离子或亲核试剂（基团）的亲核加成反应中烯烃电性的区别是最为关键的。同时，结合此反应，还可以进一步深入理解离去基团的重要性。此外，还可以学习芳香亲核取代反应的基本条件。需要重点说明的是芳香亲核取代反应中的氟取代基。在 S_N2 反应中，C–F 键键能大，不易断裂，C–F 键的断裂是决速步，因此，氟代烷的亲核取代反应很难进行。而在芳香亲核取代反应中，第一步亲核基团对双键的亲核加成是决速步，此时哪个碳原子的正性越强越容易被进攻，因此，氟取代的碳原子优先被进攻。后续氟离子离去形成芳环是一个快速过程，因此在离去基团排序时，氟离子就排在了前面。

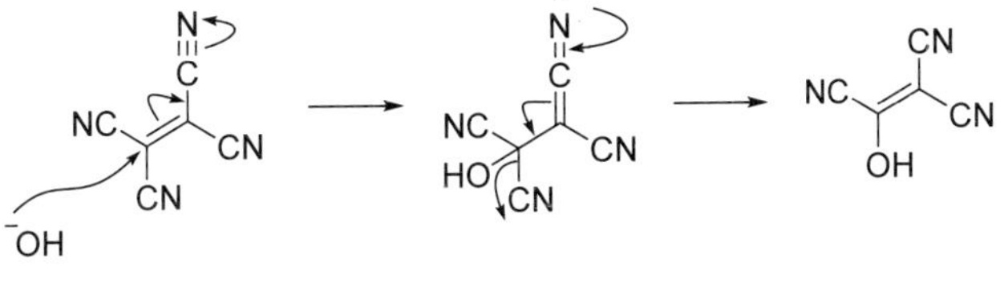

第 22 题

请为以下反应提供合理的反应机理：

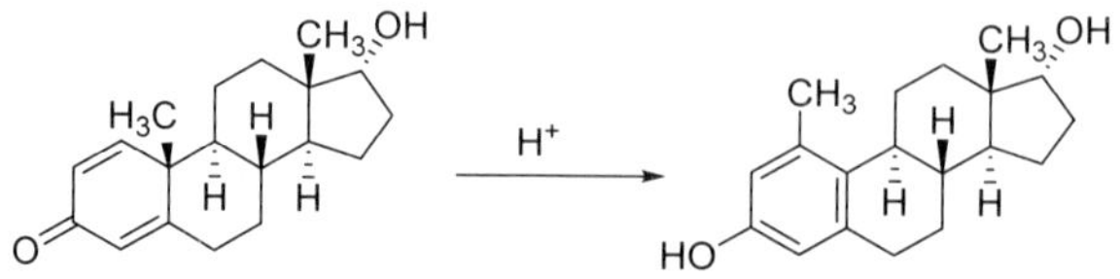

解答：

这是一个正离子重排的入门反应。在学习正离子重排反应时，关键要弄清楚定位基团，如在此题中的羰基氧，最后转化为烯醇，这个氧原子是没有重排的，应该是原来处在氧对位的甲基移动了，从原先羰基对位移到了后来酚羟基的间位。按照碳正离子重排机理，甲基移过去的位点必须先形成碳正离子，这是一个烯丙基正离子的双键移位的过程，接着就是芳香亲电取代反应的最后一步，失去质子转化为苯环。

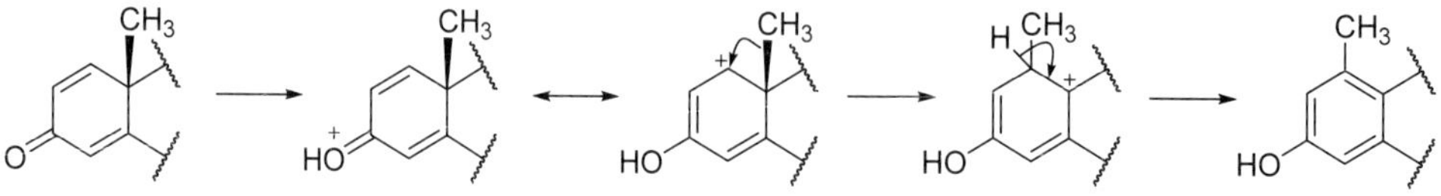

第 23 题

请解释以下实验结果：

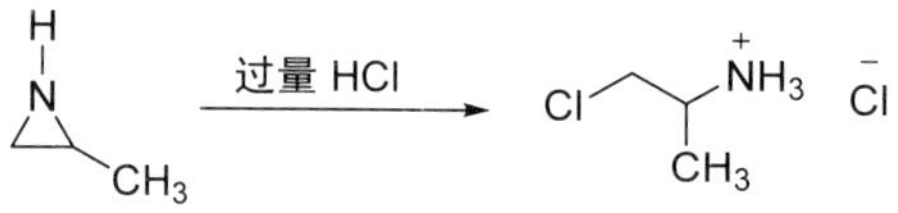

解答：

通常，三元环环氧开环不管是在酸性还是在碱性条件下大多是 S_N2 反应，只是进攻的位点不同。那么，氮杂环丙烷是否也具有类似的性质？在碱性条件下，进攻空阻小的位点；在酸性条件下，进攻空阻大的（电正性高的）位点；在过量酸的作用下，形成四级铵盐；但四级铵盐是个稳定的体系，氨基不是一个好的离去基团（请结合 Hoffman 消除反应）。由于氨基不易离去，两边 C–N 键键长的变化就没有像环氧乙烷中 C–O 键那么大。因此，三元环被亲核基团进攻的是空阻小的位点：

1. N 的亲核性相比于 O 更强，酸性条件下开环驱动力较弱，开环位点不是由碳正离子的稳定性决定，而是由亲核位点的空阻决定。
2. 过量的酸使产物氨基质子化，降低氨基的亲核性，使反应得以发生。
3. 离去基团的离去能力不同。

第 24 题

请为以下反应提供合理的中间体：

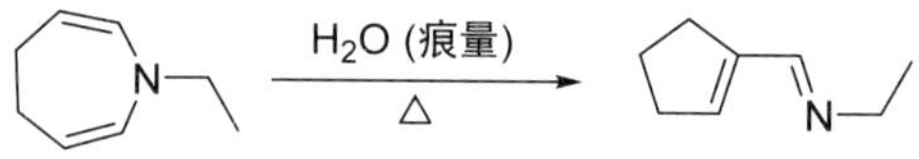

解答：

首先水作为 Brønsted 酸参与反应，发生烯胺与亚胺的互变异构；接着水分子 Lewis 碱亲核进攻亚胺正离子，形成氨基与醛基；醛与烯胺发生缩合反应，形成五元环，失水后形成共轭体系。

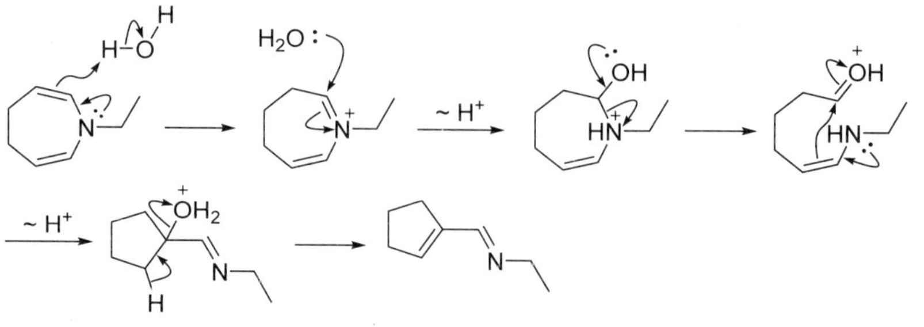

第 25 题

请为以下反应提供合理的中间体：

解答：

在酸性条件下反应，首先弄清楚在底物中，哪些原子具有碱性。羟基氧和环上的醚氧碱性有区别，后者碱性强，所以先获取质子。这也是半缩醛在酸性条件下不稳定，转化为醛的机理。

驱动力：酯的稳定性远强于半缩醛。

第 26 题

实验结果表明 1,3-二甲苯的卤化反应比 1,2-二甲苯或 1,4-二甲苯的卤化反应快 100 倍，请解释其原因。

解答：

甲基为弱给电子基团，1,3-二甲苯的两个甲基定位效应相同，互相叠加，反应速率加快。

芳香亲电取代反应是芳环与电正性的试剂或基团的反应，分析芳香亲电取代反应应主要关注芳环上取代基的电子效应。芳环上电子云密度高的位点优先参与反应。实际上，这个反应包括了两个过程：首先是碳碳双键的π电子与电正性的试剂或基团的反应，π键打开，在原有的芳环上形成新的正离子；接着是原先连接的那个基团以正离子形式离去。以苯环为例：

因此，凡是芳环能进行的反应，烯烃也是可以的，而且反应速率更快，但是上述的第二步消除反应烯烃就不会发生。苯的溴化需要 Lewis 酸（Fe 或者 $FeBr_3$）催化，而烯烃则可以直接反应。但是，如果这个烯烃的碳碳双键与另一个基团共轭，那么也可以发生第二步的消除反应，再次形成共轭体系。

第 27 题

[14]轮烯最稳定的异构体的 ^{1}H NMR 谱图在 $\delta = -0.61$ (4H) 和 7.88 (10H) 处有 2 个信号峰。以下给出了[14]轮烯的 2 个可能的异构体，它们的差别在哪里？哪一种结构与所给出的 ^{1}H NMR 谱图吻合？为什么？

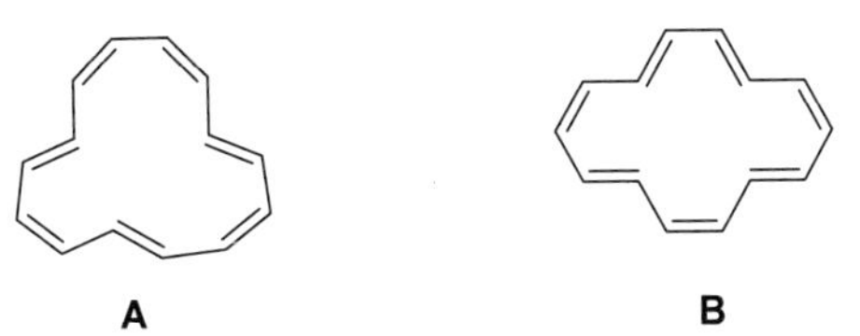

解答:

轮烯中的内环和外环上氢被芳环环电流的影响程度完全不同，内环的氢处于屏蔽区，移向高场，具有更小的化学位移；外环在低场。

A 为 3 个反式烯烃和 4 个顺式烯烃；**B** 为 4 个反式烯烃和 3 个顺式烯烃。有四个氢在化学位移为负的位置，处于超高场，说明 4 个氢处于芳香环的内部，受到环电流的屏蔽效应。**B** 有 4 个氢位于内部，因此符合题目所给信息的化合物是 **B**。

第 28 题

2,3-二苯基环丙烯酮可与 HBr 反应，画出此反应产物的结构，并说明此化合物稳定存在的理由。

解答:

这是一个关于正离子芳香性的问题。环丙烯正离子具有芳香性，能稳定存在。

产物的结构式为：

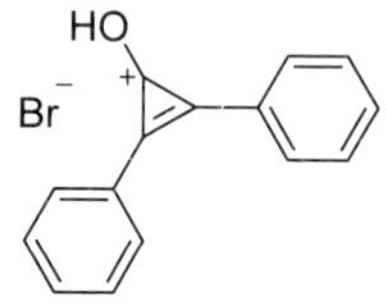

HO
Br⁻ +

第 29 题

烷基苯比苯更易接受亲电进攻。请画出烷基苯的芳香亲电取代反应过程能量图，说明甲苯的亲电取代反应与苯的区别。

解答:

芳环的取代基主要分为五类：

1. 吸电子诱导效应，无共轭效应，如三氟甲基。
2. 通过弱的超共轭效应的给电子基团，如烷基。
3. 给电子共轭效应大于吸电子诱导效应，如羟基、烷氧基、氨基等。
4. 给电子共轭效应小于吸电子诱导效应，但总体能稳定碳正离子，如卤素。
5. 吸电子共轭效应和吸电子诱导效应，如硝基、氰基、羰基。

结合这五类取代基去理解这些基团对邻、间、对位位点的电子云密度的影响。

具体能量变化图略。

第 30 题

根据 Hückel 规则，判断下列化合物哪些具有芳香性：

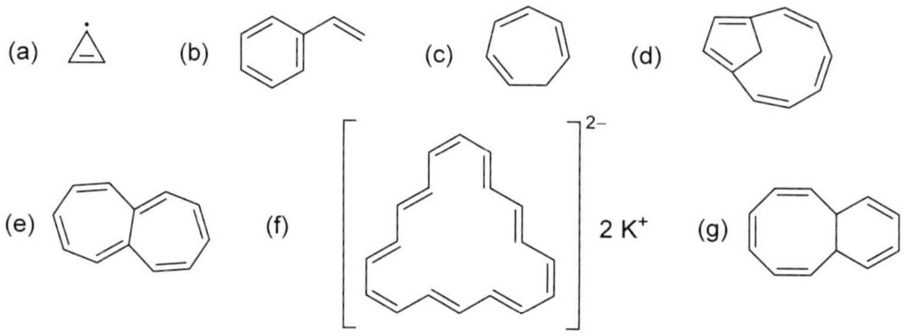

(a) (b) (c) (d)

(e) (f) 2− 2 K⁺ (g)

解答:

只有 b 为芳香性，d 非平面，按照休克尔规则应该是非芳香性的。

休克尔规则是针对单环轮烯。在单环轮烯的基础上，连续共轭、平面、$(4n+2)$个π电子。

第 31 题

请画出磺化反应的逆反应和 SO_3 的水合反应。

解答：

芳香亲电取代反应的逆反应也必须在酸性下进行，因此还是苯环与正离子先反应：

❖第 32 题

在一个已发表的合成实验中，丙酮和乙烯基溴化镁反应，反应混合物以强酸水溶液中和。产物的 ^{1}H NMR 谱图如下所示，请画出此产物的结构简式。如果反应混合物（不适当地）在酸的水溶液中保持过长的时间，可观察到另一个化合物产生，它的 ^{1}H NMR 谱图的信号峰分别位于：δ = 1.70 (s, 3H), 1.79 (s, 3H), 2.25 (宽 s, 1H), 4.10 (d, J = 8 Hz, 2H) 和 5.45 (t, J = 8 Hz, 1H)。请画出第二个产物的结构简式，并说明其产生的原因。

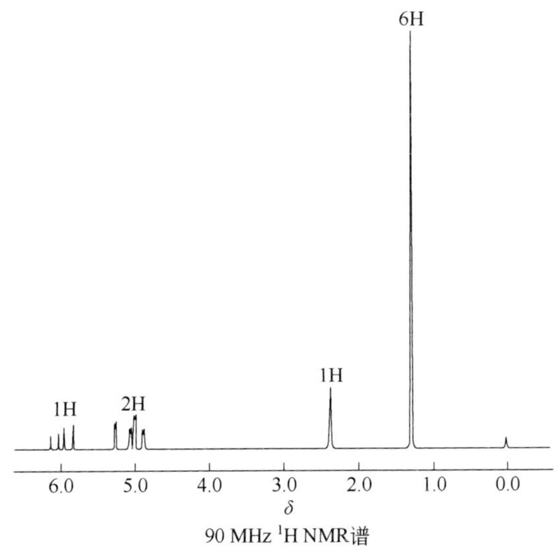

90 MHz ^{1}H NMR谱

解答：

这个反应是丙酮先与乙烯基格氏试剂发生亲核加成反应，后在酸性条件下发生重排，涉及了碳正离子重排。第一步反应很简单，就是丙酮的格氏反应生成三级醇。三级醇在酸中很容易形成碳正离子，例如，叔丁醇加浓 HCl 在分液漏斗中摇一摇，很快就有大量的叔丁基氯生成。这个三级醇分子更容易形成正离子，因它还与双键共轭。在不对称烯烃中，两个甲基在 ^{1}H NMR 谱中由于化学环境的不同有些微的差别。

产物一　　　　产物二

❖第 33 题

请画出以下电环化反应产物的立体结构：

(a)　　(b)

解答：

电环化反应的基本条件分为光照和加热。这两种条件对分子轨道的要求：HOMO 或 LUMO 轨道。

(a) 由于是光照反应的 4π体系，因此最外端的两个轨道是对称的，形成 σ 键，必须对旋，反应后只有一个手性碳，就会形成外消旋体。

(b) 反应结束后形成 6π体系，且是光照反应，反应结束后最外端的轨道是反对称的，这根 σ 键断裂时，必须顺旋。此外，由于是氘代的，因此要注意双键的顺反构型；而且要注意由于生成己三烯，两端是否一样。

(c)、(d) 两题的推导方式与前面一致，这里不再讨论。

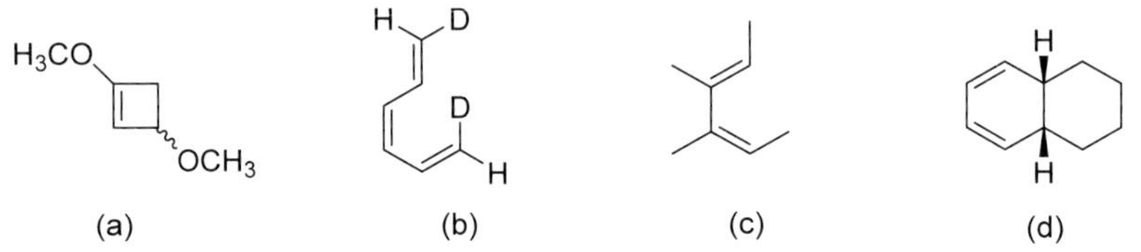

第 34 题

请给出丙炔与 Br_2 水溶液的反应产物。

解答：

这个反应包括了两个基本过程：一个是取代π键溴化后被水分子亲核加成打开三元环，其中主要是三元环溴鎓离子的形成和被亲核试剂水分子进攻的反应位点选择；另一个是烯醇与酮的互变异构。在学习炔烃反应时，首先应该明白碳碳三键轨道为两个成垂直状态的碳碳双键轨道，本质上还是碳碳双键的反应。反应产物为：

第 35 题

芥子气——二(2-氯乙基)硫醚，bis(2-chloroethyl)sulfane，是一种生物武器，其毒性很强，与空气中的水分反应后立即生成 HCl；然而，1,5-二氯戊烷的毒性就要弱得多。请解释此现象。

解答：

芥子气中分子内的硫辅助水解，水解速度很快。

这个过程的着重点在于邻基参与。邻基参与在有机反应中有重要作用，主要包括：

1. 1,2-位点的邻基参与，这时 2 位通常为带有孤对电子的杂原子，1 位带有离去基团，此时形成双键正离子，正离子在 2 位，随后发生亲核加成，被进攻位点在 1 号位：

2. 1,3-位点的邻基参与，3 位为带有孤对电子的杂原子，形成三元环正离子，接着被亲核取代开环：

3. 1,5-位点的邻基参与，形成五元环：

1,5-二氯戊烷无邻基参与效应，难以脱去 Cl^-，毒性就弱得多。

❖第 36 题

比较以下两个化合物，哪一个氮原子具有较强的碱性？并解释。

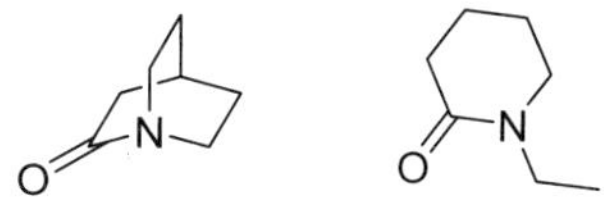

解答：

第一个化合物碱性强。由于桥环的刚性，N 的孤对电子无法和羰基形成 p-π 共轭，因此 N 的碱性更强。

对于羰基而言，π(C=O)的成键轨道垂直于 σ(C–O)成键轨道，而 π*(C=O)的反键轨道则是在垂直的基础上往外弯折。因此，氮原子的孤对电子如果能与这个弯折的 π*(C=O)反键轨道平行，孤对电子就很容易填充到这个空的反键轨道，从而打开碳氧双键，这是酰胺的共振形式。从以上两个结构分析，桥环结构刚性太强，不易变形，氮原子的孤对电子完全无法与羰基的 π*(C=O)反键轨道平行，而右边的化合物则没有问题。

❖第 37 题

请画出以下反应的势能图，并在图中标出第一个反应的活化能和氢化能，第二个反应的活化能、过渡态和中间体的结构式。

1. 顺式和反式 2-丁烯在 Pd/C 催化下的氢化反应。

2. 2-甲基丙烯与溴化氢反应。

解答：

在烯烃的催化氢化反应中，氢气在 Pd/C 的作用下，解离形成 Pd–H 键，氢原子在 Pd/C 表面上，烯烃的碳碳双键与两个氢原子结合时，两个氢不是同时上去的，而是先上一个，此时可能形成 Pd–C 键，接着连接第二个氢，第一个氢上去后，由于碳原子与 Pd 存在一定的作用，因此双键被加成后的 σ 键不会旋转，接着很快上第二个氢，因此还是顺式的。

1.

此图也可以画成两个过渡态，也就是两个氢对双键的加成是分步的。

2.

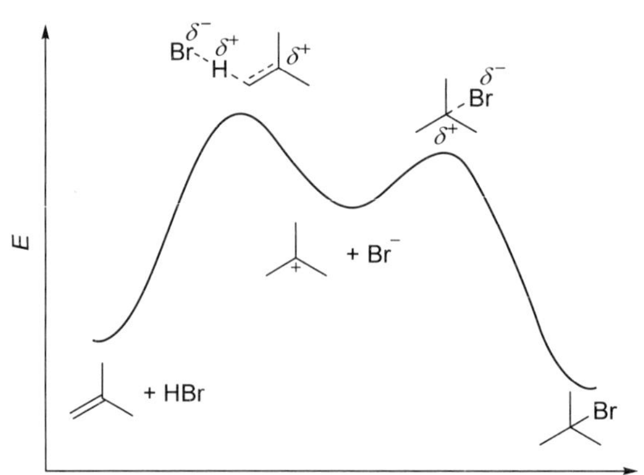

❖第 38 题

根据以下反应势能图判断：

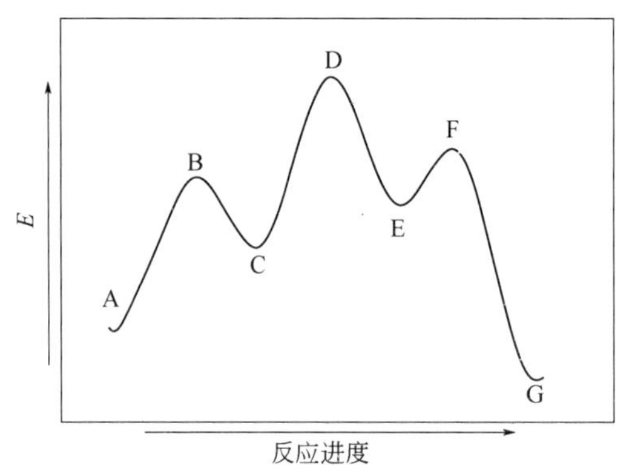

38-1　在此反应中形成了哪些中间体和过渡态？将正确的字母填入下面

中间体：________________；　过渡态：________________；

38-2　图中反应速度最快的步骤是____________；

38-3　图中哪一个物种最稳定？____________；

38-4　化合物 A 可以转化为 C；E 也可以转化为 C；你认为哪一种转化更快？__________；

38-5　反应的决速步是____________；

38-6　哪一个中间体最稳定？____________；

38-7　哪一个正反应的反应速率常数最大？____________；

38-8　哪一个逆反应的反应速率常数最小？____________。

解答：

在学习反应的基础上学会如何看反应势能图，这在有机化学学习中很重要。

38-1　中间体：C、E；过渡态：B、D、F；

38-2　E 到 G 的过程；

38-3　G；

38-4　E 到 C 的过程更快；

38-5　C 到 E；

38-6　C；

38-7　E 到 G 的过程；

38-8　G 到 E 的过程。

❖第 39 题

依据以下不同温度下的速率常数，请计算在 30 ºC 时，该反应的$\Delta G^{\neq}$、$\Delta H^{\neq}$以及$\Delta S^{\neq}$。

温度/ °C	所测得的速率常数/s^{-1}
31.0	2.11×10^{-5}
40.0	4.44×10^{-5}
51.5	1.16×10^{-4}
59.8	2.10×10^{-4}
69.2	4.34×10^{-4}

常用数据：普朗克常数 (Planck's constant)，6.626×10^{-34} J·S；玻尔兹曼常数 (Boltzman constant, k_B)：1.38×10^{-23} J·K^{-1}；气体常数，8.314 J·K^{-1}·mol^{-1}。

解答：

根据题干，这里应该考虑 Eyring 方程：

$$k = \frac{k_B T}{h} \exp\left(-\frac{\Delta G^{\neq}}{RT}\right) \tag{1}$$

其中，Gibbs 活化能 $\Delta G^{\neq} = \Delta H^{\neq} - T\Delta S^{\neq}$，代入上式，移项得：

$$\ln\frac{k}{T} = -\frac{\Delta H^{\neq}}{RT} + \frac{\Delta S^{\neq}}{R} + \ln\frac{k_B}{h} \tag{2}$$

因此，将原始数据进行变形，处理为 $\ln(k/T)$ 对 $1/T$ 作线性回归：

$\ln(k/s^{-1})/(T/K)$	$1/T/K^{-1}$
−16.48	0.003288
−15.77	0.003193
−14.84	0.003080
−14.28	0.003003
−13.58	0.002921

斜率为$-\Delta H^{\neq}/R$，截距为 $\ln(k_B T/h) + \Delta S^{\neq}/R$，由此得出：斜率 $k_{斜} = -7907$ K，截距 $b = 9.500$，$R^2 = 0.9997$。根据已知数据即可求出答案。因此，代入各项可求得：

$$k_{斜} = -\frac{\Delta H^{\neq}}{R} = -7907 \text{ K}$$

$$\Delta H^{\neq} = 7907 \text{ K} \times R = 65.7 \text{ kJ} \cdot \text{mol}^{-1}$$

$$b = \frac{\Delta S^{\neq}}{R} + \ln\frac{k_B}{h} = 9.500$$

$$\Delta S^{\neq} = -118.6 \text{ J} \cdot \text{mol}^{-1} \cdot \text{K}^{-1}$$

$$\Delta G^{\neq} = \Delta H^{\neq} - T\Delta S^{\neq} = 101.7 \text{ kJ} \cdot \text{mol}^{-1}$$

本题无须考虑 Arrhenius 方程。经典的 Arrhenius 方程假定指前因子 A 是恒定的：

$$k = A\exp\left(-\frac{E_a}{RT}\right) \quad A = 常数 \tag{3}$$

如果使用 Arrhenius 方程解决这个问题，那么需要将数据处理为 ln$k$ 对 1/T 作线性回归，显然这样得到的 E_a 不等于(1)式中的$\Delta G^{\neq}$，仅仅从公式形态与数值上考虑就应该出错了。

此外，Arrhenius 方程并非不能与 Eyring 方程类比。事实上，在学习时多做这样的类比对学习是有帮助的。但是，一定要注意公式使用的条件范围，以及变量间建立转化关系(方程)的条件，没有条件支撑的数字变换只是空中楼阁。

第 40 题

1992 年，印度化学家在 20 ºC 下用四氯化锡作为 Lewis 酸催化三元环开环转化为五元环的反应。请为此转换提供合理的反应中间体：

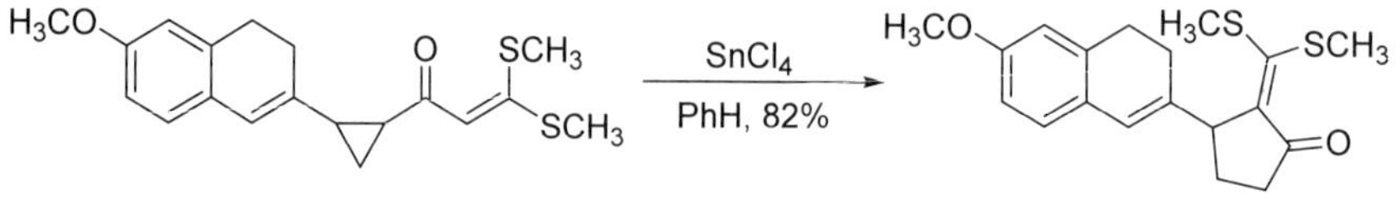

解答：

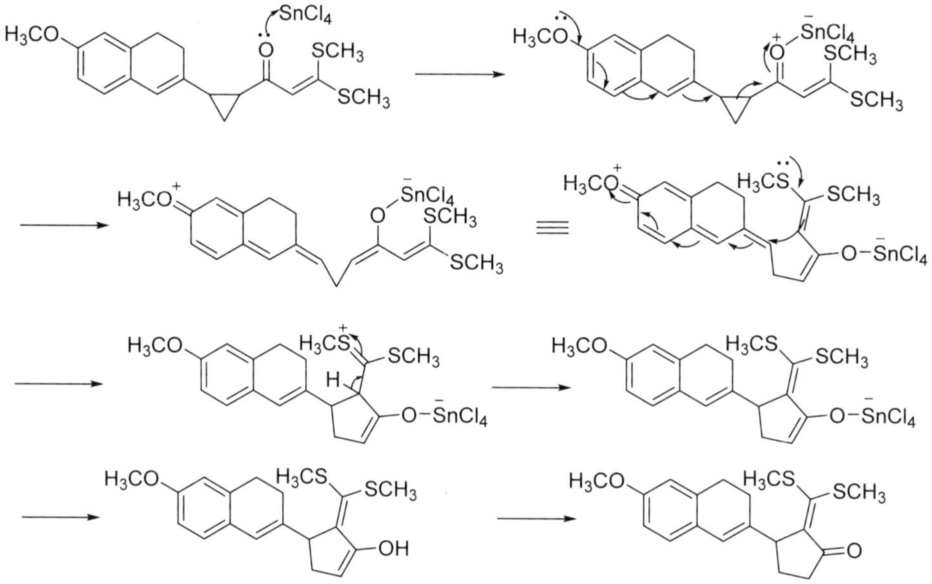

这是在 Lewis 酸催化下的亲核加成反应。首先，需要清楚原料中哪些位点会与 Lewis 酸配位，第一个中间体就是配位后的产物；原料中有三个位点，甲氧基的氧，羰基氧以及硫甲醚的硫。底物中三元环转化成了五元环，五元环连接的两个位点，其中一个是两个硫甲基取代的双键，由于硫甲基的给电子作用，这个位点必定是富电子位点，即亲核位点，那另一个位点为亲电的，也就是三元环开环时，与它相连的 σ 键断裂，形成烯醇盐。所以，Lewis 酸首先与羰基配位。第一个中间体是配位后的羰基正离子，接着三元环开环，形成烯醇盐，此时甲氧基正好在正离子的对位（只是其中多了一根碳碳双键），在这个过程中，凸显了甲氧基的给电子作用，使得反应更容易进行。在画中间体结构式时，要画最稳定的共振式，因最稳定的共振式在反应过程中所起的作用最大。接下来，两个硫甲基取代的富电子双键进行 1,8-共轭加成；接着再失去氢正离子，回到硫甲基取代的双键。

第 41 题

1989 年，法国化学家研究甲基海松酸酯(化合物 **1**)的骨架重排反应。化合物 **1** 在 0 ºC 下，在碱性溶液($NaHCO_3$)的 THF/H_2O 混合溶液中与溴反应 10 min，可以转化为含有二萜 **2**、**3**、**4** 以及 **5** 的混合物。请为此转换提供合理的中间体。

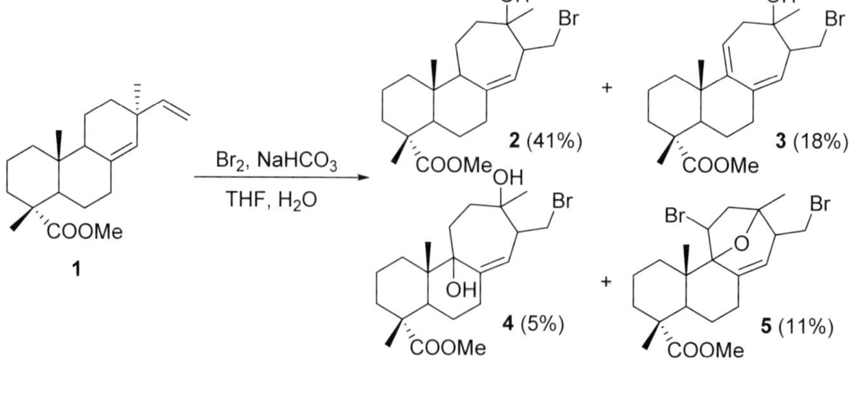

解答：

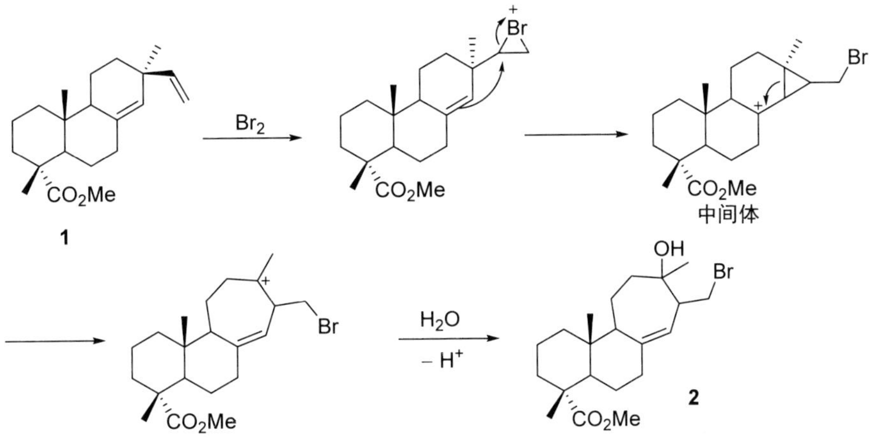

这里结合了烯烃的基本反应。首先，环外烯烃与溴加成为三元环正离子，接下来进行后续的反应。在形成三元环溴正离子后，环内双键对此三元环进攻，形成六元环并三元环，三元环再开环后形成七元环正离子，七元环正离子被水捕获生成产物 **2**。

从中间体再经消除和 Br_2 加成等系列转化可得到产物 **3**, **4**, **5**。

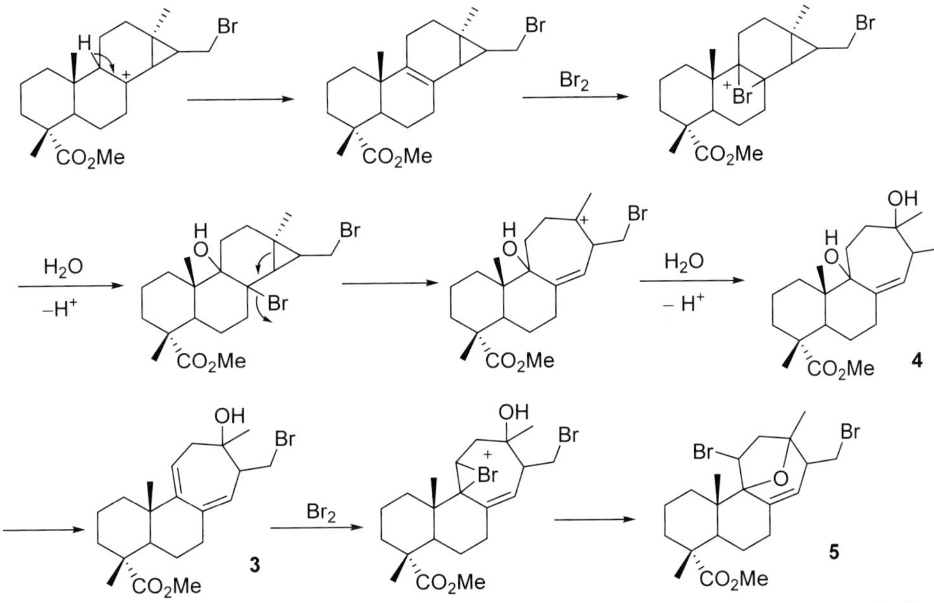

说明：碱性条件下的消除反应很多，E1cb 就是其中之一，如四级铵碱的消除，β-羟基羰基化合物在碱性条件下形成α,β-不饱和羰基化合物。

第 42 题

1979 年，印度化学家进行了以下的反应，产率为 58%。他们认为，该反应包含了两次甲酰化以及后续的还原过程。通过氘代同位素标记实验确定，还原所需的氢来自 *N*-甲基-*N*-苯基甲酰胺中的甲基。请为此反应提供合理的中间体。

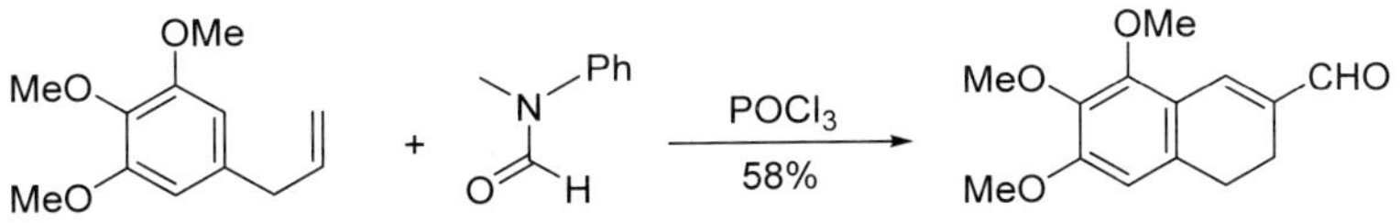

解答：

这是典型的维斯麦尔 (Vilsmeier)反应，但又有所拓展。Vilsmeier 反应要求苯环是富电子的。Vilsmeier 反应在加水处理以前的中间体是亚胺正离子，而不是甲酰基。前面的每一步都是亚胺正离子，所以第一个中间体是：

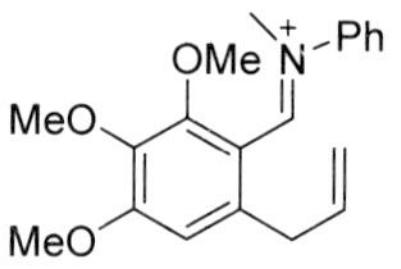

接下来的中间体是：

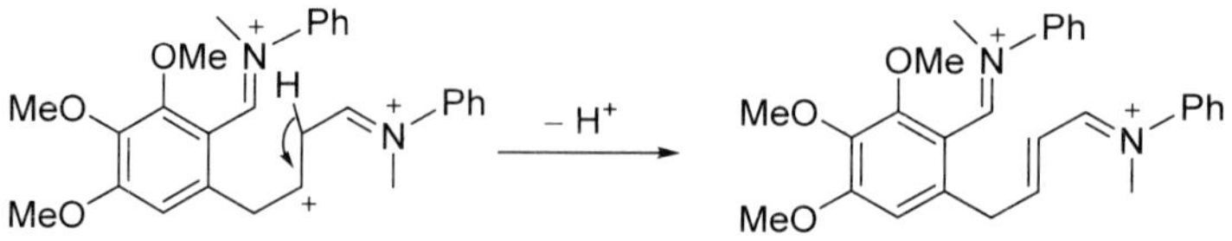

现在需要将共轭体系的亚胺正离子连接的碳原子转化为亲核的位点，与苯环上的亚胺正离子反应形成六元环。可以利用氨基上的甲基进行 1,5-氢迁移 (题中已经说明还原过程中的氢来源于甲醛)：

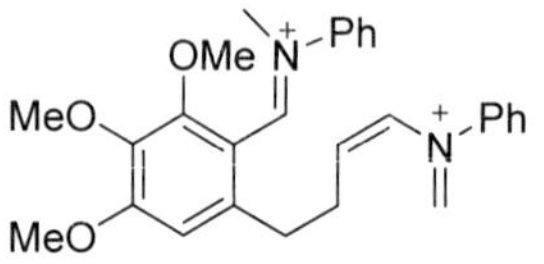

接着是烯胺对亚胺的亲核加成。最后，加水形成产物。过程如下：

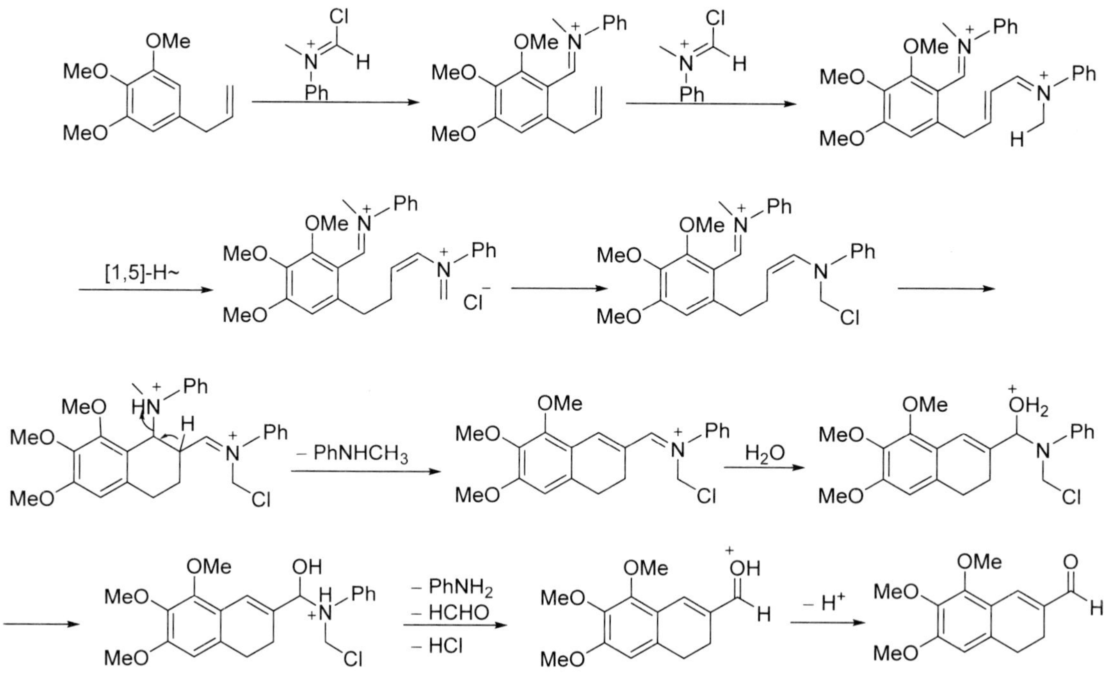

第 43 题

请为以下反应提供合理的中间体：

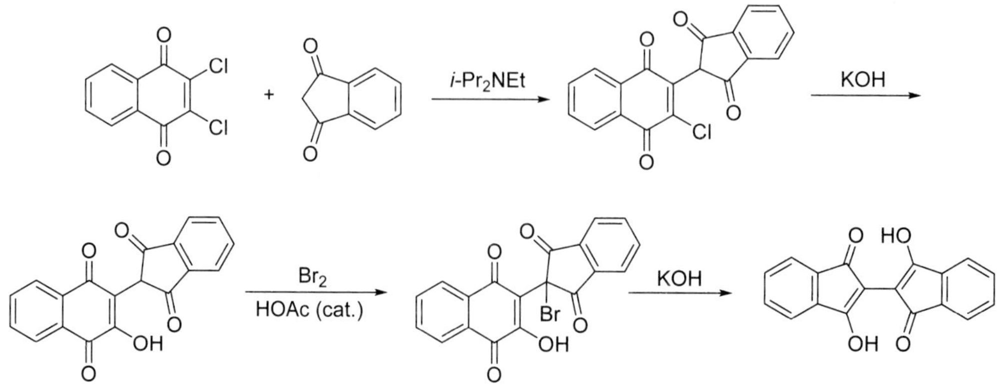

解答：

这些反应主要包含了 Michael 反应的正逆过程、羰基α位溴化后的碱性亲核重排。首先，β-卤代的α,β-

不饱和体系在碱的作用下很容易发生正逆 Michael 加成再回到α,β-不饱和体系。因此，前面两步反应均是正逆 Michael 加成，只是亲核基团不一样，第一步是烯醇负离子，第二步是氢氧根负离子：

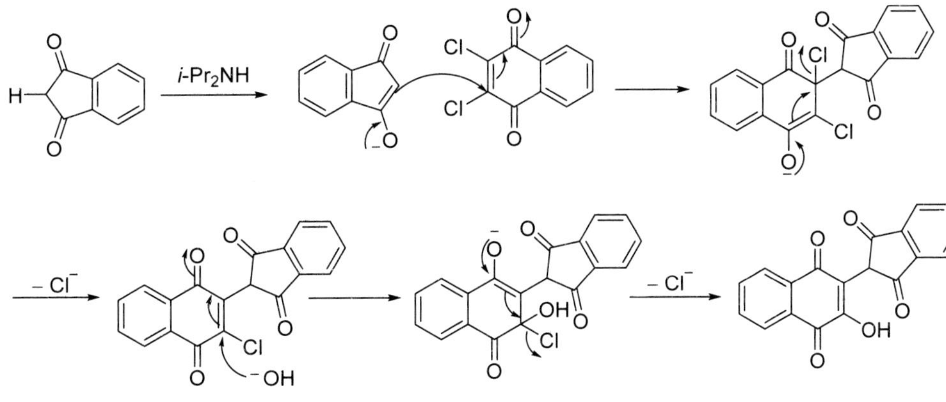

下一步是羰基α位的溴化反应。在酸性条件下需要通过烯醇的方式进行溴化：

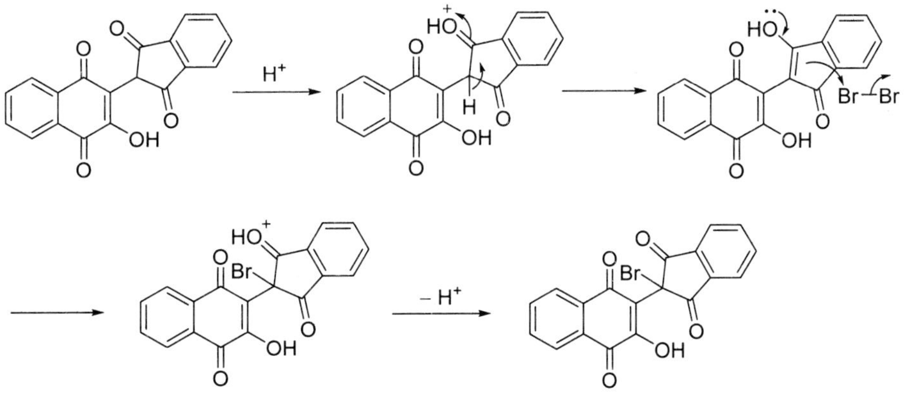

最终，在碱性条件下，体系中的六元环转化为五元环，必定需要进行重排反应。首先，通过 E1cb 反应，溴负离子离去，形成更大的共轭体系；接着，在碱性条件下，1,2-二酮发生二苯乙二酮重排，将六元环缩成五元环，并形成羧基，脱羧转化为烯醇负离子，水解后就为目标产物。

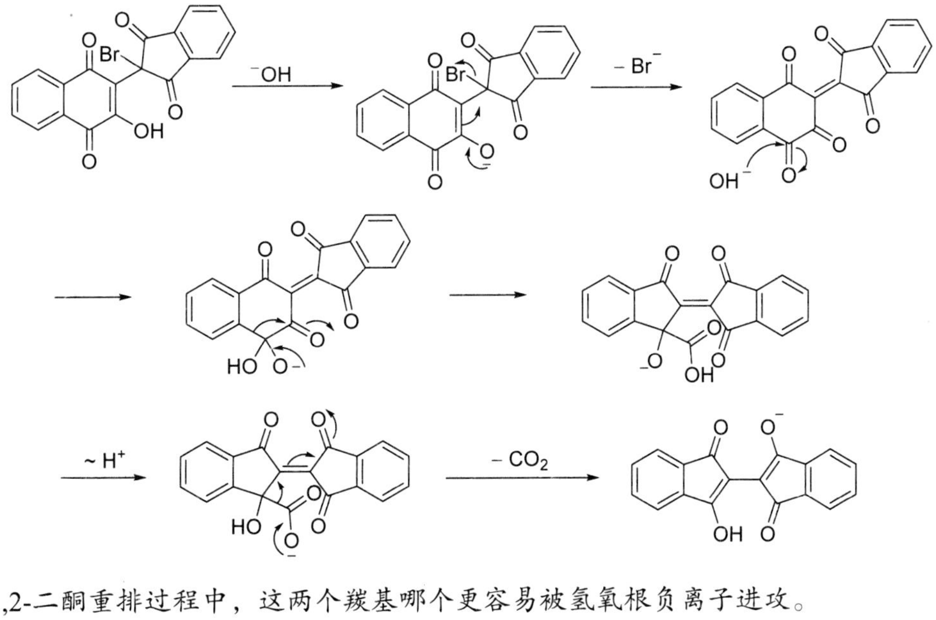

思考：在 1,2-二酮重排过程中，这两个羰基哪个更容易被氢氧根负离子进攻。

第 44 题

请为以下转换提供合理的中间体：

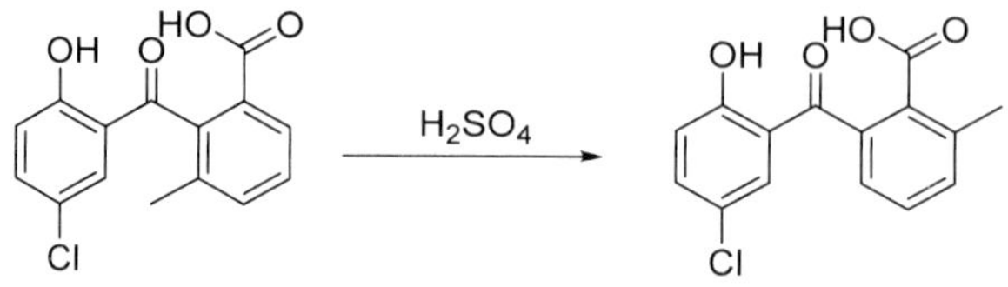

依据你所提供的机理，完成以下反应式，写出三种以上的产物：

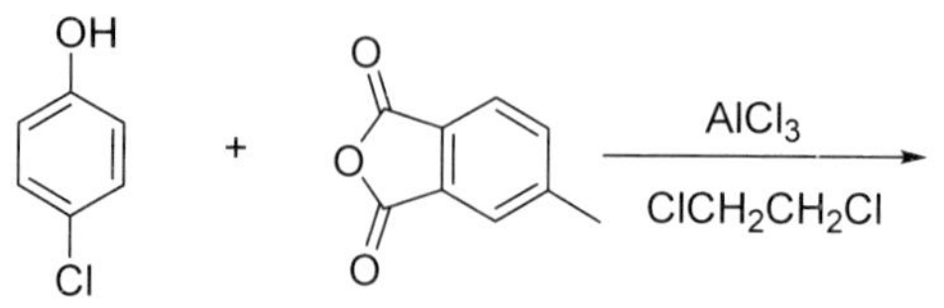

解答：

这是一个傅克酰基化反应。从结果可以发现甲基所处的位置发生了改变。在这个反应中，甲基应该不会发生重排。傅克酰基化反应是一个可逆反应，可以考虑酰基以正离子的形式离去，类似于磺化的可逆过程。

这个反应还是一个分子内的反应。可以通过以下两种方式考虑问题。

第一种：在酸性条件下，酮羰基具有碱性，更容易被质子化，接着被羧基的氧亲核加成，通过质子转移，脱水，形成羰基正离子：

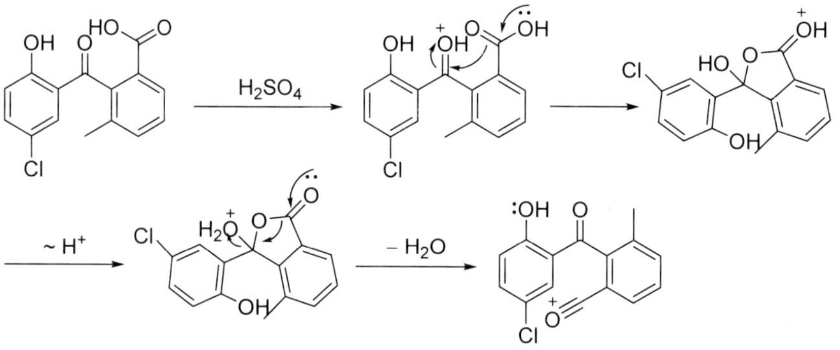

酚羟基的邻位与羰基正离子反应，形成螺环，接着羰基正离子被水亲核加成，消除开环，重新构筑芳环体系，质子离去后形成产物：

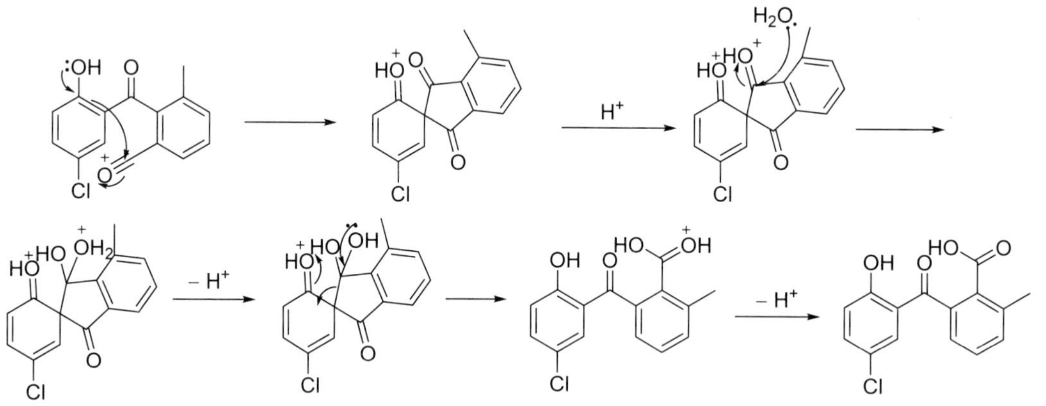

第二种：羧酸在酸性条件下被质子化后，直接被进攻形成螺环：

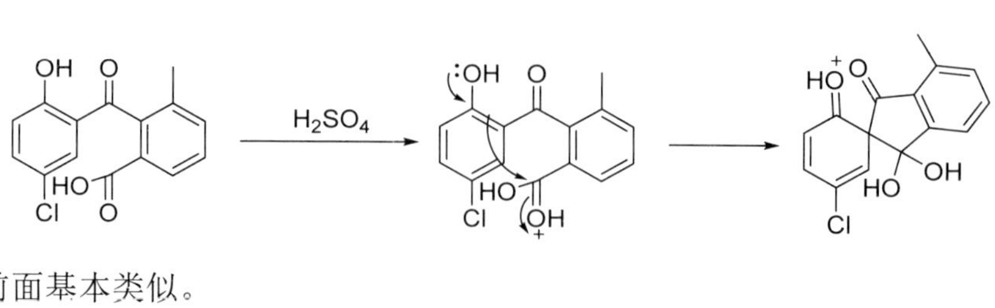

后续的过程与前面基本类似。

第三种：比较简单粗暴，羧酸在浓硫酸条件下被质子化后直接脱水形成羰基正离子，然后发生傅克酰基化反应形成螺环：

以上这三种方式，可以自己判断哪一种更为合理。

依据以上的结果可以判断第二个反应的产物为：

第 45 题

请画出以下反应的反应势能图，并对产物烯烃的立体选择性做出合理解释：

$$Ph_3\overset{+}{P}CH_2CH_3\ Br^- \xrightarrow{NaH} \xrightarrow{CH_3CHO}$$ （顺式 $H_3C-CH=CH-CH_3$）

$$Ph_3P=CHCOOEt \xrightarrow{CH_3CHO}$$ （反式 $H_3C-CH=CH-COOEt$）

说明：以上均为主产物。

解答：

这个需要深入了解 ylide 试剂的稳定性与产物的关系。Wittig 试剂分为稳定、不稳定和半稳定三种，其稳定性取决于与 P 正离子相连接的碳负离子的稳定性。如果是给电子基团取代，如烷基等，碳负离子会更不稳定，为不稳定的 Wittig 试剂；如果是吸电子基团取代，如羰基等，碳负离子可以转化为烯醇负离子，为稳定的 Wittig 试剂；碳负离子与π体系离域，如芳环、碳碳双键或炔基，为半稳定的 Wittig 试剂。

不稳定的 Wittig 试剂生成顺式烯烃，稳定的 Wittig 试剂形成反式烯烃，半稳定的 Wittig 试剂生成顺式和反式烯烃的混合产物。

Wittig 反应的关键中间体为磷杂氧杂环丁烷四元环衍生物。

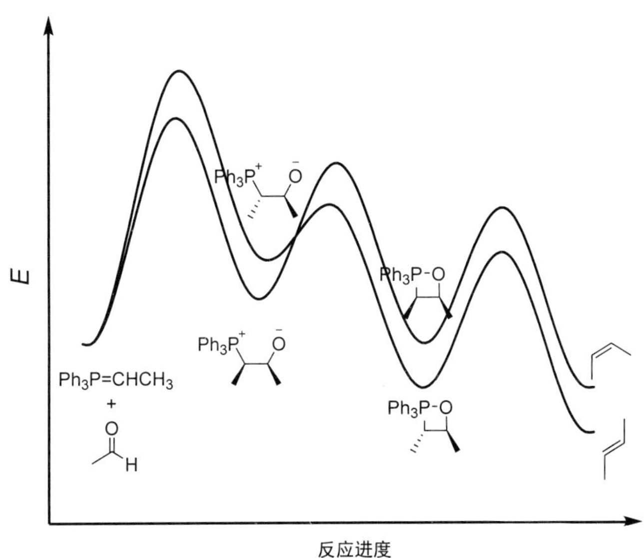

对不稳定磷叶立德，亲核反应为决速步，亲核过程中因三苯基膦位阻较大，与甲基处于反式，优先生成顺式烯烃。

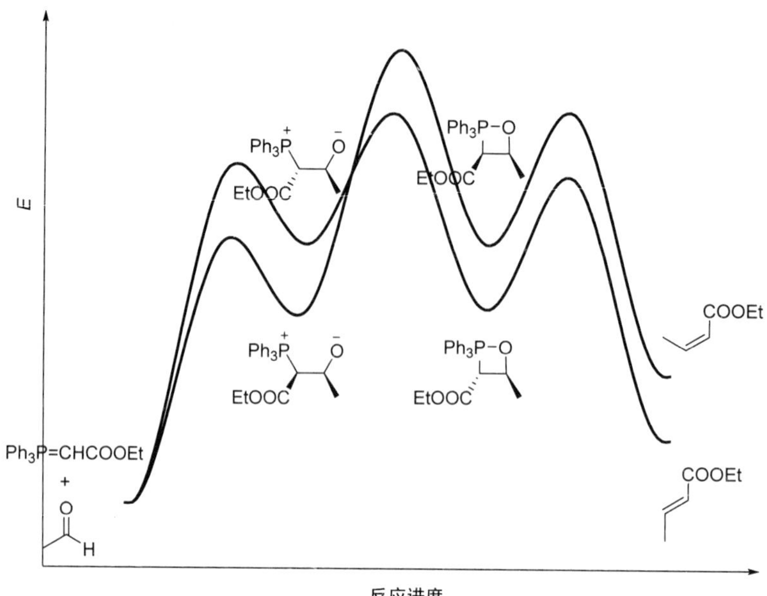

稳定叶立德的反应决速步为后两步，生成反式烯烃过程中位阻小，四元环过渡态能量低，优先生成反式烯烃。

❖第 46 题

2-甲基-2-环戊烯酮在碱性条件下可以转化为 5-甲基-2-环戊烯酮，而 2-甲基-2-环己烯酮在同样条件下无法异构化为 5-甲基-2-环己烯酮。请解释。

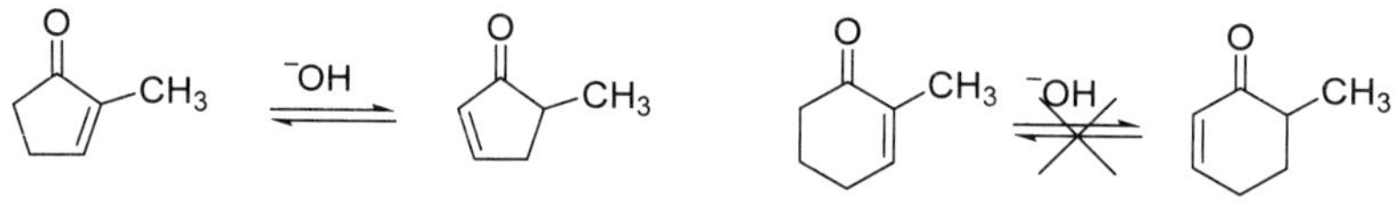

解答：

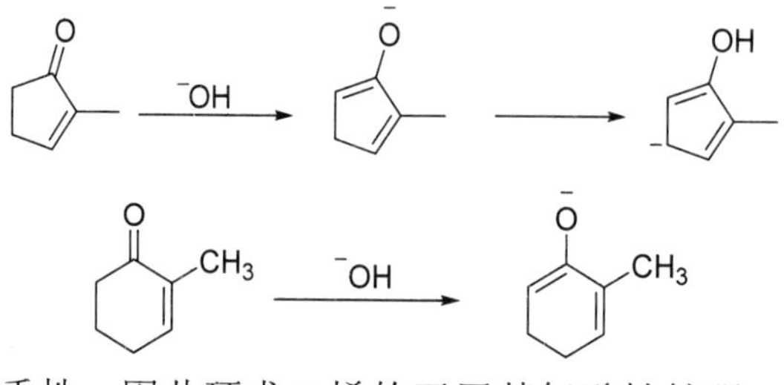

因为环戊二烯负离子具有芳香性，因此环戊二烯的亚甲基氢酸性较强，可以在碱的作用下离去，发生重排；而环己烯酮则无法形成芳香体系，因此不能进行类似的移位。

❖第 47 题

请为以下转换提供合理的中间体：

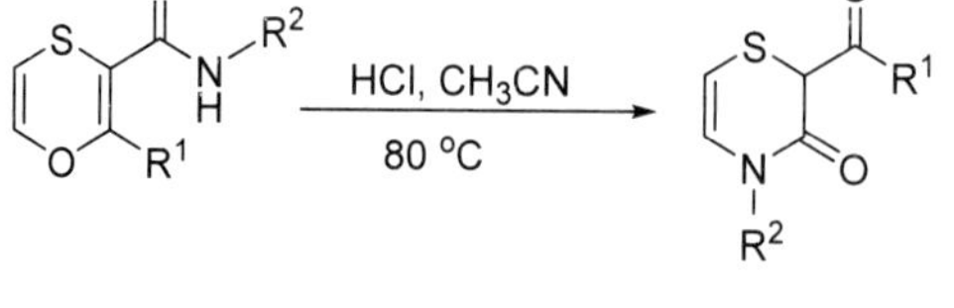

解答：

这是在酸性条件下氮原子和氧原子的换位反应，其中必定包括开环过程。在酸性条件下，首先要看哪个原子碱性更强，环上的氧和硫的孤对电子参与共轭，碱性降低；因此，羰基氧的碱性最强，它首先与质子结合：

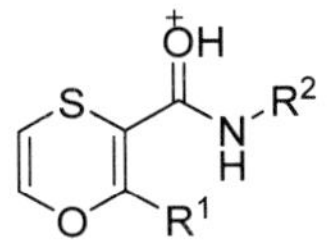

接着共振异构，形成新的羰基正离子：

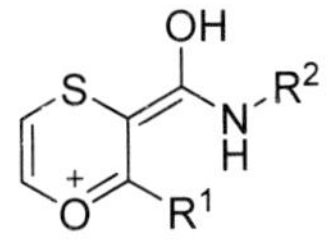

体系中的水对羰基正离子亲核加成，形成半缩酮；接着开环，再关环，再脱β-H 就转化为产物。整个反应过程如下：

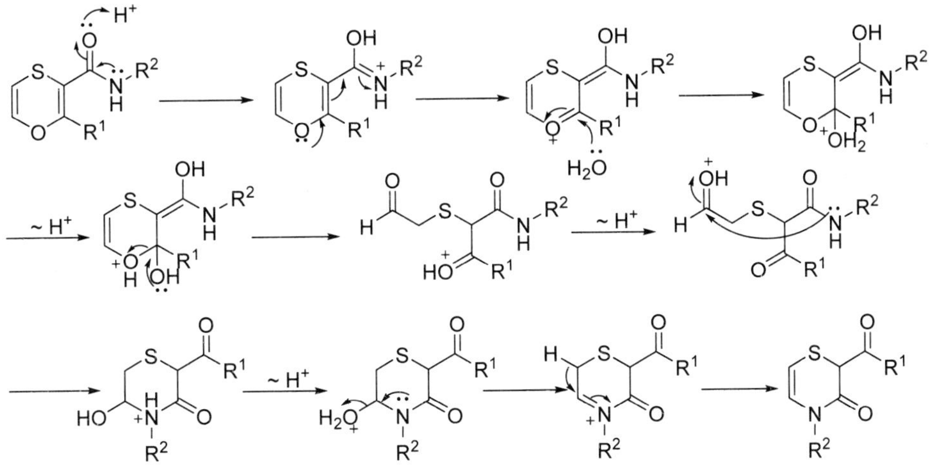

第 48 题

请为以下转换提供合理的中间体：

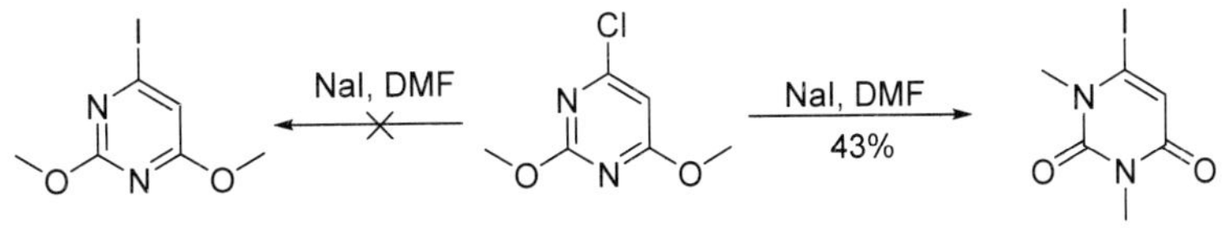

解答：

这是一个非常简单的芳香亲核取代反应。需要清楚两点：一是 *N*-甲基酰胺不可能与甲氧基取代的亚胺互变异构；二是酰胺比芳环稳定，因此没有 2-羟基吡啶。碘负离子是好的亲核基团，进攻甲氧基的碳，形成氧负离子，氧负离子迅速互变异构为酰胺，此时氮是负离子，可进攻碘甲烷，就形成了氮甲基：

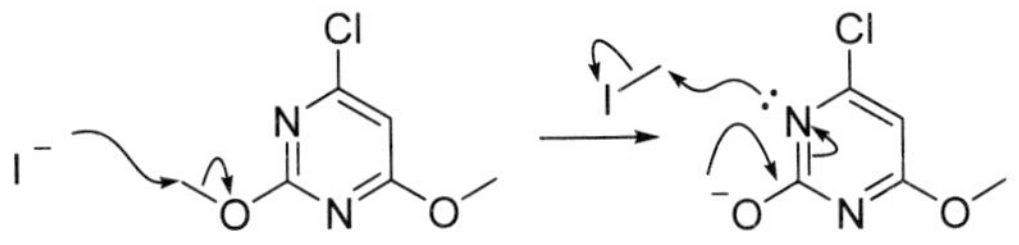

这样的方式再重复一次，剩下的就是α,β-不饱和体系，碘负离子进行 Michael 加成，再进行逆 Michael 加成，形成产物：

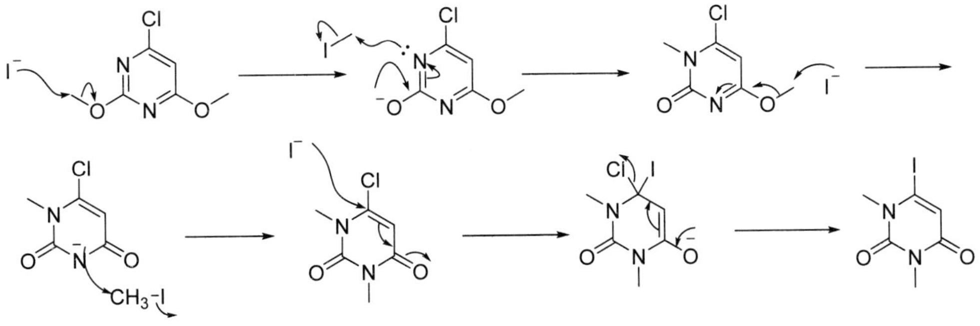

❖第 49 题

1996 年，美国科学家观察到，在 $PhNEt_2$ 中 200 ºC 下进行反应，化合物 **1** 可转化为产物 **2**。此外，将 HMDS 加入以上反应体系中，产物 **2** 的产率有了显著提高。基于这些实验结果，请提出这种转变的机理，并思考 HMDS 的作用。

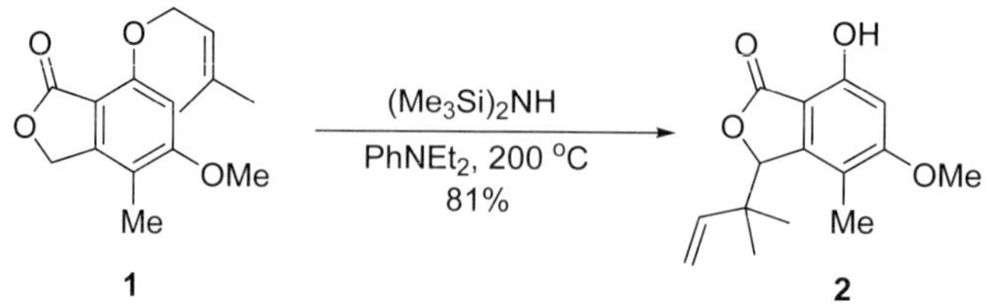

$(Me_3Si)_2NH$, $PhNEt_2$, 200 °C, 81%

1 **2**

解答：

从结构上分析，整个环状结构只有苯酚醚连接的基团转移到了内酯环的 γ 位。在这个转换中，一根碳氧 σ 键断裂了，又在内酯的 γ 位形成了新的 σ 键，还有一个重要的变化，原料中的双键上有两个甲基取代，而到产物中双键没有这两个甲基取代了，碳碳双键也发生了移位。通常，苯酚醚的断键方式之一是在酸性条件下水解，其他均是重排；如 Fries 重排和 Claisen 重排。Claisen 重排恰好是断一根 σ 键，成一根 σ 键，碳碳双键也要移位，但是如果移了两次的话，双键又可以回到原先的位置；现在双键移动了就表明在整个转换过程中 Claisen 重排要么进行了一次，要么进行了三次；Claisen 重排要求六元环过渡态，在这么紧密的环中，一次六元环过渡态就成现在的位置，可能性不大；那就需要进行三次 Claisen 重排反应。

第一次：

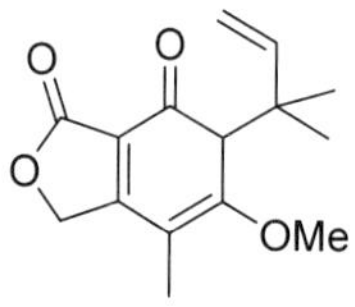

OMe

第二次：

OMe

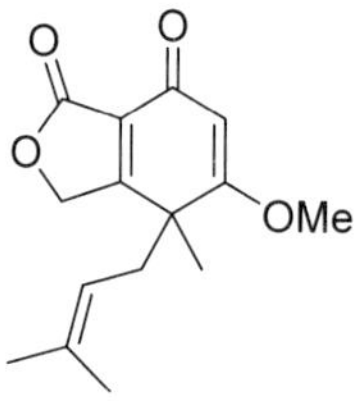

这里，双键结构又与原料一样了。

现在要进行第三次，但是，Claisen 重排要求新形成的 σ 键的碳原子应该是双键；现在这个位点是 sp^3 杂化的，需要羰基互变异构，转化为烯醇：

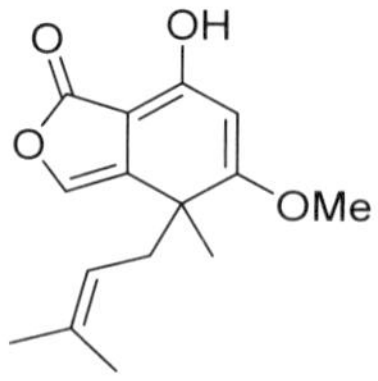

OH OMe

这个转换如果体系中存在碱可以加速发生。因此如果体系中有二级胺和三级胺，且酚羟基有酸性，上述结构就不够准确了，应该是：

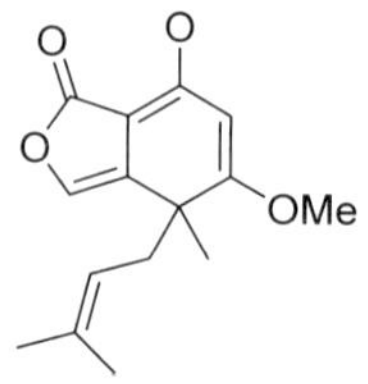

OMe

在此转换过程中，碱的作用为攫取内酯 γ 位的氢，然后转换为烯醇负离子。至此，加入 HMDS 的作用也就明白了，即增强碱性。

❖第 50 题

请写出此转换过程中第一步反应合理的中间体，并请预测第二步反应的产物：

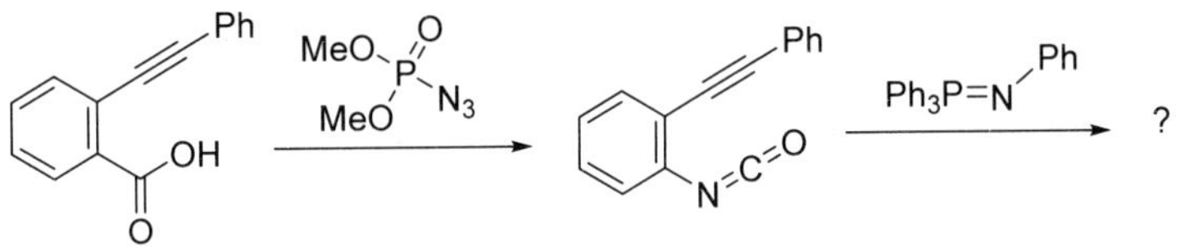

解答：

这个反应与常见的有机反应有所不同，主要是关于杂原子间进行的反应，在有机反应中见得比较少。从原料到第一个产物的官能团转换就是羧基转化为异氰酸酯，称为 Schmidt 反应，其重要过程为酰基卡宾重排转化为异氰酸酯。但是，在 Schmidt 反应中，是羧酸与叠氮酸反应形成叠氮酰基；而这里不是利用叠氮酸，而是叠氮基取代的磷酸酯。

方案一：通过羧酸与磷酸酯作用，叠氮负离子作为离去基团，使羧基形成酸酐，活化了羧基；离去下来的叠氮负离子要比原先的叠氮基团具有更强的亲核能力，从而形成酰基叠氮：

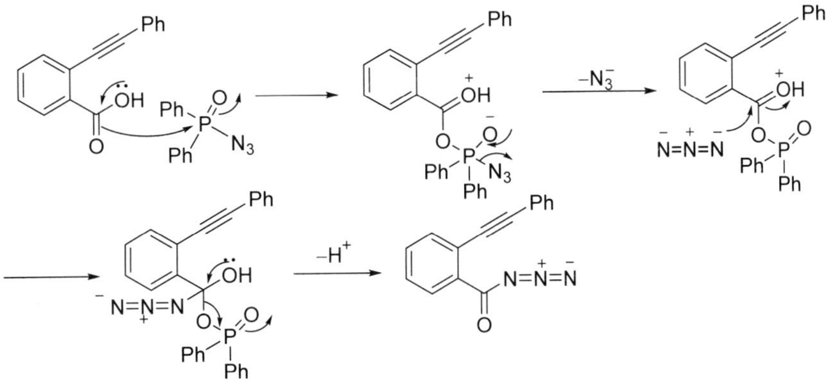

方案二：利用叠氮的亲核能力，但是，考虑到此时叠氮被磷酰化了，所以叠碳末端氮原子的亲核能力相对较弱。具体过程如下：

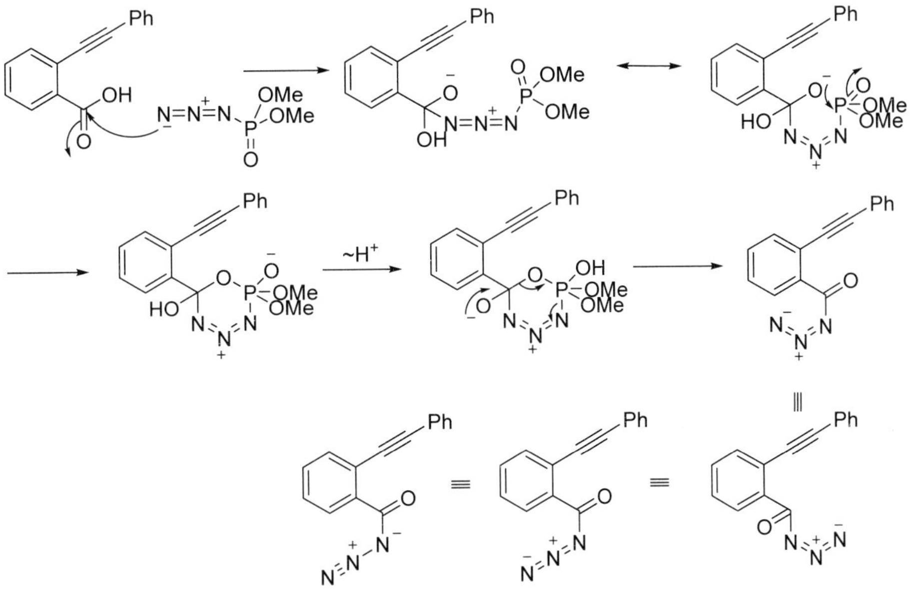

无论是方案一还是方案二，都生成了共同的中间体，然后，酰基叠氮脱去氮气，形成酰基氮宾，接着发生重排：

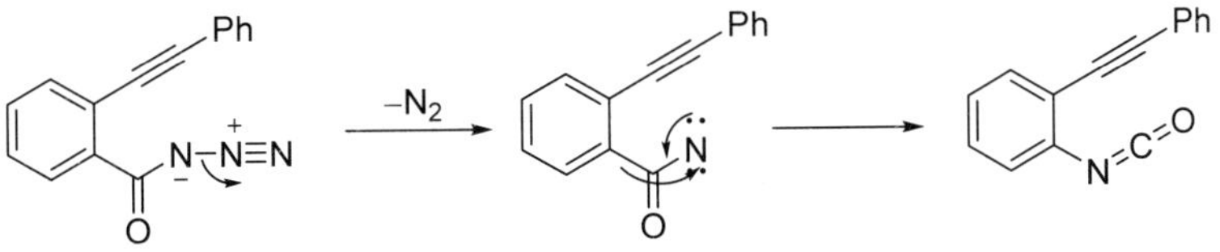

第二步反应的原料是氮磷双键 ylide。参照 Wittig 反应，碳氧双键的反应能力强于碳氮双键，所以，首先碳氧双键进行[2 + 2]反应形成四元环，再进行[2 + 2]的逆反应打开四元环，形成碳氮双键，这个官能团为碳二酰亚胺：

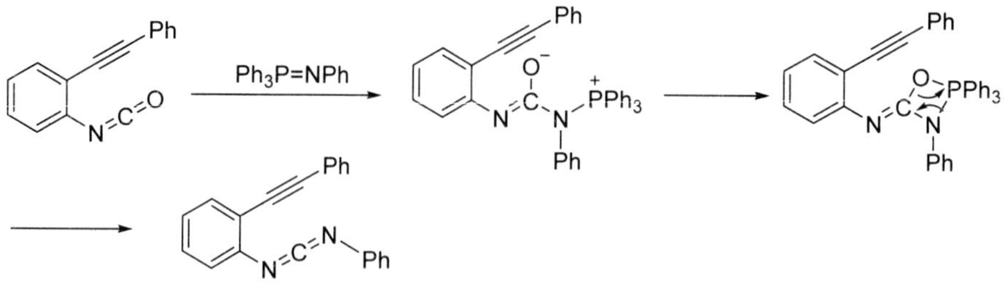

$Ph_3P{=}NPh$

第七章　基本概念问题的提升解析

第 1 题

在利用霍夫曼消除反应推导底物的结构式时，通常采用完全甲基化，而不是乙基化。请解释原因，并思考霍夫曼消除反应的特点。

解答：

霍夫曼消除反应的底物为四级铵碱；氨基不是一个好的离去基团。只有在 C1 位和 C2 位形成负离子后，才可以使铵基（三级胺）离去。由于铵基正离子的吸电子效应，C1 位和 C2 位上连接的 H 均具有一定的酸性，均可以被碱攫取。

如果攫取 C1 位的氢，形成 ylide，接着发生α-消除形成卡宾：

如四甲基铵碱加热即生成甲醇和三甲胺。

如果攫取 C2 位的氢，则在氨基的β位形成负离子，接着三级胺离去，即形成目标产物烯烃：

当同时存在 C1 位的氢和 C2 位的氢时，应优先发生β-消除。为了保证在消除的过程中，只形成一种烯烃，四级铵离子上只能有一个取代基存在β位的氢，其余取代基上绝对不能有β位氢，这种取代基最简单的就是甲基，而且还可以通过所使用的甲基化试剂（碘甲烷）确定底物中氨基为几级胺。如果采用乙基化，根据霍夫曼规则，β-消除会优先发生在乙基上。因此，在确定胺类化合物的结构时，对其氨基进行彻底甲基化处理最合适，然后加热处理确定分解产物烯烃的结构，从而推导出原料胺的结构。

结合以上分析，霍夫曼消除反应是一个由碱浓度和强度决定反应速率的单分子反应，其主要特点为：

1. 由于三级胺不是一个好的离去基团，因此，β位氢的酸性是发生消除反应最重要的前提条件；如果底物中存在一个以上β位氢时，β位酸性最强的氢优先被攫取，然后发生β-消除形成烯烃；

2. 如果底物中存在一个以上β位氢时，而且这些氢的酸性基本相同时，空阻小的氢优先被攫取；

3. 这个消除过程为β-消除，处在离去基团反式位置的氢优先消除；

4. 如果需要进行构象分析，优先考虑优势构象中处在反式位置上的氢。

说明：在此题基础上，可进一步熟悉氧化胺的 Cope 消除反应。

第 2 题

在 HI 溶液中烷氧基苯解离时通常生成苯酚而不是碘苯，请解释此结果。结合这个实例，思考如何使这个反应在比较温和的条件和对更多官能团具有兼容性的条件下进行。

解答：

在这个酸解反应中，烷氧基苯中的氧首先被质子化，此时，存在如下两种可能：

一种是烷基与氧连接的 C–O 键断裂，如果反应为 S_N2 类亲核取代反应，碘负离子进攻碳，离去基团为苯酚；如果为 S_N1 类亲核取代反应，离去基团为苯酚和碳正离子，然后碳正离子与碘负离子结合；不管 S_N2 类还是 S_N1 类亲核取代反应，离去基团均为苯酚。

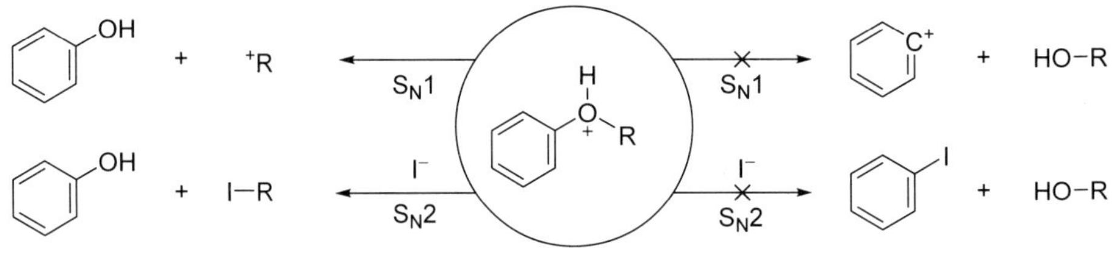

另一种是苯基与氧连接的 C–O 键断裂，此时无法进行 S_N2 类亲核取代反应；但是如果进行 S_N1 类亲核取代反应，离去基团为苯基正离子，这是极其不容易离去的基团；因此，在这个反应中，不可能发生苯基与氧连接的 C–O 键断裂。对于苯环，应该还可以考虑芳香亲核取代反应，即加成-消除的转换过程。首先是加成过程，烷氧基苯即使是在质子化条件下也不容易被亲核进攻；其次，加成-消除反应的结果主要取决于离去基团的离去能力，碘离子的离去能力远大于醇的离去能力，此过程也难以发生。

此外，由于氧的孤对电子与苯环的共轭作用，使得与苯环相连 C–O 键的强度比与甲基相连的 C–O 键强度略强，相对比较难以断裂。

综上分析，在 HI 溶液中烷氧基苯解离时通常生成苯酚。

在苯酚醚中切断烷基与氧连接的 C–O 键，首先需要形成氧鎓盐，增加氧的吸电子诱导效应，进一步极化需要切断的 C–O 键，从而有利于后续亲核基团对碳的亲核取代反应。如果考虑温和条件的话，可以采用较强的 Lewis 酸代替 HI，如 BBr_3：

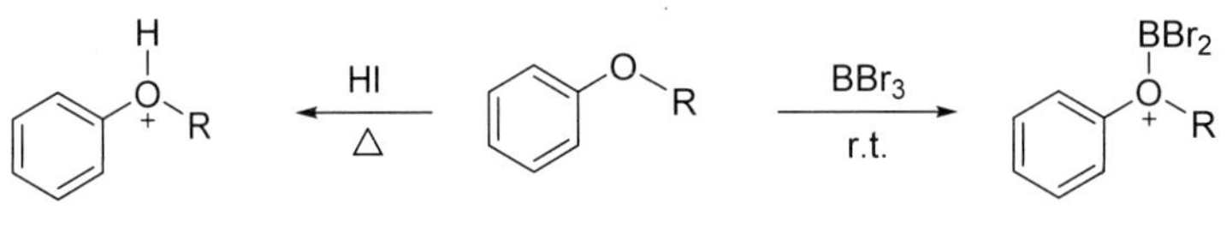

第 3 题

请给以下四个酯类化合物在缩合反应中的反应活性进行排序，并说明原因。

HCOOEt, EtOOCCOOEt, EtOCOOEt, PhCOOEt

解答：

对于这些酯类化合物的反应活性，主要考虑的是羰基的亲电能力，而酯羰基的亲电能力与其连接的取代基紧密相关。由于这些酯均为乙酯，因此，只需要考虑它们的另一个取代基。在这四个酯中，另一个取代基分别为：H、EtOOC、EtO 以及 Ph。对比这四个取代基，EtOOC 为吸电子基团，没有给电子共轭效应，而其他三个基团具有给电子效应。因此，草酸二乙酯的亲电能力最强。在其他三个化合物中，H 的给电子能力最弱；而对于其他两个化合物，EtO 和 Ph 在与酯羰基相连时首先体现了给电子能力，但是由于氧的电负性大于碳，此时 EtO 除了给电子共轭效应外，还有较强的吸电子诱导效应，因此，碳酸二乙酯的亲电性强于苯甲酸乙酯。综上分析，这四个酯的亲电能力从强到弱的排序为：

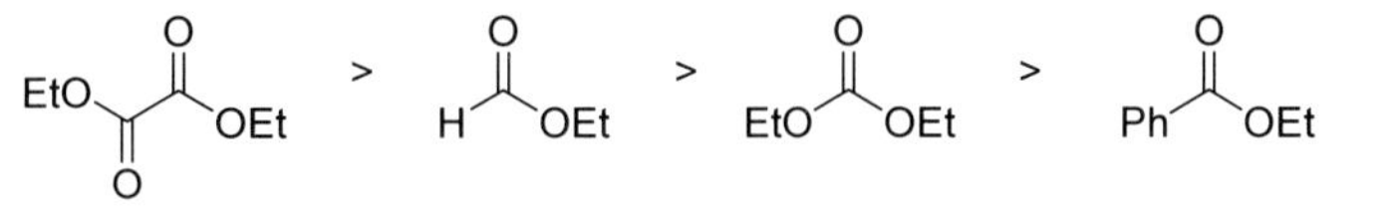

EtO(C=O)(C=O)OEt > HC(=O)OEt > EtOC(=O)OEt > PhC(=O)OEt

吸电子共轭 (–*C*)　基准 (0)　给电子共轭 (+*C*)　给电子共轭 (+*C*)

第 4 题

请完成以下反应式，在方框中画出过渡态的结构式，并标出产物的手性中心的构型。

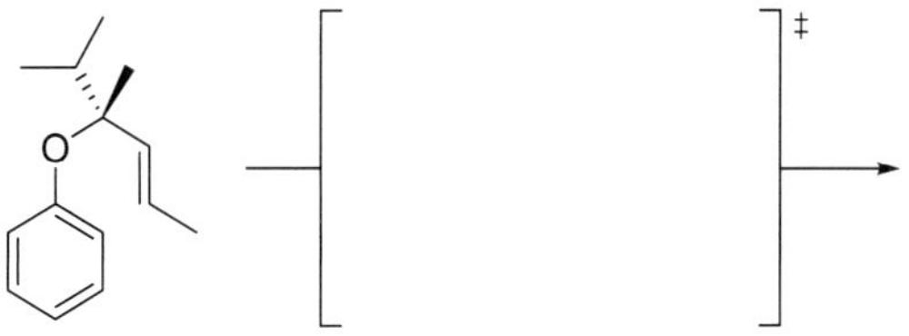

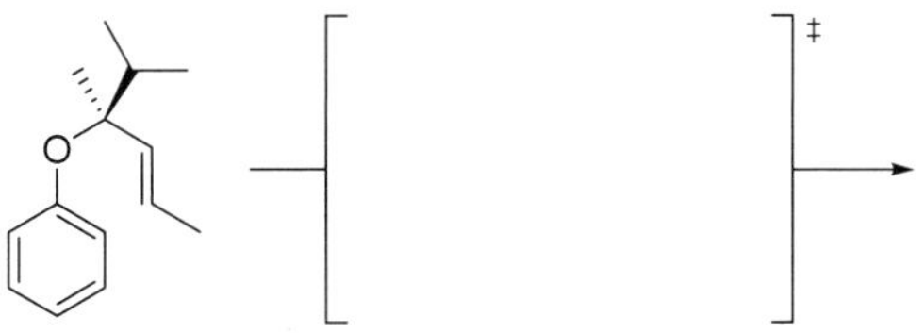

解答：

这是[3,3]-σ 重排中的 Claisen 重排反应。这个反应采用六元环过渡态，由于没有并环的结构，因此这个过渡态为椅式构象，在此过渡态椅式构象中，只有一个位点是手性的，且其中的大基团异丙基须处在平伏键，此时无需考虑双键上的取代基处在直立键还是在平伏键。双键上取代基的取向只取决于其本身的顺反构型。

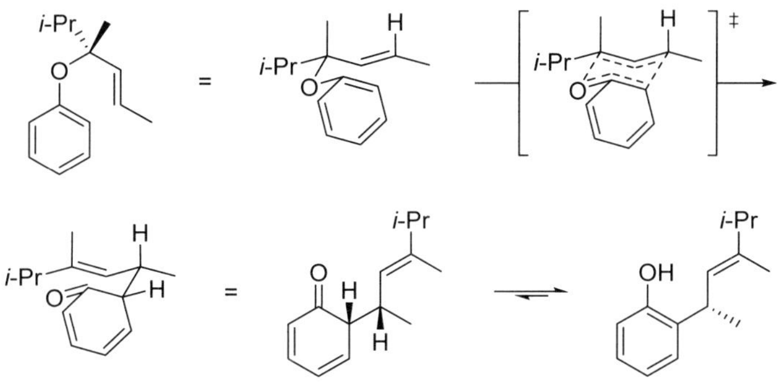

同理，另一个化合物的分析如下：

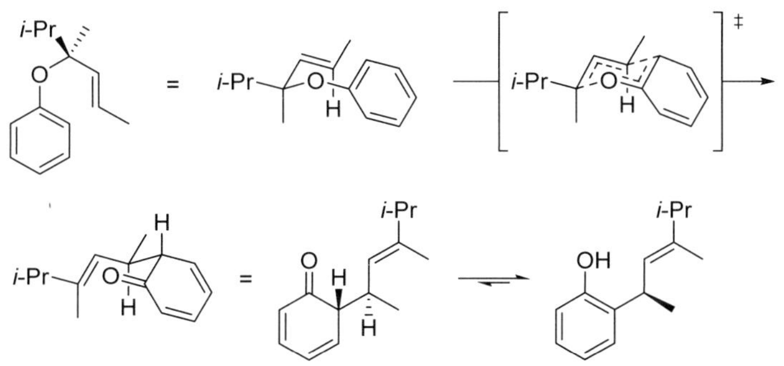

综上所述，这两个过渡态构象为：

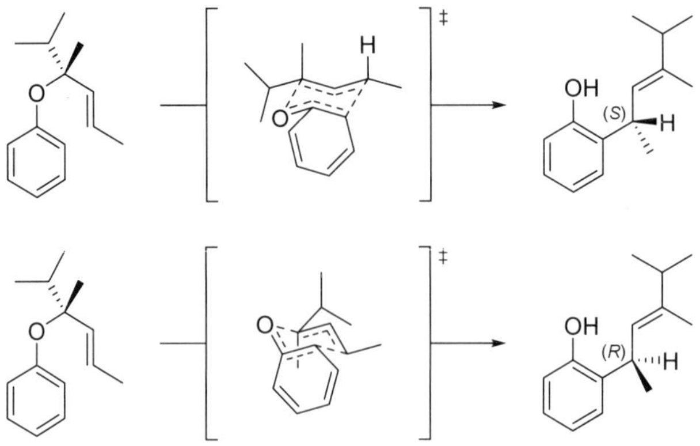

在六元环过渡态优势构象的基础上转化为产物。

当然，也可以通过 Newman 投影式来理解此反应的立体化学：

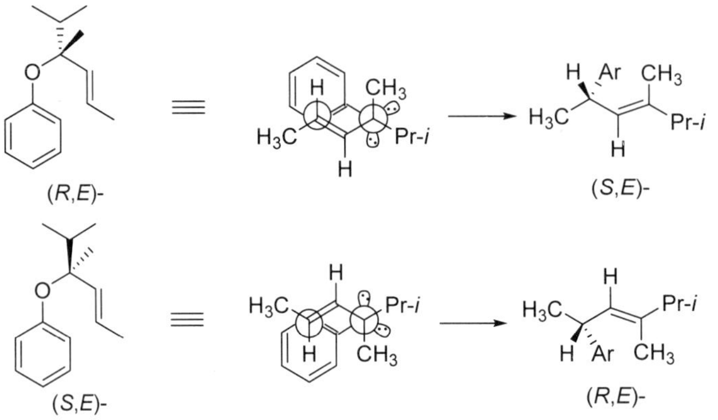

第 5 题

在脑文格 (Knoevenagel) 反应中，通常得到α,β-不饱和化合物。如：

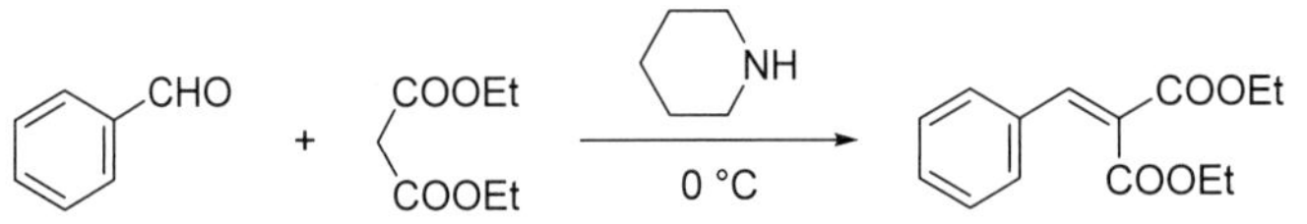

而 Knoevenagel 在 1894 年刚研究此反应时，利用甲醛和丙二酸二乙酯反应得到了以下产物：

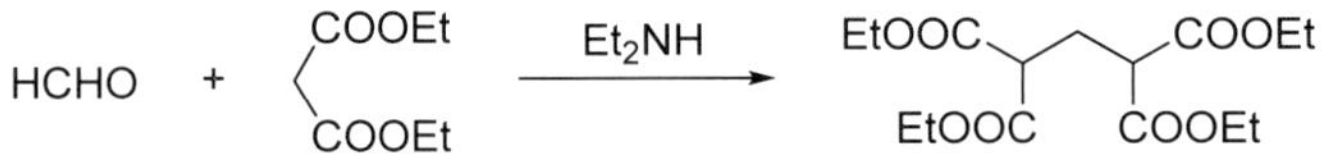

请解释此反应与前一个反应不同的原因，并说明发生了何种类型的反应。并在此基础上，思考保证 Knoevenagel 反应顺利进行的反应条件。

解答：

甲醛与丙二酸二乙酯反应，并没有生成α,β-不饱和酯，而是形成了一个饱和化合物。这是由于甲醛与丙二酸二乙酯缩合生成β-羟基酯，然后失水形成α,β-不饱和酯，接着再与另一分子的丙二酸二乙酯发生共轭加成（Michael 加成）形成了目前这个饱和化合物：

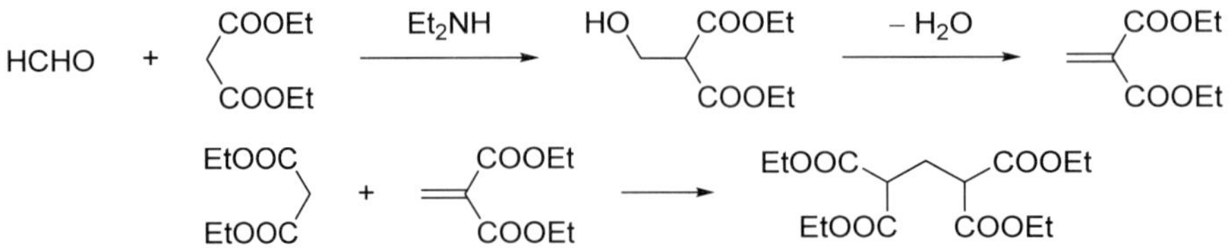

具体转换过程为：

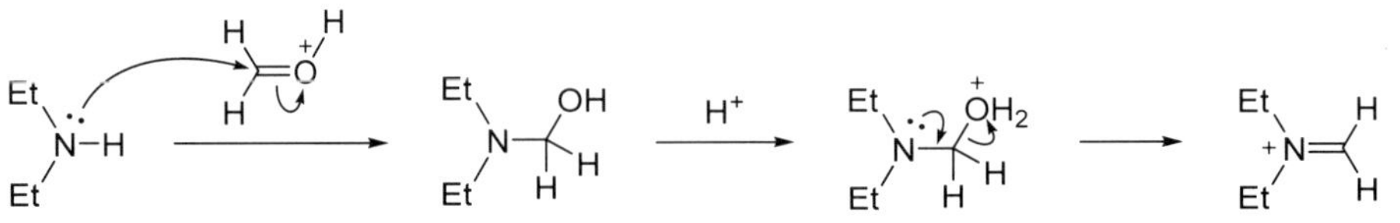

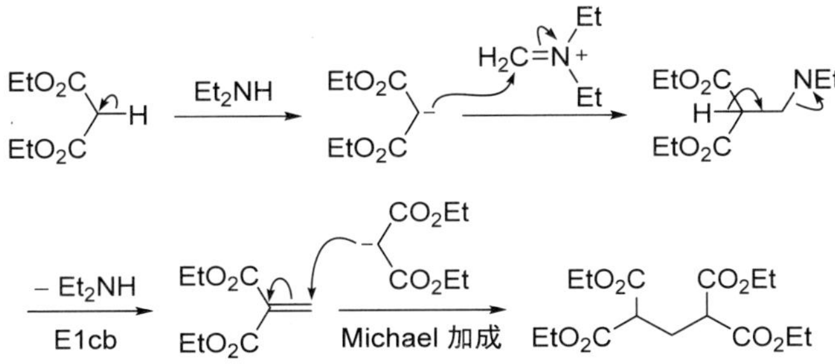

那么为了保证顺利生成α,β-不饱和酯，必须抑制共轭加成反应的发生。因此，需要考虑以下因素：

1. 降低α,β-不饱和酯中碳碳双键的亲电性；
2. 增加α,β-不饱和酯中碳碳双键上取代基的空阻；
3. 降低反应温度；
4. 降低反应体系的碱性，采用缓冲溶液。

第 6 题

茚在 CCl_4 中溴化时会生成 15%顺式加成产物：

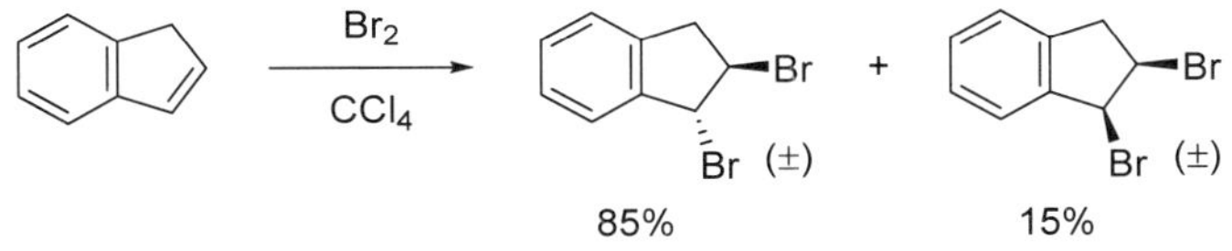

茚酮在相同的条件下只生成了反式产物，请解释此实验结果。

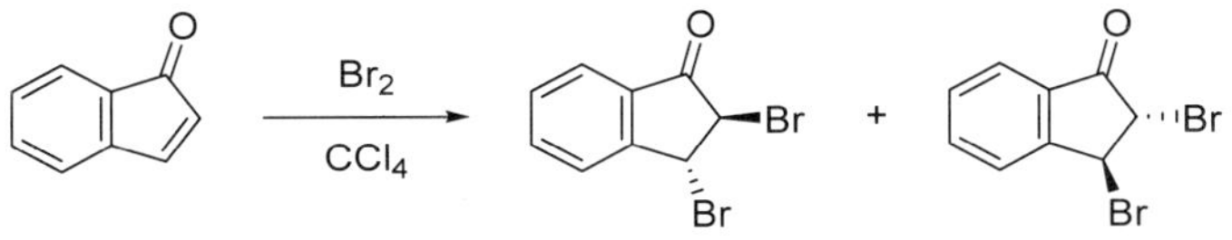

请根据以上反应结果，预测以下反应的产物。

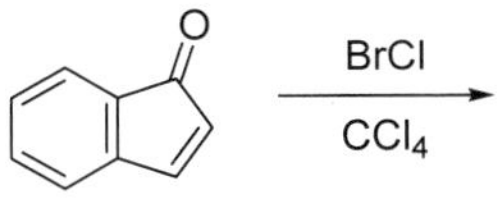

解答：

碳碳双键在非极性溶剂中与 Br_2 发生亲电加成反应，其反应的中间体是三元环溴鎓正离子：

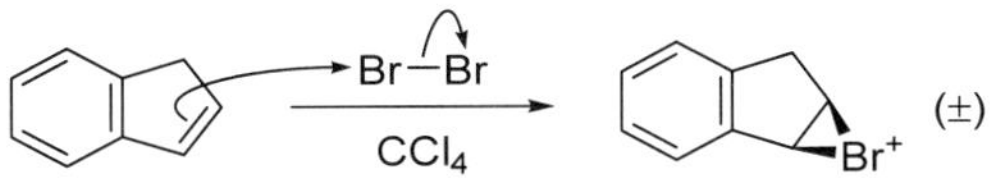

此时，由于苯环的给电子作用，其苄位正离子相对比较稳定，这使得这个三元环很容易开环：

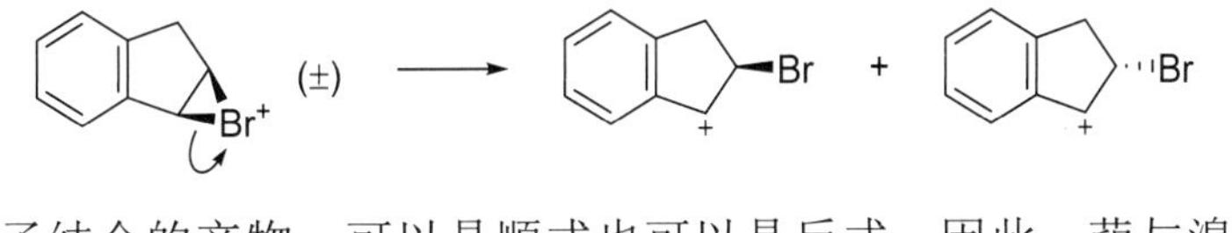

苄位正离子与溴负离子结合的产物，可以是顺式也可以是反式。因此，茚与溴的亲电加成中，主要产物为经三元环溴鎓离子形成的反式二溴代二氢茚，但由于苄位碳正离子的稳定性，使得部分三元环溴鎓正离子开环形成少量的顺式二溴代二氢茚。

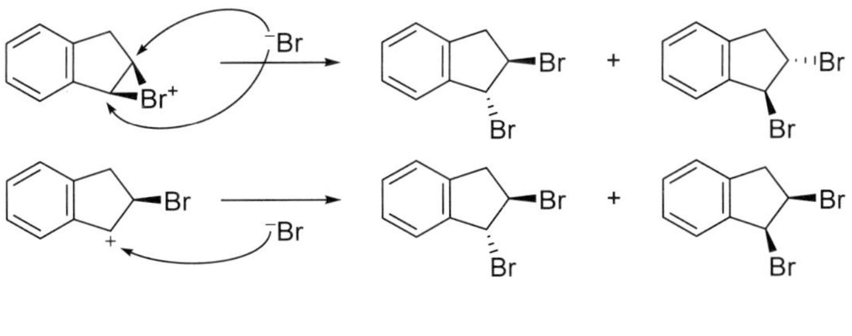

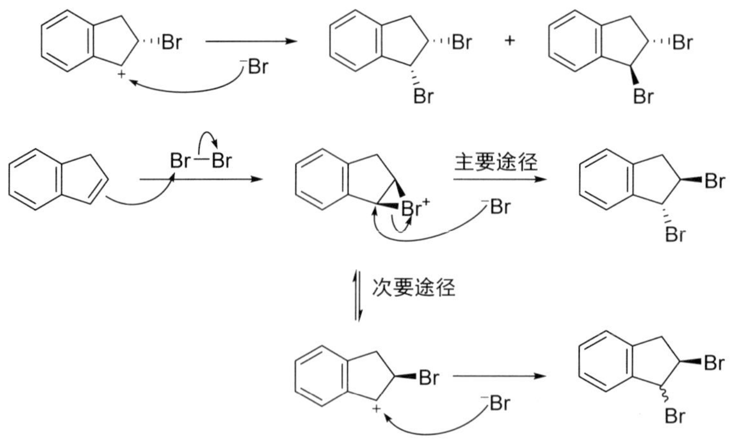

对于茚酮而言，双键也可以形成三元环溴鎓正离子，但是由于羰基的吸电子作用，苄位正离子的稳定性降低，不易形成，就相对提高了三元环溴鎓正离子的稳定性：

而当羰基氧上的孤对电子亲核羰基α位时，也能使三元环溴正离子开环，但是这个过程是立体专一性的，且产物非常不稳定，会回到三元环溴鎓正离子：

最终，茚酮与溴亲电加成的过程，只能采用形成三元环溴鎓离子中间体的形式，并通过对此三元环采用 S_N2 类亲核取代反应开环，最终产物只有反式二溴二氢茚酮。

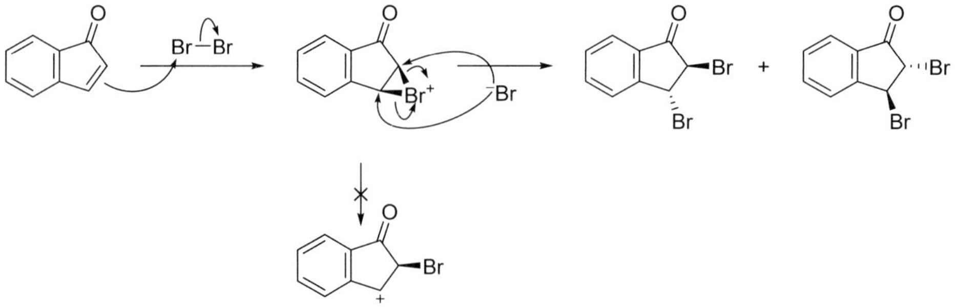

考虑到苄基正离子的稳定性（尽管有吸电子羰基取代）强于羰基的α位正离子，BrCl 作为反应试剂时，Cl^-进攻溴鎓正离子的苄基位形成的产物为：

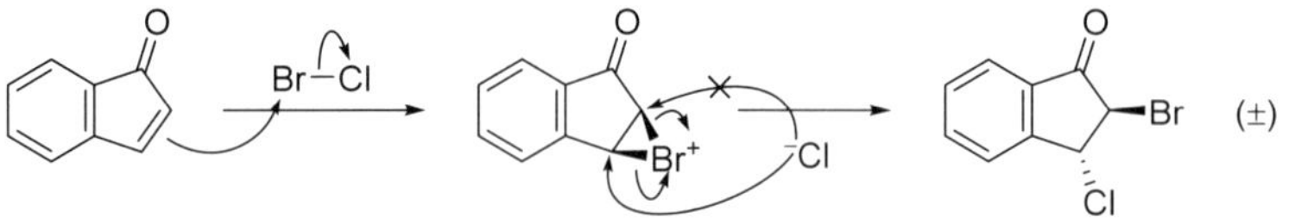

第 7 题

以下两个化合物都非常不稳定，很容易在室温下失去氮气，生成同一种物质，产物含有一个苯环、一个螺原子，没有桥环体系，请推断产物的结构。

解答：

这两个化合物脱去氮气后，形成一个醌式结构的中间体：

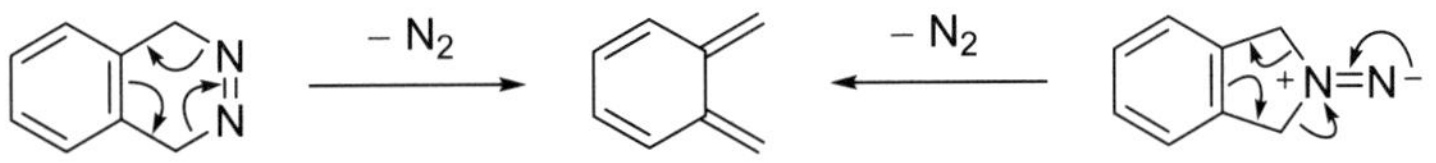

也可以通过均裂的方式形成此醌式结构。

接着两分子进行 Diels-Alder 反应转化为产物：

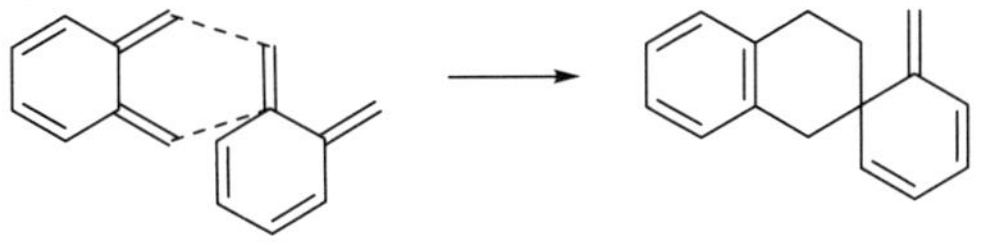

这个结构正好符合一个苯环、一个螺原子，没有桥环体系的要求。

第 8 题

4-芳基-5-对甲苯磺酰氧基己酸甲酯在硅胶或在酸性条件下可以转化为五元环和六元环两种内酯。此反应在芳基上必须有给电子取代时才可以进行。

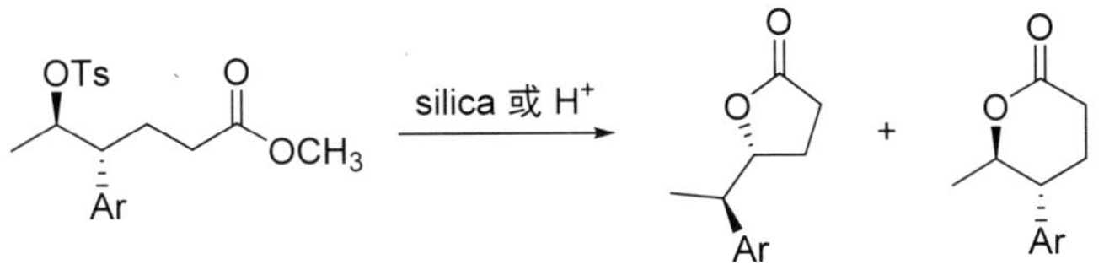

在相同反应条件下，4-芳基-5-对甲苯磺酰氧基戊酸甲酯只能转化成五元环的γ-丁内酯。

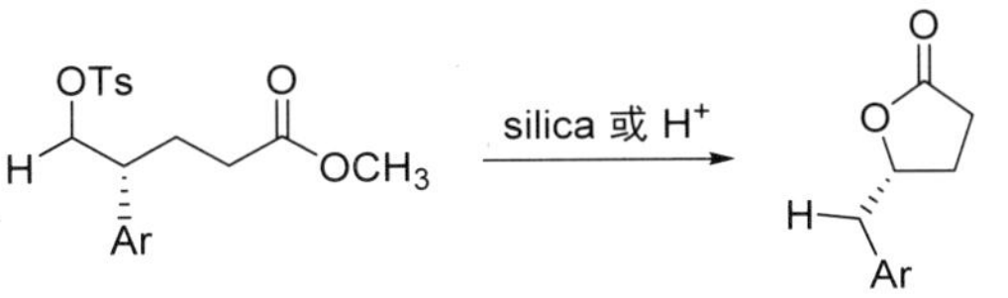

请解释此实验结果，并说明为何芳基必须带有给电子基团。

解答：

4-芳基-5-对甲苯磺酰氧基己酸甲酯在酸性条件下进行反应时，需要注意的是在形成六元环内酯时，反应位点的构型保持不变，而在形成五元环内酯时，反应位点的构型发生了翻转，芳基迁移后也使得原先位点的构型发生了翻转。这说明在磺酸基团离去时，芳基参与了反应：

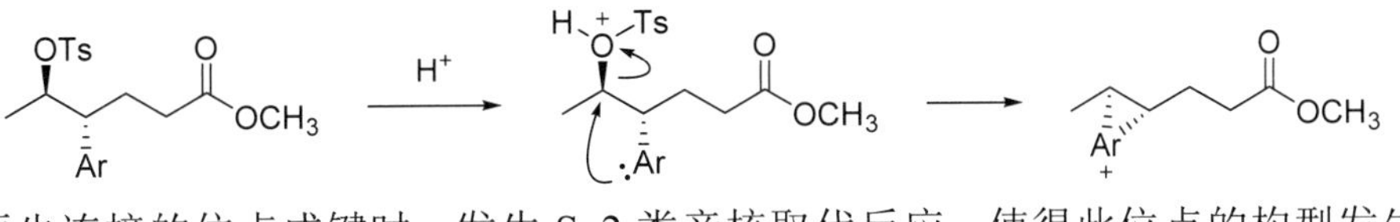

芳环与 OTs 原先连接的位点成键时，发生 S_N2 类亲核取代反应，使得此位点的构型发生了翻转。接着，如果要形成五元环内酯，羰基进攻原先芳基取代的位点，反应为 S_N2 类亲核取代反应，势必使得这个位点的构型翻转，产物为：

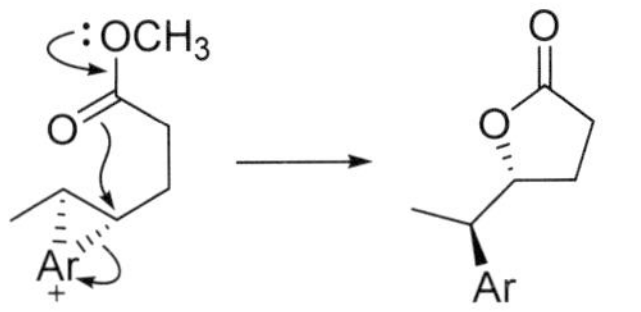

如果要形成六元环内酯，羰基进攻原先 OTs 基取代的位点，反应为 S_N2 类亲核取代反应，势必使得这个位点的构型翻转。由于这个位点在与芳基反应时，构型已经翻转了一次，二次翻转使得反应位点的构型保持，产物构型为：

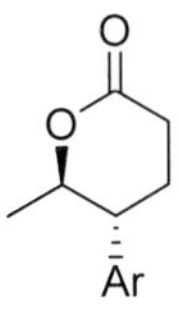

总结如下：

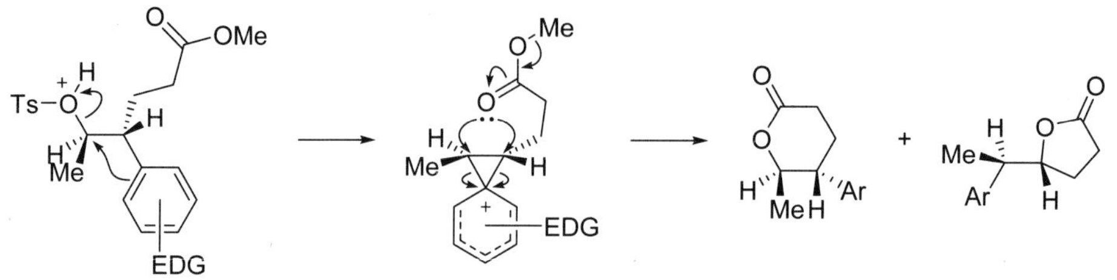

对于第二个反应，其三元环中间体为：

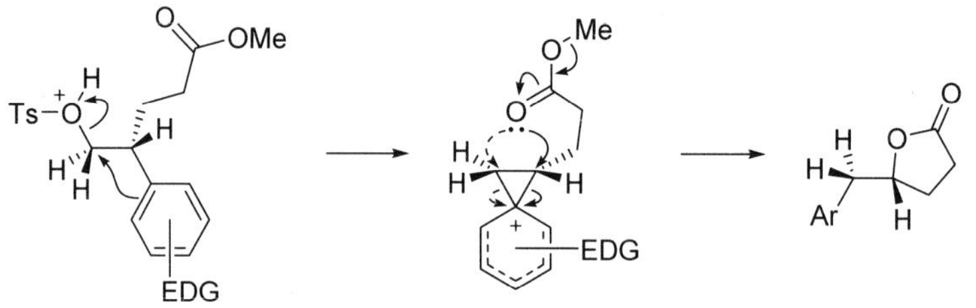

由于二级碳正离子的稳定性强于一级碳正离子，类比环氧的酸性开环，更易形成五元环内酯。

对于芳环来说，这个反应可以看成是芳环和原 TsO-取代位置的碳正离子发生的芳香亲电取代反应。因此，需要给电子基团增强芳环的亲核能力。

❖ 第 9 题

请为以下三个化合物转化为甲基取代烯醇盐提供必要的反应条件：

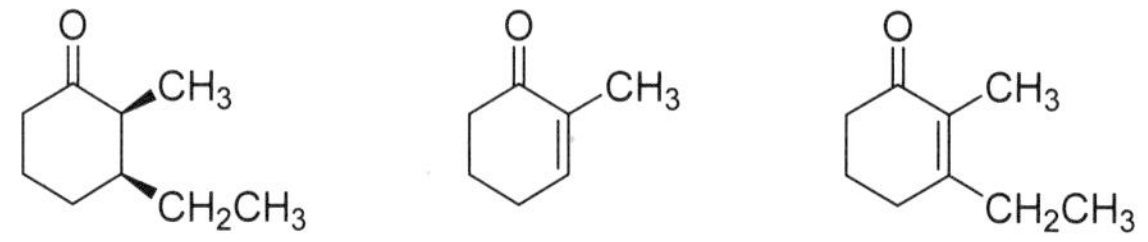

说明：每一种方法只能使用一次。

解答：

第一个化合物转化为甲基取代的烯醇盐，是一个热力学稳定的产物；由于甲基取代的空阻和酮羰基的强亲电性，需要使用小位阻弱碱，如三级胺、醇钠等：

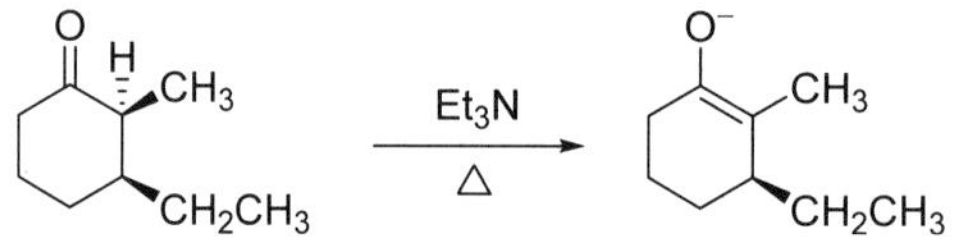

第二个化合物属于α,β-不饱和酮，将其转化为甲基取代的烯醇盐，可以通过共轭加成的方式，但是这个亲核试剂应该属于软的亲核试剂，如烷基铜锂：

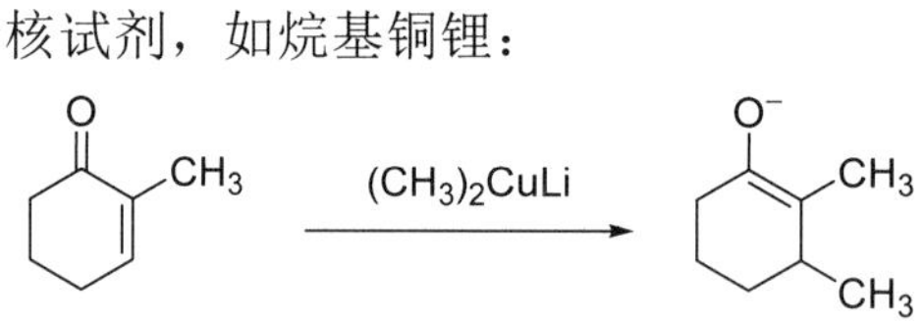

第三个化合物仍属于α,β-不饱和酮，但是不可能利用前面的方式进行转换，可以考虑利用 Birch 还原：

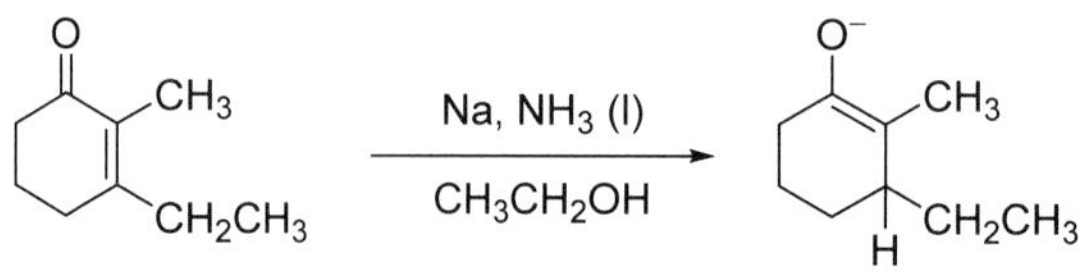

这三种反应条件分别为：

1. Et_3N；2. $(CH_3)_2CuLi$；3. Na/NH_3 (l), EtOH。

❖ 第 10 题

请解释以下转换在不同有机碱和溶剂条件下产物不同的原因。

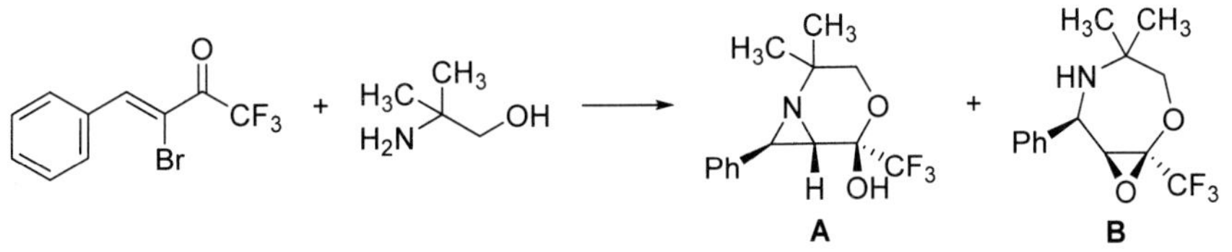

DMSO, DBU, r.t.: **A** : **B** = 98 : 2
Et_3N, CH_2Cl_2, 7 °C: **A** : **B** < 5 : 95

解答：

在有机化学的教学中，经常有学生问是否需要明确记住反应试剂和条件等。实际上，在有机反应中，变量很多，很难记住所有东西。因此，在学习过程中，需要对关键的一些问题能有较为深刻的理解，这样很多关于有机化学的反应条件和试剂的问题也就迎刃而解了。因此，对于这个反应而言，就是在不同的碱性试剂和不同的极性溶剂作用下，形成不同的产物。

底物是一个α,β-不饱和酮，而且还连接了强的吸电子基团三氟甲基。因此，这个酮羰基是非常亲电的。对于另一个底物而言，含有两个亲核位点：氨基的氮和羟基的氧，但是，应该清楚知道在此底物中氮原子的亲核能力强于氧原子。从产物的结构分析，也是首先发生了氨基对α,β-不饱和酮的共轭加成，然后质子交换，形成烯醇，烯醇互变异构转化为三氟甲基取代的酮：

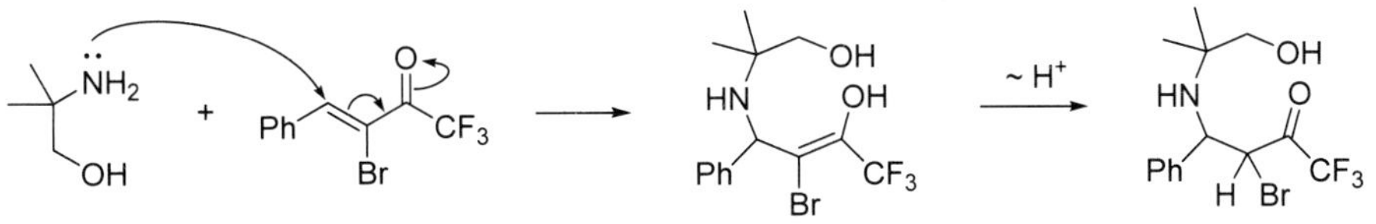

此时，存在两个亲电位点，酮羰基及其溴代的α位。通常在碱性条件下，更容易进行羰基溴代α位的亲核取代反应。但是，由于三氟甲基的强吸电子诱导效应，使得酮羰基的亲电能力大大增加。前面已经讨论过，氨基氮的亲核能力强于羟基氧，但如果氨基氮进攻酮羰基的话，则形成氮杂四元环体系，这是热力学不稳定的，不利于反应的顺利进行。因此，对于氨基氮而言，更倾向于进攻羰基溴代的α位形成氮杂三元环，此时氨基的α位连接了两个甲基，增加了氨基自身的空阻，对顺利形成氮杂三元环也是不利因素。只有在较强的碱性试剂 (DBU)作用下，在强极性溶剂(有利于亲核取代反应)中，氨基氮才能顺利进攻羰基溴代的α位进行亲核取代反应形成氮杂三元环：

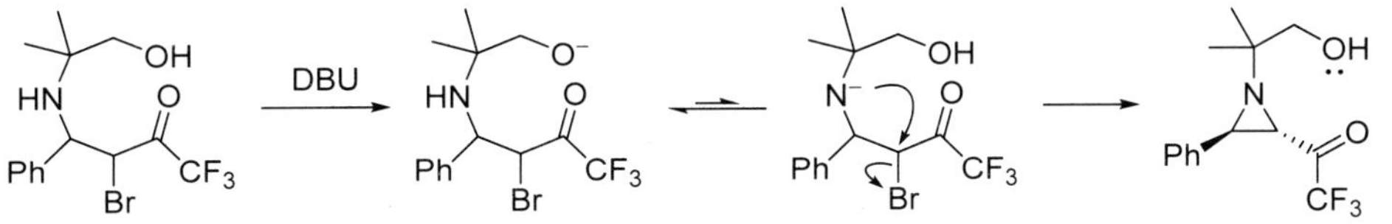

然后，羟基氧对三氟甲基取代的酮羰基进行亲核加成形成半缩酮 (三氟甲基取代的酮类化合物由于酮羰基的强亲电性常以水合物形式存在)：

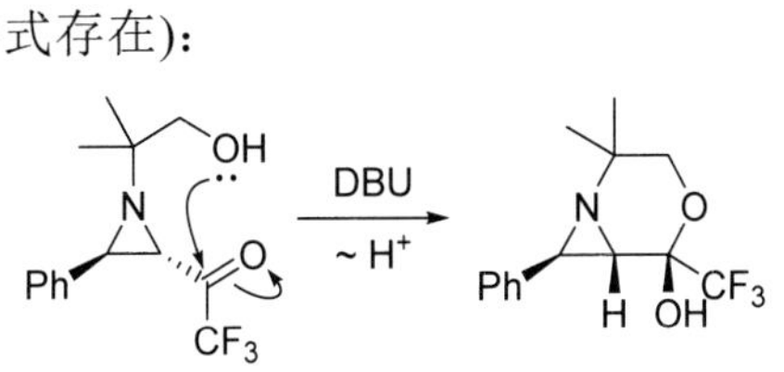

转换过程的立体化学为：

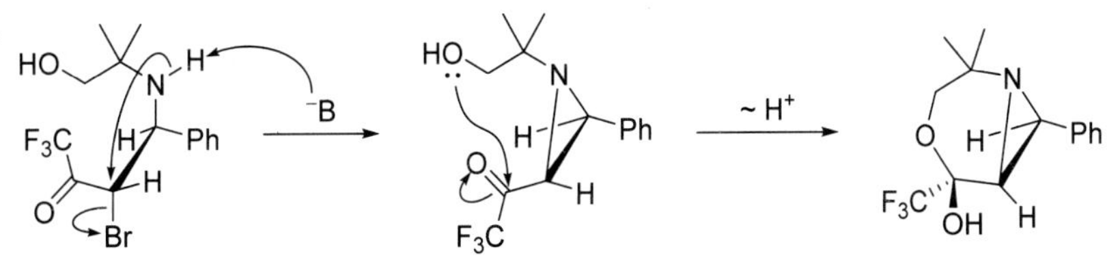

从这个过程可以发现，苯基、氢以及羟基处在顺式 (*syn*)构型。

而在弱碱三乙胺的作用下，溶剂 CH_2Cl_2 的极性比较弱，且由于氨基α位空阻的问题，此时，羟基氧首先对三氟甲基取代的酮羰基进行亲核加成形成半缩酮：

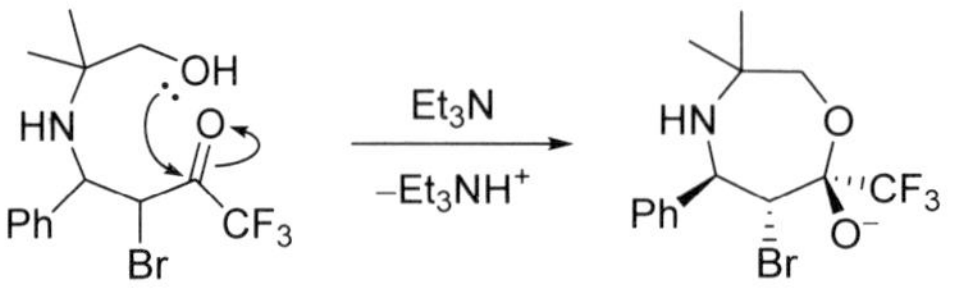

氧负离子迅速对其β位进行亲核取代反应形成三元环：

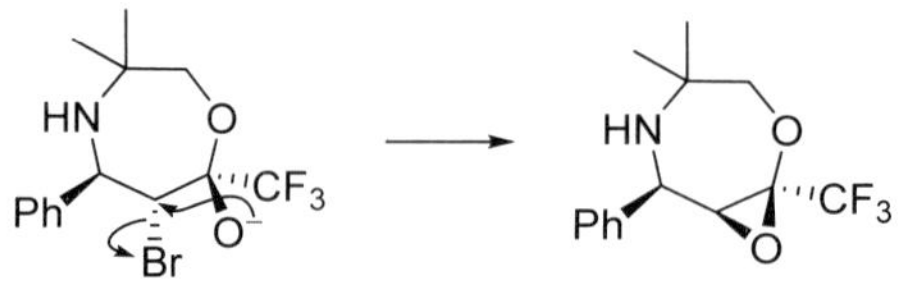

转换过程的立体化学为：

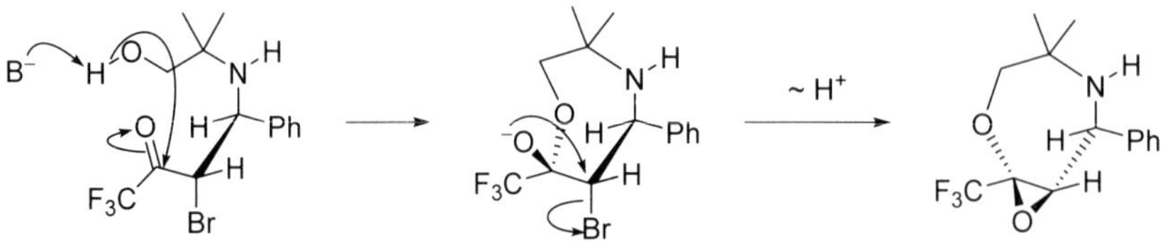

综上所述，在碱性较强的条件下，可能形成双负离子，最后被攫取质子的氮最先进行反应；而在较弱的碱性下，酚羟基可以形成烷氧基负离子对三氟甲基取代的酮羰基进行亲核加成。

第 11 题

请说明以下反应中 $SnCl_2$ 的作用：

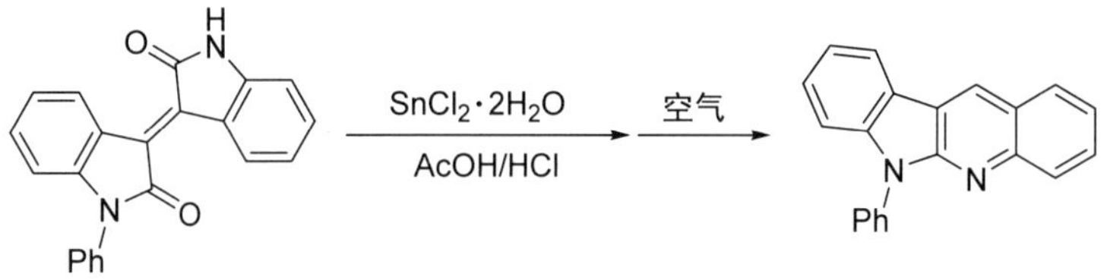

除了 $SnCl_2$ 外，还会有哪些试剂具有类似的作用？

解答：

对比原料和产物的结构分析，应该是其中一个氨基与酰胺的羰基构建六元环，但是，在原料的结构中，由于碳碳双键的构型，酰胺的羰基与氨基处在反式位置，为了让它俩顺利构建六元环，不仅需要将其中一个酰胺键水解，还需要将碳碳双键的构型调整。碳碳双键的顺反构型调整在酸性 $SnCl_2$ 作用下是很难实现的。酸性 $SnCl_2$ 是一个还原反应的基本条件，常用于芳环上硝基的还原。而在此条件下，应该是将碳碳双键还原。类似的试剂还有：酸性的锌粉、铁粉等。

酸性 $SnCl_2$ 的还原过程是一个单电子转移过程，在此反应中，底物正好含有α,β-不饱和体系，可以认为是一个单电子的共轭加成。首先，二价锡离子给出一个电子：

$$\text{Sn(II)} \longrightarrow \text{Sn(III)} + e^-$$

此电子对α,β-不饱和体系共轭加成：

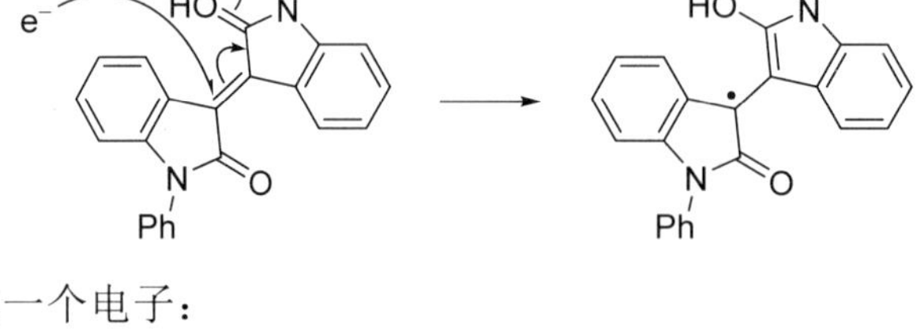

接着，三价锡离子再给出一个电子：

$$\text{Sn(III)} \longrightarrow \text{Sn(IV)} + e^-$$

自由基得到一个电子，形成负离子，此负离子得到质子，完成碳碳双键被还原的过程：

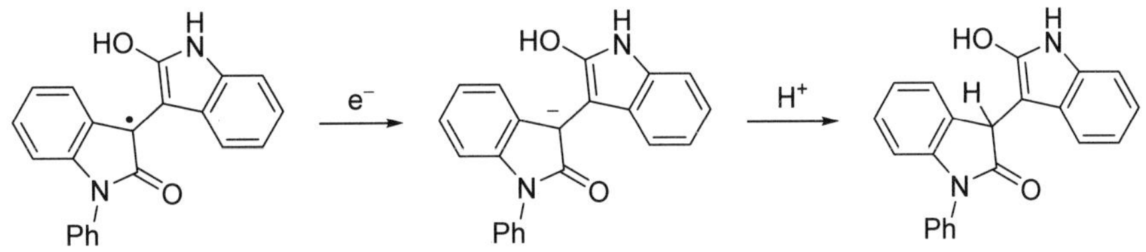

所以，这个首先是酸性条件下二氯亚锡作为还原剂还原缺电子双键的反应。

接下来就是酰胺键在酸性条件下水解，从而构建六元环：

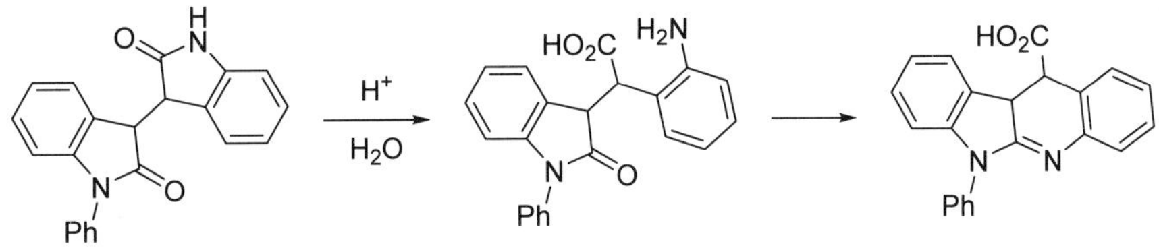

然后脱羧，转化为：

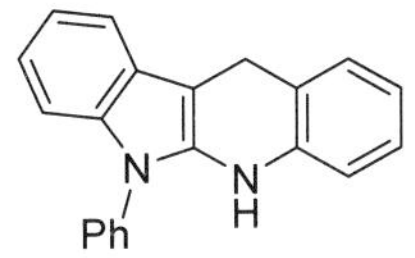

最后，空气氧化实现芳构化，即为最终的产物：

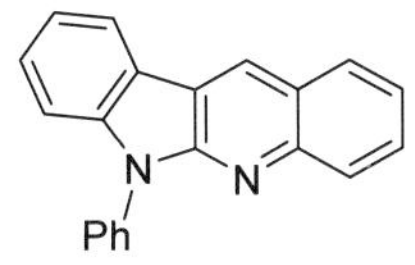

第 12 题

请确定此化合物中酸性最强的氢，并说明你的理由。

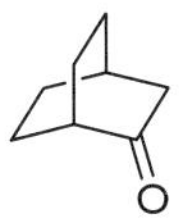

解答：

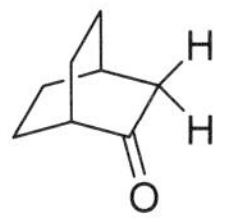

图中画出的氢酸性最强。在考虑羰基α位的酸性时，最简单的方式是羰基α位的 C–H 键如果能与羰基的反键轨道顺利形成超共轭效应，这根 C–H 键更容易断裂，形成烯醇或烯醇负离子。如在环己酮中：

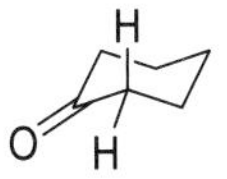

处于直立键的α位氢的酸性强于处于平伏键的α位氢。

第 13 题

请解释以下化合物在加热下可以立体专一性地形成目标化合物的原因。

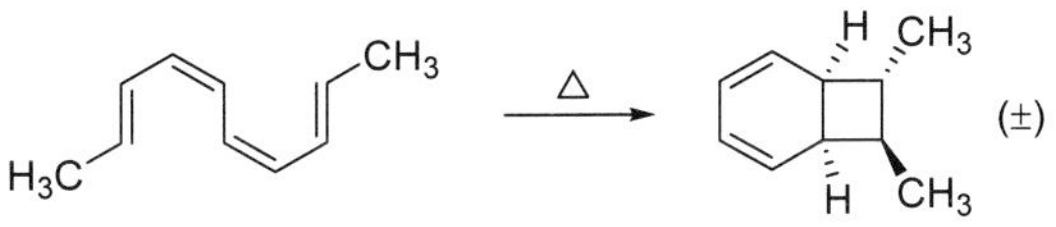

解答：

[2+2]环加成反应在加热条件下是禁阻的，因此优先发生电环化反应。在加热条件下，电环化反应在共轭多烯化合物的 HOMO 轨道发生。

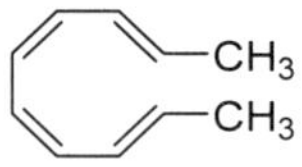

对于这个共轭多烯化合物，首先电环化反应形成八元环。由于反应在两个端点发生，因此只需要画出末端的分子轨道：

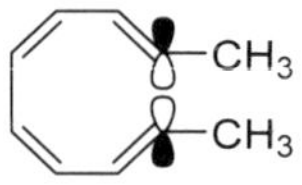

顺旋形成的八元环产物为：

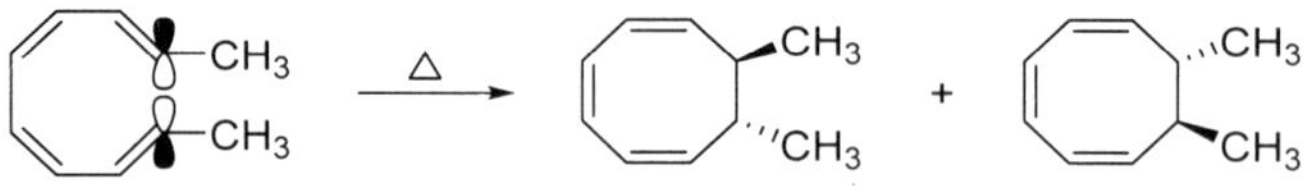

接着，共轭三烯在加热状态下形成六元环，其两个端点的轨道为：

接着对旋形成六元环产物：

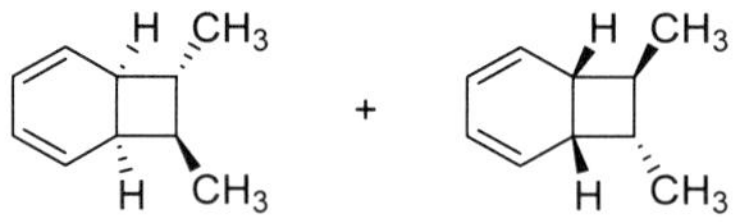

总结如下：

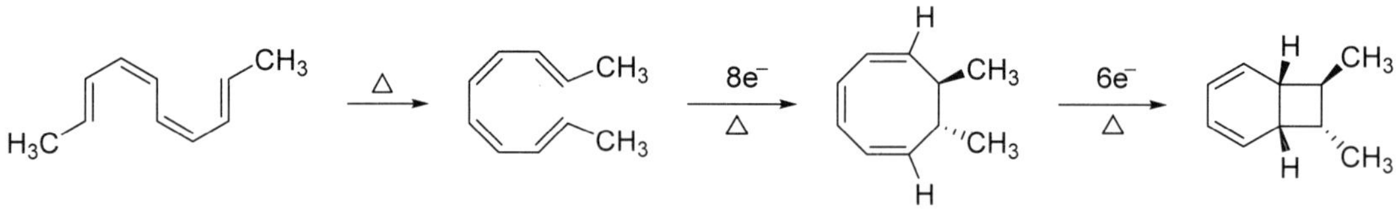

第 14 题

请解释以下两者生成不同产物的原因：

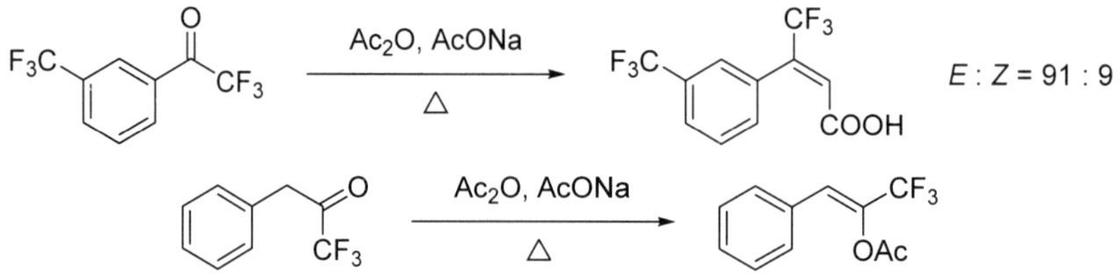

解答：

对于 2,2,2-三氟-1-(3-三氟甲基苯基)乙基-1-酮而言，由于没有α-氢，酮羰基的两个取代基均为吸电子基团使得酮羰基具有较强的亲电性。因此，在碱性条件下，与乙酸酐进行缩合反应，缩合过程与 Perkin 反应一致。

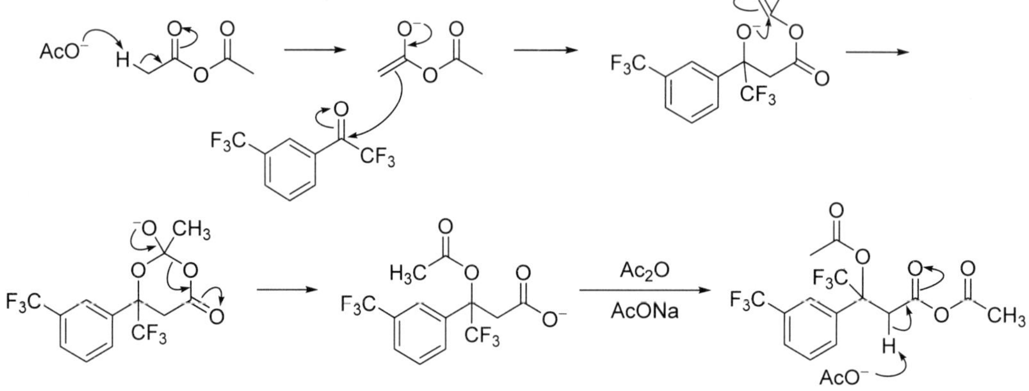

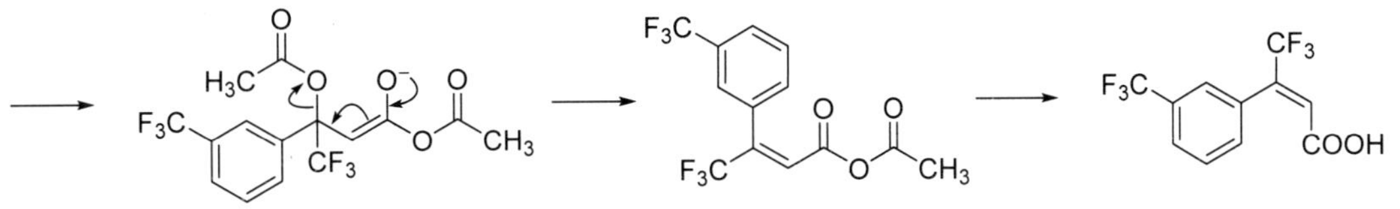

Perkin 反应主要为反式产物，热力学更加稳定。

对于第二个化合物，由于三氟甲基具有较强的吸电子诱导效应，使得羰基α-氢具有较强的酸性，被乙酸根负离子攫取α-氢后，互变异构转化为烯醇负离子：

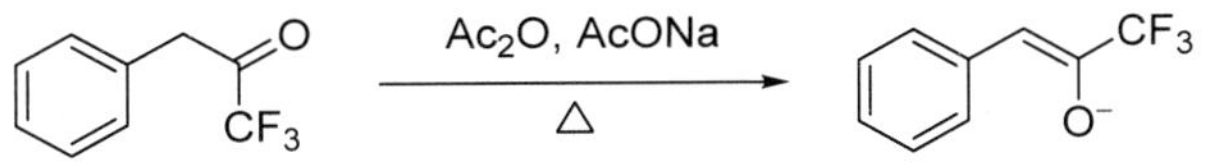

还是由于三氟甲基较强的吸电子诱导效应，此烯醇负离子相对比较稳定，但碳碳双键的亲核能力被取代基三氟甲基的强吸电子效应所降低，此外，此双键与苯环还存在共轭效应，因此由烯醇氧负离子直接与酸酐进行亲核反应形成酯：

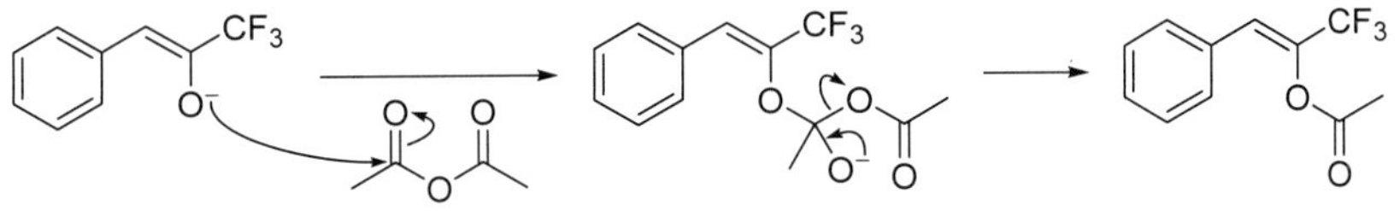

另一个可能性在于在此弱碱性条件下，由于三氟甲基的吸电子效应，羰基更加亲电，乙酸根负离子对羰基进行亲核加成，得到的氧负离子与乙酸酐发生乙酰化，接着经β-消除转化为产物。

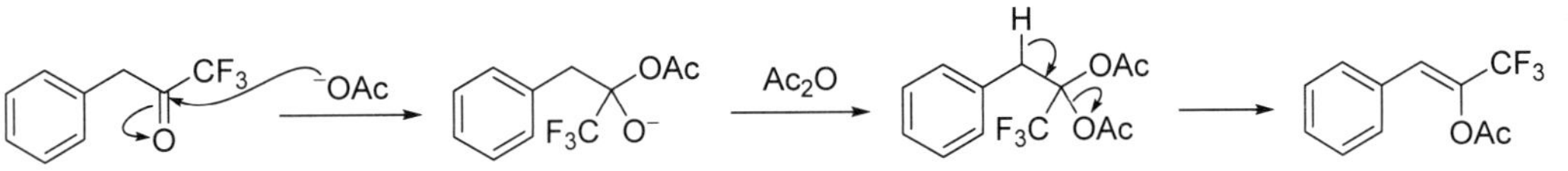

第 15 题

3-戊酮在碱的作用下形成 *Z*-和 *E*-烯醇锂盐，*Z*/*E* 比例和碱有关，试解释之。

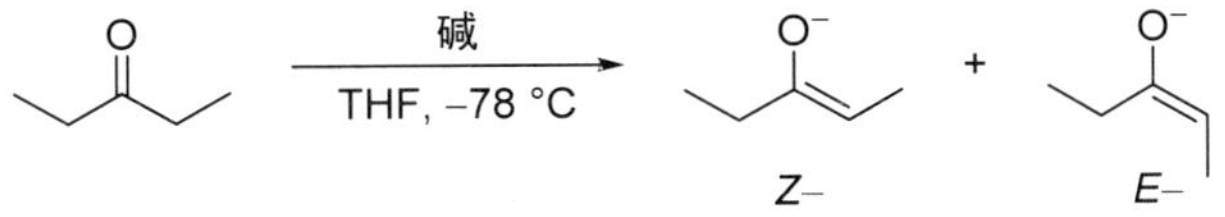

碱

THF, −78 °C

	Z–	:	*E*–
LDA:	23	:	77
LHMDS:	66	:	34

解答：

LDA 和 LiHMDS 是大空阻的碱，可以攫取空阻较小的羰基α-氢，形成取代基较小的烯醇负离子。对于这个体系而言，3-戊酮是一个对称性的酮，不存在α位空阻大小的区别。但是，酮在碱作用下所形成的烯醇盐 *Z*/*E* 比例和所使用的试剂的碱性及其空间位阻有关。LDA 和 LHMDS 均为空阻比较大的碱，其结构和共轭酸的 pK_a 值分别如下：

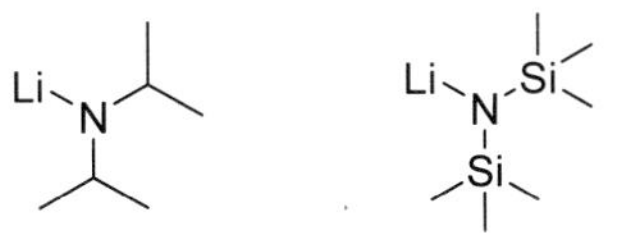

pK_a (HB): 36 26

两者共轭酸的酸性相差十个数量级。相对而言，LDA 为强碱，倾向于经前过渡态，即过渡态的结构更倾向于酮式，甲基和乙基处于顺式，转化为 *E*-烯醇盐。对这两个过渡态进行分析，左边的过渡态存在 LDA 中异丙基上的甲基与 3-戊酮中β-甲基的相互排斥；而对于右边的过渡态，存在 3-戊酮中乙基取代基与β-甲基的相互排斥。前者的排斥作用小于后者，使得甲基与氧盐取代基顺式的烯醇式大于甲基与氧盐取代基反式的烯醇式。

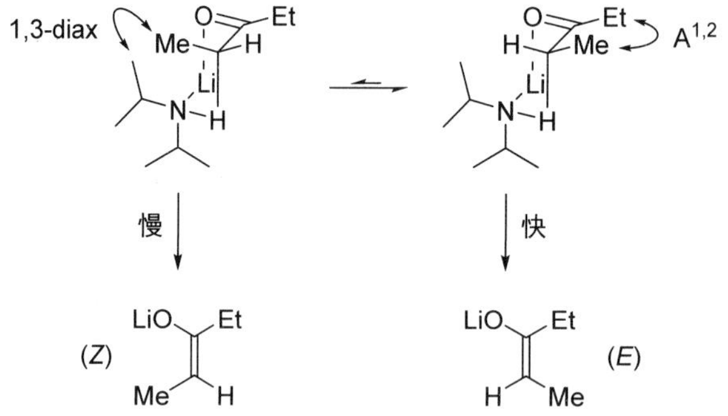

也可以画为：

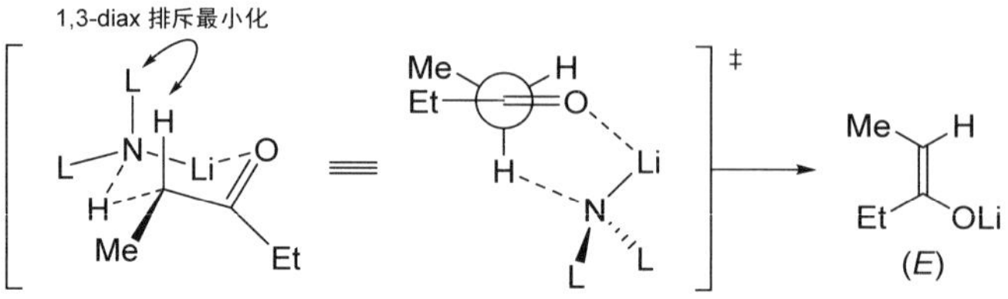

LHMDS 为弱碱，倾向于经过后过渡态，过渡态的结构更倾向于烯醇式，为了保证烯烃的空阻最小，甲基和乙基就处于反式，转化为 *Z*-烯醇盐：

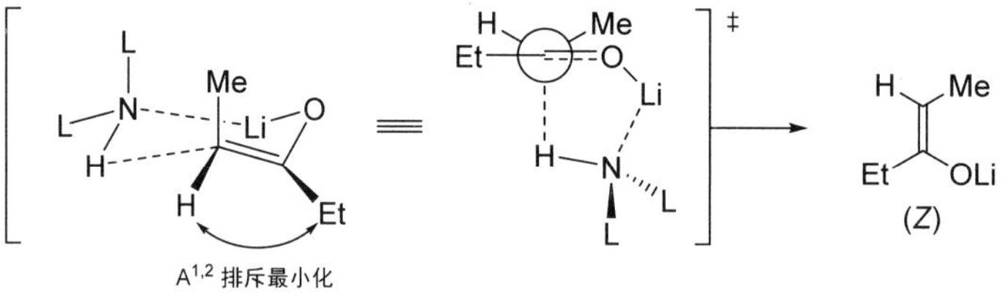

这个实例说明烯醇盐的比例可以通过利用不同空阻的碱进行调控。实例中涉及的六元环过渡态模型称为 Ireland 模型 (1976)，其一般式表示如下：

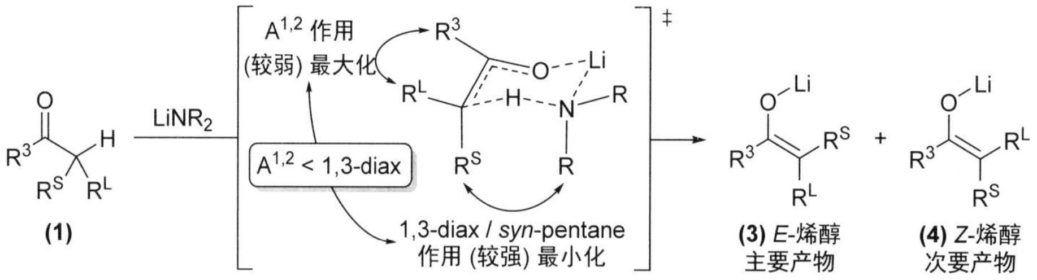

(2) Ireland 模型 (1976)

第 16 题

请将以下四个酮类化合物按其酸性从强到弱进行排序：

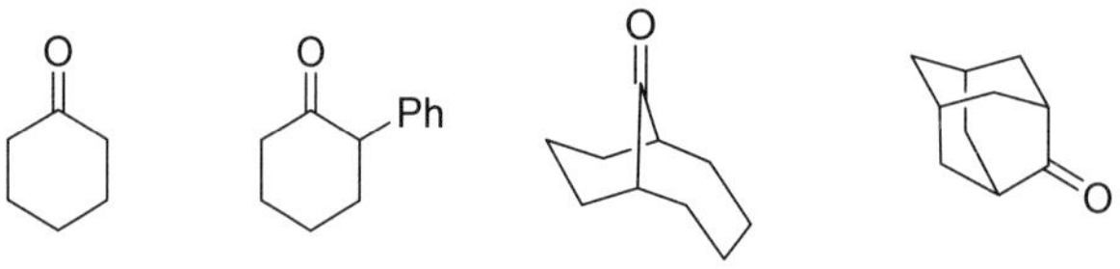

解答：

对于羰基α位氢的酸性，前面已经讨论过取代基的吸电子效应和空间构型对羰基α位氢酸性的影响，另一点需要考虑的是形成烯醇或烯醇负离子后的稳定性。

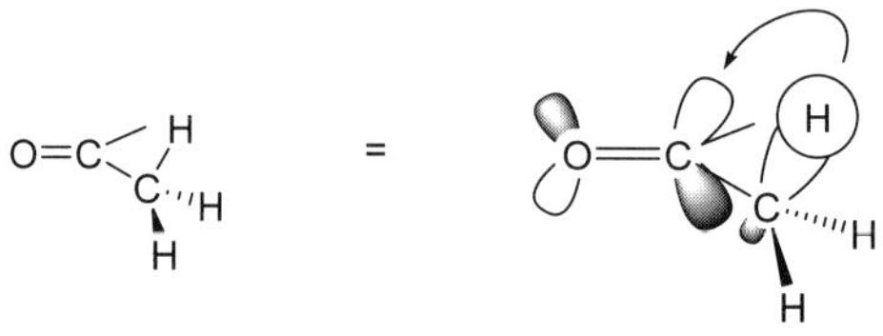

因此，这四个化合物的酸性从强到弱进行排序为：

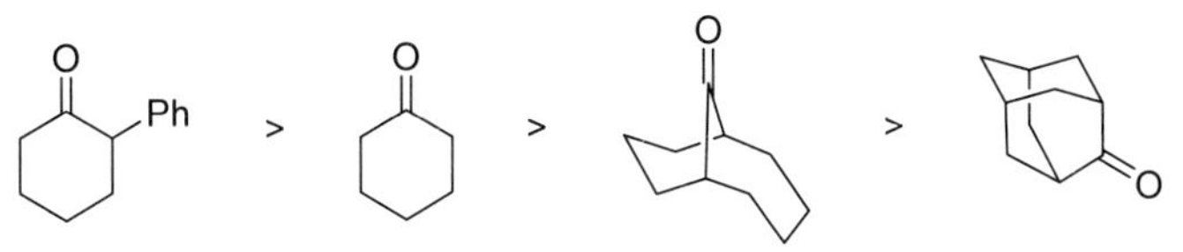

第一个化合物由于α位苯基的取代，形成烯醇或烯醇负离子后可以与苯环共轭，稳定性大幅度提高，酸性最强；第四个化合物由于其复杂的多环体系，无法形成烯醇式或烯醇负离子，因此酸性最弱；对于第二个和第三个化合物，第二个化合物更容易形成烯醇式或烯醇负离子。

第 17 题

以下两个环状化合物的酸性约是非环状类似物的 4 倍，请解释原因：

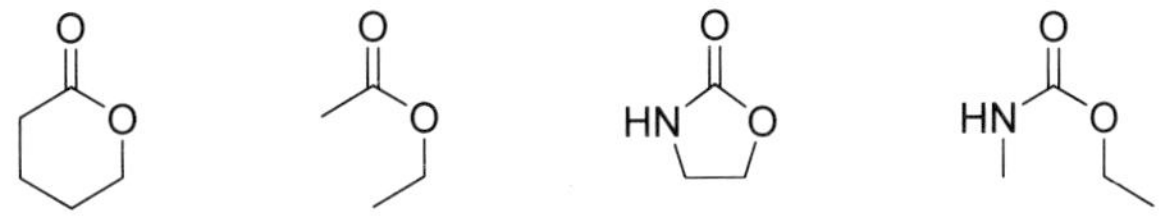

解答：

酯α位氢的酸性主要取决于羰基的吸电子能力，而酯羰基的吸电子能力和与羰基连接的氧原子上的孤对电子紧密相关。当氧原子孤对电子所占的轨道与羰基的反键轨道 π*(C=O)能平行重叠时，孤对电子能够填充到羰基的反键轨道，形成共轭体系：

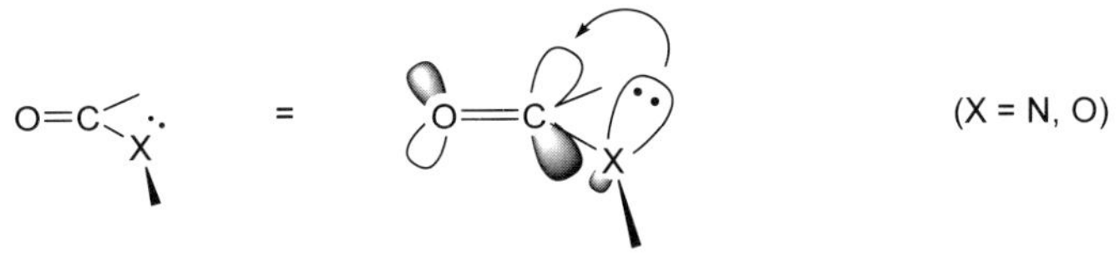

(X = N, O)

对于内酯来说，无法形成上述的反式结构，氧与羰基的共轭作用较弱，无法提供有效的给电子效应。因此，与开链的酯相比，内酯的羰基更缺电子，亲电性更强一些，α-氢酸性也更强一些。

同理可以推导出此时内酰胺上 N–H 中氢的酸性强于开链化合物。

第 18 题

苯酚的 pK_a 与硝基甲烷非常接近，均为 10 左右，但是在碱性条件下，它们去质子的速率相差 10^6 倍。你认为哪个更易去质子，并请给出你的理由。

解答：

苯酚更容易去质子。

由于苯酚本身为烯醇式，对于 O–H 键而言，由于氧的吸电子诱导效应，O–H 键的电子云偏向于氧原子；在碱的作用下，O–H 键断裂，质子离去，原先 O–H 键的电子云还是处在氧原子上，结构没有任何重组。

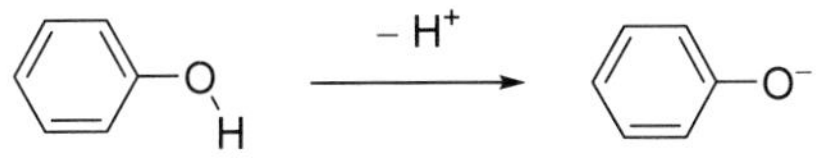

而对硝基甲烷而言，需要断裂的是 C–H 键，由于碳的吸电子诱导效应，C–H 键的电子云偏向于碳原子；在碱的作用下，C–H 键断裂，质子离去，分子结构转化为平面形阴离子：

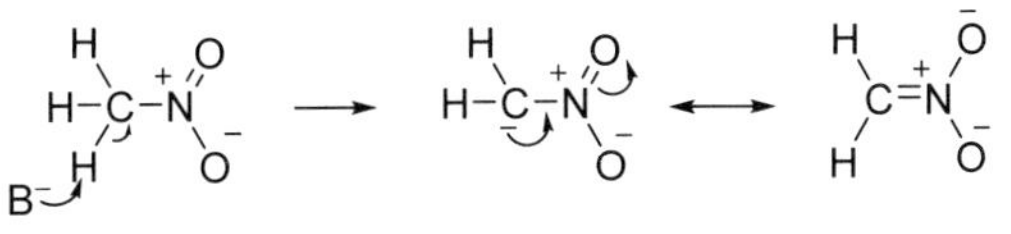

此时，碳原子的杂化形式从 sp^3 转化为 sp^2，而氧原子的杂化形式从 sp^2 转化为 sp^3。原先处于断裂 C–H 键的电子云密度，现在看上去似乎转移到了氧原子，电子的结构发生了重组。在去质子过程中，分子结构的重组变化越大，其动力学酸性就越弱。

总的来说，这是因为硝基甲烷去质子时，甲基 C 原子需要从 sp^3 杂化转变为 sp^2 杂化，同时分子的构型与电荷分布都需要改变（负电荷从硝基 O 原子部分转移到甲基 C 原子上）。而苯酚去质子时，羟基 O 始终保持 sp^2 杂化，且中性分子和负离子的构型相差不大，电荷分布基本不变（基本定域在 O 原子上）。

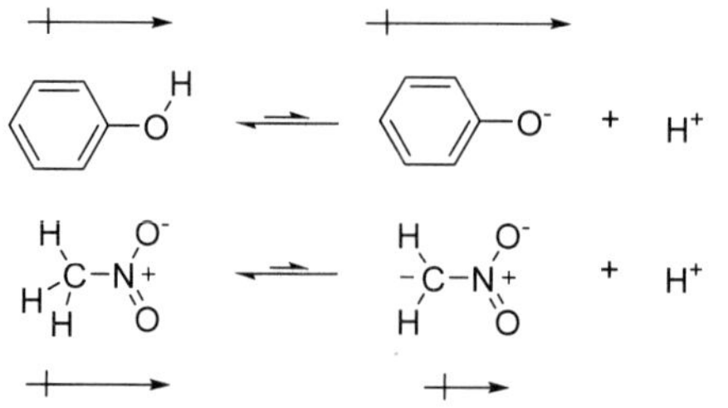

因此，苯酚去质子的速率更快。在碱性条件下，苯酚去质子的速率比硝基甲烷快 10^6 倍。

第 19 题

请把以下化合物按酸性从强到弱进行排列，并给出你的理由。

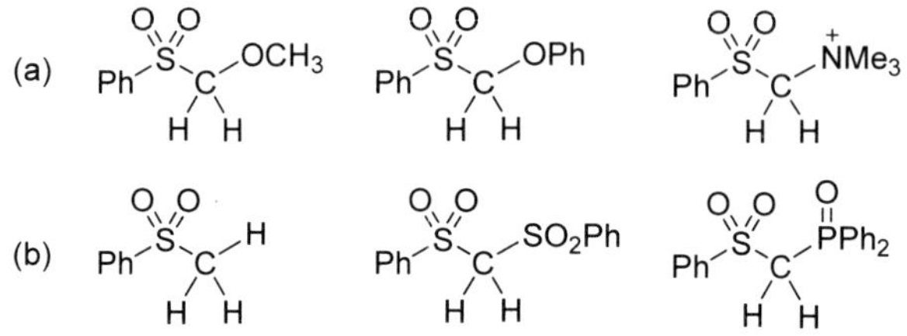

解答：

对于系列 a 而言，这些氢均处于砜基的α位。此时，只需要考虑α位碳原子连接的基团的性质。与此α位碳原子连接的基团分别为甲氧基、苯氧基和铵基正离子。在这些基团中，只有吸电子诱导效应，没有任何共轭效应。因此，这些基团的吸电子效应越强，势必使得α位碳原子连接的氢酸性也就越强。在这三个基团中，铵基正离子的吸电子效应最强(α位氢离去后形成的碳负离子也可以稳定铵基正离子)。而对比苯氧基和甲氧基，由于苯氧基上氧的孤对电子参与了苯环的共轭体系，使得苯氧基的吸电子诱导效应要比甲氧基强。因此，这三个化合物的酸性从强到弱排序为：

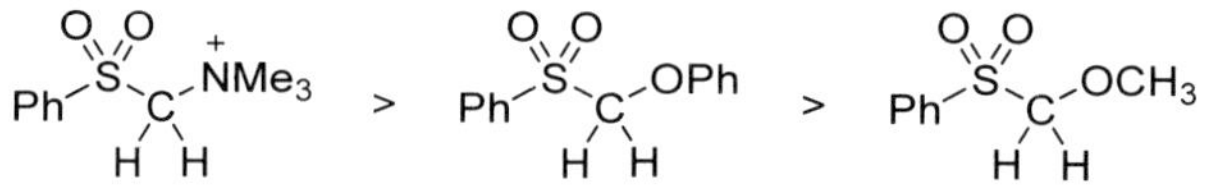

对于系列 b 而言，这些氢还是处于砜基的α位。此时，也只需要考虑α位碳原子连接的基团的性质。与此α位碳原子连接的基团分别为氢、砜基和二苯基氧膦基。在这些基团中，既有吸电子诱导效应，又有共轭效应。此时，共轭效应对α位氢酸性的影响最大。砜基具有强的吸电子共轭效应，二苯基膦基的吸电子共轭效应比砜基弱一些，而氢基本上没有这个作用，因此，砜基取代的酸性最强，二苯基氧膦基取代的次之。这三个化合物的酸性从强到弱排序为：

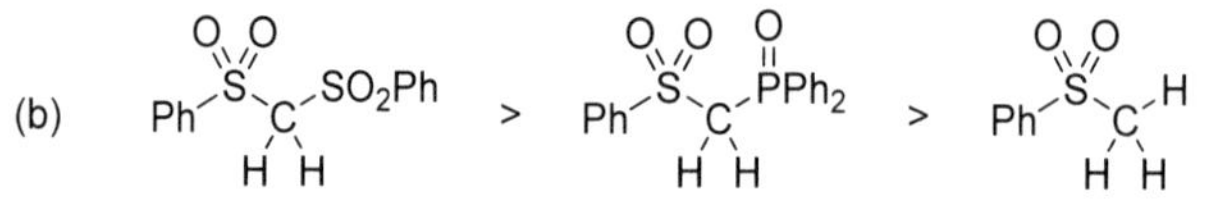

第 20 题

某项专利公开了一种抗艾滋病药物 d4T 的合成方法。其中包括 5-甲基尿苷中 3 个羟基的不同转换方法。具体步骤如下图所示（说明：第一步 MsCl 过量）：

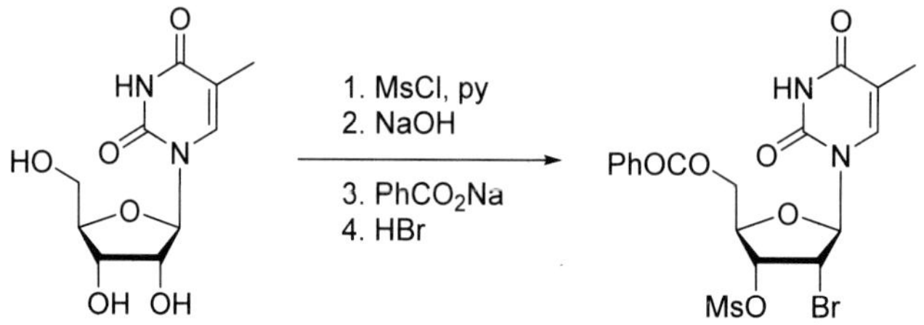

请画出每一步的产物结构式，并解释此转换的目的，说明溴原子连接的碳原子的立体化学。

然后为以下转换提供反应的试剂：

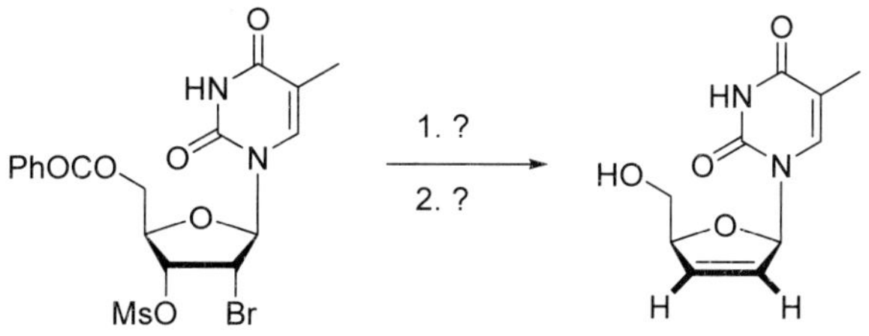

解答：

第一步反应在吡啶作碱的条件下，过量的甲磺酰氯与亲核位点进行反应。在起始原料中，由于氨基参与了羰基的共轭，亲核能力非常弱，可以与甲磺酰氯反应的是三个羟基。因此，产物为：

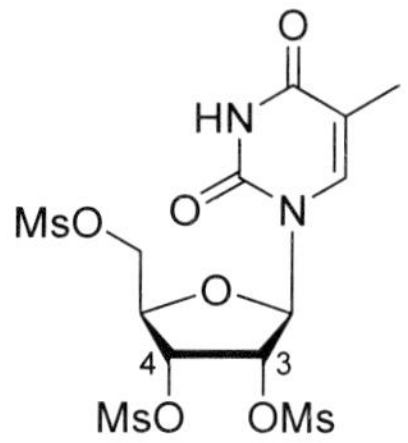

在第一步反应结果的基础上，对比最终产物，可以观测到四氢呋喃环 C4 位的甲磺酸酯一直没有参与反应，而一级醇的甲磺酸酯应该是在第三步反应中与苯甲酸钠发生亲核取代反应形成苯甲酸酯。C3 位的甲磺酸酯被溴负离子取代，但是其构型保持不变，这应该是两次 S_N2 类亲核取代反应的结果。因此，在第二步反应中，在 NaOH 作用下，在此位点上进行了 S_N2 类亲核取代反应，但是亲核基团不是氢氧根负离子（此为二级碳原子，如果直接转化为二级醇，在最后一步中 HBr 作用下，很难保证 100%的 S_N2 类亲核取代反应）。此外，还需考虑 C3 位和 C4 位两个同样的二级碳位点的反应选择性发生了区分，因此一定发生了分子内反应。那么，此时的氢氧根负离子应该是作为碱攫取体系中的氢，即酰亚胺基上的氢，然后互变异构形成氧负离子。形成的氧负离子对甲磺酸酯进行亲核取代反应，形成五元环，甲磺酸酯的位点构型翻转：

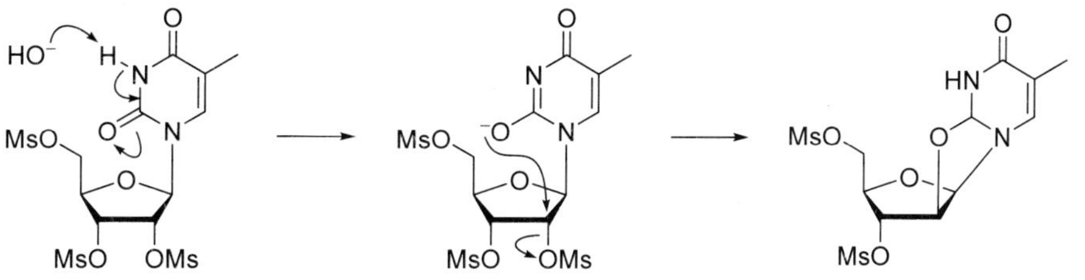

接着，苯甲酸根负离子对一级醇的甲磺酸酯进行 S_N2 类亲核取代反应，转换为产物（此时二级醇的甲磺酸酯空阻大于一级醇的）：

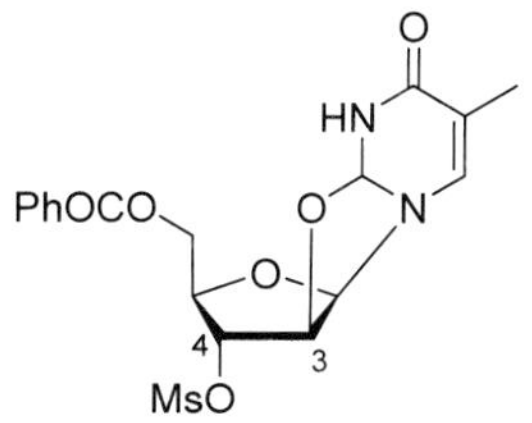

然后，在 HBr 的作用下打开五元环形成目标产物。这三步反应的产物分别为：

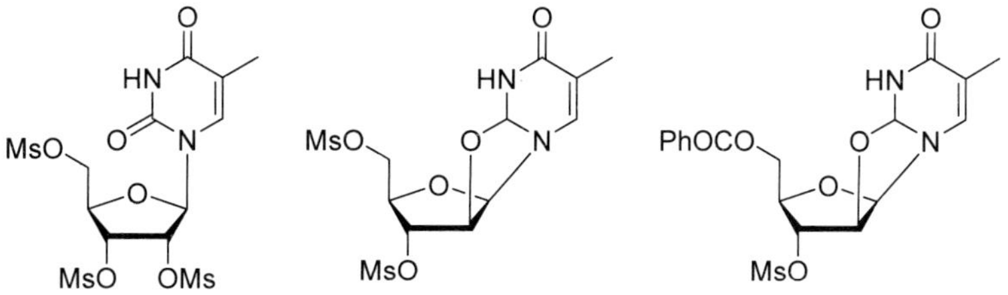

在后续的转换中，主要包括两步反应，一步是形成碳碳双键；另一步是苯甲酸酯水解转化为一级醇。那么，从先后顺序而言，应该首先考虑碳碳双键的形成。在形成碳碳双键的两个位点，分别连接了甲磺酰氧基和溴，这两个均属于负离子离去基团，需要向体系中提供合适的还原试剂使这两个基团都以负离子形式离去。这个试剂应该是金属锌，反应条件应该为弱酸，如乙酸等。

接下来是苯甲酸酯解离成一级醇。在此条件下，考虑到体系中存在的酰胺键、醚键以及缩醛等基团，不可能使用强碱或强酸，而可以理解成胺对酯基进行转换。因此，这两步反应为：

1. Zn/HOAc

2. $BnNH_2$

第 21 题

请解释以下转换的立体选择性和区域选择性：

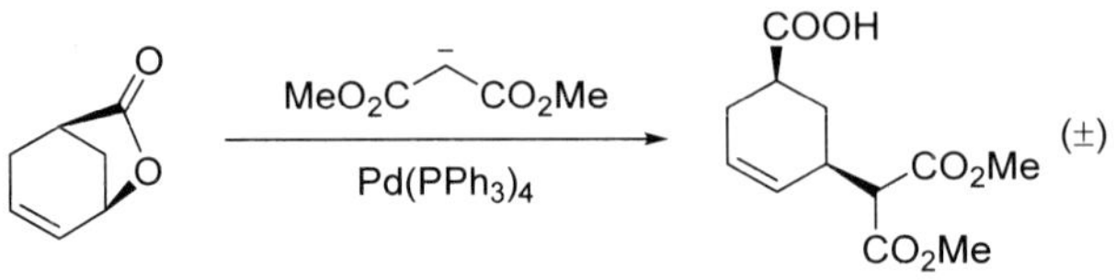

$MeO_2C\overset{-}{CH}CO_2Me$, $Pd(PPh_3)_4$ (±)

解答：

这是典型的 Tsuji-Trost 反应，即烯丙基类化合物与 Pd(0)反应形成烯丙基 Pd 配合物，接着与亲核试剂发生亲核取代反应形成新的烯丙基化合物。

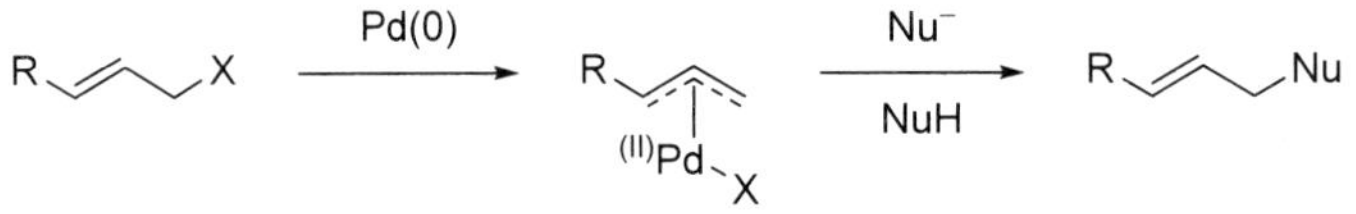

因此，对于现在这个底物而言，烯丙位的酯基以羧酸根负离子形式离去。此时进攻的方式有两种：一种是 S_N2 类亲核取代反应；另一种 S_N2'类亲核取代反应。不管哪一种，亲核基团 Pd(0)从酯基的反位进行进攻：

S_N2 类亲核取代反应：

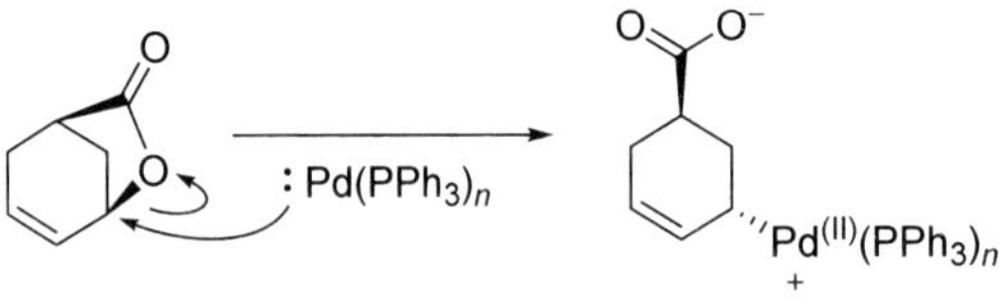

S_N2'类亲核取代反应：

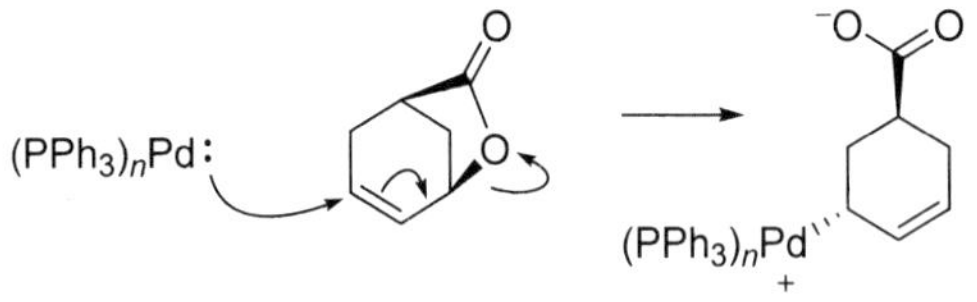

这两个中间体可以用以下方式表示：

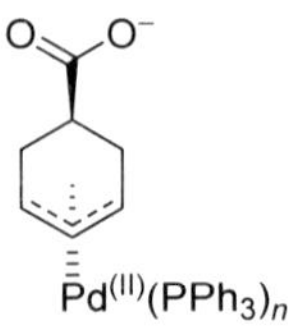

接着，亲核基团丙二酸甲酯负离子从 Pd 配位的反位进攻，新形成的取代基与羧基处在顺式：

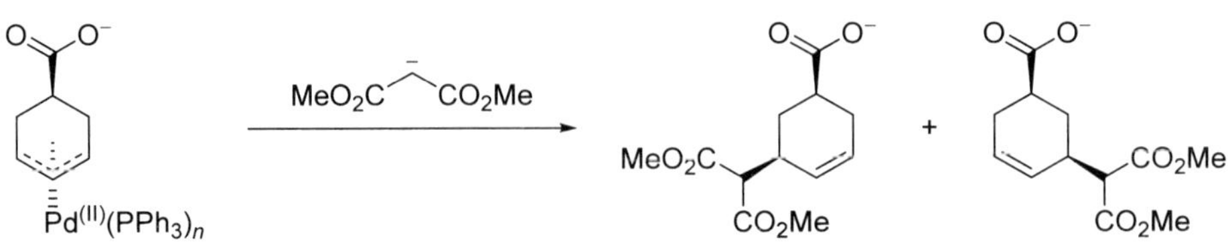

这两个化合物正好是一对对映体。

说明：丙二酸二乙酯负离子属于软的亲核基团。

用椅式结构表示如下：

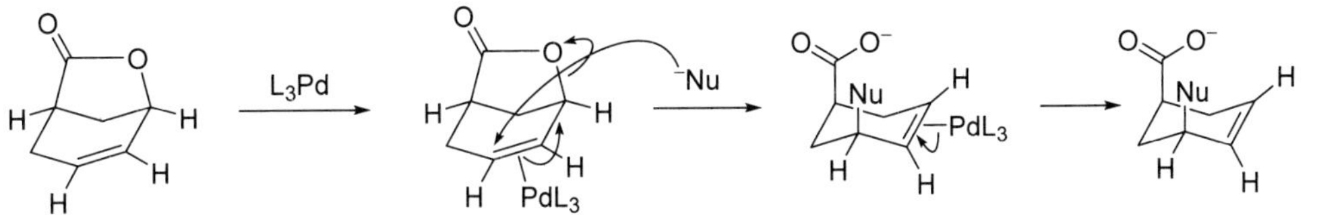

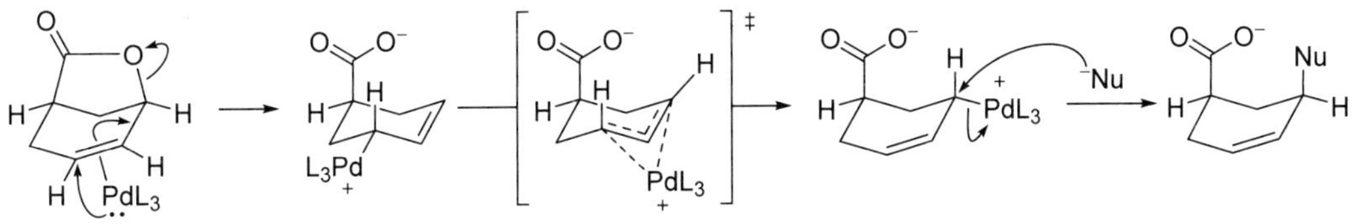

第22题

请依据所给的反应条件，画出化合物 **B** 和 **C** 的结构式：

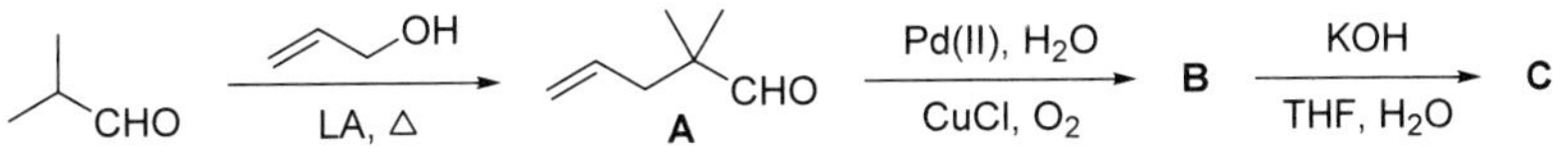

B: IR: 1730, 1710 cm^{-1}; ^1H NMR: δ 9.4 (1H, s), 2.6 (2H, s), 2.0 (3H, s), 1.0 (6H, s)。

C: IR: 1710 cm^{-1}; ^1H NMR: δ 7.3 (1H, d, J = 5.5 Hz), 6.8 (1H, d, J = 5.5 Hz), 2.1 (2H, s), 1.15 (6H, s)。

解答：

第一步反应是羰基α位的烷基化反应，烯丙醇在 Lewis 酸的作用下，使羟基转化为易离去基团，接着与烯醇反应，形成产物 **A**：

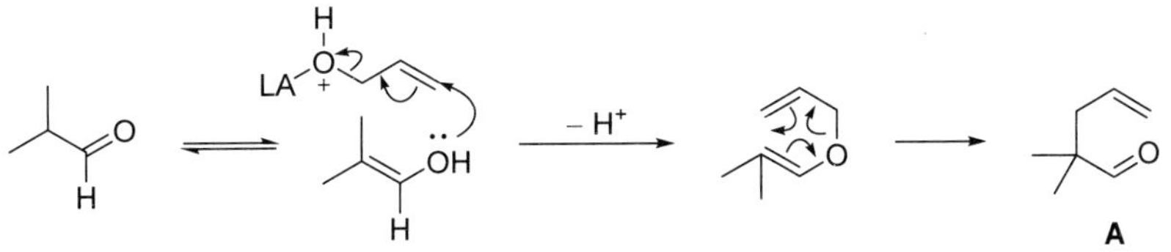

接下来，从两个方面考虑化合物 **B** 的结构。首先，从化合物 **B** 的红外光谱和 ^1H NMR 表征进行分析，化合物 **B** 在 1730 cm^{-1} 和 1710 cm^{-1} 的吸收表明其含有两个羰基；但是从 ^1H NMR 图谱分析，其化学位移为 9.4，并只有一个氢的信号峰，应该属于甲酰基上的氢，这个与原料 **A** 的甲酰基一致。也表明在此反应条件下，甲酰基没有参与反应，说明参与反应的应该是碳碳双键。该反应为 Wacker 氧化。这个氧化反应是工业上将乙烯转化为乙醛的生产过程。在此反应中，是将取代乙烯转化为乙酰基的过程。

尽管目前对于 Wacker 氧化的具体机理不是很清楚，但其基本过程如下。

二氯化钯与氯离子形成配合物：

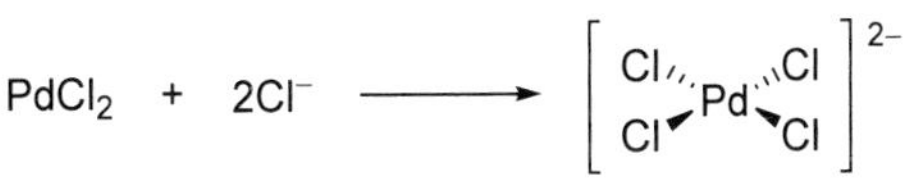

$$PdCl_2 + 2Cl^- \longrightarrow [PdCl_4]^{2-}$$

接着烯烃与此钯配合物进行配体交换，由于此时钯为 +2 价，与烯烃配位后，可以使烯烃转化为亲电基团：

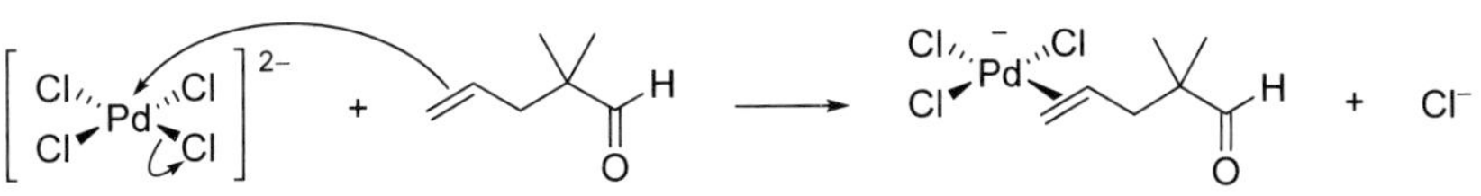

为了进一步增加钯的亲电性，体系中的水与氯离子进行配体交换：

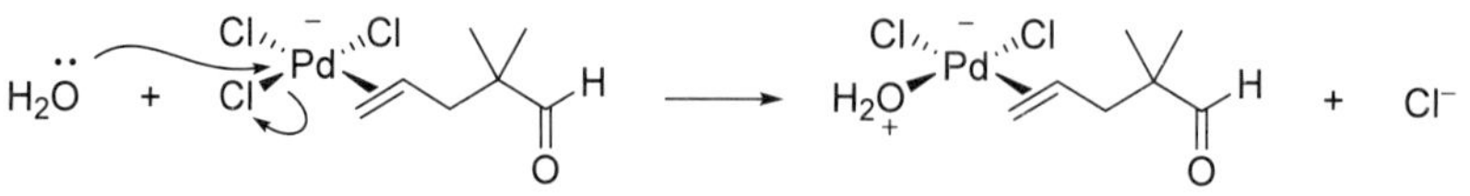

此时，碳碳双键具有较强的亲电性，体系中的水分子对烯烃进行亲核加成，同时形成 Pd–C 键：

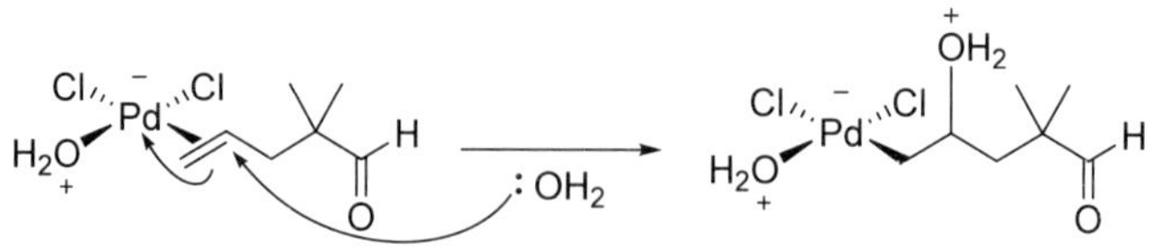

脱去质子形成醇：

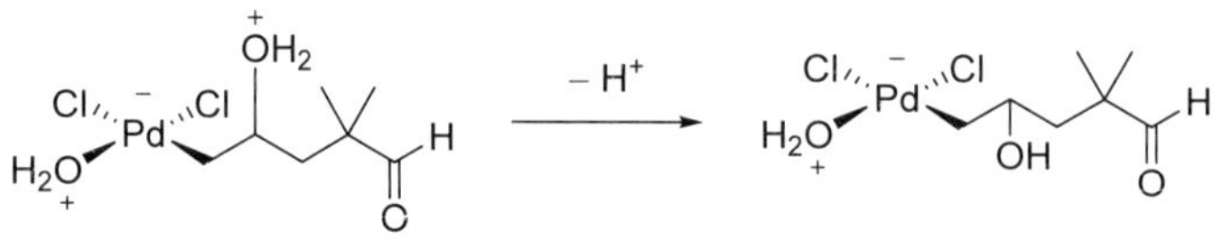

接着，这个中间体再次脱去氯离子，为下一步的β-氢顺式消除提供可供配位的空轨道：

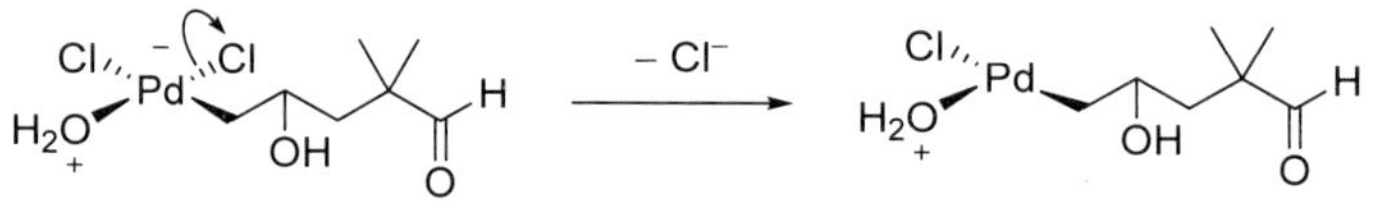

这一步为整个反应的决速步，氯离子离去后的空轨道为β-氢顺式消除后携带一对电子的氢提供了空间：

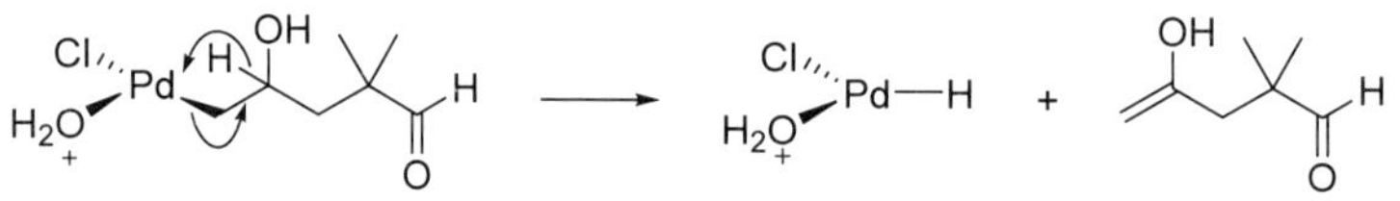

烯醇式互变异构转化为产物 **B**。

而对钯催化剂而言，发生还原消除，转化为 Pd(0)：

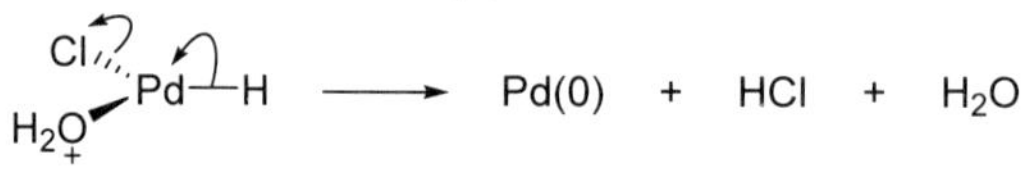

但是，由于反应是由 Pd(II)启动的，因此，Pd(0)被 Cu(II)氧化：

Pd(0) + 2 Cu(II) ⟶ Pd(II) + 2 Cu(I)

氧化后形成的 Pd(II)继续参与到反应体系中，因此，$PdCl_2$ 是催化量的。Cu(I)被氧气氧化为 Cu(II)，也继续参与到反应中，从这反应过程中可以理解，Cu(Ⅱ)的用量应该比 Pd(Ⅱ)多。

因此，化合物 **B** 的结构为：

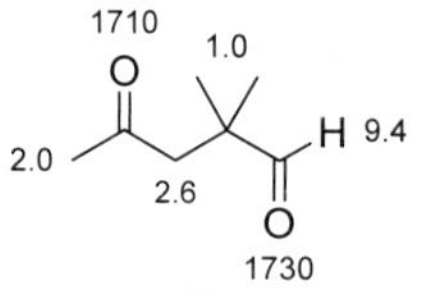

对其 ^{1}H NMR 的信号峰进行归属：化学位移 9.4 处的峰应归属于甲酰基上的氢；化学位移 2.6 处的峰应归属于酮羰基α位亚甲基上的两个氢；化学位移 2.0 处的峰应归属于酮羰基α位甲基上的三个氢；化学位移 1.0 处的峰应归属于甲酰基α位的二个取代甲基上的六个氢。

化合物 **B** 转化为化合物 **C** 的过程就很简单了，是碱性条件下的分子内酮醛缩合反应：

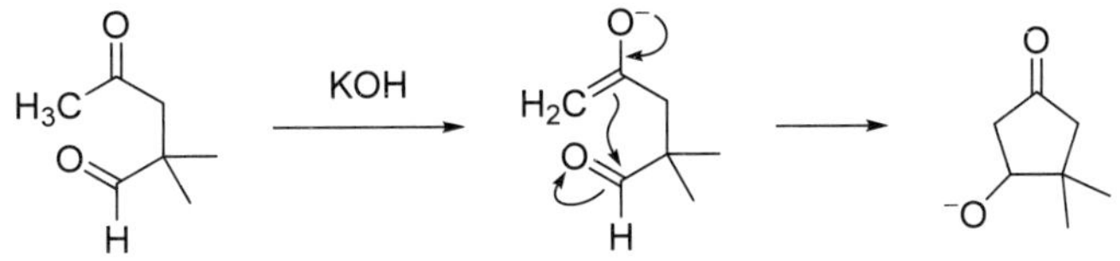

接着经 E1cb 机制失水后，形成α,β-不饱和体系，即为化合物 **C**：

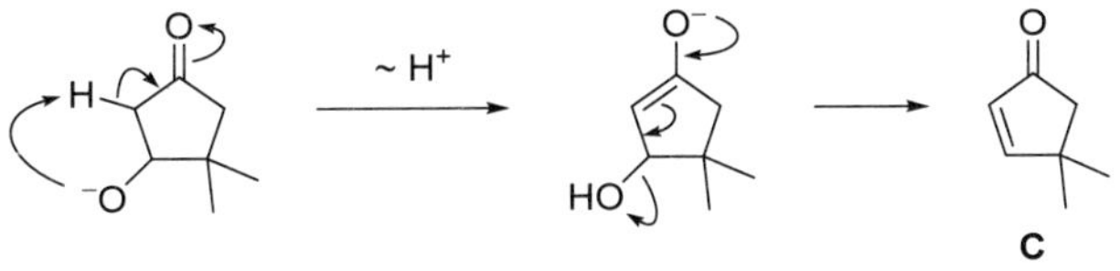

对化合物 **C** 的 ^{1}H NMR 信号峰进行归属：化学位移 7.3 处的峰应归属于酮羰基α位碳碳双键上的氢；化学位移 6.8 处的峰应归属于酮羰基β位碳碳双键上的氢；化学位移 2.1 处的峰应归属于酮羰基α位亚甲基上的二个氢；化学位移 1.15 处的峰应归属于甲酰基α位二个取代甲基上的六个氢。

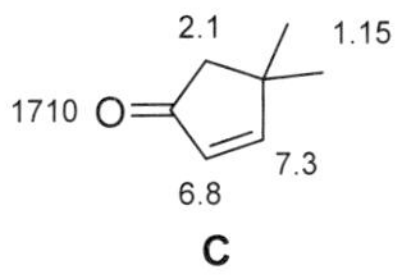

❖第 23 题

请解释以下反应的结果及其立体化学（原料为对映体纯）：

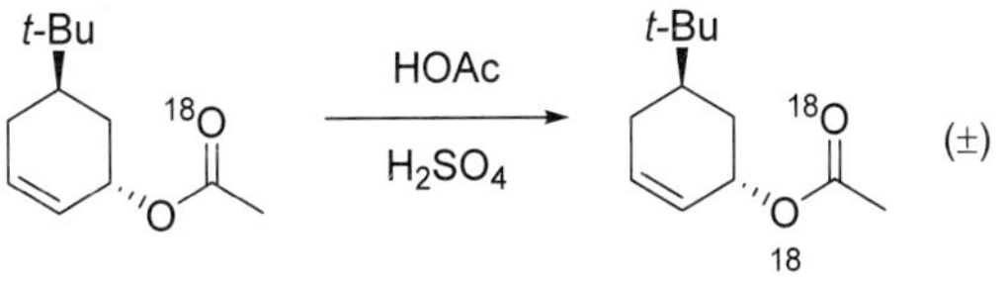

解答：

这是一个对映体纯的酯在酸性条件下发生的消旋化反应。为了证明这个反应转换机理，科学家采用对酯的羰基氧进行 ^{18}O 标记的方式进行研究。结果表明，在消旋的产物中酯中的两个氧原子均含有 ^{18}O 标记的氧原子（在此需要说明，尽管在产物中画出了两个氧原子均是 ^{18}O 标记的，并不表示底物中一个 ^{18}O 标记的氧原子变成了两个 ^{18}O 标记的氧原子，而是表示这两个氧原子中的任意一个都可为 ^{18}O 标记的氧原子），这个实验结果表明，在酸性条件下，底物应该先进行了酯的 C–O 键断裂，含有 ^{18}O 标记的乙酸根负离子离去：

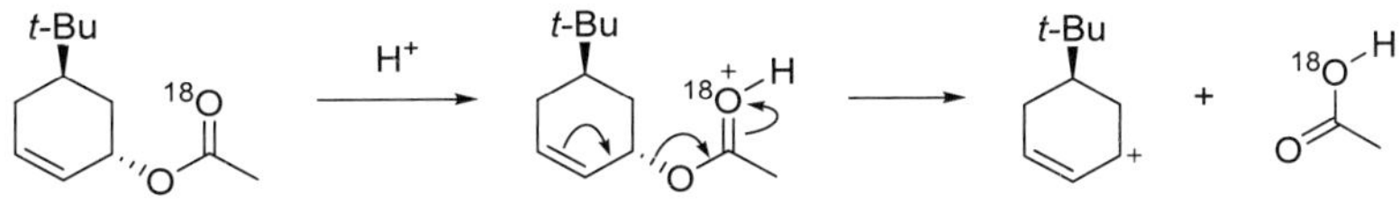

此时，在酸性条件下，乙酸根负离子是乙酸的解离形式，可以离域，从而使得两个氧原子无法区分：

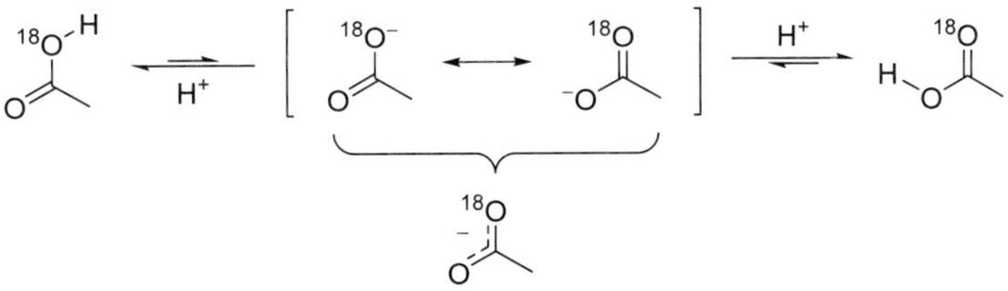

此外，乙酸根负离子离去后，底物转换为碳正离子，此碳正离子为烯丙基正离子，也可以离域，其共振杂化体具有面对称性：

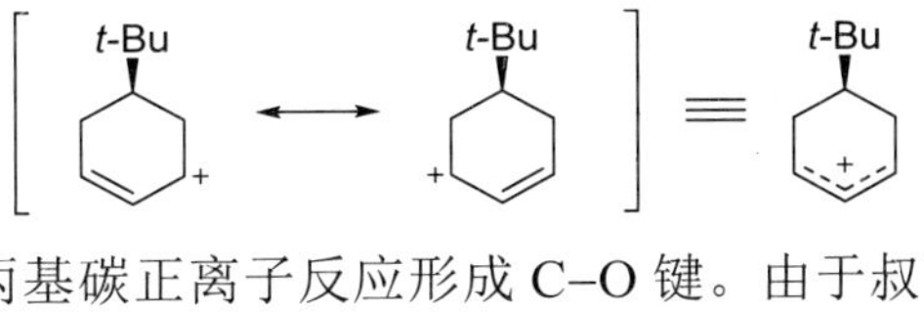

此时，^{18}O 标记的乙酸与此烯丙基碳正离子反应形成 C–O 键。由于叔丁基的空阻和此含烯丙基正离

子的六元环构象的影响，^{18}O 标记的乙酸只能从六元环的下方反应。

从六元环的左下方反应：

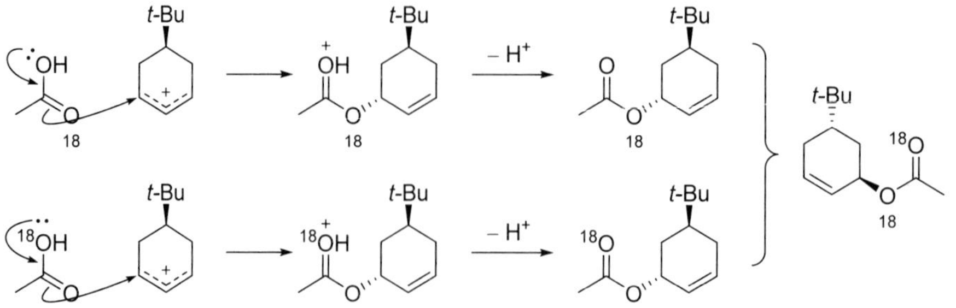

从六元环的右下方反应：

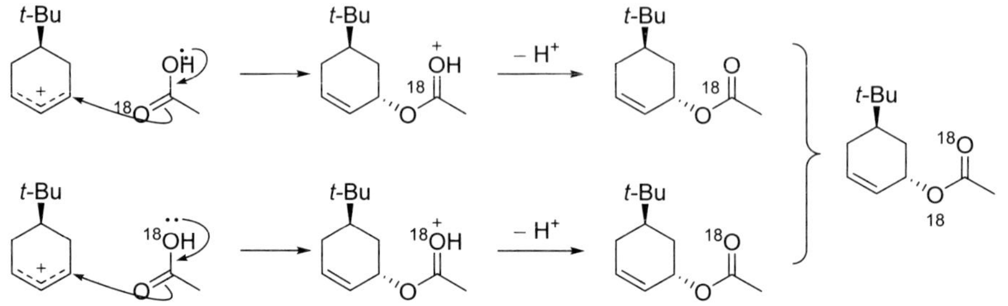

这两个产物正好是一对外消旋体。

第 24 题

下面这个酯在 pH 值为 2~7 时的水解反应速率与 pH 无关。当 pH = 5 时，反应速率与缓冲溶液中 AcO^- 的浓度成正比；在 H_2O 中的反应速度是在 D_2O 中的两倍。当 pH 值大于 7 时，水解反应速率随 pH 值增加而增加。请解释此实验结果。

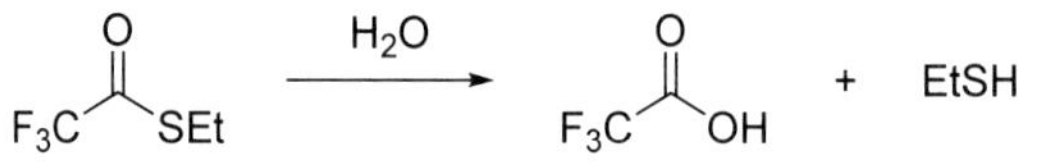

解答：

在酯的水解反应中，在 pH 值为 2~7 时，亲核试剂为水分子；而在 pH 值大于 7 时，亲核基团为氢氧根负离子。

当 pH 值大于 7 时：

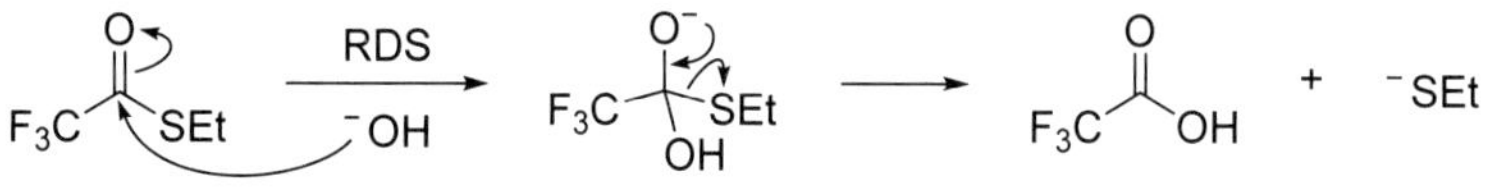

这个过程表明，反应的决速步在于第一步的氢氧根负离子对羰基的进攻，因此，水解反应速率与氢氧根负离子的浓度成正比，也就是此时水解反应速率随 pH 值增加而增加。

在 pH 值为 2~7 时的水解反应速率与 pH 无关，水分子作为亲核试剂，本身就是溶剂。因此，水解过程为：

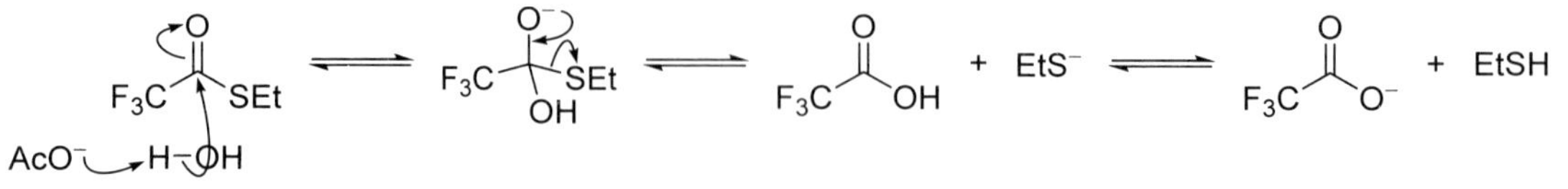

第一步水分子对羰基的进攻为决速步，在此步，乙酸根负离子攫取水分子中的氢，反应速率与缓冲溶液中 AcO^- 的浓度成正比。当水分子换成 D_2O 时，因为在决速步中，包括了 H–O 键的断裂，因此，在 H_2O 中的反应速率是在 D_2O 中的两倍。

另一种可能在于羰基与水反应形成水合物，决速步为醋酸根攫取水分子中的氢，乙巯基离去：

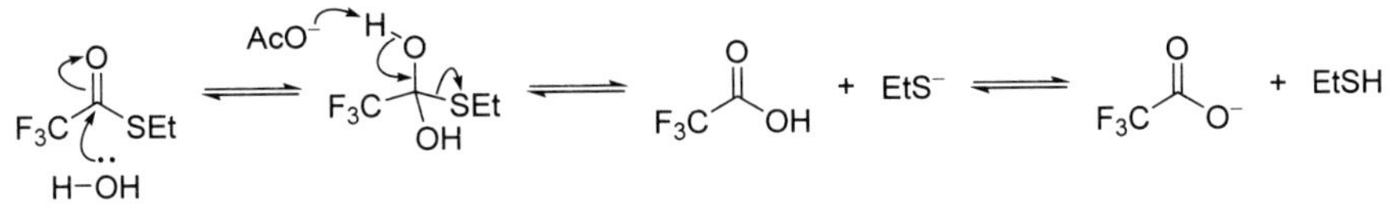

还有一种离解方式可能是：

$$AcO^- + H_2O \rightleftharpoons AcOH + HO^-$$

此时，氢氧根负离子的电离是此反应的决速步。

❖第 25 题

氯离子可以催化以下反应，请解释此实验结果：

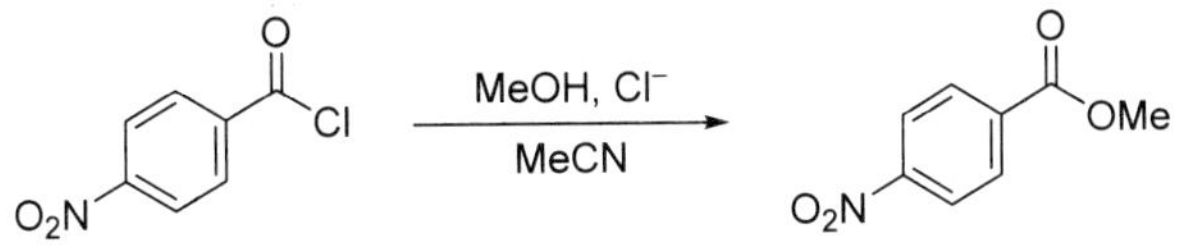

解答：

氯离子是弱碱。在极性非质子溶剂中，如乙腈，氯离子不会被溶剂化，此时氯离子的碱性就会增加强。当甲醇攻击羰基时，它的质子酸性增加，在过渡态下，氯离子能起攫取质子的作用，从而加快亲核加成的速率。

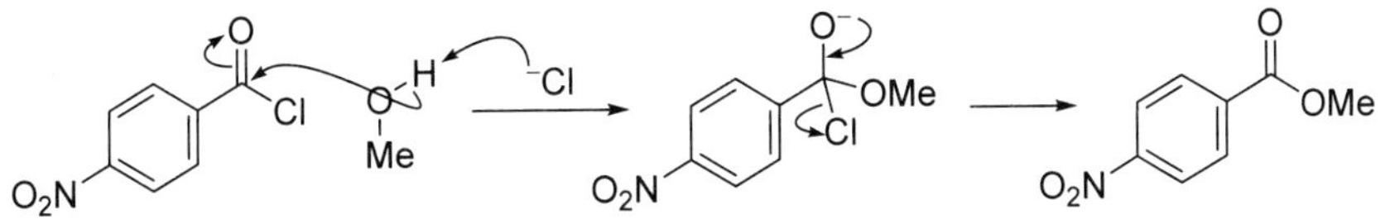

❖第 26 题

以下水解反应在 0.1 mol·L^{-1} 硫酸中 $k_{H_2O}/k_{D_2O} = 0.7$，$\Delta S^{\neq} = -76\ J\cdot mol^{-1}\cdot K^{-1}$。请为此水解反应提供反应机理：

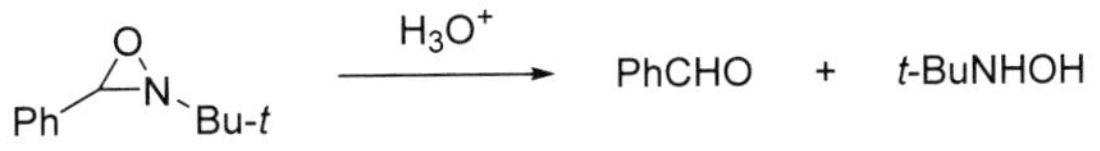

解答：

这是在酸性条件下三元环开环的反应。在此三元环中，有两个亲核位点：氧原子和氮原子，分别可以与质子结合。$\Delta S = -76\ J\cdot mol^{-1}\cdot K^{-1}$ 表明水解反应属于双分子机理。因此，可以画出以下两种机理。

第一种：质子与氧原子结合，也可以快速去质子化：

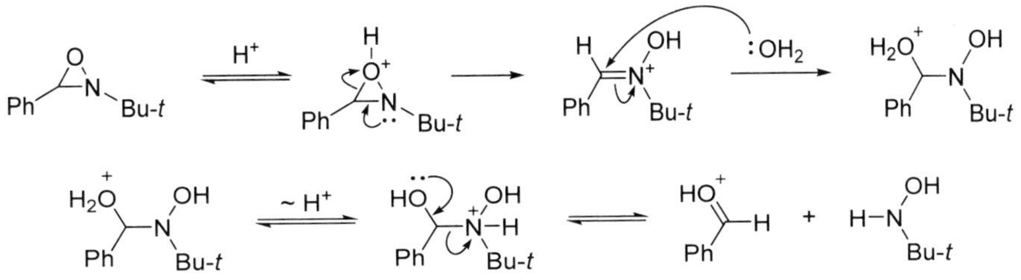

三元环开环后形成硝酮正离子，接着水分子对其进行亲核加成，消除后形成苯甲醛和羟胺衍生物。

第二种：质子与氮原子结合，这个也可以快速地去质子化：

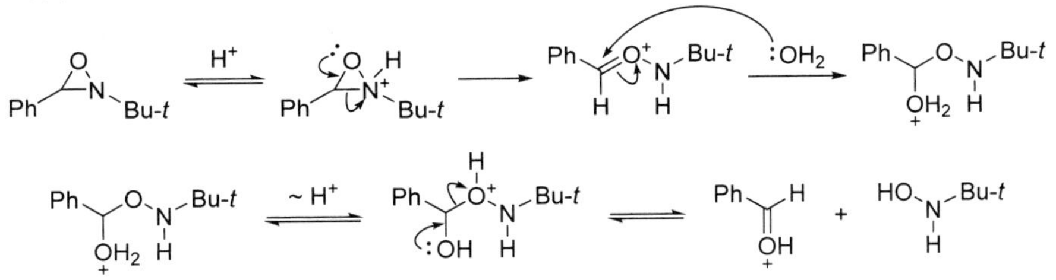

三元环开环后形成羰基正离子，接着水分子对其进行亲核加成，消除后形成苯甲醛和羟胺衍生物。从中间体的稳定性角度分析，第一种机理形成了质子化的硝酮正离子，相对比较稳定，因此，第一种机理的可能性更大一些。

对于这个反应，如果从更为复杂的角度考虑，可以用溶剂化效应来解释：

1. 重水的介电常数低于普通水，25°C 两者比值为 0.9963；
2. 水的极性大，水溶剂化“质子化原料”的程度高，因此在水中反应速度慢；即 $k_{H_2O}:k_{D_2O} = 0.7$；
3. 水溶剂化“质子化原料”的程度高，产物溶剂化的程度低。因此，反应过程可以看成是分子数目相对减少的过程，熵值减少。

第 27 题

化合物 **A** 在甲醇中分解形成化合物 **B**。**B** 的分子式为 $C_8H_{14}O$，^1H NMR: δ 5.80 (1H, ddd, J = 17.9, 9.2, 4.3 Hz), 5.50 (1H, dd, J = 17.9, 7.9 Hz), 4.20 (1H, m)，3.50 (3H, s), 1.3~2.7 (8H, m)，请画出化合物 **B** 的结构式：

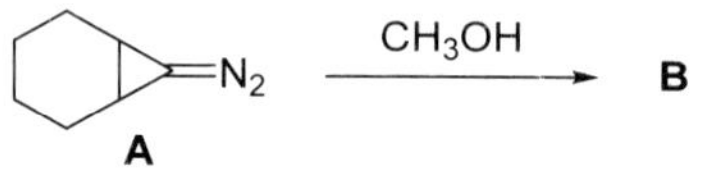

CH_3OH → B

A

化合物 **B** 不稳定，在 20 ºC 可以异构化为 **C**，请画出化合物 **C** 的结构式。

解答:

化合物 **A** 为重氮盐，很容易发生α-消除，形成卡宾：

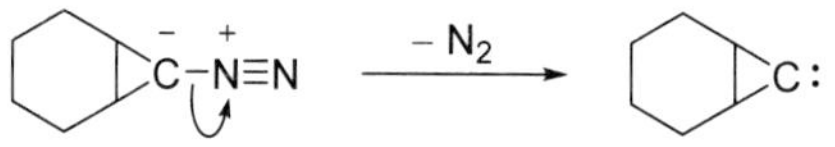

$-N_2$

此时，需要结合化合物 **B** 的 ^1H NMR 谱图进行分析，化学位移在 3.50，积分面积表明其为 3 个氢的单峰，应该是在体系中引入的甲氧基。化学位移在 5.80 和 5.50，且均为一个氢的 ddd 和 dd 信号峰。从偶合常数的大小可以看出，产物中存在碳碳双键。这表明此卡宾在转换过程中形成了碳碳双键，这很可能是三元环开环所导致的。

以上的 ^1H NMR 谱图分析表明此卡宾攫取甲醇的氢转化为碳正离子，即六元环并环丙烷正离子，在甲氧基负离子的进攻下三元环开环形成甲氧基取代的环庚烯：

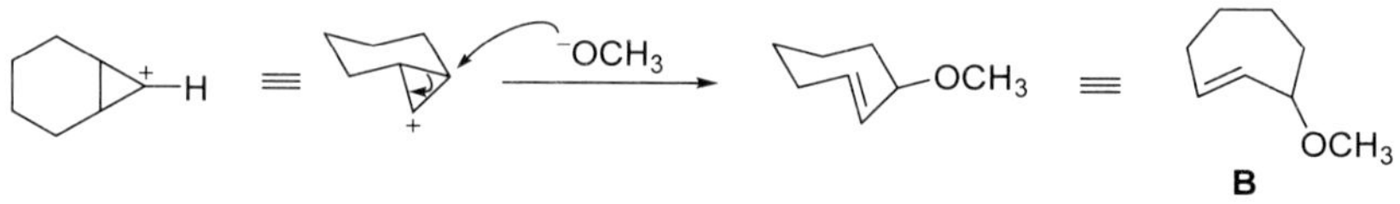

$^-OCH_3$

B

因此，产物 **B** 各氢的化学位移为：

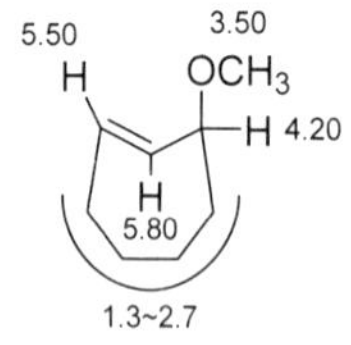

5.50 3.50 4.20 5.80 1.3~2.7

由于环内双键顺反构型所导致的环的张力问题，化合物 **B** 可以转化为更稳定的化合物 **C**：

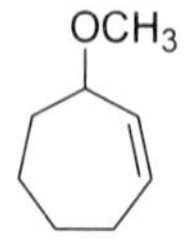

第 28 题

以下反应会有两个产物，已经给出了产率高的产物结构式，请画出产率较低的产物结构式，并对此实验结果给出你的解释:

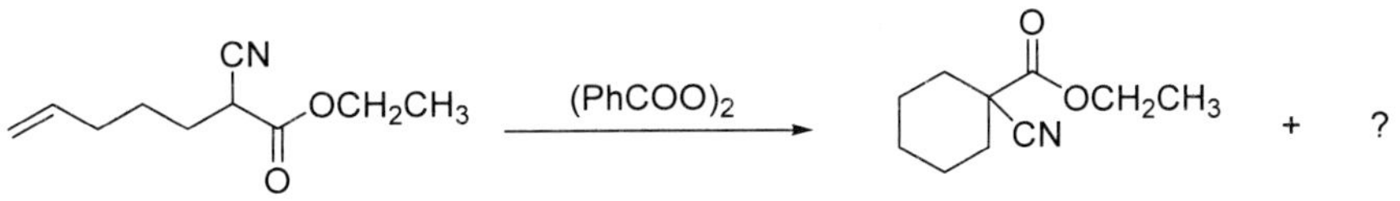

解答：

这是一个自由基反应。过氧苯甲酰分解生成苯甲羧基自由基，苯甲羧基自由基在低温下可以直接作为引发剂，发生自由基的链式反应，温度升高，本身会释放出一分子二氧化碳，同时生成苯基自由基引发后续的链式反应，攫取底物中的氢，形成稳定的自由基：

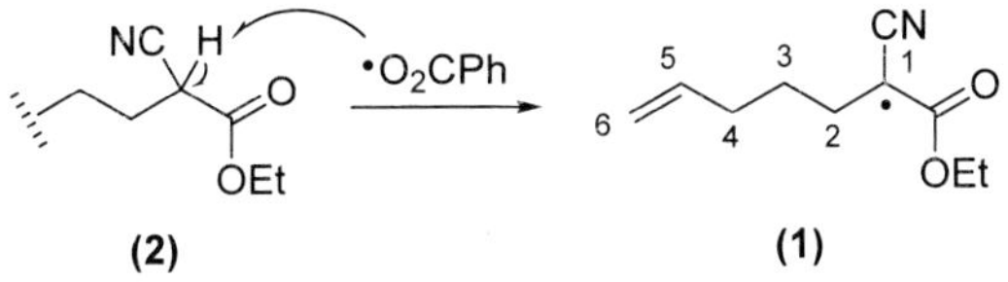

由于此自由基与两个吸电子取代基连接，是一个较为稳定的体系。然后，此自由基与碳碳双键发生自由基加成反应：

一种方式是形成二级自由基：

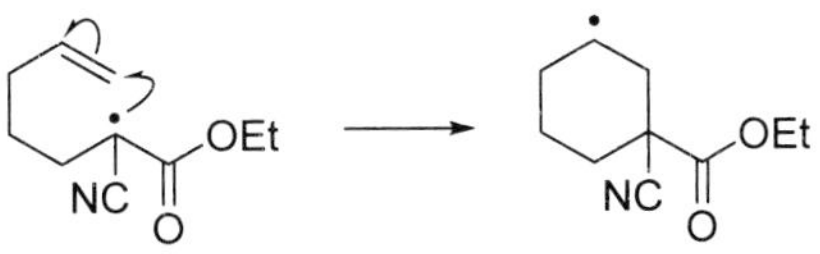

这个二级自由基再攫取氢自由基后即为主产物。

另一种方式是形成一级自由基：

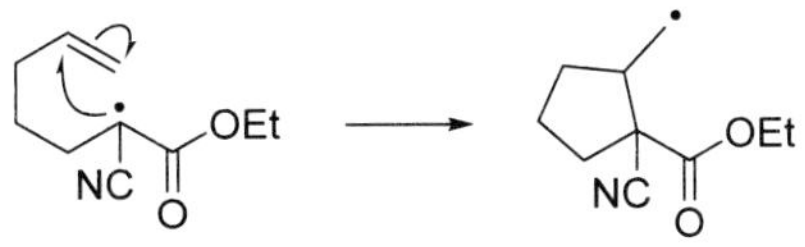

一级自由基的稳定性低于二级自由基，因此，这个自由基含量低，得到一个氢自由基后即为副产物：

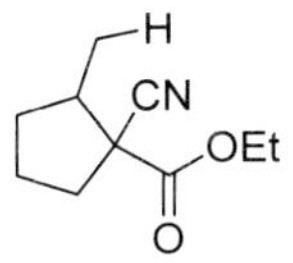

第 29 题

请依据所给的信息完成以下反应式：

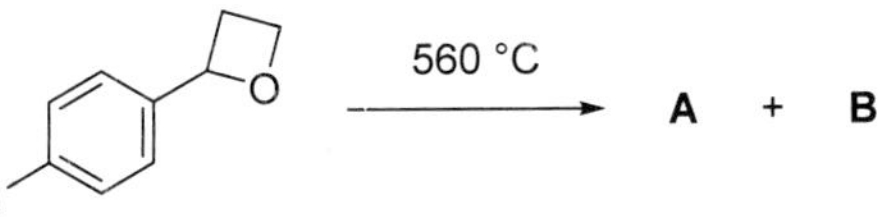

A: *m/z*: 138 (100%), 140 (33%); ^{1}H NMR: δ 7.1 (4H, s), 6.5 (1H, dd, J = 17, 11 Hz), 5.5 (1H, dd, J = 17, 2 Hz), 5.1 (1H, dd, J = 11, 2 Hz).

B: *m/z*: 111 (45%), 113 (15%), 139 (60%), 140 (100%), 141 (20%), 142 (33%); ^{1}H NMR: δ 9.9 (1H, s), 7.75 (2H, d, J = 9 Hz), 7.43 (2H, d, J = 9 Hz).

解答：

对于化合物 **A** 和 **B** 而言，其质谱表明分子离子峰的强度以及它的同位素峰的比例为 3/1，这正好是 ^{35}Cl 和 ^{37}Cl 在自然界中的含量比，说明这两个化合物均含有：

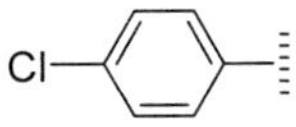

这说明在受热条件下，苯环没有受到任何影响，反应的位点应该在氧杂环丁烷。对化合物 **B** 的 ^{1}H NMR 图谱进行分析，除了苯环上的四个氢信号峰外，还有一个化学位移位于 9.9 处，且只有一个氢的信号峰，且苯环上氢信号峰的化学位移移向低场，这说明这个取代基为吸电子基。此外，化合物

B 的分子量为 140，减去氯苯基的 111，剩下了 29，并含有一个氢，这说明这个取代基为甲酰基(CHO)。因此，化合物 **B** 的结构为：

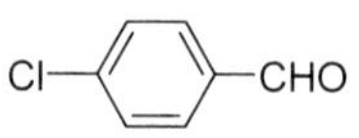

它应该源自氧杂环丁烷的逆[2 + 2]反应，除了化合物 **B** 外，这个分解过程中的另一个产物是乙烯。按照氧杂环丁烷的逆[2 + 2]反应的方式分析化合物 **A** 的结构，应该为苯乙烯：

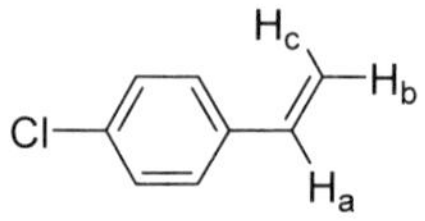

这个分解过程中的另一个产物为甲醛。

对于化合物 **A** 的化学位移进行归属：7.1 处的化学位移为苯环上的 4 个氢；由于苯环的各向异性，与苯环直接连接的碳原子上氢 H_a 应该比没有与苯连接的碳原子上的氢位于更低场，H_a 的化学位移为 6.5。对于另外两个氢 H_b 和 H_c，两者最大的差别应该是 H_c 与苯环处在顺式，H_b 与苯环处在反式，H_c 应该处在低场，化学位移为 5.5，H_b 的化学位移为 5.1。可以从高偶合常数直接判断为烯烃，3 个 dd 峰，明显为末端烯烃。

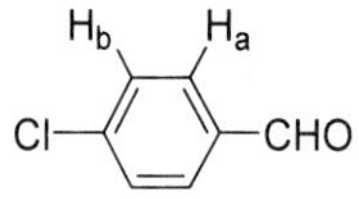

对于化合物 **B** 的化学位移进行归属：前面已经讨论过，甲酰基上的氢化学位移为 9.9；甲酰基的吸电子效应强于氯，因此位于甲酰基邻位上的氢处于更低场，H_a 的化学位移为 7.75，H_b 的化学位移为 7.43。

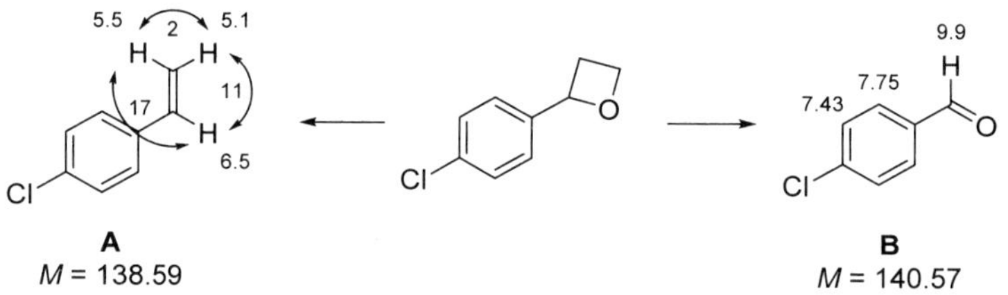

A
M = 138.59

B
M = 140.57

第 30 题

请依据所给的信息，画出化合物 **A** 和 **B** 的结构简式：

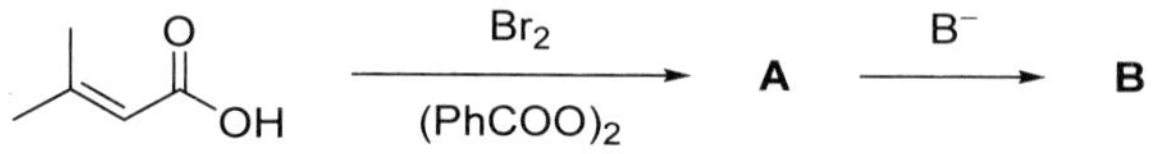

A 的分子式为 $C_5H_6Br_2O_2$，不稳定，在碱的作用下转化为稳定的化合物 **B**。**B** 的分子式为 $C_5H_5BrO_2$，^{1}H NMR：δ 6.18 (1H, s)，5.00 (2H, s)，4.18 (2H, s)。

解答：

第一步反应是在羧基自由基作用下的烯丙基自由基溴化反应：

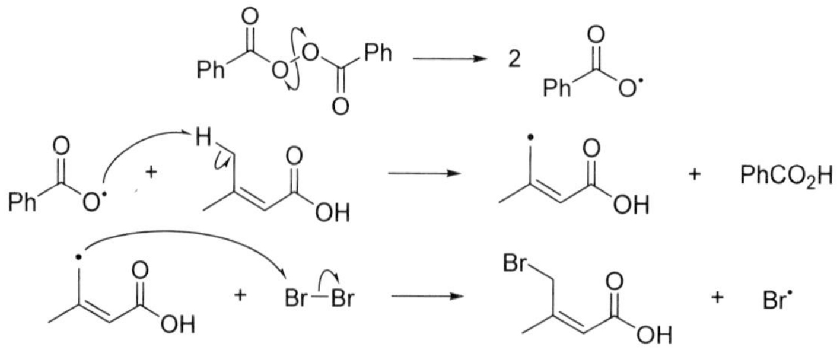

重复以上的结果，经二次自由基溴化后，产物 **A** 为：

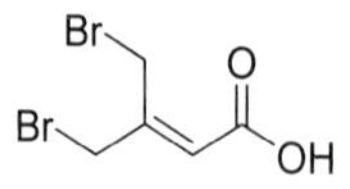

此化合物在碱作用下，形成内酯，即化合物 **B**：

对 **B** 的化学位移进行归属：碳碳双键连接的氢，处于最低场，化学位移为 6.18，单峰；溴亚甲基上有两个氢，氧亚甲基上也有两个氢，由于氧的吸电子诱导效应强于溴，因此，与氧相连的亚甲基上的氢要比与溴相连的亚甲基上的氢处于更低场，因此 OCH_2 上氢的化学位移为 5.00，$BrCH_2$ 上氢的化学位移为 4.18。

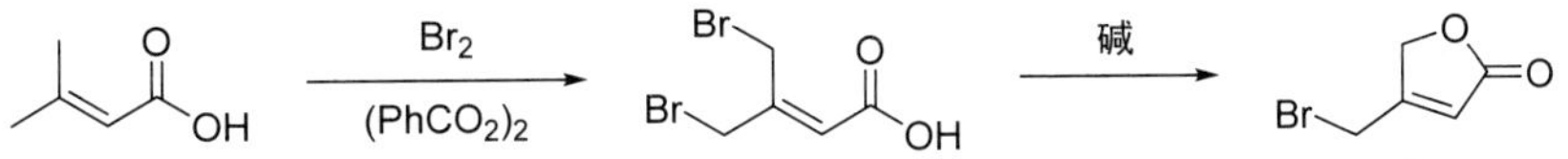

第 31 题

请给出以下转换的所有中间体：

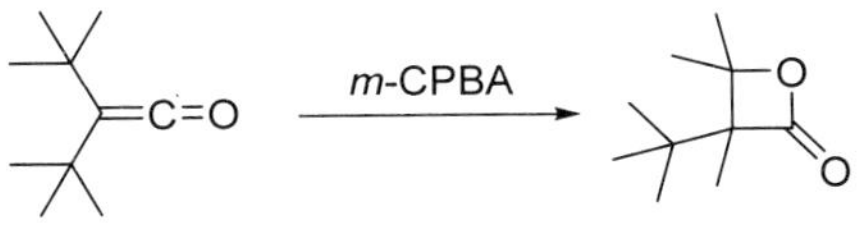

解答：

m-CPBA 为氧化剂，常用于碳碳双键的环氧化和醛或酮羰基的氧化反应。但是，这些反应大多只关注碳碳双键与酮羰基被氧化的独立体系，有兴趣的读者可以关注α,β-不饱和酮被过氧酸氧化转化为环氧酮或α,β-不饱和酯的条件变化。例如，在这个反应体系中，底物为烯酮，此时存在两种可能：一种是碳碳双键对过氧酸进行亲核取代反应，另一种可能是过氧酸对酮羰基的亲核加成。

第一种，碳碳双键对过氧酸进行亲核取代反应：

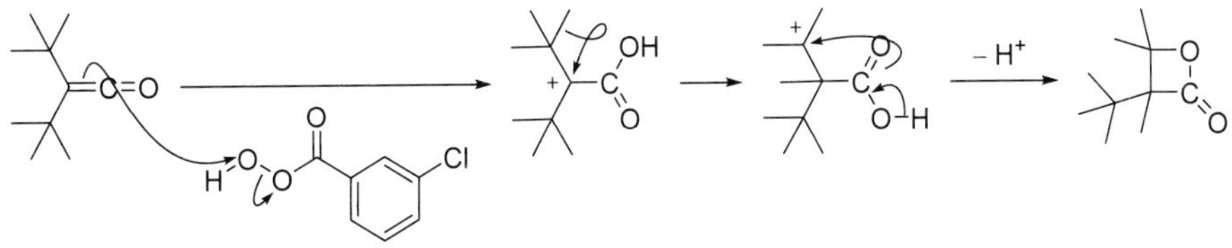

也可以是双键直接被环氧化：

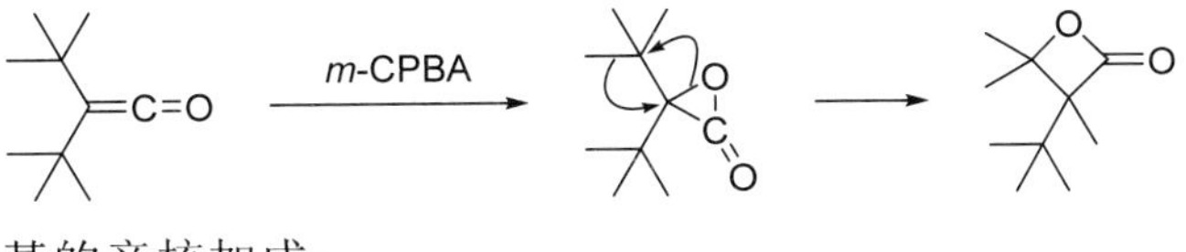

第二种，过氧酸对酮羰基的亲核加成：

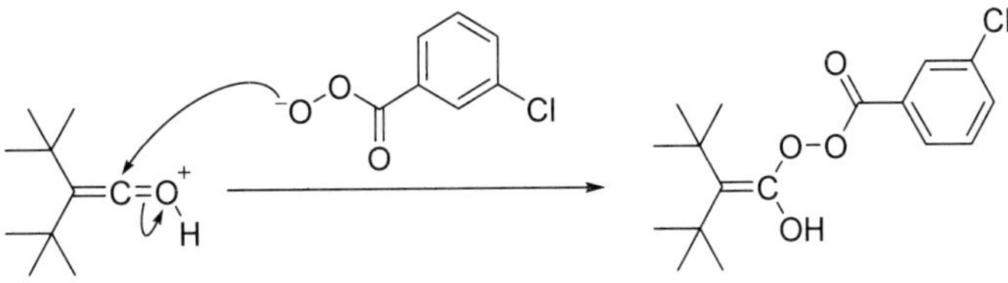

对于这个中间体，过氧键将会断裂，3-氯苯甲酸根负离子离去，可以有以下两种可能性。

第一种方式是碳碳双键打开，其结果与前面讨论过的一致：

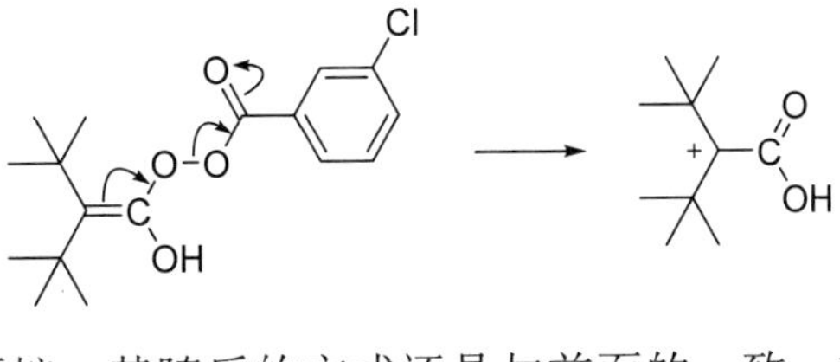

第二种方式是形成二氧杂环丙烷，其随后的方式还是与前面的一致，在这里就不再赘述，读者可以

自己分析：

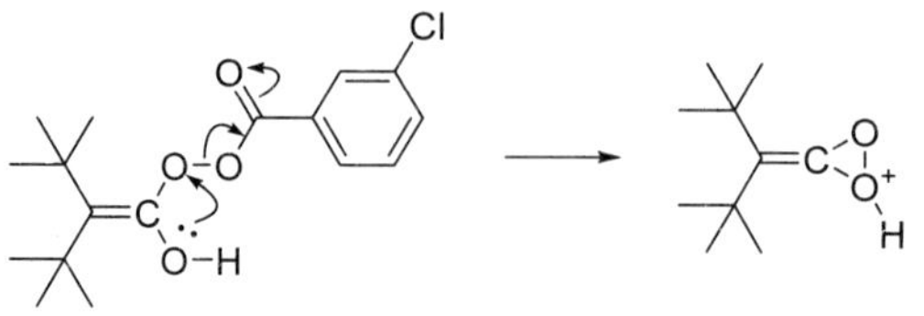

第 32 题

请给出以下转换的所有中间体：

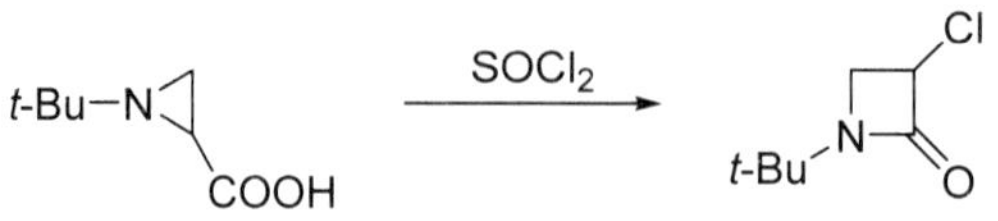

解答：

这个反应是氮杂环丙烷开环形成β-内酰胺。从结果看，应该是氯负离子作为亲核基团打开三元环，接着氮与羧酸形成酰胺。考虑到体系中使用的是二氯亚砜而不是氯负离子，且二氯亚砜为亲电试剂，是将羧酸转化为酰氯的常用试剂。因此，反应的起点在于羧酸中羰基氧作为亲核位点与二氯亚砜进行反应，形成酸酐：

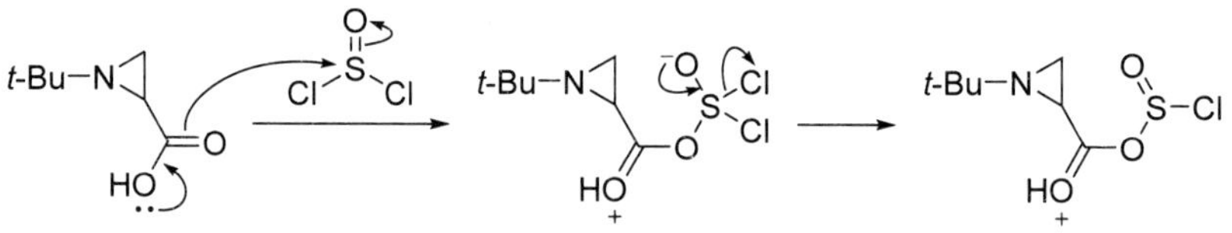

此时，三级胺作为亲核位点进攻羰基，形成三元环并三元环体系：

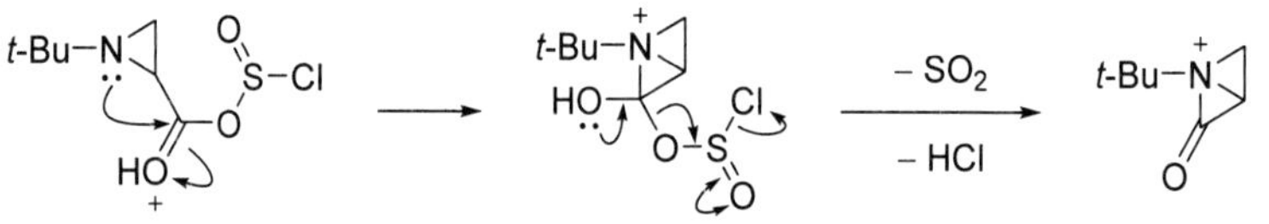

接着，氯负离子作为亲核基团进攻羰基的α位，打开并环体系形成β-内酰胺。

综上分析，这个转换过程为：

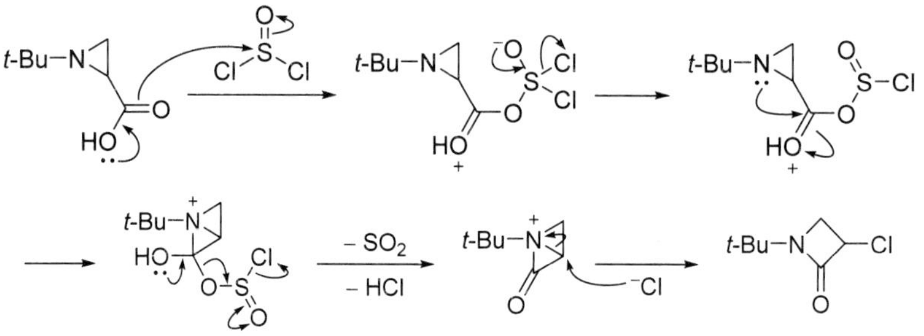

第 33 题

请给出以下转换的所有中间体：

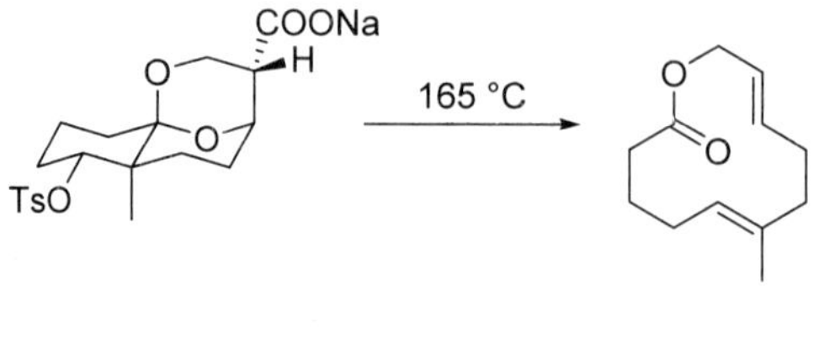

解答：

这个转换的结果是磺酸根负离子作为离去基团离去和羧酸根负离子脱羧，当然其中还包括了碳碳键和碳氧键的断裂。作为环上取代基，磺酸根负离子的离去方式与羧酸根负离子的脱羧是两个完全不同的过程。对于磺酸酯而言，C–O 键异裂，磺酸根负离子离去，对于环系而言，剩下了正电荷。而对于羧酸根负离子脱羧，C–C 键异裂，CO_2 离去，对于环系而言，剩下了负电荷。环系的电荷还是保持了平衡。但是，这两个过程不可能是同步的，在加热条件下，此反应的驱动步骤为脱羧反应，此时，需要考虑与断裂 C–O 键的反键轨道产生超共轭效应的 σ 键，这根键就是并环的 C–C 键：

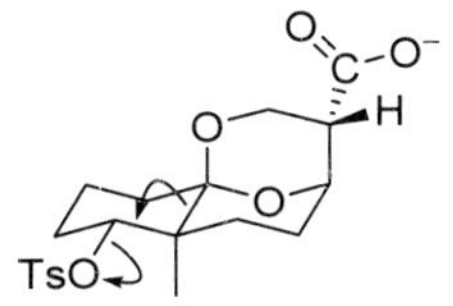

那么，这根并环的 C–C 键断裂也需要能参与到它的反键轨道的一对电子，那就是氧原子上的孤对电子。因此，磺酸酯 C–O 键的断裂需要缩酮上氧的孤对电子的参与：

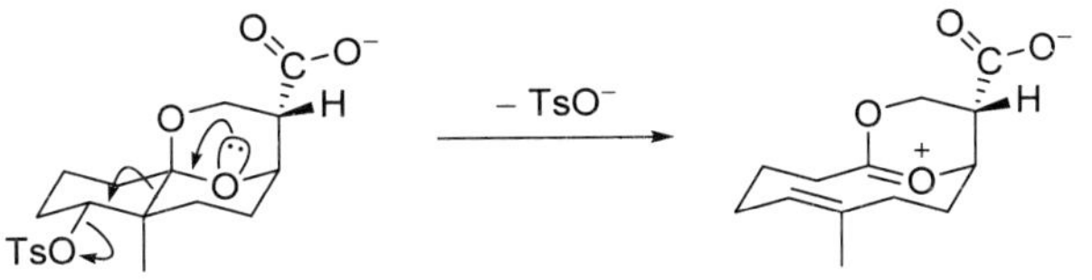

接下来，就是与羰基正离子相连的 C–O 键的断裂，从而导致脱羧反应的发生，并形成碳碳双键：

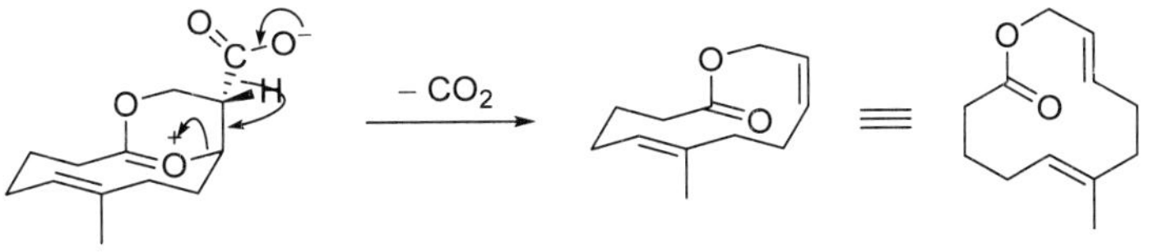

这个脱羧过程的 C–C 键断裂与 C–O 键断裂同样需要处于反式共平面：

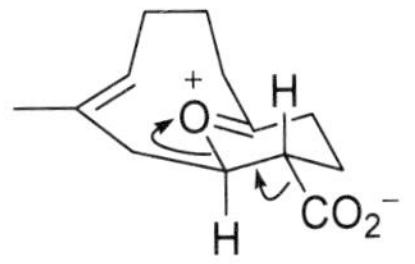

因此，这个转换过程可以表述为：

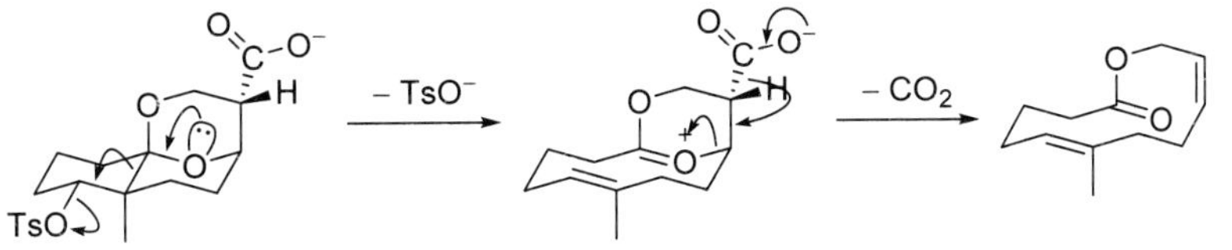

但是，本质上这个反应的启动点在于脱羧过程：

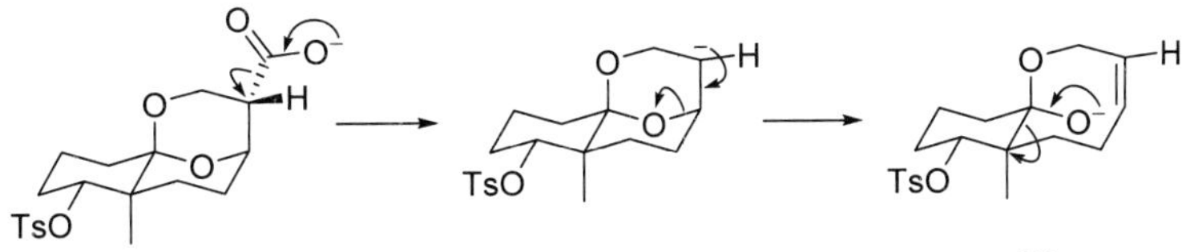

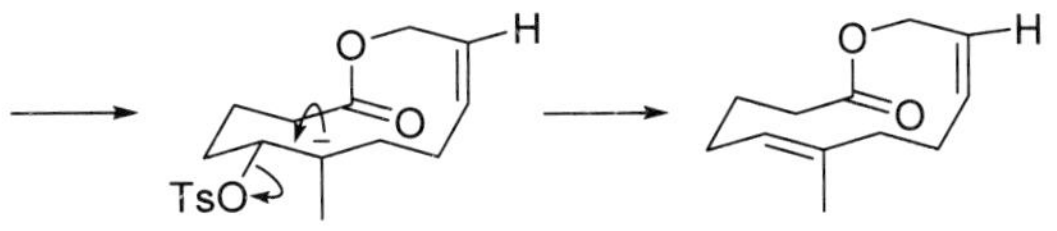

❖第 34 题

在以下转换中，*anti* 二型化合物的反应速率比 *syn* 二型化合物快 10^7 倍。请解释此实验结果，此外，你认为 *syn* 二型化合物转化后乙酰氧基所连接的碳原子的立体构型是否能确定？

解答：

在思考这个问题时，需要细致观测这个反应的变化。对于 *anti* 底物而言，应该注意到在磺酸根被乙酸根取代后，此碳原子的构型保持不变。如果这个反应是碳正离子的 S_N1 类取代反应的话，那么应该得到 *anti* 和 *syn* 的混合产物；如果直接进行 S_N2 类取代反应的话，那么应该得到构型翻转的 *syn* 产物。现在，反应结果仍然得到构型保持的 *anti* 产物，那就是进行了两次的 S_N2 类取代反应。第二次是乙酸根负离子的 S_N2 类取代反应，第一次的 S_N2 类取代反应的参与基团是哪一个？底物中唯一的官能团就是碳碳双键，这是由于碳碳双键的π电子可以参与到磺酸酯中 C–O 键的反键轨道；此外，此碳碳双键也正好与 C–O 键断裂形成的碳正离子构成同芳香性体系：

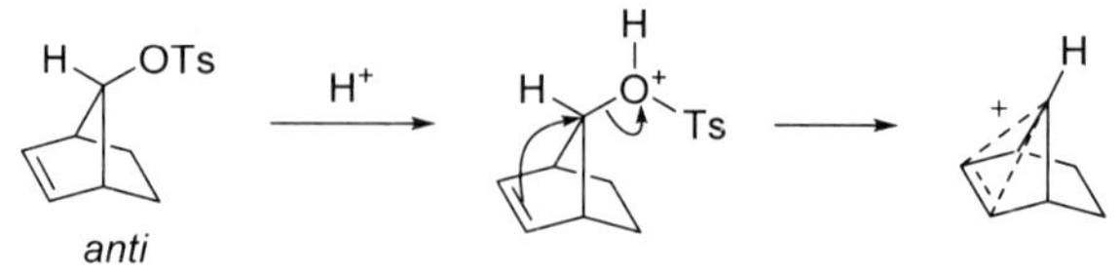

此时，原先连接磺酸基的碳原子构型翻转，接着此碳正离子再与乙酸反应，乙酸只能从同芳香性的体系的背面进行反应，使碳原子的构型再次翻转：

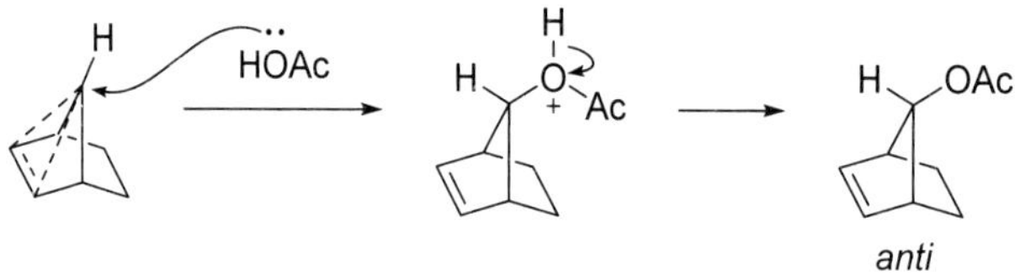

因此，整个过程为：

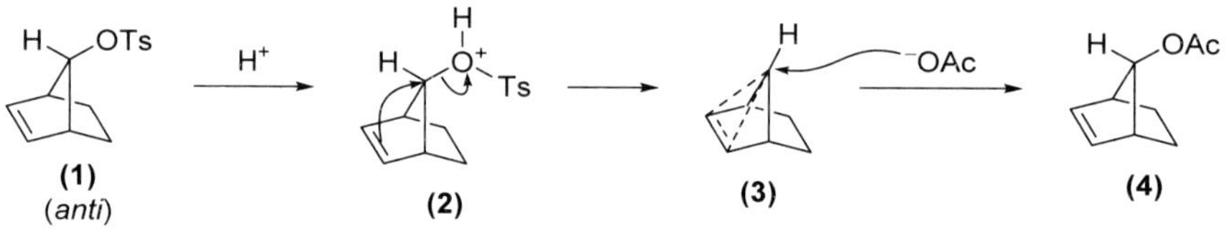

结合以上分析，可以注意到第二个转换 *syn* 底物中磺酸酯的 C–O 键与碳碳双键在同一侧，碳碳双键的π电子无法参与到磺酸酯中 C–O 键的反键轨道，这使得 *syn* 的反应速率比 *anti* 慢很多倍，这个结果也说明在有机反应中底物的立体构型是非常重要的。此时，就需要发现 *syn* 的底物中要与断裂 C–O 键的反键轨道存在超共轭效应的 σ 键：

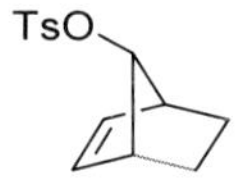

那就是现在用灰色标记的 C–C σ 键。接下来这根键断裂，形成烯丙基正离子：

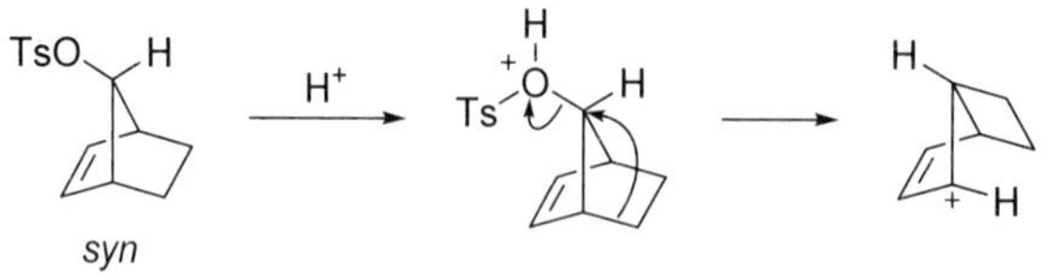

接着，乙酸与此碳正离子反应形成 C–O 键，脱去质子后就转化为产物：

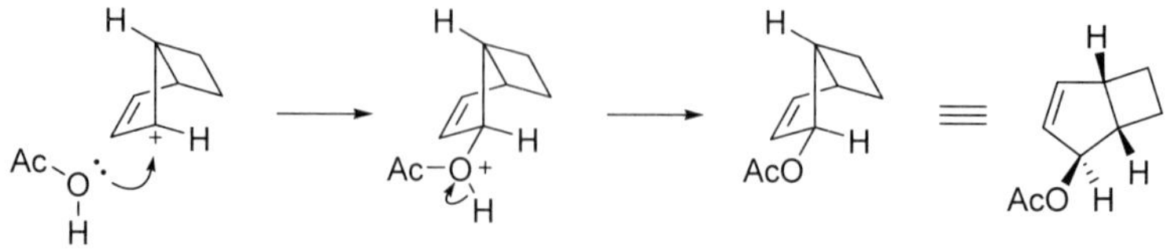

与乙酰氧基连接的碳原子构型为 *R*。

此时，乙酰氧基与并环的氢处于反式。但是，在考虑这个位点的构型时，还需要更细致些，由于底物磺酸酯是对称的，因此，*syn* 的底物中要与断裂 C–O 键的反键轨道平行的 σ 键还有一根 C–C 键：

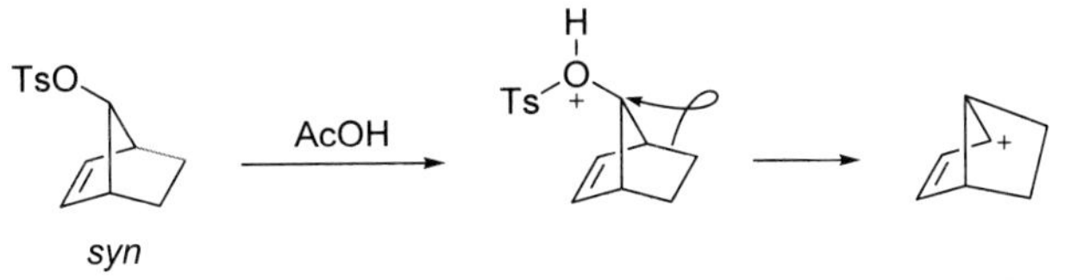

syn

其产物为：

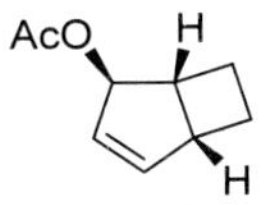

与乙酰氧基连接碳原子的构型为 S。

第 35 题

请按自由基的稳定性从强到弱进行排序：

$CH_3CH_2\dot{C}CH_3(CH_3)$ $H_3CCH{=}CH\dot{C}H_2$ $H_3C\cdot$ $(CH_3)_2CH\dot{C}H_2$ $CH_3CH_2\dot{C}HCH_3$

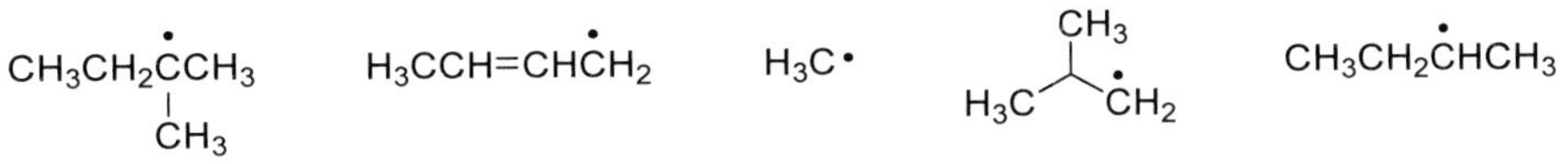

解答：

烷基取代的自由基稳定性基本上与碳正离子的类似。在这五种自由基中，烯丙位的自由基最稳定；在没有共轭体系时，由于碳自由基α位上 C–H 键的超共轭作用和烷基的给电子效应可以稳定自由基，因此，碳自由基α位烷基取代基越多，自由基就越稳定。因此，这些自由基的稳定性从强到弱进行排序为：

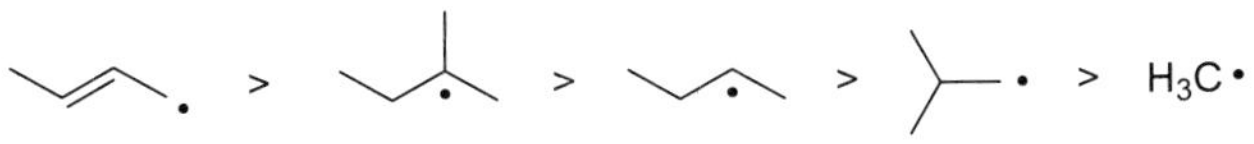

> > > > $H_3C\cdot$

第 36 题

丙酮与其烯醇在水溶液中的 pK_a 值分别为 19 和 11，计算丙酮烯醇化反应的平衡常数。

解答：

酮式与烯醇式之间的互变异构化和烯醇式中 O–H 键的解离可以是一个平衡反应的循环，有时可以认为是一个热力学循环：

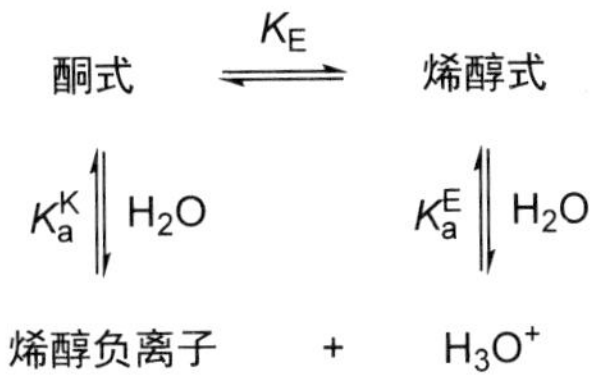

酮式 $\overset{K_E}{\rightleftharpoons}$ 烯醇式

K_a^K H_2O K_a^E H_2O

烯醇负离子 + H_3O^+

其中，酮式的解离常数 K_a^K = [烯醇负离子][H_3O^+]/[酮]，烯醇式的解离常数 K_a^K = [烯醇负离子][H_3O^+]/[烯醇]，这两者均含有一个共同的共轭碱，烯醇负离子。

由于 K_E = [烯醇]/[酮]，因此，$K_E = K_a^K / K_a^E$。

那么，丙酮烯醇化反应的平衡常数 $= 10^{-19}/10^{-11} = 10^{-8}$，实验值为 5×10^{-9}。

第 37 题

请为以下转换提供合适的试剂：

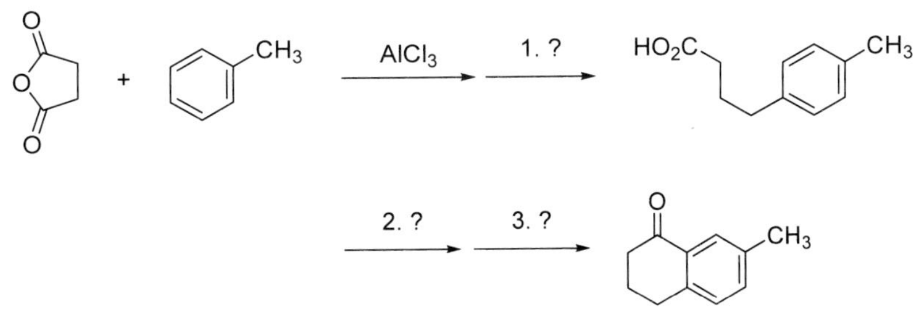

+ CH3 AlCl3 1. ? HO2C CH3

2. ? 3. ? O CH3

解答：

这是一个非常简单的转换过程，常见于很多习题中。

第一个反应为酸酐在 Lewis 酸 $AlCl_3$ 作用下与甲苯发生傅克酰基化反应：

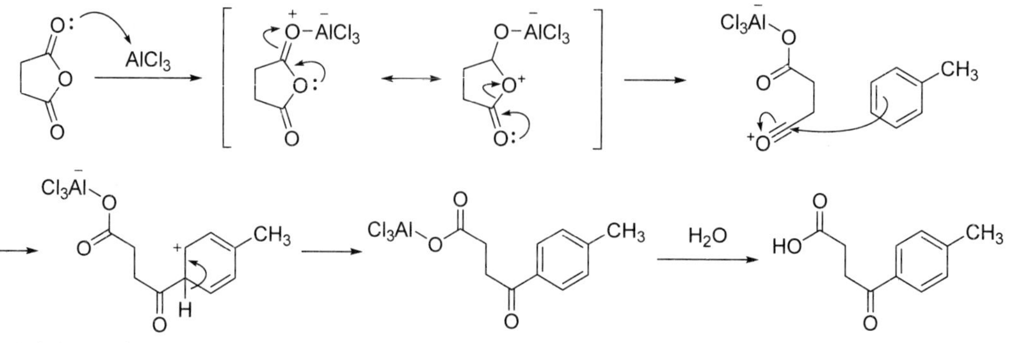

那第二个反应就是将酮羰基还原为亚甲基，反应 1 的条件有：Zn(Hg)；还有 NH_2NH_2/KOH 等。

后续的两步反应是羧酸与苯环再次发生傅克酰基化反应。但是，即使在 Lewis 酸作用下，羧酸很难直接与苯环发生芳香亲电取代反应。因此，反应 2 就是将羧酸转化为酰氯；常用的条件为 $SOCl_2$。接下来就很简单了，反应 3 就是使用 $AlCl_3$。

第 38 题

实验结果表明环丙酮主要以水合物的形式存在于水中，而 2-羟基乙醛在水中不是形成分子内半缩醛，请解释原因。

解答：

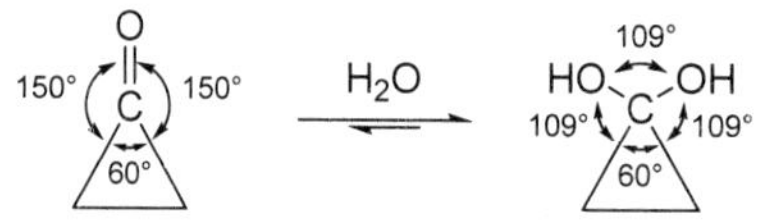

由于三元环的键角是 60°，远小于正常 sp^3 杂化的 109°或 sp^2 杂化的 120°，因此，所有三元环的张力都非常大。由于环丙酮中羰基碳为 sp^2 杂化，其键角为正常的 120°的一半，只有 60°。而在水合物中，羰基碳被水加成后，连接了两个羟基，此碳原子从 sp^2 杂化转化为 sp^3 杂化，这个键角的变化为 109° − 60° = 49°，要比 120° − 60° = 60°的变化小 11°。虽然相差并不是很大，但还是减少了部分张力，因此，环丙酮的水合物比酮更稳定，但可以形成二聚体。

而 2-羟基乙醛则完全不同。2-羟基乙醛没有任何环张力，但是如果其形成分子内半缩醛，就构成了三元环体系，三元环中的每个原子都增加了相当于 109° − 60° = 49°的“张力”。即使不存在这样的张力，醛或酮的水合物和半缩醛或酮也不如醛或酮稳定，因为碳氧双键比两根碳氧单键更稳定。在这种情况下，与环丙酮不同，半缩醛基本上更不稳定，它可以通过切断环中的一个碳氧环键消除三元环的张力，回到开链体系，但可以形成二聚体。

第 39 题

请完成以下反应式，并给出你的理由：

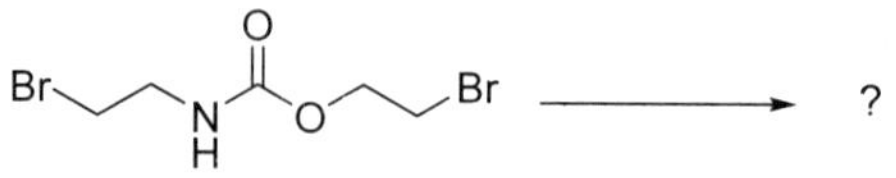

解答：

从反应底物的结构看，应该是羰基氧的孤对电子对 C–Br 的亲核取代反应。

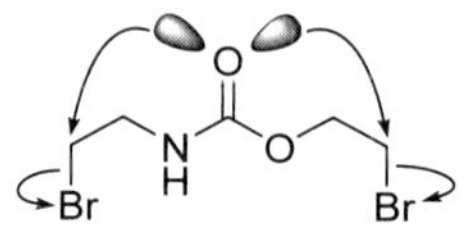

从孤对电子的亲核能力考虑，这两边的反应速率应该是相同的。但是，这个羰基含有氮和氧两个取代基，这两个原子均有给电子共轭效应，氮原子的给电子共轭效应强于氧，这使得羰基氧上两对孤对电子的亲核能力就有所不同，与氮原子处在反位的孤对电子的亲核能力强，其亲核取代反应的速率快：

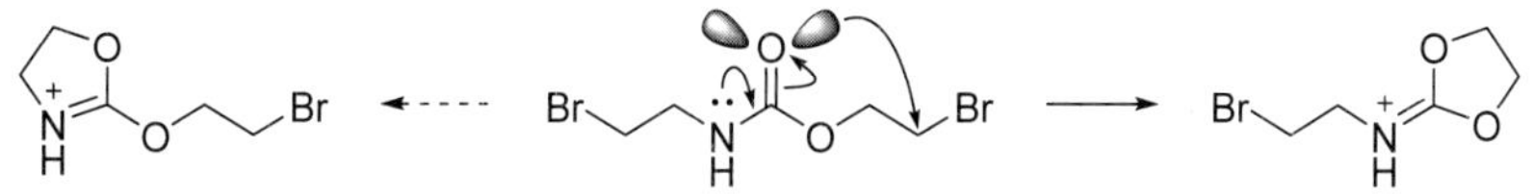

第 40 题

实验结果表明吡啶的水溶性要比吡咯的高，请解释此实验结果。并预测与这两个化合物相比，咪唑的水溶性处在哪个位置。

解答：

由于吡啶中氮原子的孤对电子不参与芳香体系的共轭作用，而吡咯中氮原子孤对电子必须参与共轭才能保证五元环的芳香体系，这势必使得吡啶氮原子孤对电子与吡咯氮原子孤对电子有了很大的区别，吡啶氮原子具有更强的碱性和亲核能力，这就是吡啶在水溶液中更容易与水分子中的氢形成氢键，使其在水中的溶解度远远大于吡咯的原因。

咪唑中含有两种氮原子，参与芳香共轭体系的吡咯类氮原子和不参与共轭作用的吡啶类氮原子，这使得咪唑在水中的溶解度肯定大于吡咯；由于吡咯类氮原子参与了芳香体系，这使得咪唑中氮原子的电子云密度应该比吡啶中氮原子的高，咪唑的碱性增加，氮原子的亲核能力也增加，与水形成氢键的能力也提升，因此，在这三个化合物中，咪唑在水中的溶解度最高。

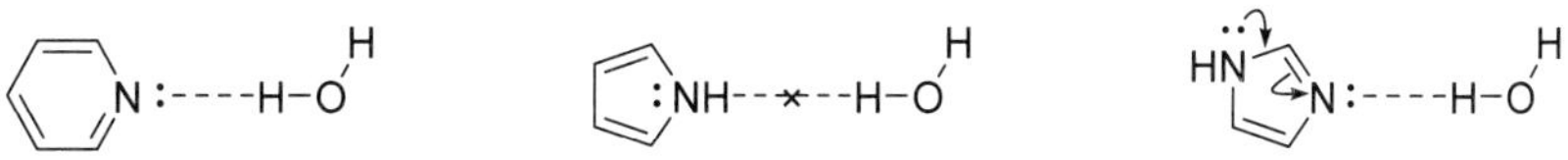

第 41 题

酮的烯醇化过程有时被认为可以表示为一个协同的 σ 重排。这个反应是否可以在加热的条件下进行？请给出你的理由。

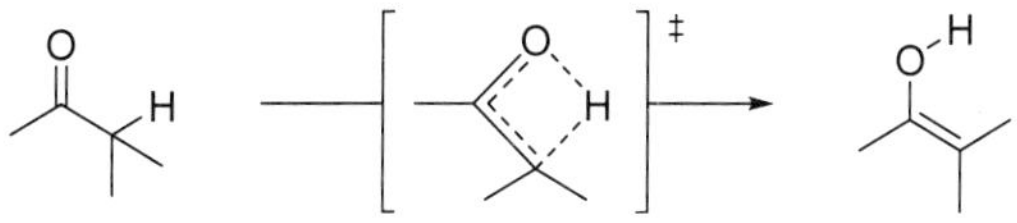

解答：

这是一个 4 电子同面 H-迁移，根据 Woodward–Hoffmann 规则，受热条件下共轭体系的前线轨道是 ψ_2，此时同面迁移是禁阻的。所以反应不能在受热条件下进行，只能在光照条件下进行。

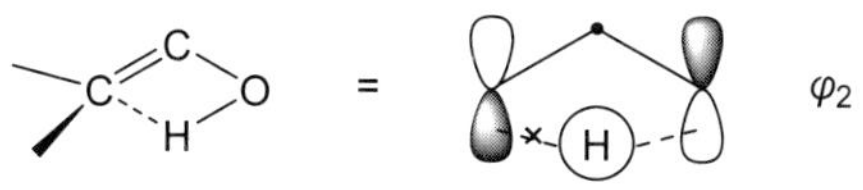

预测烯丙基的[1,3]-氢迁移的立体化学最简单的方法是将活化的底物分割为两个互补体系:阳离子和阴离子。因此，氢迁移的 σ 重排可从以下三种方式进行分析：

1. 氢提供 1s 的 LUMO 轨道，与其相对应的负离子提供 HOMO 轨道(ψ_2)；
2. 氢提供 1s 的 HOMO 轨道，与其相对应的正离子提供 LUMO 轨道(ψ_2)；
3. 氢提供单占分子轨道(SOMO)，与其相对应的自由基也提供单占分子轨道(SOMO)。

前两种本质上差不多，均提供了 1s 和 ψ_2 轨道。

因此，对于氢迁移的[1,3]-σ 重排，涉及的两个轨道也是一样的：氢的 1s 轨道和烯丙基 ψ_2，因此，在加热条件下，氢的[1,3]-σ 同面迁移是禁阻的，[1,3]-σ 异面迁移是允许的：

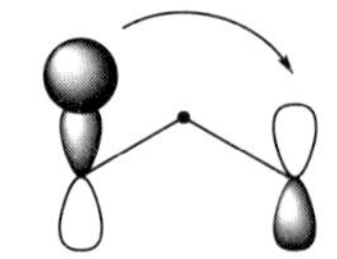
同面迁移对称性禁阻

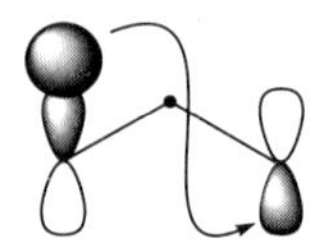
异面迁移对称性允许

然而，分子的几何构型使得异面迁移无法在加热状态下协同完成，因此可以预测这种氢迁移的[1,3]-σ重排反应是无法通过协同机制进行的。

通过以上分析可知，对于氢迁移的[1,*m*]-σ 重排，当 $m = 4n + 1$ 时，氢的同面迁移是轨道对称性允许的；当 $m = 4n - 1$ 时，氢的同面迁移是轨道对称性禁阻的。

在此基础上，有兴趣的同学可以预测以下转换的主要产物，并给出你的理由：

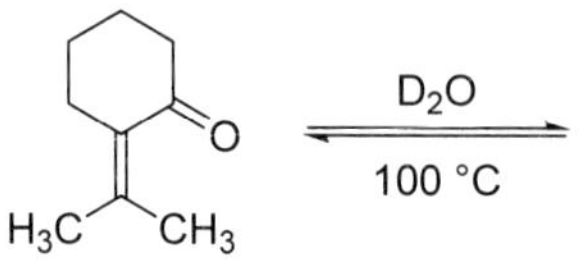

D_2O，100 °C

第 42 题

当两种三级烷基取代的肟混合后经酸处理，会得到烷基交叉重排产物，此过程称为 Beckman 碎片化。这与常见的 Beckman 重排为分子内反应有所不同。请解释此实验结果。

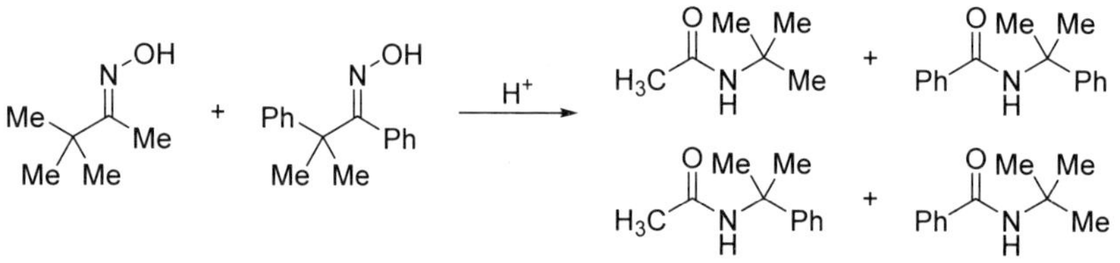

解答：

Beckmann 重排反应是我们非常熟知的一个反应。1886 年，德国化学家 E. O. Beckmann 首次报道了肟在酸性条件下发生重排生成 *N*-烷基取代酰胺的反应。反应时肟在酸性试剂作用下，失水形成一个缺电子氮原子，同时促使其α位碳原子上的一个烷基取代基进行分子内 1,2-迁移，形成亚胺基碳正离子，水解后形成酰胺。Beckmann 重排被认为是立体专一性的分子内反应。在肟分子中进行 1,2-迁移时烷烃基与离去基团(羟基)互为反位，且在迁移过程中迁移碳原子的构型保持不变。

然而，有机化学的神奇之处在于些微的变化就可以使反应结果截然不同。现在所给的这个实例不是分子内反应，而是发生了分子间的交叉反应，形成了四个产物。这个实例希望进一步提醒读者在学习有机化学的过程中不要只是为了记住几个反应，而是需要深入思考，理解反应的本质，以及产生些微变化的原因。

分析这两个底物的结构，按照常规的 Beckmann 重排机理，将要迁移的基团为三级烷基，分别为叔丁基和 1,1-二甲基苯甲基。这两个取代基具有两个特点：当需要迁移基团携带更高的电子云密度时，三级烷基取代基具有这个特点；当需要形成稳定碳正离子时，三级烷基取代基也具有此性质 (本质上，这两者是一致的，能使碳原子电子云密度最高的也必定是能形成稳定碳正离子的)。所以，这两个分子进行交叉反应的本质在于发生了碎片化过程：

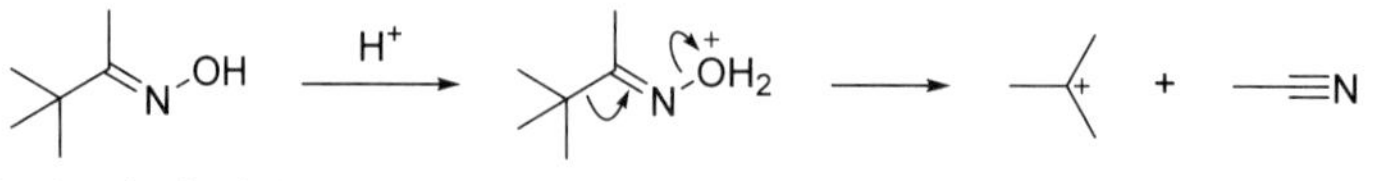

另一个底物也可以进行如此碎片化：

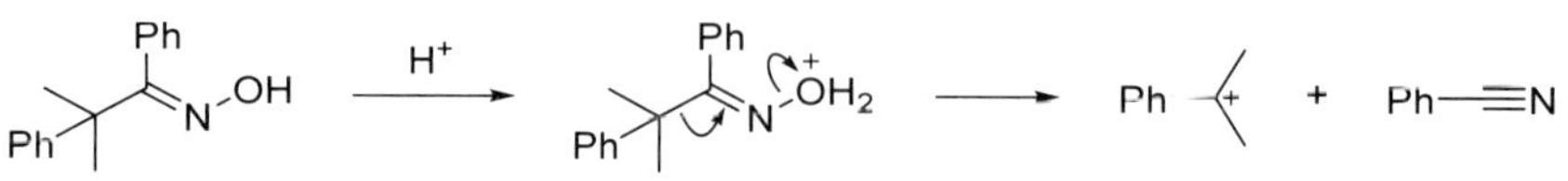

在这里，需要介绍一个类似的反应：Ritter 反应。1948 年，J. J. Ritter 和 P. P. Minieri 首次报道了在

酸性条件下，腈与烯烃或三级醇反应形成 *N*-三级烷基取代酰胺。

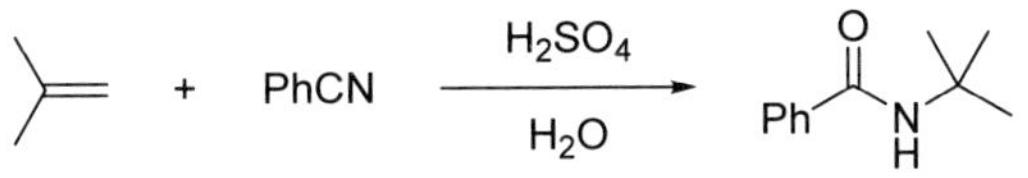

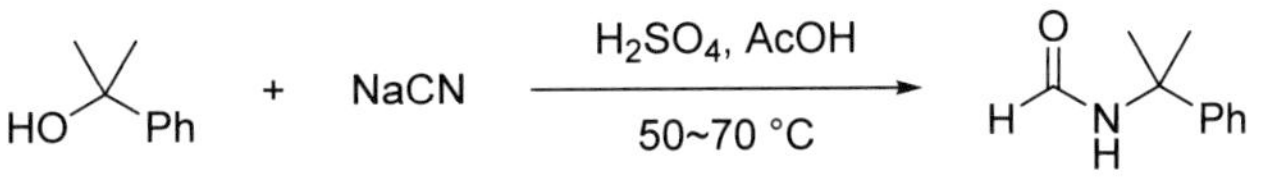

其反应转换机理就是烯烃与三级醇在酸性条件下形成三级碳正离子，接着被氰基中氮原子上的孤对电子进攻，接着水分子对 Ritta 盐进行亲核加成：

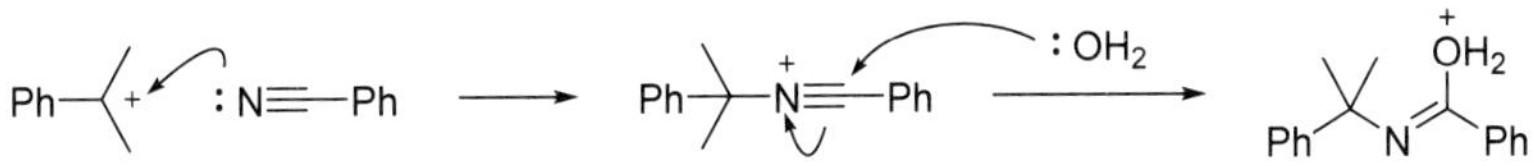

此中间体互变异构后即为产物 *N*-三级烷基取代酰胺。详细了解了 Ritter 反应后，回过头去看 Beckmann 碎片后的中间体：三级碳正离子和腈。两个底物混在一起，碎片后形成两个三级碳正离子和两个腈化合物。这四个中间体混在一起反应后形成四个产物：

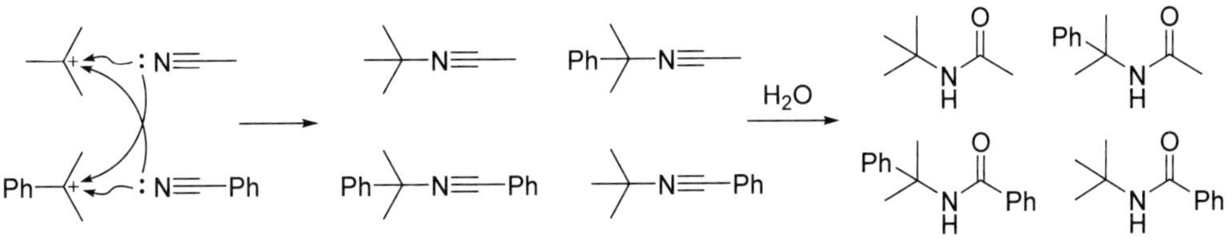

经过这个过程的学习，读者还可以思考其他类似的反应是否可能会有类似的结果，如 Beckmann 重排过程中是否存在迁移原子的消旋化，还有 Schmidt 反应是否也会有类似的过程。

第 43 题

此反应的一级反应速率常数是相应的苯甲酸环癸烯酯的 1500 倍，请解释其原因：

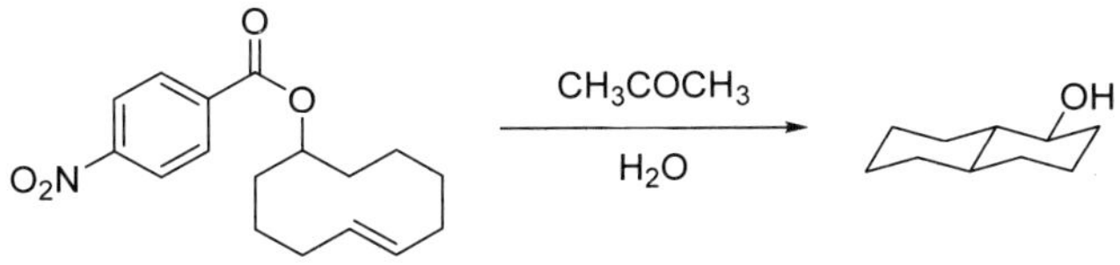

解答：

从反应产物的结构看，应该是碳碳双键对酯基连接的碳原子进行亲核取代反应，形成碳正离子，接着与水反应形成二级醇。由于这个反应是一级反应，那么应该是羧酸根负离子离去，形成碳正离子。羧酸根负离子越容易离去，这个反应的速率就越快。在目前这个底物中，由于羧基的对位连接了强吸电子基团硝基，对羧酸根负离子有很强的稳定性，从而使底物形成二级碳正离子的速率要比没有硝基取代的苯甲酸酯快得多。这个反应的具体过程为：

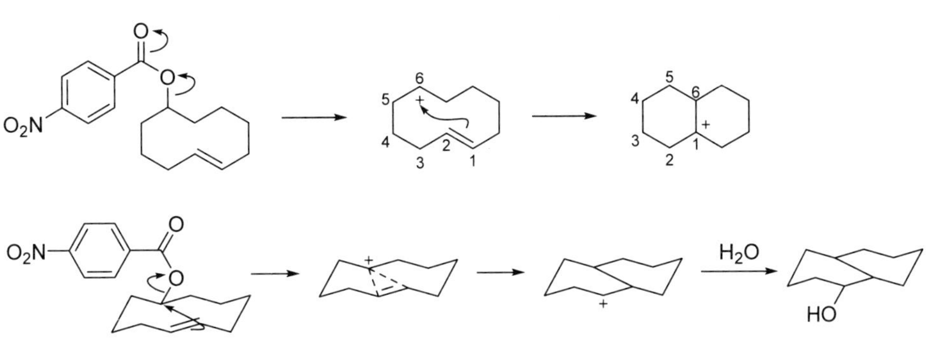

这里可能会有另一个五元环并七元环的副产物 (有兴趣的读者可以自己试一下，这里不再赘述)。

这个碳正离子与碳碳双键的亲核加成过程中，不管双键从碳正离子的上方还是下方进行，形成的六元环并六元环体系必定是反式十氢合萘正离子：

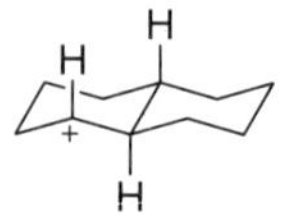

由于此碳正离子的平面型和并环体系的后方空阻，水分子只能从纸面前方与碳正离子接近，最终的产物中羟基处在平伏键：

第 44 题

请完成以下反应，产物为吡啶衍生物，并解释反应的区域选择性：

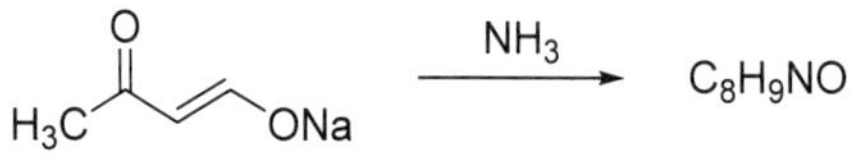

$$\xrightarrow{NH_3} C_8H_9NO$$

解答：

这个底物是一个α,β-不饱和体系，其互变异构体为 1,3-二羰基化合物，因此，此反应类似 Guareschi-Thorpe 吡啶合成法。氨对底物进行 1,4-共轭加成形成亚胺：

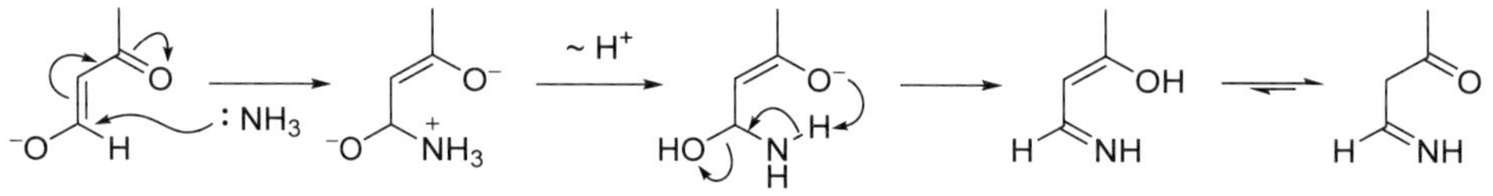

然后，氨基再次与另一分子底物进行 1,4-共轭加成，经氢转移，分子内加成，构建六元环：

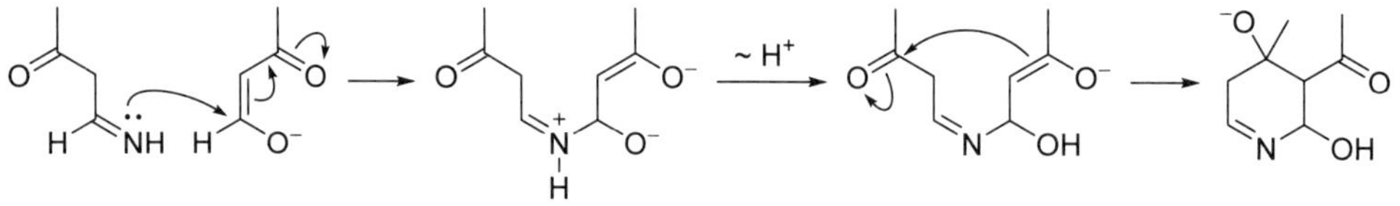

六元环经分子内 E1cb 反应，脱水形成吡啶环，得目标产物：

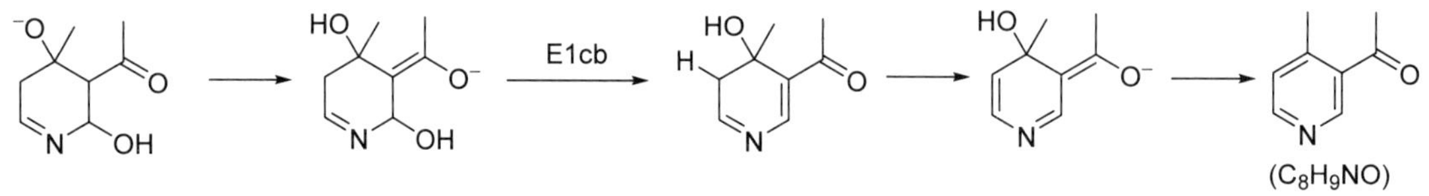

(C_8H_9NO)

第 45 题

请完成以下反应，最终产物为吡啶衍生物：

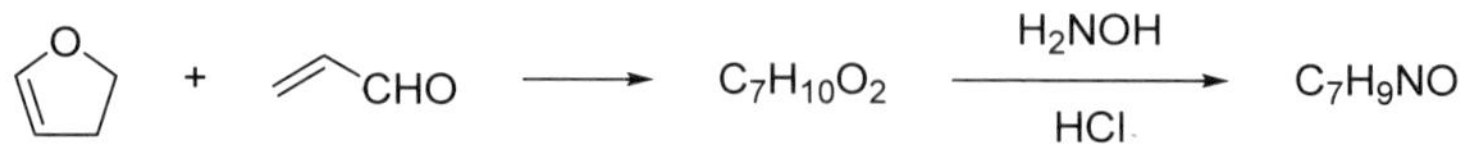

$$+ \ \text{CHO} \longrightarrow C_7H_{10}O_2 \xrightarrow[HCl]{H_2NOH} C_7H_9NO$$

解答：

第一步反应应该是烯醇醚与α,β-不饱和体系丙烯醛进行亲核加成反应。由于甲酰基的强亲电性，此亲核加成反应可能是 1,2-或 1,4-加成反应：

1,2-加成反应：

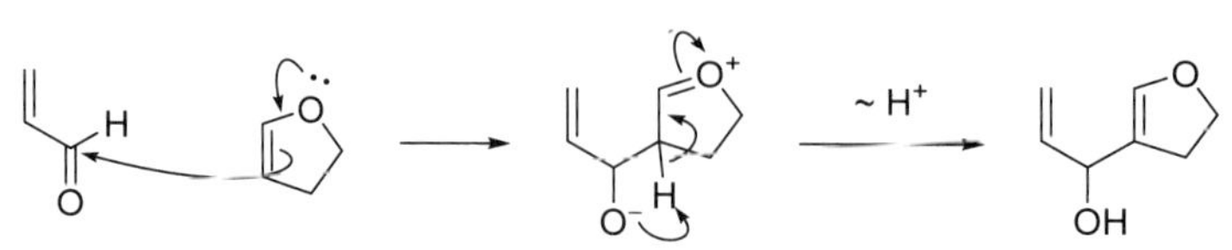

1,4-加成反应：

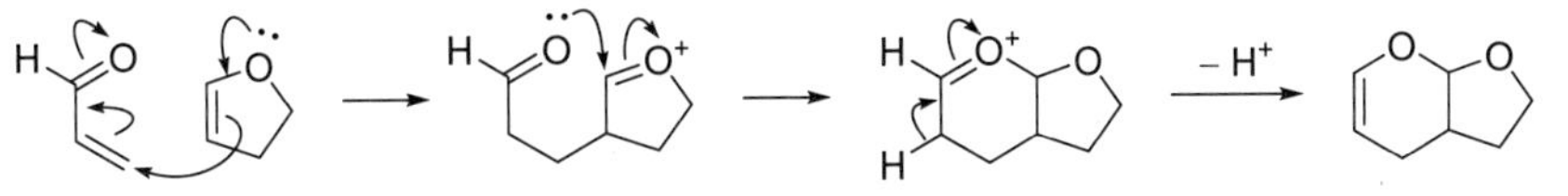

这两个产物的分子式均为 $C_7H_{10}O_2$，目前还无法区分究竟为哪一个。考虑到它们中的一个化合物在酸性条件下与羟胺反应形成吡啶衍生物，且分子式为 C_7H_9NO；这其中的五个碳原子必定来自于以上中间体，那么这个吡啶衍生物的取代基为2-羟基乙基，所以这个化合物的结构为：

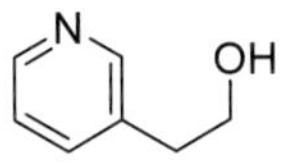

那究竟是哪个化合物在酸性条件下与羟胺反应形成目标吡啶衍生物的？

六元环并五元环的缩醛可以在酸性条件下开环，形成羰基正离子：

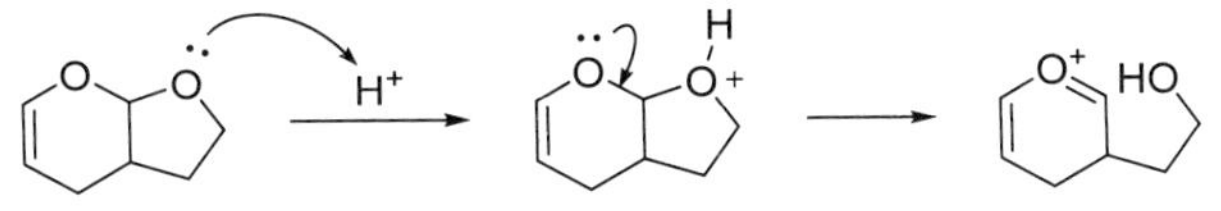

接着，羟胺对此羰基正离子亲核加成消除形成肟正离子：

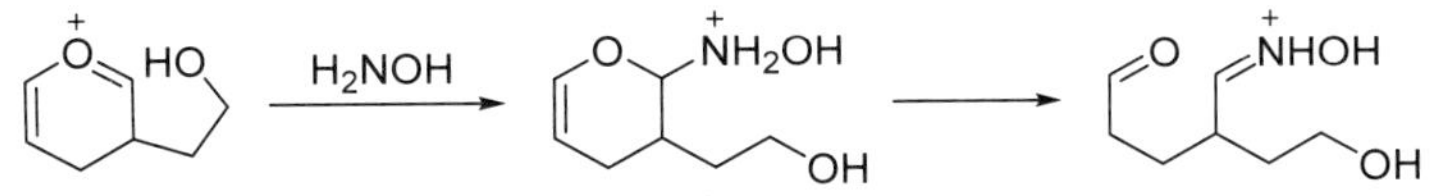

接着转化为烯胺，氮原子对甲酰基再次亲核加成消除，形成六元环正离子

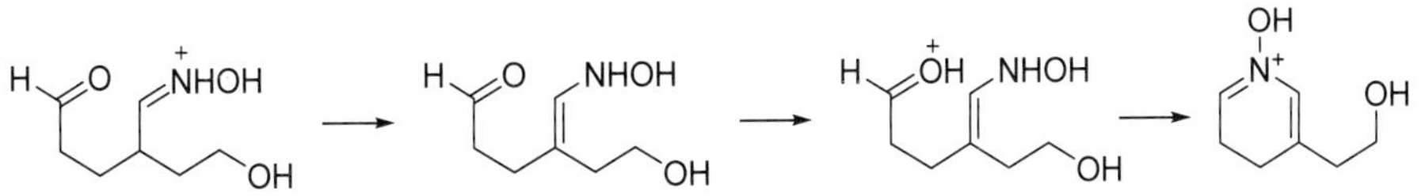

再次转化为烯胺后，失水后即构建了吡啶环：

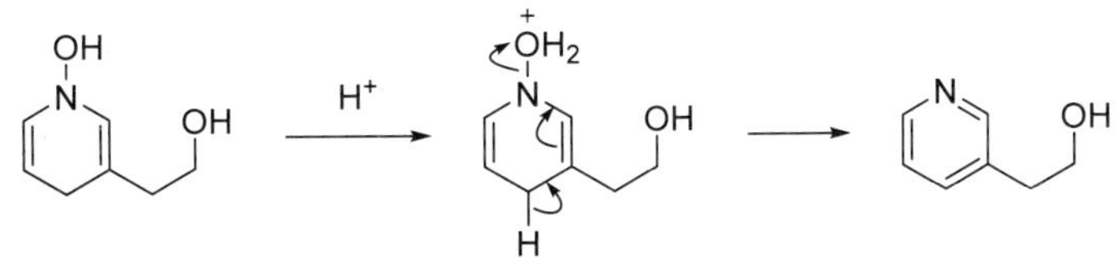

综上分析，以上转换过程更为合理。

因此，这两个化合物的结构分别为：

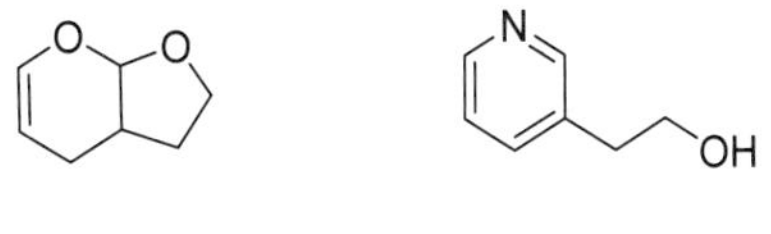

第 46 题

请依据所给的信息画出两个产物的结构式：

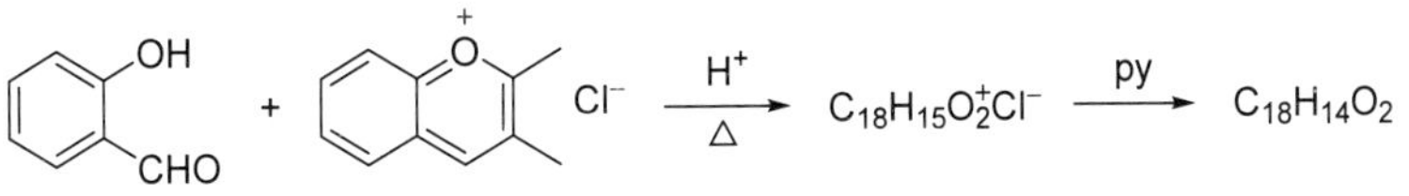

$C_{18}H_{15}O_2^+Cl^-$ → (py) $C_{18}H_{14}O_2$

解答：

由于苯并吡喃正离子的吸电子效应，它的C2位甲基的碳具有较强的亲核能力：

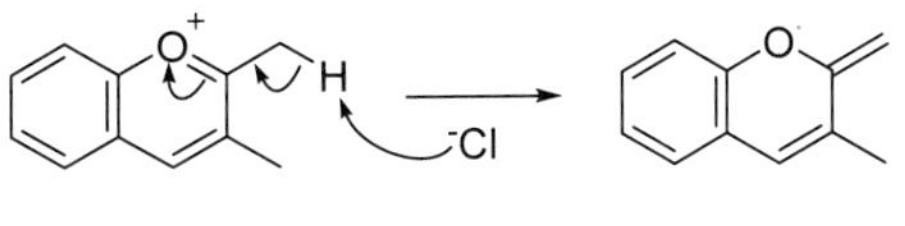

这相当于烯醇醚，可以与甲酰基进行缩合反应：

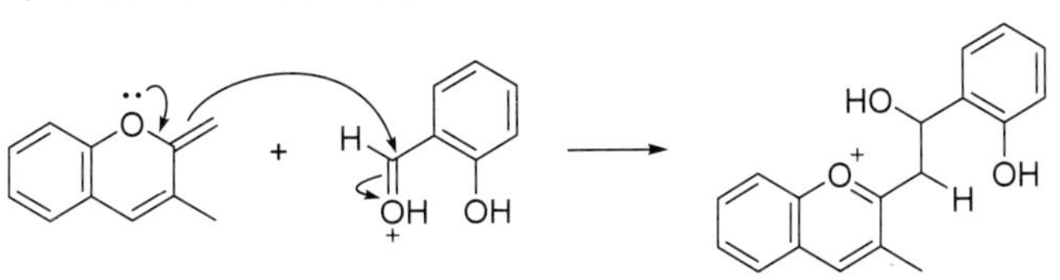

这个分子与中间体正好相差一分子 H_2O。因此，在酸性条件下失水，即转化为分子式为 $C_{18}H_{15}O_2^+Cl^-$ 的中间产物：

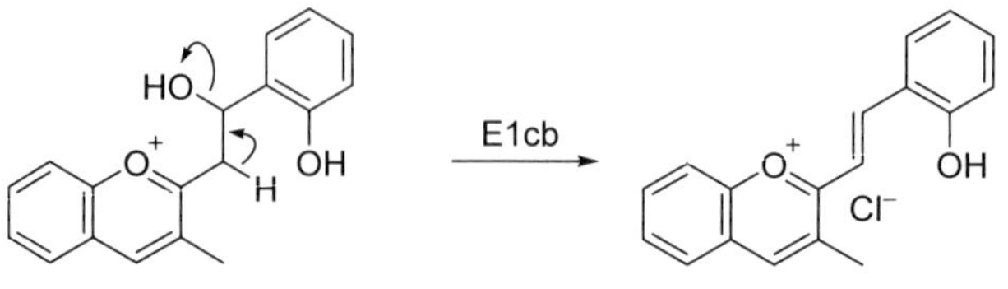

E1cb

$C_{18}H_{15}O_2^+Cl^-$

此中间产物与目标产物相比少了一分子 HCl。因此，这个转换过程应该是中间产物在吡啶作用下形成酚羟基负离子，然后对羰基正离子进行亲核加成，形成螺环缩酮：

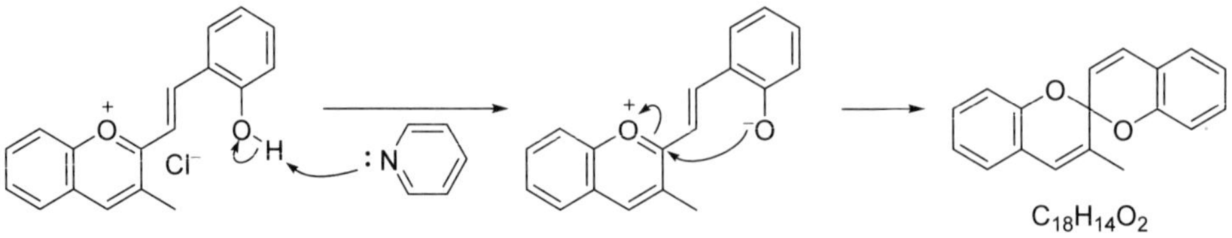

$C_{18}H_{14}O_2$

第 47 题

将吡咯按以下三个步骤连续处理，最终产物的分子式为 $C_{10}H_{16}N_2$，请推导最终产物的结构式：

(i) Me_2NH/HCHO/AcOH；(ii) CH_3I; (iii) 哌啶，EtOH。

解答：

第一步反应是曼尼希反应的基本条件，吡咯的α位反应活性最高，产物为：

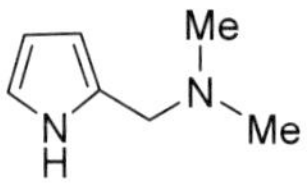

第二步反应是三级胺甲基化的条件，吡咯氮原子的亲核能力低于三级胺中的氮，因此产物为：

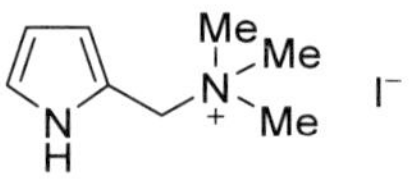

在第三步反应中，哌啶为碱，可以使四级胺盐发生消除反应，生成中间体：

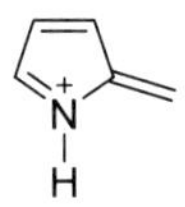

这个中间体为一个缺电子共轭体系，可以与亲核试剂进行共轭加成，此时的亲核试剂为哌啶，产物为：

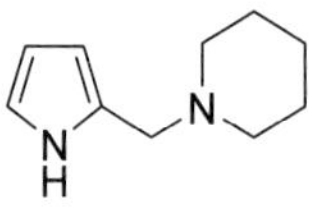

综上，整个过程为：

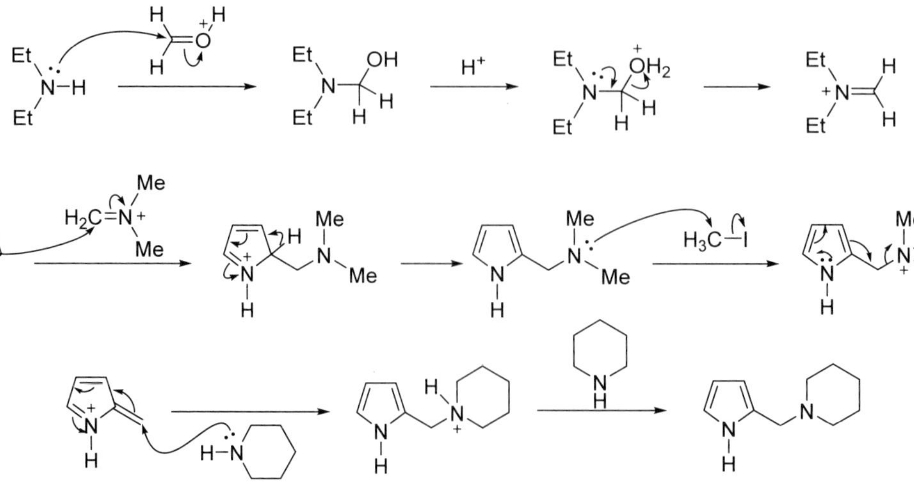

❖第 48 题

以下反应均生成了噻吩的衍生物，请依据所给的条件推测产物的结构式：

(i) $(NC)_2C{=}C(CN)_2 + H_2S$，产物的分子式为 $C_6H_4N_4S$；

(ii) $(EtO_2C)_2$ 与 $(EtO_2CCH_2)_2S/NaOEt$ 反应，接着加入 NaOH 水溶液，然后再加 Me_2SO_4，产物的分子式为 $C_8H_8O_6S$。

解答：

反应 (i)

对于第一个反应而言，首先发生亲核试剂 H_2S 对亲核底物四氰基乙烯 **1** 的亲核加成反应。底物 **1** 中有两个亲核位点：氰基 C 原子和乙烯 C 原子，分别可以发生 1,2-加成与 1,4-加成。由于 H_2S 是软 Lewis 碱，因此更容易发生 1,4-加成得到中间体 **2**。但是题目提示产物为噻吩衍生物，数一数 **2** 中各个原子的位置关系，发现 S 原子与任何一个 C 原子都不构成 1,5-关系，事实上，如果要形成噻吩，必须有一个 S 原子同时与两个氰基的 C 相连才能做到。所幸，**2** 仍然是亲电体系，因此另一分子 H_2S 对氰基发生 1,2-加成（这里已经不可能再发生 1,4-加成了），得到中间体 **3**：

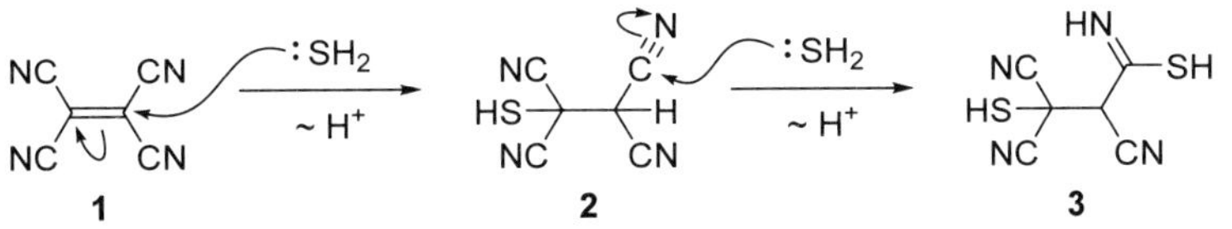

3 中仍有未反应的氰基，且恰好与新引入的 S 原子构成 1,5-关系，因而很容易发生分子内加成得到 **4**。对比 **4** 的分子式与产物的分子式，可以看出 **4** 应该消除掉一个 S 原子才可以转化为产物。而这恰恰符合硫的化学性质：S(−II)很容易被氧化为 S(0)，后者是动力学稳定的沉淀，正好可以为 **4** 的还原消除提供驱动力。消除产物 **5** 再发生互变异构就得到产物 **6**：

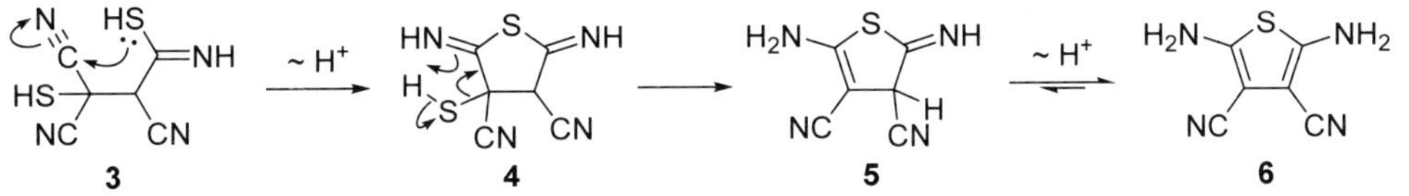

下面这个机理是第一次解题时写出的答案，虽然它是一个有问题的机理，但是我们可以用它来探讨一下解题时的思路问题。解题时，因首先注意到产物要求生成一个噻吩环，因此，S 与某 4 个 C 原子的体系必须构成五元环体系，观察底物结构，只有 1,2-加成才能做到这一点，因此首先尝试将 H_2S 加成到一个氰基上，得到了 **7**。**7** 再发生一次分子内 1,2-加成，关上五元环得到 **8**。

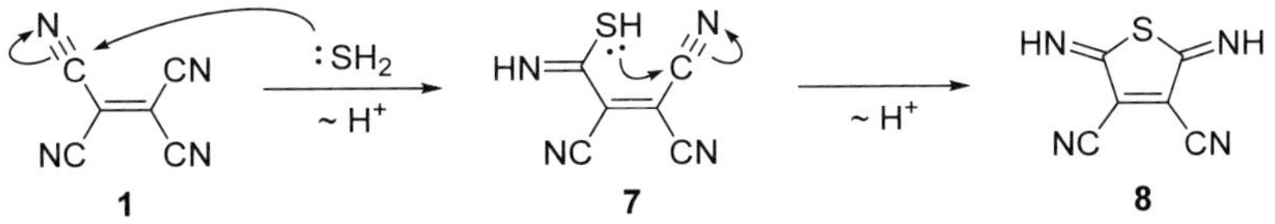

这时对比 **8** 和产物的分子式，发现 **8** 需要加成 2 个 H 才能与产物吻合，因此这里必须发生某种形式的还原反应。还原的驱动力很好理解：需要生成稳定的芳香环，但还原剂是什么？这里只有可能是 H_2S，而它恰恰是一个好的还原剂：S(−II)很容易被氧化为稳定的沉淀 S(0)，而且还原过程是主族元素青睐的双电子转移，而非单电子转移（更常见于过渡元素）。因此很容易写出亲核加成-分子内还原消除的机理（而且消除的分子构象非常有利）得到产物 **6**。

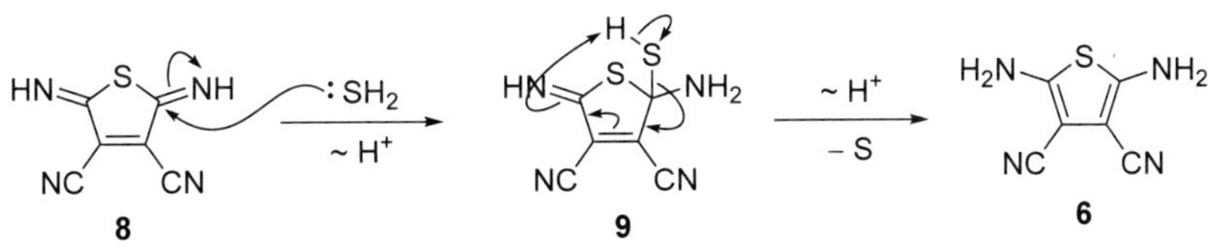

但是这个机理是不让人满意的，有两点始终不能让人信服：(1)硫原子是软碱，应当发生 1,4-加成；(2) **7** → **8** 实际上是很难发生的：C=C 双键的存在使得–SH 很难弯曲到合适的亲核进攻角度（Bürgi-

Dunitz 角），难以闭合成五元环。其中第 (2) 个缺陷是最致命的，如何修正它？有机化学中使得 C=C 双键变“柔软”的方式，或光照或加成，其目的都在于打断 π 键。在这里显然应该考虑 H_2S 对双键的加成，得到中间体 **3**，然后才能关环得到 **4**。而后续转化中，**4** 也很容易通过分子内消除得到终产物 **6**（机理同上）。

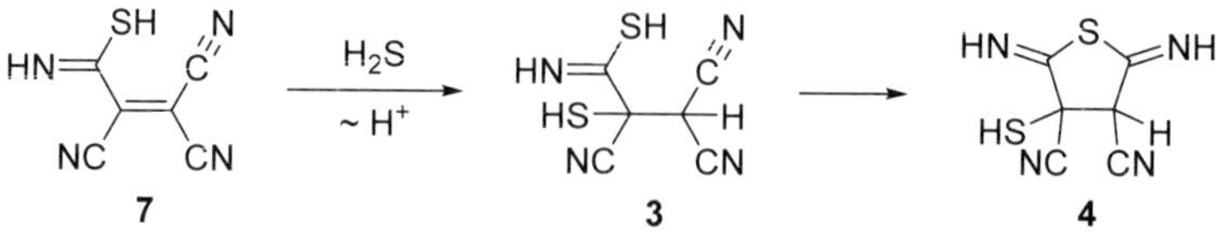

修正了问题 (2)，再回头来看问题 (1)，其实这个问题在上述修正过程中已经得到了解答：1,2-加成与 1,4-加成实际上都发生了，那么不妨就调换一下这两步反应的顺序，让机理更加贴近底物实际的化学性质，因此调换 **1 → 7** 与 **7 → 3** 两步，就得到了更合理的解答，也就是第一个答案。

以上的讨论希望能对读者有所启发：(1) 首先想到的机理，不一定就是最好的；(2)不要怕写出不合理的机理，修正机理的过程也许暗藏着通往合理答案的钥匙；(3)合理的机理不一定最符合直觉（第一个机理中 **2 → 3** 一步就不符合直觉：为什么要加成两次 H_2S？），因此阅读答案的时候，要多思考，学会抓住问题的核心本质（这道题的本质就是一分子 H_2S 必须充当还原剂，加成几次、何时加成、如何加成并不重要，因为它们都是可逆的）。

反应 (ii)

首先是一个简单的缩合反应：$(EtO_2CCH_2)_2S$ 被 NaOEt 攫取 α-H（注意草酸乙酯没有 α-H），生成的烯醇负离子进攻草酸乙酯，发生酯缩合反应得到中间体 **8**：

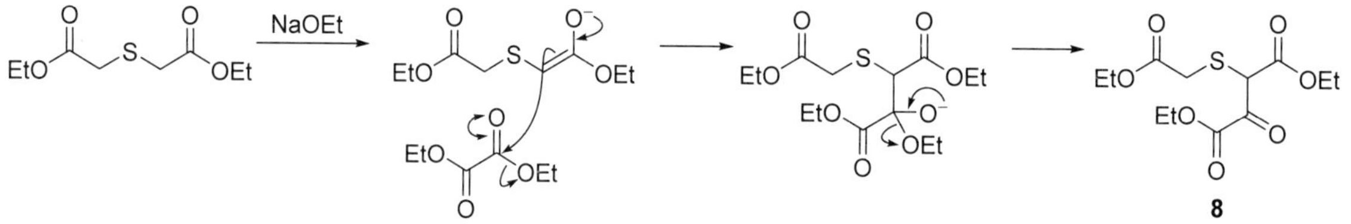

中间体 **8** 再发生一次分子内的酯缩合，得到二酮 **9**：

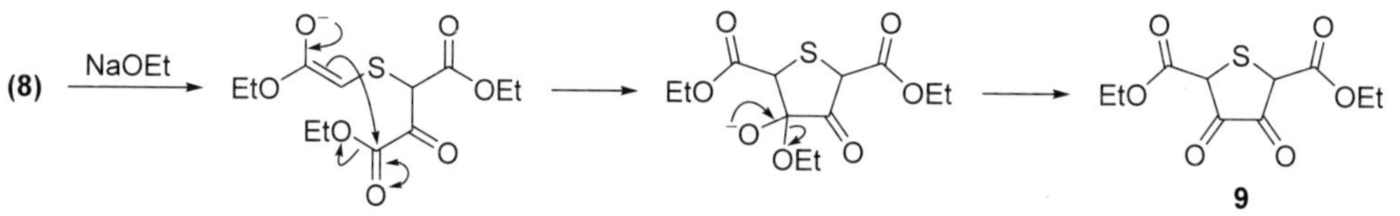

二酮在 $NaOH/H_2O$ 中发生酮-烯醇互变异构，得到具有芳香性的噻吩阴离子 **10**。再经 Me_2SO_4 甲基化，得到产物 **11**：

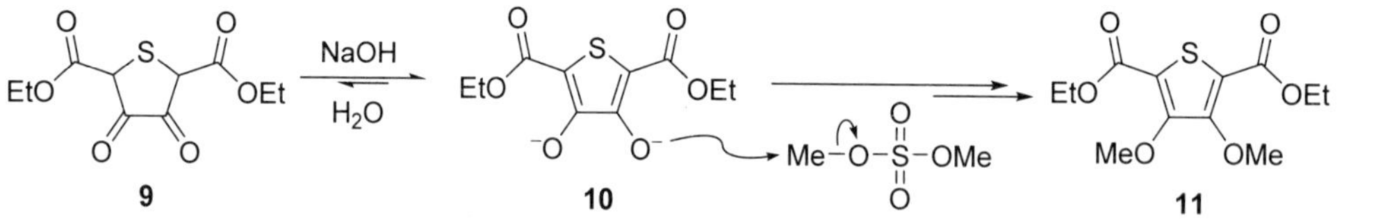

说明：题中的分子式为乙酯水解后的产物。

第 49 题

2-甲基-3-硝基吡啶和 4-甲基-3-硝基吡啶分别与$(EtO_2C)_2$/EtONa 反应，接着在 Pd/C 催化剂作用下氢化，产物的分子式均为 $C_{10}H_{10}N_2O_2$。请画出这两个产物的结构式。

解答：

首先分析一下 2-甲基-3-硝基吡啶和 4-甲基-3-硝基吡啶分别与$(EtO_2C)_2$/EtONa 反应的产物：吡啶是缺电子芳环，当甲基连接在 C2 或 C4 位时，吡啶的吸电子共轭效应使得甲基上的 H 显示酸性，电离后生成的负离子可以离域到吡啶环上（请读者自己画出共振式），这种酸性由于邻位硝基的引入而进一步增强（请读者自己画出共振式）。因此，EtO^- 攫取甲基 H 得到碳负离子，碳负离子进攻草酸乙酯（很好的亲电试剂，两个缺电子的羰基相邻，大大增强了每个羰基的亲电性），得到中间体 **2** 和 **4**：

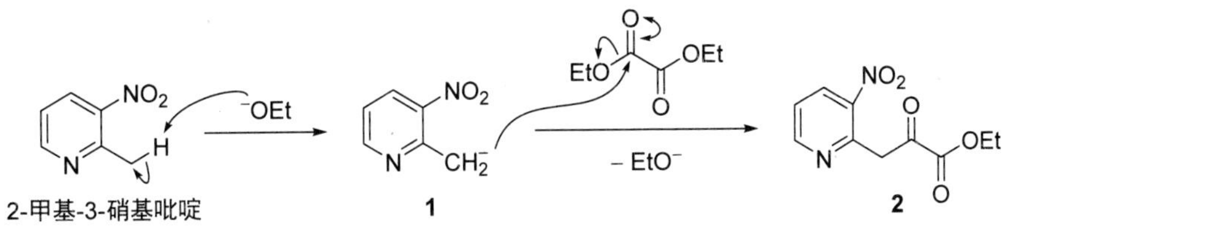

接下来，中间体 **2** 和 **4** 在 Pd/C 作用下发生催化氢化，由于并没有明确反应的温度、压力等条件，此时可能被还原的基团有（从易还原到难还原排序）：硝基、吡啶、酮羰基（不大可能）、酯羰基（一般条件下几乎不可能）。由于最终产物的分子式为 $C_{10}H_{10}N_2O_2$，不饱和度 $\Omega = 10 + 1 - 10/2 + 2/2 = 7$，不饱和水平较高，因此可认为只有硝基被还原，产物是氨基 $-NH_2$。氨基与酮羰基恰好构成 1,5-关系，发生亲核加成-脱水得到亚胺，亚胺互变异构得到产物 **8** 和 **9**，分子式均为 $C_{10}H_{10}N_2O_2$。

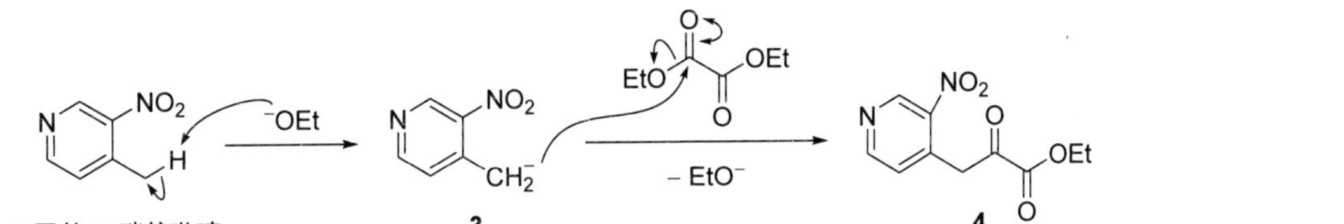

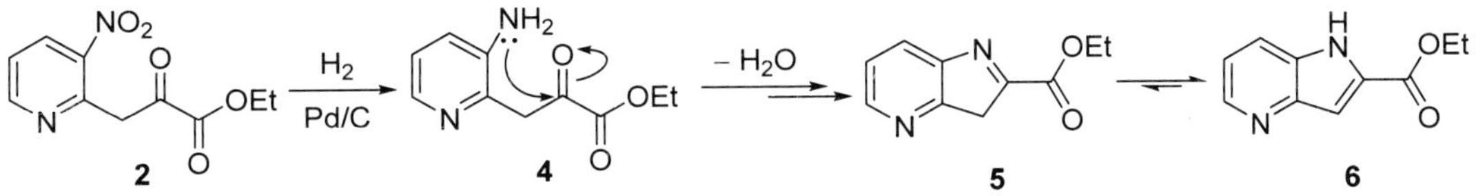

氨基与酯羰基恰好构成 1,6-关系，但是酮羰基的反应性高于酯羰基，因此这里酮羰基先反应。这个反应实际上是一个人名反应：Reissert 吲哚合成。

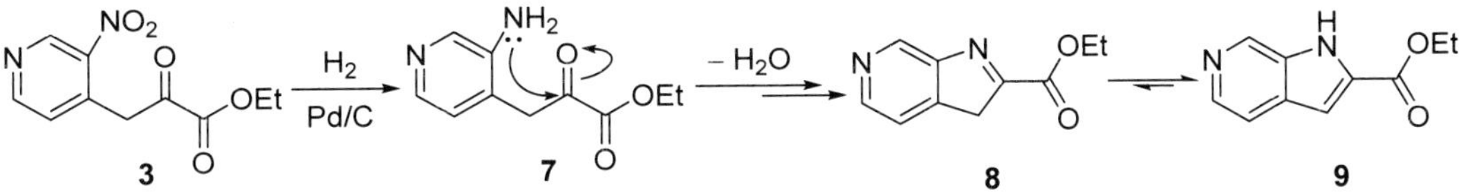

思考题：查找并比较 Pd/C 催化氢化在不同温度、压力等条件下可以还原哪些基团，如烯烃还原的条件是：$p(H_2) = 1$ atm, T = r.t.；吡啶还原的条件是：$p(H_2) = 5$ atm, $T = 80$ °C。

第 50 题

请完成以下反应式：

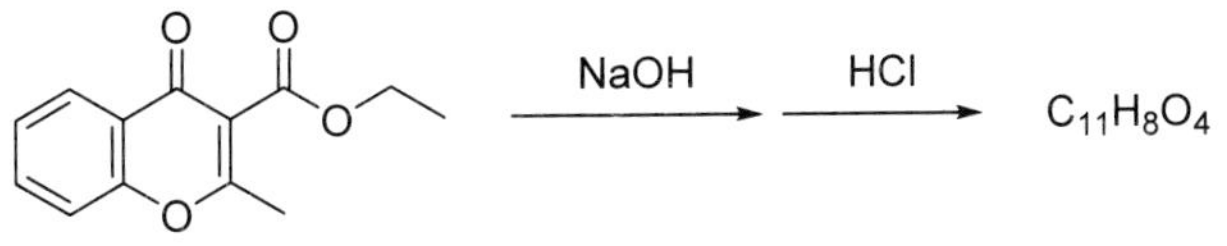

$\xrightarrow{NaOH} \xrightarrow{HCl} C_{11}H_8O_4$

提示：产物不是羧酸，但可以溶解于稀碱。

解答：

题目给出了产物的分子式：$C_{11}H_8O_4$，而底物的分子式为 $C_{13}H_{12}O_4$，相比产物恰好只多了 C_2H_5，第一个想法就是这里发生了乙酯的水解，产物为羧酸：

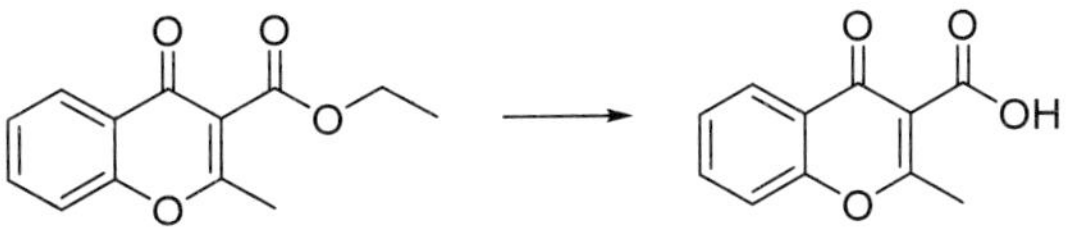

然而，题目已经提示了，产物不是羧酸，因此产物不是 **1**，而是其异构体。底物中除了酯基之外，还有哪些基团？一个是与苯环相连的 α,β-不饱和酮，另一个是苯酚的烯醇醚。苯酚的烯醇醚是富电子的，难以与同样为电子给体的 OH^-反应，因此可以直接与 OH^-反应的只有α,β-不饱和酮。而α,β-

不饱和酮中，可以发生反应的位点有两个：C2 碳原子和 C4 碳原子，二者对 OH^-亲核试剂的反应性相似——虽然 OH^-是硬碱，但是硬酸 C2 碳原子与苯环共轭，降低了其电正性（硬度），而 C4 碳原子与氧原子直接相连，从如下的共振式可以看出，氧原子的吸电子诱导效应和吸电子共轭效应使得 C4 碳原子的电正性适当增加（虽然程度不高），因此 OH^-加成到两个原子上的概率几乎相等，需要分类讨论：

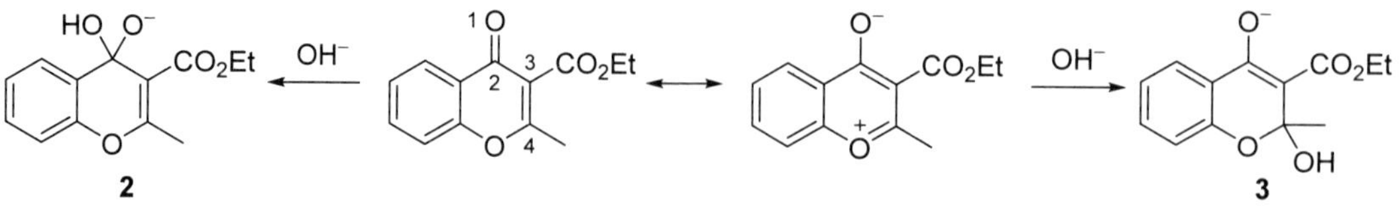

现在思路就容易看清得多了：对于中间体 **2** 而言，四面体 C 原子上需要一个基团，但与它相邻两个 C 原子都是 sp^2 杂化的，且不与吸电子基团共轭（右侧的 C 如果要消除的话，必须形成相对不稳定的联烯，请读者自己画一画）；但对于中间体 **4** 而言，四面体 C 原子可以消除碱性很弱的酚氧负离子，得到酰基丙酮和苯酚：

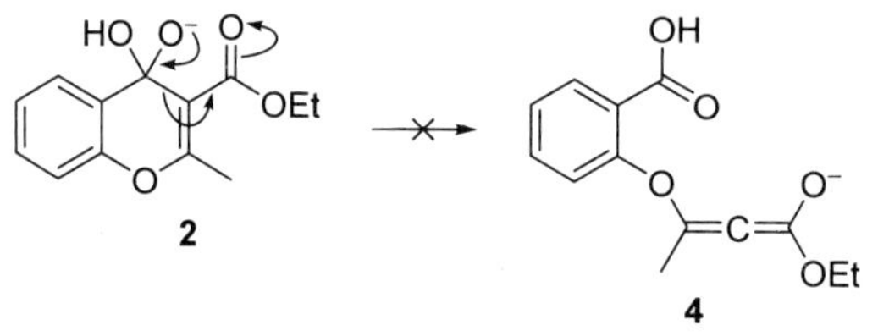

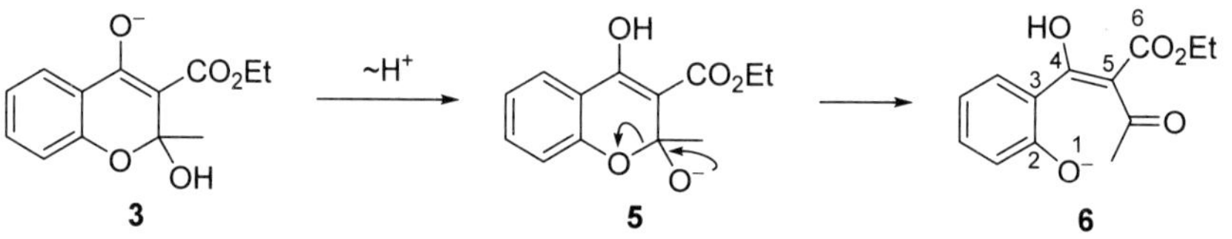

此时，中间体 **6** 中的酚氧负离子与酯基 C 原子正好构成 1,6-关系，因此发生一步有利的酯交换反应，消除乙氧基负离子得到 **9**，即为产物：

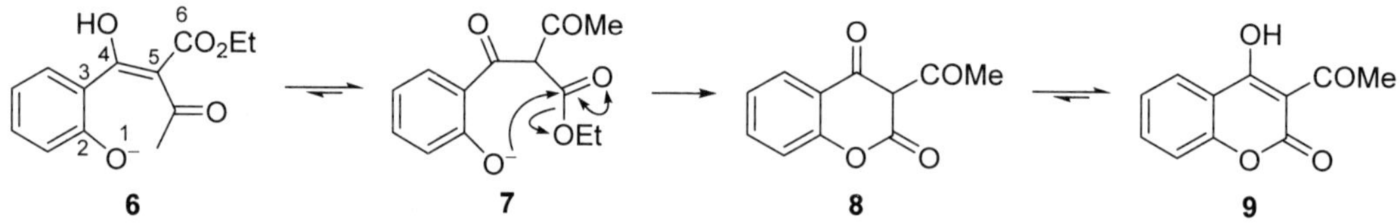

注意：这里发生了两次烯醇异构，**6**⇌**7** 倾向于酮式，而 **8**⇌**9** 则倾向于烯醇式，这是因为 **9** 中的六元杂环具有芳香性。同时，**9** 的羟基使其在碱中的溶解度上升。

思考：你认为 **9** 中羟基的 pK_a 在哪个量级上？为什么？

第八章　有机反应机理中的初级问题解析

第 1 题

硫酰氯(SO_2Cl_2)是一种液体，作为氯气的替代品可用于烷烃的氯化，请画出硫酰氯与 CH_4 反应生成一氯化物的机理。

解答：

烷烃的氯化过程应该是一个自由基反应，SO_2Cl_2 是氯气的替代物。因此，SO_2Cl_2 对烷烃的氯化过程也应该是一个自由基反应。这个过程包括了链引发、链增长以及链终止三个阶段。

链引发：

$$Cl-SO_2-Cl \xrightarrow{hv} Cl\cdot + \cdot SO_2Cl$$

$$\cdot SO_2Cl \longrightarrow SO_2 + \cdot Cl$$

链增长：

$$H_3C-H + \cdot Cl \longrightarrow H_3C\cdot + HCl$$

$$H_3C\cdot + Cl-SO_2-Cl \longrightarrow H_3CCl + \cdot SO_2Cl$$

链终止：

$$H_3C\cdot + H_3C\cdot \longrightarrow CH_3-CH_3$$

$$H_3C-H + \cdot Cl \longrightarrow H_3C\cdot + HCl$$

$$\cdot Cl + \cdot Cl \longrightarrow Cl_2$$

说明：请注意，$ClSO_2\bullet$ 自由基不能直接攫氢 (软硬酸碱理论)。

第 2 题

请为以下转换提供合理的转换过程，并为自己所提供的机理提供可能的实验方案：

$$\text{(十氢萘-4a-甲酸甲酯, }CO_2CH_3\text{)} \xrightarrow[py]{LiI} \text{(十氢萘-4a-甲酸锂, }CO_2Li\text{)} + CH_3I$$

解答：

这是酯在碱性条件下的解离反应。体系中没有提供氢氧根负离子或水，而是 LiI。因此，在此反应中，亲核基团应为碘负离子，锂离子通过与羰基氧的孤对电子的静电作用(也可能配位作用)，活化了羰基，增加了其吸电子效应，从而使甲基更易被亲核基团进攻：

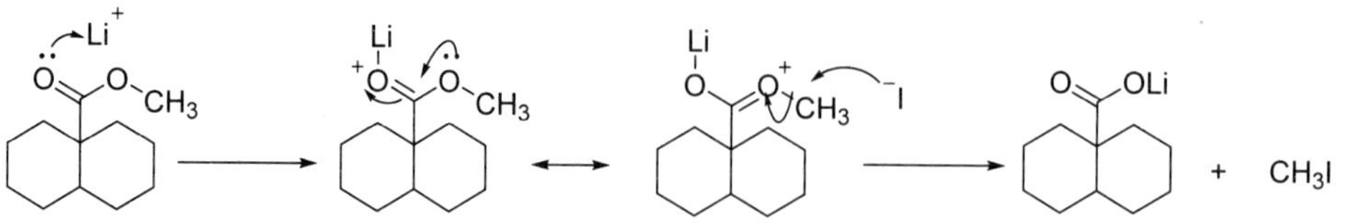

为了证明不同亲核基团的作用，以及解离过程中的决速步，可以利用不同的亲核基团如溴负离子、氯负离子以及其他亲核基团，也可以利用不同的金属离子，研究反应动力学过程。

第 3 题

请为以下转换提供合理的中间体（提示：其中可能包括酸性条件下的双键顺反构型转化、环化以及重排）：

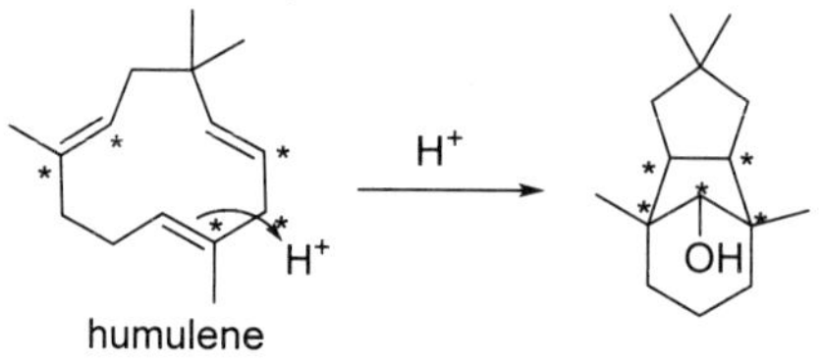

humulene

解答：

文献研究表明，humulene 的异构体共轭二烯为：

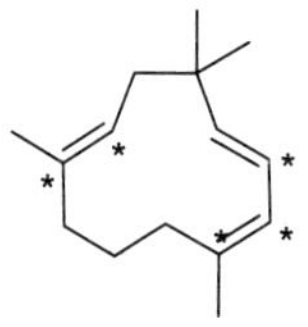

此化合物在酸性水溶液中可以重排形成α-caryophyllene alcohol。因此，humulene 可以在酸性条件下转化为共轭二烯，接着共轭烯烃被质子化，形成烯丙基正离子，接着发生亲电加成，形成五元环并八元环骨架，接着烯烃与碳正离子再次亲电加成，构建了五元环并四元环并八元环骨架。由于四元环的张力，重排开环成桥环体系：

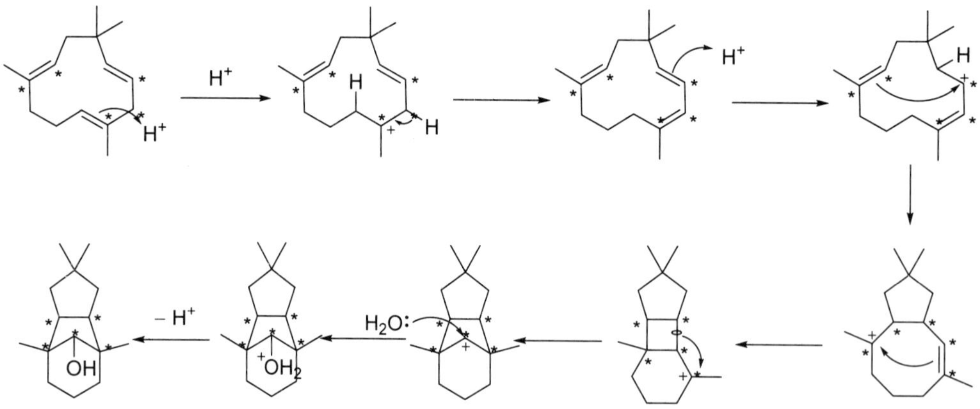

说明：这个重排以及后续一些烯烃在酸性条件下的重排过程大多是在模拟自然环境中萜类化合物及其衍生物的合成。在这些过程中，会出现一些特别的骨架结构，这有时会让我们理解这些重排反应时有一些困惑。此外，这些转换的产物会比较多，产率不高。

第 4 题

请为乙炔与 $HgCl_2$ 水溶液反应提供合理的中间体和产物。

解答：

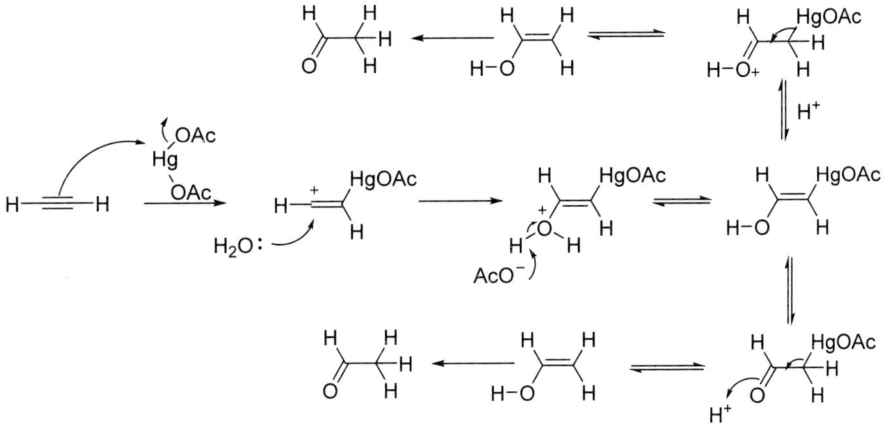

说明：该反应称为 Kucherov 反应 (1881)。

❖第 5 题

法尼醇 (farnesol)是紫丁香花的主要香味成分。它在加热下用浓 H_2SO_4 处理先转化为红没药烯 (bisabolene)，最终转化为杜松烯 (δ-cadinene)。杜松烯是杜松和雪松挥发精油的成分之一。请为这些转换提供合理的中间体。

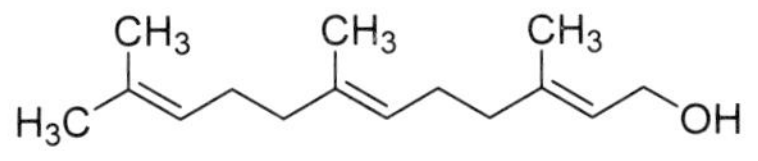

farnesol

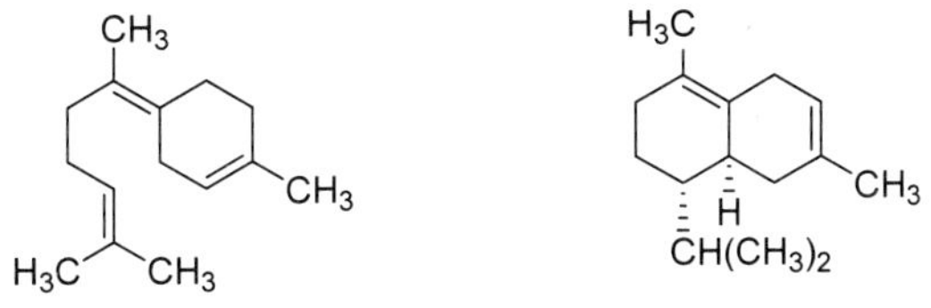

bisabolene

cadinene

解答：

法尼醇在酸性条件下失水形成烯丙基正离子，接着碳碳双键与此碳正离子发生分子内环化反应形成六元环和一个三级碳正离子：

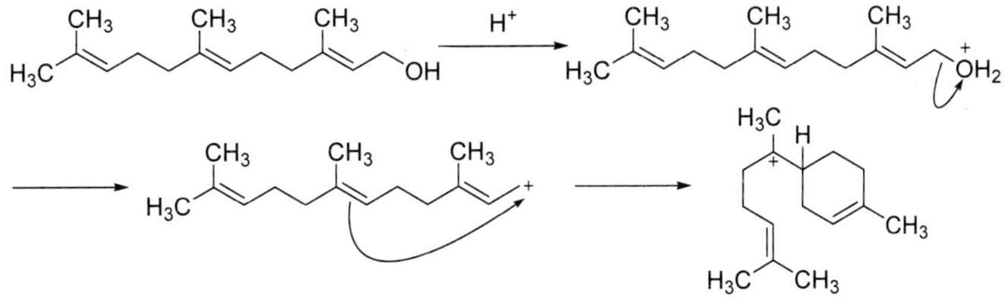

此碳正离子失去质子形成环外双键，即为红没药烯：

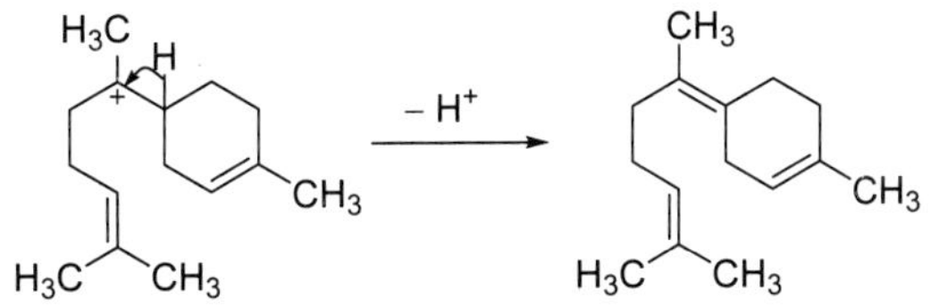

此碳正离子可以经过[1,2]-氢迁移转化为另一个三级碳正离子(也可以认为红没药烯在酸性条件下可以形成两种碳正离子)：

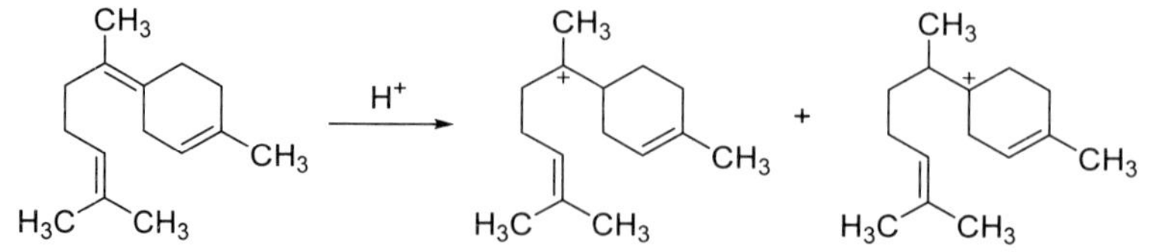

bisabolene

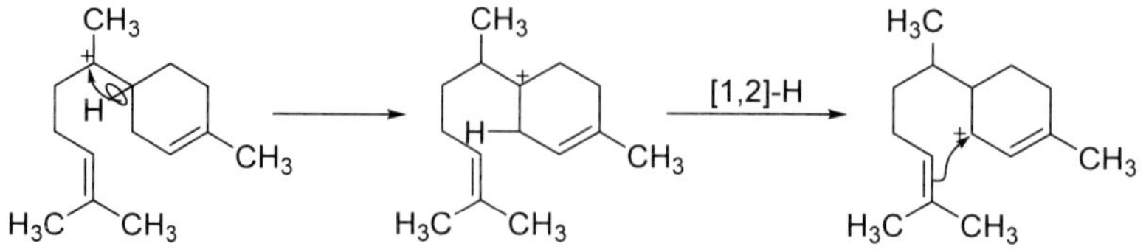

即再经过一次[1,2]-氢迁移，形成了烯丙位碳正离子，然后两个甲基取代的碳碳双键与此碳正离子反应构建了另一个六元环：

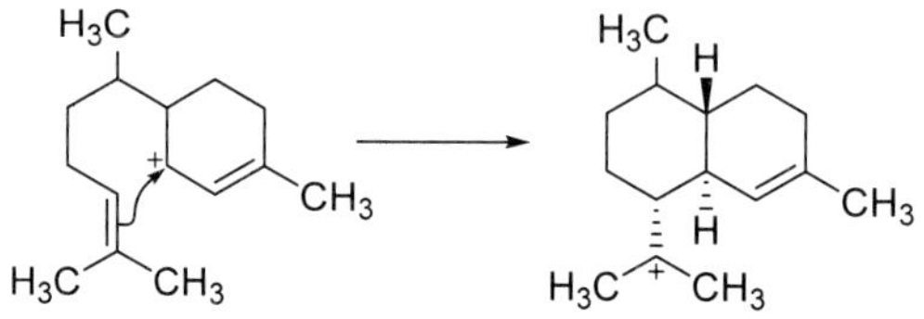

由于反式十氢合萘的空间构型，三级碳正离子与氢可以发生空间的氢迁移：

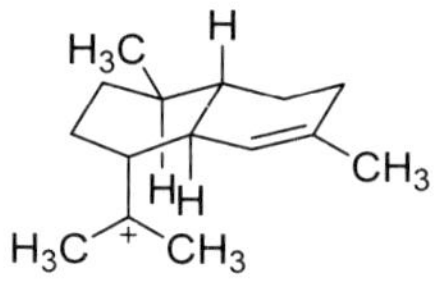

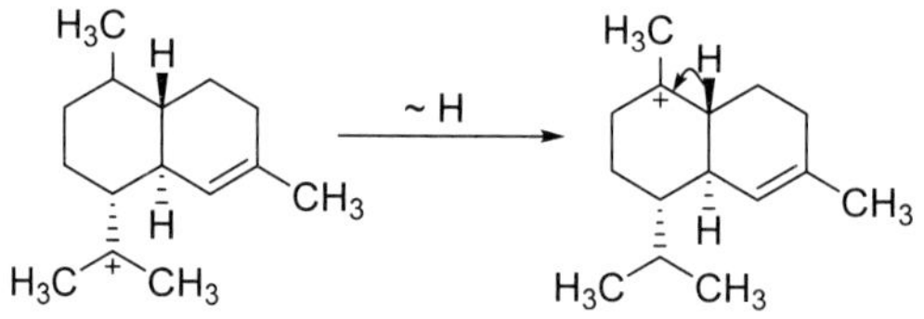

接着失去质子，形成烯烃：

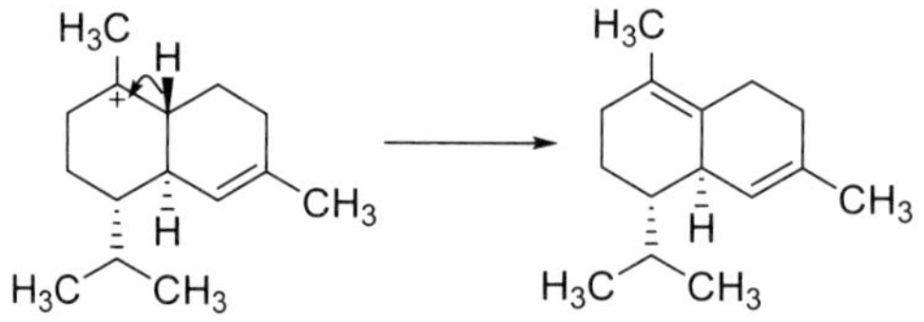

最后，碳碳双键在酸性条件下迁移，转化为最终产物杜松烯：

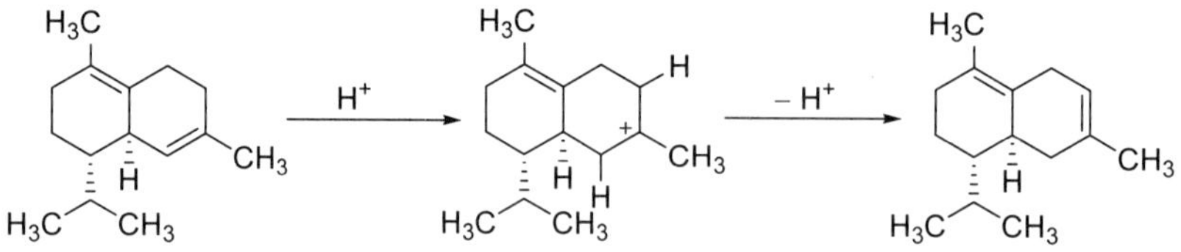

δ-cadinene

第 6 题

焦磷酸牻牛儿醇酯 (geranyl pyrophosphate)在生物体中可以转化为碳正离子，然后生成天然产物樟脑(camphor)、柠檬烯 (limonene)和α-蒎烯 (α-pinene)。请为这些转化提供合理的中间体。

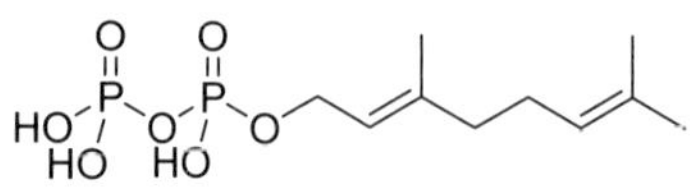

geranyl pyrophosphate

limonene
camphor
α-pinene

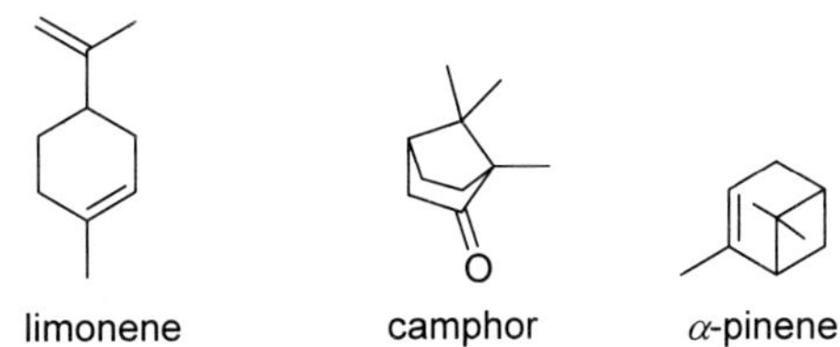

解答：

这是自然界生成萜类化合物的可能途径，焦磷酸牻牛儿醇酯脱去焦磷酸负离子形成烯丙基碳正离子，接着分子内环化：

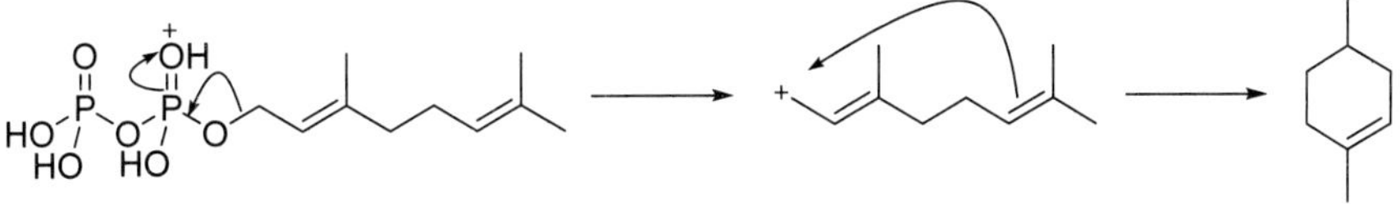

此正离子脱去质子，形成了柠檬烯：

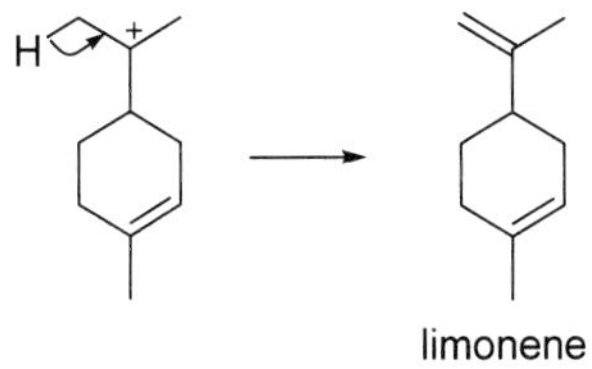

limonene

另外，碳碳双键与此碳正离子发生分子内反应，形成桥环体系和二级碳正离子，此碳正离子转化为醇后在被氧化形成樟脑：

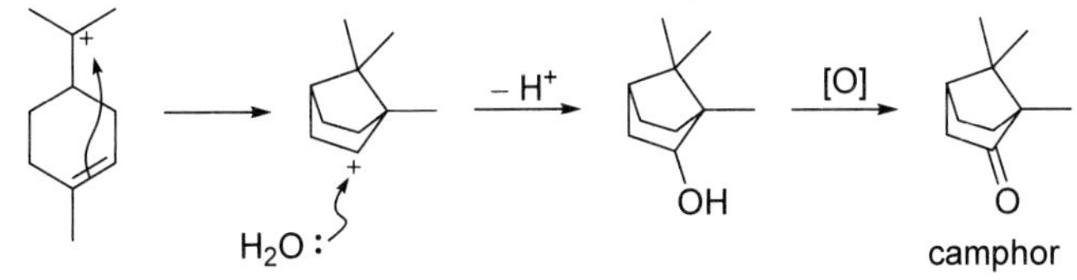

– H+
[O]
OH
O
H2O:
camphor

如果碳碳双键与此碳正离子发生分子内反应，形成桥环体系和一个新的三级碳正离子，此新的碳正离子失去质子形成烯烃，即为 α-蒎烯：

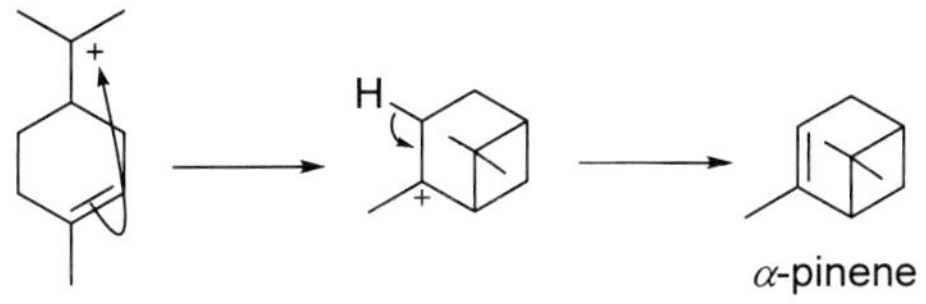

H
α-pinene

第 7 题

请为以下转换提供合理的中间体：

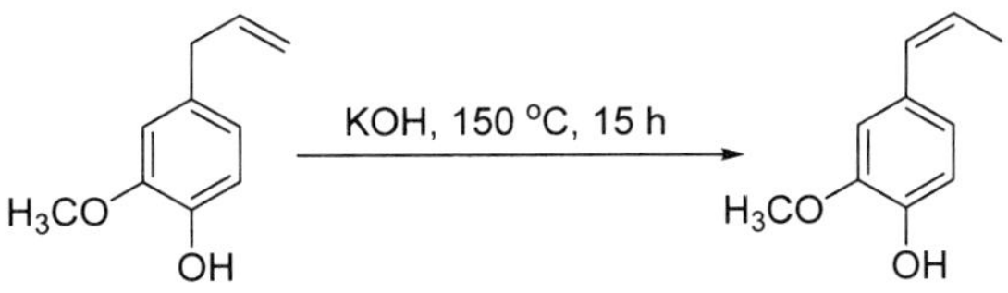

KOH, 150 °C, 15 h
H3CO
OH
H3CO
OH

解答：

这是在碱性条件下双键迁移形成更大共轭结构的反应。苄基位的氢，同时也是烯丙位的氢，因此此氢具有较强的酸性，可被碱攫取形成苄基负离子，接着双键移位，参与到与苯环的共轭：

H
–OH
H3CO
OH
–OH
H
H3CO
O
H–OH
H3CO
O
H2O
H3CO
OH

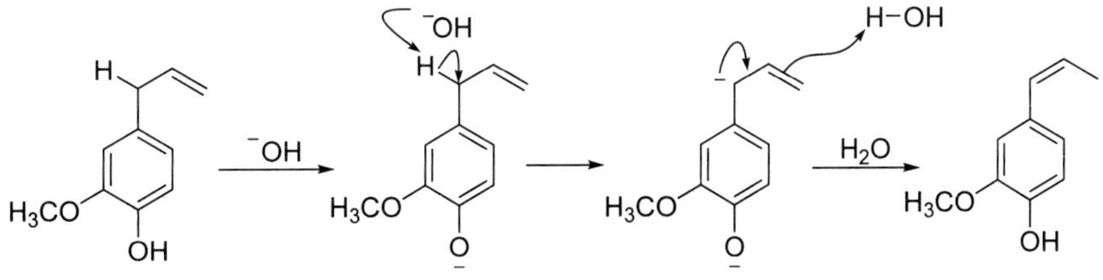

第 8 题

请为以下转换提供合理的中间体：

$$C_6H_6 + Cl-SO_2-OH \xrightarrow{H_2O} C_6H_5SO_3H + HCl$$

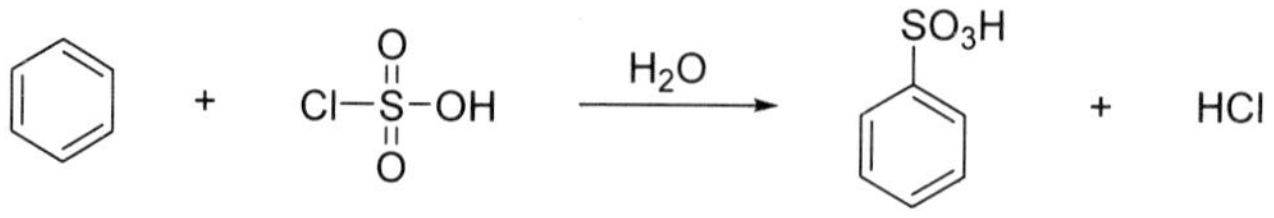

解答：

这是苯环的磺化反应。按照芳香亲电取代反应的机理，苯与亲电性的硫反应，此时氯磺酸在酸性条件下被质子化，进一步增加了硫的亲电能力：

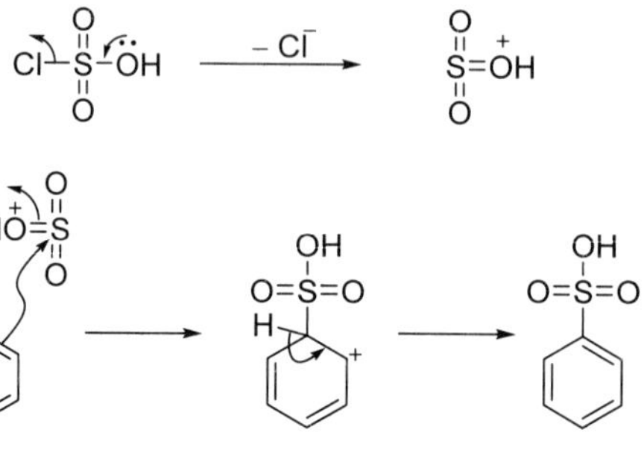

第 9 题

请为将 1-苯丙酮还原为丙苯的 Wolff-Kishner 还原提供合理的中间体。

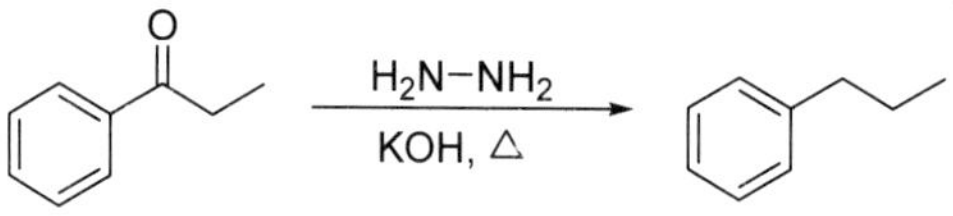

$$\xrightarrow[KOH,\ \triangle]{H_2N-NH_2}$$

解答：

这是常见的羰基被还原为亚甲基的反应。羰基与肼反应形成碳氮双键，此时由于碳氮双键的吸电子效应和 N–H 键的吸电子诱导效应，末端氨基上的氢具有较强的酸性，在碱的作用下形成氮负离子，互变异构后转化为碳负离子，接着攫取氢形成第一个 C–H 键，脱去氮气后，再次形成碳负离子，接着再攫取氢形成第二个 C–H 键，从而完成羰基亚甲基化还原反应：

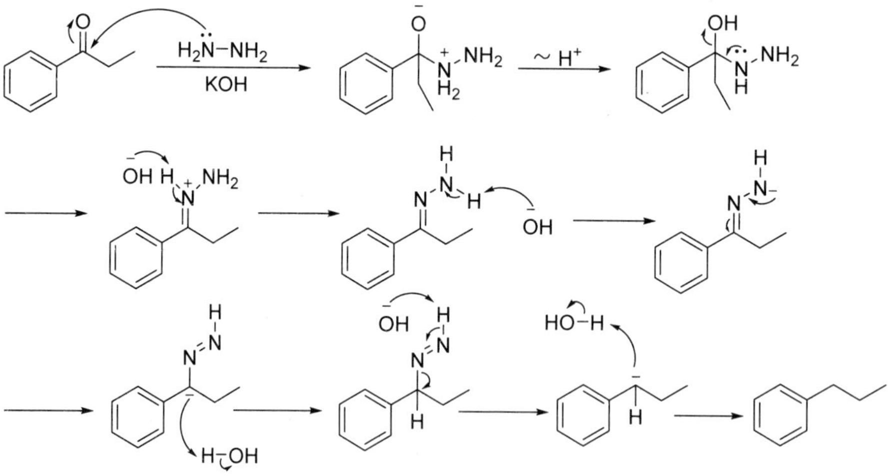

第 10 题

古希腊和古罗马的医生，如希波克拉底 (Hippocrates) 和老普林尼 (Pliny the Elder)，发现 *Amaryllidaceae* 属野花(如水仙花)的提取物对疣子和皮肤肿瘤具有良好的疗效。这些提取物含有一些已知的有效抗癌活性物质，但含量很少，且结构复杂 [如(+)-*trans*-dihydrolycoricidine]，它们的合成非常具有挑战性。请为以下转换提供合理的中间体：

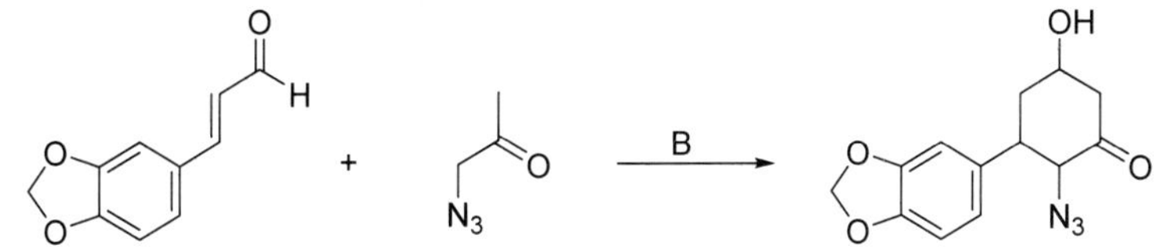

解答：

这是一个 Michael 加成与羟醛缩合反应串联在一起的反应。叠氮基取代的丙酮在碱的作用下形成烯醇负离子，此烯醇负离子对芳基取代的丙烯醛进行 Michael 加成反应，Michael 受体中双键被加成后转化为醛，酮羰基在碱的作用下再转化为烯醇负离子，再进行羟醛缩合反应形成六元环产物。

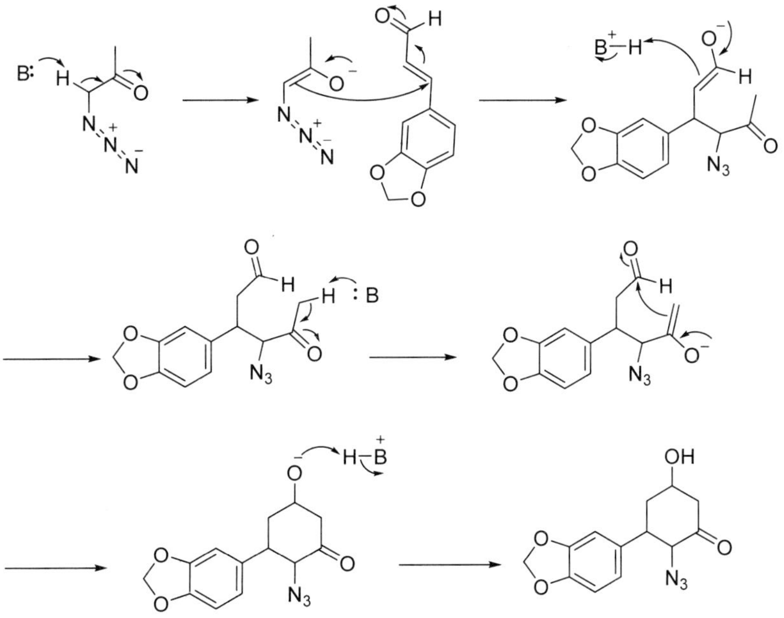

第 11 题

请为以下转换提供两种反应机理，并采用合理的方法证明你所提出的反应机理：

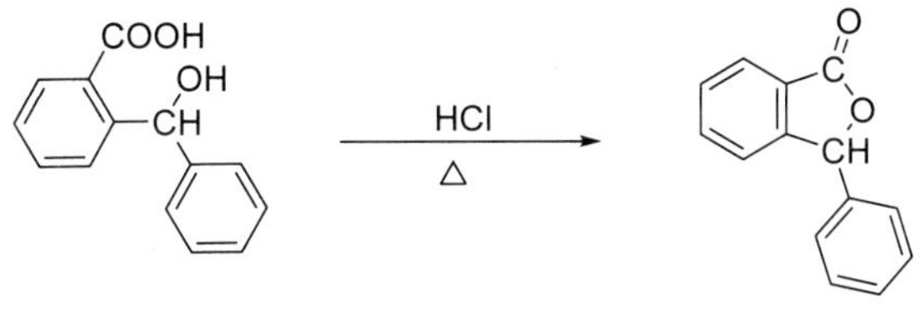

解答：

这个反应看上去应该很简单，就是酯化反应。酯化反应的机理有两种：一种是醇先失水形成碳正离子，然后羧酸羰基氧上的孤对电子进攻碳正离子从而形成酯；另一种是醇羟基氧的孤对电子对羧基的亲核加成消除机理形成酯。为了区分这两种机理，可以考虑将醇羟基上的氧原子进行同位素标记。如果这个氧原子作为亲核位点进行反应，那么此标记的氧原子将会保留在产物中；如果采用的醇先失水形成碳正离子，那么，这个标记的氧原子将不能出现在产物中。

第一种机理，二级醇作为亲核位点，将醇羟基的氧原子进行同位素标记：

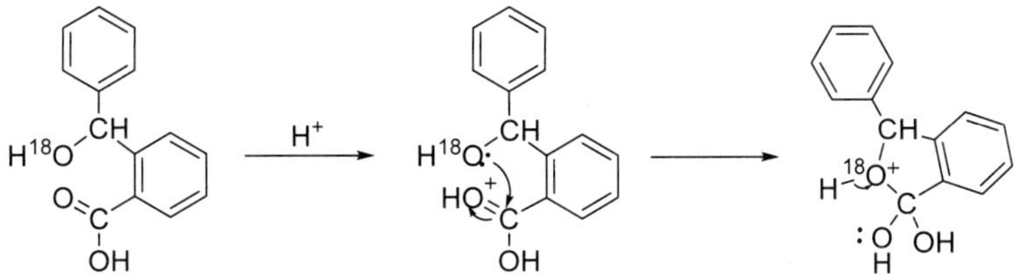

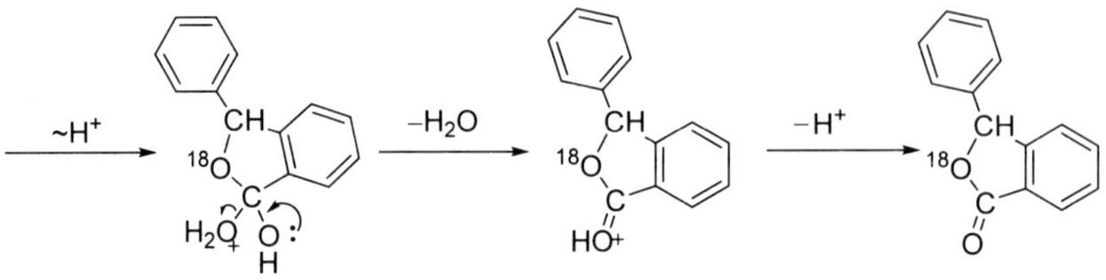

第二种机理，羧基的氧作为亲核位点，二级醇羟基作为离去基团，仍然可以采用对醇羟基进行氧同位素标记：

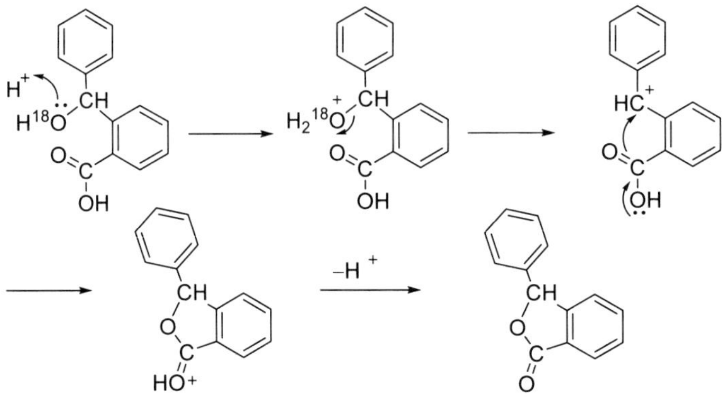

因此，在实验结束后，研究产物中 ^{18}O 的含量可判断酯化过程是按以上哪一种过程进行的。

第 12 题

请为化合物 **A** 在酸性条件下转化为 nepetalactone 提供合理的反应中间体：

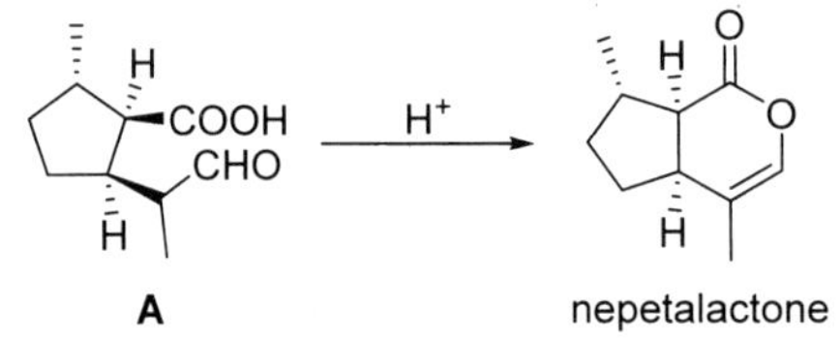

A

nepetalactone

解答：

这个反应看上去与前面的反应很类似，也是酯化反应。但在这个反应中，没有羟基，而是两种官能团，分别是羧基和甲酰基。根据上题中的两种机理理解这个反应如下。

一种是甲酰基被质子化形成羰基正离子，活化了甲酰基；然后被羰基氧的孤对电子进攻：

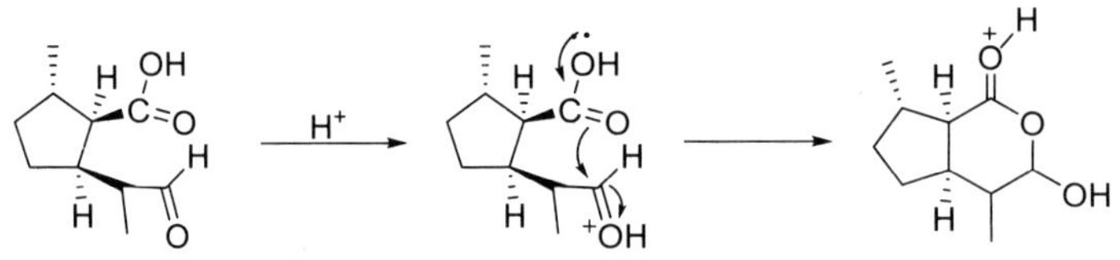

接着质子转移，失水形成碳碳双键，可通过两种途径进行：

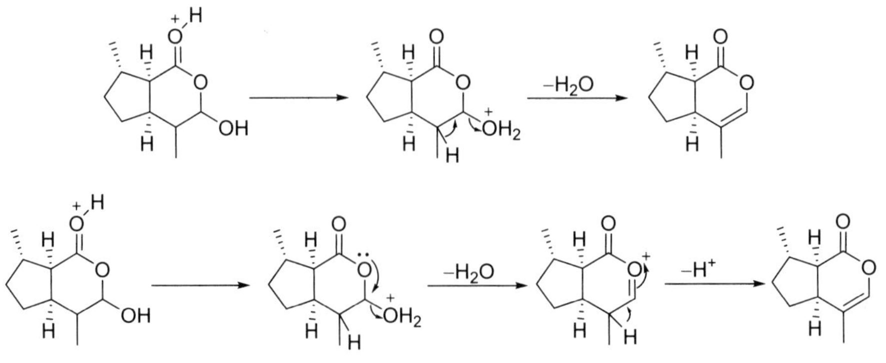

另一种方式是甲酰基酸性条件下互变异构形成烯醇，接着烯醇与羧基形成内酯。读者可以对比一下这两者哪一种更为合理。

第 13 题

1,4-丁二醇在 CrO_3 氧化下生成γ-丁内酯，请提供此转换的合理中间体。

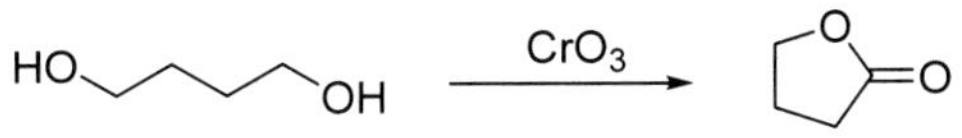

解答：

这是一个关于金属氧化剂氧化醇的反应。在一级醇被 CrO_3 氧化时，首先形成铬酸酯，接着经过五元环过渡态被氧化成醛：

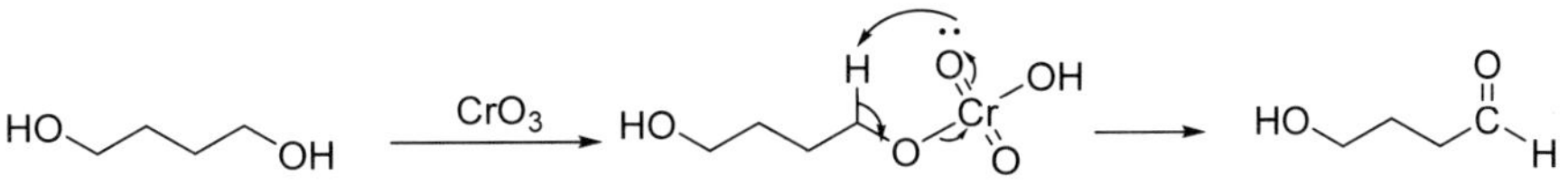

醛中甲酰基可以与末端的一级醇缩合形成五元环的半缩醛：

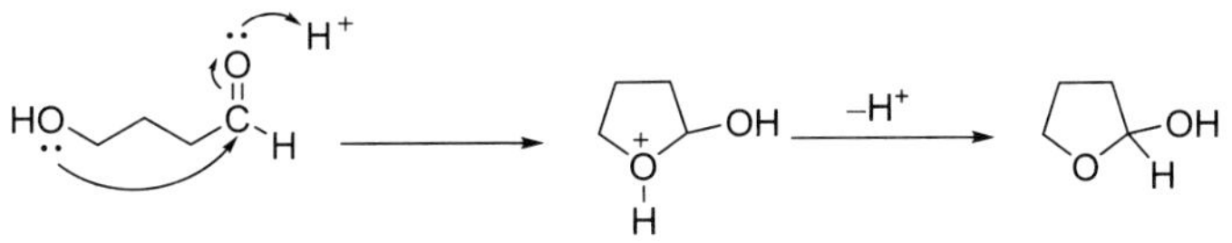

半缩醛中的二级醇经相同的氧化过程接着被氧化成羰基：

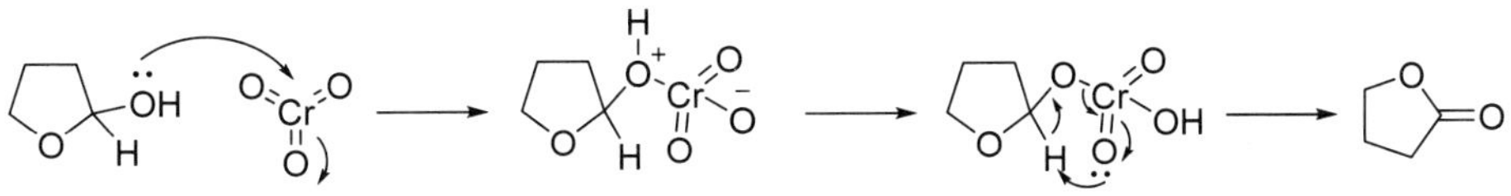

在这里需要特别说明的是，在水溶液中醇比醛更容易被氧化；事实上，醛在水溶液中都是先加成为半缩醛中间体再被氧化的（实验证据：干燥二氯甲烷中的乙醛不能被铬酸氧化）；而在空气中，由于氧化过程是一个自由基反应，此时，与醇相比，醛相对更容易被氧化。

第 14 题

请为以下转换提供合理的中间体：

$$(CH_3)_3CCH_2NH_2 + 2H_2C{=}O \xrightarrow{NaBH_3CN,\ CH_3OH} (CH_3)_3CCH_2N(CH_3)_2 \quad 84\%$$

解答：

这是一个非常简单的反应，一级胺与甲醛反应形成亚胺，亚胺被硼氢化钠还原成甲基取代的二级胺：

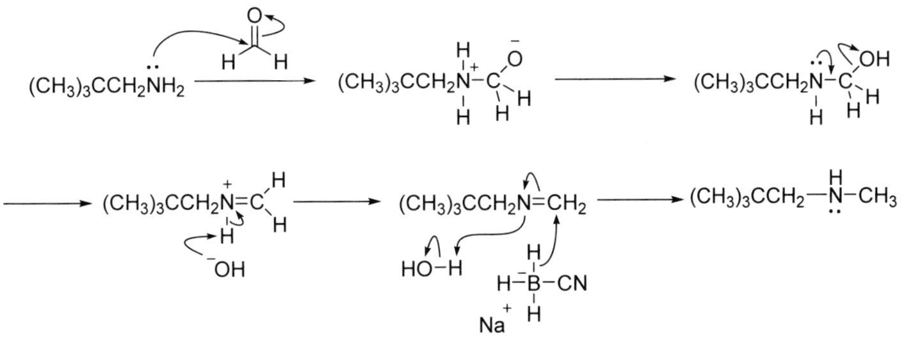

二级胺接着与过量甲醛继续反应形成亚胺正离子，再被还原为两个甲基取代的三级胺。

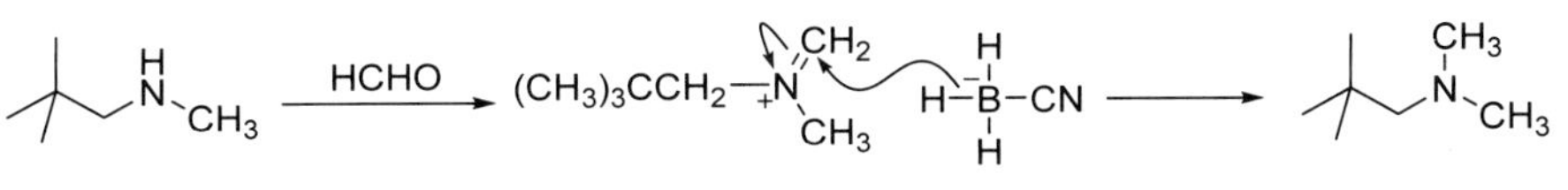

第 15 题

请为以下转换提供合理的中间体：

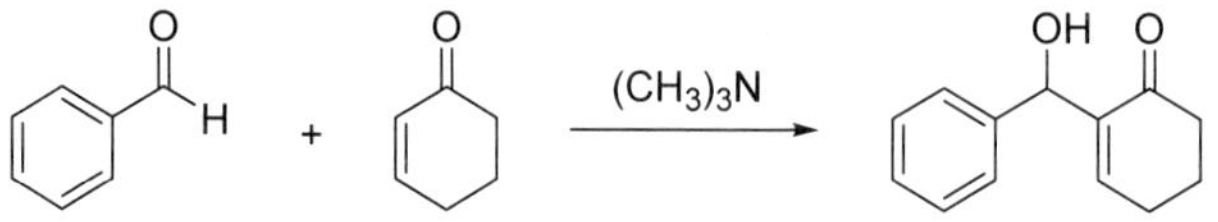

解答：

从反应结果分析，这是α,β-不饱和酮的α-碳对甲酰基的亲核加成。尽管由于羰基的吸电子作用，此α,β-不饱和酮中碳碳双键中α位的电子云密度高于β位，具有一定的亲核能力。但是此位点不足以对甲酰基进行亲核加成。因此，需要通过反应增加此位点的亲核能力，此时三乙胺起到了这个重要的作用。三乙胺对α,β-不饱和酮进行 Michael 加成，形成烯醇负离子：

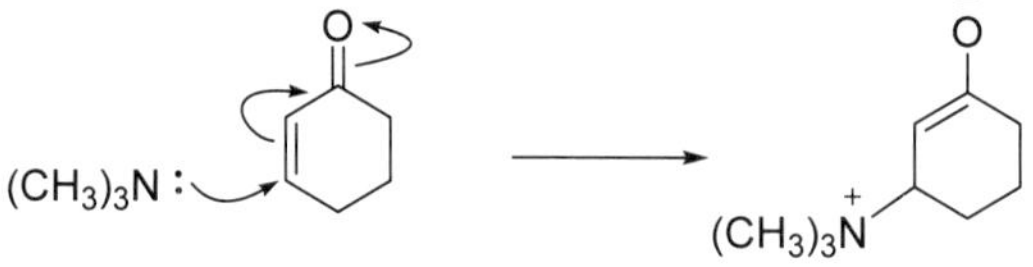

烯醇负离子迅速与苯甲醛进行羟醛缩合反应：

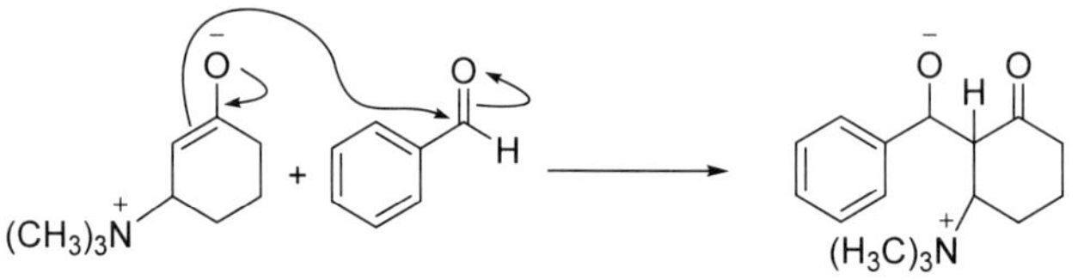

随后质子交换形成烯醇负离子，再进行 E1cb 消除转换为产物：

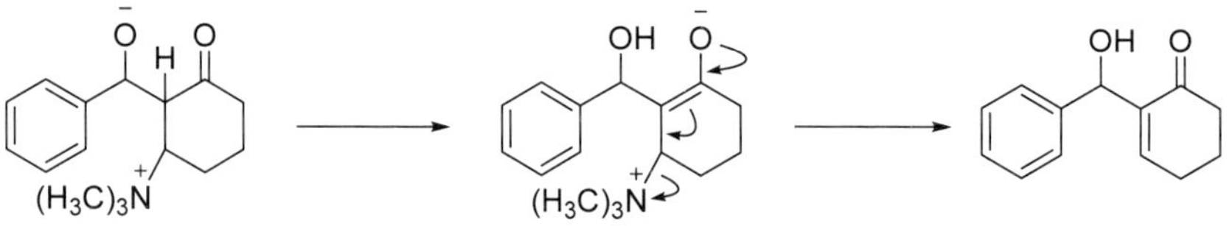

这个反应称为 Baylis-Hillman 反应。这个反应为我们理解缺电子体系和富电子体系的相互转换过程提供了很好的实例。

第 16 题

请为以下转换提供合理的中间体：

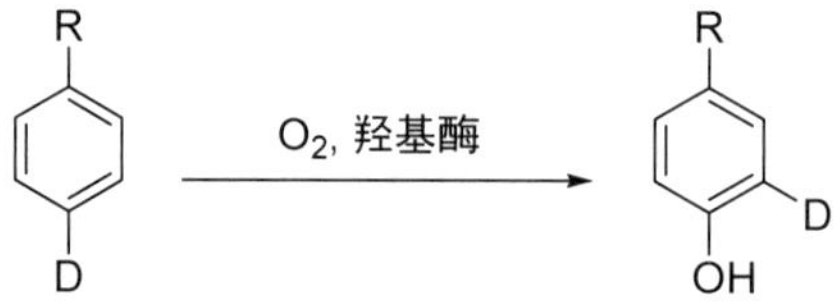

提示：氧气在羟基酶作用下转化为 HOOH。

解答：

提示中已经说明氧气在羟基酶(hydroxylase) 作用下转化为过氧化氢。从结果分析，苯环被氧化为苯酚，且烷基对位的氘代取代基发生了重排。因此，首先是苯环与过氧化氢反应，这个反应相当于苯环的芳香亲电取代反应的第一步：

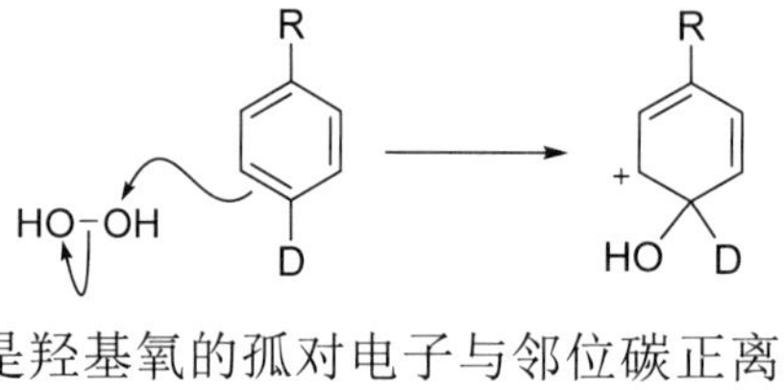

此时，可以发生两个过程。首先是羟基氧的孤对电子与邻位碳正离子结合形成三元环：

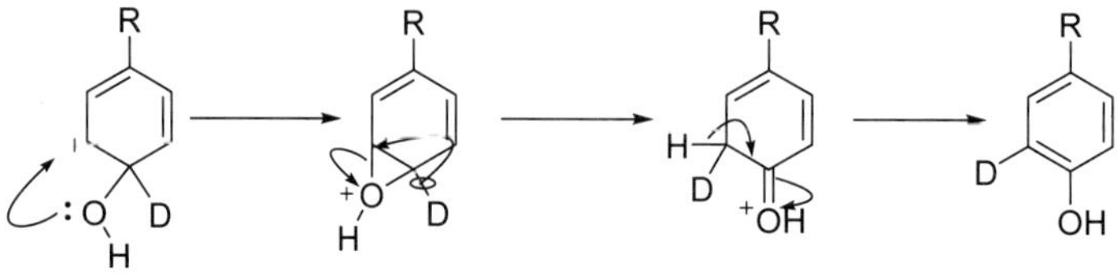

环氧鎓离子开环，导致氘迁移，最后互变异构形成产物。

另一种方式就是直接发生 pinacol 重排，氘迁移，互变异构形成产物：

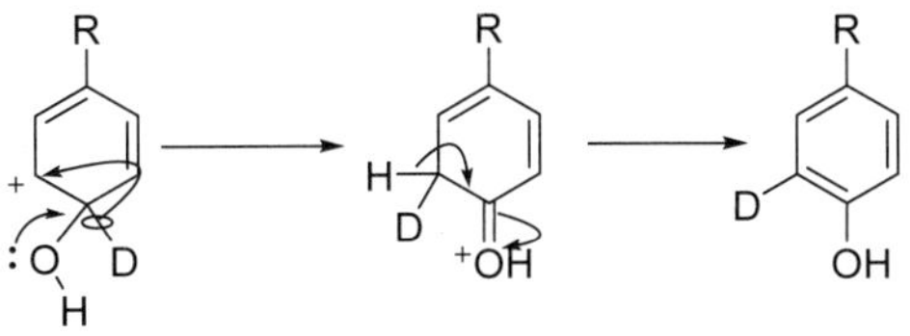

❖第 17 题

3-溴苯甲醚在 Pd(0)催化下与 2-甲基丙胺反应生成 3-甲氧基-*N*-(2-甲基丙基)-苯胺。请为此转换提供合理的中间体：

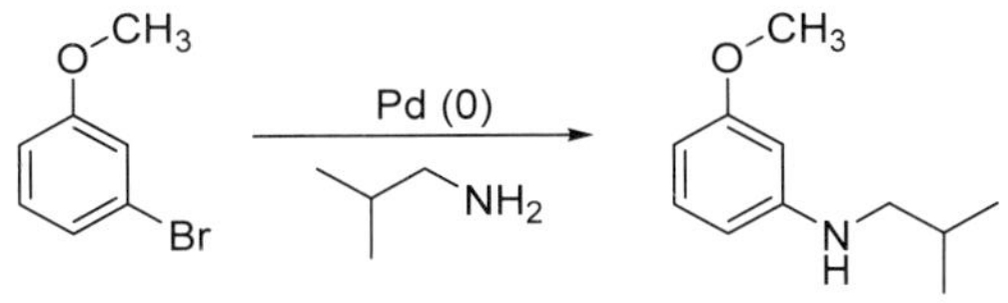

解答：

这是过渡金属催化的交叉偶联反应。基元反应是金属有机反应的最基本组成部分。实际上，这些基元反应在基础有机化学的学习过程中，读者们都已经有所了解。这个反应的启动点在于 Pd(0)对 sp^2 杂化的 C–Br 键的氧化加成，这个基元反应基本上与格氏试剂的制备金属镁对 C–Br 键的氧化加成一致。此时，钯从零价转化为二价，具有较高的亲电性，溴被亲核试剂 2-甲基丙胺亲核取代，形成 C–Pd–N 键，还原消除，形成 C–N 键，二价钯被还原为零价钯，继续参与到催化循环中：

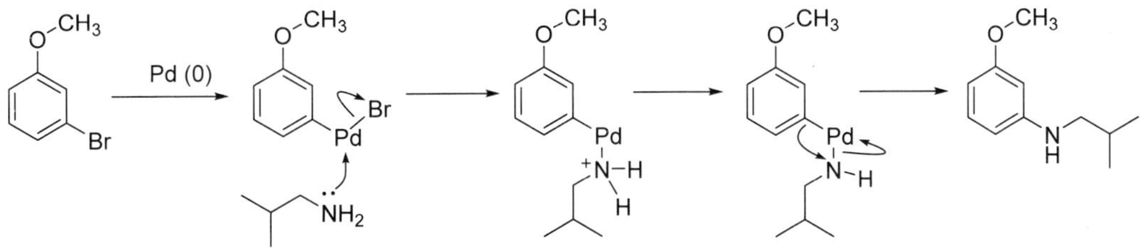

说明：该反应称为 Buchwald-Hartwig 交叉偶联反应 (1994)。

❖第 18 题

请为以下转换提供合理的中间体：

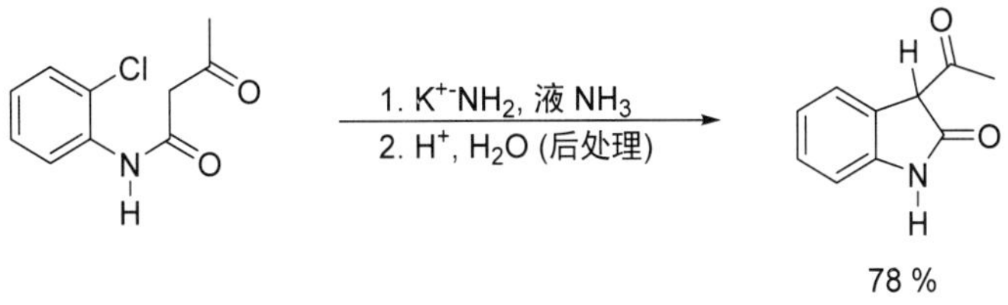

提示：第一步转换至少需要 3 倍量氨基钾。

解答：

这是羰基的α位与苯环偶联的反应。在苯环上无法直接进行 S_N1 或 S_N2 反应，那么亲核位点与卤原子取代的苯环的偶联反应还有三种：芳香亲核取代反应、苯炔中间体机理和芳基自由基机理。在本题中，强碱氨基负离子参与了反应，因此应该是苯炔中间体机理。底物中有三种酸性强度不同的氢原子，在氨基负离子的作用下，依次被攫取，最终生成苯炔中间体。此苯炔中间体与烯醇负离子进行亲核加成反应，形成五元环；苯基负离子继续攫取羰基α位的另一个酸性氢，再次形成烯醇负离子：

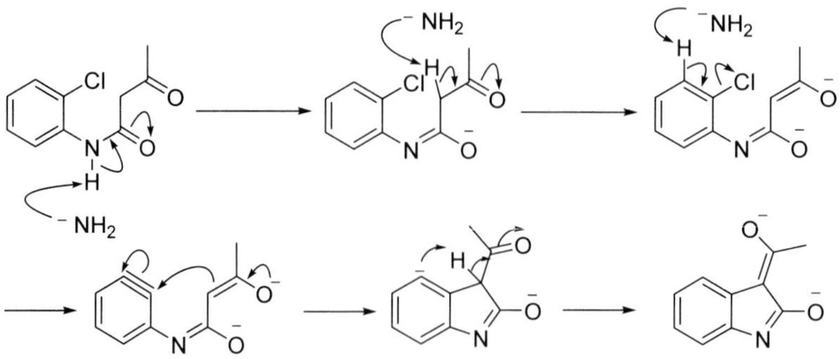

此烯醇负离子经酸性水溶液后处理，转化为目标产物：

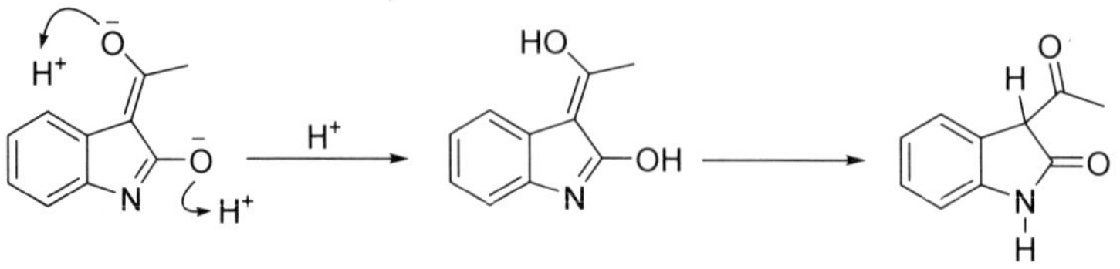

最后的质子转移，考虑到经过四元环攫取苄位的氢不是很合理，可以考虑如下经过六元环攫氢的转换方式，然后用酸性水溶液处理同样得目标产物：

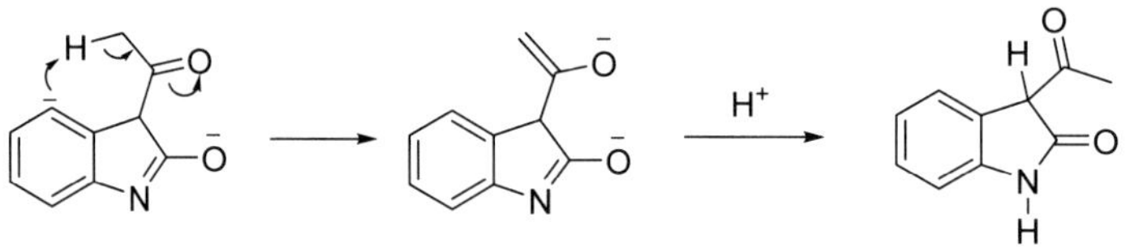

第19题

请为以下转换提供合理的中间体：

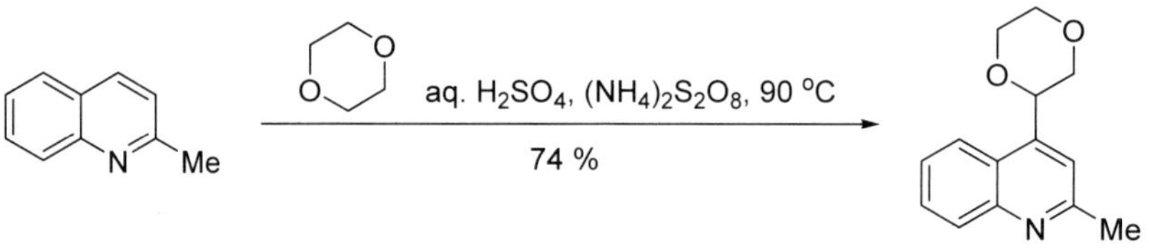

解答：

这个过程涉及了一个 sp^3 杂化的碳原子与一个 sp^2 杂化的碳原子的偶联反应。这两个碳原子均有C–H，这就涉及了两个 C–H 的断裂，最后形成一根 C–C 键。体系中加入了氧化剂过氧焦硫酸，因此可以考虑这是一个自由基反应过程。过氧焦硫酸中 O–O 断裂，形成硫酸负离子自由基，此自由基攫取二氧六环中的氢，形成二氧六环自由基：

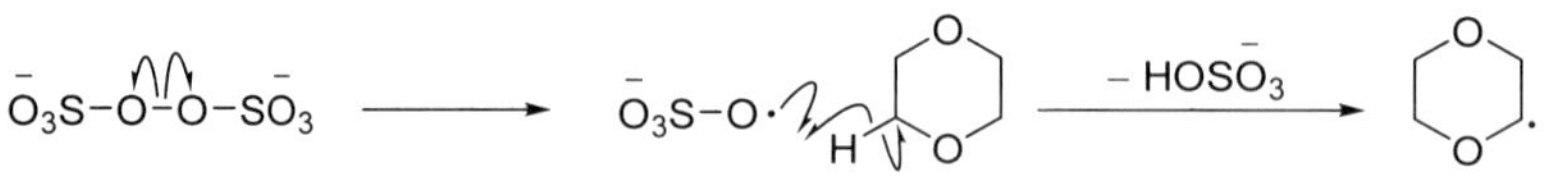

接着，二氧六环自由基与喹啉环（由于是酸性的环境，喹啉环已经被质子化）的 C4 位反应，在亚胺的α位形成新的自由基：

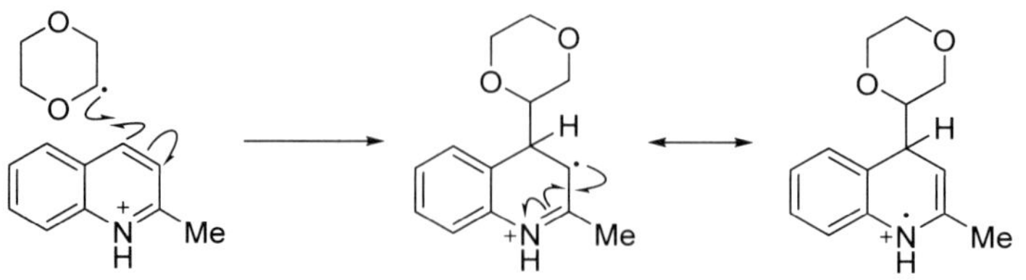

亚胺正离子自由基可以通过共振转化为氮正离子自由基。随后，在自由基的作用下，C4 位的 C–H 键均裂，形成碳碳双键，恢复到芳香体系：

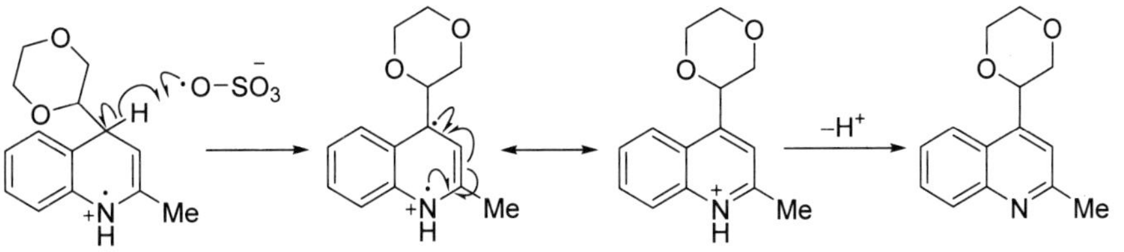

第 20 题

请为以下转换提供合理的中间体：

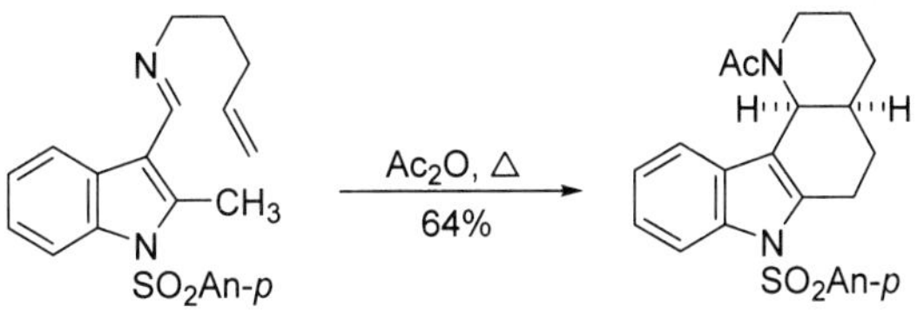

解答：

这是一个构建环己烯的典型反应。末端烯烃为亲双烯体，而底物双烯体的骨架并不符合 Diels-Alder 反应的要求，需要经过一次 1,5-氢迁移，即甲基上的氢迁移并形成末端烯烃。这个转换在乙酸酐的作用下，将亚胺转化为亚胺正离子，进一步增加了甲基氢的酸性，使这个转移更易进行。然后，分子内的 Diels-Alder 反应生成目标化合物。

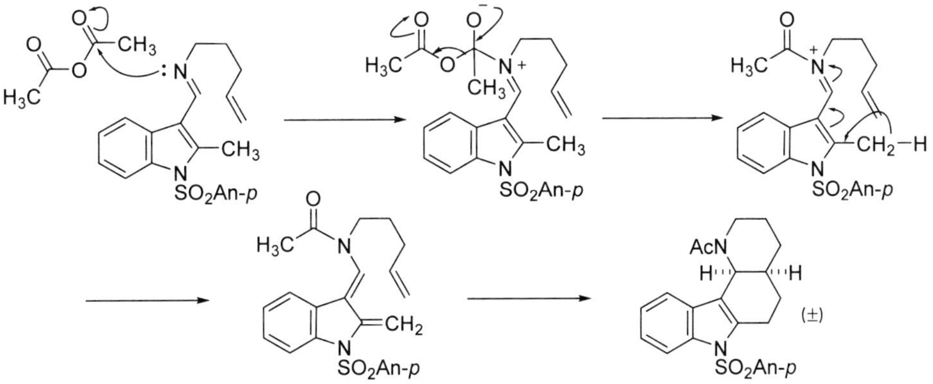

第 21 题

请为此转换提供两种可能的机理，你认为哪一种更为合理？

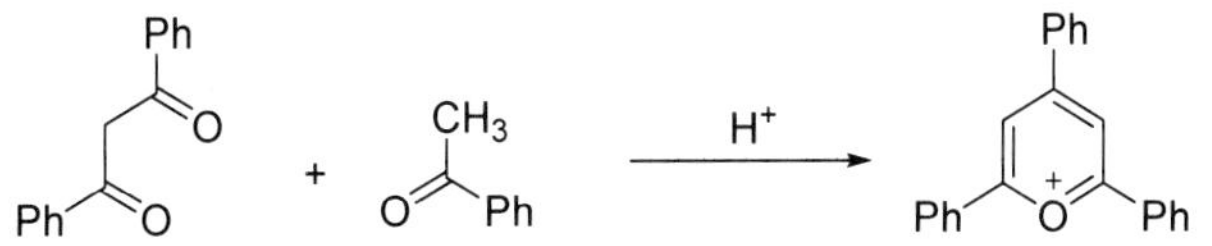

解答：

1,3-二羰基化合物与另一个羰基化合物进行缩合反应是常见的合成 1,5-二羰基化合物的反应。然后 1,5-二羰基化合物在酸性条件下转化为吡喃正离子。在这个缩合过程中，1,3-二羰基化合物提供羰基，而另一个羰基化合物提供亚甲基。因此，这个反应的转换过程为：

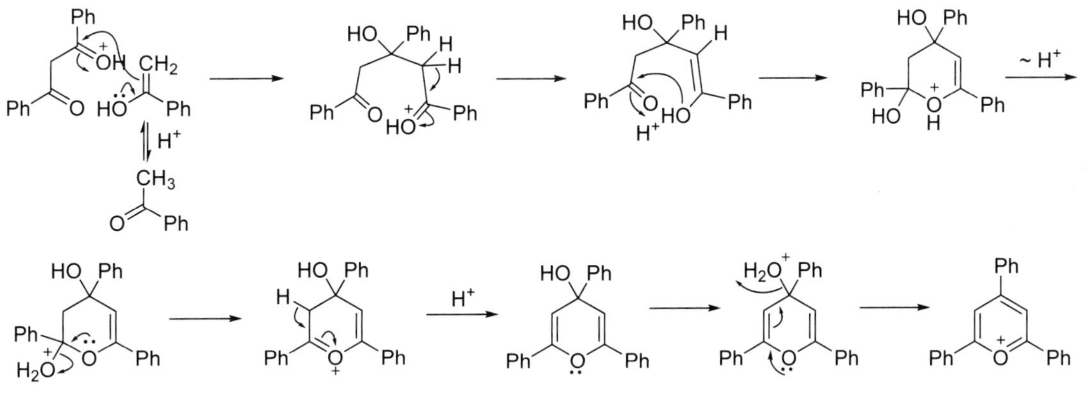

另一种可能的转换机理为：

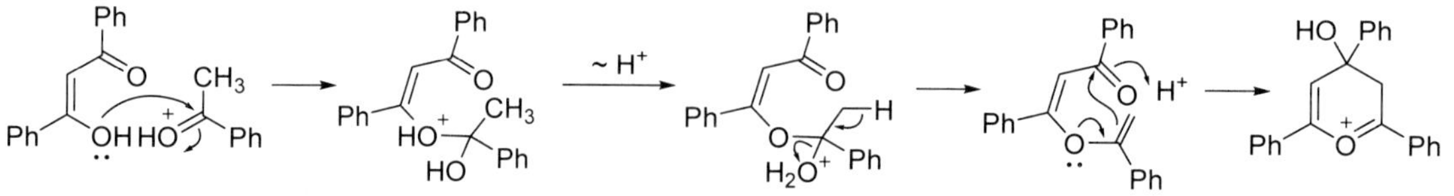

后续的过程就与前面的基本一致了。这两个过程，哪个更为合理，读者可自己判断。

第 22 题

请为以下反应提供合理的反应机理：

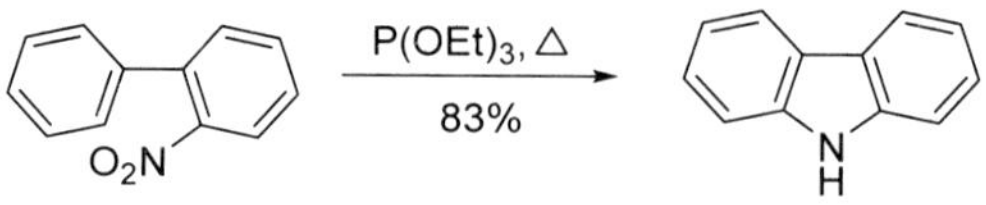

解答：

从这个反应很容易联想到 Bartoli 吲哚合成——硝基苯与乙烯基格氏试剂反应生成吲哚。在 Bartoli 反应中，硝基被乙烯基格氏试剂还原，然后进行[3,3]-σ 重排。那么，在这个反应中，硝基应该首先被三乙氧基膦还原，考虑到反应的产物中不再含有任何氧原子，那么三乙氧基膦对 N=O 双键进行亲核加成时，进攻的位点应该是氧原子，硝基被还原为亚硝基：

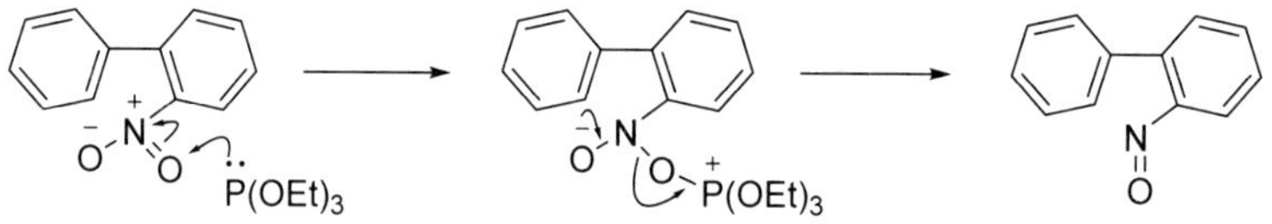

亚硝基接着再被三乙氧基膦亲核加成，然后发生α-消除，形成氮卡宾：

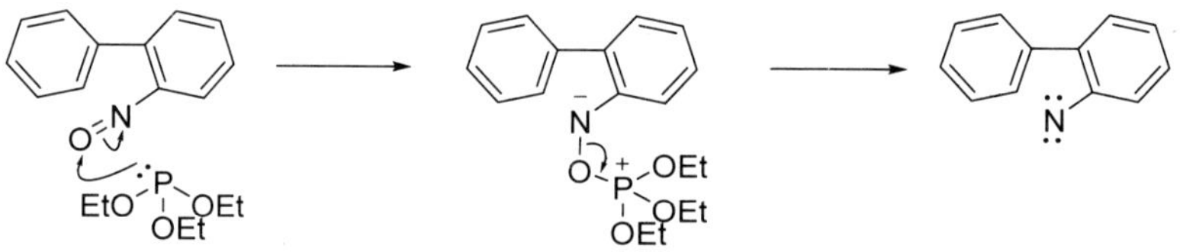

氮卡宾与相邻苯环的碳原子形成 C–N 键的过程中，有两种可能：一种是氮卡宾对苯基上 C–H 的插入反应；另一种是氮卡宾对碳碳双键的亲电加成，接着形成 C–N 键。实验结果表明此反应更符合第二种机理：

氮卡宾对碳碳双键亲电加成后，发生[1,5]-σ 氢迁移，转化为咔唑：

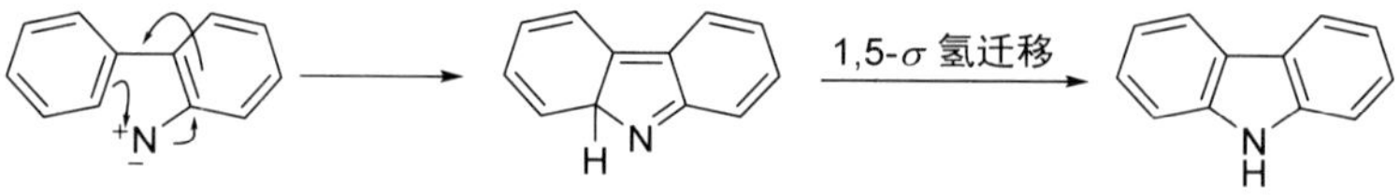

第 23 题

请为以下反应提供合理的反应机理，并解释以下实验结果：

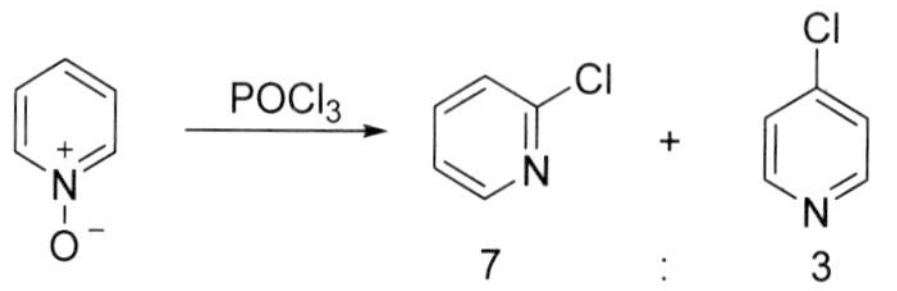

解答：

这是一个有关氧化吡啶的反应。在反应过程中，氧化吡啶中的氧负离子具有亲核能力，可以与 $POCl_3$

进行亲核取代反应，形成磷酸酯衍生物：

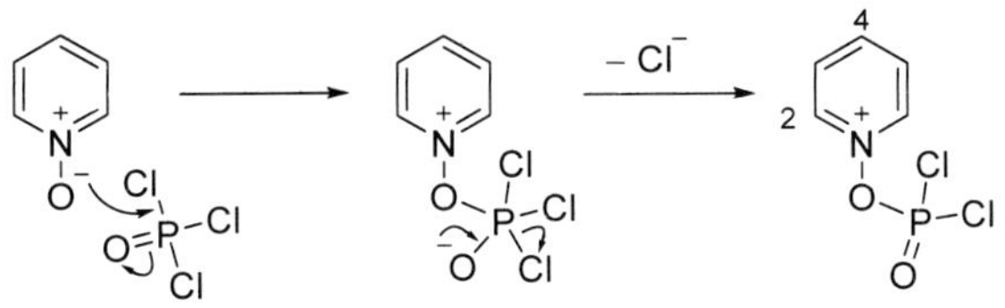

此时，吡啶正离子环有两个亲电位点：C2 和 C4 位。如果氯负离子进攻 C2 位：

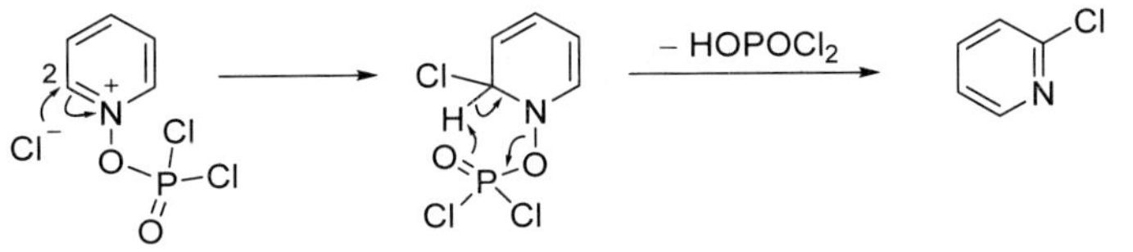

然后发生分子内消除，形成 2-氯吡啶。

如果氯负离子进攻 C4 位，形成 4-氯吡啶：

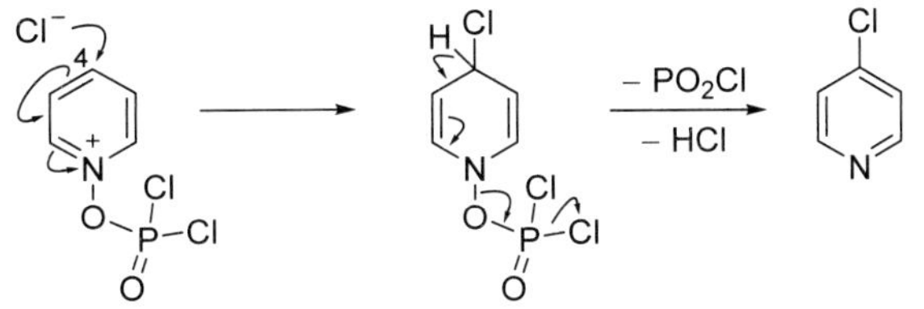

考虑到 C2 位和 C4 位两个碳原子的亲电能力的差别，以及氯负离子为硬的亲核基团，最终产物的比例为 7 : 3。另外，考虑到离子对形成后 Cl^-离 C2 位更近，也应该是 2-氯吡啶为主产物（很可能也会发生分子内 S_Ni 机理，C2 位直接与 Cl^-连接）。

第 24 题

请画出中间产物 **A** 的结构简式，并为这个转换提供合理的中间体：

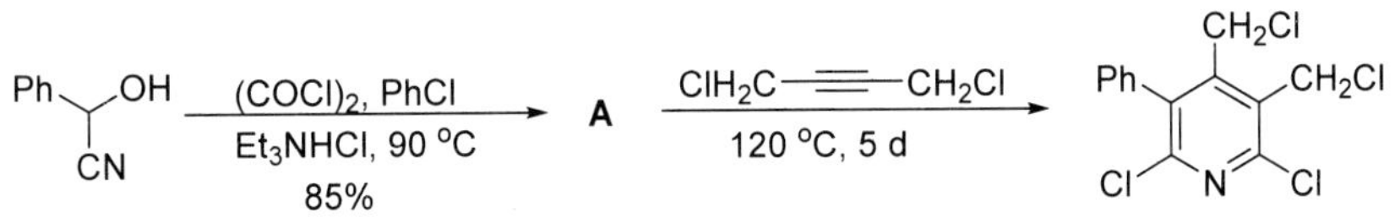

解答：

从产物的结构观测，应该是中间体 **A** 与 1,4-二氯-2-丁炔进行 Diels-Alder 反应转换的，那么中间体 **A** 应该是一个双烯体，考虑到原料α-氰基苯甲醇为二个碳原子的体系（指的是参与 Diels-Alder 反应，不包括苯环），因此，另一个参与 Diels-Alder 反应的碳原子体系来自于体系中另一个试剂：草酰氯。然而，草酰氯为两个碳原子体系，这表明在 Diels-Alder 反应过程中，会有一个碳原子体系离去。在 Diels-Alder 反应过程中，这种离去物种常是气体。结合草酰氯的结构，这种气体很可能是二氧化碳或一氧化碳。考虑草酰氯与α-氰基苯甲醇可以形成酯基，这个酯基在最终产物中不再存在。因此，可以推断离去的气体应该是二氧化碳。那么，中间体 **A** 的结构可能为：

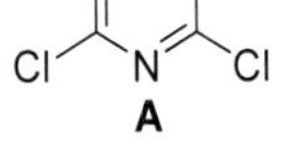

那么，α-氰基苯甲醇如何与草酰氯反应形成中间体 **A**？

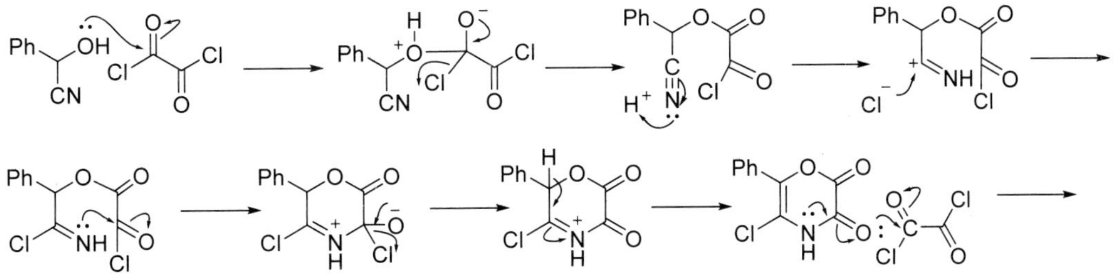

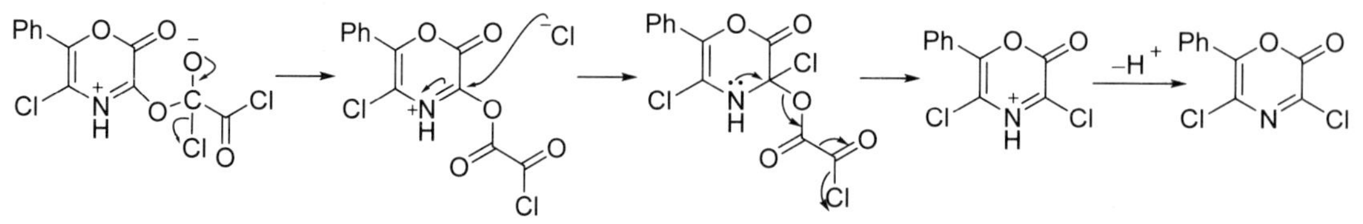

从形成过程来看，首先，醇与草酰氯反应形成酯，接着氰基被亲核基团氯负离子亲核加成，接着与草酰氯构建成六元环酰胺，异构化转化为 Diels-Alder 反应的 1,3-共轭体系。随后，此 1,3-共轭体系与 1,4-二氯-2-丁炔进行 Diels-Alder 反应，形成桥环结构：

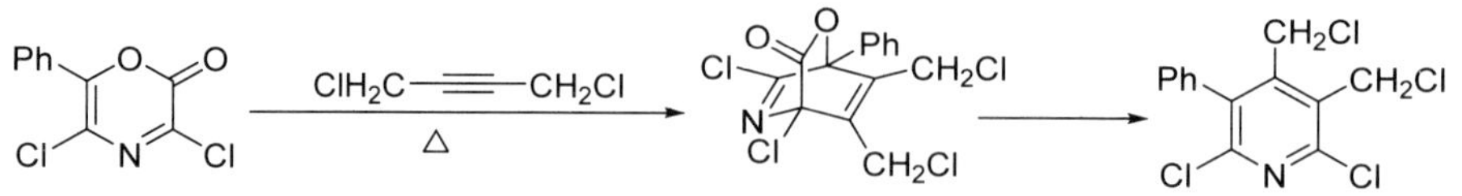

接着，发生逆 Diels-Alder 反应脱除二氧化碳，形成苯环骨架。

最终，也证明了前面建议的化合物 **A** 的结构是准确的。

第 25 题

请画出中间体 **A** 的结构简式，并为这个转换提供其他合理的中间体：

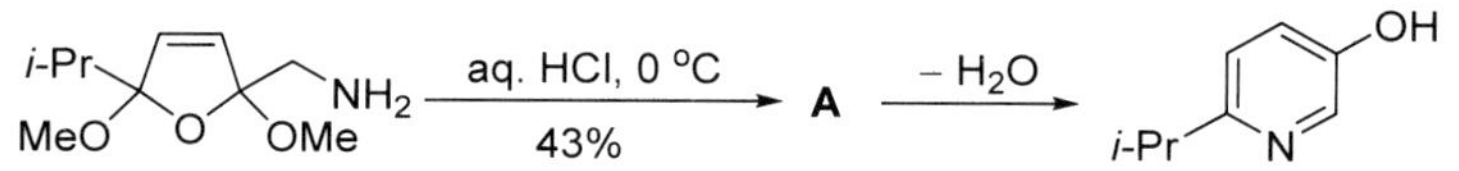

解答：

这个反应是二氢呋喃环酸性开环后形成酮羰基，接着与一级胺缩合转化为亚胺键，从而构建了吡啶环。因此，可以从产物的结构逆推中间体 **A** 的结构：

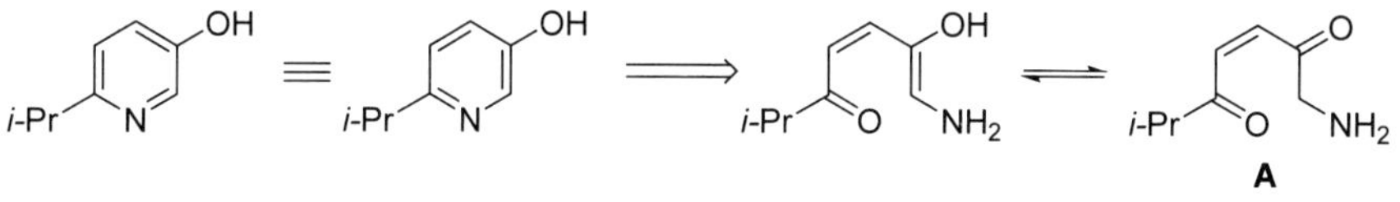

结合中间体 **A** 的结构与底物的结构，可以理解为底物在酸性水溶液中的水解过程，可写出以下三种途径。

途径一：

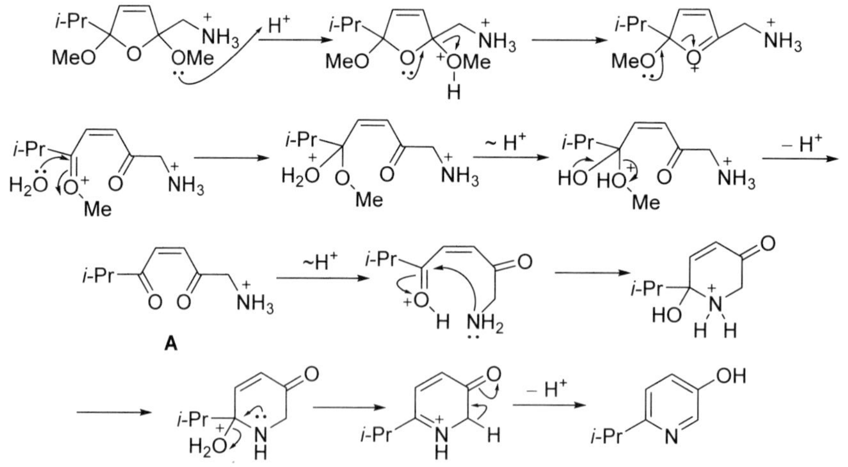

途径二：

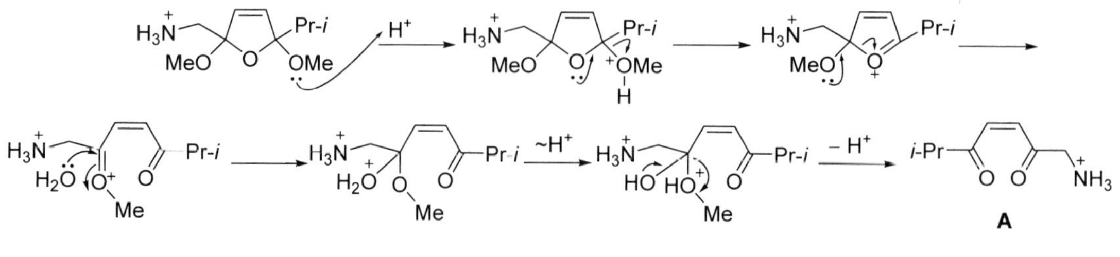

接下来从 **A** 形成产物的过程与途径一相同。

途径三：

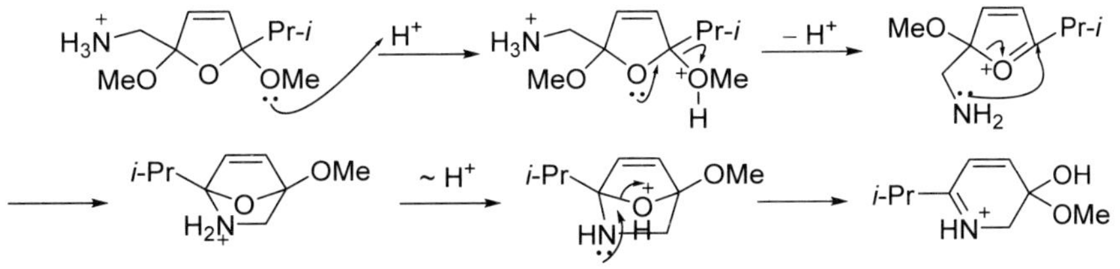

需要特别说明的是，两个缩酮中究竟哪一个甲氧基可能优先被质子化，笔者觉得是途径一中与氨基同侧的甲氧基更容易些，读者也可以试试左边的甲氧基被质子化后的转化过程。

此外，读者还会认为途径一中二氢呋喃环被打开后，甲基化的羰基正离子无需再继续水解可以直接被一级胺进攻形成亚胺键，从而中间体 **A** 的结构为：

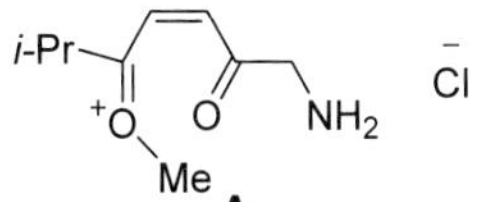

但我们认为这个应该是不可以的。因为此时只有氯负离子作为亲核基团对甲基进攻，生成氯甲烷，不容易发生。

说明：读者还可以尝试二氢呋喃氧原子首先被质子化然后转换的机理。

第 26 题

请画出中间体 **A** 的结构简式，并为这个转换提供其他合理的中间体：

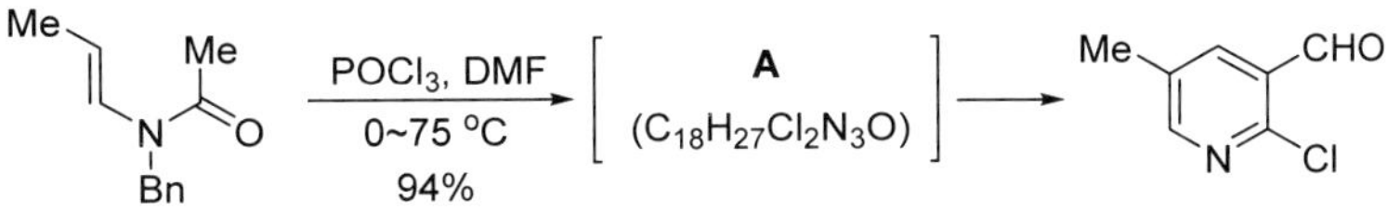

$\xrightarrow[\text{0\textasciitilde 75 °C, 94\%}]{POCl_3,\ DMF}$ [**A** ($C_{18}H_{27}Cl_2N_3O$)] ⟶

解答：

这个转换过程很难迅速得出中间体 **A** 的结构。但是，对比底物与产物的结构，可以发现产物有甲酰基取代，并比原料多了两个碳原子(不包括最后不在产物结构中的苄基)，很显然这两个碳原子来源于 *N*,*N*-二甲基甲酰胺 (DMF)，也就是表明了这个转换应该包括两次类似 Vilsmeier 反应的过程。考虑到 Vilsmeier 试剂是一个亲电试剂，那么原料中必须有两个亲核位点：烯胺和羰基的α位。因此，中间体 **A** 的结构为

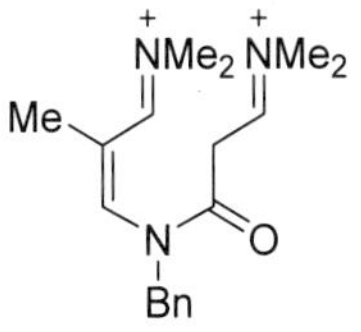

请注意，此中间体还需继续后面的反应，尚未经水后处理，因此还是亚胺正离子的结构。

其具体的转化过程基本上与 Vilsmeier 反应机理一致：

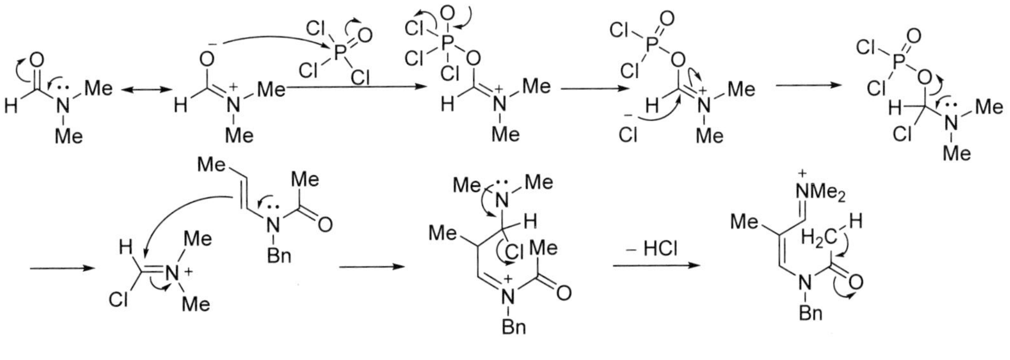

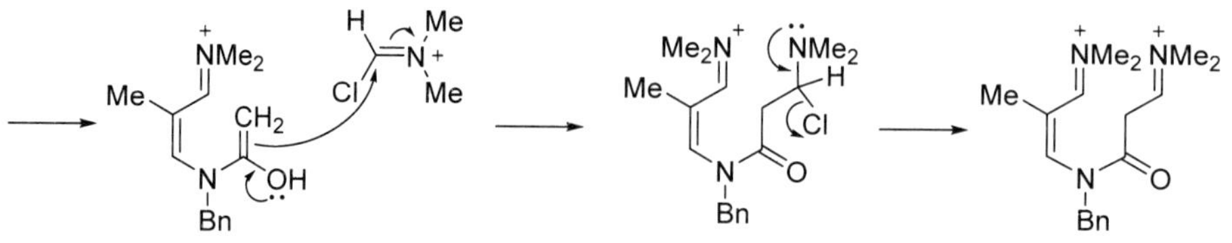

经过两次反应，形成了两个亚胺正离子基团。后续的反应需要形成六元环，羰基的α位碳进攻亚胺正离子：

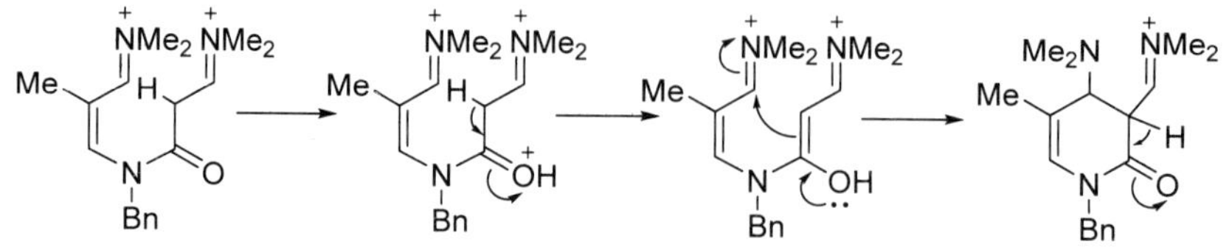

随后，发生类 E1cb 消除反应，氨基离去，构建一个共轭π体系：

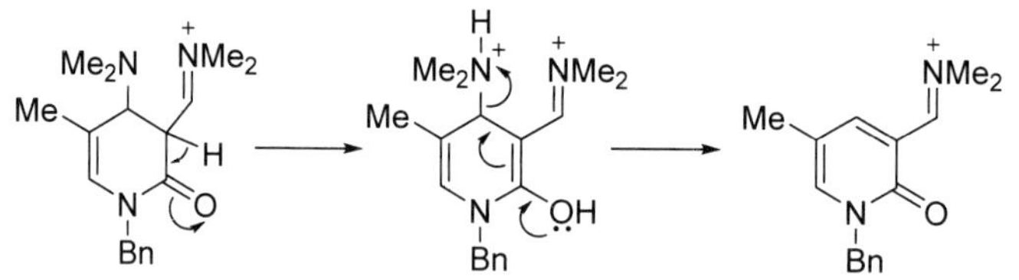

酰胺在 $POCl_3$ 的作用下转化为 2-氯吡啶正离子，此正离子在氯离子作用下脱除苄基：

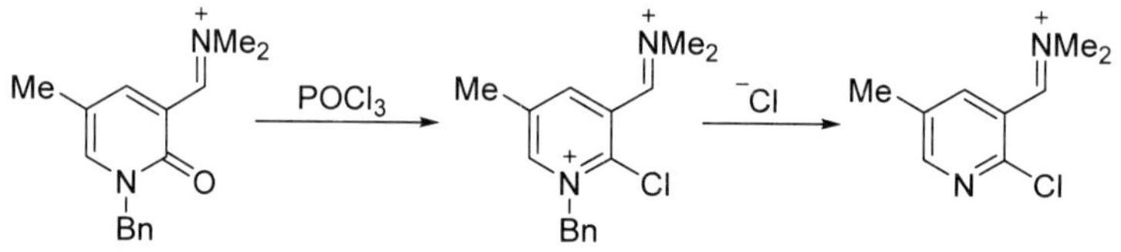

最后亚胺正离子经水后处理转化为甲酰基：

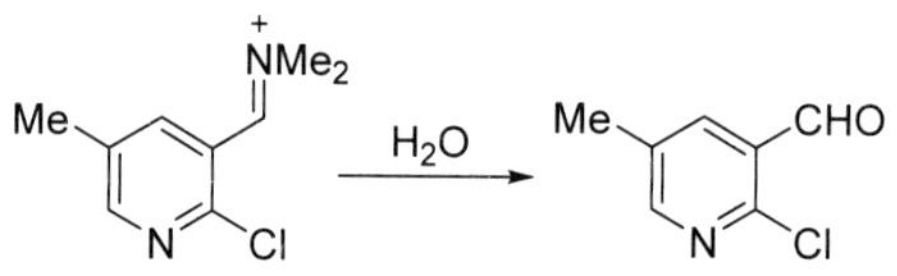

第 27 题

请画出中间体 **A** 的结构简式，并为这个转换提供其他合理的中间体：

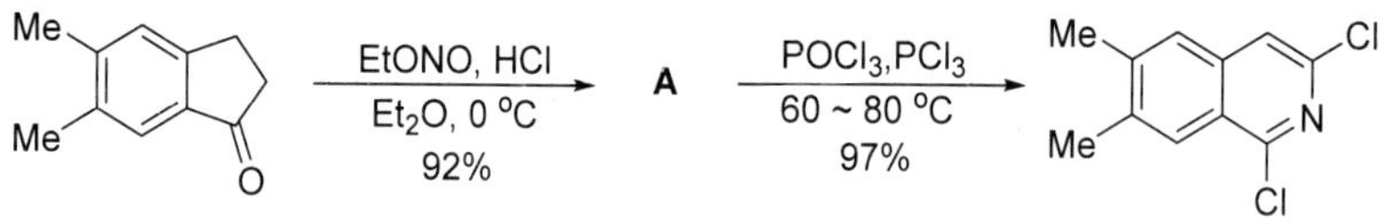

解答：

可认为亚硝酸乙酯在酸性溶液中是亚硝基正离子的替代物。羰基α位与亚硝酸乙酯在酸性溶液中进行α位的取代反应：

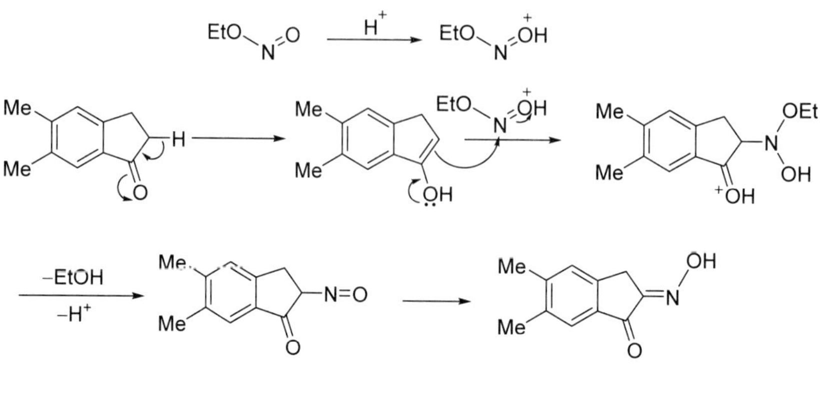

这个转换相当于酮羰基α位被亚硝基正离子取代。由于亚硝基可与肟互变异构，且肟比亚硝基更稳定，因此，化合物 **A** 的结构为：

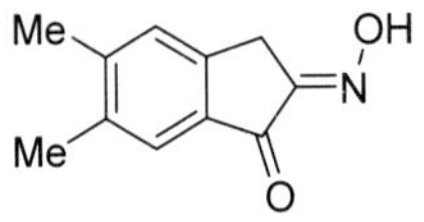

肟可以在酸性条件下进行 Beckmann 重排。在这个重排过程中，迁移基团为羰基，最后酰胺在 $POCl_3$ 的作用下被转化为氯取代的亚胺，实现芳构化。

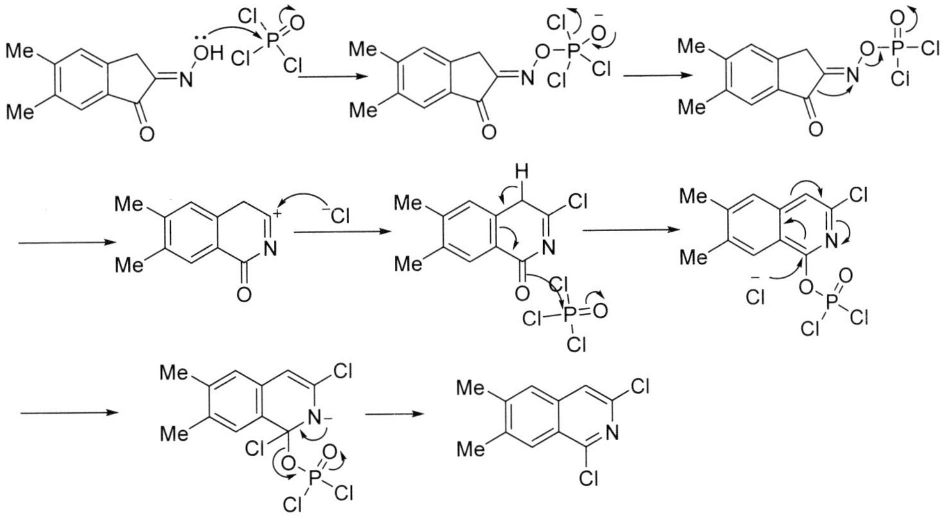

第 28 题

请为这个转换提供合理的中间体：

$$\xrightarrow[69\%]{h\nu,\ 0.2\ mol\cdot L^{-1}\ H_2SO_4}$$

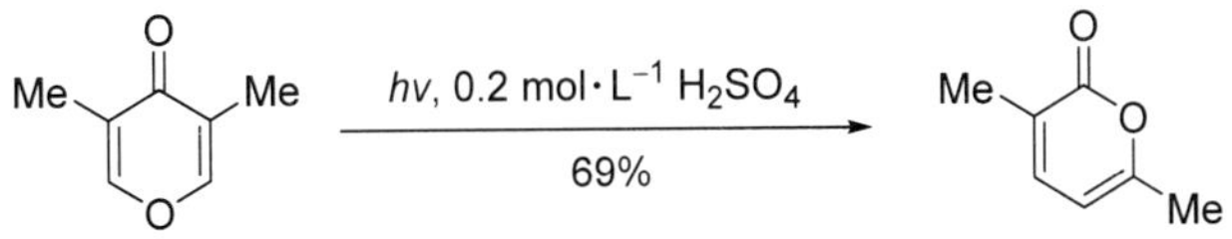

解答：

这是一个 Nazarov 反应。Nazarov 反应是二乙烯基酮类化合物在质子酸或路易斯酸作用下重排为环戊烯酮衍生物的一类有机化学反应。反应的关键步骤是一个五原子 $4n\pi$体系的电环化顺旋关环反应：

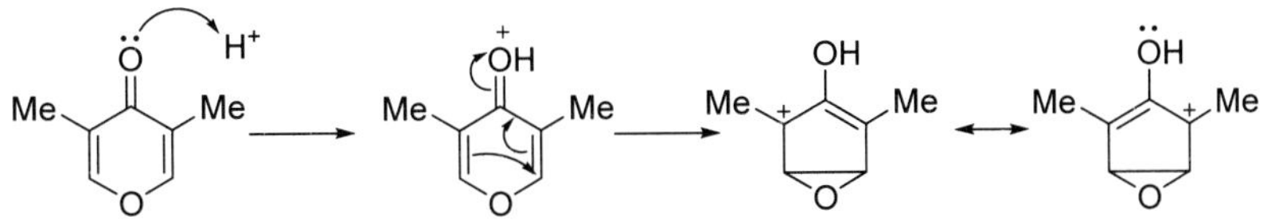

接着，烯醇转化为酮羰基的过程中发生类 E1cb 反应打开环氧环，氧负离子与相邻的碳正离子结合再次形成环氧环。接下来，在光的作用下，环氧开环，对羰基正离子亲核加成，重排后形成产物内酯。

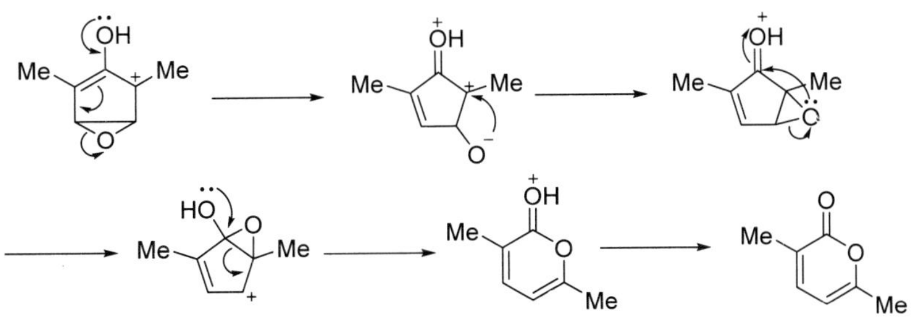

第 29 题

请为这个转换提供合理的中间体：

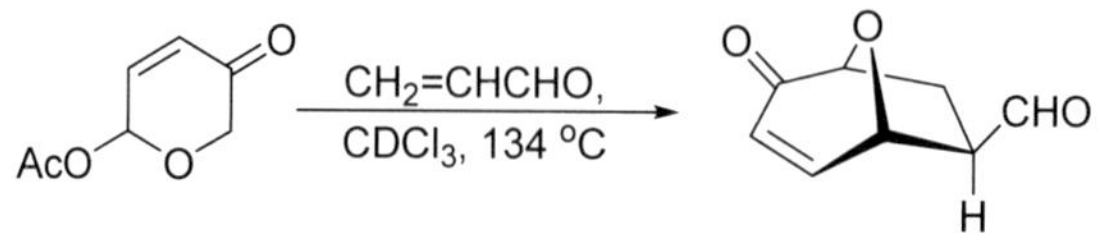

解答：

此反应底物具有独特的性质，六元环中氧的孤对电子可以参与到酯基中 C–O 键的反键轨道，易形成羰基正离子；而另一个酮羰基也可以互变异构形成烯醇式，使得这个六元环具有类似$(4n + 2)$ π 的芳香环体系：

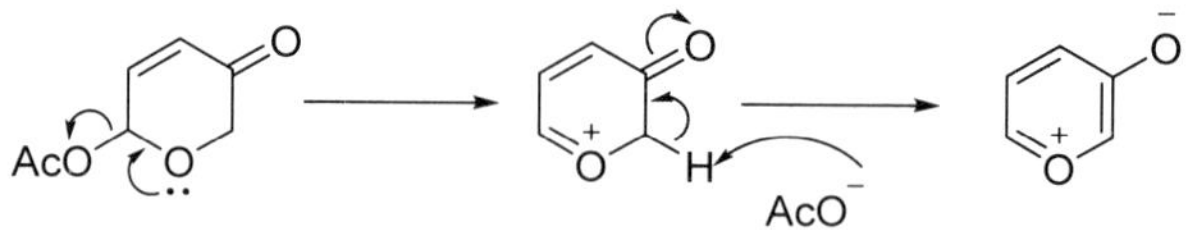

此六元环既具有强的亲电基团羰基正离子，也具有强的亲核基团烯醇负离子；此时，体系中加入了典型的 Michael 受体，烯丙醛。亲核基团烯醇负离子对烯丙醛进行 Miachael 加成，接着串联羟醛缩合反应，形成了目标产物：

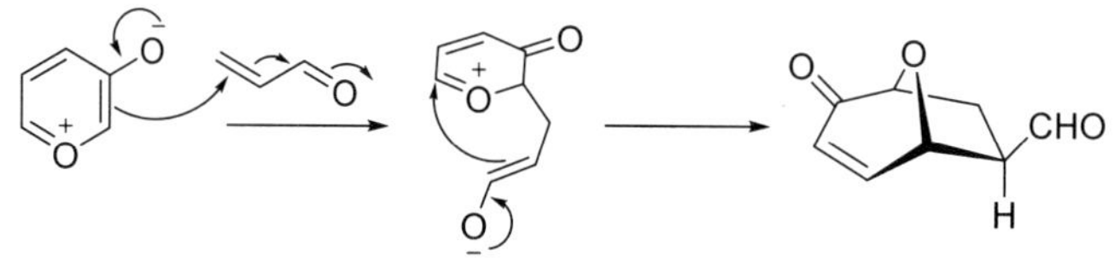

除了发生以上 Miachael 加成与羟醛缩合的串联反应外，也可以继续按照[3 + 2] 1,3-偶极环加成反应机理进行。

第 30 题

请完成以下反应式，并为这个转换提供其他合理的中间体：

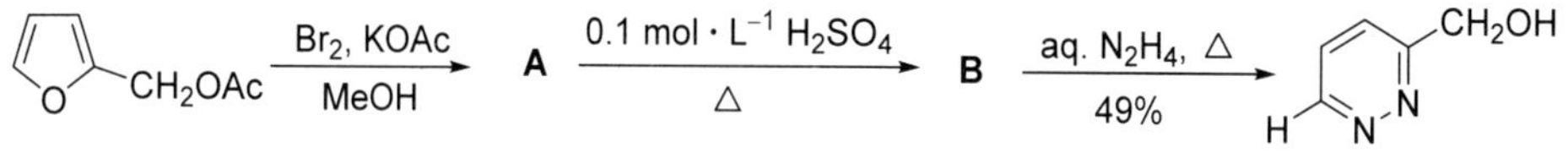

A 的分子式为 $C_9H_{14}O_5$。

解答：

这个问题的关键在于首先需要解决中间体 **A** 和 **B** 的结构。确定了它们的结构，才能对反应机理有准确的理解。采用逆推的方式可获得清晰的思考过程。从产物的结构，并结合另一个试剂水和肼分析，基本可以确定化合物 **B** 的结构为：

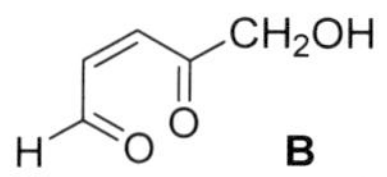

水合肼中的两个氨基分别与化合物 **B** 中的甲酰基和酮羰基反应形成芳香环：

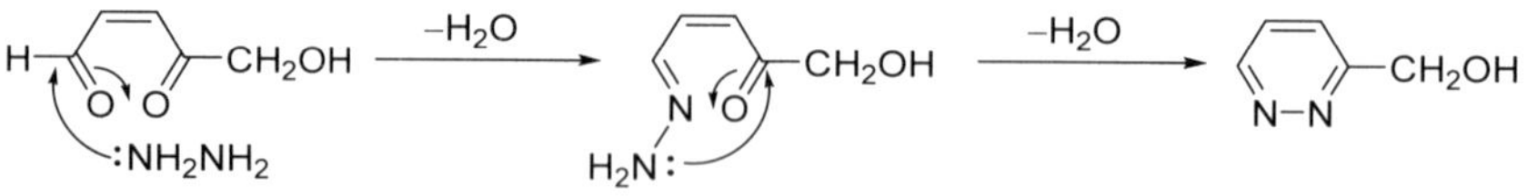

呋喃环酸性水解形成 1,4-二羰基化合物，与化合物 **B** 的结构对比，可以发现呋喃环在水解的过程中，发生了氧化反应，形成了一个碳碳双键。这个氧化剂应该是 Br_2，此转换过程的第一步反应应该是呋喃环在 Br_2 作用下的氧化反应。因此，化合物 **A** 酸性水解转化为化合物 **B** 的过程中，除了酯基水解外，还有就是被 Br_2 氧化后的呋喃环开环。以此，可以推导化合物 **A** 的结构可能为以下四个化合物中的一个：

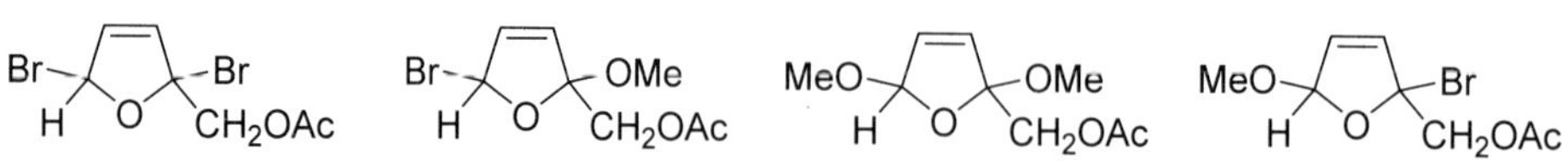

在以上结构分析的基础上，可以尝试写出底物乙酸-2-呋喃甲酯在 Br_2 作用下的氧化过程。首先，呋

呋喃环的 C5 位为富电子位点，最易与亲电试剂 Br_2 发生反应，形成三元环溴鎓离子：

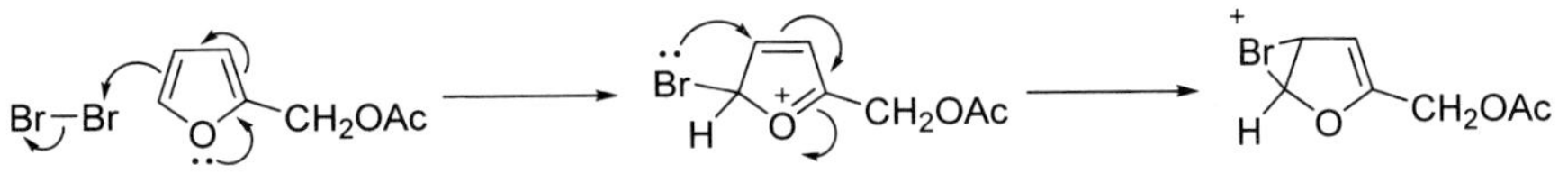

由于此反应体系的溶剂为亲核试剂甲醇，三元环溴鎓离子被甲醇亲核取代，该反应为 S_N2'反应机理：

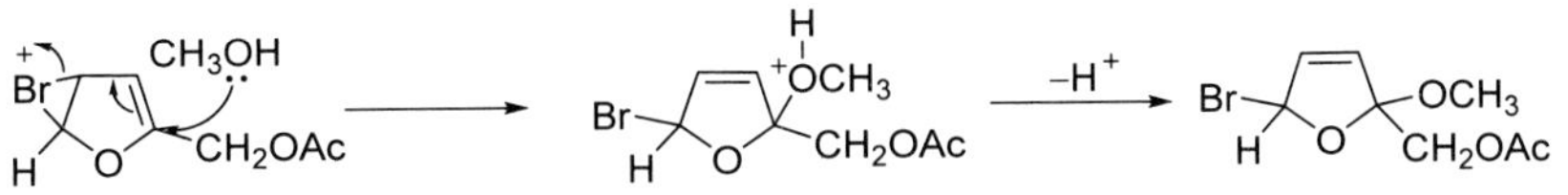

此处，请考虑是否可以发生直接的三元环溴鎓离子开环形成 C2 位甲氧基取代的产物。

由于氧孤对电子的异头碳效应，溴负离子离去形成羰基正离子，羰基正离子继续被甲醇进攻，形成缩醛：

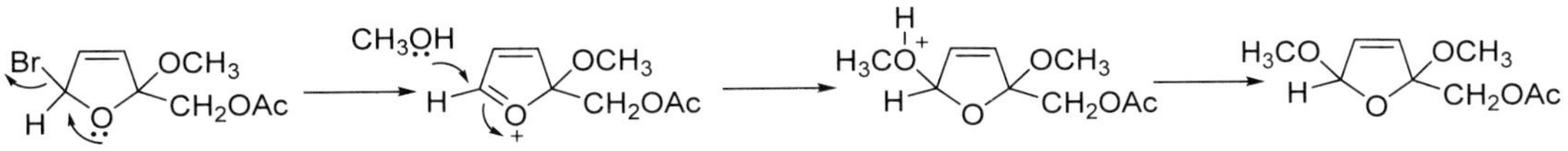

因此，化合物 **A** 的准确结构为：

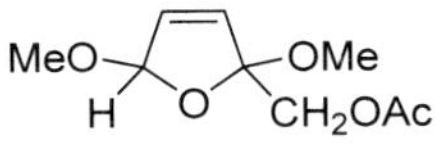

在此基础上，化合物 **A** 向化合物 **B** 的转化过程为：

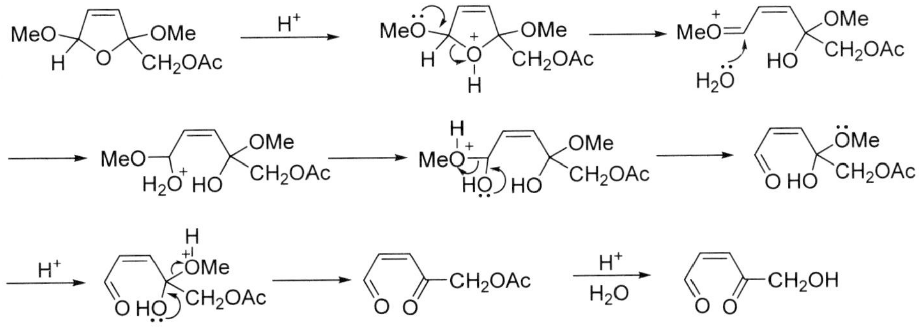

第 31 题

请为这个转换提供合理的中间体：

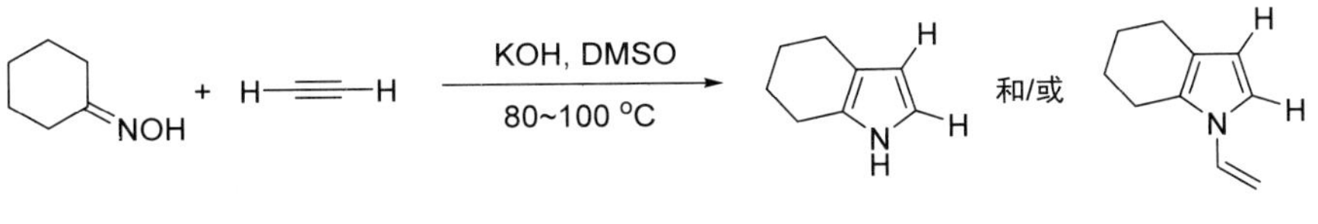

解答：

这是一个合成吡咯环的方法。与 Fischer 吲哚合成法相比，这是以肟为原料，期间也涉及了 N–O 键的断裂，以及六元环与炔烃的新 σ 键的形成。因此，这个过程基本上类似于 Fischer 吲哚合成法。肟羟基上的氢具有一定的酸性，在碱的作用下，氧负离子对炔烃进行亲核加成：

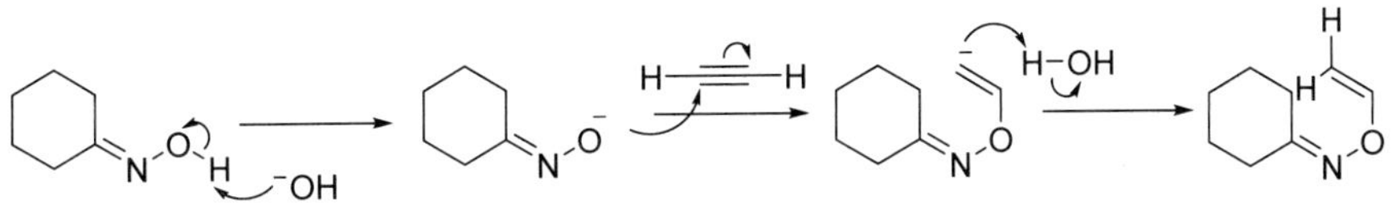

此时，这个中间体不能进行[3,3]-σ 重排，需要进行碳氮双键与碳碳双键的互变异构：

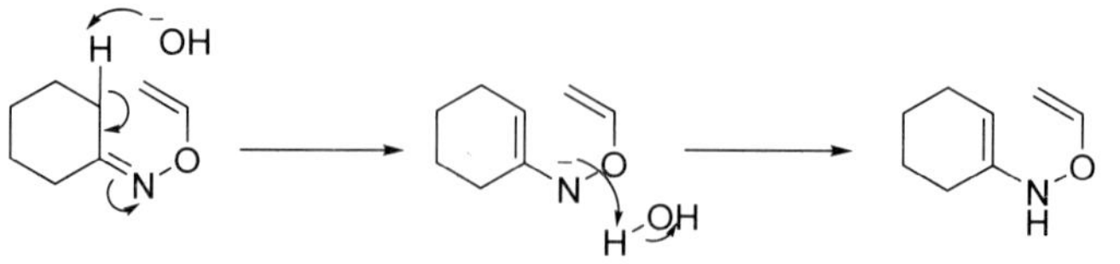

接下来，此中间体进行[3,3]-σ 重排，新形成的亚胺互变异构为烯胺；此氨基对甲酰基进行亲核加成，最后失水互变异构为吡咯环：

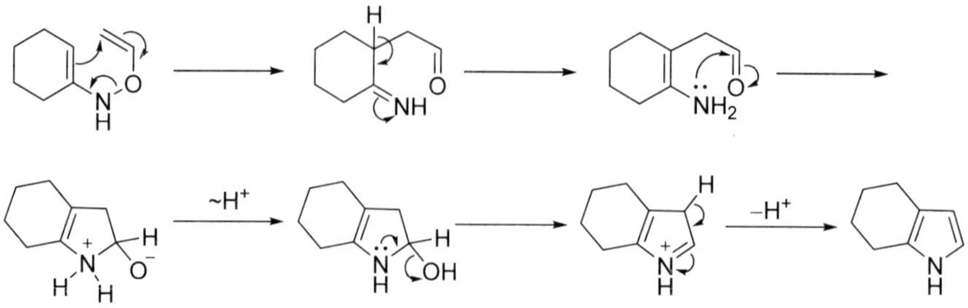

从产物的结构分析，另一个产物是在吡咯的氮原子继续对炔烃的亲核加成。吡咯的氮原子上孤对电子参与了吡咯的芳香共轭体系，其亲核能力较弱，但在碱的作用下，吡咯环被攫取氢，形成氮负离子，亲核性增强，接着对炔烃亲核加成，转化为目标产物：

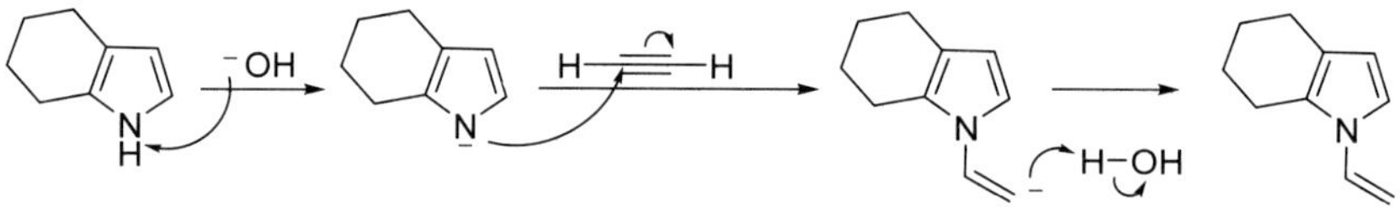

❖第 32 题

请为这个转换提供合理的中间体：

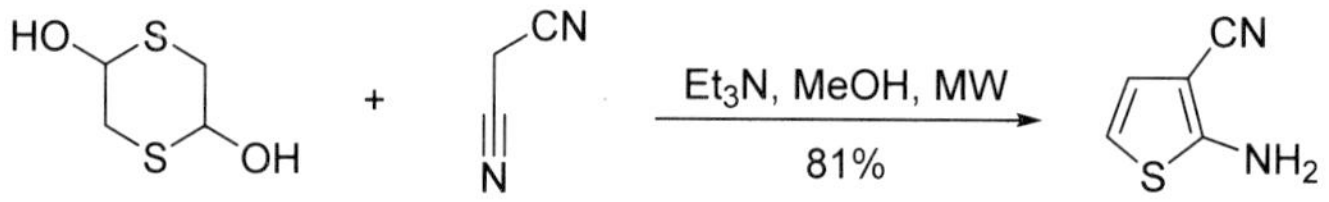

$$\text{Et}_3\text{N, MeOH, MW};\ 81\%$$

解答：

此题介绍了一种噻吩环的合成方法。从产物的结构分析，这个产物中噻吩环的右半部分来自于原料丙二腈。丙二腈包含了两个反应位点：具有亲电能力的氰基中碳原子和具有亲核能力的、被两个吸电子氰基取代的亚甲基中碳原子。产物噻吩环的左边部分来自于另一个原料，但原料的碳原子和硫原子数量正好是所需的二倍。因此，这个反应的启动点应该是原料二聚体解聚形成 2-巯基乙醛：

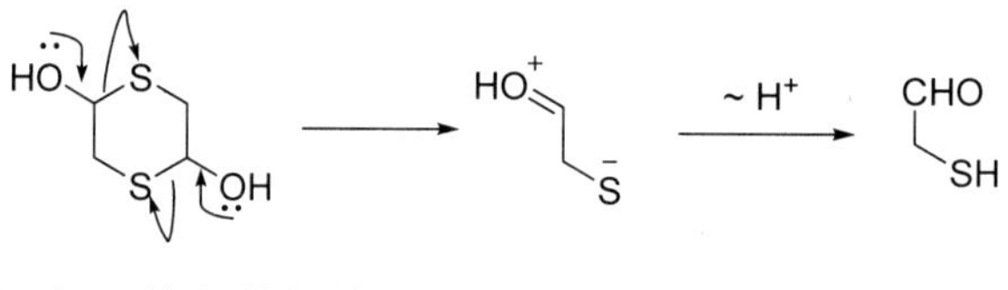

在这个过程中，也可以理解为羟基上的氢被三乙胺攫取，增加了氧的给电子能力，促使二聚体的解聚加快。

2-巯基乙醛与丙二腈发生羟醛缩合反应，这是一个经典的碱性条件下的反应过程：

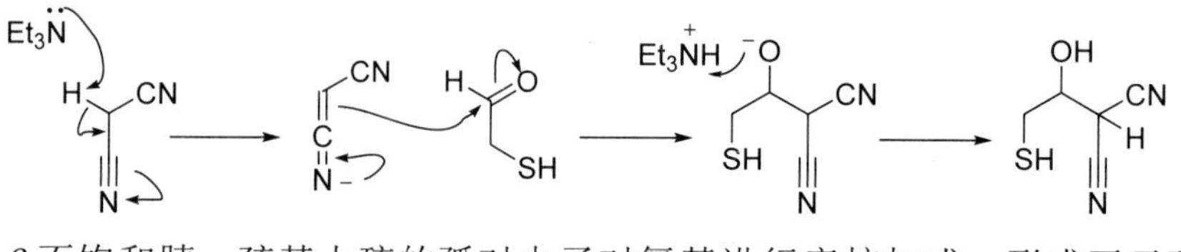

脱水后转化为α,β-不饱和腈，巯基上硫的孤对电子对氰基进行亲核加成，形成五元环，然后质子转移并芳构化形成噻吩环。

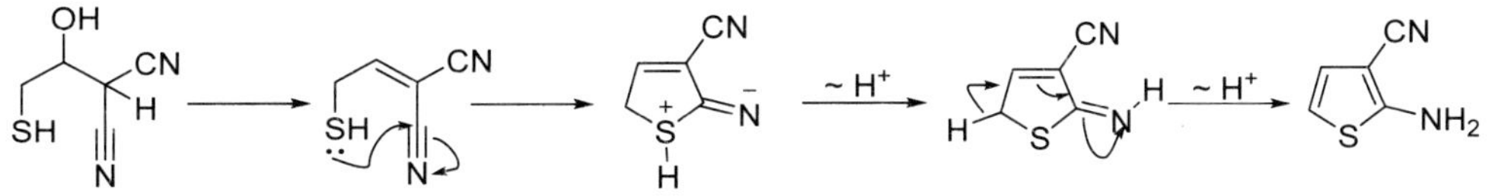

第 33 题

请画出中间体 **A** 的结构简式，并为这个转换提供其他合理的中间体：

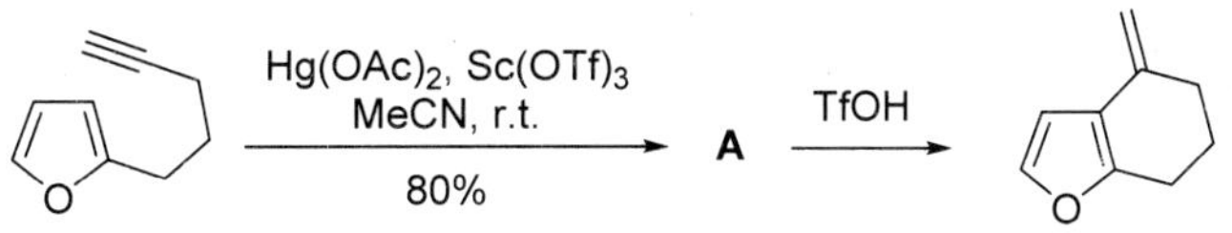

$Hg(OAc)_2$, $Sc(OTf)_3$, MeCN, r.t., 80%; **A**; TfOH

解答：

从产物的结构分析，呋喃环与炔基形成了六元环，考虑到呋喃环是一个富电子体系的芳环，反应的基本条件应该是 Lewis 酸催化的，因此对于这个反应，需要考虑将炔基转化为一个亲电基团。炔烃与醋酸汞水溶液反应转化为酮是炔烃的基本反应，在这个过程中，炔烃的π电子与醋酸汞发生亲核取代反应，形成烯基正离子。呋喃环与烯基正离子发生芳香亲电取代反应。此时，需要清楚呋喃的哪个位点更容易发生芳香亲核取代反应。在呋喃的α-位形成螺环后，发生碳正离子的 1,2-重排，五元环转化为六元环：

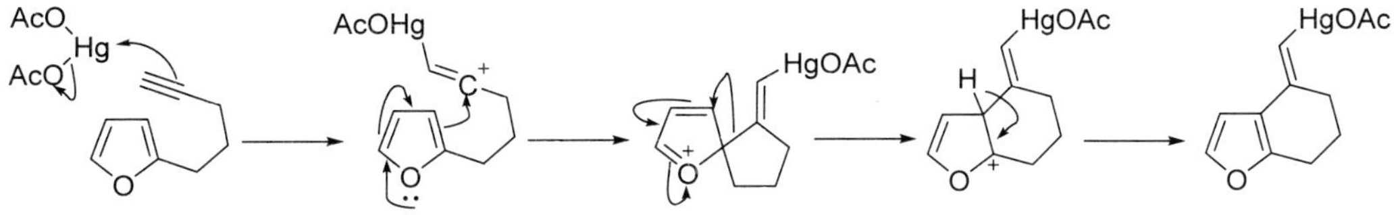

所以，化合物 **A** 的结构为：

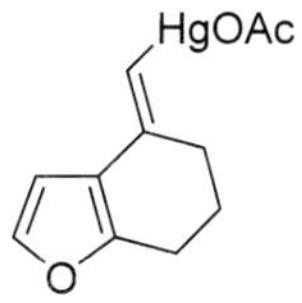

接下来是烯基汞在酸性条件下转化为烯烃：

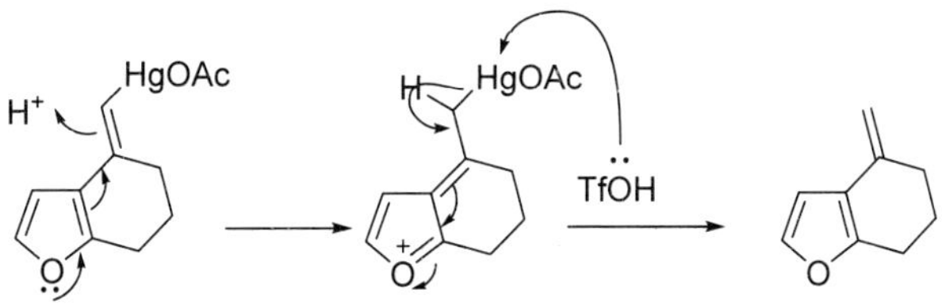

第 34 题

请为下面木糖 (xylose)转换为糠醛 (furfural)提供合理的中间体：

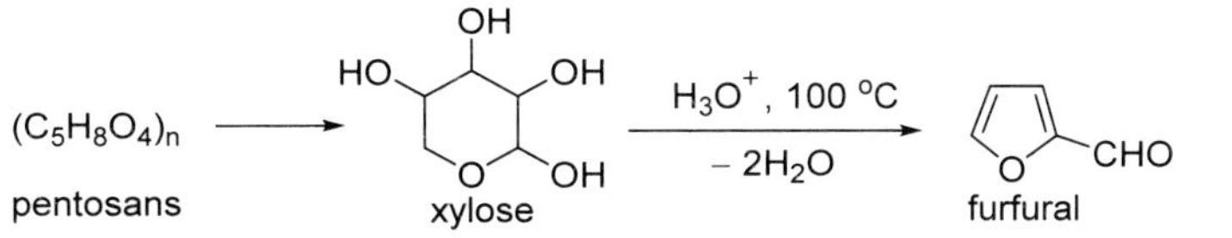

$(C_5H_8O_4)_n$ pentosans → xylose；H_3O^+, 100 °C, $-2H_2O$ → furfural

解答：

这是工业以戊聚糖（pentosans）为原料在酸性条件下生产糠醛 (furfural)的方法。戊聚糖在酸性条件下解聚转化为木糖（xylose）。这个反应的启动点在于酸性条件下的半缩醛水解转化为醛，此时在体系中存在多个羟基，酸性条件下脱水后，应该优先考虑脱水形成的双键须与甲酰基共轭。符合这个条件的羟基有两个：甲酰基的α和β位；考虑到后续需要形成呋喃五元环，因此，此时离去的羟基应该是β位的，形成α-羟基丙烯醛衍生物，互变异构为α-羰基醛。在酸性条件下，此酮羰基被一级醇亲核加成形成四氢呋喃环，在经过两次脱水反应后转化为2-呋喃甲醛，俗称糠醛。

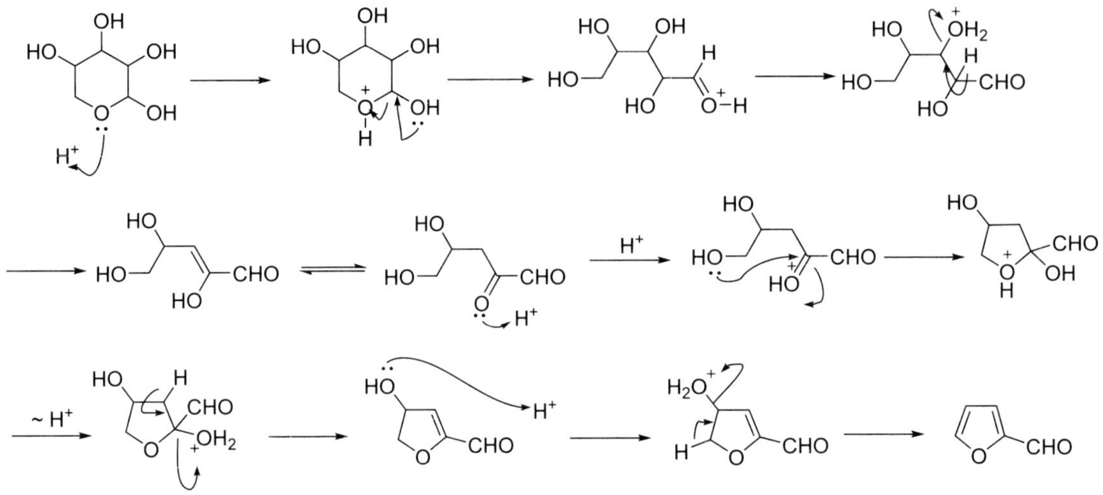

第35题

请画出中间体 **A** 的结构简式，并为这个转换提供其他合理的中间体：

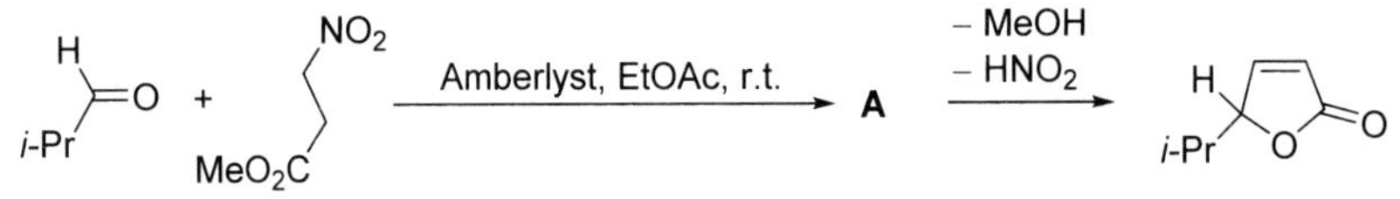

解答：

Amberlyst 是一种强酸性的离子交换树脂，因此，这个转换的第一步属于酸性条件下的羟醛缩合反应。在进行反应前，需要清楚在硝基和酯基取代的底物中哪一个位点具有更强的亲核能力或哪一个位点的氢具有更强的酸性。那么，很明显，硝基的吸电子能力明显强于酯基，对异丁醛中甲酰基进行亲核加成的应该是硝基取代的那个位点：

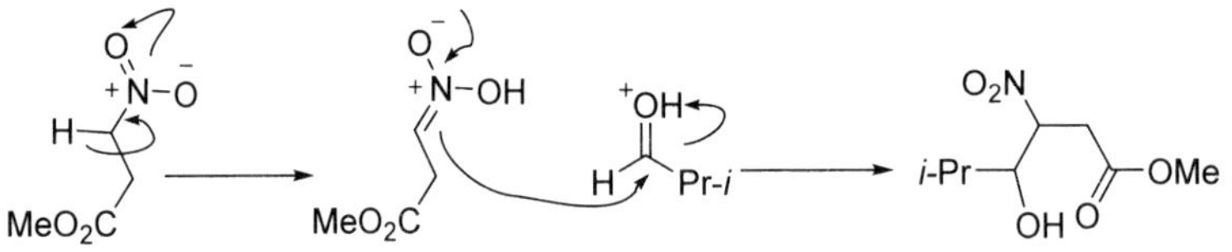

考虑在后续的过程中，还要失去甲醇，因此形成化合物 **A** 时还没有转化为内酯。化合物 **A** 的结构式为：

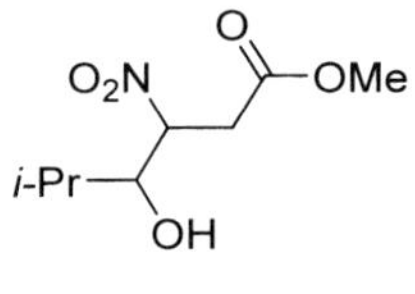

然后，进行分子内酯化反应形成内酯。在这个内酯形成的过程中，可以考虑两个途径；一是在酸性条件下羟基对羰基正离子的亲核加成；另一种是羟基被质子化失水形成碳正离子，然后与羰基氧反应。此处，只画了前一种转换过程：

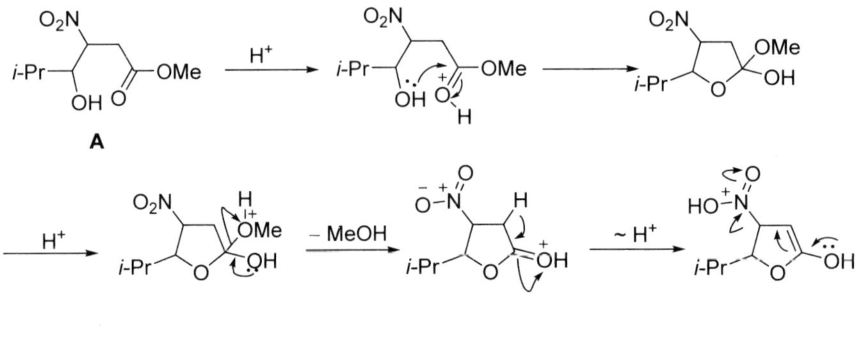

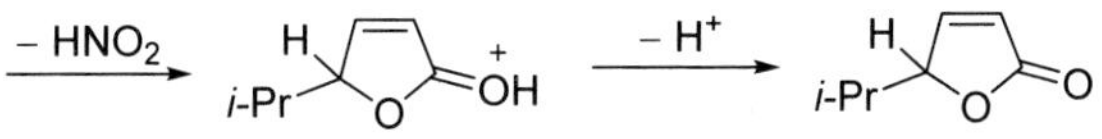

形成内酯后，再发生消除反应形成碳碳双键，当然也可以直接发生β-消除失去 HNO_2 形成双键。这里画得更为复杂一些，供大家参考。

❖第 36 题

请画出中间体 **A** 的结构简式，并为这个转换提供其他合理的中间体：

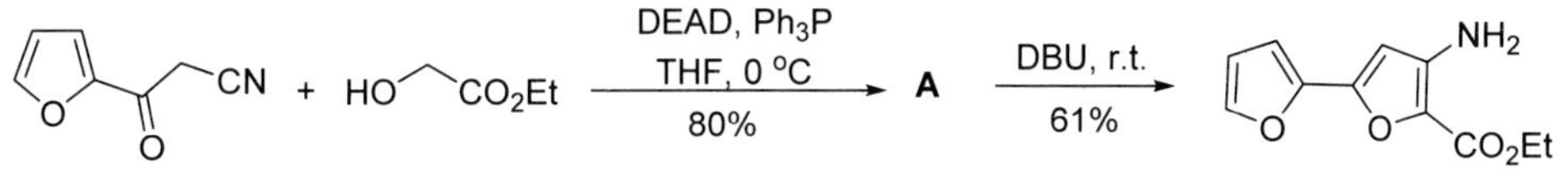

解答：

在第一步反应中，是典型的 Mitsunobu 反应的条件。此反应通常是一级或二级醇在偶氮二羧酸二乙酯 (DEAD) 与三苯基膦作用下转化为亲电试剂，接着与亲核基团发生取代反应。因此，首先需要增加一级醇羟基连接的碳原子的亲电能力；但是，羟基通常为亲核位点，这就需要另一个亲电试剂将其转化。在此体系中，偶氮二羧酸二乙酯通常为亲电试剂，三苯基膦为亲核试剂，这两者首先作用，氮氮双键被打开，形成的氮负离子攫取羟基上氢，羟基转化为氧负离子增加了其亲核能力，接着与鳞正离子反应：

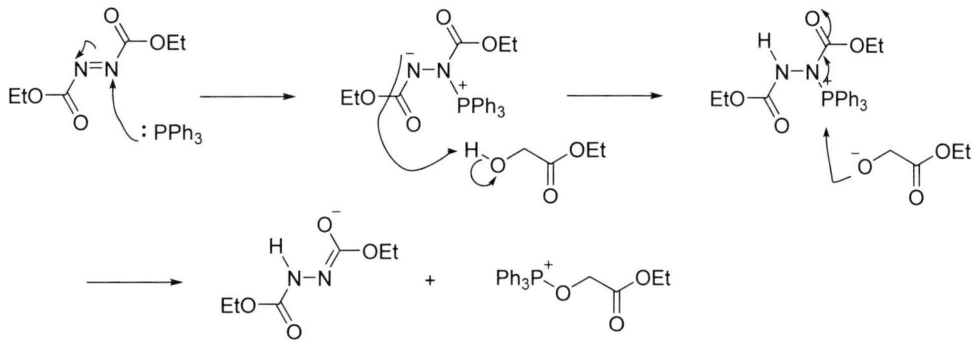

此时，需要一个亲核试剂，底物是一个活泼亚甲基，失去质子后的烯醇负离子具有亲核性，发生 O-烷基化反应，得到中间体 **A**：

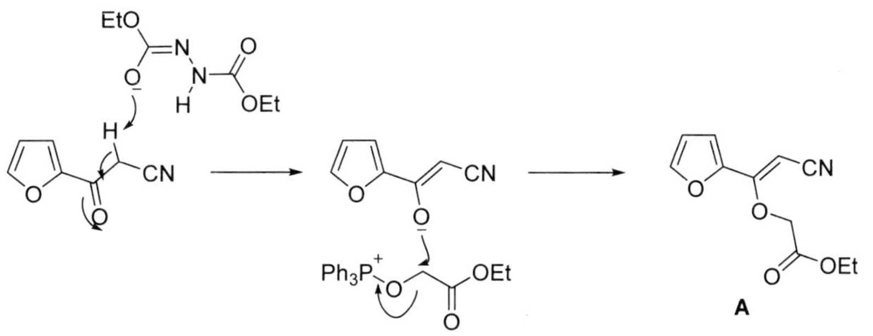

此时，需要考虑的是烯醇负离子中存在两个亲核位点，亲核性较硬的氧负离子和软的位点碳端，那么如何判断另一个反应物中碳端的亲电性？由于鳞正离子的吸电子能力以及磷氧间的强成键能力，氧对碳原子的吸电子诱导作用进一步加强，增加此碳原子的亲电能力。

当然，也可以从最终产物的结构来判断化合物 **A** 的结构，从最终形成的呋喃环结构也可以判断在前一步的反应中也是羰基氧（或烯醇负离子中氧端）进行了亲核取代反应。

在第二步形成呋喃环的反应中，其主要反应是酯基的α位对氰基的亲核加成。在碱作用下，酯基的α-氢被攫取，形成烯醇负离子。此烯醇负离子的碳端对氰基进行亲核加成，形成五元环，接着互变异构为产物呋喃环。

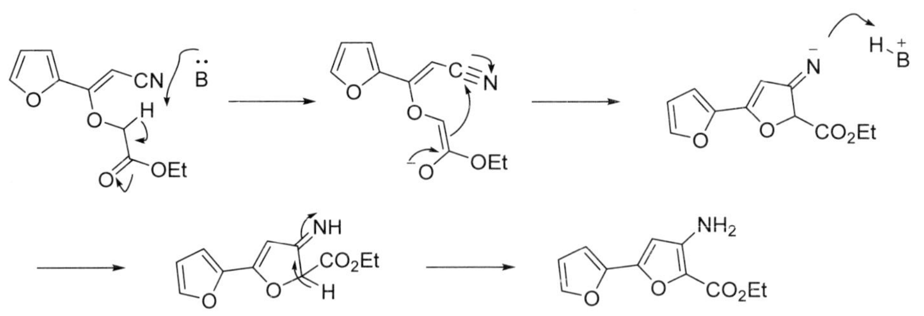

第 37 题

请为这个转换提供合理的中间体：

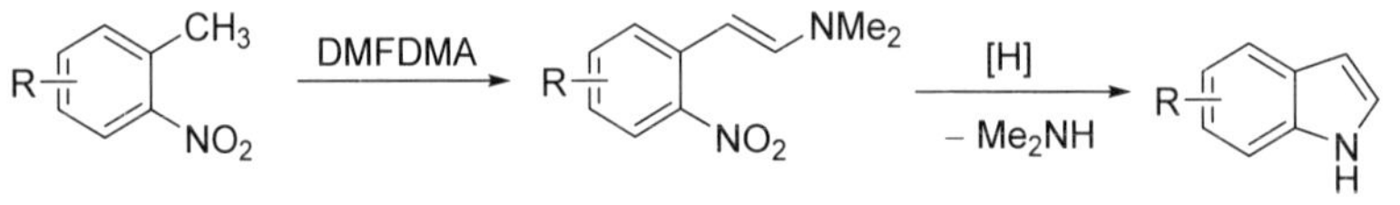

解答：

DMFDMA 的结构为：

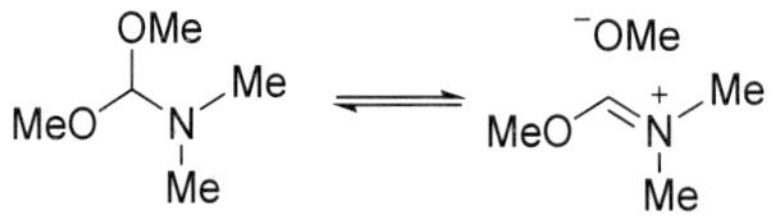

这是 Vilsmeier 试剂的替代试剂。通常 Vilsmeier 试剂与富电子体系的芳环、烯烃或 1,3-二烯反应引入甲酰基。那么，在此硝基取代的甲苯衍生物中，由于硝基的强吸电子作用，苄位上的氢酸性大幅度增加。在碱的作用下，攫取苄位的氢后，苄位的碳负离子对 Vilsmeier 试剂中的亚胺正离子进行亲核加成，然后分子内亲核取代，再次形成亚胺正离子，然后转化为烯胺。此时，烯胺中的双键与苯环共轭：

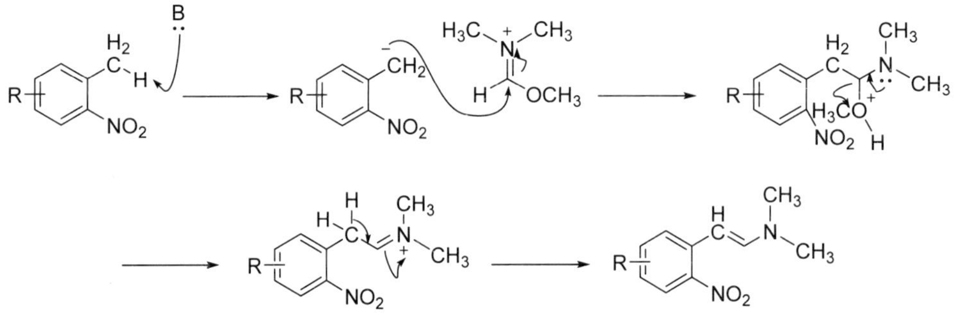

在后续的还原过程中，硝基被还原为氨基，迅速进行分子内反应。此时，需要清楚的是烯胺需要再次转化为亚胺正离子，以利于后续的关环反应。接下来的过程与 Fischer 吲哚合成法一致，此处不再赘述。

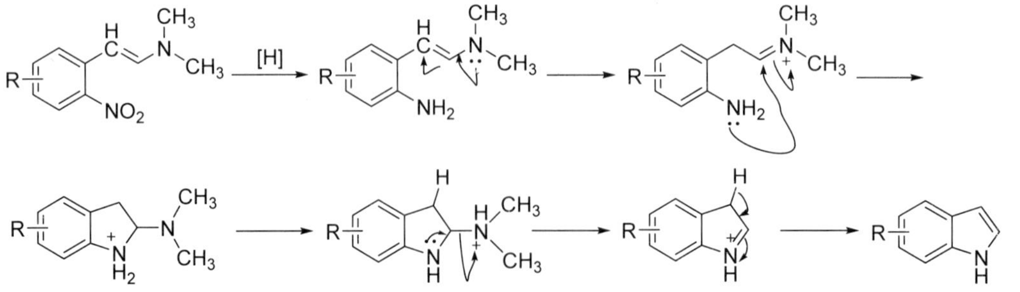

第 38 题

请为这个转换提供合理的中间体：

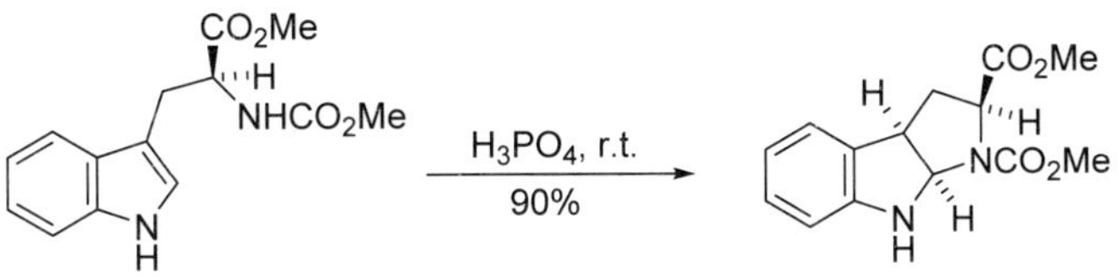

依据以上反应方式，写出以下反应的产物：

解答：

这是吲哚环的衍生化反应。吲哚环是一个富电子体系，尽管碳酰胺中氮原子的孤对电子与羰基共轭，其亲核能力降低了，但是它还是亲核位点，所以，为了实现这个反应，需要将富电子的吲哚的α位转化为亲电位点。反应在酸性条件下进行，吲哚环β位与质子反应，相当于烯胺转化为亚胺正离子，接着碳酰胺氮的孤对电子对亚胺正离子进行亲核加成：

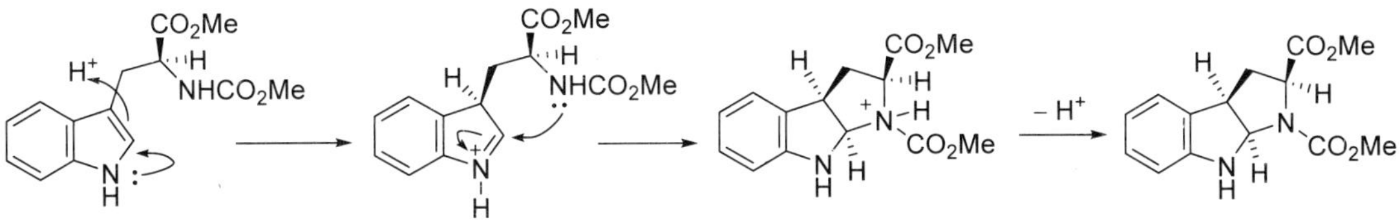

对于第二个反应，反应条件有所变化，NBS 代替了磷酸，相当于 NBS 提供了体系所需的正离子 Br^+。那么。仿照以上的反应过程，反应首先形成中间体：

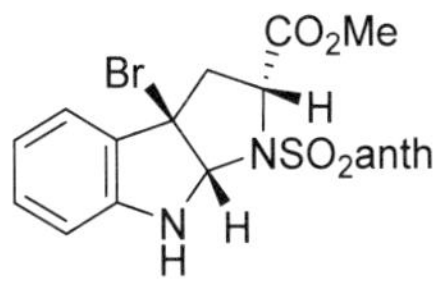

接着在三乙胺的作用下发生消除反应，芳构化成吲哚环。因此，此反应产物的结构为：

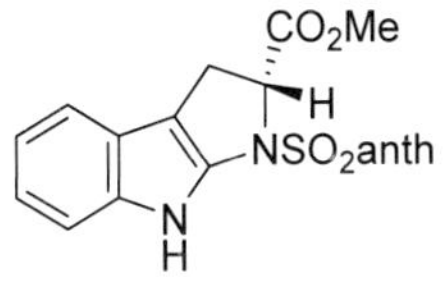

完成此任务后，请思考，在磷酸的作用下生成的产物中两个五元环为顺式并环；而在 NBS 作用下，也应该是顺式并环，那为何可以发生消除形成吲哚环？

第 39 题

请为这个转换提供合理的中间体：

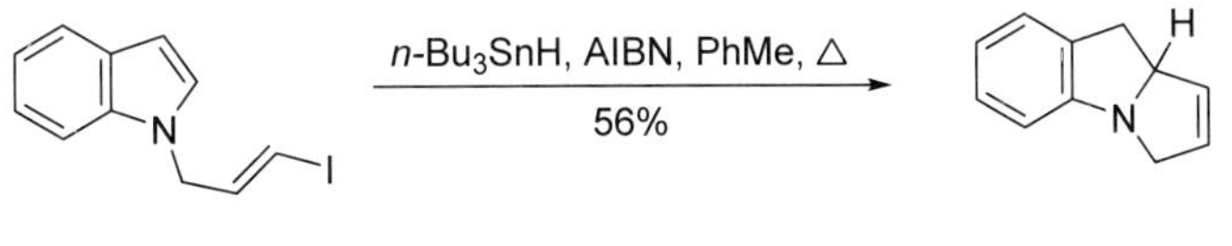

解答：

这是一个自由基反应。自由基引发剂偶氮二异丁腈（AIBN）在加热下失去氮气，形成异丁腈基自由基：

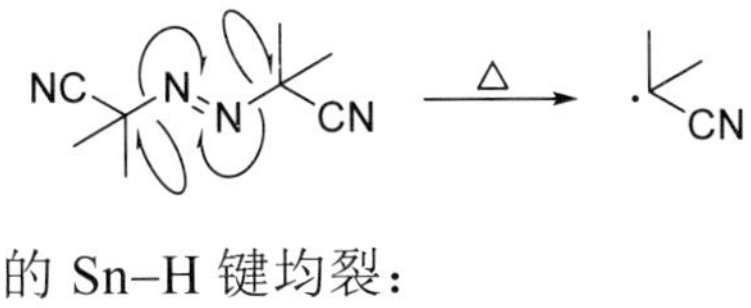

异丁腈基自由基可以使 n-Bu_3SnH 的 Sn–H 键均裂：

接下来的过程开始由三正丁基锡基自由基主导反应过程：

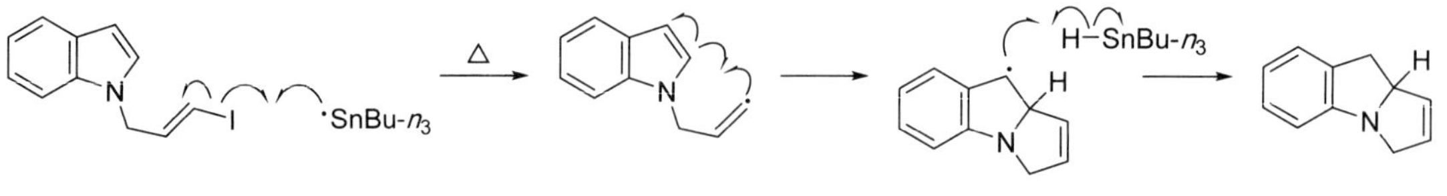

三正丁基锡基自由基使 C–I 均裂，形成烯基自由基，烯基自由基不是一个稳定的自由基，迅速与吲哚环的碳碳双键反应，形成五元环并五元环，并在苄位形成自由基。此自由基相对比较稳定，接着此自由基与三正丁基锡烷反应转化为产物，新形成的三正丁基锡基自由基继续参与反应中。

第 40 题

请为这个转换提供合理的中间体：

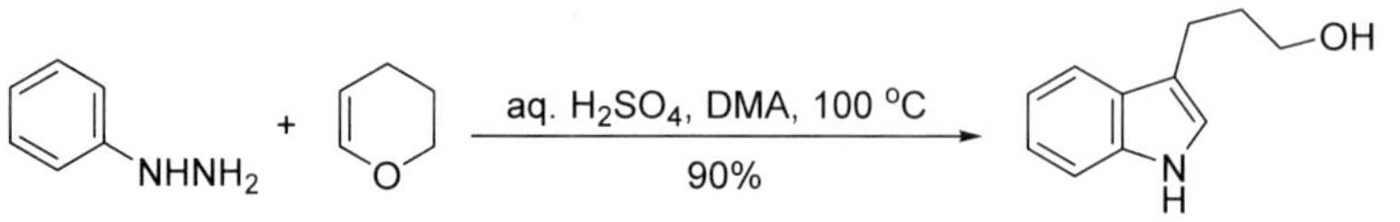

解答：

这是以苯肼为原料合成吲哚的反应，与经典的 Fischer 吲哚合成不同的是，在 Fischer 吲哚合成法中通常使用的是醛或酮，而此反应是烯醇醚二氢吡喃作为醛或酮的替代物。烯醇醚可以认为是半缩醛或半缩酮发生失水反应后的产物，但它是一个富电子的双键，需要将其转化为亲电位点后才能与苯肼反应。

烯醇醚与质子反应，形成羰基正离子：

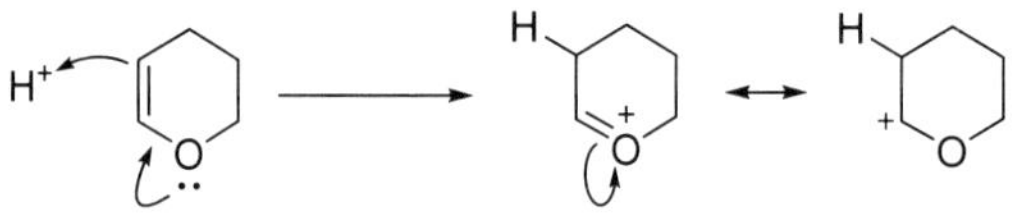

羰基正离子被苯肼中氮原子的孤对电子进攻（此时需要清楚两个氮原子的区别）：

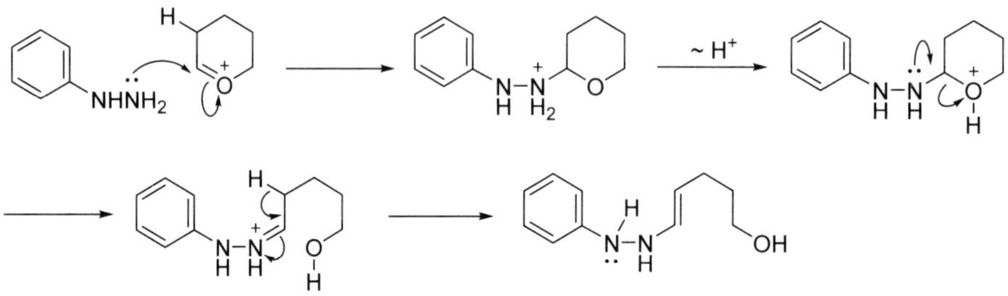

接着分子内的亲核取代打开六氢吡喃环，形成亚胺正离子。亚胺正离子互变异构转化为烯胺。后续的过程与 Fischer 吲哚合成过程完全一致，[3,3]-σ重排使氮氮键断裂，此后的过程不再赘述。

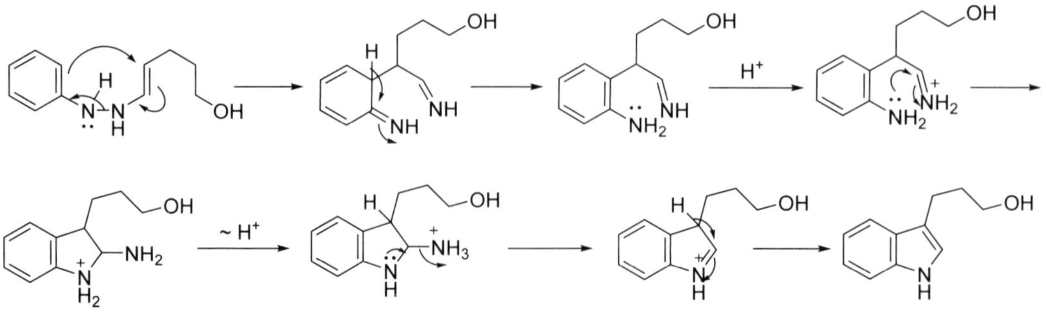

❖第 41 题

请为此反应提供合理的中间体：

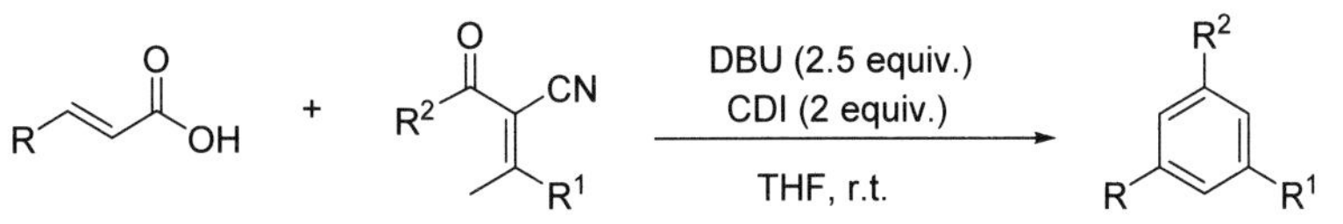

DBU (2.5 equiv.)
CDI (2 equiv.)
THF, r.t.

解答：

这两个底物看上去均是α,β-不饱和羰基化合物，两者的碳碳双键均属于 Michael 加成反应的受体。从产物的结构分析，两反应底物应该先进行分子间反应，接着发生分子内反应，失水后芳构化形成苯环。因此，需要从这两个底物中找到亲核的位点。观察与 R^1 处在同一个碳原子上的甲基为烯丙位甲基，并是两个吸电子基团取代的碳碳双键的烯丙位，这是一个很好的亲核位点。

N,*N*-碳酰二咪唑（CDI）是一个羧酸与醇或胺反应形成酯或酰胺的活化试剂。由于咪唑的芳香性，使得与羰基连接的氮原子的孤对电子与羰基的共轭作用被消弱，此酰胺的碳氮键明显弱于常见的酰胺键。在反应中，CDI 也是用于活化羧基，从而使与其共轭的碳碳双键更为亲电。因此，首先羧酸与 CDI 反应：

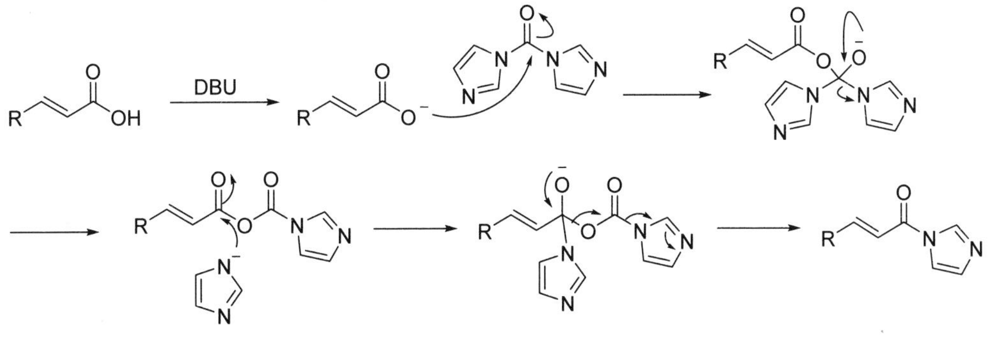

DBU

另一个底物甲基上的氢被 DBU 攫取转化为具有亲核能力的反应位点：

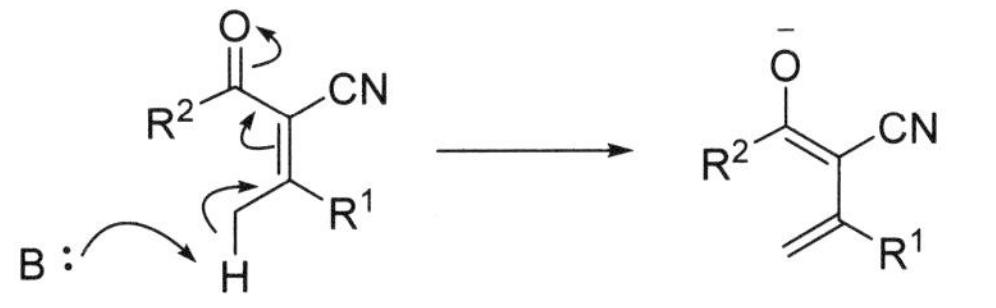

这两者之间发生 Michael 加成反应，接着串联羟醛缩合反应形成六元环，失水后形成 1,3-环己二烯，最后芳构化形成产物。

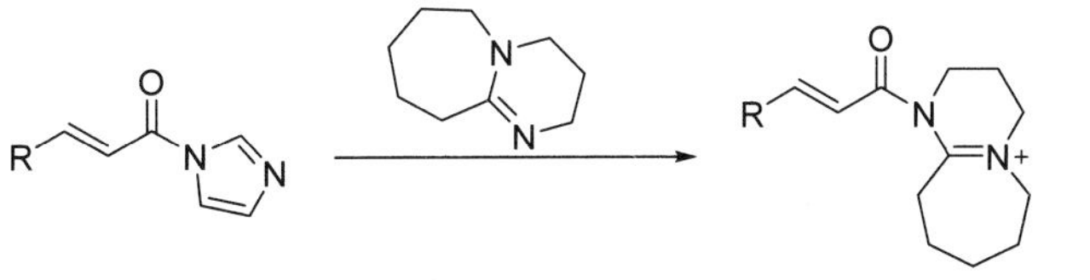

说明：这一步转换不一定是必要的，酰基化 CDI 可以直接参与后续转换。

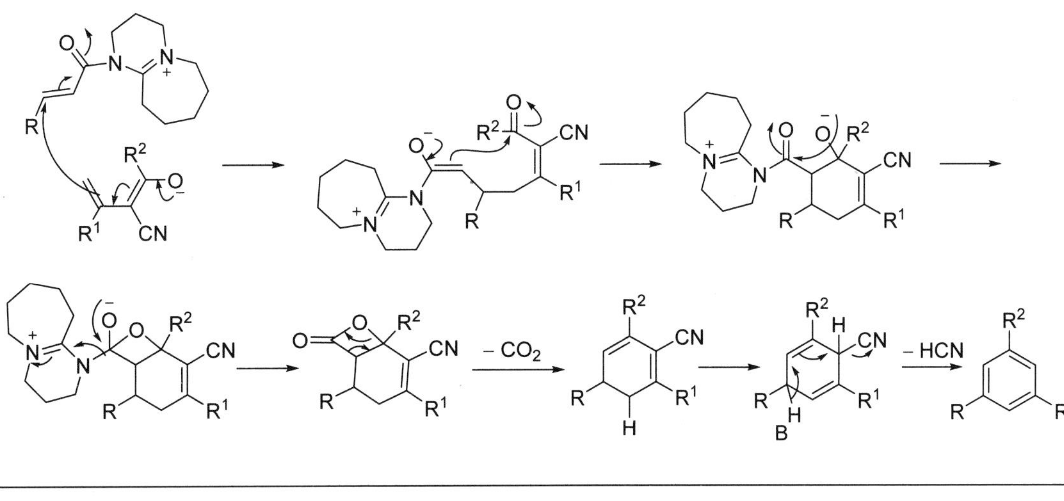

$-CO_2$　　$-HCN$

❖第 42 题

请为此反应提供合理的中间体：

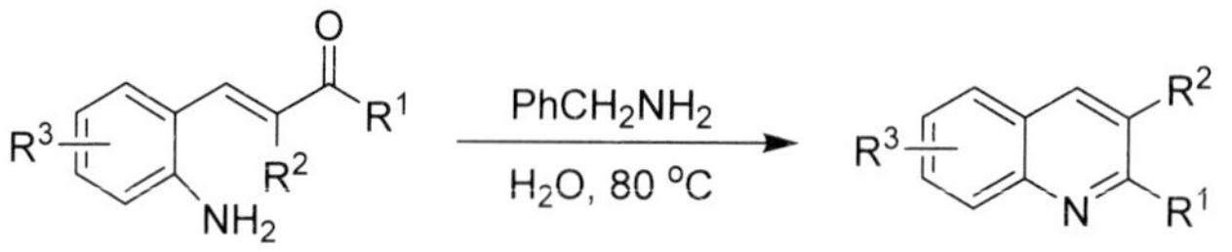

说明：R^3 在苯环上任意位置取代均可以。

解答：

这个反应看上去非常简单，就是氨基与酮羰基失水形成亚胺。但是，在完成任何一个反应机理前，需要认真观测原料与产物之间的结构区别。在原料中，碳碳双键的取代基芳环与 R^2 处在顺式；而在产物中，这两者处在了反式，这个结果表明在反应过程中，碳碳双键的构型发生了转换。那么这个转换是如何实现的？碳碳双键的构型转换通常在光照或加热下利用碘催化作用下进行的。而在这个反应中，并没有这些类似的条件。这就需要考虑反应体系中的另一个亲核试剂：苄胺。

苄胺与α,β-不饱和酮发生 Michael 加成反应，碳碳双键转化为单键，此时 σ 键可以自由旋转，酮羰基与氨基反应形成亚胺，然后转化为烯胺，经过 E1cb 反应机理芳构化，苄胺作为离去基团离去。

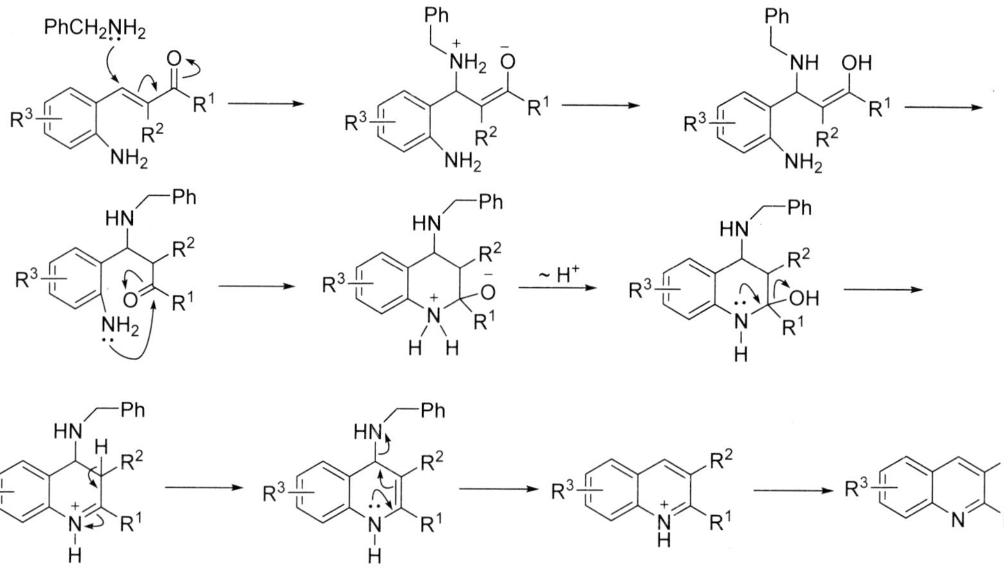

❖第 43 题

请画出中间体 **A** 的结构式，并为这个转换过程提供合理的中间体：

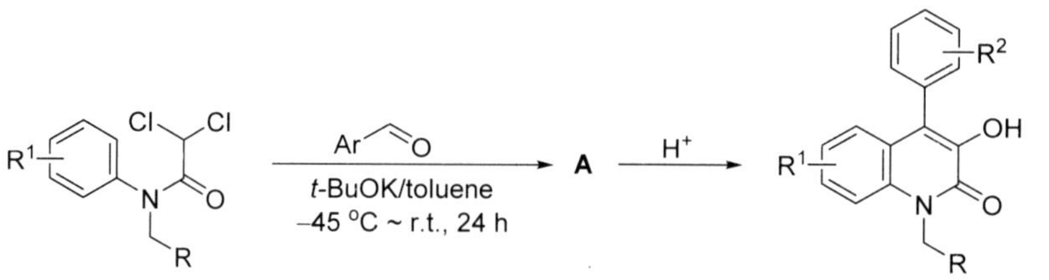

解答：

此转换的第一步反应是一个非常典型的 Dazen 反应。羰基的α-氢在三个吸电子基团的作用下具有较强的酸性，但是还需要使用一些亲核能力很弱的或大空阻的碱（避免与氯发生亲核取代反应），如氨基钠或叔丁醇钾。具体过程如下：

叔丁醇钾攫取酰胺的α-氢，转换为烯醇负离子，接着与芳香醛发生亲核加成反应，新形成的氧负离子进行分子内亲核取代反应形成环氧，也就是化合物 **A**：

第二步反应在酸性条件下进行，且是与苯环形成 C–C 键的反应。从结果分析，这是芳环的芳香亲电取代反应。环氧中氧原子被质子化，氨基的邻位对环氧正离子进行亲核取代，打开环氧三元环的同时形成了六元环，接着芳构化。最后发生消除反应，形成共轭双键，转化为目标产物。

在最后一步构建芳环的过程中，也可以考虑羟基氧亲核取代，氯负离子离去，形成羰基正离子，接着互变异构即可。

第 44 题

番木鳖碱(strychnine)是从中药马钱子中分离的一种吲哚生物碱。在过去的 200 年中，有机化学家对此类化合物的研究做出了很多出色的工作。1947 年，Robert Robinson 因其在马钱子碱和其他生物碱等方面的杰出工作荣获诺贝尔化学奖。以下是 1999 年 Bosch 对映选择性合成番木鳖碱的最后一步，其原料为 Wieland-Gumlich 醛：

$CH_2(COOH)_2$, Ac_2O; NaOAc, AcOH, 110 °C; 49%

Wieland-Gumlich aldehyde　　strychnine

请为这个转换过程提供合理的中间体。

解答：

这个反应的底物结构看上去非常复杂，但实际上只在半缩醛和氨基两个位点进行了反应。首先，半缩醛可以在醋酸的作用下形成羰基正离子。与羰基正离子反应需要一个亲核试剂：

丙二酸α位的碳亲核能力相对较弱，需要将其转化为酸酐才能增加其亲核能力：

$CH_2(COOH)_2 + Ac_2O \xrightarrow{NaOAc,\ AcOH,\ 110\ ^\circ C}$ $CH_2(COOCOCH_3)_2$ → 烯醇负离子（^-O–C(OCOCH$_3$)=CH–COOCOCH$_3$）

此烯醇负离子与羰基正离子进行羟醛缩合反应，接着混合酸酐与二级氨基形成酰胺，水解脱羧转化为产物。

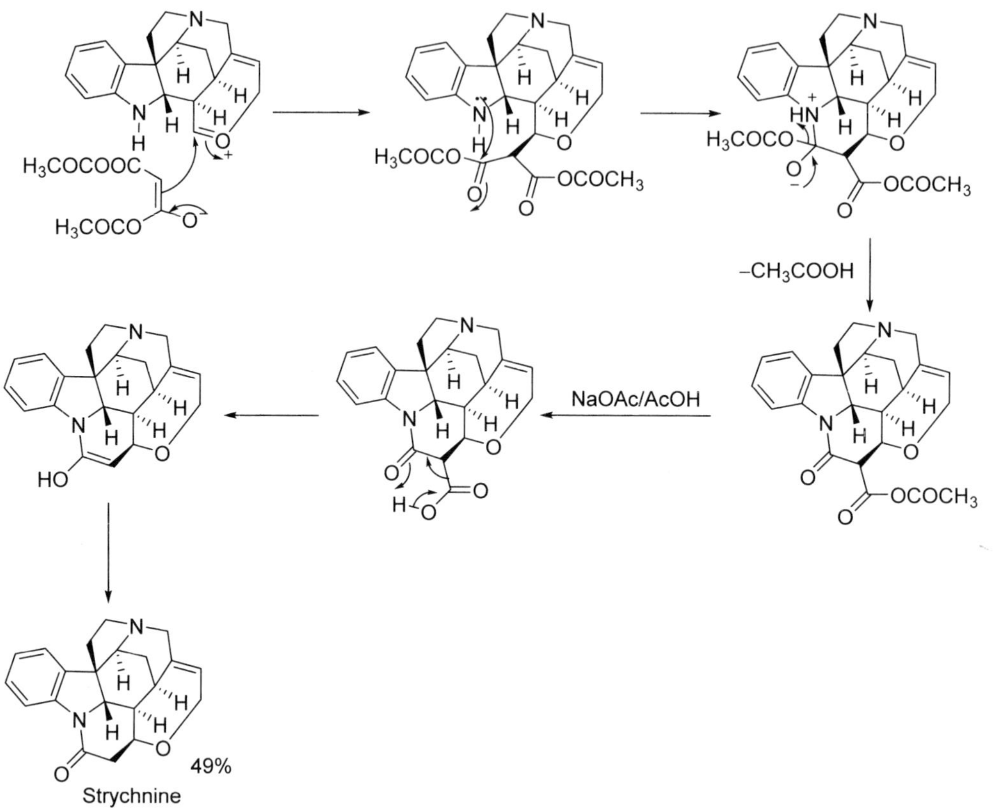

Strychnine

49%

第 45 题

请为以下转换提供合理的中间体：

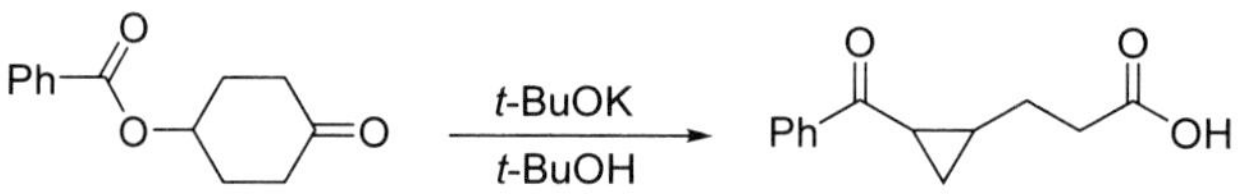

t-BuOK

t-BuOH

解答：

这是一个碱性条件下的反应，关键在于环己酮如何开环并形成三元环。但从羰基的位置考虑反应如何进行，在这里似乎有些难。考虑到使用的碱叔丁醇钾是一个大空阻的强碱，其亲核能力很弱，它只能攫取酮羰基α位的氢，而不能对酮羰基进行亲核加成消除导致六元环开环。因此，这个反应只需考虑底物在碱性条件下的自身反应。首先，该分子在叔丁醇钾的作用下，形成烯醇负离子：

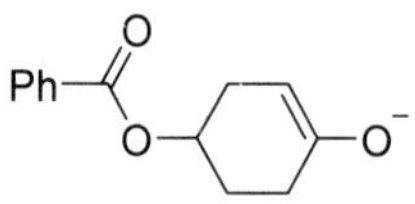

此烯醇负离子随后进行分子内酮酯缩合反应，发生酰基迁移：

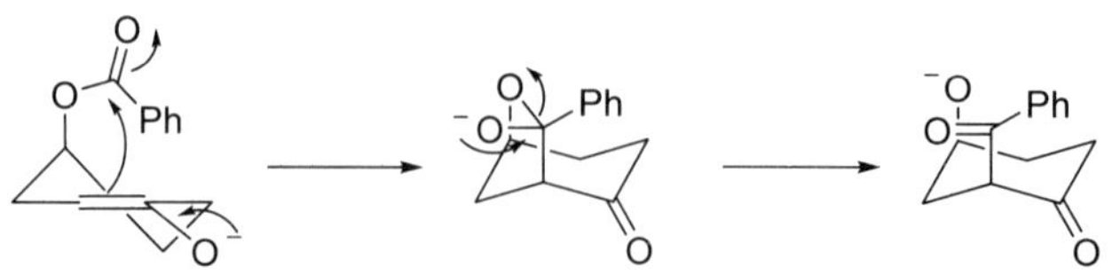

从这个中间体的结构分析，考虑到苯基在此碱性条件下是不会参与反应的，那么苯甲酰基就可以作为一个非常合适的定位基团，从中可以找到与产物结构的对应点：

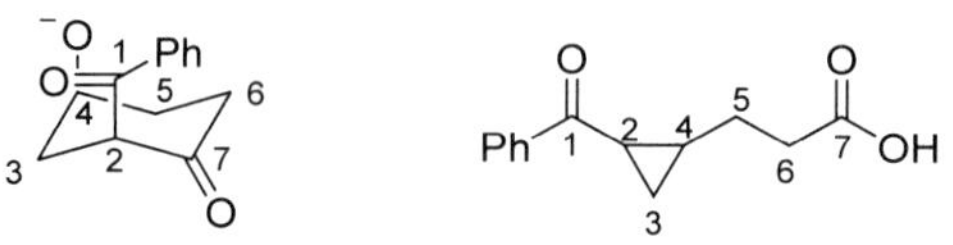

此时，可以发现三元环的形成是通过苯甲酰基 C2 位对 C4 位的亲核取代反应。但是，在碱性条件下，氧负离子不是一个好的离去基团，考虑到最终产物是个羧酸，那么就可以先将氧负离子与 C7 位的

酮羰基发生亲核加成反应：

这时就可以通过酮酯缩合的逆反应导致六元环的开环：

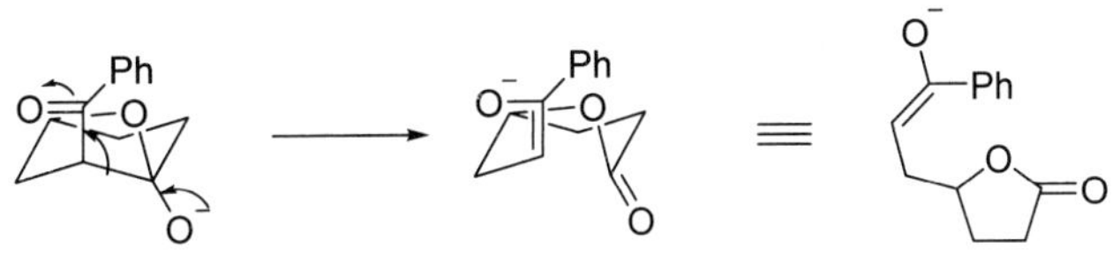

接下来的过程就类似于 Favorskii 重排的第一步，羧酸根负离子作为离去基团离去，形成三元环：

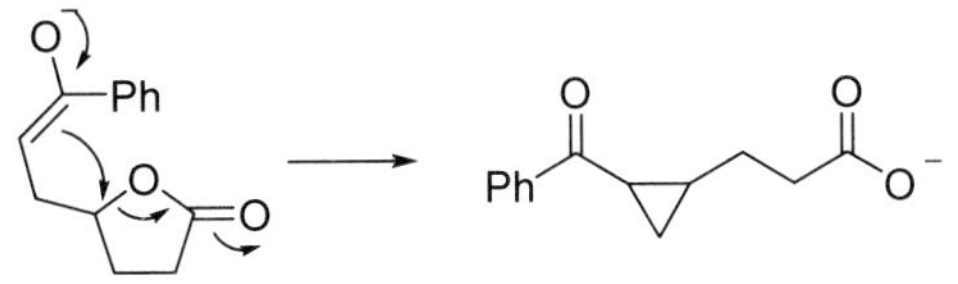

经水后处理后即为产物。

因此，整个转换过程为：

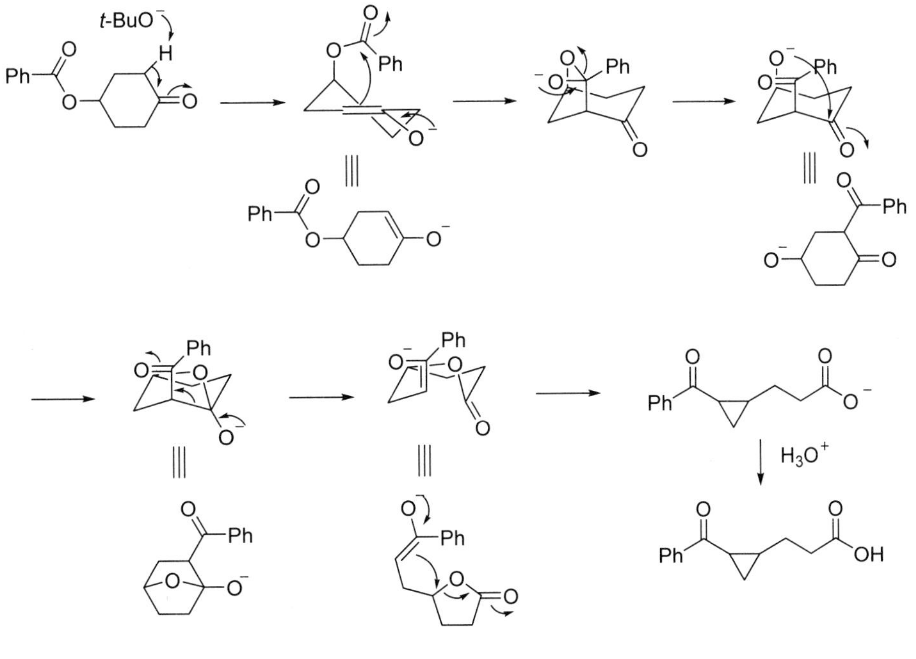

❖第 46 题

请为以下转换提供合理的中间体：

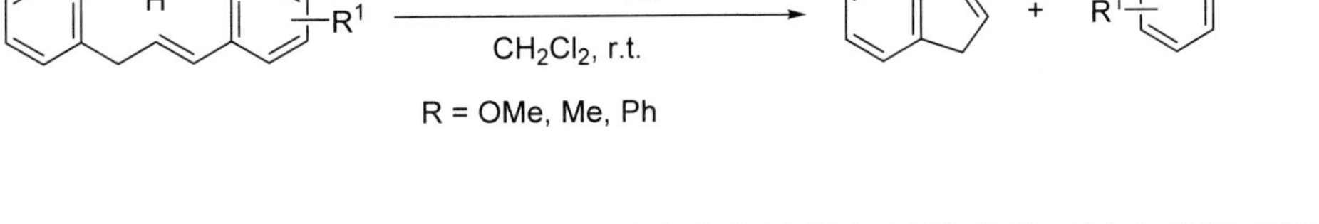

R = OMe, Me, Ph

解答：

从结果分析，原料分子发生了碎片化反应，主要碎片化过程包括了碳碳双键和碳氧双键的断裂和移位，这个过程与常见的[2 + 2]反应的正反应与逆反应类似。但是，常见的碳氧双键与碳碳双键的[2 + 2]反应基本上是在光照条件下进行，而不是在题目中所示的 Lewis 酸催化下转化的。因此，这个反应首先应该是 Lewis 酸作用下的碳碳双键与羰基正离子的[2 + 2]反应：

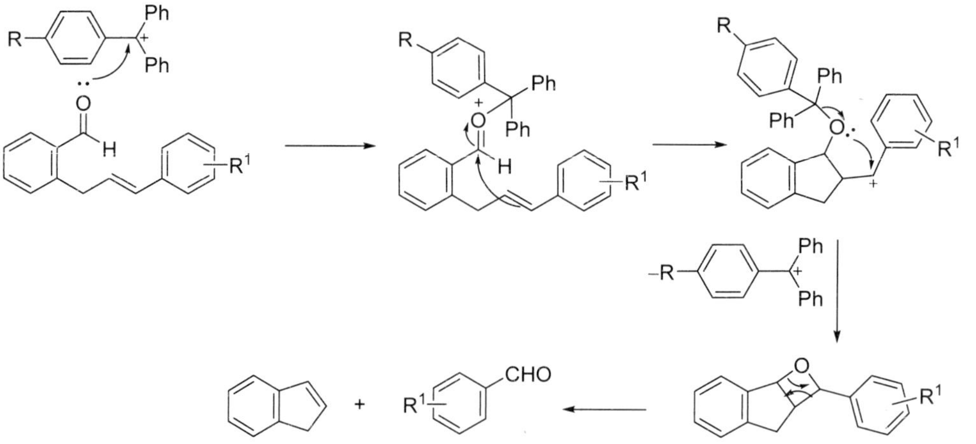

碳碳双键对羰基正离子亲核加成时，形成一个稳定的碳正离子。此时，可以考虑苯环上的各类不同电子效应的取代基对此反应速率和产率的影响；接下来，氧与碳正离子反应形成四元环，随后的碎片化反应转化为产物。

第 47 题

请为以下转换提供合理的中间体：

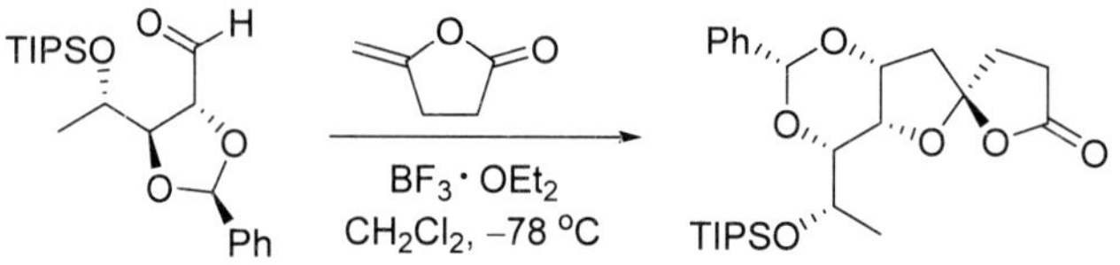

$BF_3 \cdot OEt_2$

CH_2Cl_2, $-78\ ^{\circ}C$

解答：

在思考这个问题的过程中，一定需要注意原料中的缩醛五元环转化为产物的缩醛六元环，与连接保护基 TIPSO 的碳原子相邻的羟基在转换过程没有发生任何变化，新形成的六元环缩醛的羟基应该来源于原料中甲酰基被加成后转化的羟基，因此亲核基团来自内酯中的烯醇醚。因此，原料中的甲酰基被 Lewis 酸活化，接着被烯醇醚亲核加成（此时，请注意加成过程中的立体化学和新形成羟基的构型）；烯醇醚转化为羰基正离子，此羰基正离子恰好被缩醛的氧通过五元环过渡态亲核加成，形成螺环，接下来五元环缩醛开环，形成新的羰基正离子，被另一个氧进攻形成六元环的缩醛，水解后转化为产物（此处没有画出水解前的正离子中间体）。

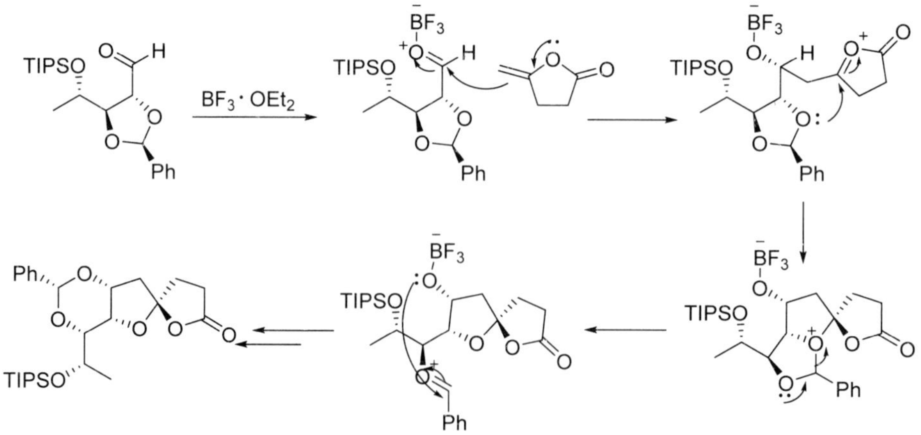

第 48 题

Nazarov 反应是合成多取代环戊烯酮的重要反应之一。下列反应除了得到了预想的产物 **B** 之外，还分离得到了少量的化合物 **C**。

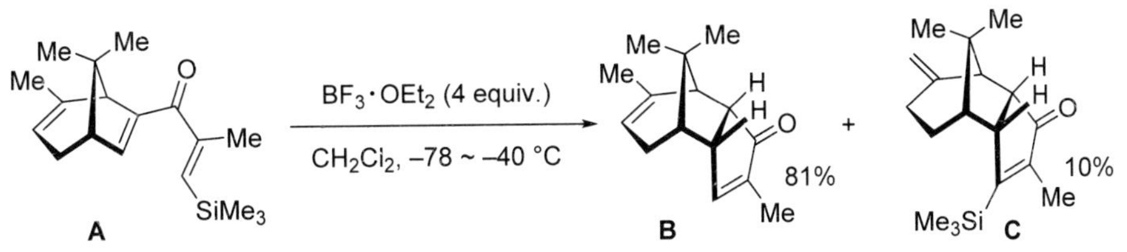

请为此转换提供合理的可能机理（请注意过渡态/中间体的立体化学）。

解答：

Nazarov 反应是二乙烯基酮类化合物在质子酸或路易斯酸作用下重排为环戊烯酮衍生物的一类有机化学反应。反应的关键步骤是一个五原子 $4n\pi$ 体系在加热情况下的电环化顺旋关环反应：

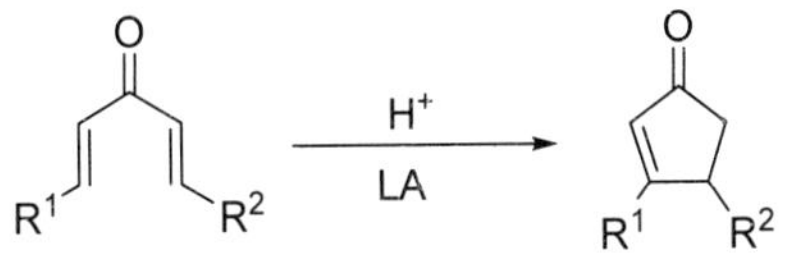

结合这个基本反应，可以看到从原料到产物的转化过程中，除了并环的两个氢处于顺式外，由于上方空阻的原因新形成的五元环朝下；此外，还需要注意的是：化合物 **B** 中已经没有了三甲基硅基，化合物 **C** 中七元环的双键发生了移位，结合 Nazarov 反应机理，此类移位必定与碳正离子有关。

首先，转化为化合物 **B** 的过程为：

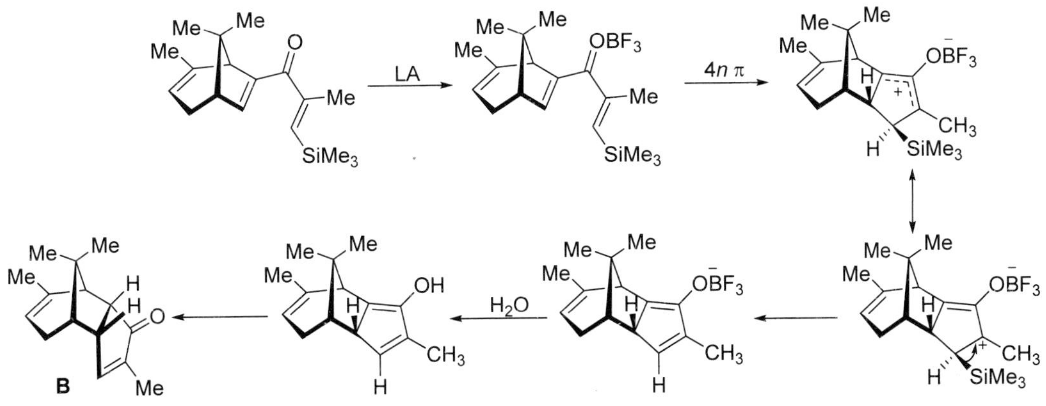

由于三甲基硅基的β位效应，使得在甲基取代的位置形成碳正离子成为一个主要过程，接着失去三甲基硅基形成碳碳双键。

那么，转化为化合物 **C** 的过程应该在羰基的另一个α位形成碳正离子：

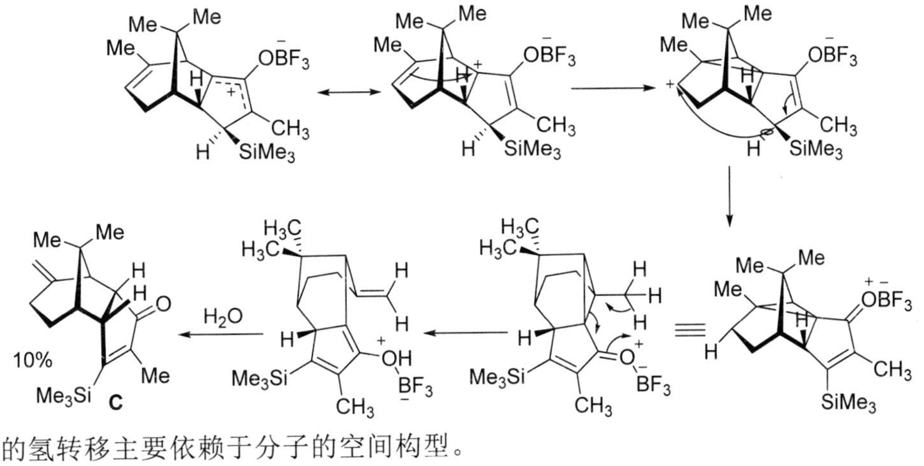

这个过程中的氢转移主要依赖于分子的空间构型。

❖第 49 题

多取代的水杨醛类化合物及其衍生物具有许多重要的生物活性。最近报道了一种利用 4-吡喃酮 **A** 和苯乙烯合成多取代的水杨醛的方法。

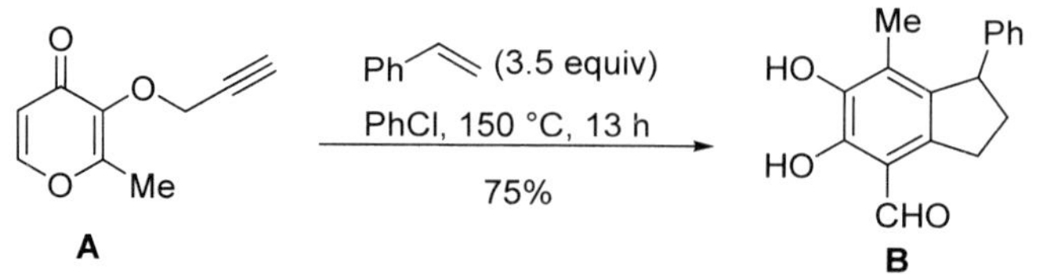

1. 请为此转换提供合理的可能机理。

2. 为什么使用过量的苯乙烯？

解答：

从化合物 **B** 的结构分析，取代基苯基来自于苯乙烯，与苯环并环的五元环中两个碳原子来自于苯乙烯，那么化合物 **B** 中其余八个碳原子全部来自于原料化合物 **A**。此外，苯环上含有氧原子的三个取代基表明化合物 **A** 中的烯醇醚键肯定需要断裂。从反应条件分析，没有任何酸或键参与的烯醇醚键更应该来自 Claisen 重排反应（[3,3]-σ 重排）。

第一次，是烯醇醚与炔丙基间的[3,3]-σ 重排，转化为酮和丙二烯两种官能团：

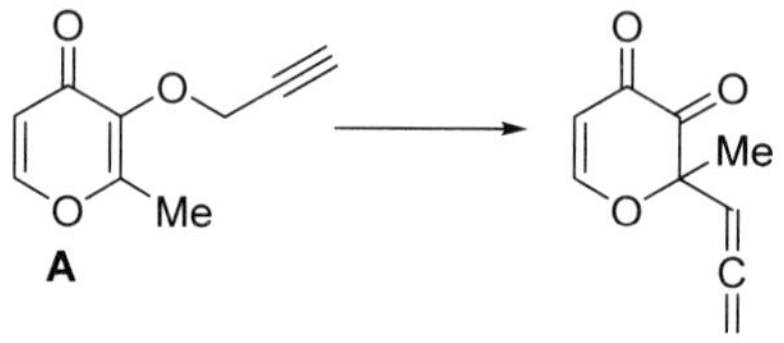

接着，另一个烯醇醚与丙二烯进行[3,3]-σ 重排：

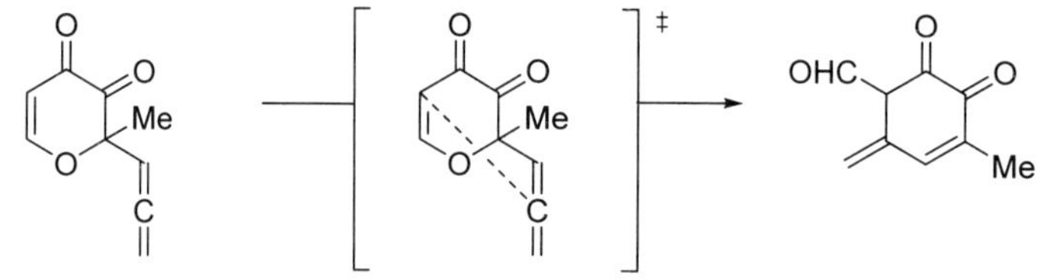

此产物可以通过互变异构形成醌式结构：

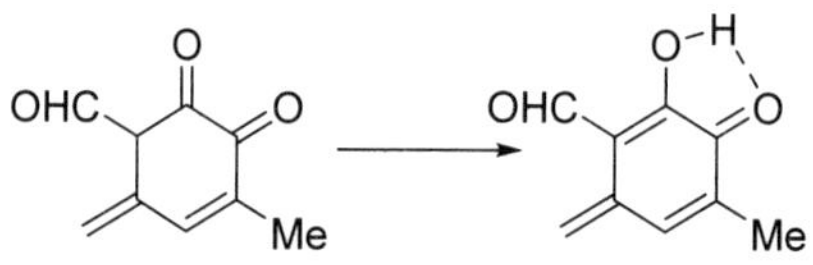

此醌式结构具有更大的共轭体系，形成的烯醇与酮羰基还具有分子内的氢键作用。接下来，苯乙烯对此醌式化合物进行 1,6-共轭加成：

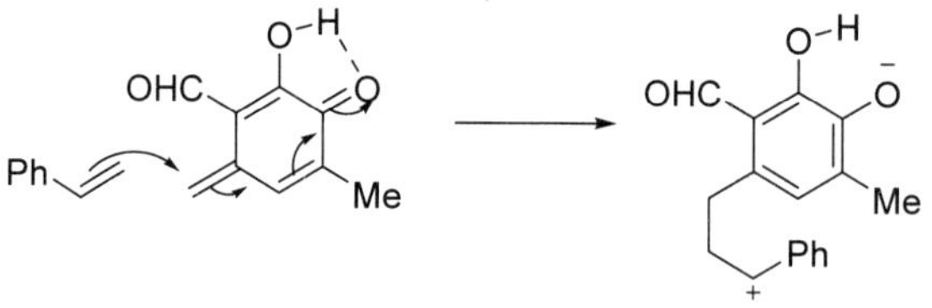

苯乙烯不是一个好的亲核试剂，因与苯基共轭的乙烯基不是一个好的亲核基团。为了保证此共轭加成顺利进行，加入大量的苯乙烯有利于反应正向进行，这样也就回答了第二个问题。

经过此共轭加成后，新形成的苯环由于羟基和氧负离子的取代是一个富电子体系，可以与苄基正离子进行傅克烷基化反应。但是，我们需要注意，傅克反应的位点处在共轭加成反应后所形成的氧负离子的间位，另一个酚羟基的对位。为了使傅克反应顺利进行，这两个位点需要进行质子交换：

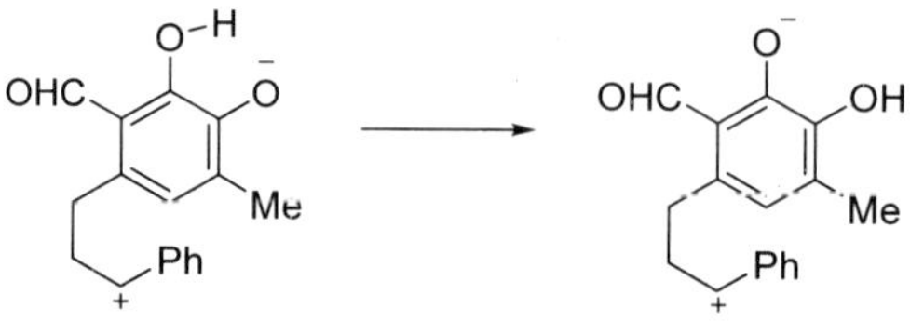

傅克反应才能继续进行，接着互变异构转化为目标产物：

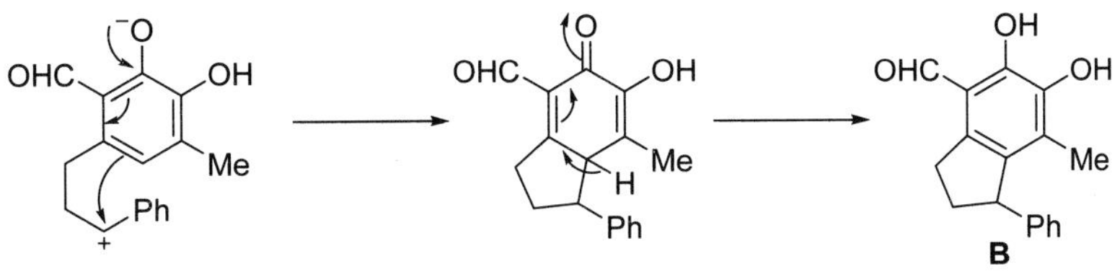

❖第 50 题

请为以下转换提供合理的中间体：

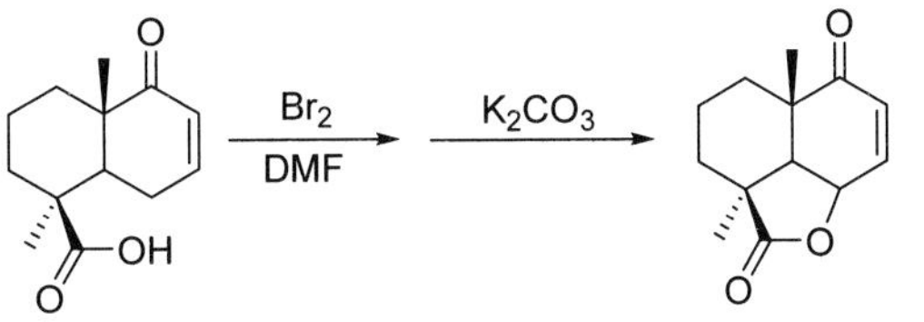

解答：

从反应的结果分析，这个过程看似非常简单，就是羧酸与烯烃的α位连接形成了酯。但是，我们需要注意的是烯烃的α位通常为亲核位点，而在碱性条件下，羧酸转化为羧酸根负离子，也是亲核基团。也就是说，在碱性条件下，这两个位点不可能直接连接形成酯基。因此，我们需要考虑将烯烃的α位转化为亲电位点，也就是在前一步反应中将此位点进行溴化反应。在有机化学的学习中，我们知道，烯丙位的溴化反应常利用自由基反应，即在光照条件下或自由基引发剂作用下与 Br_2 反应或与 NBS 反应：

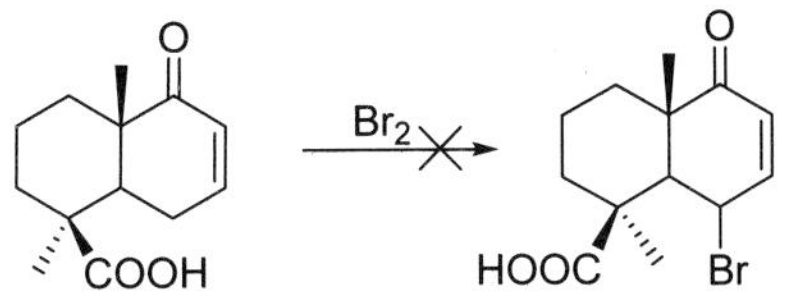

第一步反应所提供的反应条件显然不适合自由基反应，更应该是在强极性溶剂中的烯烃亲电加成反应。因此，我们需要考虑的是烯烃被加成后，在碱性条件下的第二步反应如何将反应位点转化为亲电位点。

第一步反应：

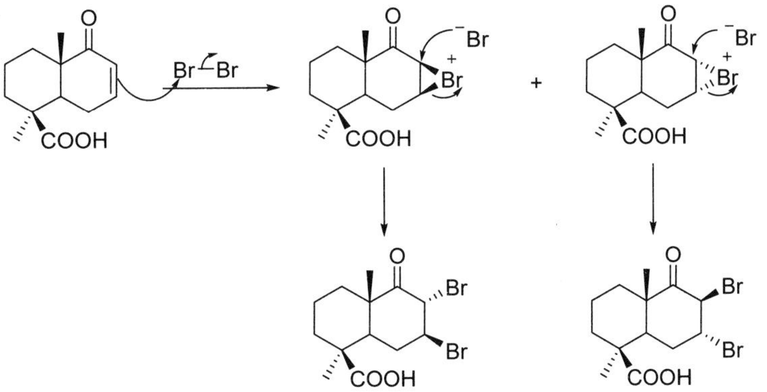

说明：非环化合物中，羰基的α-C 的亲电能力一般比普通 sp^3 杂化 C 的强，这是因为羰基的轨道可以与 C–X 的轨道互相作用，削弱 C–X 成键作用，并降低其 LUMO 能量，导致α-C–X 更容易被取代。

从第二步反应形成γ-内酯分析，这两个六元环应该是反式的：

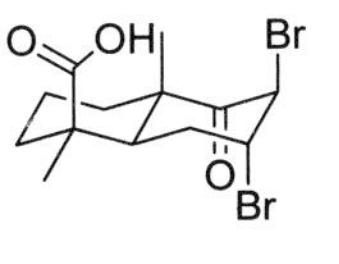

在碱性条件下发生消除反应，其立体化学的要求必须是反式消除，而两个溴处在反式的位置，消除反应只能按以下方式进行：

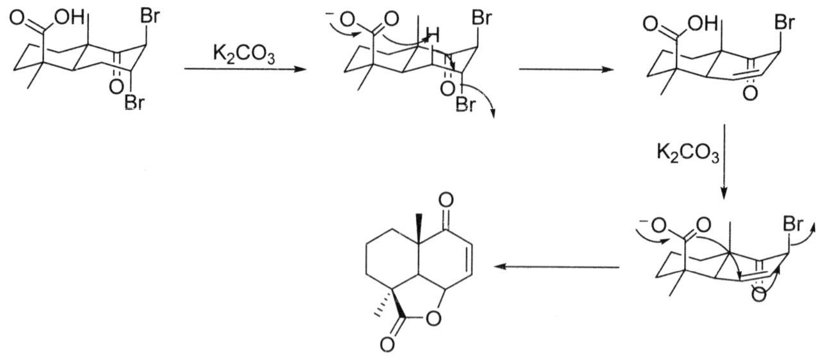

在此过程中，在碱性条件下羧酸根负离子通过分子内的反应攫取直立键的氢，接着反式消除形成碳碳双键，然后通过 S_N2'反应形成内酯。此时，立体化学要求是离去基团溴必须与羧基处在顺式位置。不妨思考一下，在溴对碳碳双键的加成过程中，我们画出了两个产物，显然另一个产物无法进行后续的 S_N2'反应。那么，在溴化过程中，两个产物哪一个是主要产物？还有，你估计这个反应的产率大致为多少？

还有一种简单的转换形式：

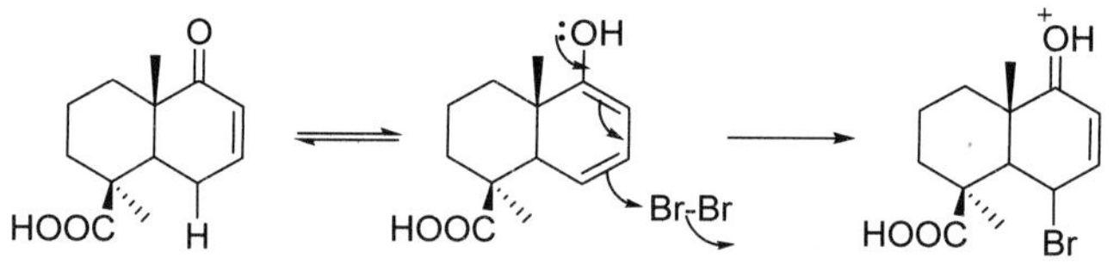

α,β-不饱和酮经互变异构转化为烯醇式，接着在原先酮羰基的 γ 位进行溴代反应（这个过程相当于羰基α位的溴代反应，此时结合了插烯烯规则)。后续的转换就与前面的一致了。

第九章　有机反应机理中的中级问题解析

第 1 题

请为以下转换提供合理的电子转移过程，须标出准确的电子转移箭头：

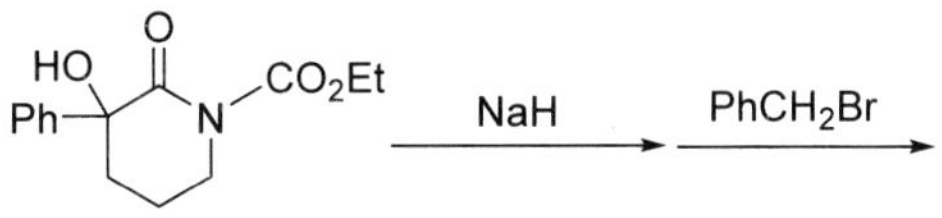

解答：

从反应结果分析，这个反应实际上是关于酯基迁移的，乙氧酰基从氮原子上转移到了羟基氧原子上。羰基是亲电的，而且最终的结果是氮与苄基相连，苄基也是亲电的，那么氮原子应该与苄基溴进行了亲核取代反应。因此，这个反应首先是羟基在 NaH 作用下转化为氧负离子，氧负离子对乙氧酰基进行亲核加成消除反应，乙氧酰基转移至羟基氧上，类似于 1,4-迁移。这个过程相当于邻基参与反应，其关键在于这两个基团处在六元环的 C1 和 C3 位，并能在空间上处在顺式的位置，以便顺利通过加成反应形成桥环体系：

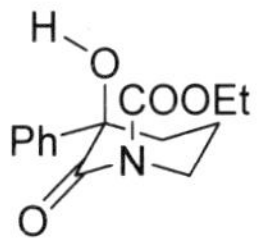

综上分析，这个转换过程为：

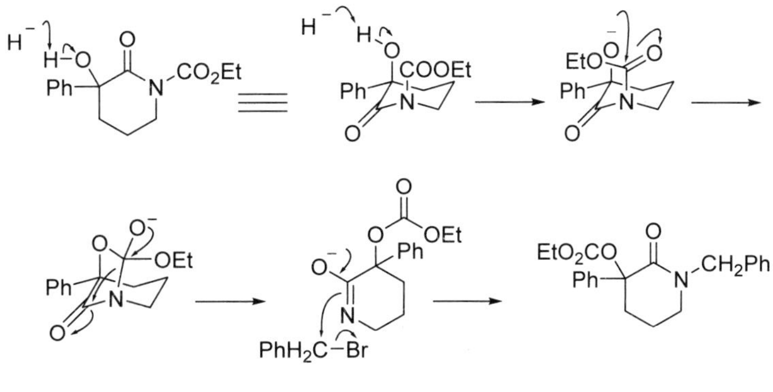

第 2 题

请为以下转换提供合理的电子转移过程，须标出准确的电子转移箭头：

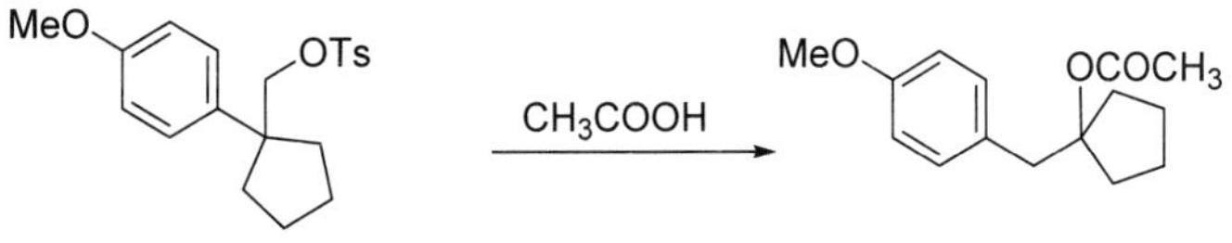

解答：

这个反应的结果是苯环和五元环之间多了一个亚甲基。从最终五元环连接乙酰氧基分析，这个位点应该在形成碳正离子后，再与醋酸根负离子结合转化酯。因此，这是一个苯环的 1,2-迁移反应。首先，在酸性条件下，磺酸作为离去基团离去，形成一级碳正离子：

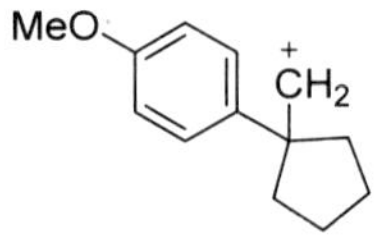

一级碳正离子接着与富电子苯环进行傅克烷基化反应，形成六元环螺三元环正离子中间体，芳构化后形成三级碳正离子，最后与乙酸根负离子结合转换为产物：

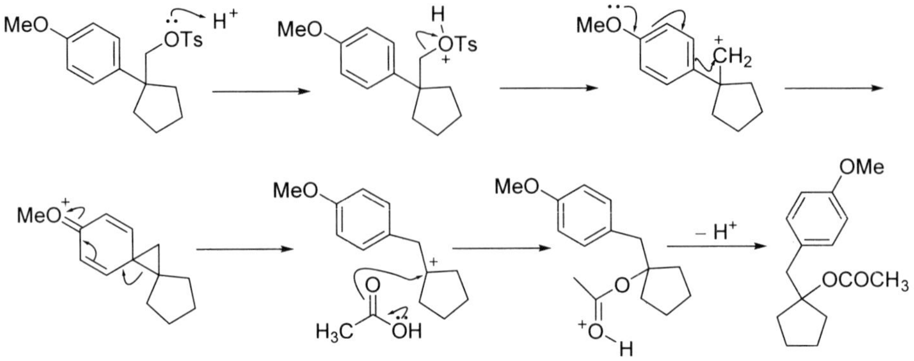

画完这整个转换过程后，可以接着思考：磺酸酯在酸化后，是否有必要形成碳正离子，然后与苯环发生亲电加成？是否可以由苯环直接进行 S_N2 反应？即：

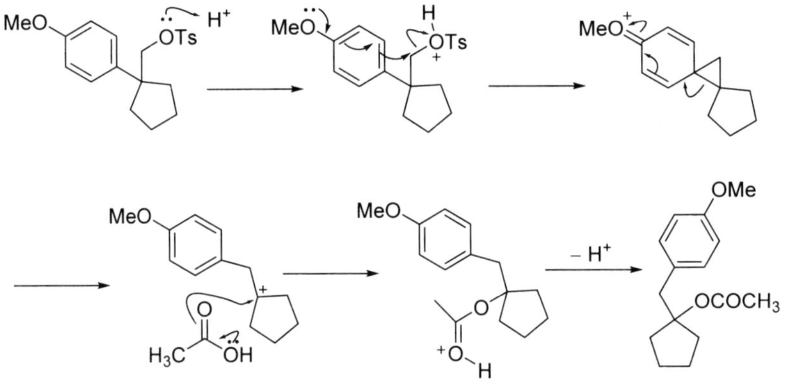

至于哪一个更为合理，读者可以自己思考。

第 3 题

请为以下转换提供合理的电子转移过程，须标出准确的电子转移箭头：

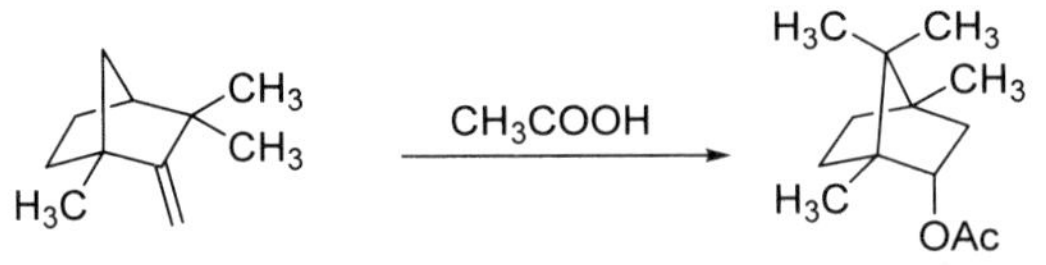

解答：

这个起始原料分子中只有一个官能团——碳碳双键。在酸性条件下，这个双键被质子化，形成三级碳正离子中间体：

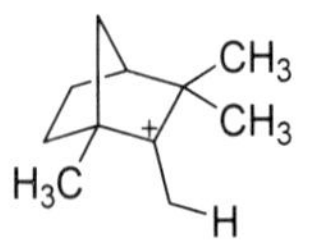

对此中间体的结构进行分析，这个桥环上沿着桥头碳原子开始，取代基的排布顺序为甲基、甲基、两个甲基；而在产物中，两个甲基取代的碳原子处在了中间，这表明甲基发生了 1,2-迁移，形成另一个三级碳正离子：

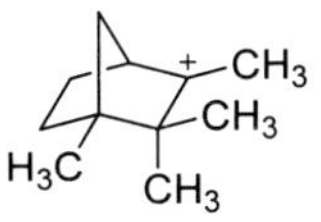

接着，产物中两个甲基均连接在桥头碳原子上，为了实现这个目标，需要再进行一次1,2-烷基迁移：

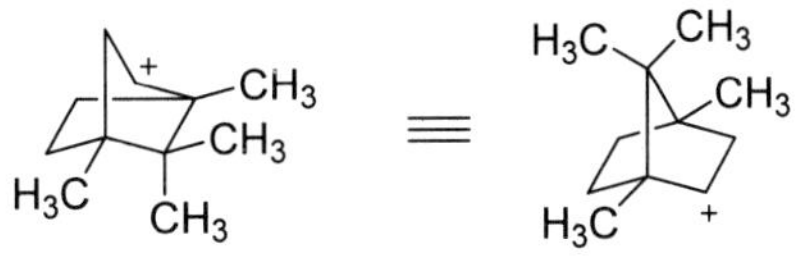

现在，需要关注的是乙酰氧基的立体化学问题。在烷基进行 1,2-迁移的过程中，乙酰氧基负离子进入的方向是此断裂σ键的反键轨道，其方向必定与灰线标识的键处在反式，那必定与甲基处在顺式的位置：

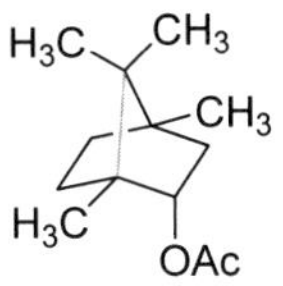

因此，结合以上分析，这个转换过程如下：

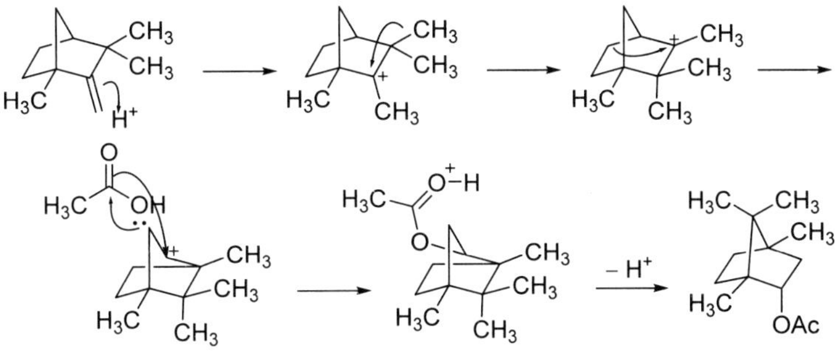

当然，也可以在甲基迁移形成三级碳正离子的时候，乙酸直接参与反应：

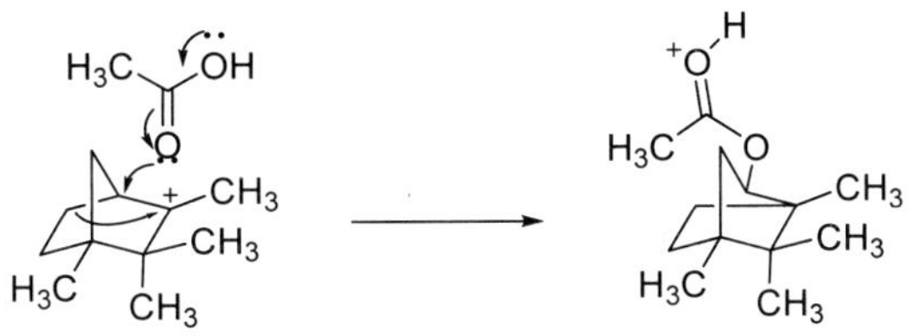

此时，乙酸从迁移基团的背面进攻，这样也可以很好地解释最后产物中乙酰氧基的立体化学。

第 4 题

请为以下转换提供合理的电子转移过程，须标出准确的电子转移箭头：

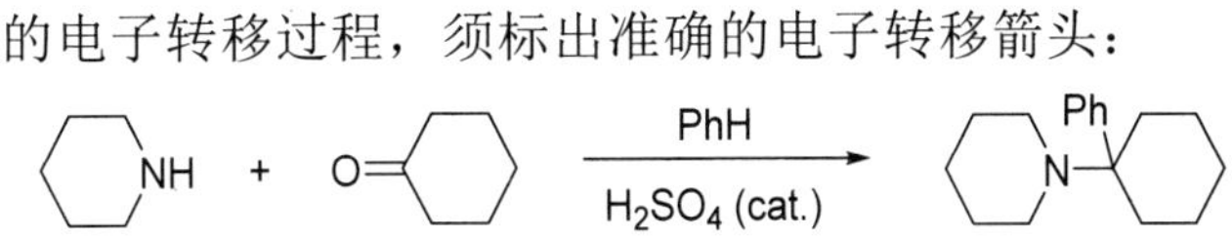

解答：

这个反应应该是芳香亲电取代反应，需要一个亲电性的基团与苯环反应，这个基团应该为：

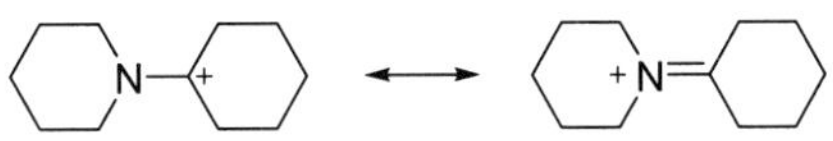

因此，二级胺在酸性条件下与酮羰基反应失水形成亚胺正离子，然后再与苯进行芳香亲电取代反应：

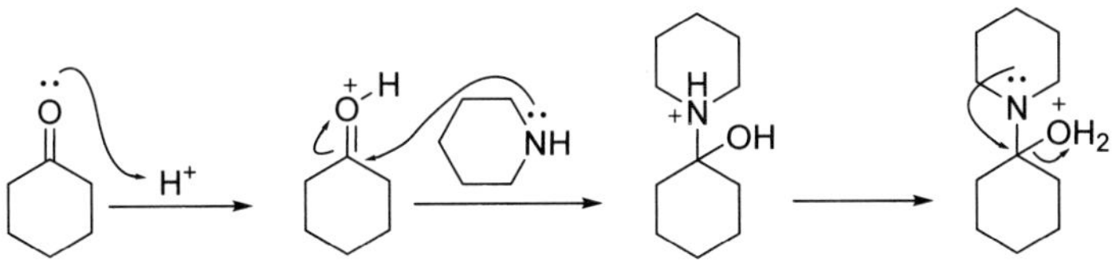

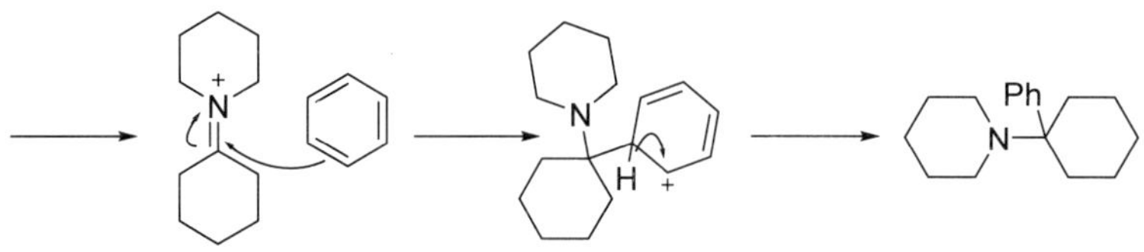

第 5 题

请为以下转换提供合理的电子转移过程，须标出准确的电子转移箭头，并解释两反应结果不同的原因：

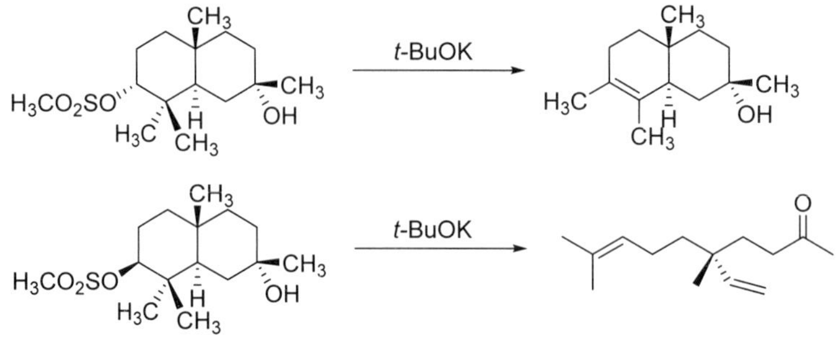

解答：

解决这个问题需要从分子的立体结构去分析，这个对比表明了有机分子的立体结构对于准确理解有机反应过程是非常重要的。在这两个分子中，甲磺酰氧基是很好的离去基团。从分子的平面结构分析，分子中始终有甲基处在离去的甲磺酰氧基的反位，因此，两个分子反应结果应该是一样的。但是，从立体结构分析，结果就是完全不一样的：

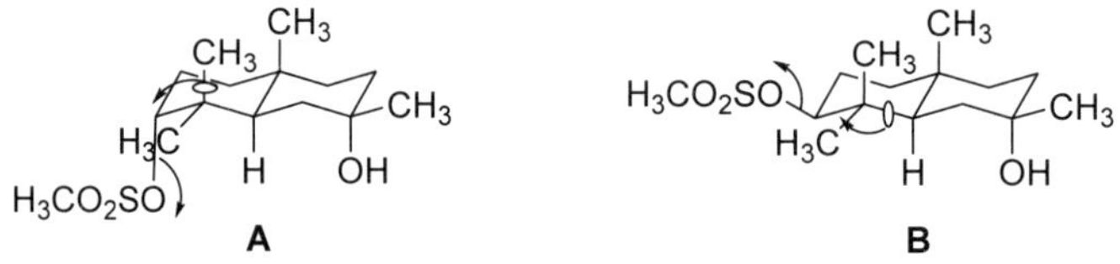

结合立体电子效应分析，对于分子 **A** 而言，当甲磺酰氧基离去时，位于直立键上的甲基始终处在其反位（也就是与离去基团的反键轨道平行），因此甲基随时可以迁移：

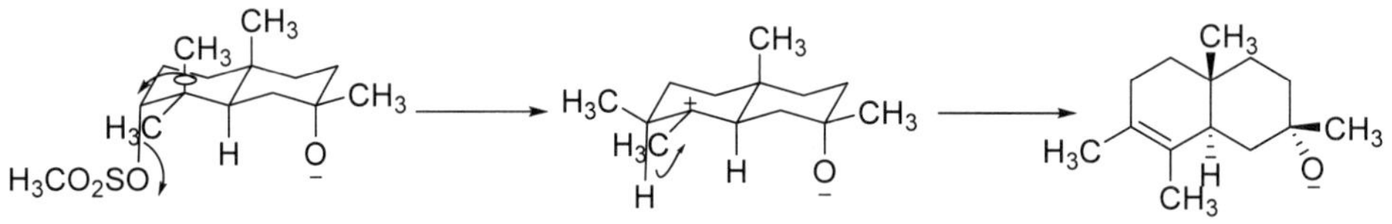

对于分子 **B** 而言，当甲磺酰氧基离去时，处在其反式位置的为六元环上的那根 σ 键，而不是处在平伏键的甲基。假定这根 σ 键断裂后形成一个碳正离子中间体：

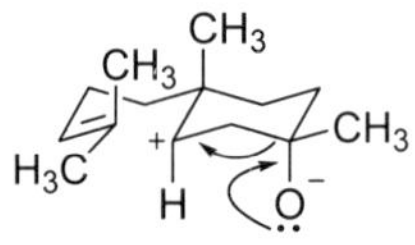

那么，与断裂的那根 σ 键处在反式的 σ 键断裂可以形成一个最稳定的碳正离子（此碳正离子与氧原子相连）。

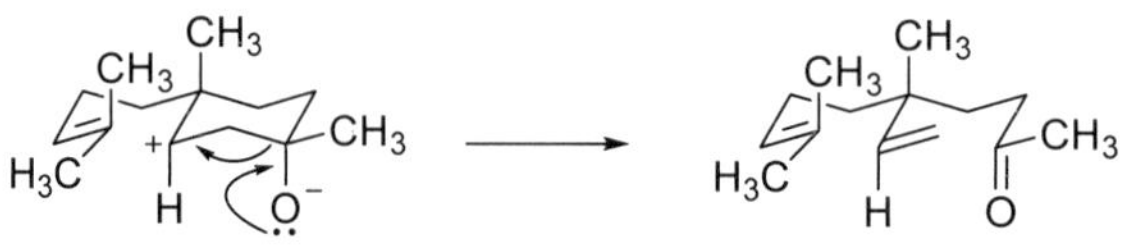

接着回过来考虑反应条件，这是一个在强碱条件下的类似碳正离子重排的反应，因此，在分子 **B** 的重排中，醇先与叔丁醇钾反应形成烷基氧负离子，进一步增加了氧的给电子能力，使最后一根碳碳 σ 键的断裂更易进行：

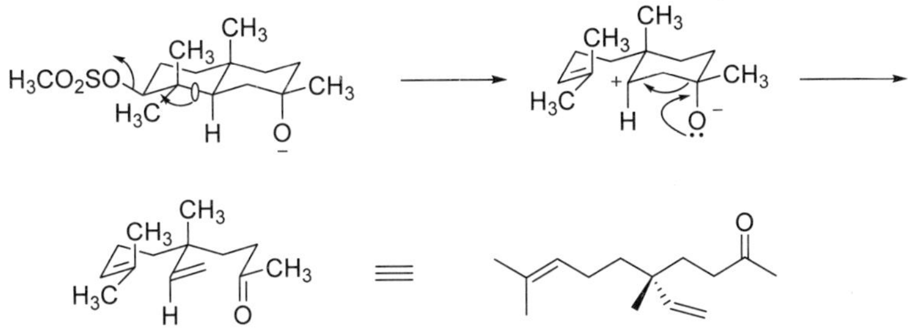

考虑到此反应是在强碱性条件下进行的，可以忽略此碳正离子形成的过程，直接从氧负离子形成酮羰基开始，一步形成最终产物。

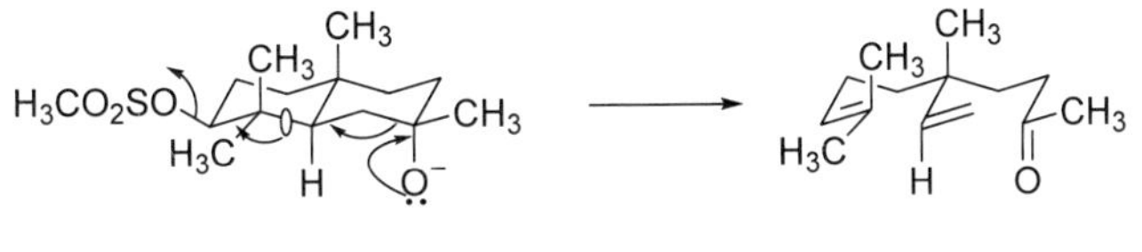

第 6 题

请为以下转换提供合理的电子转移过程，须标出准确的电子转移箭头：

1. n-BuN_3, CF_3SO_3H
2. $NaBH_3CN$

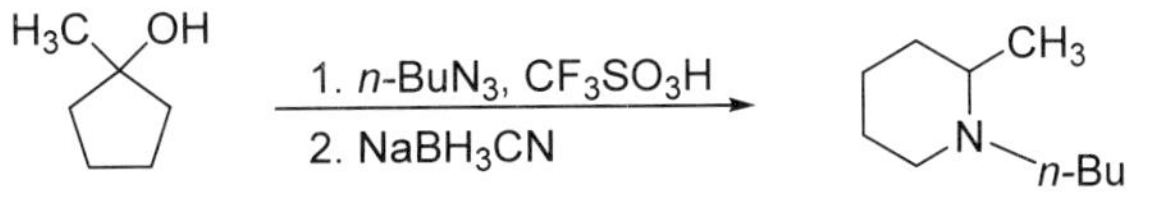

解答：

采用倒推的方式分析这个转换过程。第二步是一个还原反应，应该是亚胺正离子被 $NaBH_3CN$ 还原为三级胺。因此，第一步是一个重排反应，这个反应使五元环扩环成六元环并生成亚胺正离子中间体：

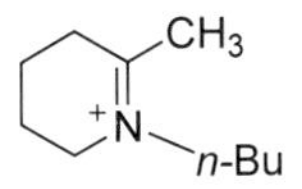

那么，这个亚胺正离子中间体又是如何转换过来的？这是一个在酸性条件下进行正离子引发的 1,2-重排，原料为三级醇，三级醇在酸性条件下很容易转化为三级碳正离子，接着被烷基叠氮进攻。考虑到烷基叠氮有两个亲核位点，需要判断哪个位点与碳正离子连接。从产物结构分析，应该是与正丁基相连的氮原子与碳正离子连接，然后失去氮气，引发了重排：

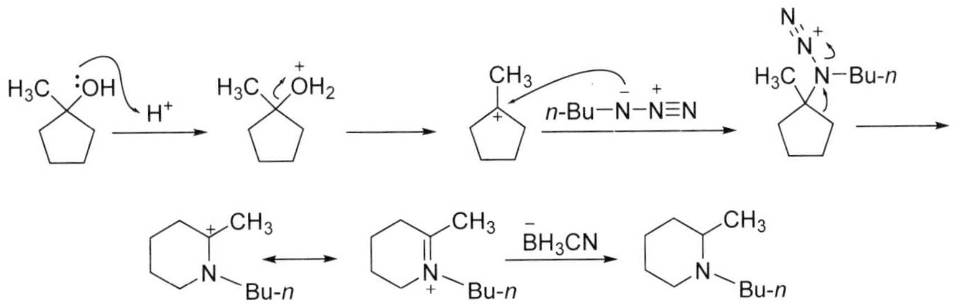

第 7 题

请为以下转换提供合理的电子转移过程，须标出准确的电子转移箭头：

CF_3COOH

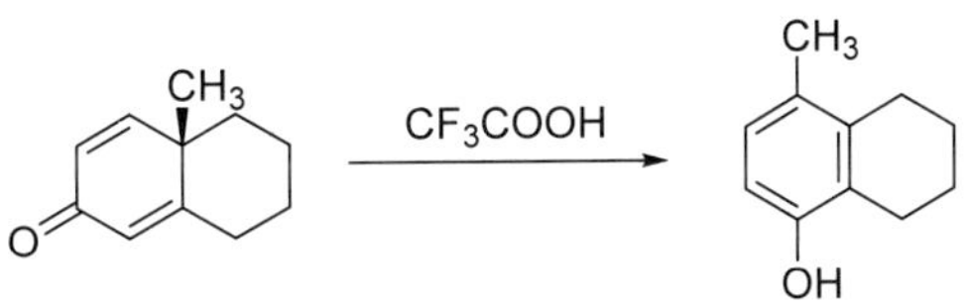

解答：

这是碳正离子的连续 1,2-重排反应。以氧原子为定位点，可以发现甲基最终还是在氧原子的对位，并没有发生迁移。在前面类似的重排反应中，讨论过甲基的迁移，而在这个反应中甲基又不迁移。

这会让人很困惑，哪个基团优先迁移？实际上，在重排反应中，一定要根据产物的结构去分析其转换过程，而不是简单记住哪个基团优先迁移。厘清这个问题后，其重排过程相对就比较简单了。羰基优先被质子化，双键移位后，形成三级碳正离子，从而引发了后续的重排过程：

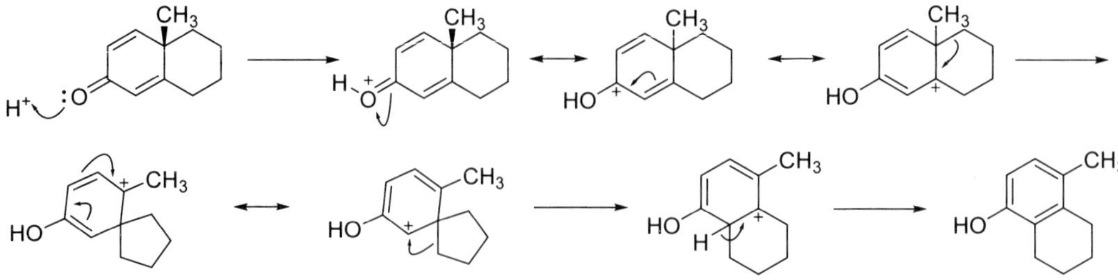

第 8 题

请为以下转换提供合理的电子转移过程，须标出准确的电子转移箭头：

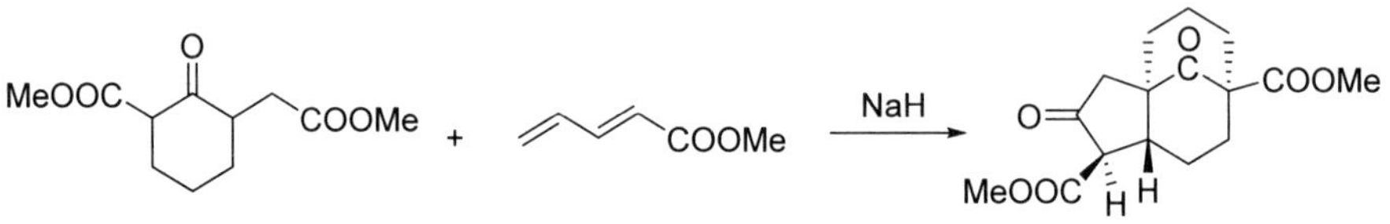

解答：

这个反应应该是在碱性条件下共轭加成与羟醛缩合反应结合的串联反应。当看到产物的结构时，首先应该分析产物中的两个六元环究竟哪一个来自原料。现在将原料的结构调整一下：

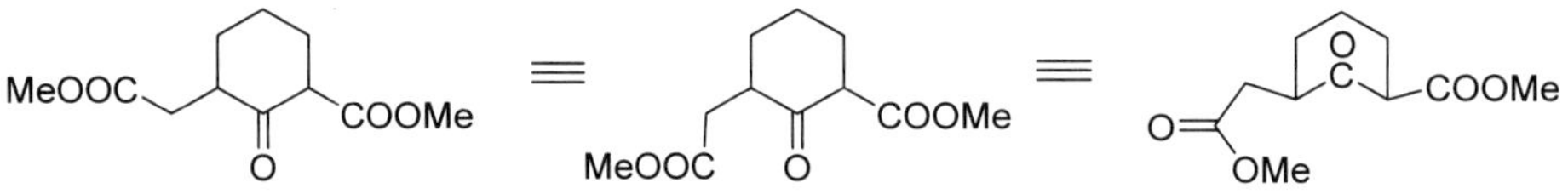

这样看上去就简单多了，环己酮的两个α位发生两次共轭加成。两次加成产物分别为

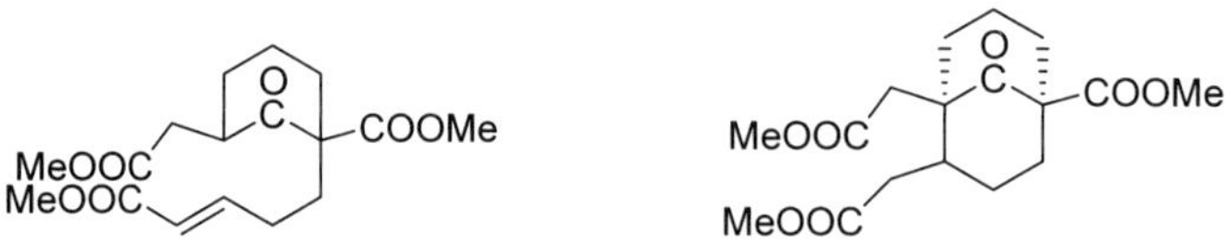

第一次共轭加成产物　　　　第二次共轭加成产物

最后交叉酯缩合即转化为产物。在底物中，两个酯基均有α-氢，可能还有另一个与目标产物不一样的产物。

结合以上分析，这个反应的转换过程为：

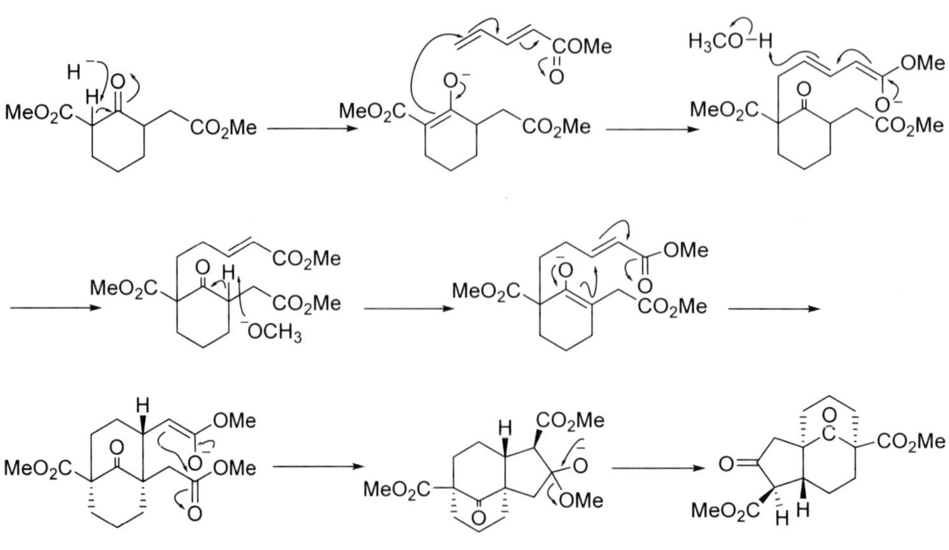

第 9 题

请为以下转换提供合理的电子转移过程，须标出准确的电子转移箭头：

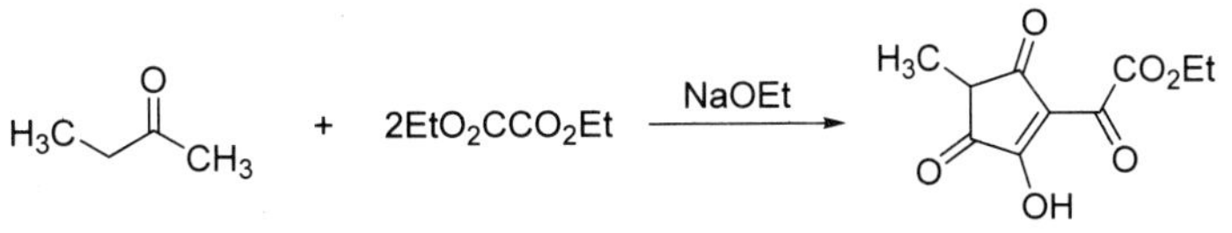

解答：

这个反应非常简单，丁酮的两个α位分别与草酸二乙酯发生酮酯缩合反应：

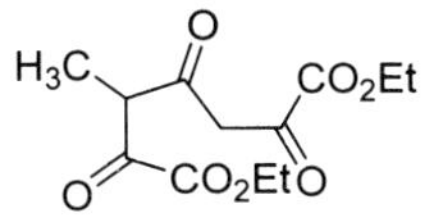

然后，再发生一次酮酯缩合反应。

整个转换过程为：

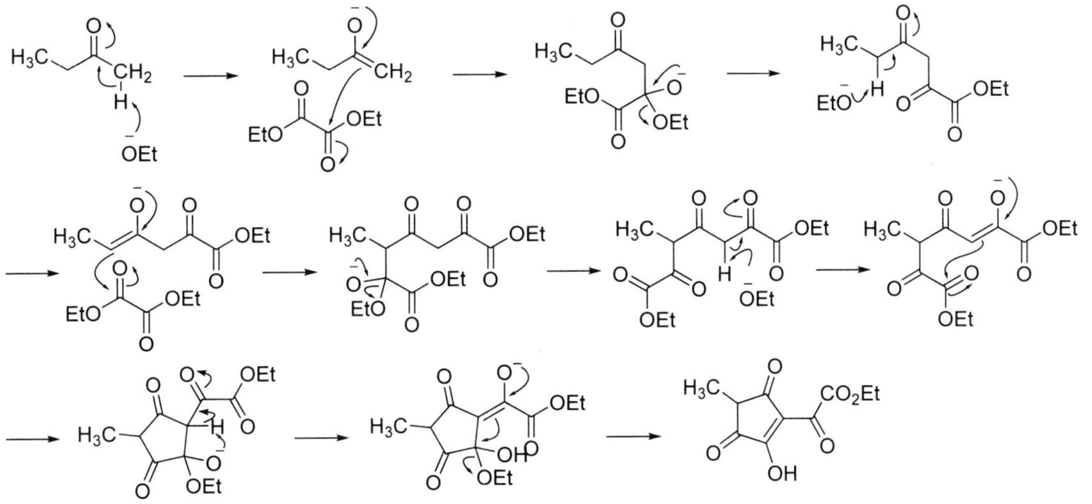

第 10 题

请为以下转换提供合理的电子转移过程，须标出准确的电子转移箭头：

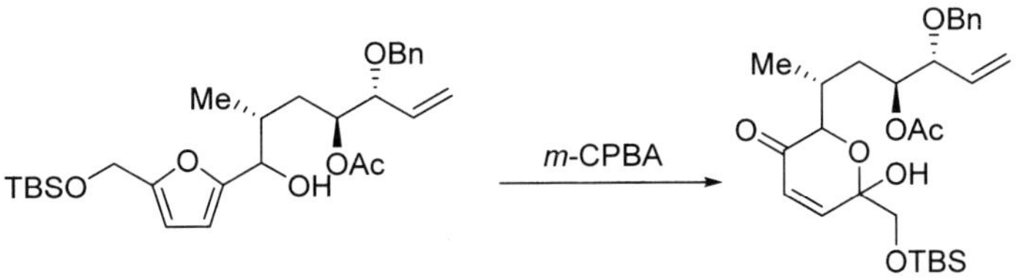

解答：

产物的结构含有一个半缩酮官能团。通常情况下，呋喃在酸性条件下开环转化为1,4-二羰基化合物，与之相比，产物多了一个碳碳双键，这应该是 *m*-CPBA 氧化的结果。呋喃是一个富电子的五元环系，其最容易被氧化的位点是呋喃环的α位：

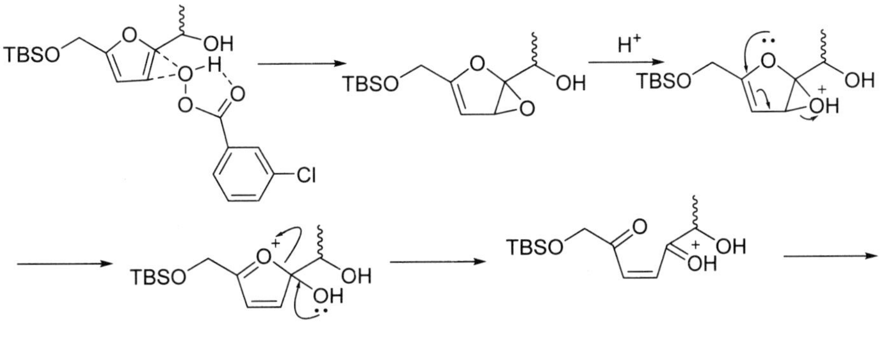

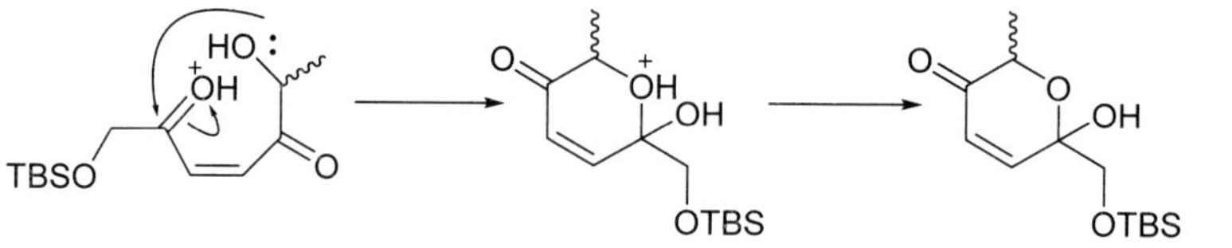

第 11 题

请画出产物的结构简式，并为以下转换提供合理的电子转移过程，须标出准确的电子转移箭头：

NaOCH$_3$ / HOCH$_3$ → $C_9H_{14}O_3$

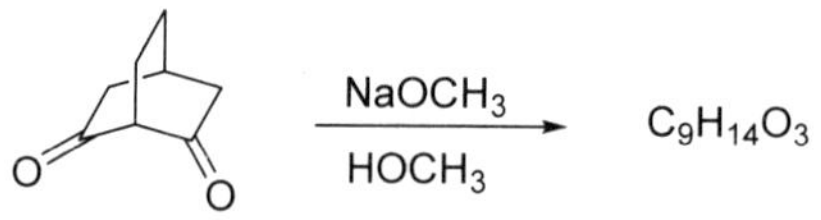

解答：

原料二酮的分子式为 $C_8H_{10}O_2$，产物的分子式与原料相比正好多了一分子甲醇。甲氧基负离子是强的亲核基团，而原料中的两个酮羰基也是原料中仅有的亲电位点。因此，反应的起点就是甲氧基负离子进攻酮羰基：

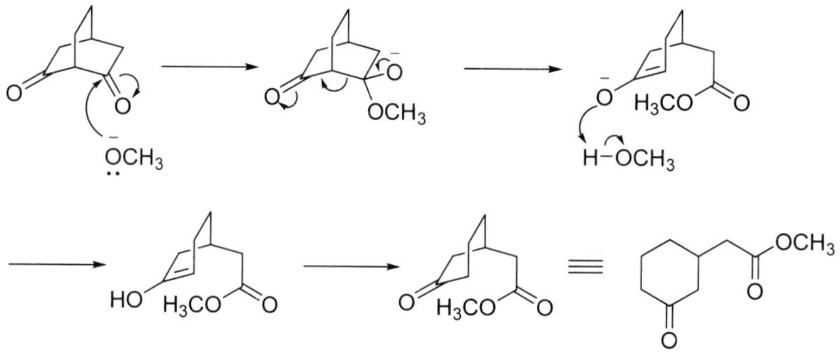

这是一个酮酯缩合反应的逆反应。

第 12 题

请为以下转换提供合理的电子转移过程，须标出准确的电子转移箭头，并解释其选择性：

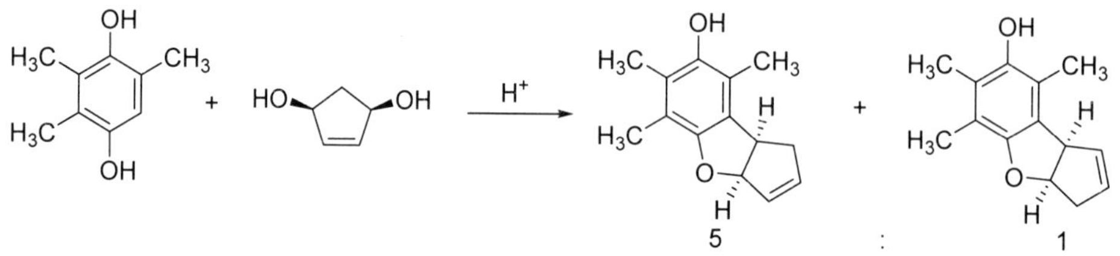

解答：

苯环参与反应的两个位点为酚羟基和酚羟基的邻位，这两个位点均是亲核位点，那么，另一个原料二醇需要提供两个亲电位点。可以考虑以下两种方式。

第一种方式：首先进行酚羟基邻位的傅克烷基化反应，再醚化关环。考虑到产物中没有羟基，因此醇羟基连接的两个位点均参与了反应，但是这两个羟基醇在间位，而并环的两个位点是相邻的，因此其中一个反应应该是 S_N2'类亲核取代反应。傅克烷基化反应后的产物为：

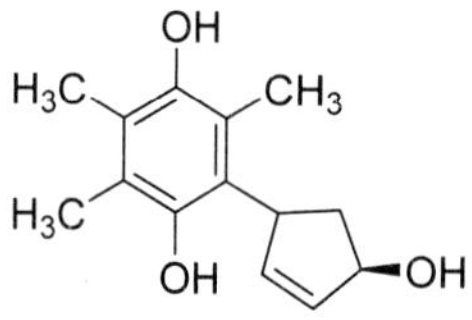

然后在酸性条件下进行酚羟基对烯丙基醇的 S_N2'类亲核取代反应。过程如下：

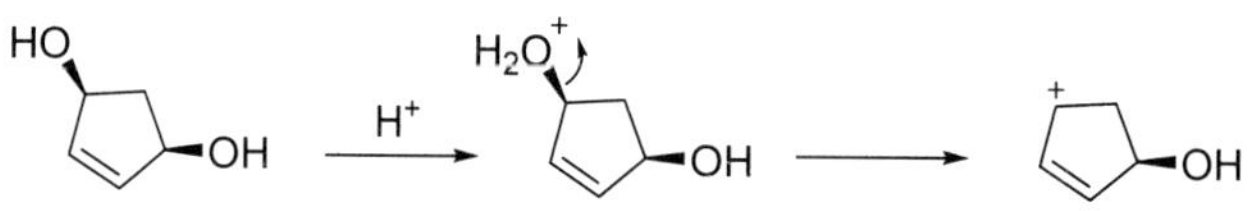

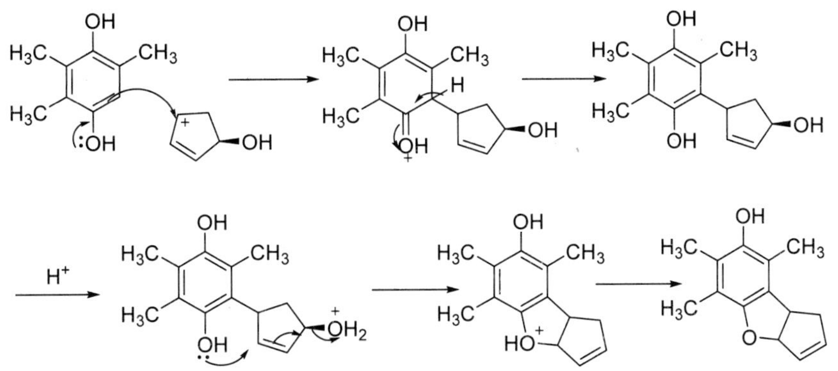

但是按照这种方式，无法得到第二个产物。需要考虑第二种方式。

第二种方式：先进行醚化反应。醚化反应也有两种：一是在酸性条件下酚羟基对二级醇的亲核取代：

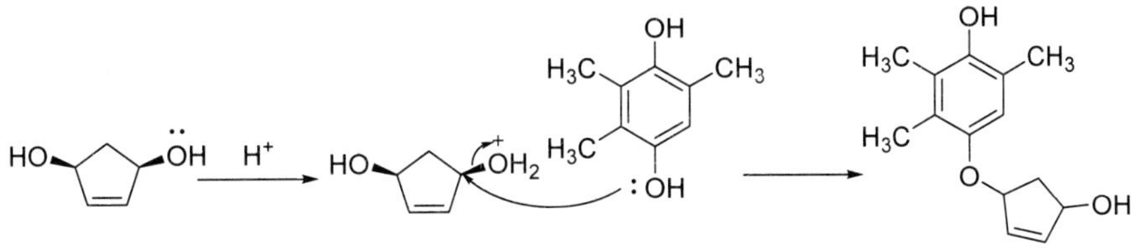

另一种反应方式是酚羟基对烯丙基醇的 S_N2'类亲核取代反应：

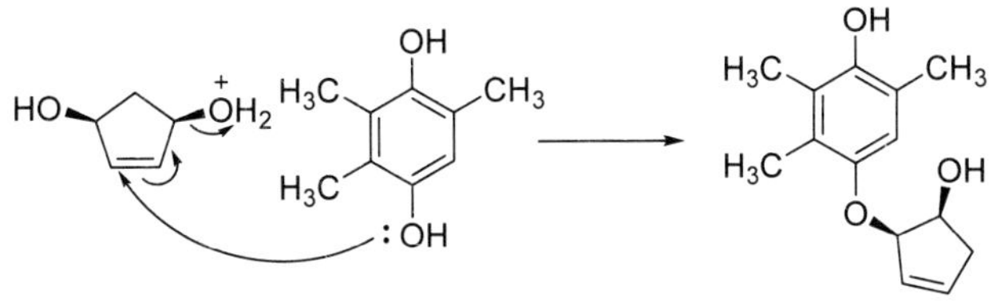

这两种反应方式的产物分别为：

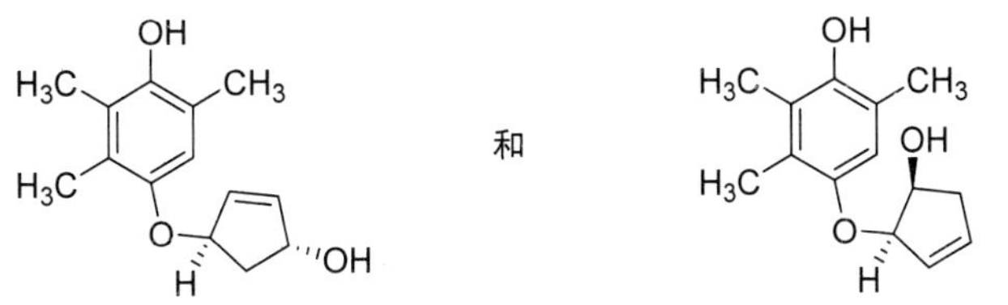

和

接着这两个酚醚可以进行 σ 重排反应。首先进行[3,3]-σ 重排，然后经酚羟基对烯丙基醇的 S_N2'类亲核取代反应构建四氢呋喃环系即转化为产物：

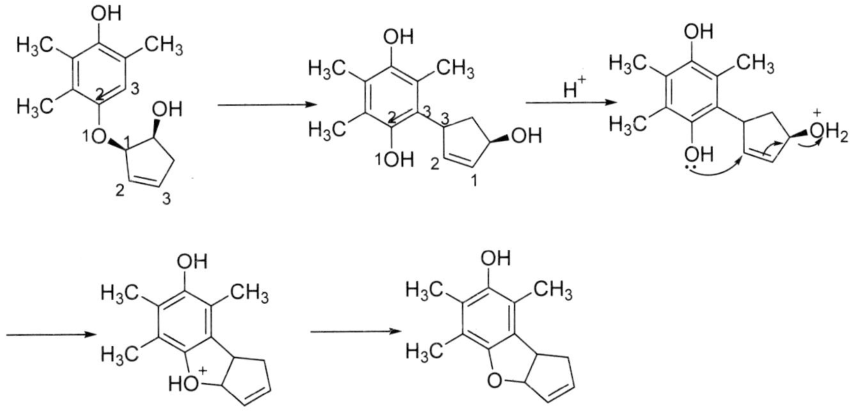

另一个酚醚进行[3,3]-σ 重排，然后酚羟基对二级醇进行亲核取代反应构建四氢呋喃环系即转化为产物：

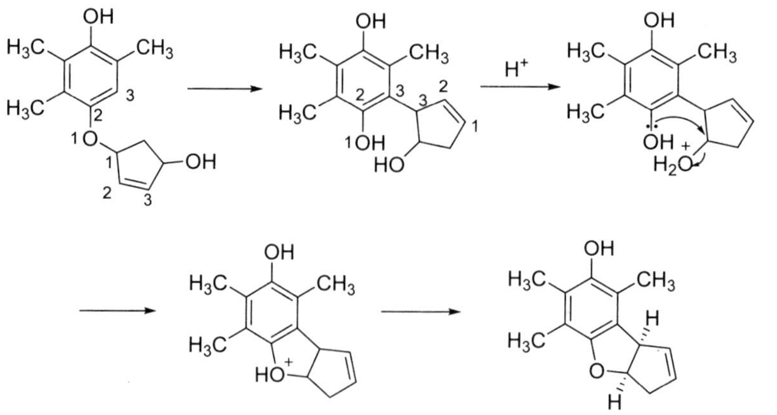

另一种转换方式是首先进行[1,3]-σ 重排，然后酚羟基对二级醇进行亲核取代反应构建四氢呋喃环系即转化为产物：

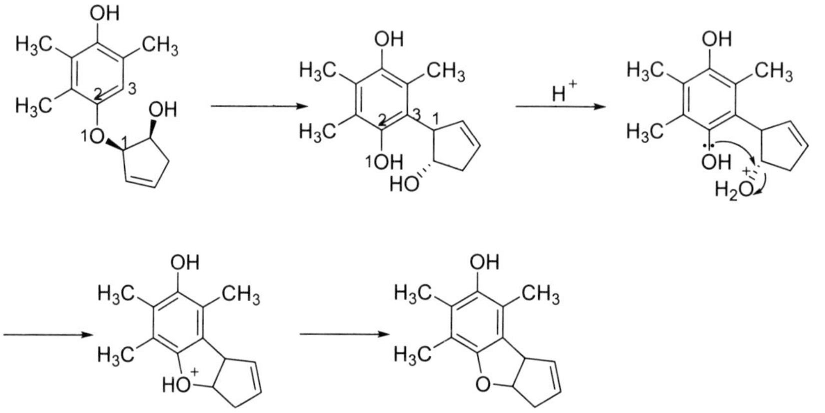

另一个酚醚在进行[1,3]-σ 重排后，再经过酚羟基对烯丙基醇的 S_N2'类亲核取代反应构建四氢呋喃环系即转化为产物：

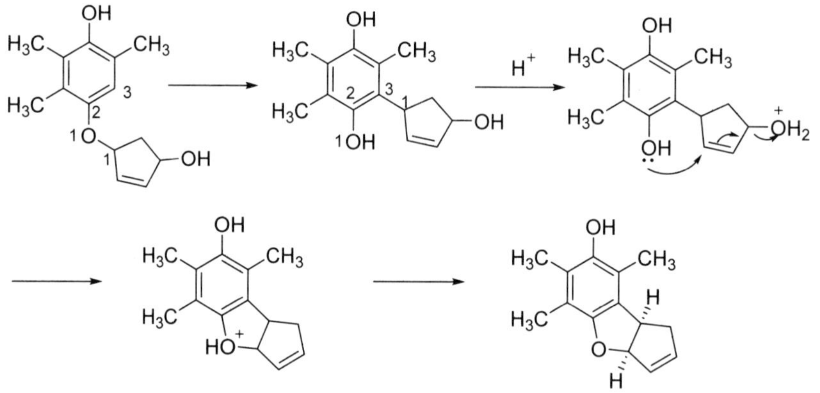

第 13 题

请为以下转换提供合理的电子转移过程，须标出准确的电子转移箭头：

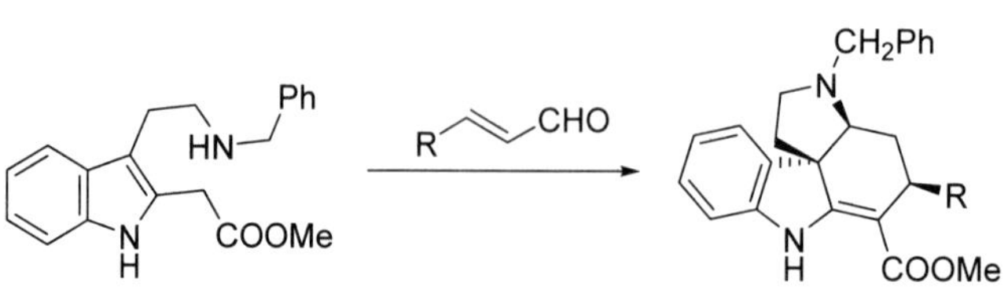

解答：

在这个转换中，尽管形成了一个比较复杂的多环体系，但是第一步反应应该是简单的二级氨基与甲酰基形成亚胺正离子中间体（读者可能意识到这个反应应该在酸性条件下进行，实际反应确实是在

Lewis 酸或质子酸催化下进行的)：

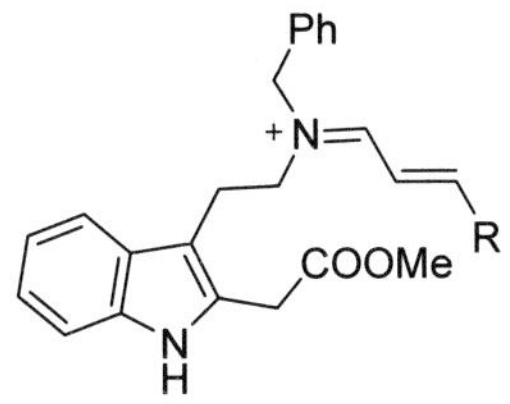

在这个中间体中有两个亲电位点：亚胺正离子以及与亚胺正离子共轭的碳碳双键；也存在两个亲核的位点：吲哚环的β位和酯基的α位。从产物的结构分析，吲哚环的β位对亚胺正离子进行了亲核加成，酯基的α位对碳碳双键进行了 1,4-共轭加成，那么就需要考虑这两个反应哪个优先进行？如果先进行吲哚环的β位对亚胺正离子的亲核加成，那么后续的共轭加成是很难再发生的：

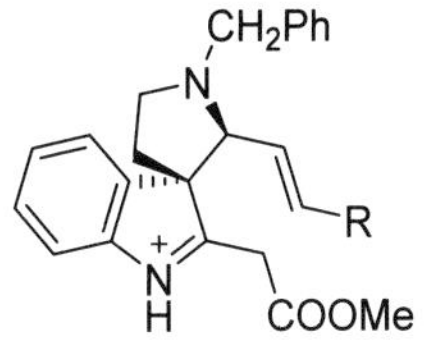

因此，考虑先进行酯基α位对不饱和亚胺的 1,4-共轭加成(从形成一个大环的角度考虑，这个反应不是很容易进行)：

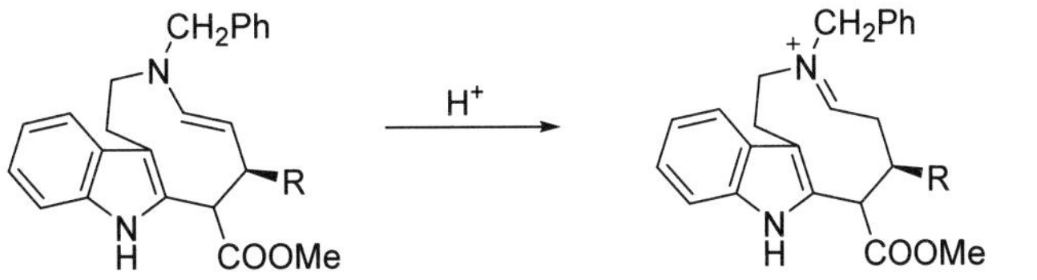

然后在酸性条件下再转化为亚胺正离子，然后被吲哚环的β位亲核加成：

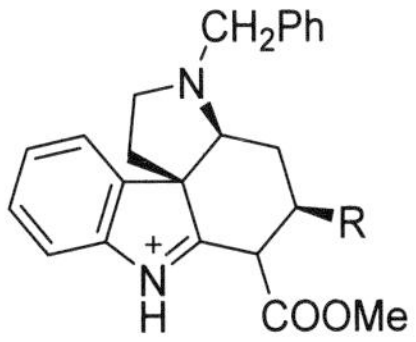

此时，这个亲核加成过程中的立体化学受基团 R 的立体化学影响。接着，酯基α位的氢离去就可以转化为产物。因此，整个转换过程具体如下：

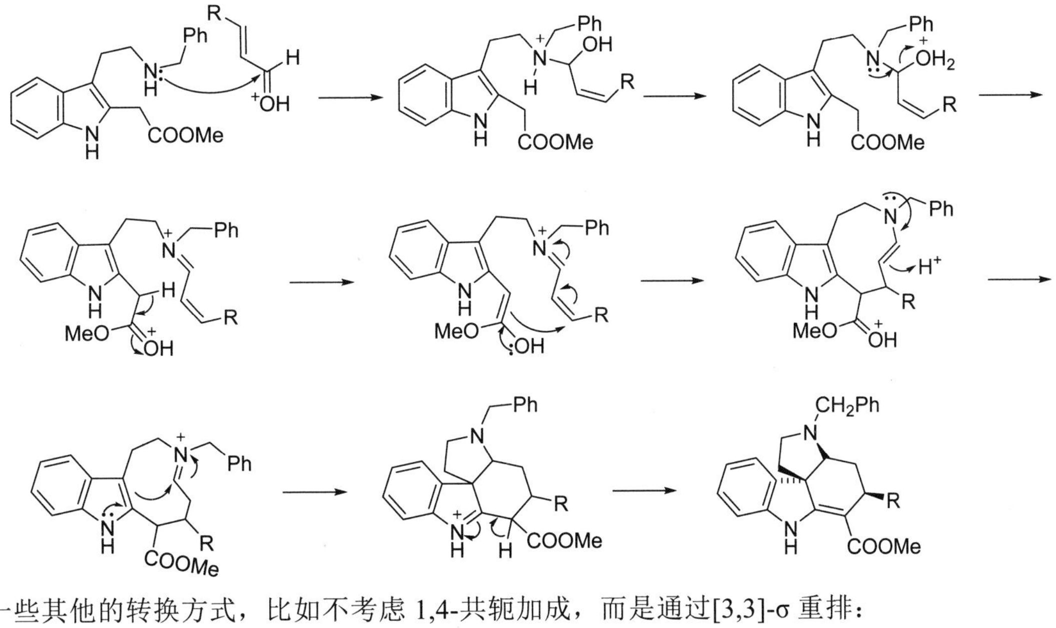

也有一些其他的转换方式，比如不考虑 1,4-共轭加成，而是通过[3,3]-σ 重排：

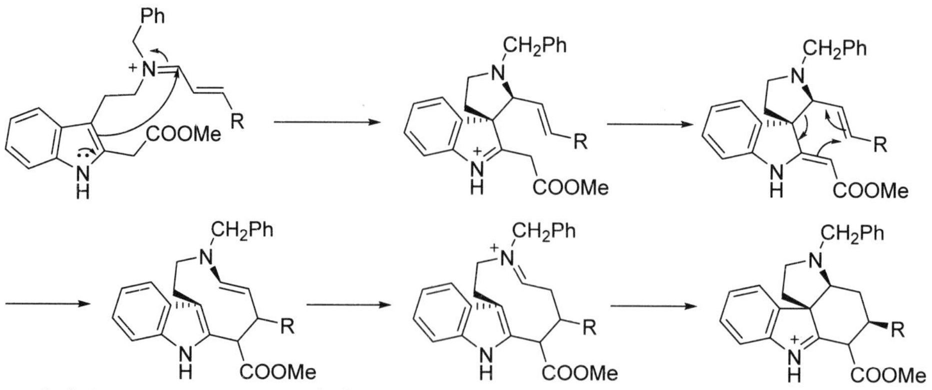

说明：可以通过产物的立体结构仔细考虑哪一种机理更为合理。

第 14 题

请为以下转换提供合理的电子转移过程，须标出准确的电子转移箭头：

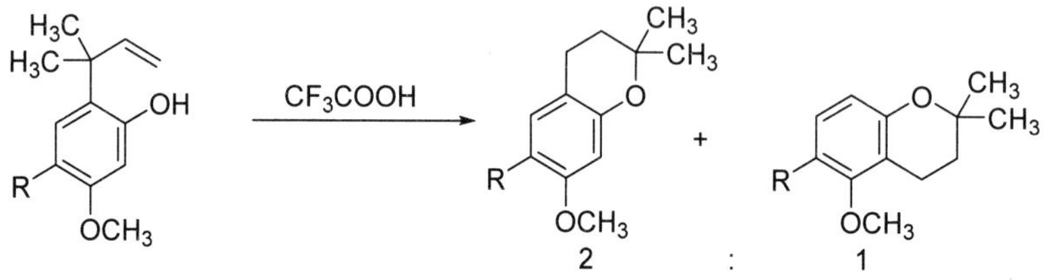

2 : 1

解答：

这个反应看上去很简单，应该是碳碳双键在酸性条件下形成正离子，接着被氧的孤对电子捕获形成醚。但是，关键在于从产物的结构看，这个与酚羟基成醚的位点与原料中的双键不一致。结合第二个产物结构考虑它的前体结构，此前体可以异构化为：

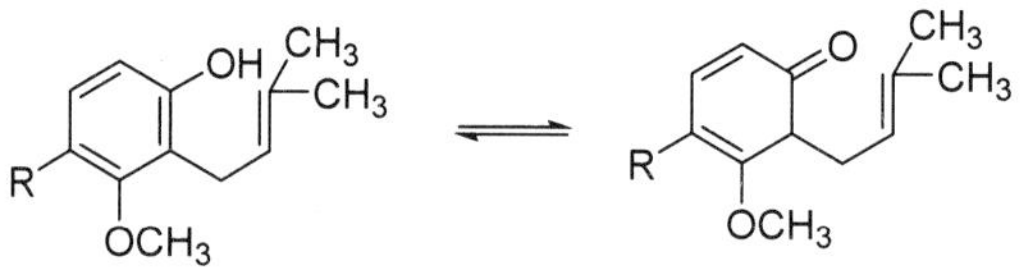

这个化合物可以由原料通过[3,5]-σ 重排转化：

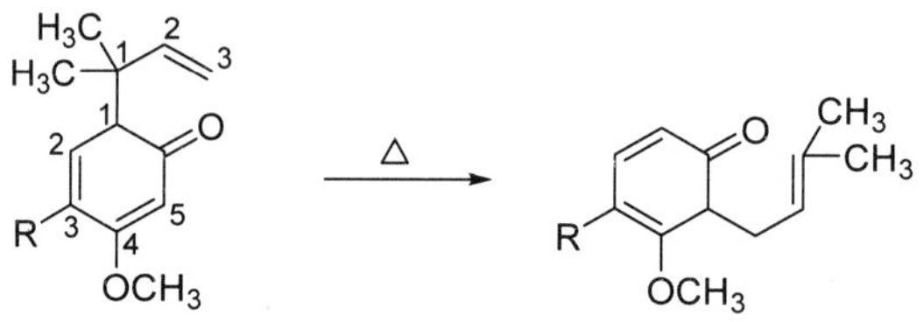

第一个产物的前体应该为：

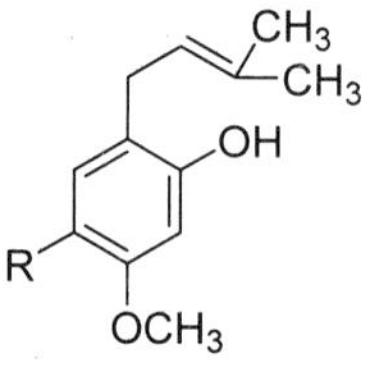

这个化合物可由原料经[1,3]-σ 重排得到，或由原料先经[3,5]-σ 重排再经过[3,3]-σ 重排得到：

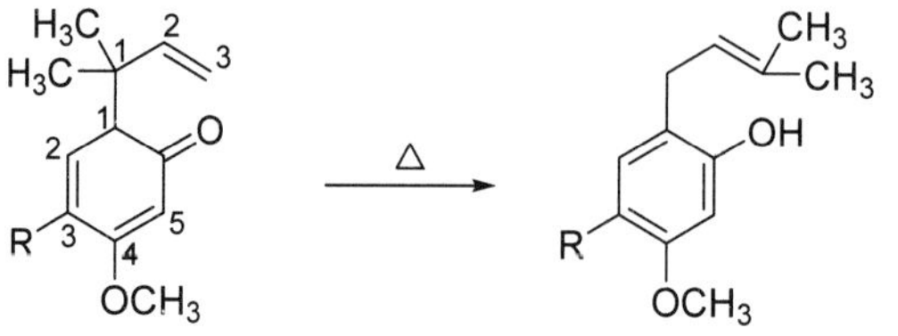

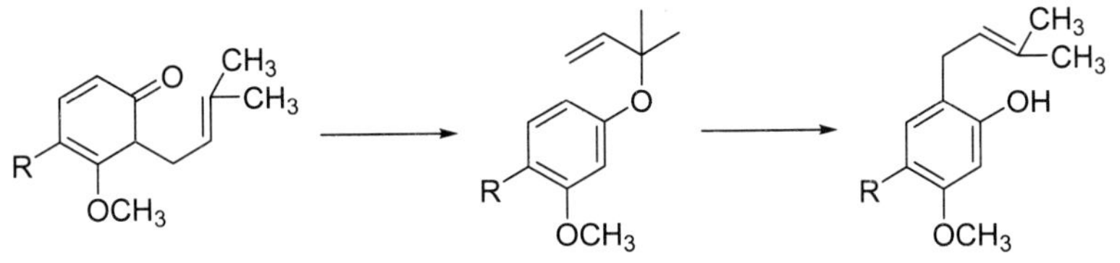

依据以上分析，这个转换过程为：

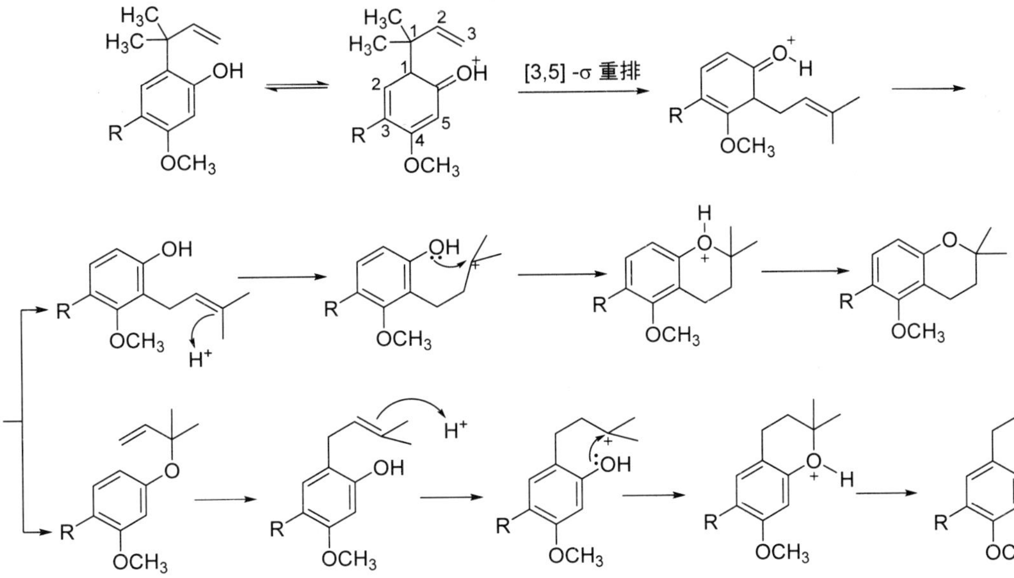

此反应中使用了三氟醋酸，它是强质子酸，可以发生逆傅克烷基化反应，生成烯丙基正离子，继而被酚羟基捕获，发生 *O*-烯丙基化，最后发生傅克烷基化关环。如下所示：

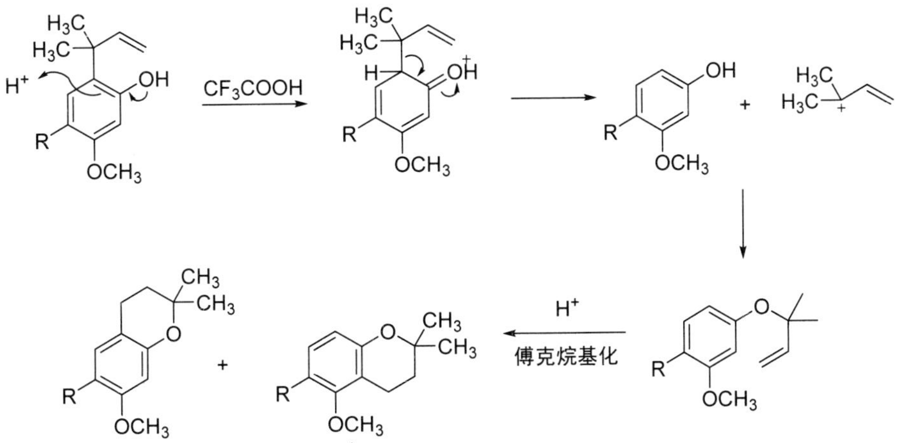

读者还可以考虑除了这两个产物外，还会有哪些可能的产物？

第 15 题

请为以下转换提供合理的电子转移过程，须标出准确的电子转移箭头：

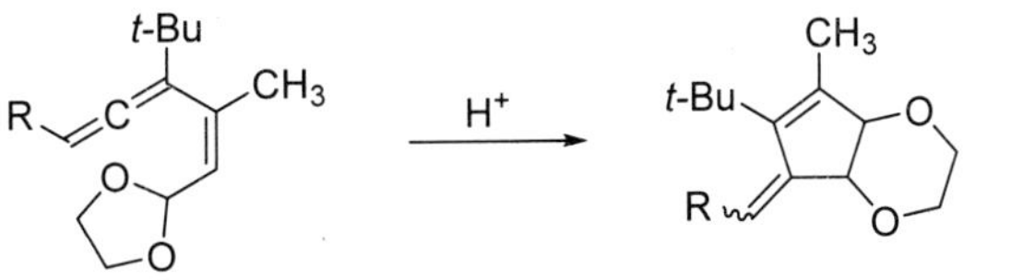

解答：

在酸性环境中，原料中碱性最强的位点优先反应，因此氧被质子化：

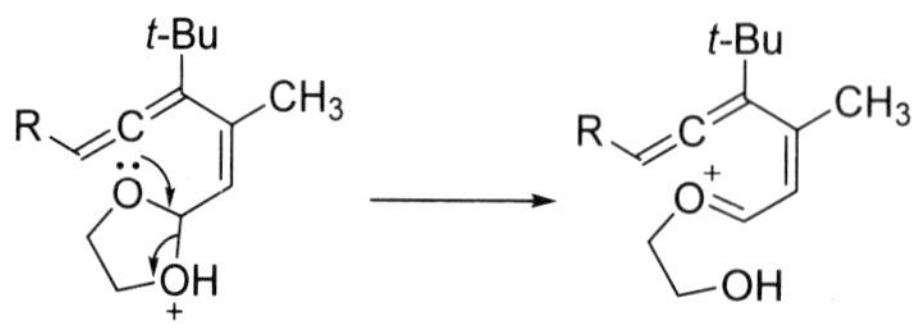

接下来的过程就是经缩醛的逆反应形成羰基正离子。从产物的五元环结构分析，丙二烯对羰基正离子进行了亲核加成形成：

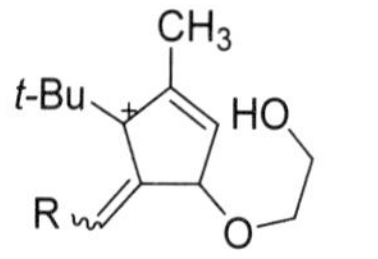

根据以上分析，整个的转化过程为：

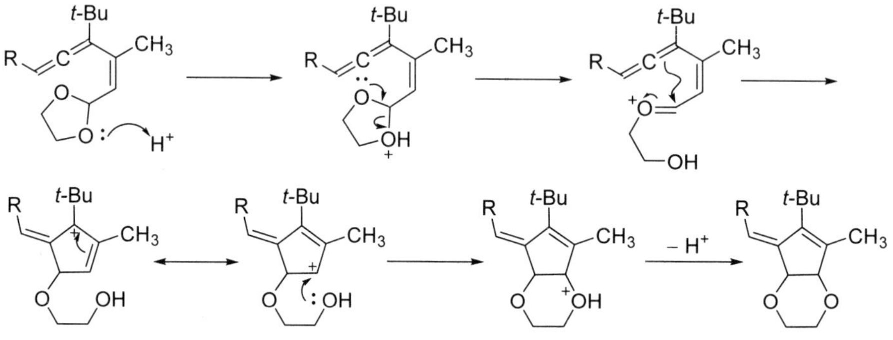

第 16 题

请为以下转换提供合理的电子转移过程，须标出准确的电子转移箭头：

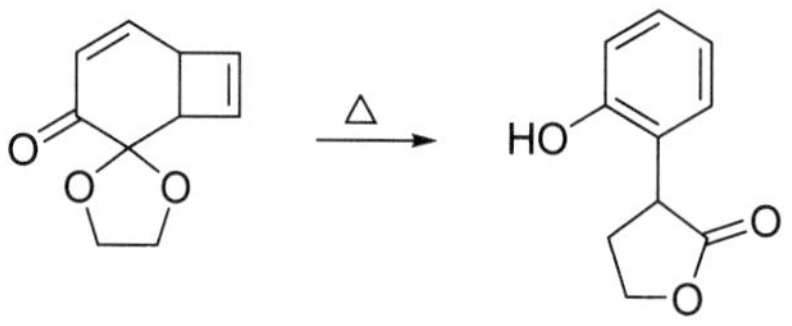

解答：

这个转换看上去无从下手，但是如果细致观察原料与产物之间的区别，可以判断四元环肯定要开环。按照电环化反应，环丁烯的开环反应形成：

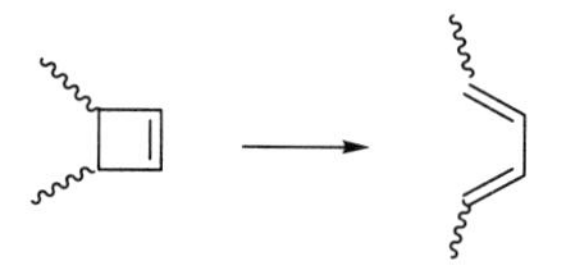

接着的反应应该是此八元环开环再形成苯环。八元环开环的过程可以认为是富电子的烯醇醚对烯酮的亲核加成的逆反应：

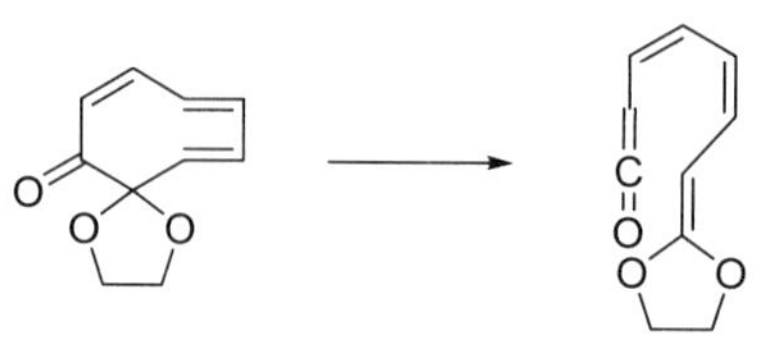

接下来就是 6π体系的电环化反应形成六元环：

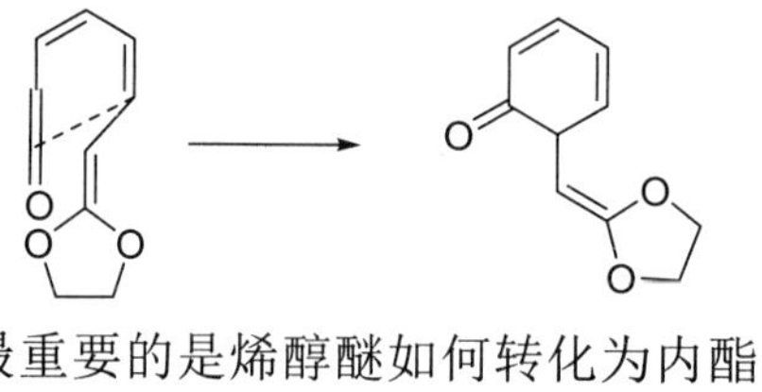

互变异构化构建苯酚骨架。后续最重要的是烯醇醚如何转化为内酯。两个氧原子连接的碳原子的位点没有发生任何变化，而五元环中的其中一根 C–O 键肯定要断裂，那么此断裂过程必定是异裂，且氧得到电子：

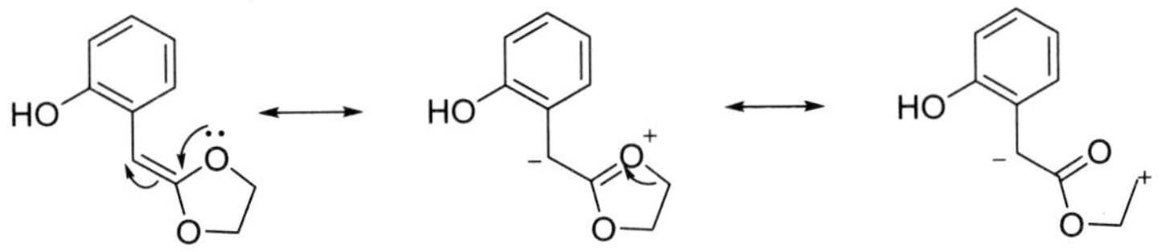

依据以上分析，这个反应的转换过程为：

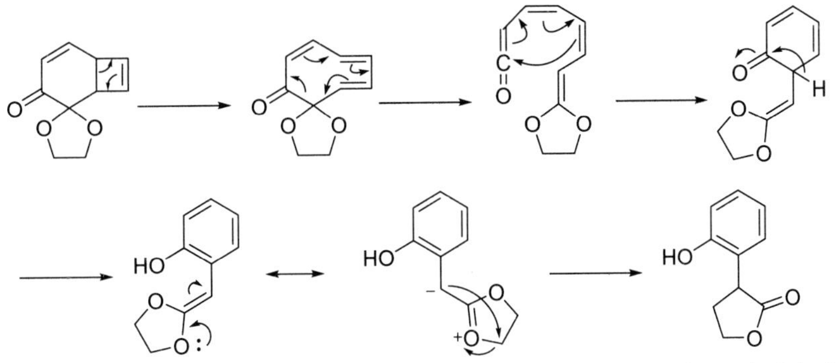

考虑到六元环并四元环是顺式的，但在加热状态下，四元环开环为顺旋，采用自由基的方式也具有一定的合理性：

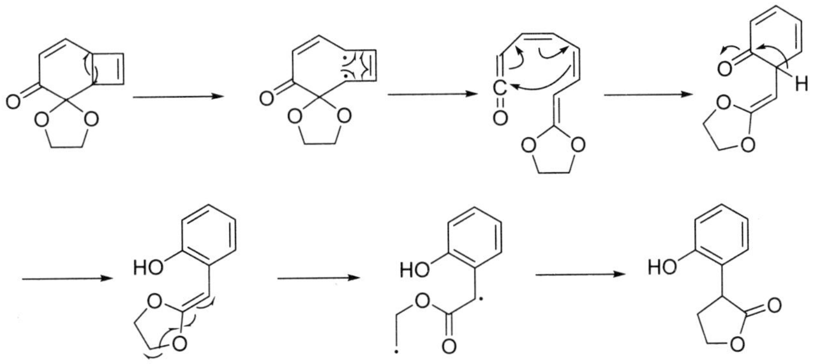

第 17 题

请为以下转换提供合理的电子转移过程，须标出准确的电子转移箭头：

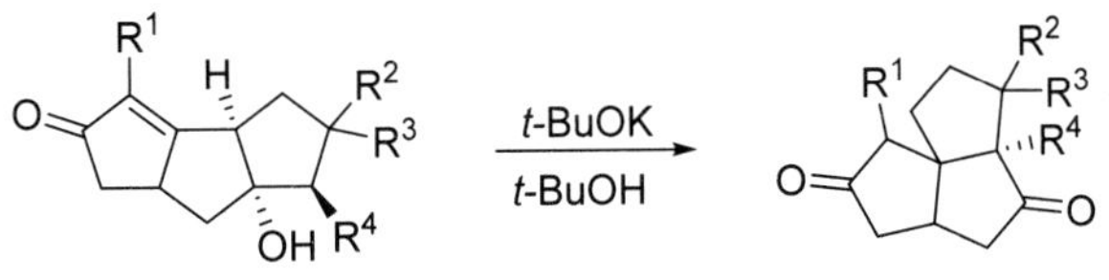

解答：

反应的结果是α,β-不饱和酮体系被共轭加成，进攻的位点为 R^4 取代的碳原子，但是从原料的结构分析，这个位点为羟基的β位，不具有亲核能力，那么，如何使此位点具有亲核能力？那就是在碱性条件下，将醇羟基氧负离子转化为酮羰基：

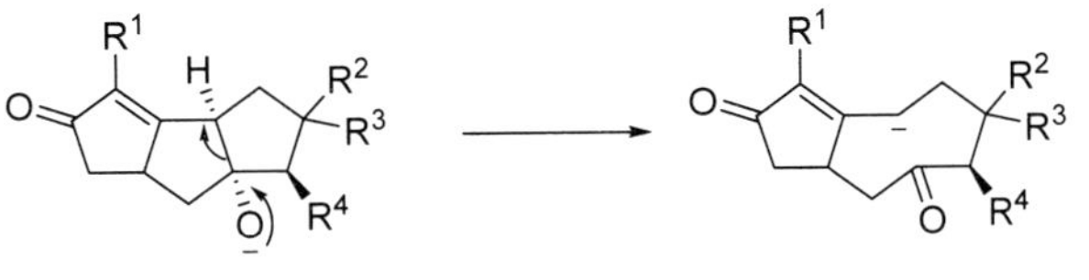

后续的反应就简单多了。

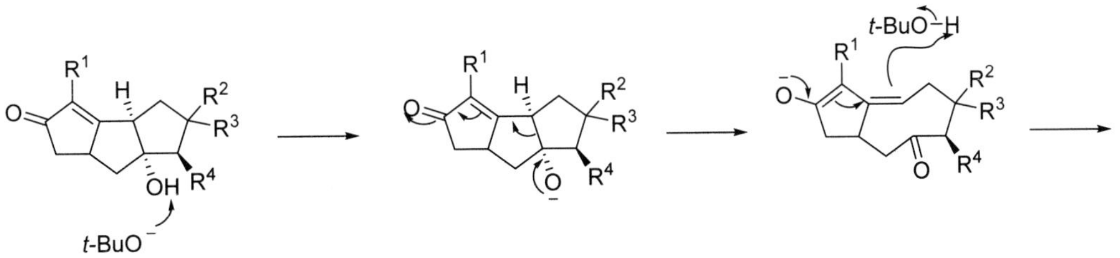

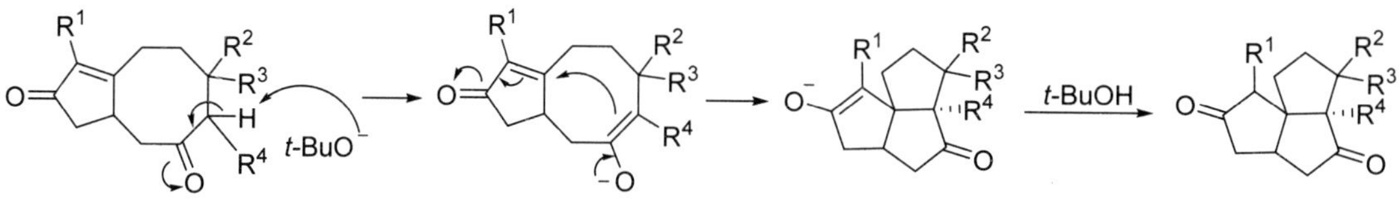

第 18 题

请为以下转换提供合理的电子转移过程，须标出准确的电子转移箭头：

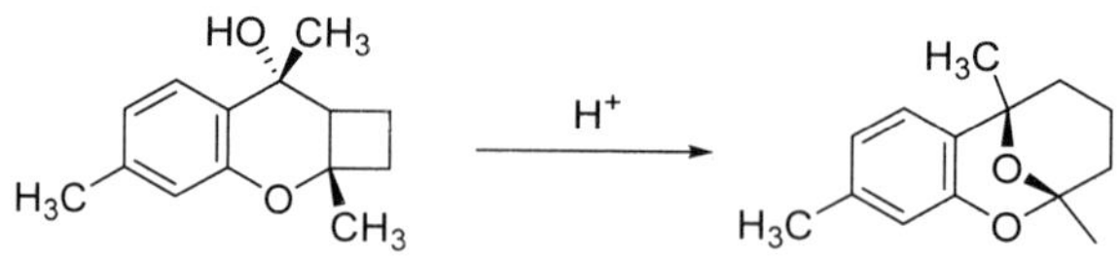

解答：

原料中有一个三级醇结构，三级醇在酸性条件下很容易失水形成碳正离子，而且这个碳正离子处在苄位。在这个反应中，由于四元环的张力，这个碳正离子很容易造成四元环的开环：

因此，原料在酸性条件下形成碳正离子，然后导致四元环的开环：

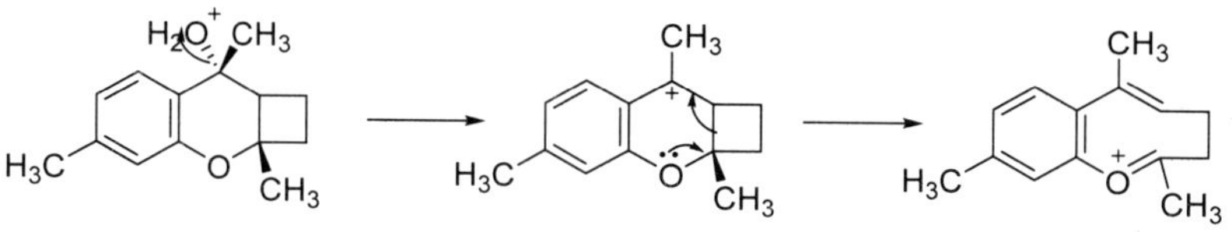

结合以上分析，这个转换按以下方式进行：

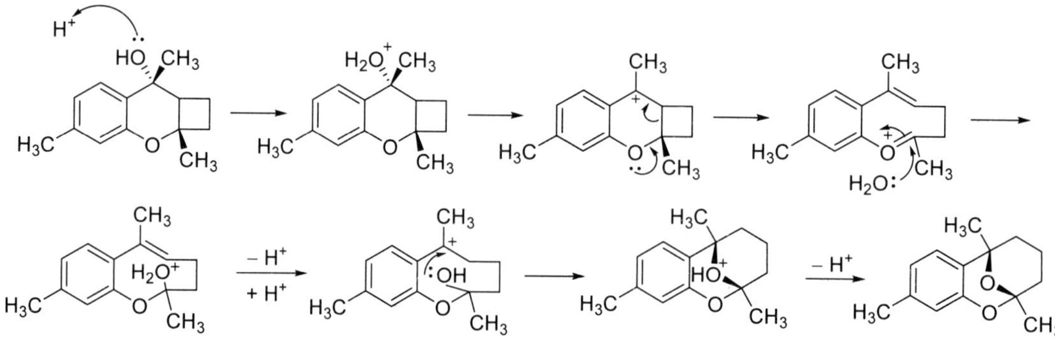

第 19 题

请为以下转换提供合理的电子转移过程，须标出准确的电子转移箭头，并解释两者的不同点：

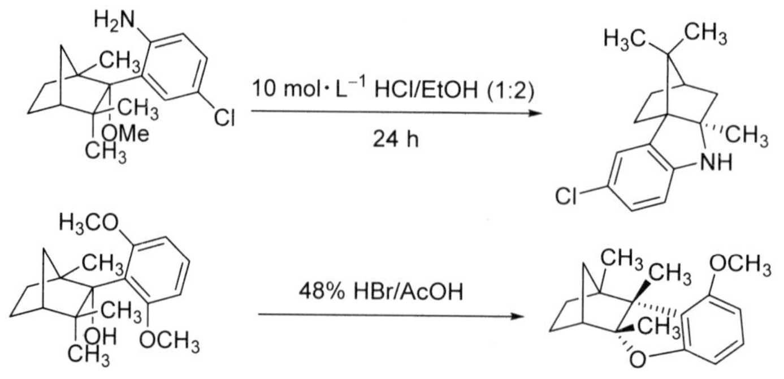

10 mol·L^{-1} HCl/EtOH (1:2)

24 h

48% HBr/AcOH

解答：

这两个反应实际上很简单。但是，重要的是需要理解这两个反应的不同结果体现了有机反应的多样性，理解反应条件、分子结构以及取代基等因素对反应结果的影响。对于这两个反应而言，在酸性条件下，原料均形成了碳正离子。新形成的碳正离子与分子内的亲核位点进行分子内的成键反应。

对于第一个反应，甲氧基被质子化，然后甲醇离去形成碳正离子：

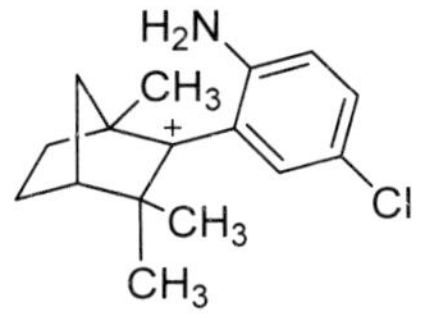

如果这个碳正离子直接与氨基形成 C–N 键的话，将形成四元螺环，这是不可能的，这势必要求通过碳正离子重排形成能与此氨基形成合适环系的新碳正离子。考虑到这个氨基处于碳正离子的上方，新形成的 C–N 键将处于将断裂的 C–C 键的反键轨道：

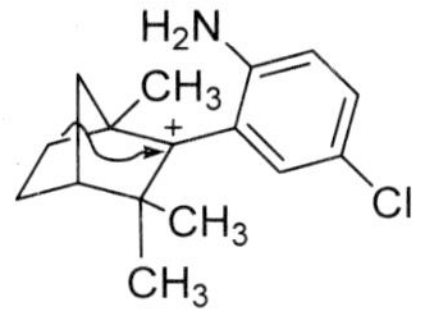

因此，第一个反应的转换过程为：

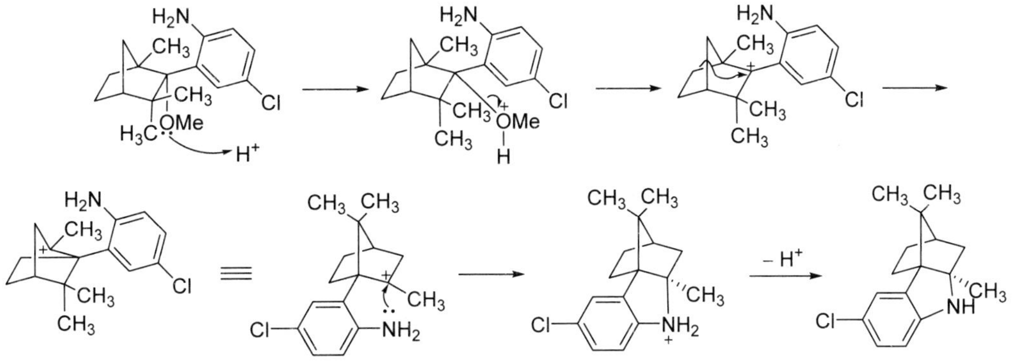

对于第二个反应，羟基被质子化，然后脱水形成碳正离子：

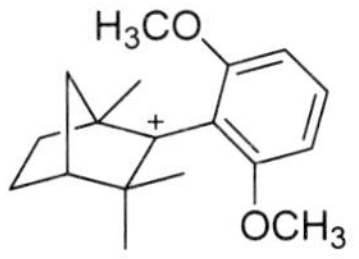

这个分子中碳正离子的上下方均有亲核基团甲氧基，因此就有两种可能的碳正离子重排方式：一种是对于处在上方的甲氧基而言，可以按照第一个反应的方式进行，这里无需赘言。而对于处于下方的甲氧基而言，如果处在上方的甲基迁移，氧就可以与新的碳正离子成键：

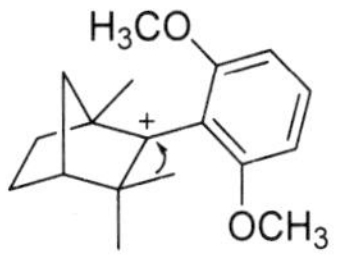

因此，第二个反应的转换过程为：

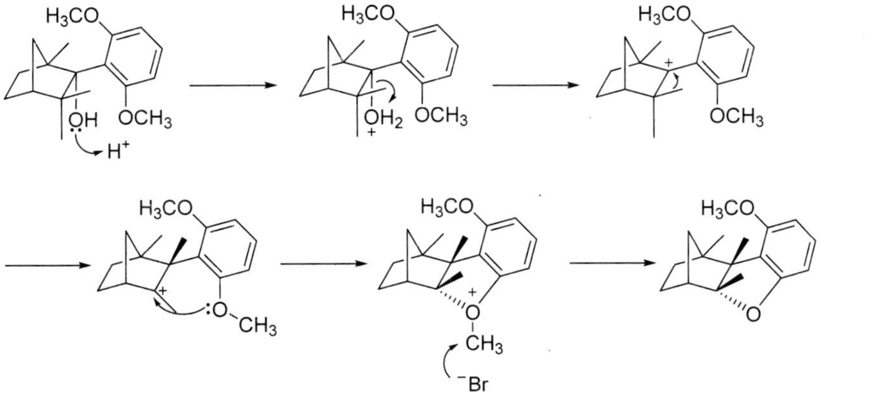

❖第 20 题

请为以下转换提供合理的电子转移过程，须标出准确的电子转移箭头：

$$\xrightarrow[\Delta]{\text{TsOH, CH}_3\text{COCH}_3}$$

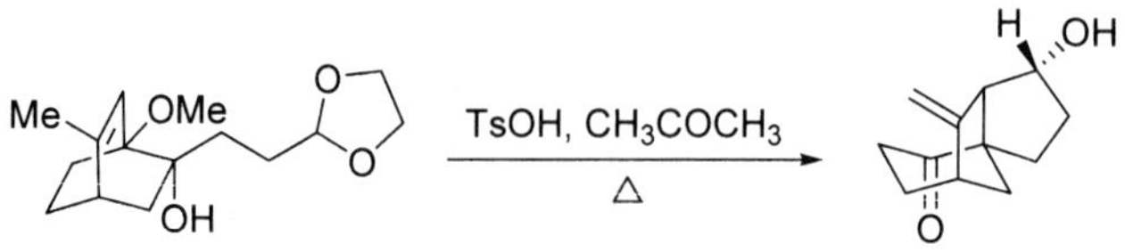

解答：

这个反应中，三级醇在酸性条件下失水形成碳正离子，随即碳正离子引发了后续的 Pinacol 重排反应，然后就是烯烃对甲酰基的 ene 反应。

结合以上分析，这个转换过程为：

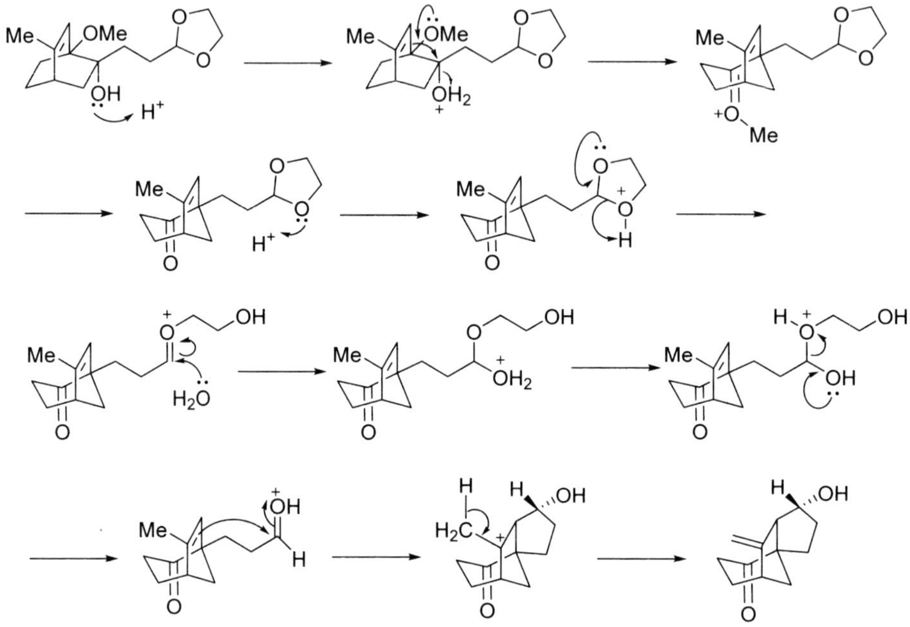

说明：ene 反应在某些条件下可以采用一个协同的过程等价表示。在这里，为了让读者更容易理解反应过程，就采用了分步的过程(可能与实际情况更相符)。

❖第 21 题

请为以下转换提供合理的电子转移过程，须标出准确的电子转移箭头：

$$\xrightarrow[80\%]{180\ ^\circ\text{C}}$$

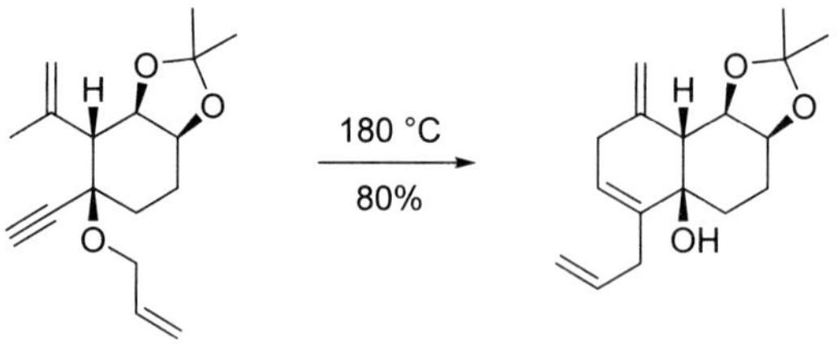

解答：

首先，进行结构分析，左边六元环的形成应该是烯丙基和炔丙基之间的[3,3]-σ 重排，但是其结果应该使原先六元环的那根 σ 键断裂：

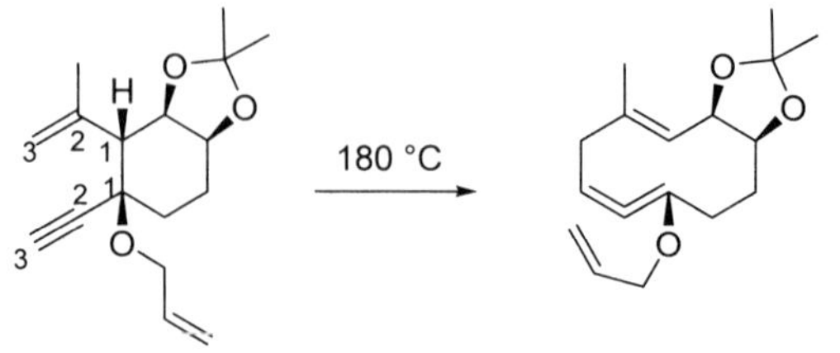

$$\xrightarrow{180\ ^\circ\text{C}}$$

烯丙基醚的醚键断裂和烯丙基的迁移也是经过[3,3]-σ 重排，但这个转换后应该形成酮羰基：

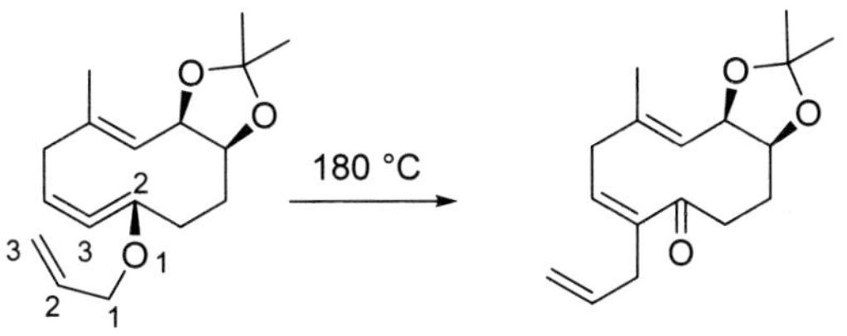

而产物为醇，那么原先六元环断裂的那根 σ 键应该是通过对酮羰基的亲核加成重新构建的。这个反应应该是烯烃对酮羰基的 ene 反应。

ene 反应中其过渡态的立体化学为：

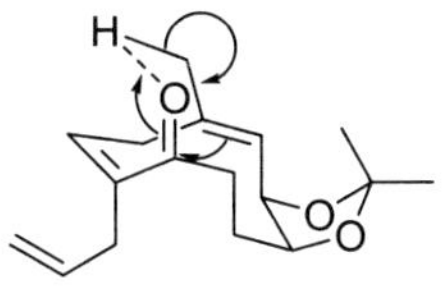

整个转换过程为：

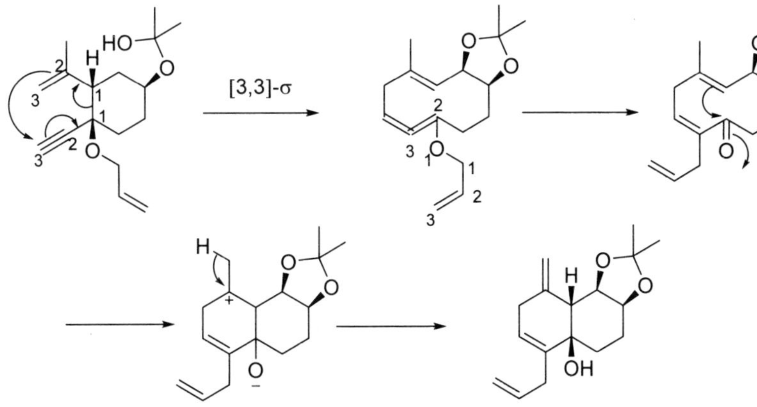

说明：结合前一题可以清楚地了解到，在 ene 反应中，氢转移的难易程度决定了这个反应的不同的转化形式。如果能顺利形成环状过渡态，那就是通过协同机理；如果不能形成环状过渡态，那就通过正离子机理。

第 22 题

请为以下转换提供合理的电子转移过程，须标出准确的电子转移箭头：

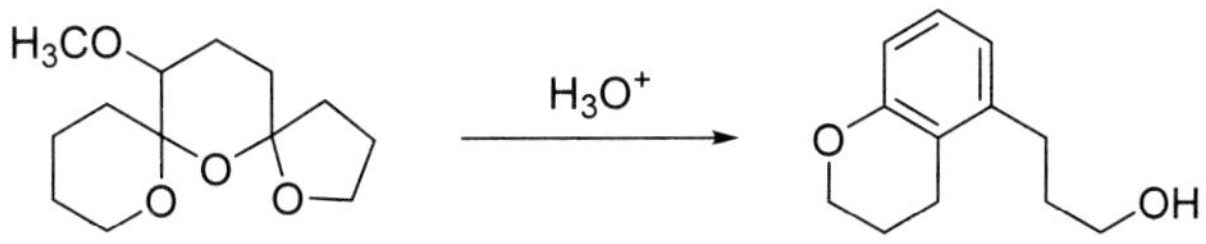

解答：

从产物的结构分析，产物中的一级醇羟基应该是四氢呋喃环在酸性条件下开环的结果。从四氢呋喃环开环的位点开始构建苯环：

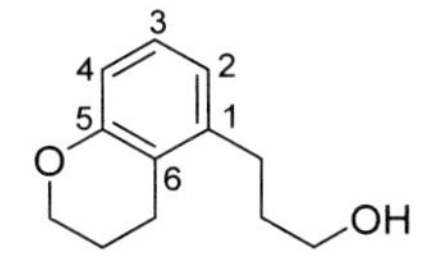

这六个碳原子要与原料中的六个碳原子联系在一起：

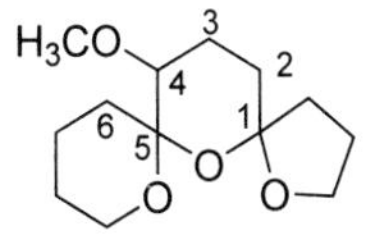

那么，C6 位的碳原子如何与 C1 位的碳原子反应？C1 位肯定是亲电的，则 C6 位必须是亲核的。接下来，需要思考如何使 C6 位具有亲核性，这就需要将缩酮转化为酮：

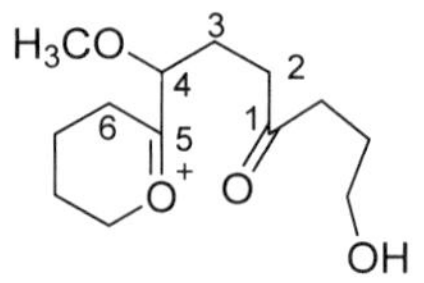

通过这些分析，这个转换过程为：

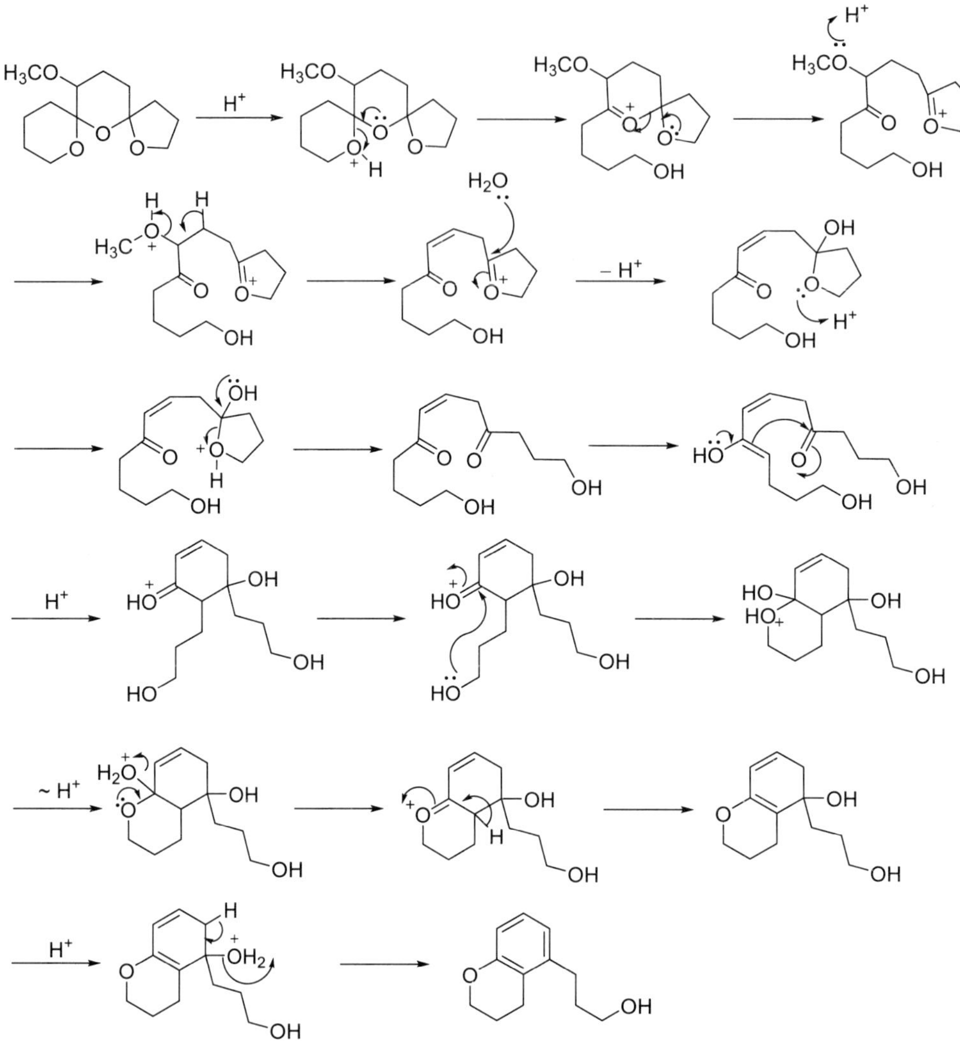

这个转换过程还可以采用以下方式进行：

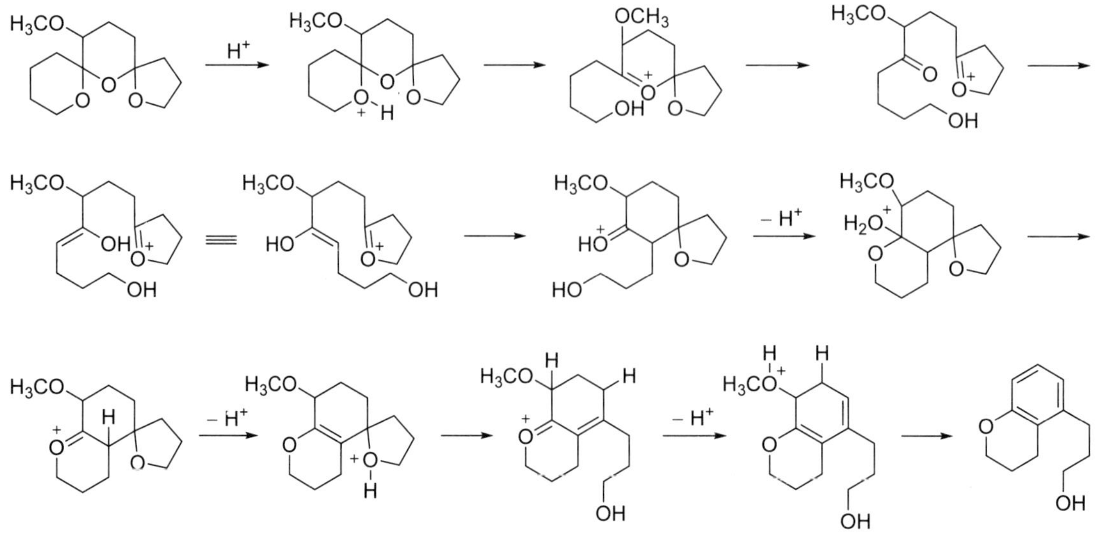

❖第 23 题

请为以下转换提供合理的电子转移过程，须标出准确的电子转移箭头：

CH_3OCH_2Cl

i-Pr_2NEt

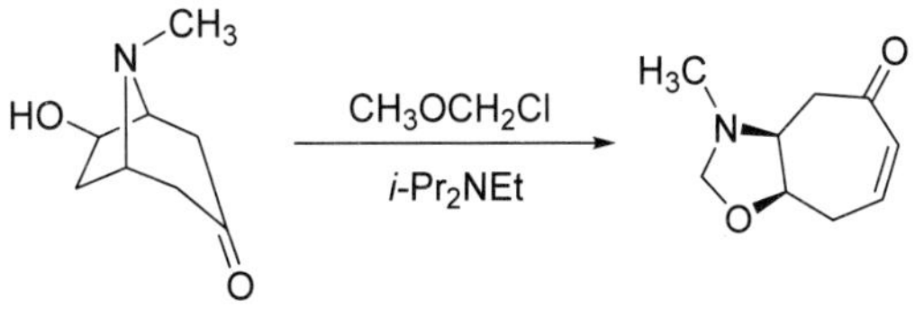

解答：

这个转换的结果是 C–N 键断裂，形成 C=C 双键，这与 Hoffman 消除反应结果基本一致，但进行 Hoffman 消除的前提是需将三级胺转化为四级铵盐：

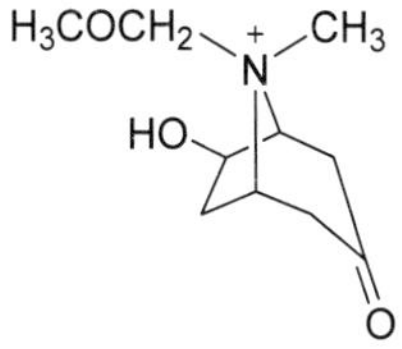

最后的反应是通过 E1cb 反应机制进行的：

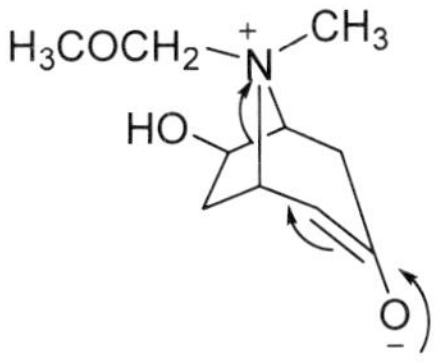

反应的具体转换过程如下：

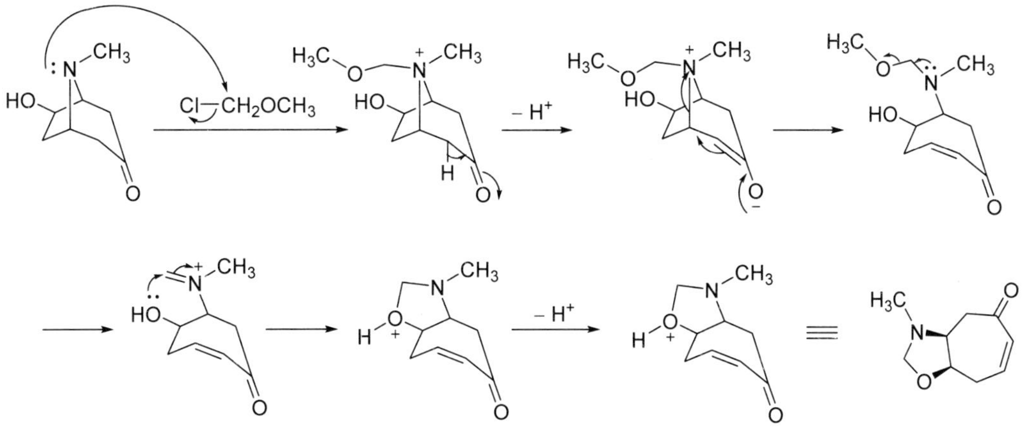

❖第 24 题

请为以下转换提供合理的电子转移过程，须标出准确的电子转移箭头：

$h\nu$

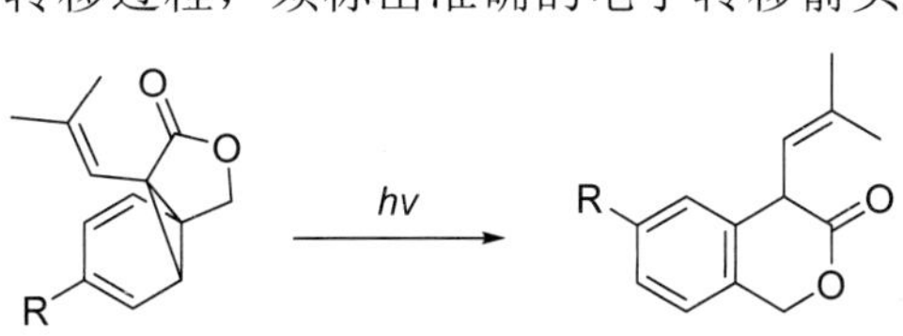

解答：

观察反应的结果，这是一个在光照条件下的三元环开环形成碳碳双键的过程。在确定三元环中所断裂的 C–C 键后，可以按照以下开环的方式进行：

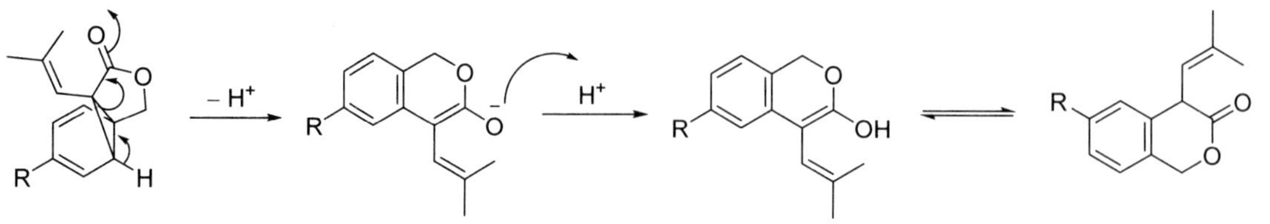

说明：读者如有兴趣，还可尝试采用键均裂的方式进行转换。

❖第 25 题

请为以下转换提供合理的电子转移过程，须标出准确的电子转移箭头：

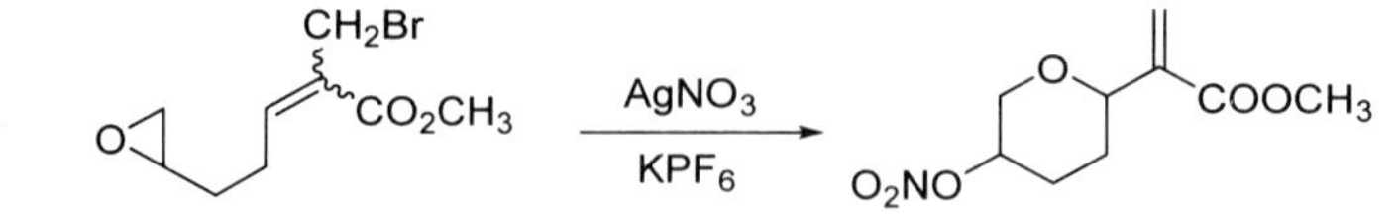

如果使用 $TiBr_4$，请预测其产物的结构。

解答：

由于溴代烷在 Ag^+的作用下很容易转化为碳正离子，从产物的结构考虑，就应该是环氧上氧的孤对电子对烯丙基正离子的亲核反应：

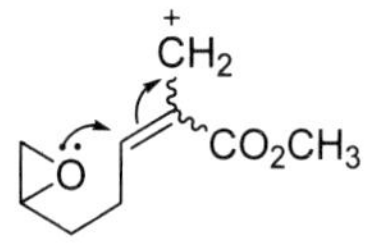

整个转换过程为：

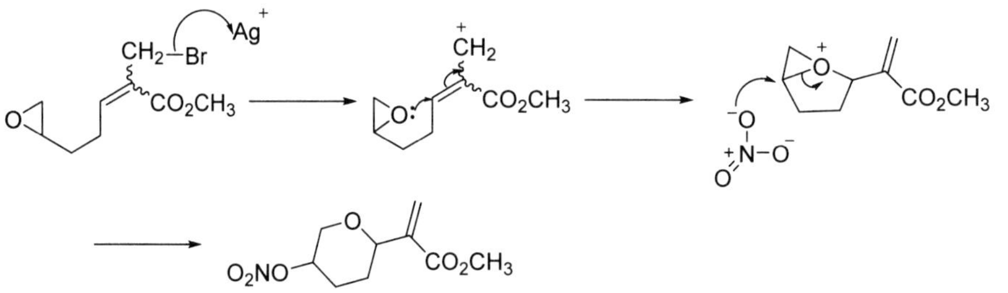

如果使用 Lewis 酸 $TiBr_4$，由于 $TiBr_4$ 与氧的配位能力强于与溴的结合，因此，这个转换肯定就不是脱去溴离子形成碳正离子的过程了：

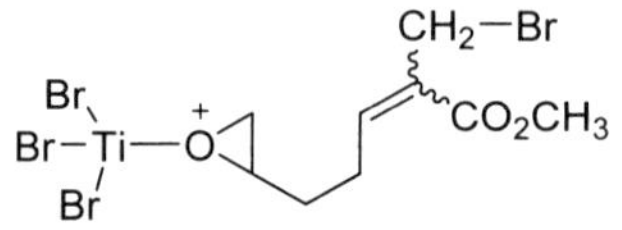

但是，氧与 $TiBr_4$ 配位后形成氧鎓离子，无法再与烯丙基溴进行 S_N2'反应；如果要考虑到后续反应的进行，需要考虑将环氧打开，恢复氧孤对电子的亲核能力，这就需要一个能使环氧鎓离子开环的亲核基团。在这个体系中，唯一的可能性就是溴负离子。

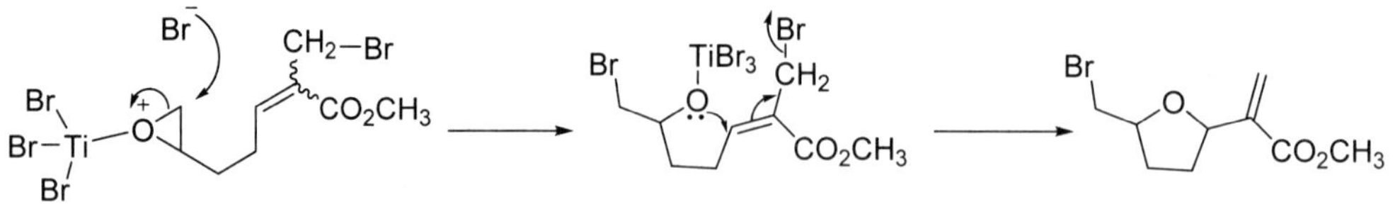

❖第 26 题

请为以下转换提供合理的电子转移过程，须标出准确的电子转移箭头：

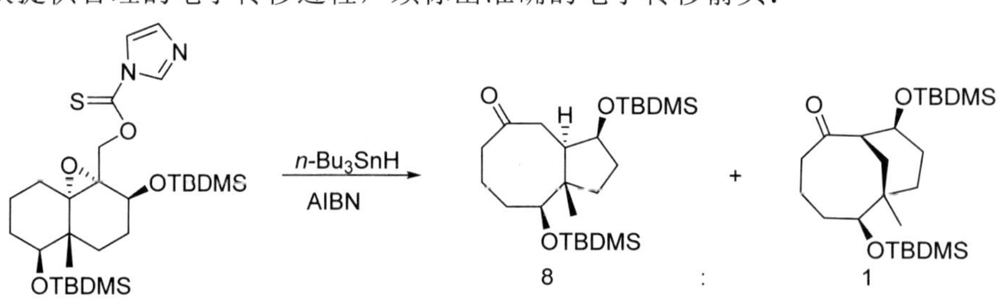

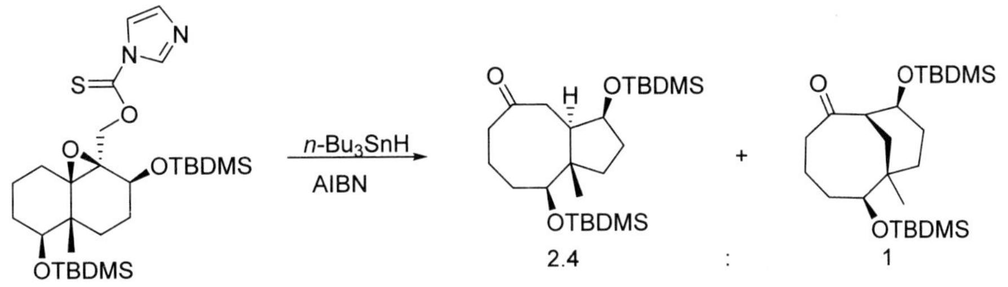

解答：

这是一个非常典型的自由基反应。Sn–H 键在自由基引发剂的作用下均裂形成自由基，从而通过自由基的链增长反应使 C–O 键形成一级碳自由基：

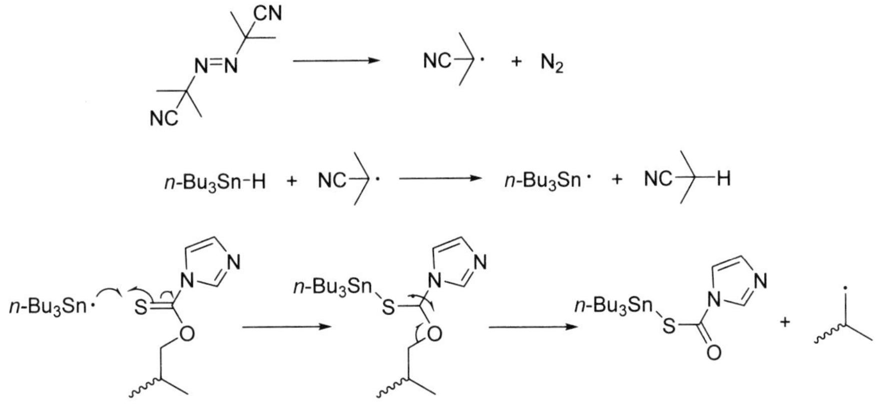

形成亚甲基自由基后，考虑到其连接着环氧三元环，将会导致三元环开环：

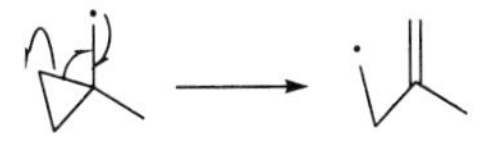

综上分析，在第一个反应的转换过程中，第一个产物的转换方式为：

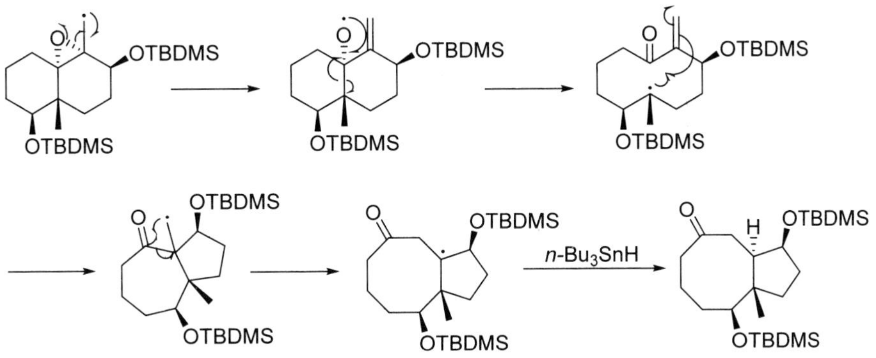

第二个产物的转换方式为：

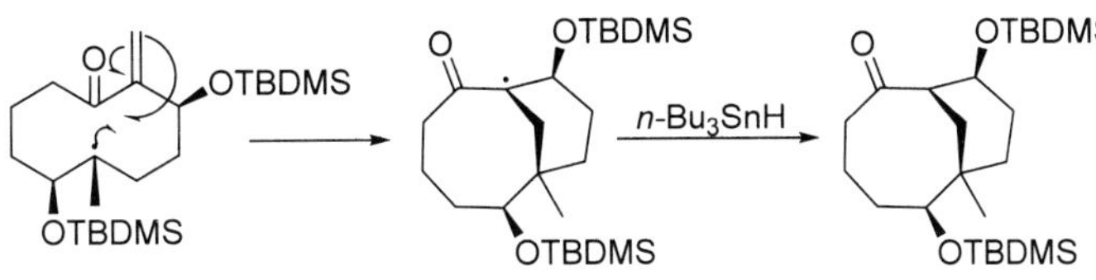

对于第二个反应而言，形成亚甲基自由基的过程与第一个反应基本一致，最主要的差别在于环氧环的立体化学：

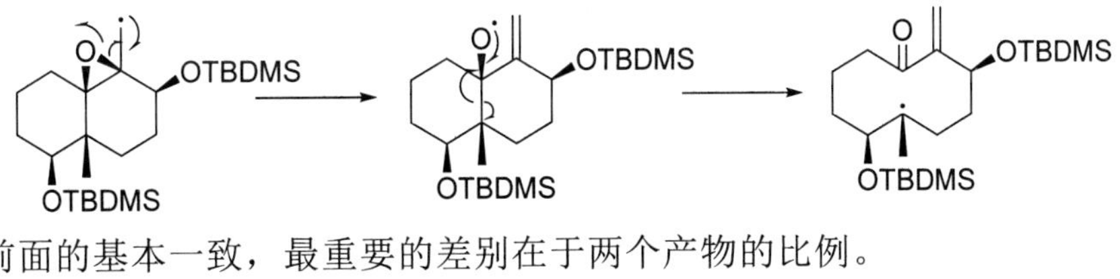

后续的过程与前面的基本一致，最重要的差别在于两个产物的比例。

第 27 题

请为以下转换提供合理的电子转移过程，须标出准确的电子转移箭头：

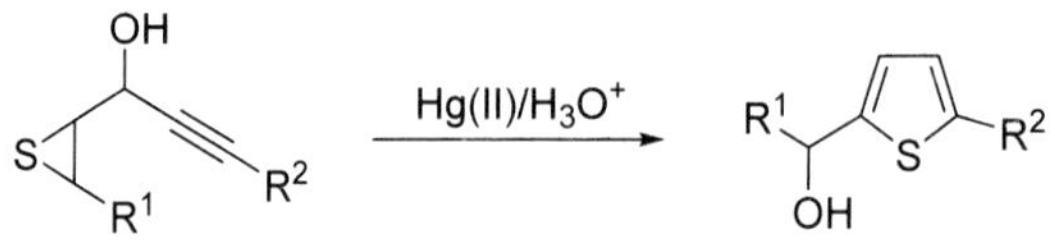

依据以上结果，完成以下反应式：

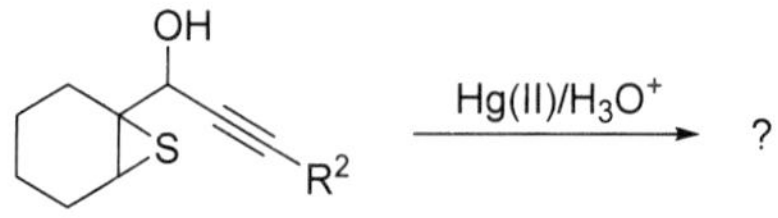

解答：

这个反应的两个特点：硫杂环丙烷三元环的开环和噻吩环的形成。硫杂环丙烷三元环开环的结果之一是形成了二级醇，那么应该是水分子作为亲核试剂打开了这个三元杂环；而进行此过程的前提是硫作为亲核位点与亲电位点进行了反应。因此，这个反应的启动点就是炔基与 Hg(II)的亲电加成，然后硫对其进行亲核加成：

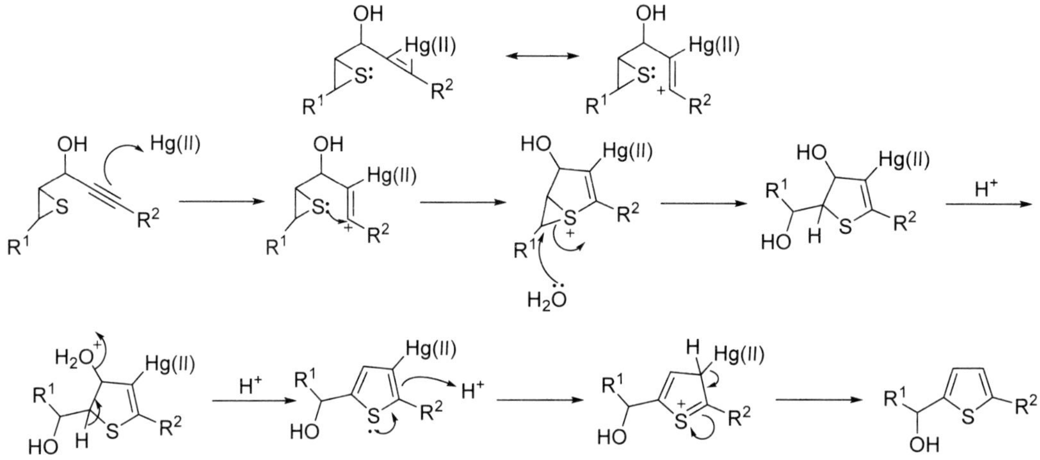

依据以上反应过程，就可以判断第二个反应的产物为：

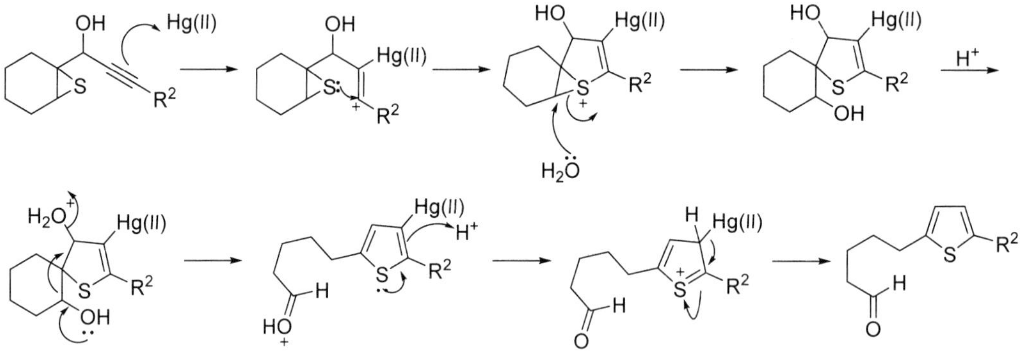

第 28 题

请为以下转换提供合理的电子转移过程，须标出准确的电子转移箭头：

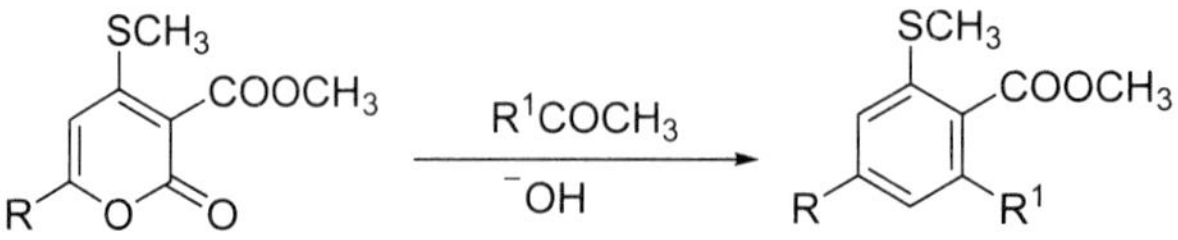

解答：

这是一个构建苯环的反应。底物内酯可以按照两种方式理解其结构：一种为不饱和酯类化合物；另一种是 1,3-共轭烯烃。因此，针对其结构特点，可以考虑两种反应方式：一是共轭加成与羟醛缩合的串联反应；二是 Diels-Alder 反应。这两种反应方式中的任何一种都需要富电子的碳碳双键即亲双烯体，甲基酮在碱性条件下转换为烯醇负离子正好符合以上要求：

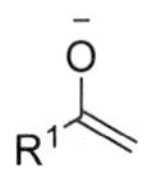

共轭加成与羟醛缩合的串联反应：

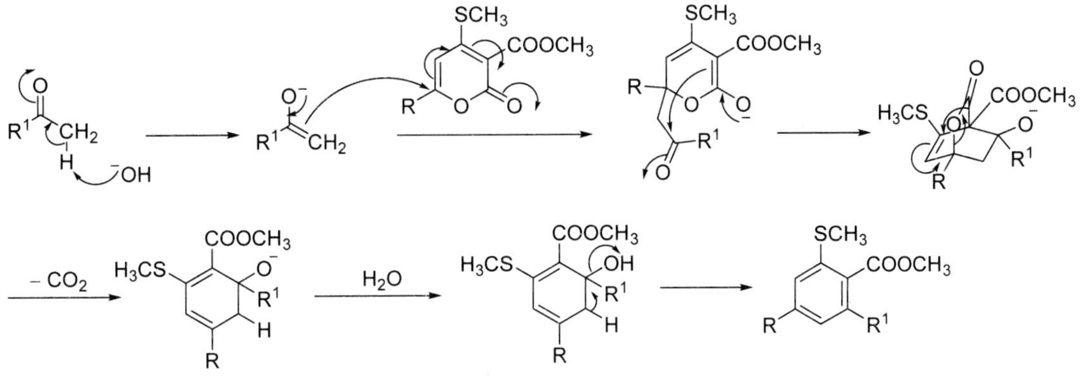

或通过 Diels-Alder 反应，先形成桥环中间体，接着发生逆 Diels-Alder 反应脱去 CO_2：

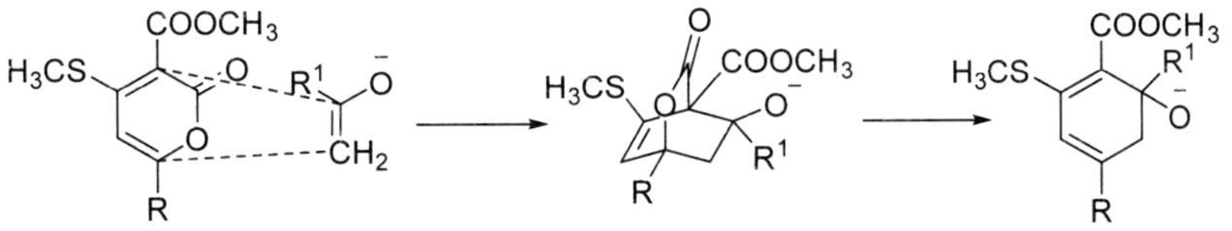

第 29 题

请为以下转换提供合理的电子转移过程，须标出准确的电子转移箭头：

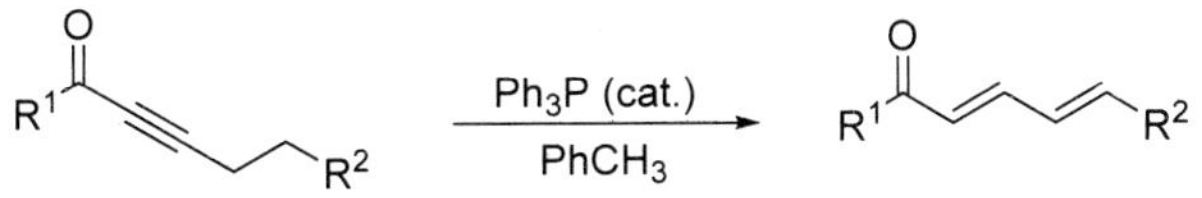

Ph_3P (cat.)

$PhCH_3$

说明：底物为酮时无需酸催化，为酯时需要少量酸催化

解答：

这个转换比较奇特，很少见。但可以通过以下三点考虑：首先底物为α,β-不饱和体系，可以与亲核试剂发生共轭加成反应，而三苯基膦正是亲核试剂；其次三苯基膦的使用量为催化量，说明在这个转换过程中三苯基膦是被循环利用的，也就是它作为亲核试剂对α,β-不饱和体系进行共轭加成后，又可以按照 E1cb 的方式离去：

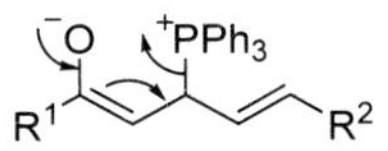

第三点，这个转换的另一个特点是碳碳双键的移位——可以以烯丙基移位的方式进行：

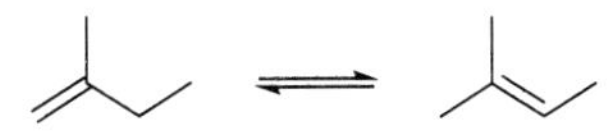

结合以上分析，这个转换过程可以按以下方式进行：

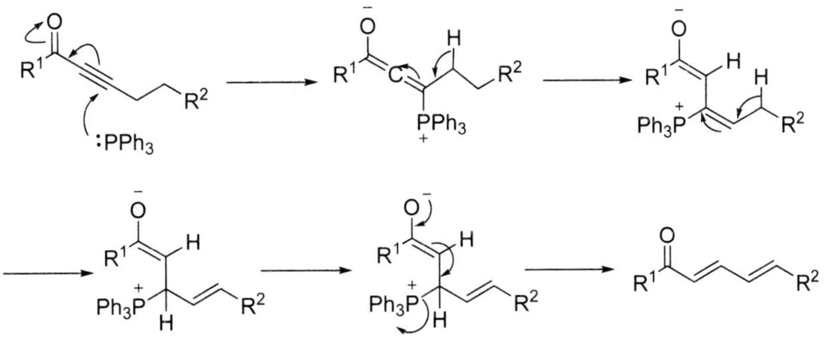

第 30 题

请为以下转换提供合理的电子转移过程，须标出准确的电子转移箭头：

$(CH_3CO)_2O$

△

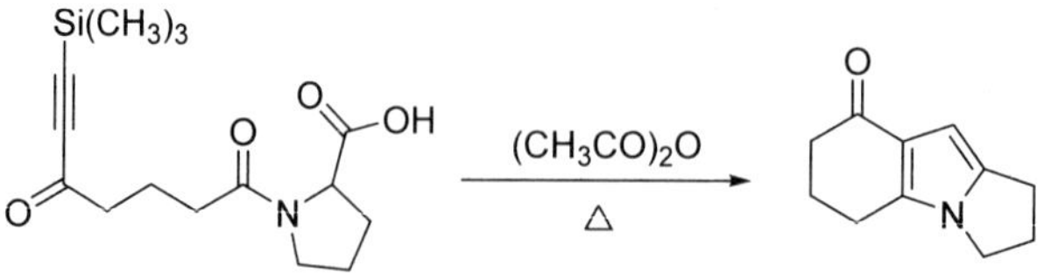

解答：

从以下的结果对比，可观察到底物中的四氢吡咯环没有发生任何变化：

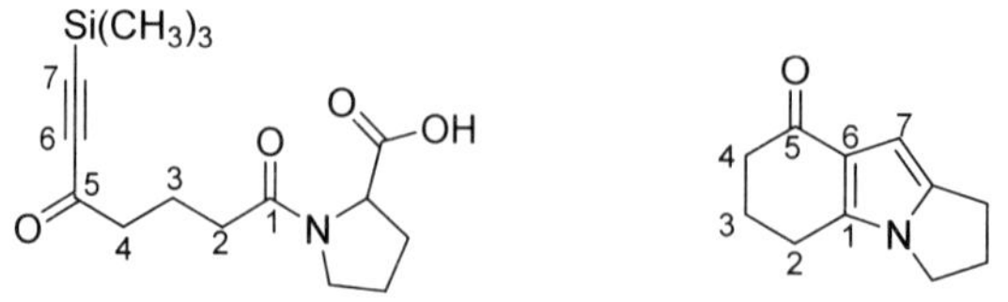

因此，这个并环体系的构建是通过炔烃与氨基的两个α位连接形成五元环的。实际上，氨基的这两个位点具有不同的电性，羰基的碳原子为电正性，而羧基取代的位置则为亲核性。因此，这两个位点相当于 1,3-偶极子的两个位点，可以与炔烃发生 1,3-偶极环加成反应。为了使这个反应能顺利进行，需要加强此 1,3-偶极子的反应活性：

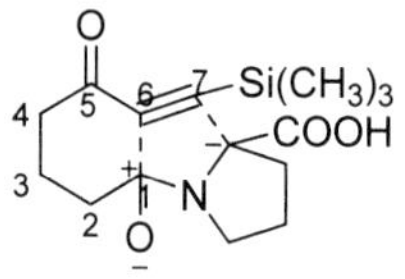

接着，在完成 1,3-偶极环加成后，还需要考虑 C–O 键的断裂。结合另一位点的羧基，这个 C–O 键的断裂以 CO_2 方式离去更为合理。

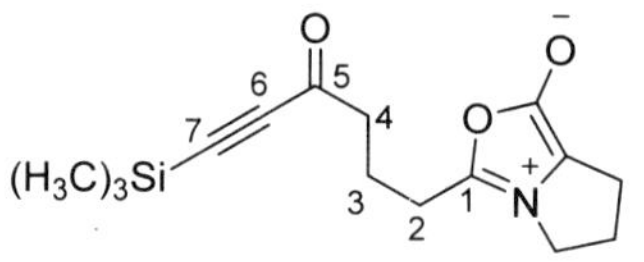

综合以上分析，此反应的转换过程为：

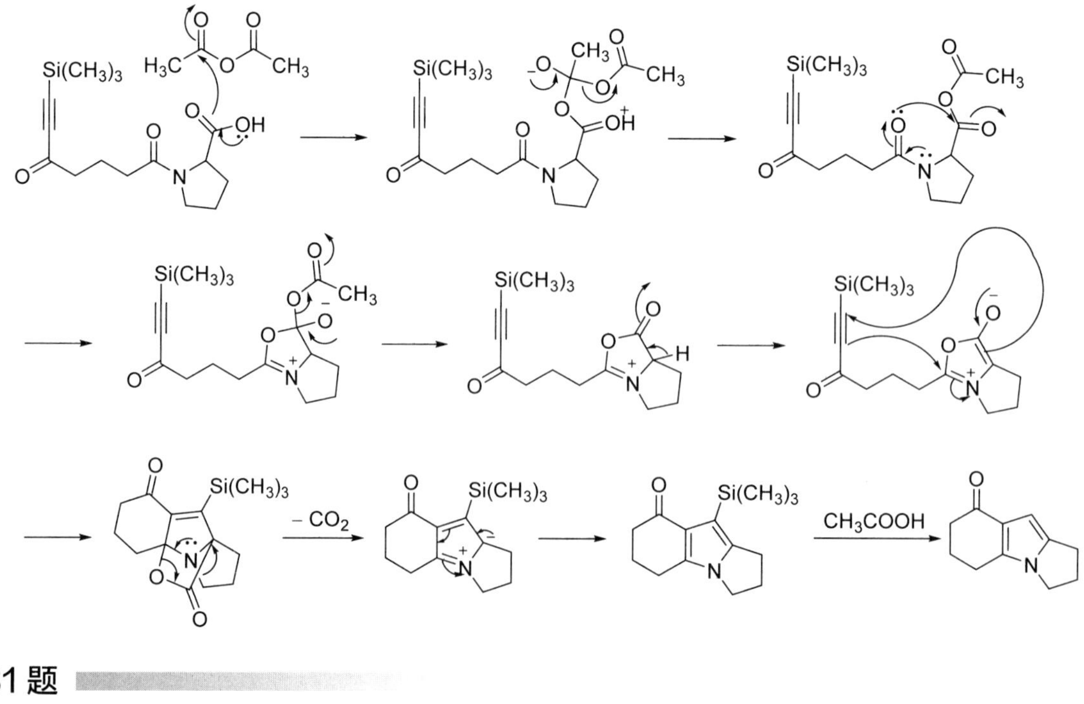

$-CO_2$

CH_3COOH

第 31 题

请为以下转换提供合理的电子转移过程，须标出准确的电子转移箭头：

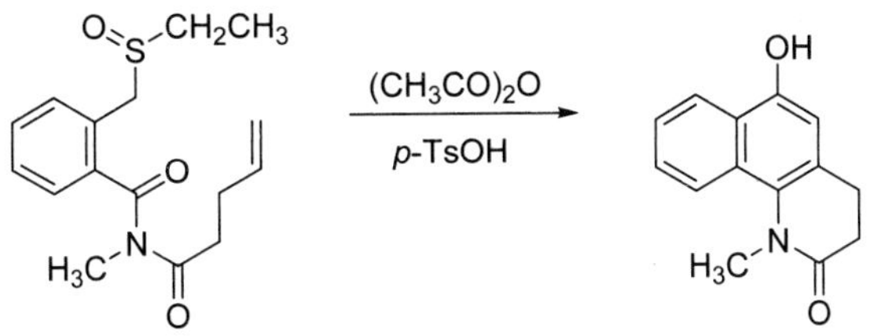

解答：

从反应的结果分析，应该是末端烯烃作为亲双烯体发生了 Diels-Alder 反应。那么，就需要在以下四个位点构建双烯体：

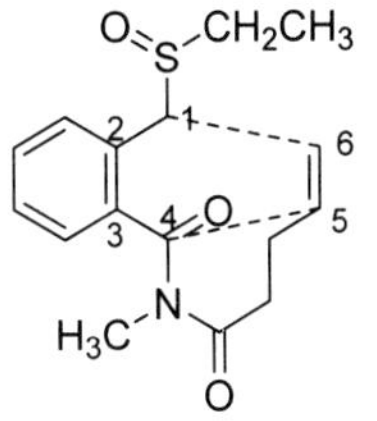

如何在这四个位点构建 1,3-共轭二烯，而且需要将氧原子转移到 C1 位，得到产物中的酚羟基结构。这个中间体应该为：

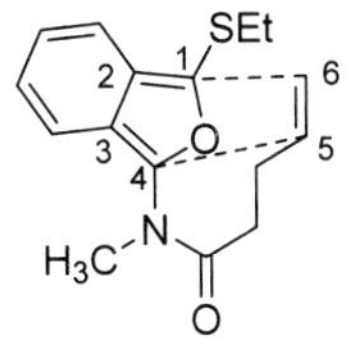

亚砜与乙酸酐的反应方式类似于二甲亚砜作为氧化剂在乙酸酐作用下将醇氧化的前期过程：

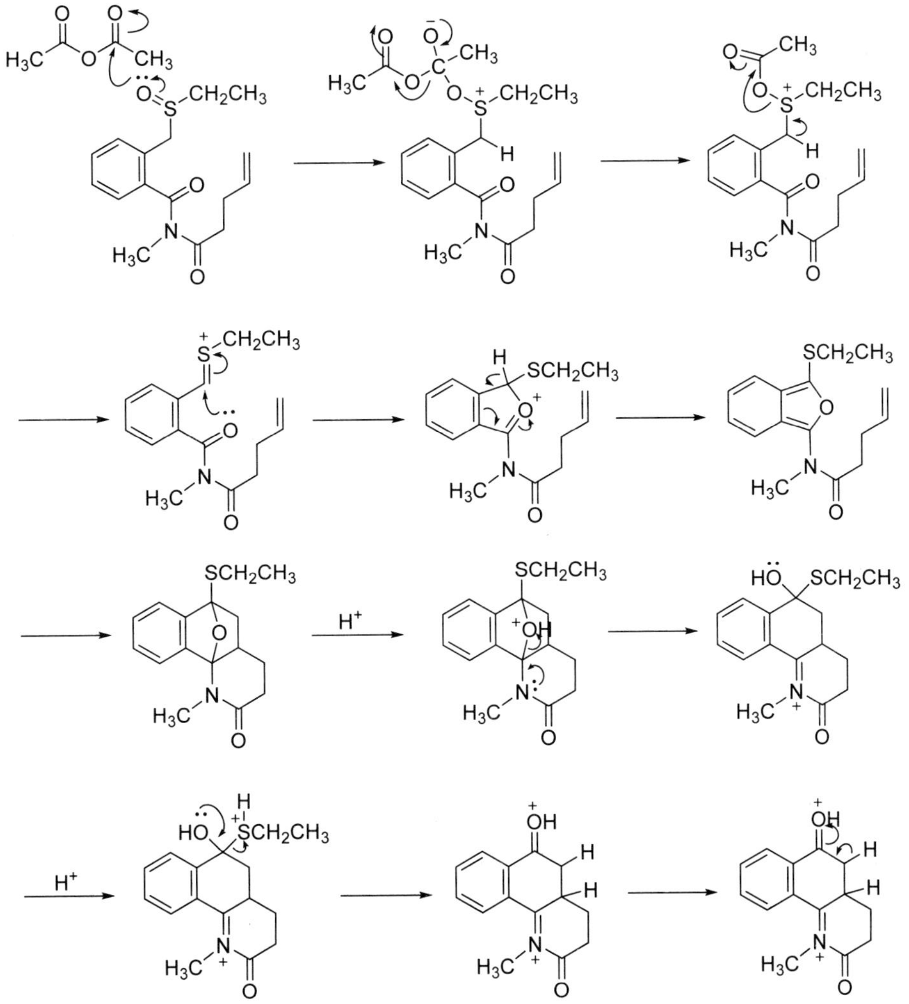

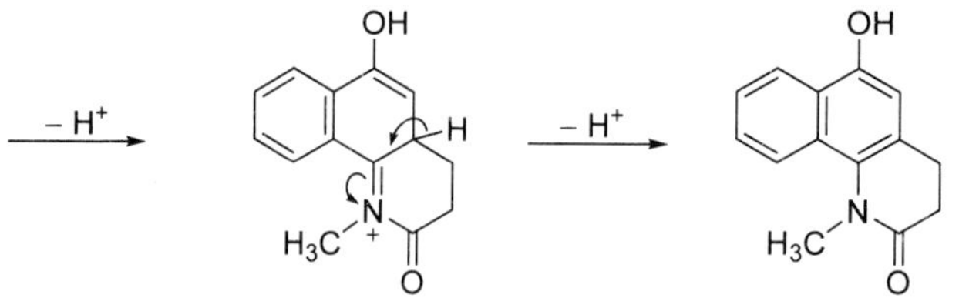

❖第 32 题

请为以下转换提供合理的电子转移过程，须标出准确的电子转移箭头：

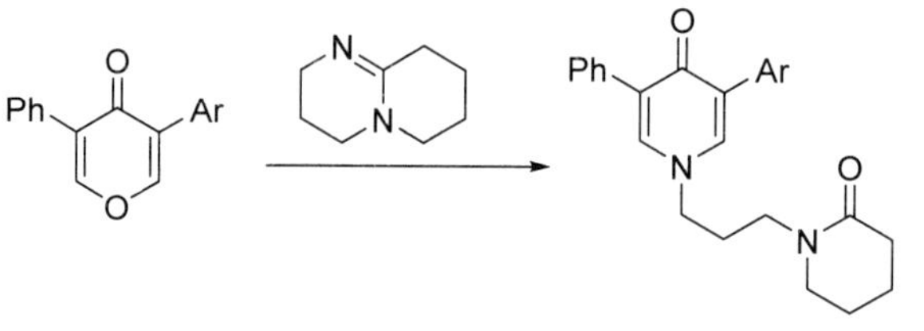

解答：

吡喃-4-酮是一个典型的α,β-不饱和酮体系，反应的结果是吡喃骨架中的氧原子转换成了氮，因此这个反应的启动点在于氮原子对吡喃-4-酮的 1,4-加成(注意区分这两个氮原子的亲核能力差异)：

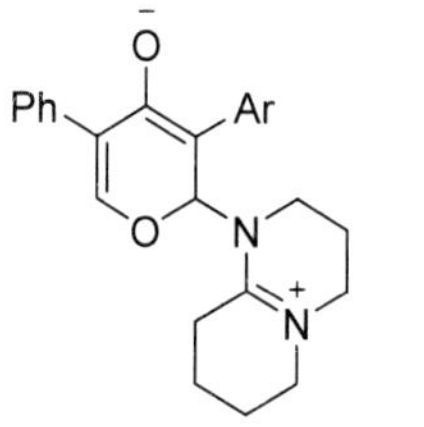

接着发生逆的 1,4-加成，然后是氧负离子对亚胺正离子的加成消除：

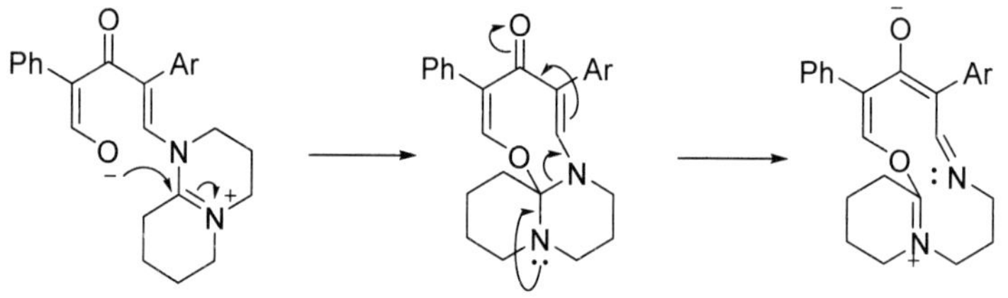

这个中间体互变异构后，重新构建了α,β-不饱和酮体系：

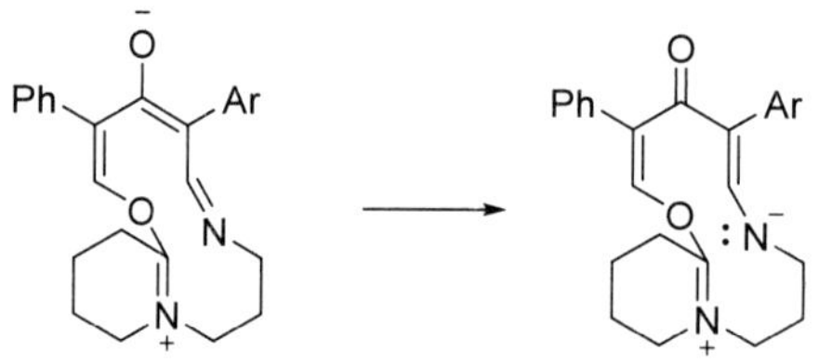

再次的共轭加成以及随后的逆反应，是生成最后产物的关键步骤。因此，这个转换的过程为：

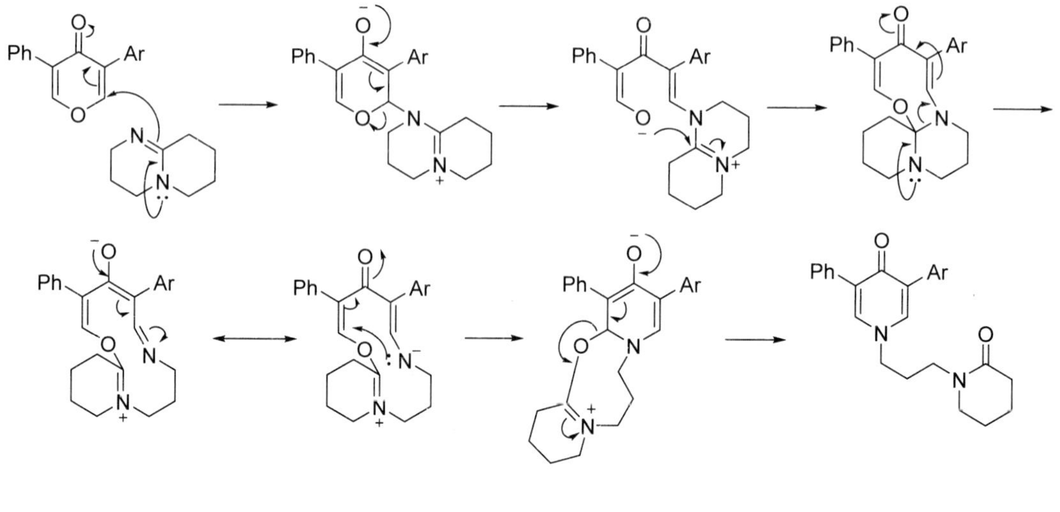

❖第 33 题

请为以下转换提供合理的电子转移过程，须标出准确的电子转移箭头：

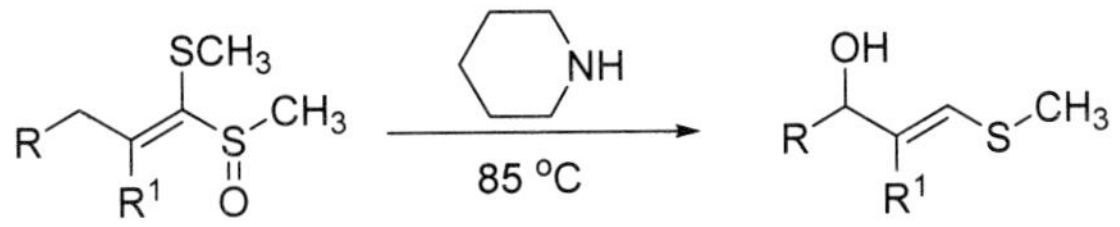

解答：

这是一个碱性条件下进行的反应。因此，优先考虑攫取具有酸性的氢：

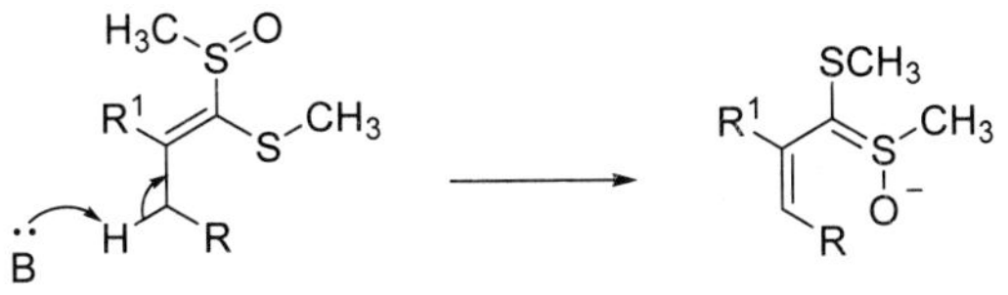

本质上，这个转换相当于烯丙基的氢转移过程。

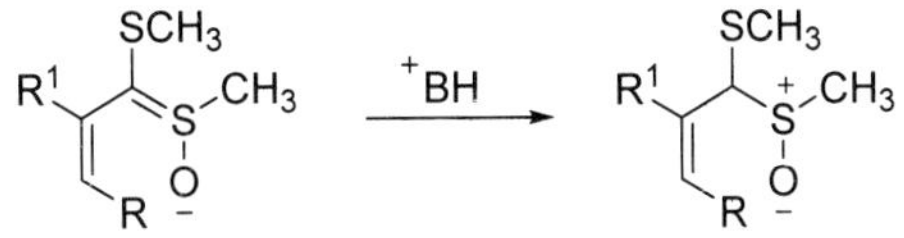

随后，发生分子内的 S_N2'反应，水解后即得到产物。

因此，综上所述，整个转换过程为：

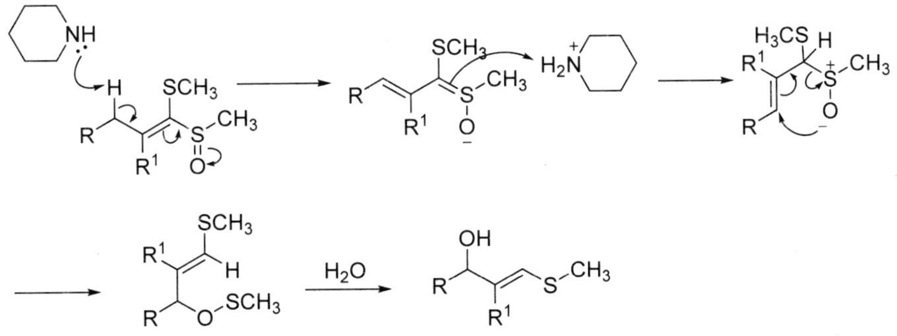

❖第 34 题

请为以下转换提供合理的电子转移过程，须标出准确的电子转移箭头：

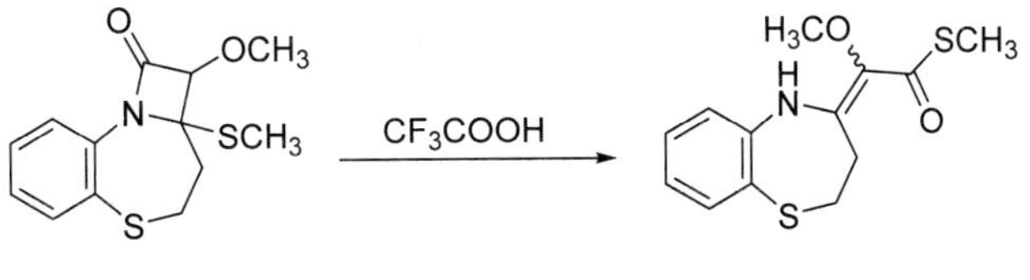

解答：

这是一个β-内酰胺被亲核基团进攻后开环的过程，这个过程类似于青霉素中的β-内酰胺骨架在生物体系中的开环过程。这个亲核基团为甲巯基负离子或甲硫醇(考虑到反应是酸性环境，因此亲核试剂为甲硫醇)：

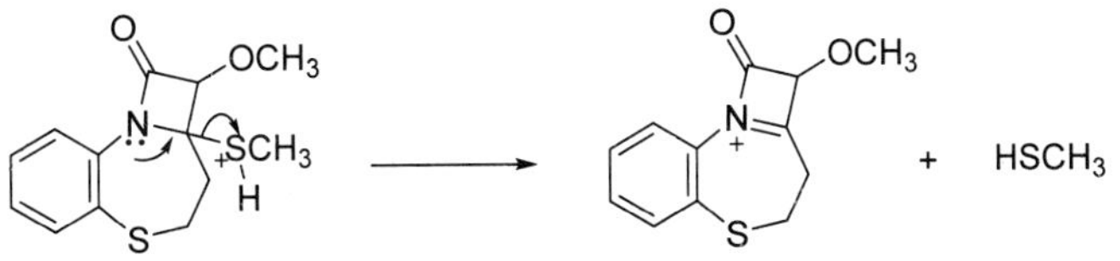

接下来甲硫醇对羰基进行亲核加成消除，打开四元环，互变异构后就转换为产物：

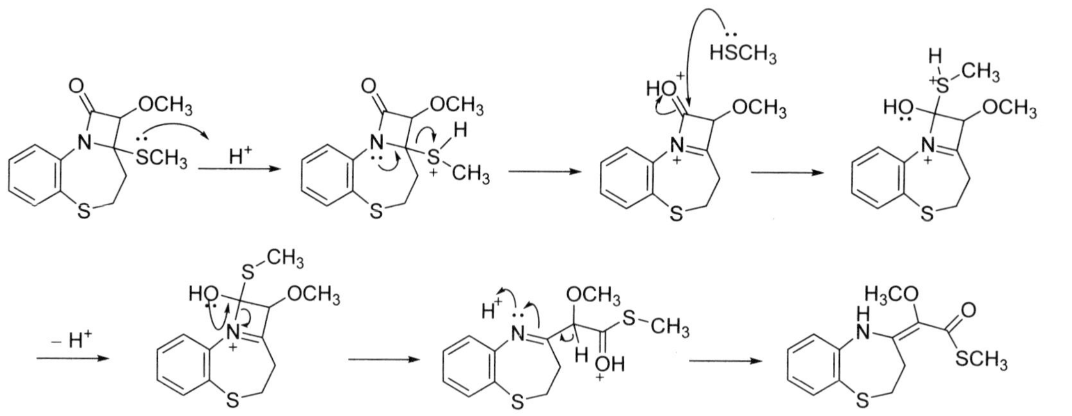

还有一种可能：

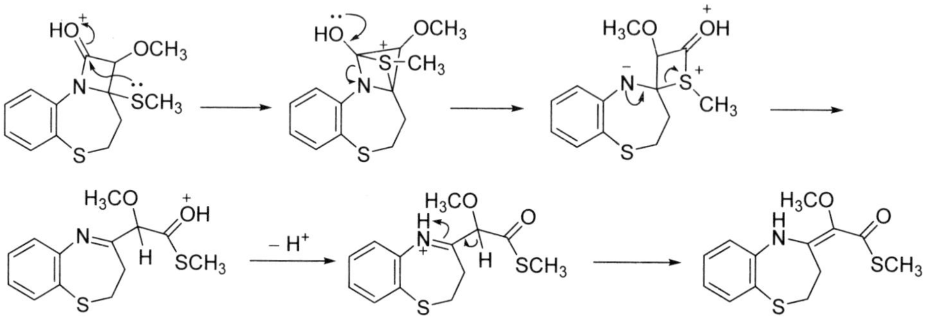

在此过程中，硫作为亲核位点对羰基正离子进行加成，形成硫杂四元桥环体系，这个中间体的能量相当高，所以这个转换过程的可能性比较小。

第 35 题

请为以下转换提供合理的电子转移过程，须标出准确的电子转移箭头：

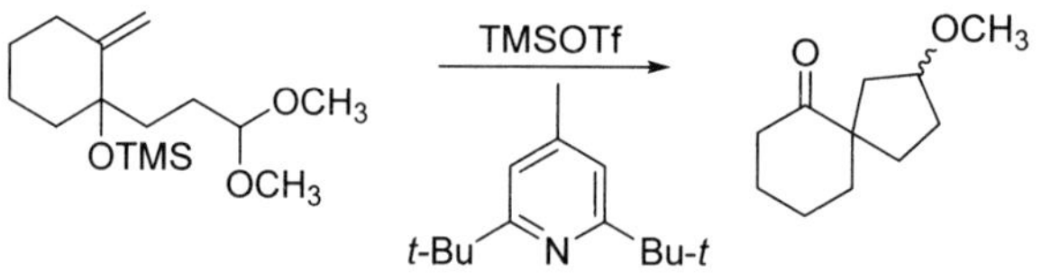

解答：

分析此反应的官能团转换可以发现三级醇的硅醚转化为了酮羰基，并涉及了烷基的迁移，这是常见的 pinacol 重排的结果。为了实现这个过程，需要在三甲基硅醚的β位引入一个碳正离子位点，可以通过碳碳双键进攻一个亲电基团得到：

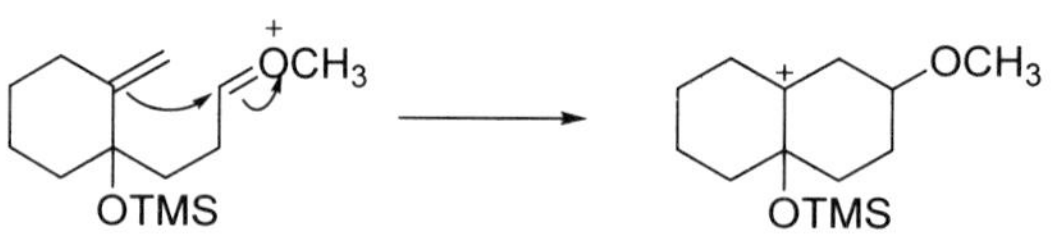

依据以上分析，这个转换过程为：

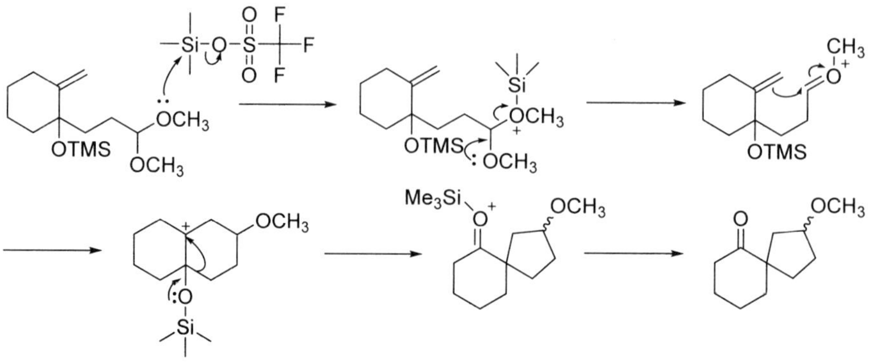

❖第 36 题

请为以下转换提供合理的电子转移过程，须标出准确的电子转移箭头：

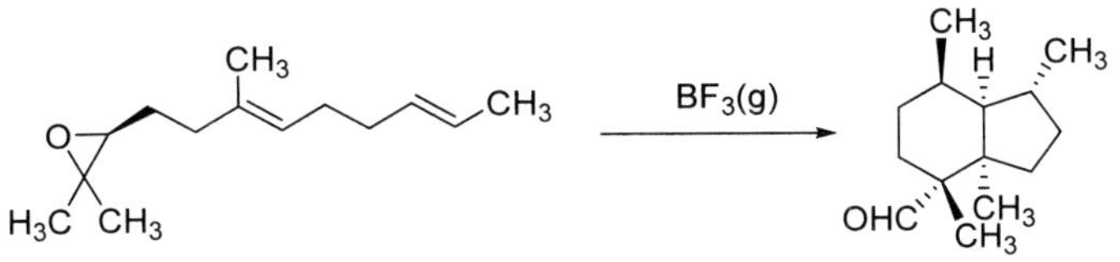

解答：

这是一个碳正离子引发的连续构建环系的过程。通常，在这类反应中，环氧在 Lewis 酸作用下产生亲电性的碳，碳碳双键对此亲电性的碳原子进行亲电加成从而引发连续的环系构建：

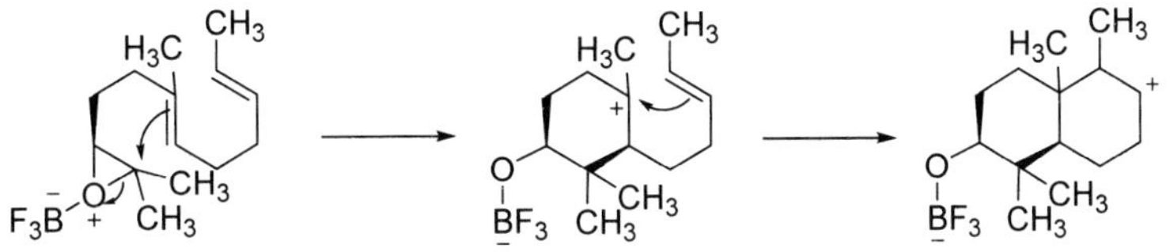

但这个过程在构建环系的同时形成了一个醇羟基，这明显与题中的产物结构完全不同。现在题中的转换最终形成了甲酰基。在碳正离子引发的反应过程中，通过 pinacol 重排可以形成甲酰基，如：

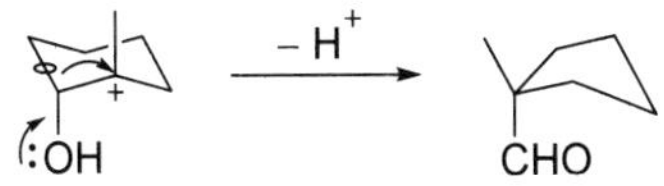

这是一个缩环过程，那么，对比题中产物的结果，可以推出它重排的前体碳正离子为：

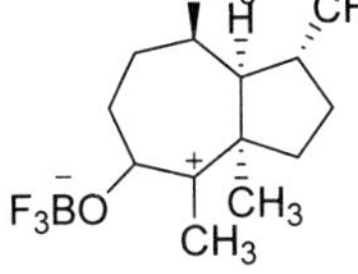

这个碳正离子前体在重排过程中由七元环缩成六元环，并形成甲酰基。考虑到原料中的两个甲基取代的四级碳，可以进一步反推到：

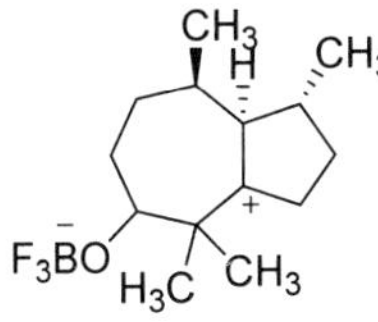

A

参考前面常规的碳正离子引发所构建的环系为六元环并六元环结构，那么可以推测这个七元环并五元环的骨架应该是六元环并六元环重排的结果：

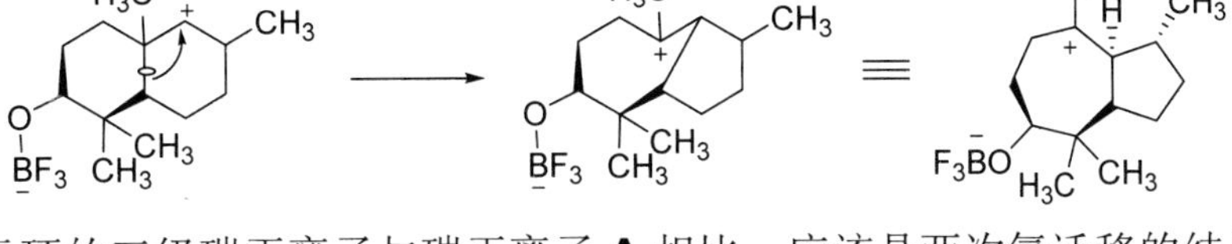

这个七元环并五元环的三级碳正离子与碳正离子 **A** 相比，应该是两次氢迁移的结果。

因此，这一系列的反应过程为：

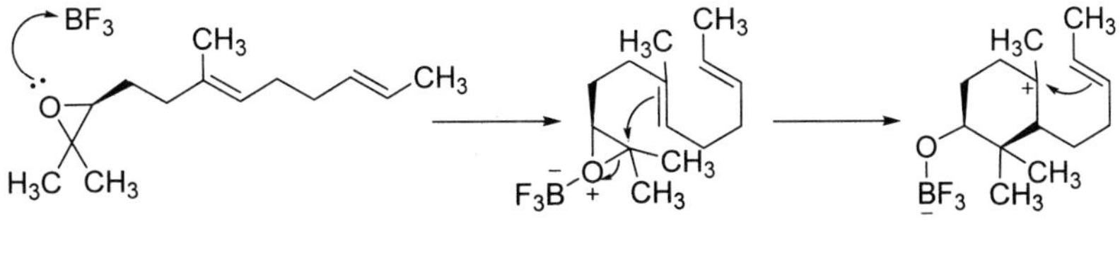

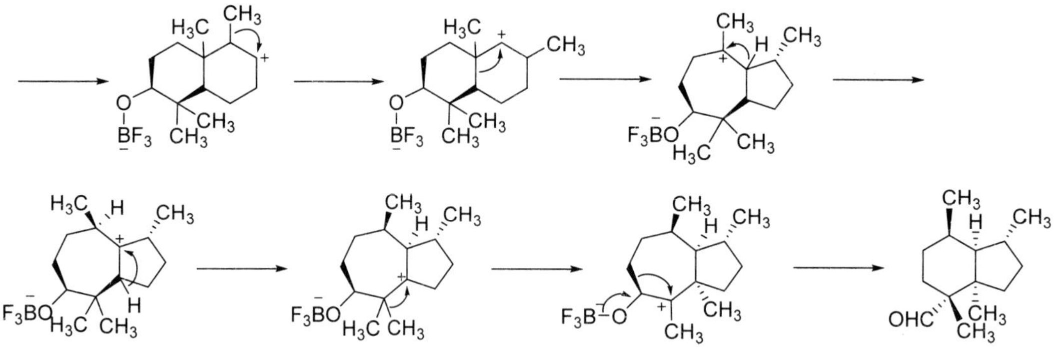

第 37 题

请为以下转换提供合理的电子转移过程，须标出准确的电子转移箭头：

CH_3AlCl_2

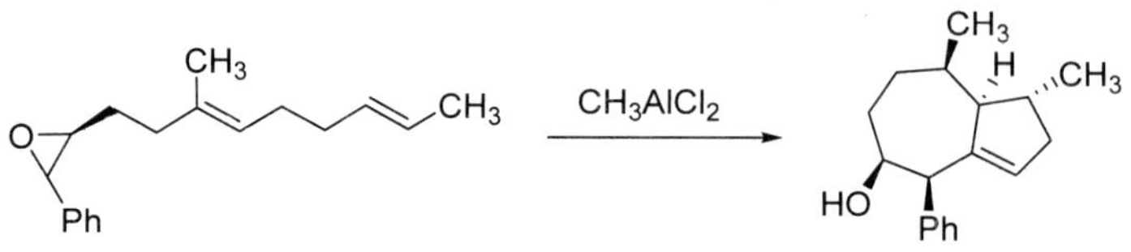

解答：

经过上题的分析，这个转换过程为：

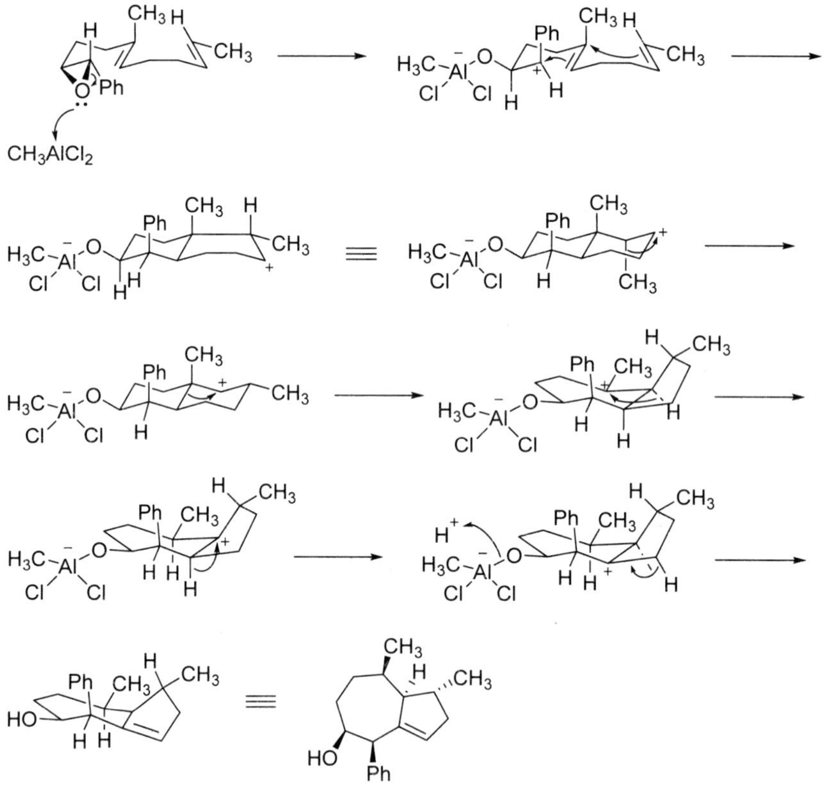

第 38 题

对比以下两个反应，请为以下转换提供合理的电子转移过程，须标出准确的电子转移箭头，并说明其不同点：

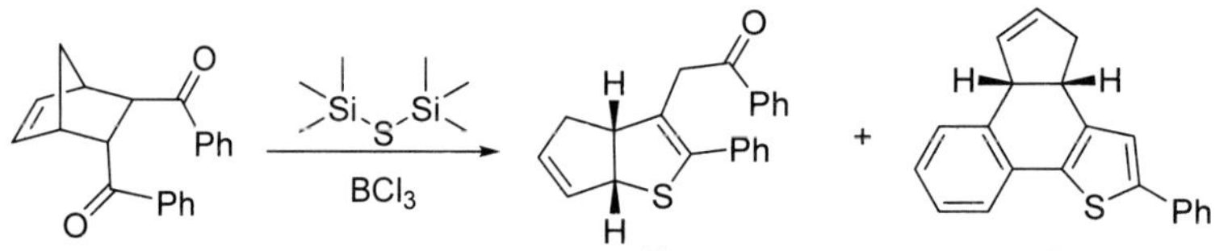

BCl_3

7 : 5

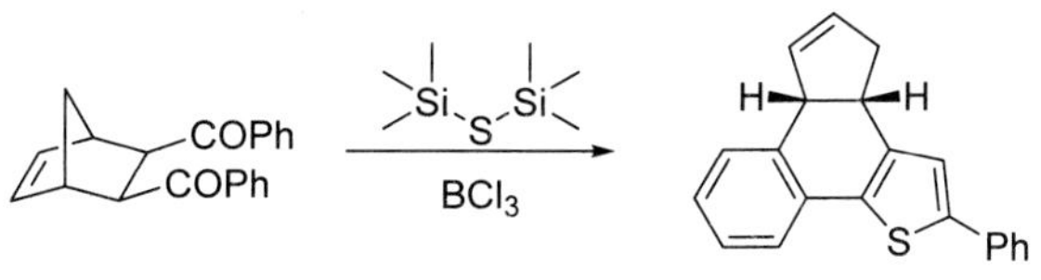

解答：

对比这两个反应，两个反应的其中一个产物完全一致。在第一个反应中，两个酮羰基处在反式，反应的结果有两个产物；而在第二个反应中，两个酮羰基处在顺式，结果只有一个产物。先分析第二个反应，二（三甲基硅基)硫醚中的硫原子作为亲核位点，分别与两个酮羰基进行反应形成硫杂五元环。这个过程的关键在于判断桥环体系被打开的方式。从产物的结构分析，原料的两个苯环中有一个没有参与反应，另一个苯环的邻位参与了反应，并形成并环体系。由于这个分子是对称的，因此，可以反推出并环前的中间体结构：

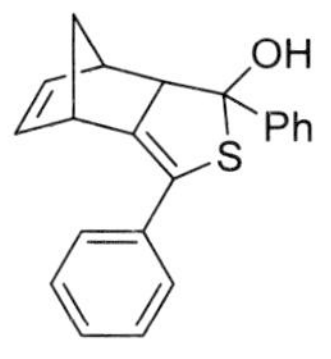

结合产物的结构，如何从这个中间体结构判断下一步反应进行的方式？桥环需要被打开，保留了五元环，硫杂五元环的 C1 和 C2 中与五元桥环连接的一根 C–C 键断裂：

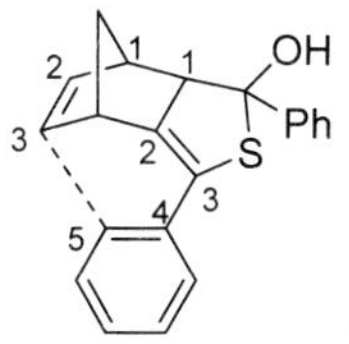

接下来应该是[3,5]-σ 重排得到产物。

因此，第二个反应的转换过程为：

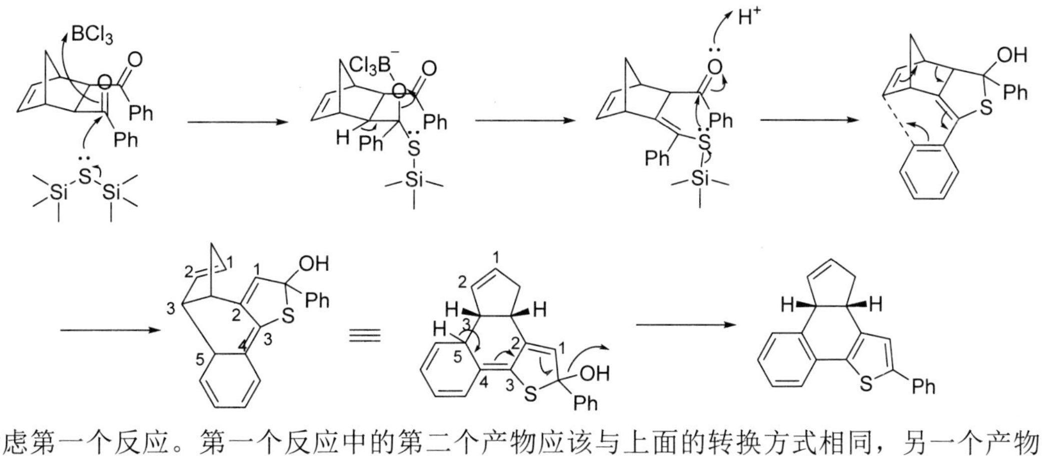

现在考虑第一个反应。第一个反应中的第二个产物应该与上面的转换方式相同，另一个产物保留了另一个酮羰基，这说明当硫与第一个酮羰基亲核加成后，没有接着与另一个酮羰基继续反应，也就是说在这个中间体中硫没有处在能与酮羰基反应的合适位置上。这个中间体结构应该是：

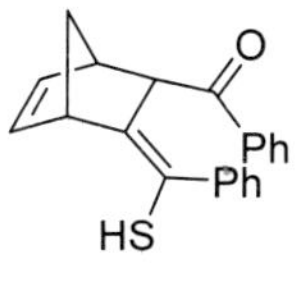

很显然，由于双键结构的限制，此时硫无法对酮羰基进行亲核加成。对比产物的结构可以观察到，酮羰基的α位碳原子从 CH 转化为 CH_2，说明与这个碳原子连接的 C–C 键断裂。因此，这个转换过程为硫对双键进行进攻，发生了 S_N2'类反应：

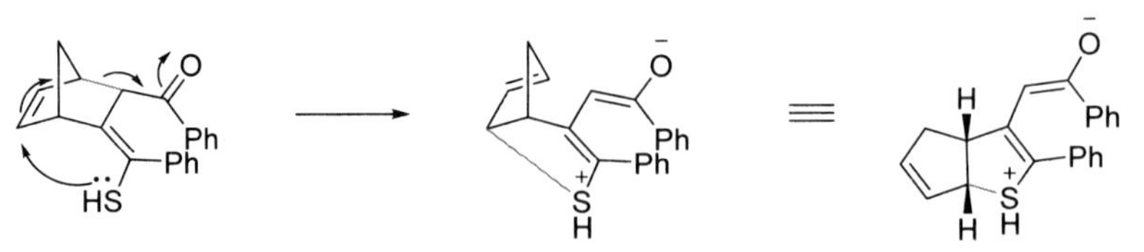

因此，这个产物的转换过程为：

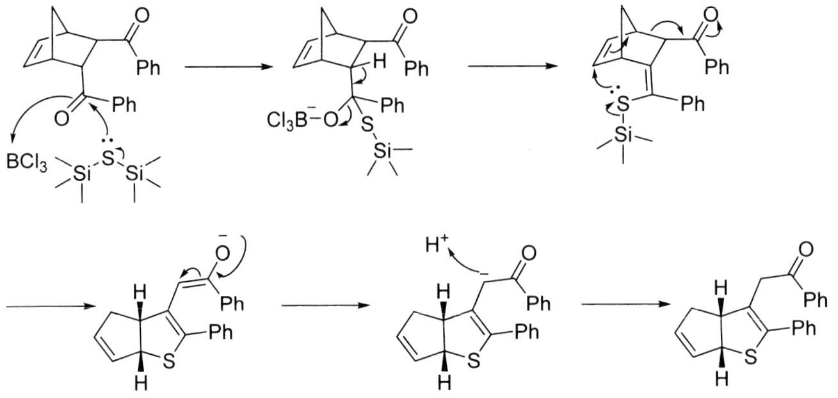

第 39 题

请为以下转换提供合理的电子转移过程，须标出准确的电子转移箭头：

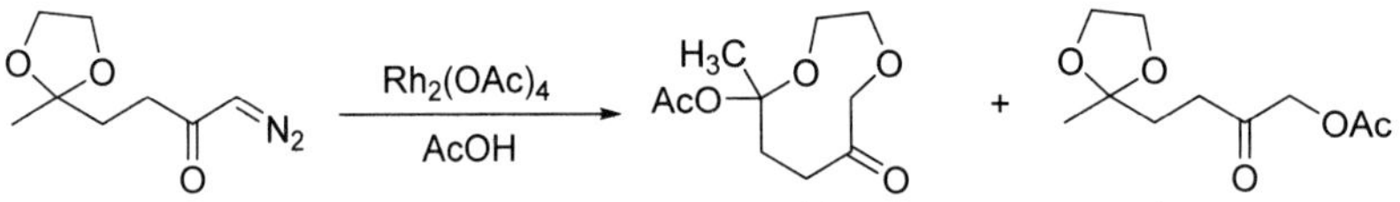

$Rh_2(OAc)_4$

AcOH

11 : 1

解答：

这是一个过渡金属催化的卡宾反应。其中第二个产物比较简单，羰基α位脱去氮气，形成酰基卡宾，然后直接与乙酸反应形成乙酸酯。

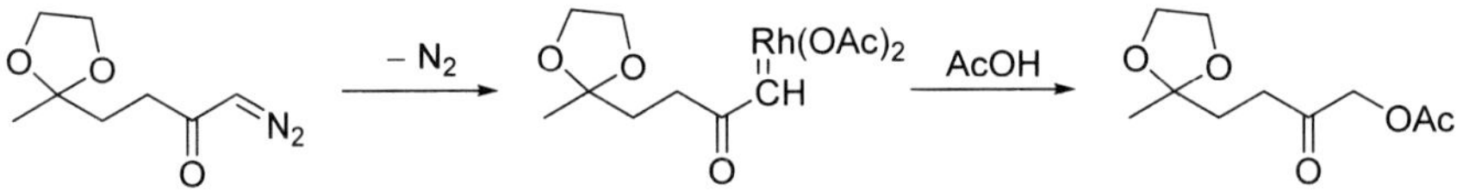

接下来考虑第一个产物，可看出原料中缩酮五元环开环，其中一个氧与酰基卡宾形成了醚。因此，首先氧作为亲核位点与酰基卡宾反应形成如下中间体：

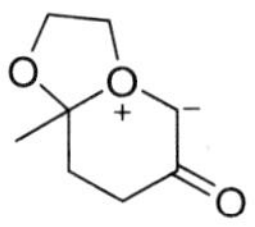

这个碳负离子或形成的负离子可以从体系中的乙酸中得到质子。然后，通过另一个氧的亲核取代反应形成羰基正离子，并使 C–O 断裂：

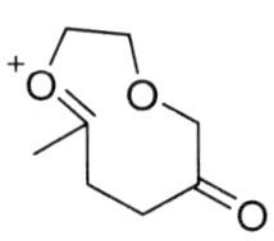

这个产物的形成过程为：

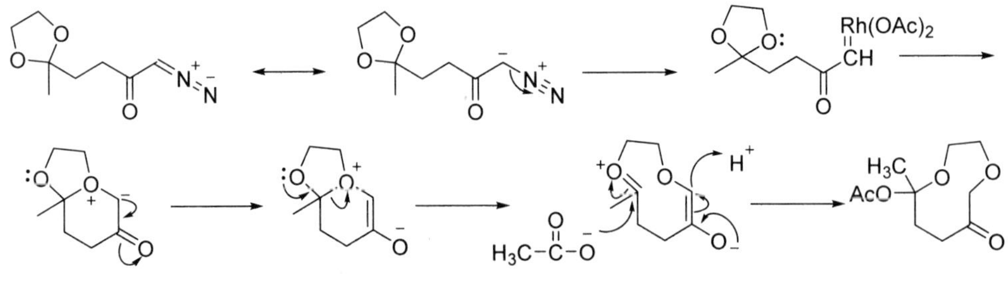

说明：对于初学者可以将 Rh 卡宾省略为卡宾。

第 40 题

请为以下转换提供合理的电子转移过程，须标出准确的电子转移箭头：

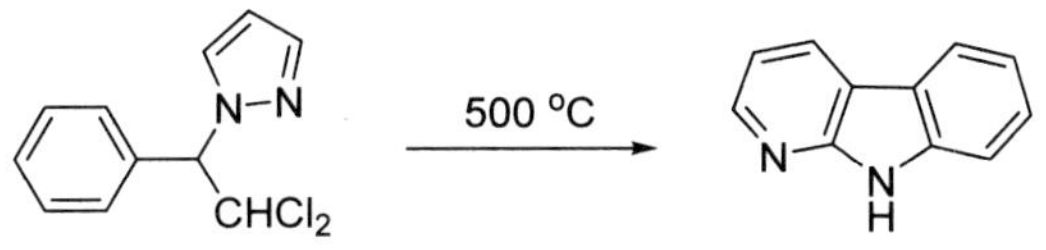

500 °C

解答：

这个反应应该是吡唑环在高温下开环的过程，类似的反应前面已经讨论过。这个氮杂咔唑体系的形成也是通过氮卡宾的关环反应形成的：

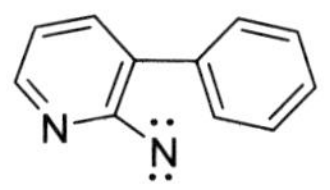

从这个角度考虑，吡咯环中的 N–N 键需要断裂，并扩成六元环。那么现在二氯亚甲基要转移到吡啶环中，并且两个氯原子均需要离去。按照这个思考方式，首先以氮作为亲核位点进行分子内亲核取代：

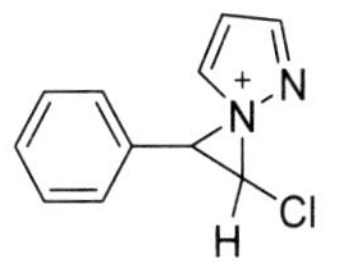

接下来这个五元环螺三元环体系需要扩环，转化为：

或

这个七元环脱去 HCl 的产物为：

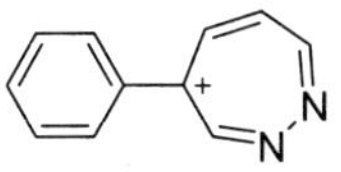

这个七元环是常见的芳基取代的卡宾扩环的产物，这与前面提出的是一致的。因此，这个转换过程可能有以下三种。

第一种：

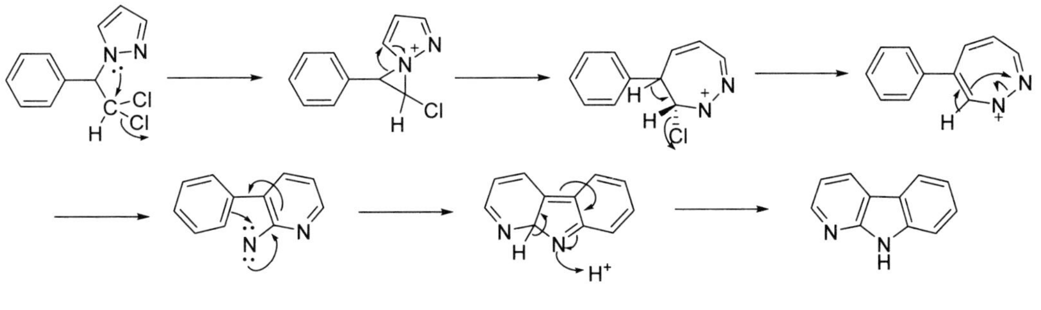

第二种：

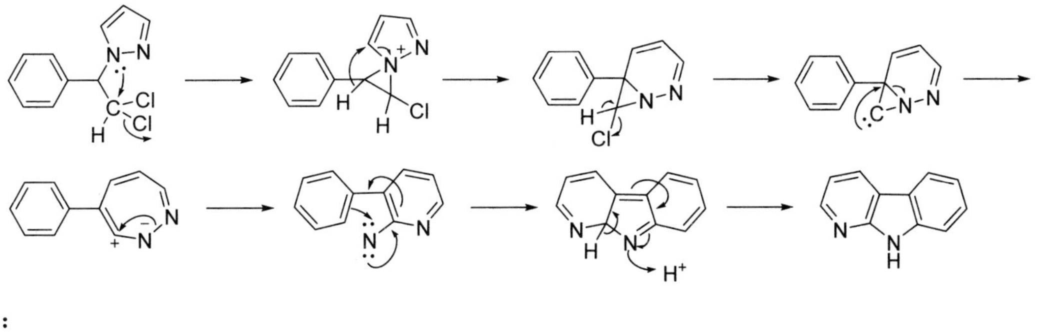

第三种：

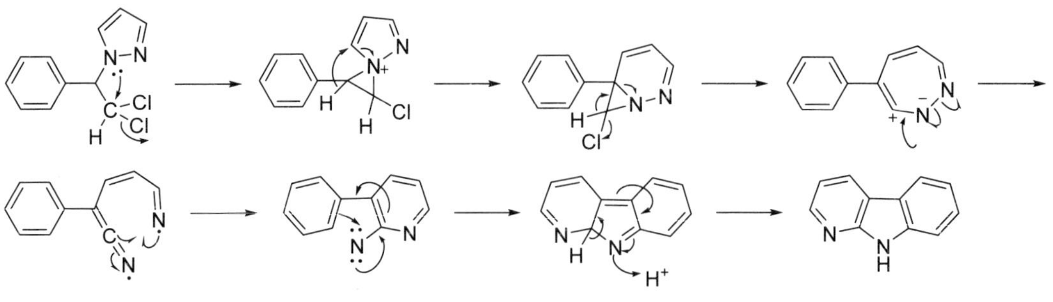

❖第 41 题

请为以下转换提供合理的电子转移过程，须标出准确的电子转移箭头：

△ 或 $h\nu$

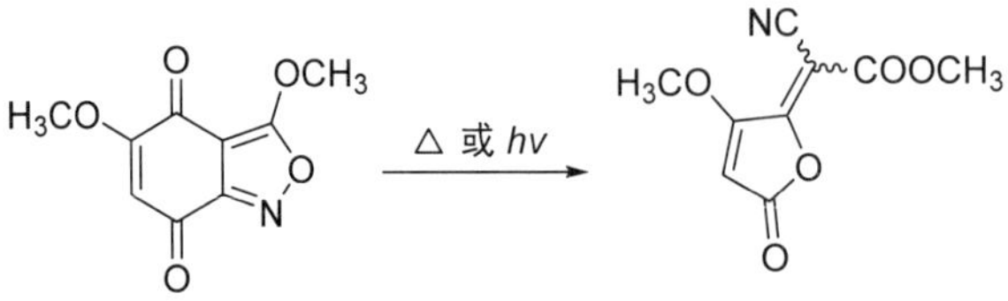

解答：

从产物的结构分析，可以看到 N–O 键的断裂以及上方酮羰基的氧与下方的酮羰基形成了内酯。通过底物的另一个共振式：

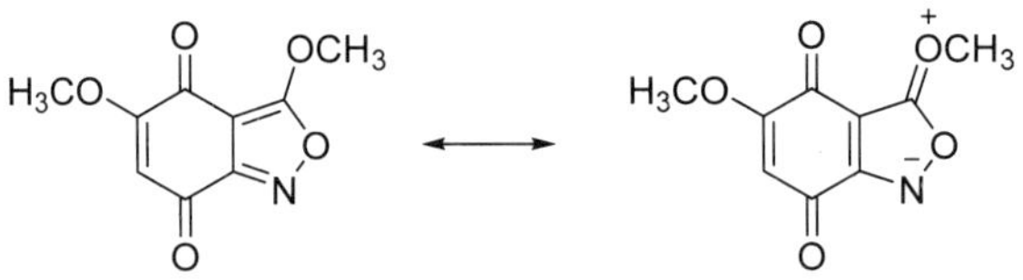

可以观察到 N–O 键的断裂相当于α-消除，形成了氮卡宾：

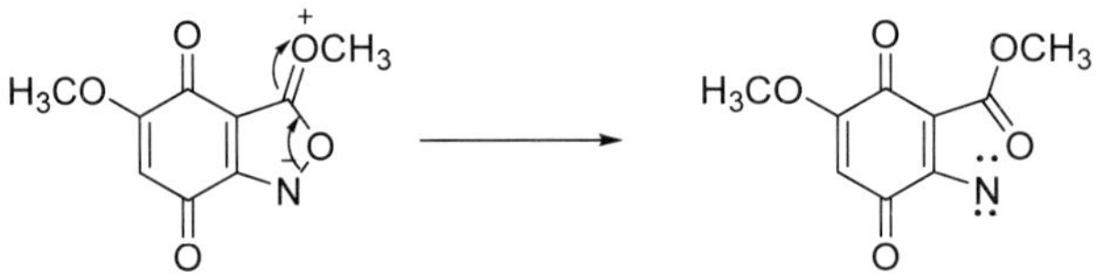

此时，再画出此氮卡宾的共振式：

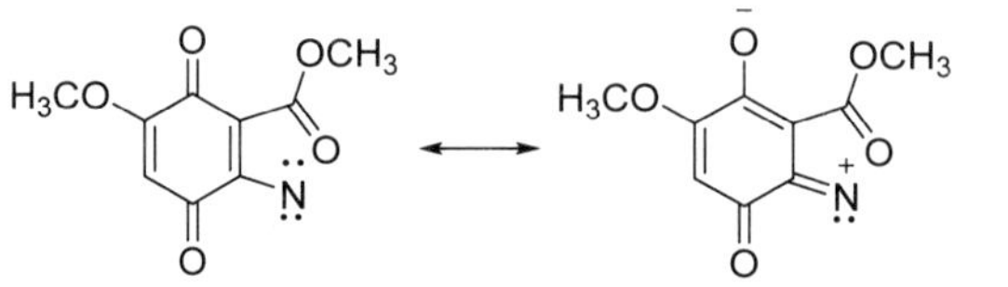

为了形成 C≡N，需要将氮原子与酮羰基相连的 C–C 键切断，然后酚氧负离子进攻酮羰基形成内酯。因此，依据以上分析，这个反应的转换过程为：

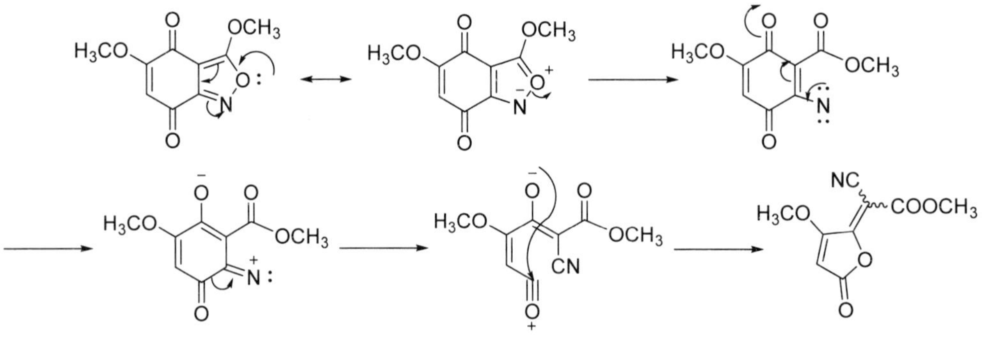

❖第 42 题

请画出中间体 **A** 的结构简式，并为以下转换提供合理的电子转移过程，须标出准确的电子转移箭头：

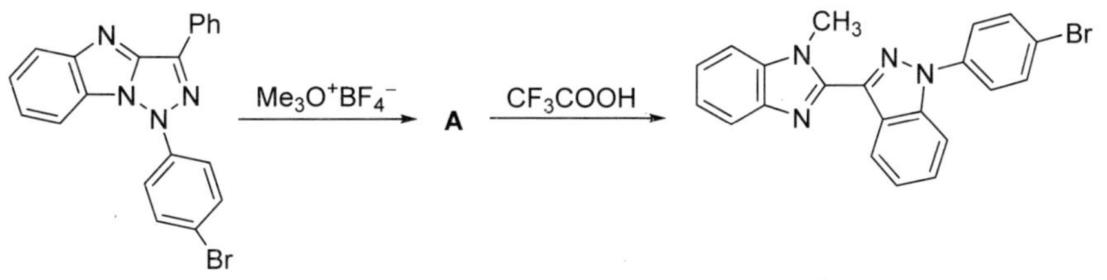

解答：

三甲基氧基四氟化硼盐是一个很好的甲基化试剂。因此，这个反应的起点是体系中碱性最强的氮被甲基化形成中间体：

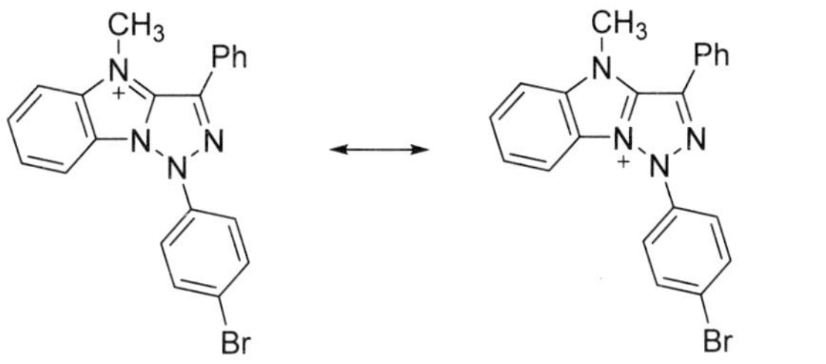

中间体的共振式中氮正离子的 N–N 键断裂，产生一个具有强亲电性的氮正离子，正好与苯环发生芳香亲电取代反应，产物为：

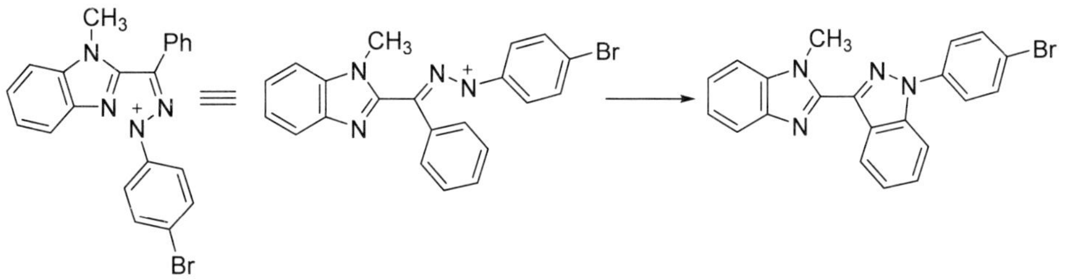

此中间体苯并咪唑中的氮原子还可以被甲基化，因此化合物 **A** 的结构式为：

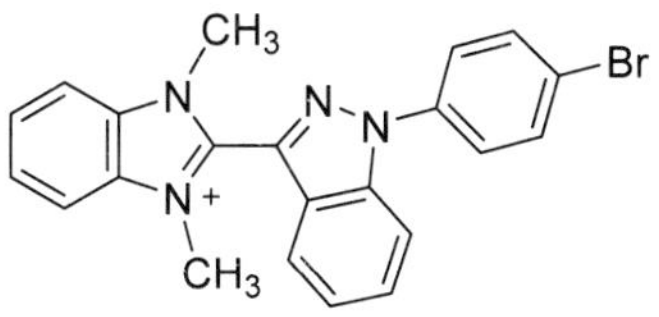

如果你问，苯并吡唑中的氮原子也可以被甲基化，中间体 **A** 的结构式是否可以为：

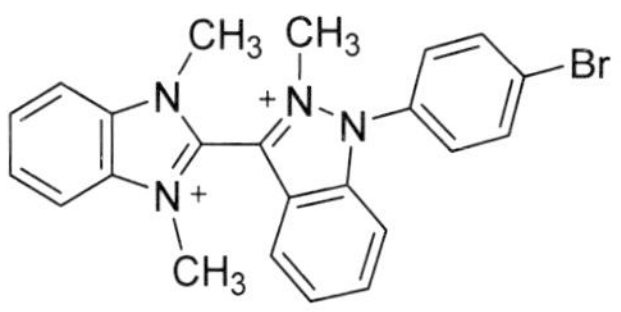

还能说什么呐？行吧！

因此，依据以上分析，这个转换过程为：

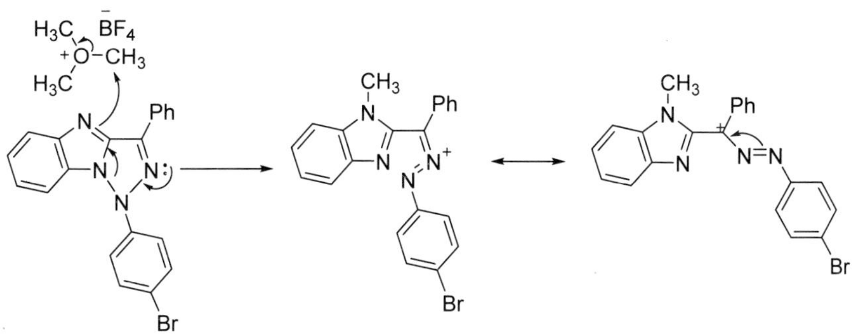

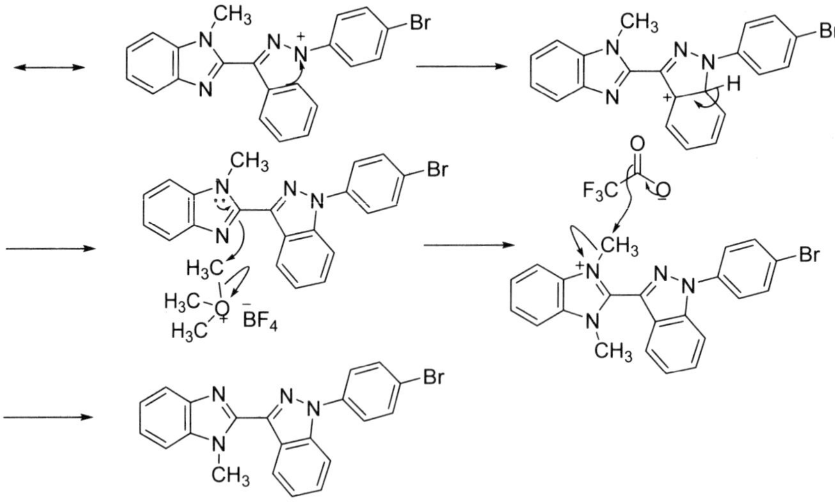

❖第 43 题

请为以下转换提供合理的电子转移过程，须标出准确的电子转移箭头：

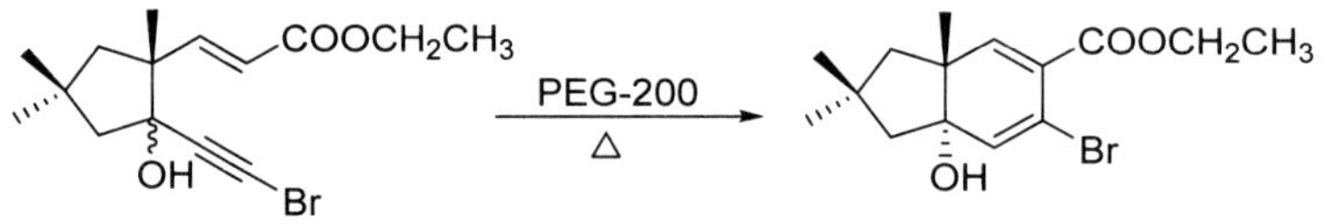

说明：PEG-200 为平均分子量约 200 $g \cdot mol^{-1}$ 的聚乙二醇。

解答：

底物是一个典型的[3,3]-σ 重排的骨架体系，羟基取代的丙二烯转化为α,β-不饱和酮，接着进行 ene 反应。因此，这个转换过程为：

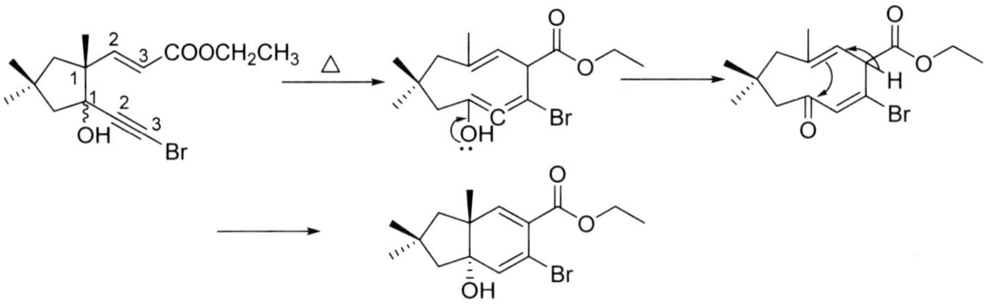

其中，ene 反应的环状过渡态为：

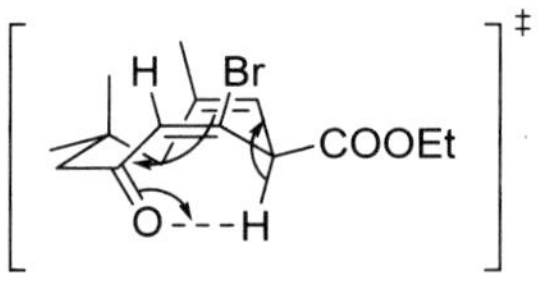

从这个过渡态结构就可以发现原先双键的甲基与反应后形成的羟基成反式。

若反应在碱性条件下进行，也可以通过酮酯缩合反应的逆反应，随后进行 1,4-共轭加成进行：

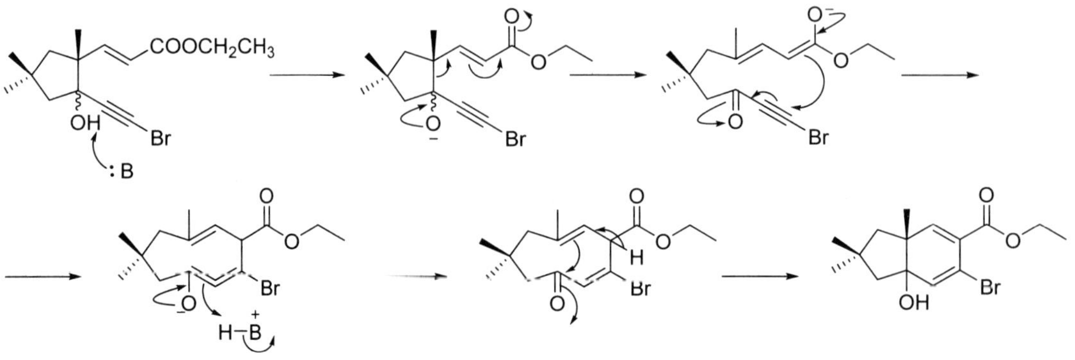

❖第 44 题

请画出中间体 **A** 的结构简式，为以下转换提供合理的电子转移过程，须标出准确的电子转移箭头：

$(CH_3)_3SiCH_2OTf$, CH_2Cl_2 → **A** → CsF, DBU/DMSO

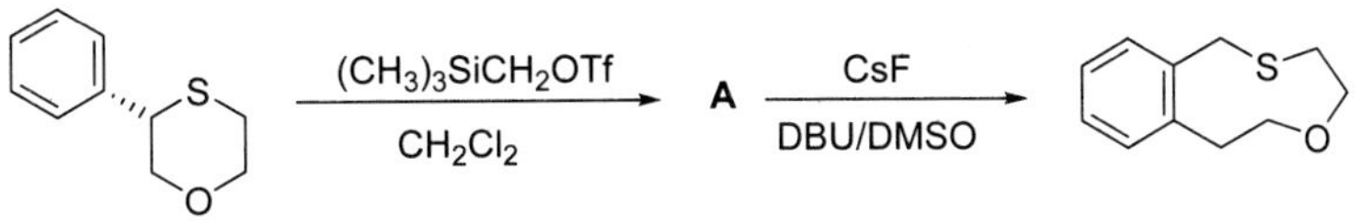

解答：

在这个底物中，硫的亲核能力强于氧，因此硫原子与三甲基硅基取代的三氟甲磺酸甲酯发生亲核取代，中间体 **A** 的结构为：

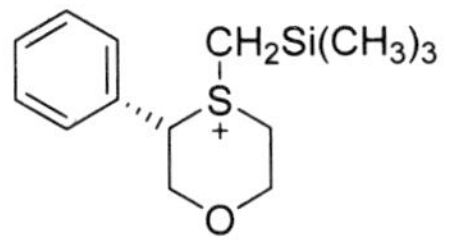

$CH_2Si(CH_3)_3$

化合物 **A** 在氟离子作用下，脱去三甲基硅基形成 ylide，

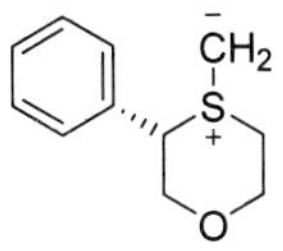

此 ylide 可以与苯环进行[2,3]-σ 重排或 S_N2'反应，生成：

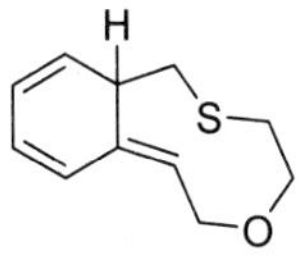

此化合物芳构化后即为产物。

依据以上分析，这个转换过程为:

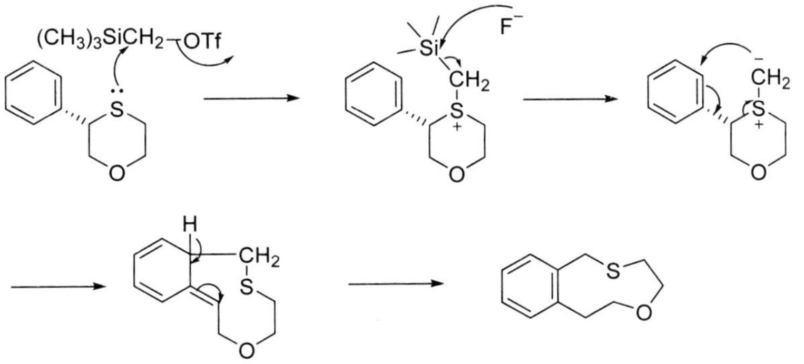

❖第 45 题

请为以下转换提供合理的电子转移过程，须标出准确的电子转移箭头：

Na (3 equiv.), NH_3/THF → CH_3I (过量), −78 °C

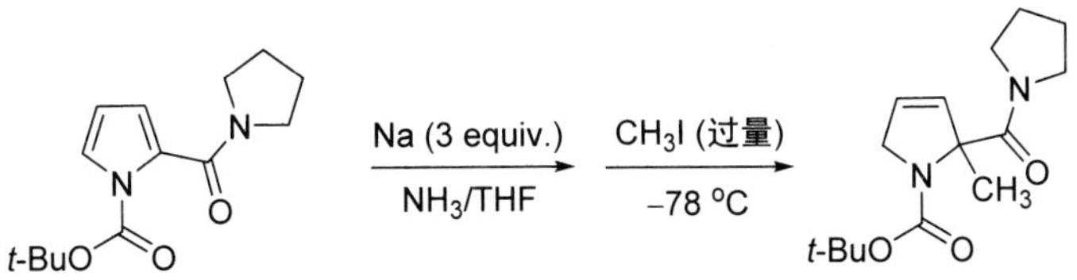

解答：

这是 Birch 还原的反应条件。Birch 还原是单电子对一个共轭体系的加成反应。吡咯环连接两个吸电子基团后，更容易被单电子进行 1,6-加成：

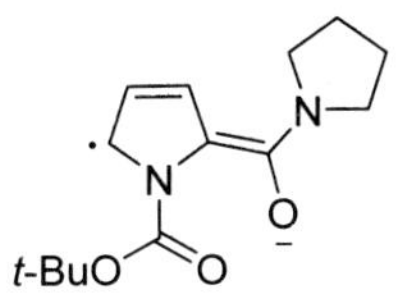

后续是自由基再与单电子结合形成碳负离子，并从体系中得到质子。最后烯醇负离子与碘甲烷发生烷基化反应即转化为产物。因此，这个转换过程为：

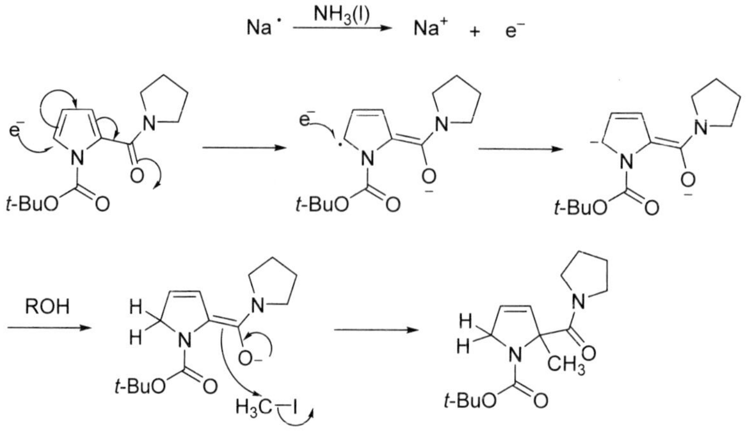

第 46 题

请为以下转换提供合理的电子转移过程，须标出准确的电子转移箭头：

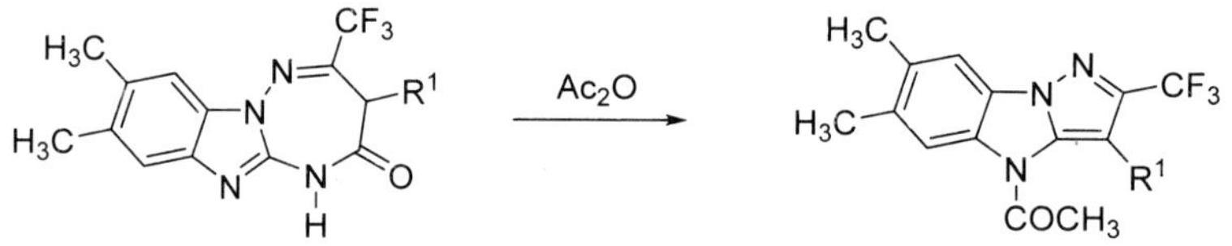

解答：

从反应的结果看，三氮杂七元环缩环成五元环，同时 R[1] 连接的碳原子与苯并咪唑的 C2 位形成了碳碳键，R[1] 连接的碳原子为羰基的α位，是个亲核位点；而苯并咪唑的 C2 位点为亚胺，是个亲电位点。如果能增加这个位点的亲电能力，可以使这个反应更顺利地进行，而苯并咪唑中具有亲核能力的氮优先被乙酰化后即增强了此位点的亲电能力：

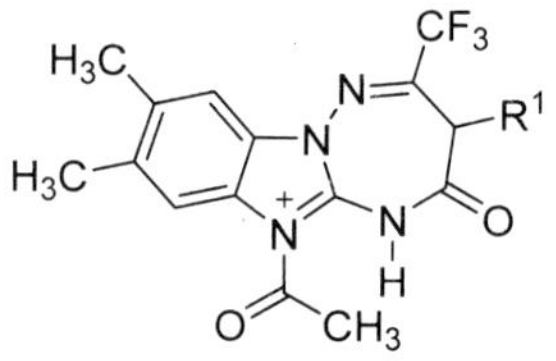

这两个位点的反应结果为：

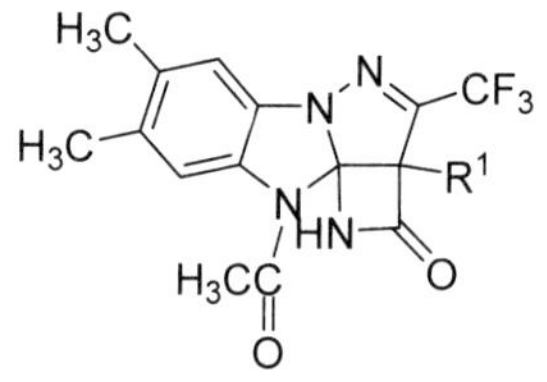

这个并环的四元环经[2 + 2]逆反应就可以转化为产物。

依据以上反应，这个转换过程为：

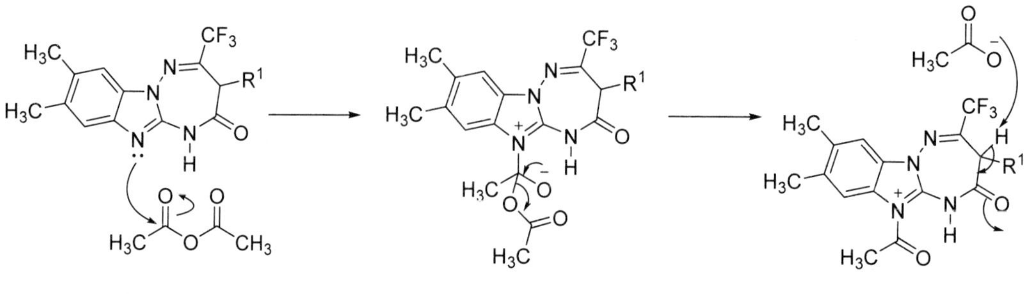

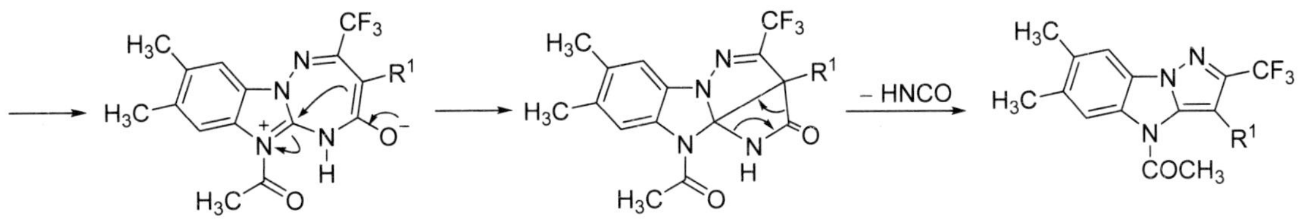

❖第 47 题

请为以下转换提供合理的电子转移过程，须标出准确的电子转移箭头：

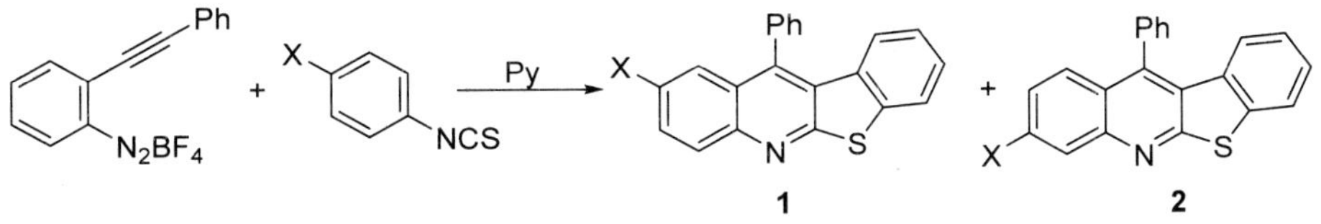

研究表明，当 X = OCH_3 时，产物 **2** 的产率很低；而当 X = Cl 时，产物 **2** 的产率明显得到提升。此外，如果重氮盐所取代的苯环上有取代基，不管是吸电子基团还是给电子基团均对产物没有明显影响，请解释原因。

提示：这是一个自由基反应。

解答：

已经提示这是一个自由基反应，那么自由基启动位点是重氮键断裂形成苯基自由基：

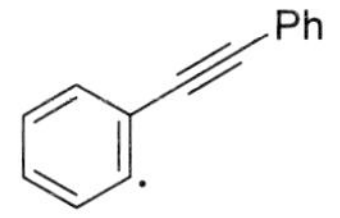

另一原料上取代基 X 的目的是便于读者区分两个芳环，此原料与苯基自由基连接的原子应该是硫。

因此，这个反应的转换过程为：

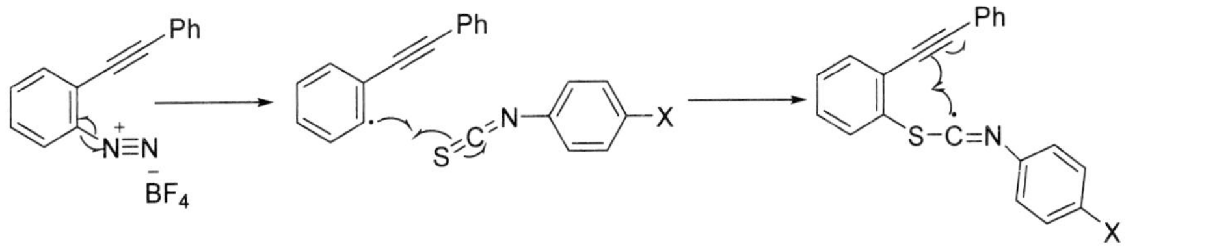

对于第一个产物：

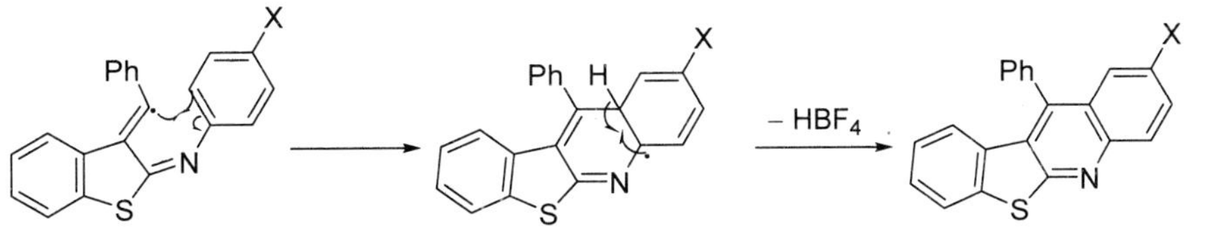

对于第二个产物：

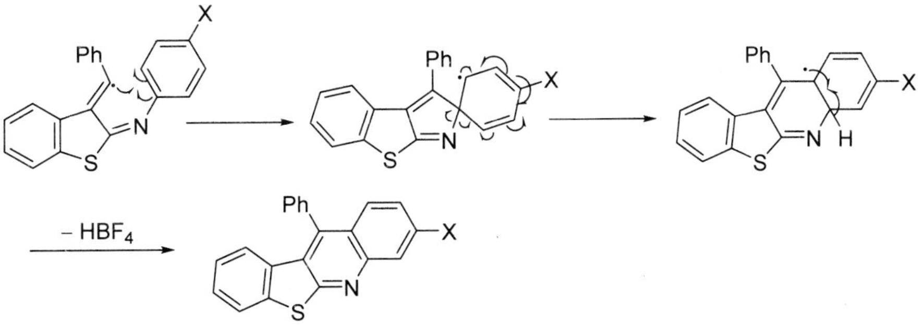

❖第 48 题

请为以下转换提供合理的电子转移过程，须标出准确的电子转移箭头：

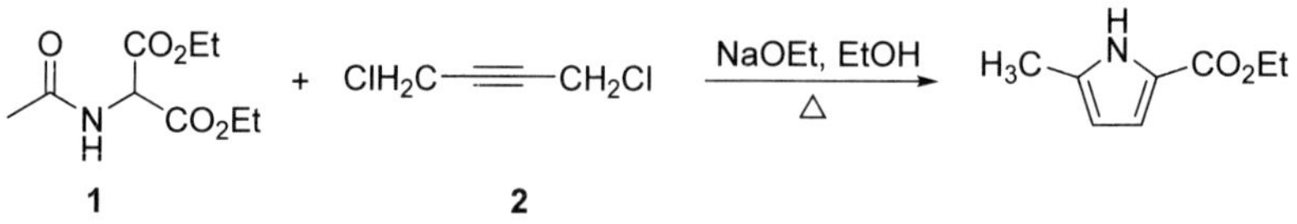

研究结果表明，当体系中加入 2 倍量的化合物 **1** 和 2 倍量的乙醇钠在乙醇溶液中回流，得到一个简单的取代产物 **3**；而在 10 倍量的乙醇钠作用下，则得到目标产物吡咯衍生物。请画出取代产物 **3** 的结构简式，写出目标产物的转换过程。

解答：

化合物 **2** 有两个亲电位点，而化合物 **1** 中亲核能力最强的位点为两个酯基取代的α位。因此，化合物 **3** 的结构为：

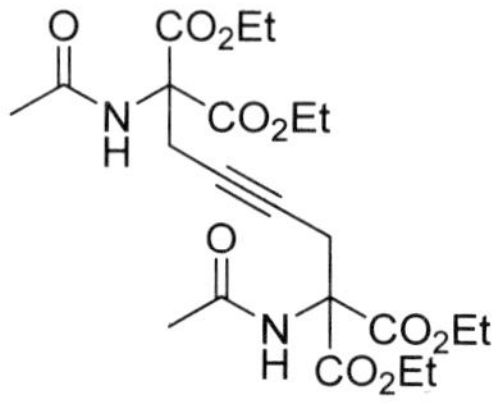

化合物 **3** 可以进一步水解和脱羧转化为：

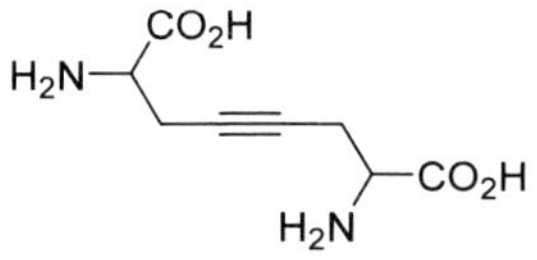

返过来，重新考虑前面那个反应的转换方式，它可以首先进行一个位点的反应：

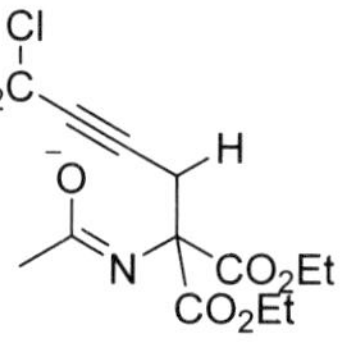

此时，在过量的碱作用下，攫取炔基α位的氢，发生分子内消除反应形成丁三烯骨架：

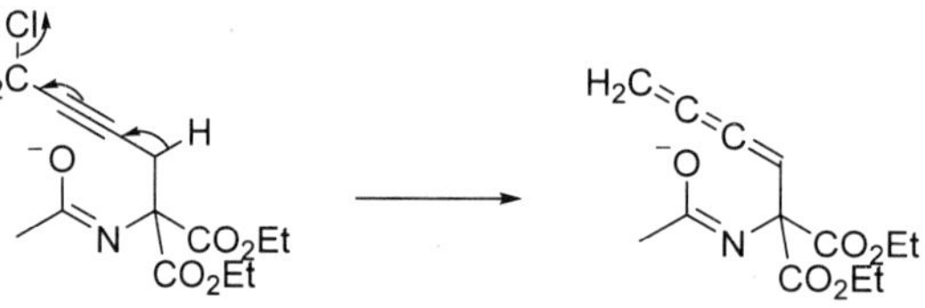

氧负离子对丁三烯骨架进行加成形成七元环：

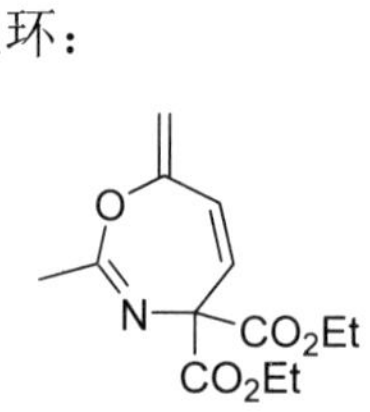

考虑到最终产物中只含有一个酯基，那么在过量乙醇钠作用下发生酯缩合反应的逆反应，脱除一个酯基。又考虑到最后形成吡咯五元环，需要了解清楚哪些原子最终参与构建了这个五元环体系：

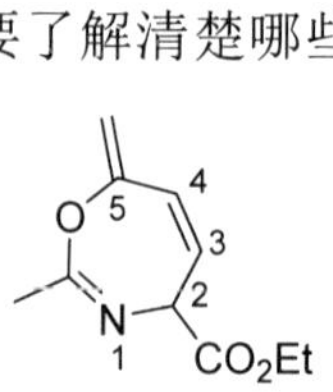

这个七元环不可能直接形成五元环。那么，还是需要在乙醇钠作用下打开七元环。乙氧基负离子对亚胺进行加成消除：

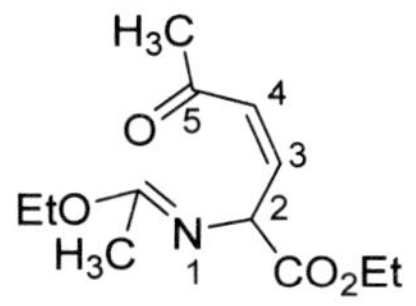

此时，氮原子的亲核能力不够强，需要再进行一次乙氧基负离子对亚胺的亲核加成，形成的氮负离子对 C5 的酮羰基进行亲核加成，构建吡咯五元环：

后续的转换就比较简单了。因此，整个转换过程为：

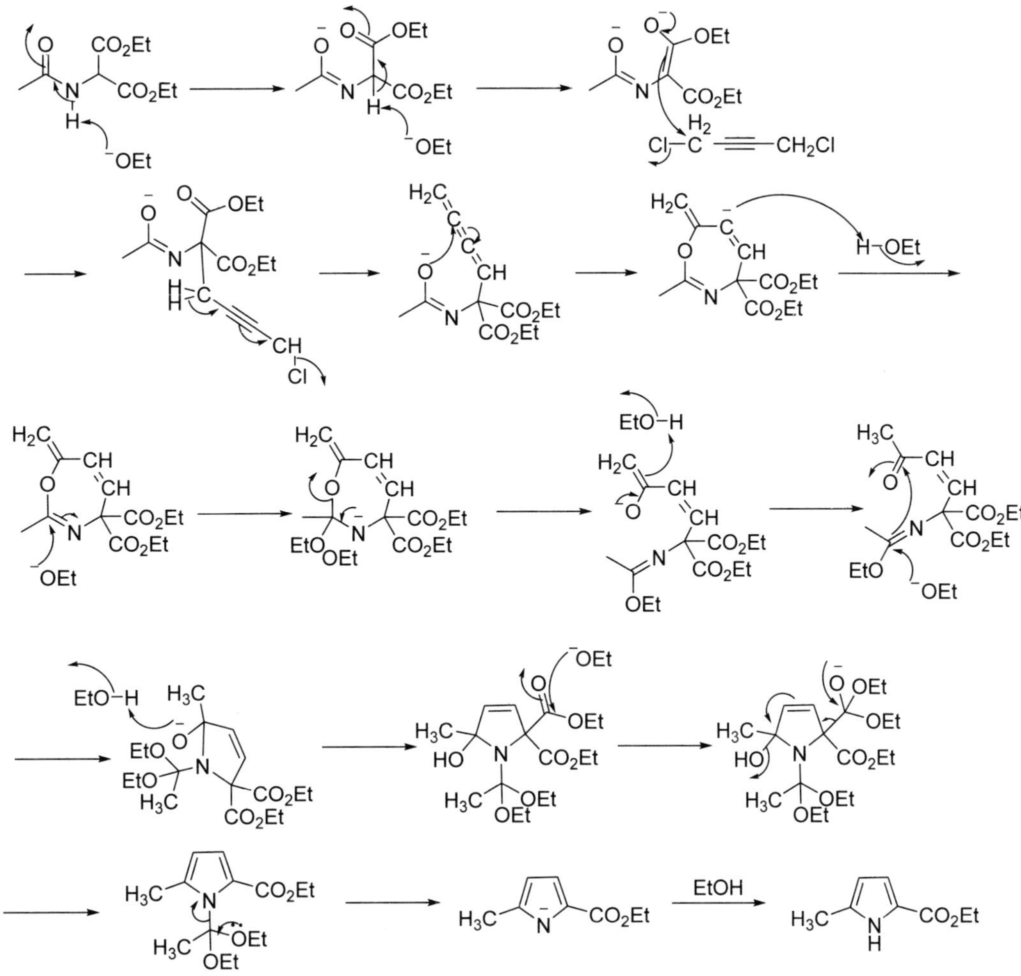

第 49 题

请为以下转换提供合理的电子转移过程，须标出准确的电子转移箭头：

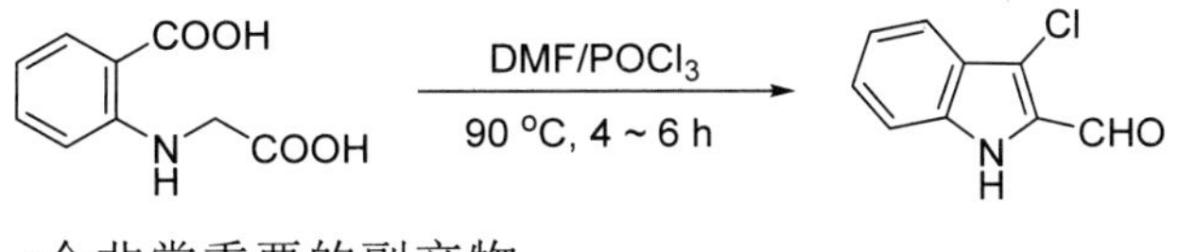

$\xrightarrow[90\ ^{\circ}C,\ 4\sim6\ h]{DMF/POCl_3}$

提示：反应过程中，会有一个非常重要的副产物：

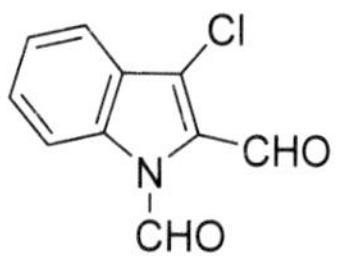

此化合物在 90 ºC 下加热 6 h 就可以转化为目标产物。

解答：

DMF/$POCl_3$ 是制备 Vilsmeier 试剂的标准配备：

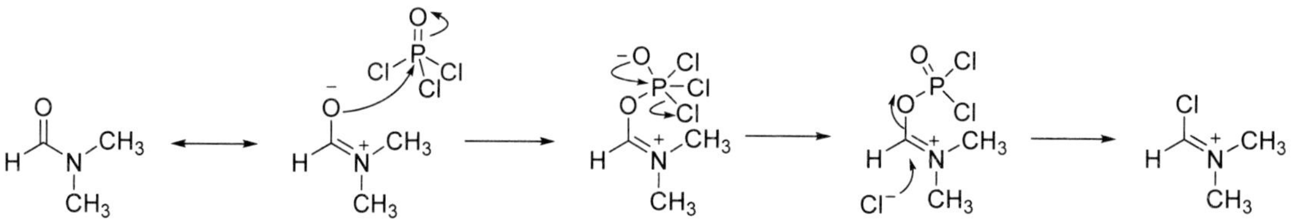

在维斯迈尔试剂作用下，原料二酸形成酸酐：

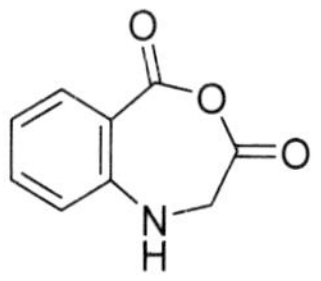

Vilsmeier 试剂为亲电基团，与酸酐中具有亲核能力的位点进行反应：

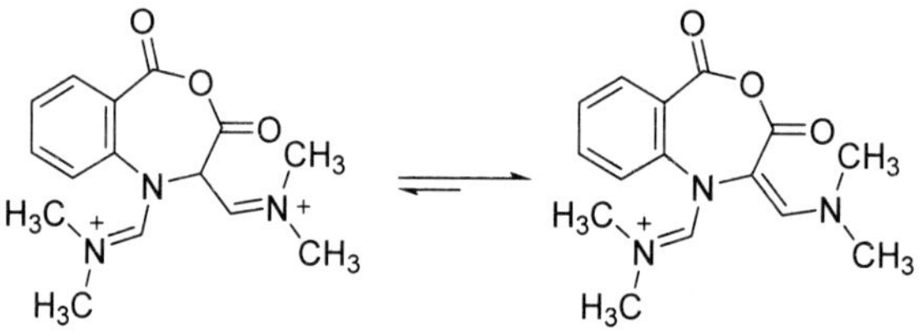

氮原子也是一个强的亲核位点，也可与 Vilsmeier 试剂反应，水解后，氮原子连接甲酰基，这与题中的副产物结构一致。羰基的α位与 Vilsmeier 试剂反应，形成亚胺正离子，互变异构后形成烯胺。烯胺作为富电子基团进攻羰基，形成五元环并四元环：

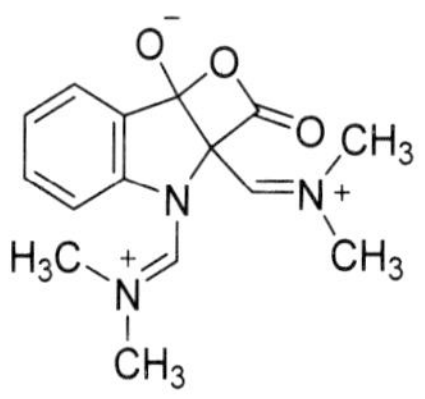

脱羧后形成中间体酮，并互变异构为芳香体系吲哚环：

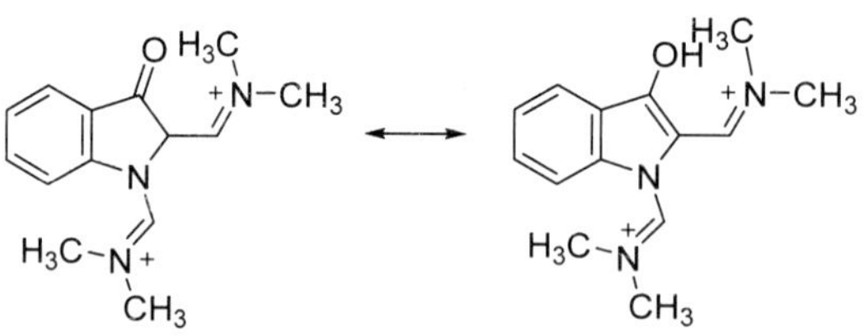

这个体系可以与氯负离子进行芳香亲核取代反应，转化为：

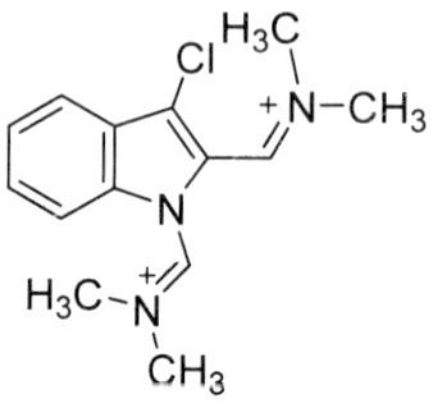

经水后处理后，即为产物。如果不完全水解，即是氮原子连接甲酰基的副产物。

综上分析，整个转换过程为：

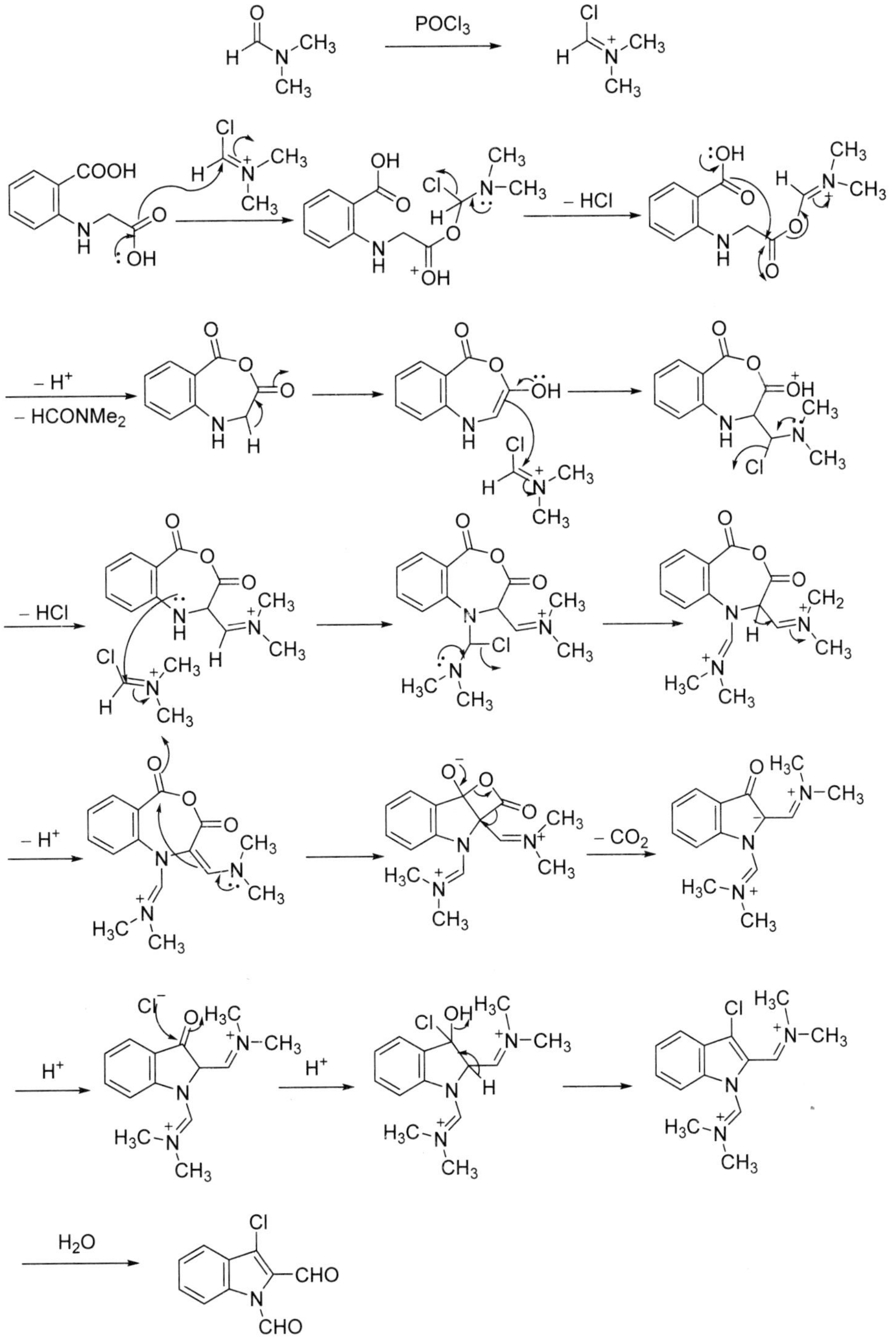

❖第 50 题

请为以下转换提供合理的电子转移过程，须标出准确的电子转移箭头，并标出带*的碳原子的立体构型：

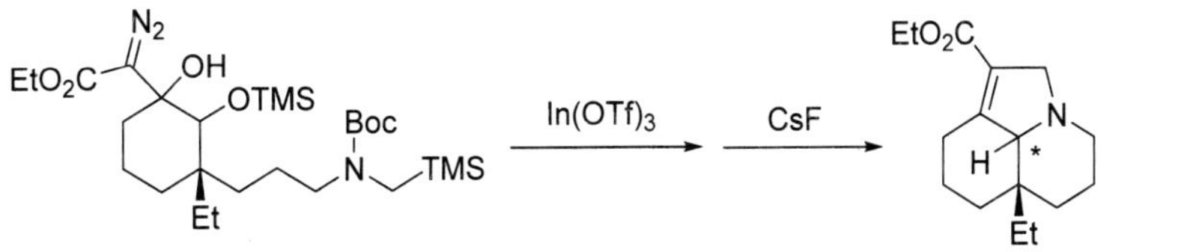

解答：

这是一个 Lewis 酸催化的反应。底物中可与 Lewis 酸配位的为羟基：

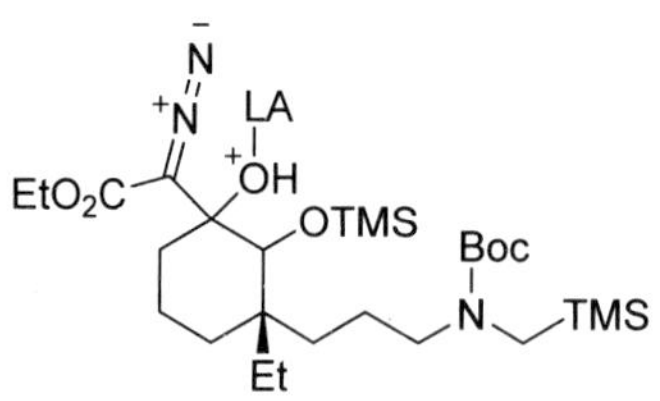

在羟基盐离去后，形成双键，然后脱去氮气，形成炔键：

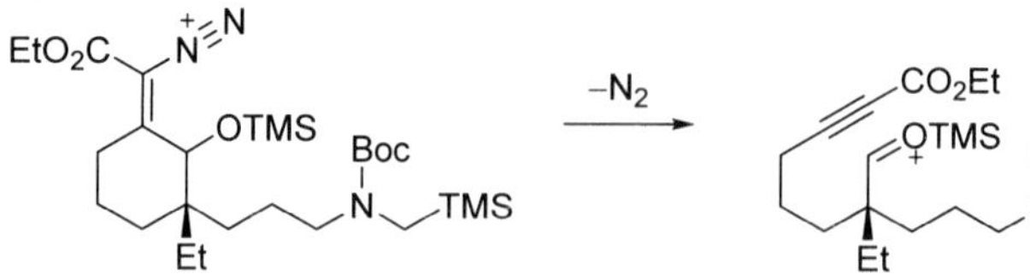

回过头去看产物的结构，应该是炔键与一个含氮的三原子体系形成了五元环，应该是通过一个分子内的 1,3-偶极环加成反应形成的，那么这个 1,3-偶极子的结构为：

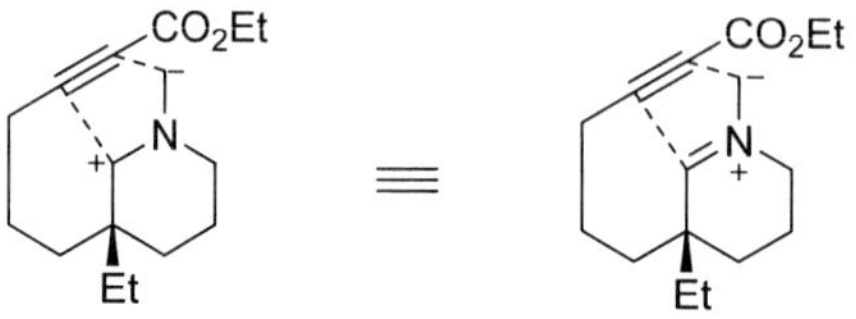

这个 1,3-偶极子可以经过两个反应过程实现，一个是氨基与酮羰基形成亚胺正离子，另一个是在氟离子作用下脱去三甲基硅基，形成亚甲基负离子。

经过以上分析，整个转换过程为：

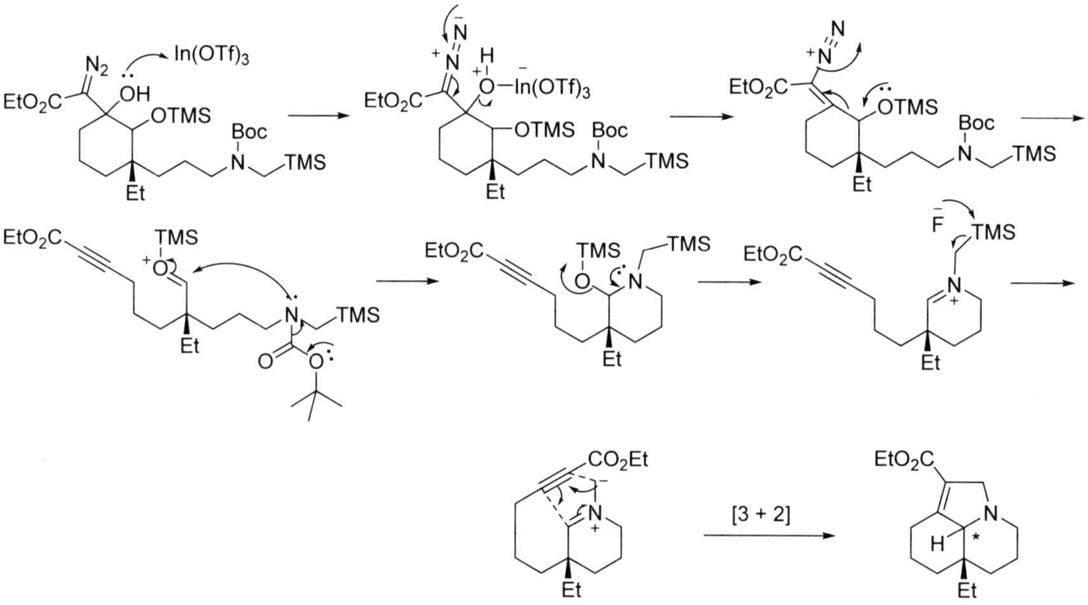

结合以上转换，由于处于六元环上方的乙基的作用，这个环加成的过渡态处于六元环的下方，因此与用*标记的碳原子连接的氢处于环系的上方，这个碳原子的手性构型为 *R* 构型。

第十章　有机反应机理中的高级问题解析

第 1 题

请为以下转换提供合理的电子转移过程，须标出准确的电子转移箭头：

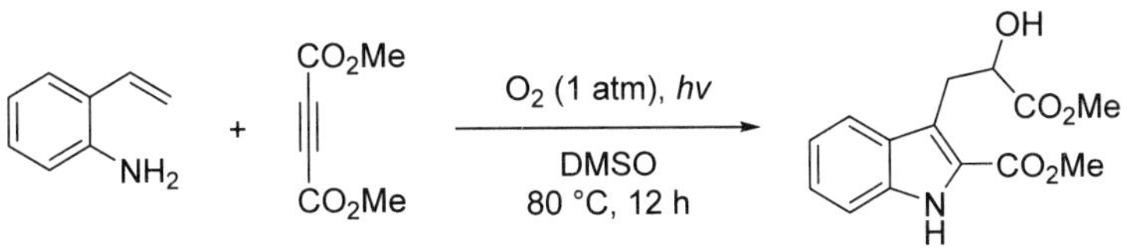

解答：

从产物的结构分析，两个酯羰基间的 C 原子数目从 2 个增加到了 4 个，这表明邻乙烯基苯胺中的乙烯基在反应过程中“插入”到了原先的丁炔二酸二甲酯骨架中，说明丁炔二酸二甲酯中的 C–C 键在转换过程中被切断。此外，酯基α位的羟基应该来源于体系中的 O_2。

通过分析，考虑到丁炔二酸二甲酯中的 C–C 键被切断，并被乙烯基“插入”这种切断、“插入”并重组为一个分子体系的过程在大多数反应中应该是分子内的过程，不可能是分子间的。因此，需要考虑通过哪一个反应将邻乙烯基苯胺与丁炔二酸二甲酯进行连接。丁炔二酸二甲酯除了是一个非常好的 Diels-Alder 反应的亲双烯体外，也是很好的α,β-不饱和体系。氨基作为亲核基团可以对其进行 1,4-共轭加成，接着发生质子交换，形成丙二烯醇骨架：

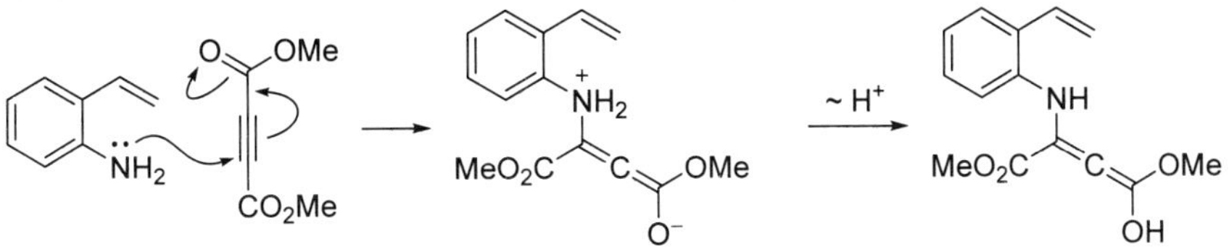

此中间体互变异构为：

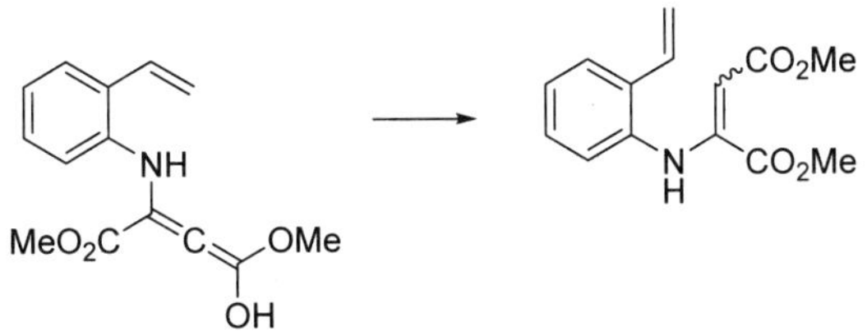

这个中间体可以在光照条件下发生 [2 + 2] 环加成反应形成四元环：

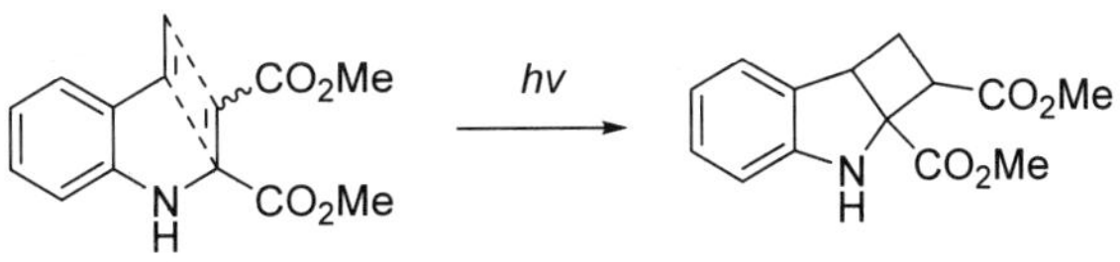

按照产物的结构分析，这个四元环骨架中两个酯基连接的 C–C 键需要断裂；这个断裂过程不能是逆 [2+2] 反应，因为只能有一根 C–C 键断裂。因此，可以考虑在光照条件下，两个酯基连接的 C–C 键发生均裂，从而形成两个自由基。这两个自由基均连接着强吸电子基团，相对比较稳定。接着在光照下，自由基被 O_2 氧化：

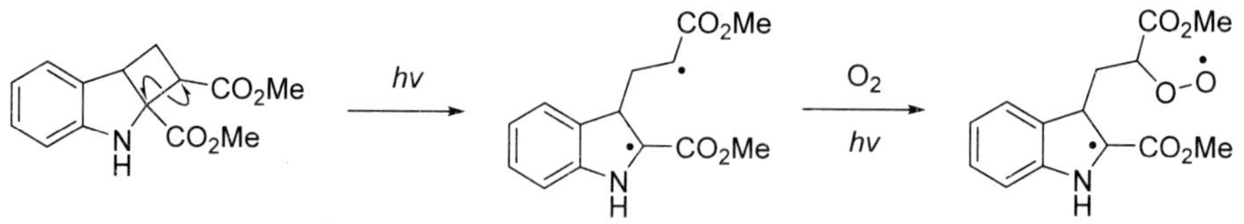

此时，过氧自由基通过六元环过渡态攫取吲哚环的β-H，新形成的β位 C 自由基与原先的α位 C 自由基形成双键，构建芳香体系吲哚环：

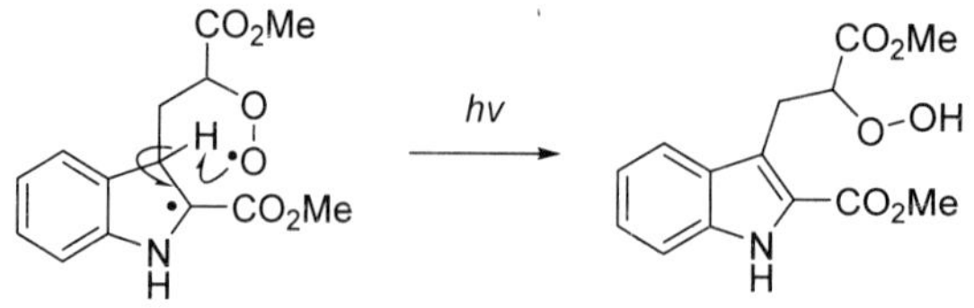

最后，二甲亚砜 (DMSO) 将过氧键还原，转化为产物：

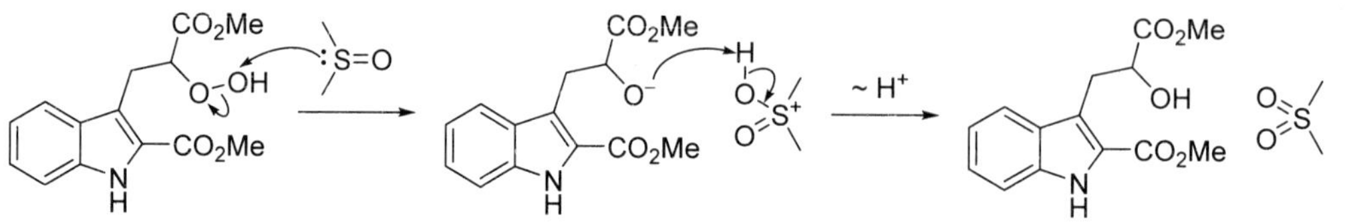

综上分析，这个反应的整个转换过程为：

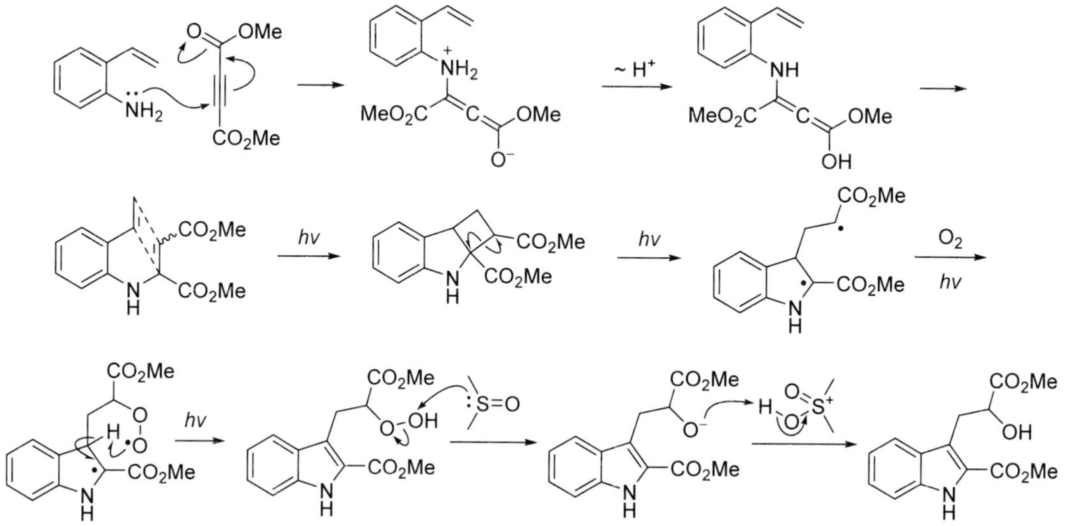

第 2 题

请为以下转换提供合理的电子转移过程，须标出准确的电子转移箭头：

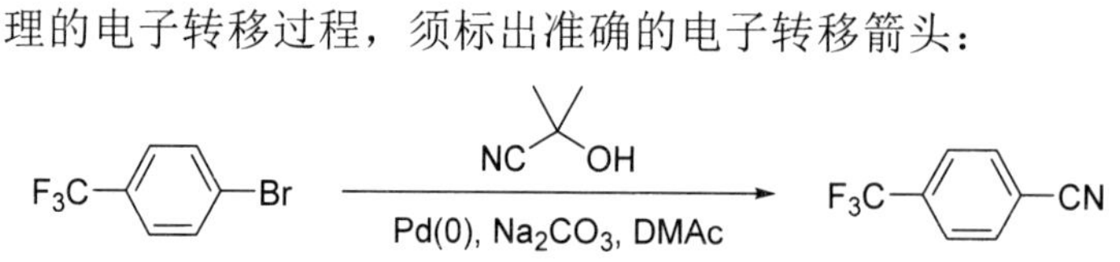

$F_3C-C_6H_4-Br \xrightarrow[\text{Pd(0)}, Na_2CO_3, \text{DMAc}]{\text{NC-C(CH}_3)_2\text{-OH}} F_3C-C_6H_4-CN$

解答：

这是 Pd 催化的 C–C 键交叉偶联反应。过渡金属催化的反应中包含了一系列基元反应。实际上，这些基元反应与常见的有机反应非常类似。尽管在反应条件中只列出了 Pd(0)，实际上应该是 Pd(0)的配合物 PdL_4，常见的配体为 PPh_3 等。通常情况下，18 隅体的 Pd(0)配合物相对比较稳定。在催化过程中，首先要有第一个基元反应——配体解离，从而增加 Pd(0)的反应活性。4 配位的 Pd(0)配合物解离一个配体后，生成的具有空轨道的 Pd(0)配合物中间体有较高反应活性，容易发生氧化加成反应。在此反应中与 C–Br 键进行氧化加成反应（这个过程与制备格氏试剂中金属 Mg 对 C–Br 键的氧化加成是一致的），对位 CF_3 的吸电子诱导效应也活化了 C–Br 键（氧化加成后，Pd 变为+2 价）。为简化表示，对后续机理中 Pd 配合物的一些配体（溶剂或 PPh_3 等）进行了省略：

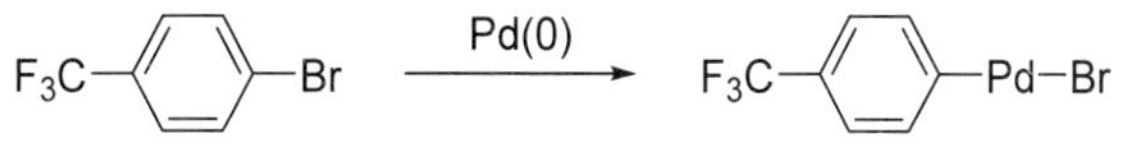

考虑到最后产物中连接了 CN，说明体系中必须有 CN^-，它来源于酮羰基被亲核加成的逆反应。α-氰基醇在碱性条件下转化为丙酮和 CN^-：

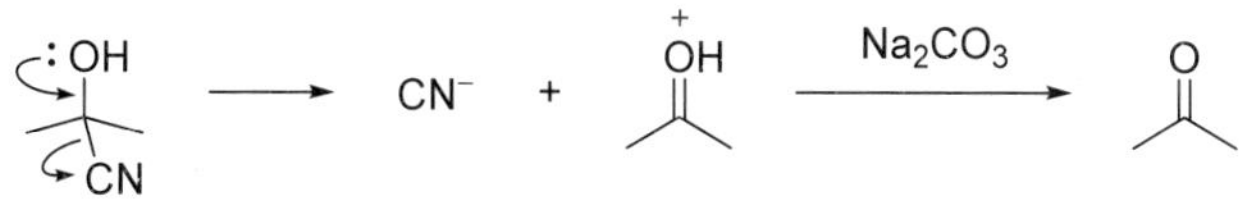

CN^-对 Pd–Br 键进行亲核取代反应（如果将 Br^-和 CN^-认为是配体的话，也可以认为此过程为配体交换）：

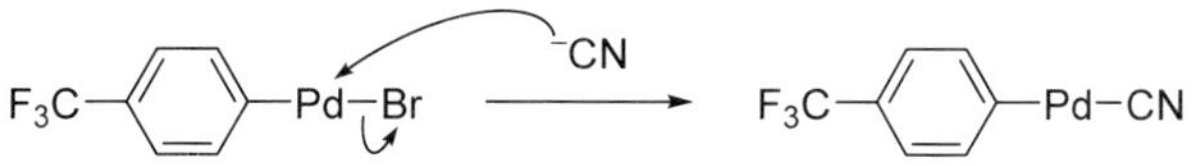

接下来进行过渡金属催化反应的最重要的基元反应之一——还原消除。在这个基元反应中，构建了 C–C 键。同时 Pd(II)转化为 Pd(0)，继续参与到催化循环中：

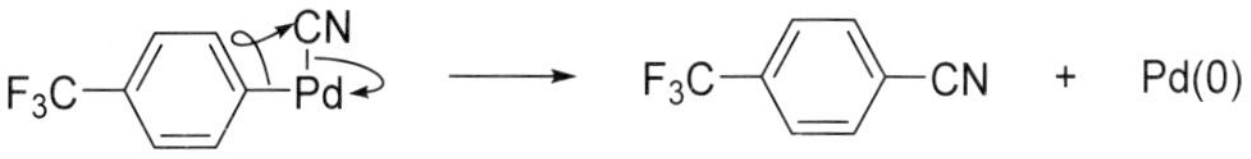

综上分析，这个反应的整个转换过程为：

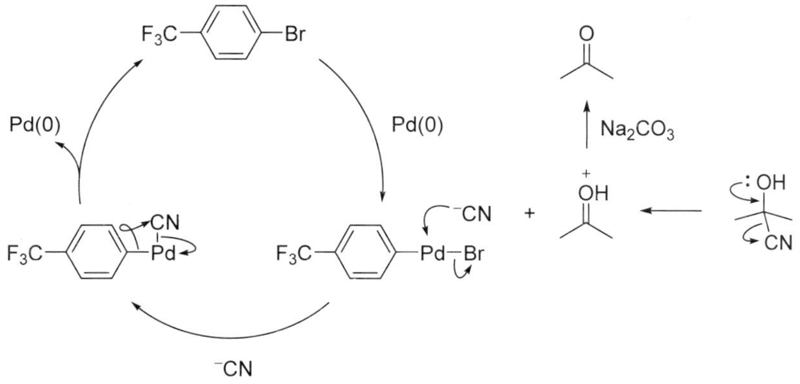

第 3 题

请为以下转换提供合理的电子转移过程，须标出准确的电子转移箭头：

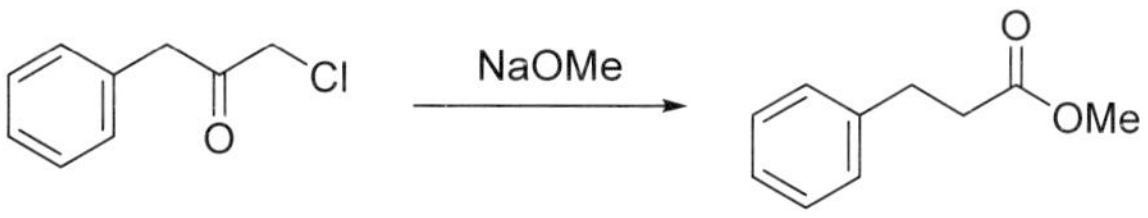

解答：

这个底物是一个非常典型的 Favorskii 重排反应的骨架。酮羰基的两个α位，一个提供具有酸性的 H，一个提供可离去基团 Cl^-。因此，底物在 MeO^-的作用下形成烯醇负离子，接着发生分子内的亲核取代反应，形成环丙酮衍生物：

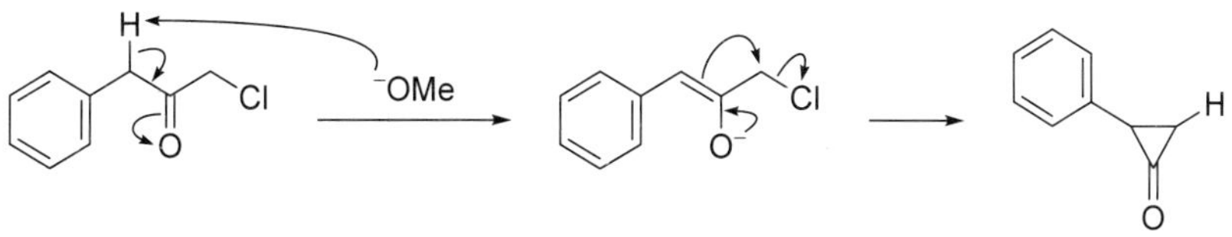

体系中 MeO^-与酮羰基经亲核加成消除反应，打开三元环，形成碳负离子：

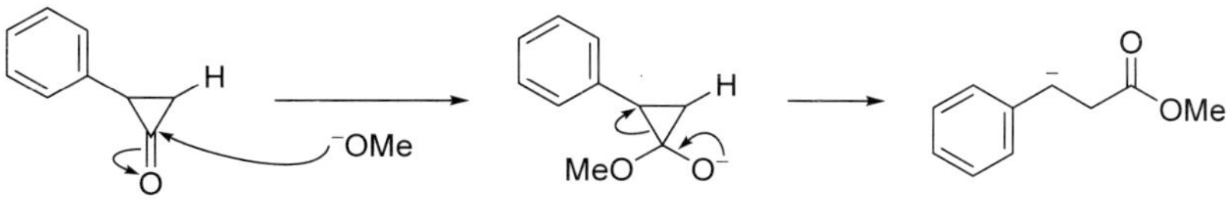

由于存在两根可以断裂的 C–C 键，因此，需要根据将要形成的碳负离子的稳定性判断哪一根 C–C

键更容易断裂。在此实例中，所形成的碳负离子可以与苯基共轭从而变得稳定，这样需要断裂的 C–C 键就非常明确了。最后，碳负离子与体系中的 MeOH 进行质子交换，转化为产物。综上分析，这个反应的整个转换过程为：

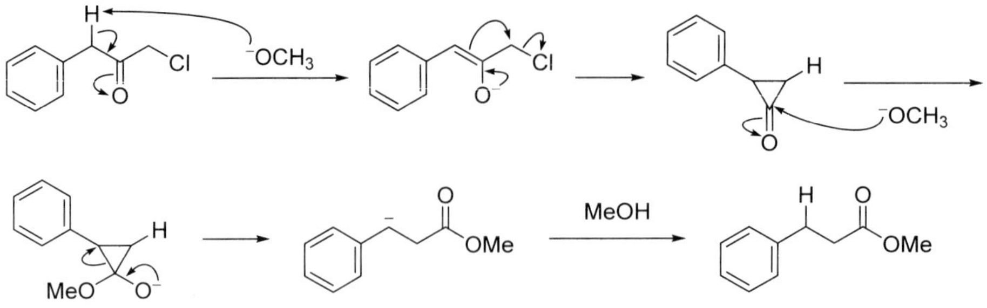

第 4 题

请为以下转换提供合理的电子转移过程，须标出准确的电子转移箭头：

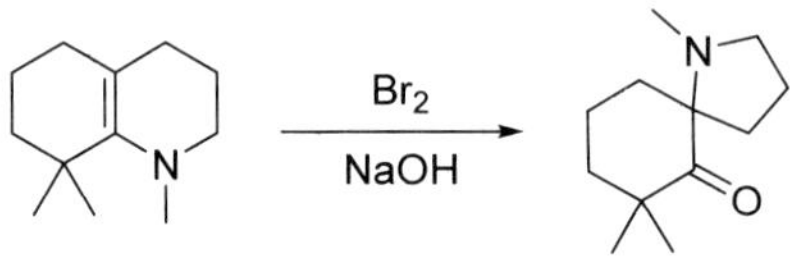

解答：

这是一个重排反应，体系从六元环并六元环的骨架转化为六元环螺五元环的骨架。分子骨架的转换非常明确：N 原子从二甲基取代碳的邻位迁移到了间位，并使原来的位点转化为酮羰基。底物中的官能团为烯胺，因而可以与亲电的 Br_2 发生加成反应：

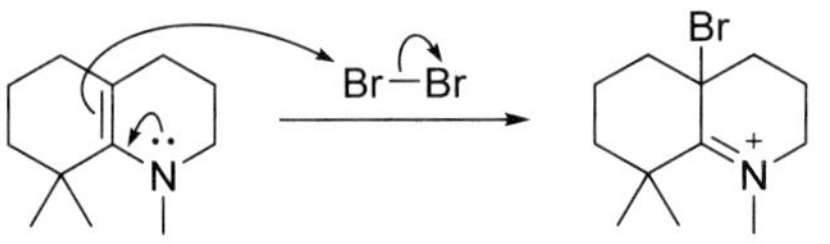

烯胺转化为亚胺正离子，此时由于在碱性条件下，OH^-对亚胺正离子亲核加成：

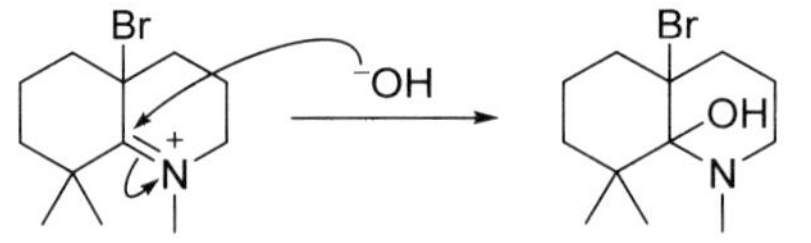

接下来存在两种可能。第一种：从产物结构分析，相当于发生了半频哪醇 (semipinacol) 重排。O 原子的孤对电子对 C–N 键进行亲核取代，切断 C–N 键，所形成的 N 负离子再对 C–Br 键进行亲核取代形成螺环。此时要考虑如何增加 O 上孤对电子的亲核能力：醇羟基在碱的作用下形成氧负离子可实现此目的：

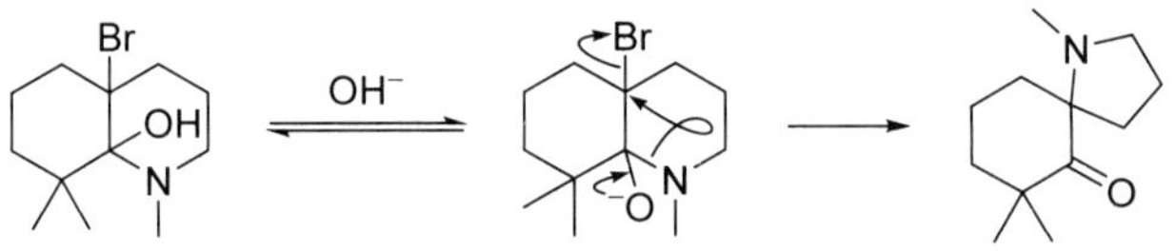

第二种：可以使三级胺的 N 原子对 C–Br 键进行亲核取代，形成三元环氮正离子，接着醇羟基在碱的作用下形成氧负离子，然后形成酮羰基使得三元环开环：

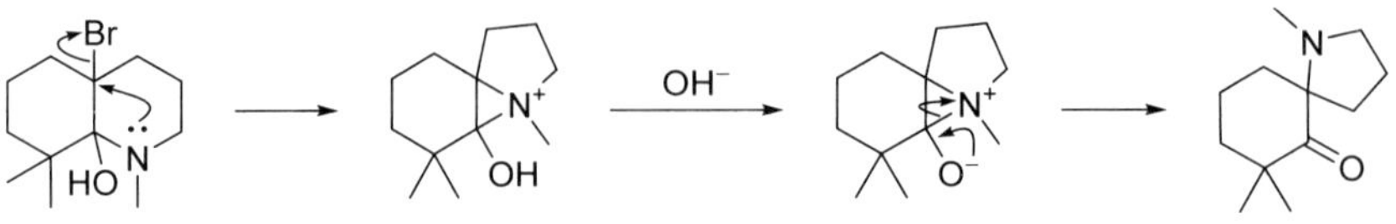

对这两种转换过程进行分析，考虑到 C–Br 键为三级卤代烷，其发生亲核取代反应且形成三元环并环体系存在一定的难度。因此，哪一种转换更为合理读者可以自己思考分析。当然，也可能存在溴代三级碳原子直接形成碳正离子，然后重排。

综上分析，这个反应的整个转换过程为：

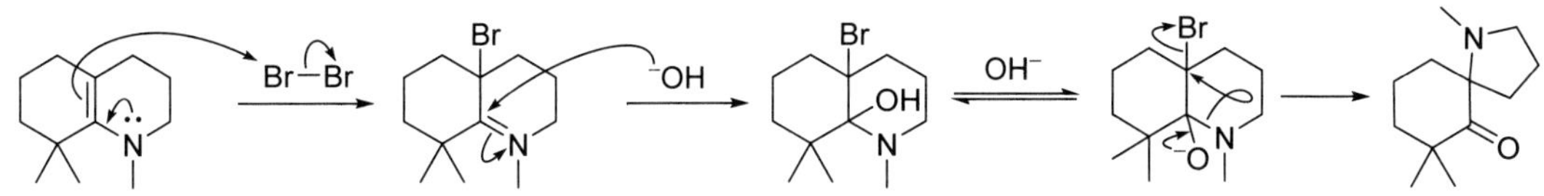

第5题

请为以下转换提供合理的电子转移过程，须标出准确的电子转移箭头，并解释这两个反应不同结果的原因：

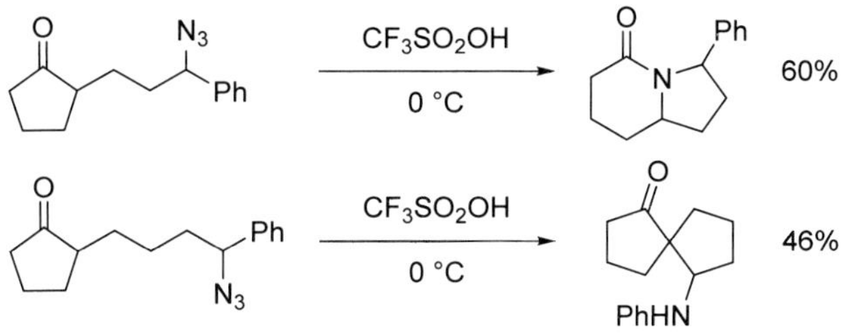

CF_3SO_2OH, 0 °C, 60%

CF_3SO_2OH, 0 °C, 46%

解答：

两个结构与官能团基本一致的化合物却给出了不同的反应结果，再次告诉读者在有机化学的学习过程中，不要只记住几个反应，而应该从有机反应的本质去理解反应。有机化合物中官能团就那么多，但是有机反应却是数不胜数，这也是有机化学的魅力所在。

这两个化合物的些微差别在于连接酮羰基和叠氮两个官能团的碳链长度，只差了一个亚甲基却产生了完全不同的结果。对于第一个反应，酮羰基碳原子与叠氮之间正好隔6个原子，同时该氮原子具有亲核能力，可以对羰基进行亲核加成：

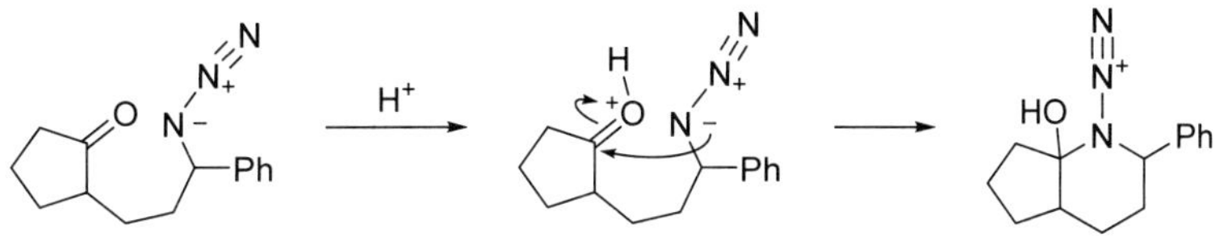

此时，N_2作为离去基团离去，相当于在羟基的β位形成了一个正离子。这与pinacol重排反应的结构基本一致：

因此，这个中间体按照同样的方式进行重排，脱去质子后，转化为产物。这实际上就是Schmidt反应中酮与叠氮基团反应后重排形成酰胺的转化过程：

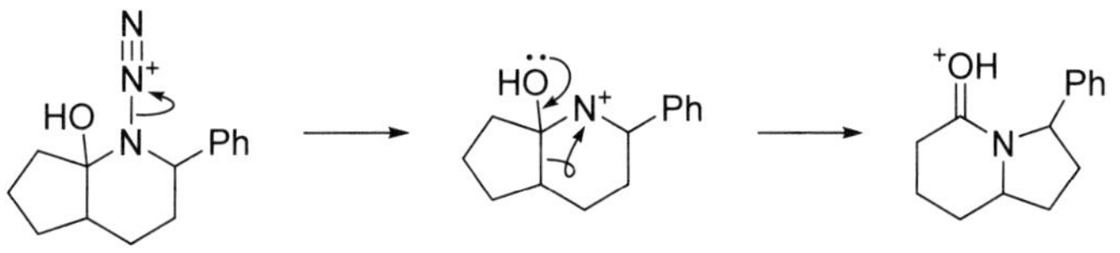

对于第二个反应，如果仍然遵循上述Schmidt反应转化过程的话，氮原子对酮羰基进行进攻将形成七元环过渡态，这是一个热力学不稳定的过渡态。因此，反应需要按另一种方式进行。观察反应产物的结构，会发现氨基位于羰基的β位。我们学过生成β-氨基羰基化合物的反应是Mannich反应，在反应中亲核基团是烯醇，亲电基团是亚胺正离子。如果按照这个思路去想，我们首先要构造出亚胺基团。叠氮基团在酸性条件下直接脱去N_2，形成氮宾：

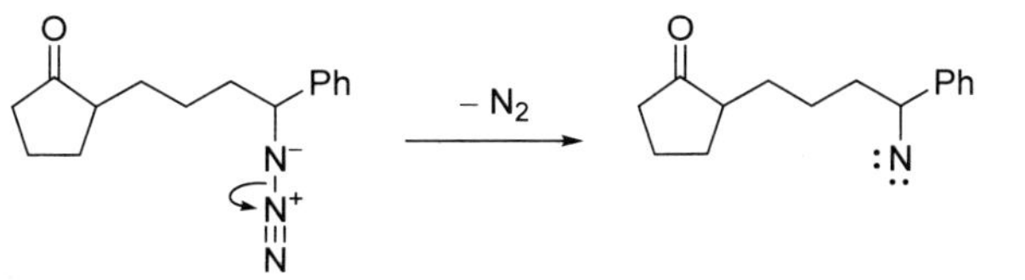

$-N_2$

接下来的过程与各种氮宾的重排方式是一样的——苯基迁移，形成亚胺：

然后，亚胺在酸性条件下被质子化，形成亚胺正离子。接着就是羰基α位对亚胺正离子的亲核加成（即 Mannich 反应），构建出五元环螺五元环体系，脱去质子后形成产物：

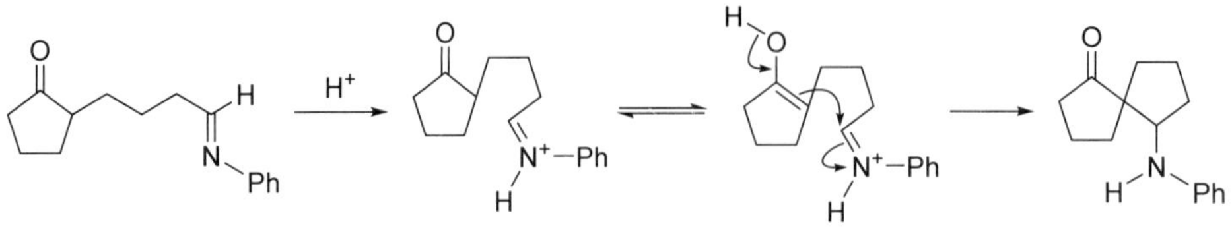

综上分析，这两个反应的转换过程分别为：

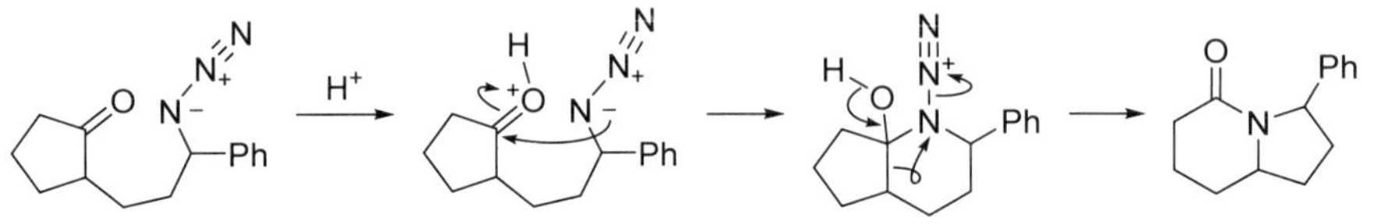

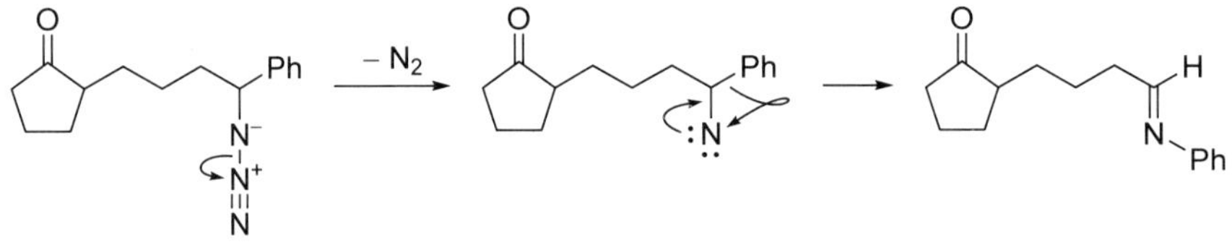

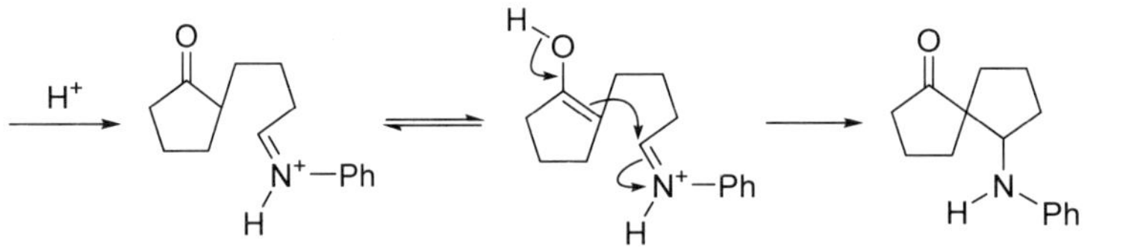

这两个反应不一样的结果，是由于分子内两个相同的官能团间所连接的碳链长度不同导致的：一个进行了 Schmidt 反应，另一个则是经氮宾重排后再经 Mannich 反应得到产物。这两个反应的不同，进一步阐释了反应中间体或过渡态的能量在反应中的重要性，这为准确理解有机反应的本质提供了又一个实例。

❖第 6 题

请为以下转换提供合理的电子转移过程，须标出准确的电子转移箭头：

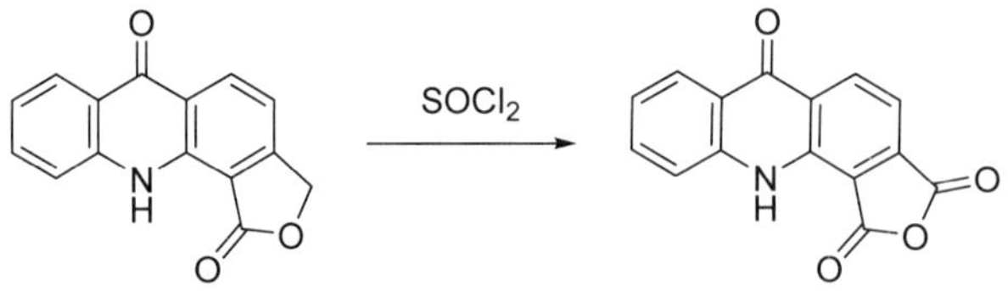

解答：

这是一个苄基醚被氧化为酯基的反应。以前讨论过一级醇或二级醇被氧化为醛或酮的反应，但很少讨论醚被氧化的反应。这主要是醚直接被氧化成酯的难度较高，在有机反应中不太实用。此反应的氧化剂是二氯亚砜，与二氯亚砜相对应的有机氧化剂为二甲亚砜。按照二甲亚砜氧化醇的方式考虑，二氯亚砜的 S 原子具有很强的亲电性；考虑到被氧化的位点在苄位，可以不考虑酮羰基的亲核性，将焦点直接放在酯羰基 O 上：

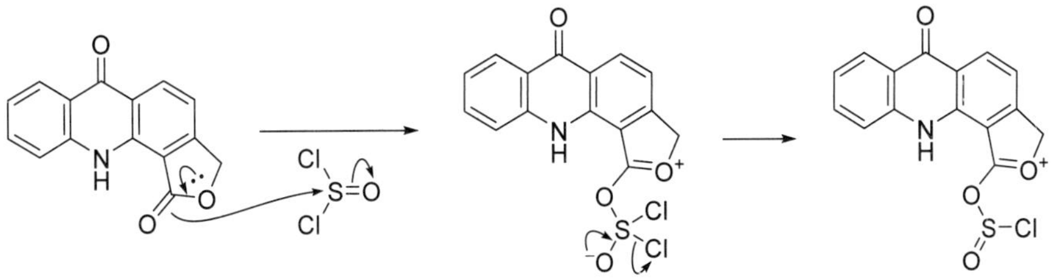

这就进一步增加了苄位 H 的酸性：

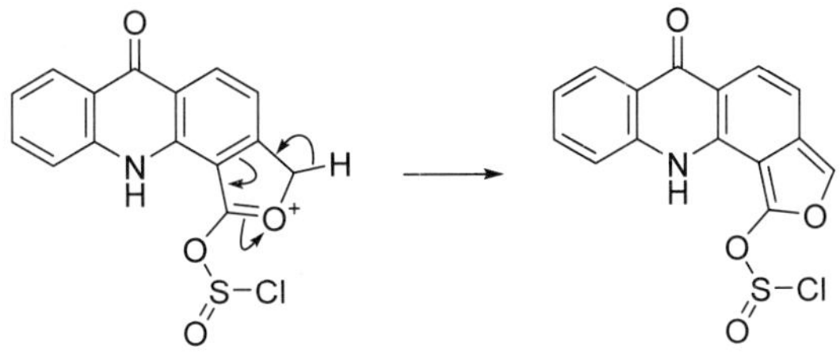

此时构建了苯并呋喃环，是个相对富电子的体系，结合产物的结构考虑，需要在呋喃环的α位引入 O 原子，这个 O 原子肯定来源于二氯亚砜。在二氯亚砜中，S 是亲电的，O 是亲核的，因此，此时考虑将呋喃环α位与二氯亚砜的 O 直接结合是不可能的。但是，如果将呋喃环的一半考虑成烯醇醚的话，这个反应就可以转换为烯醇醚对二氯亚砜中 S=O 双键的亲核加成：

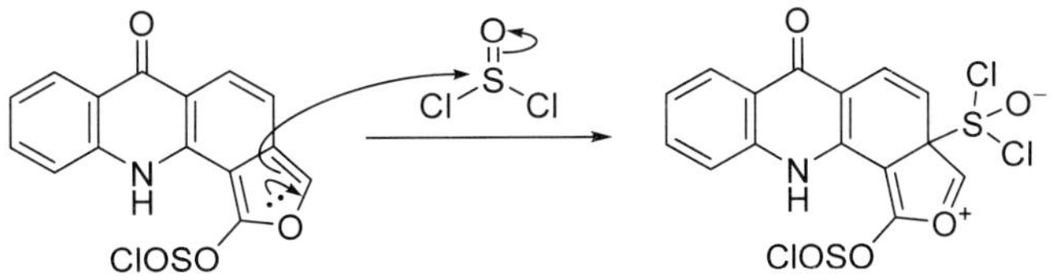

接着，生成的氧负离子与羰基正离子形成四元环：

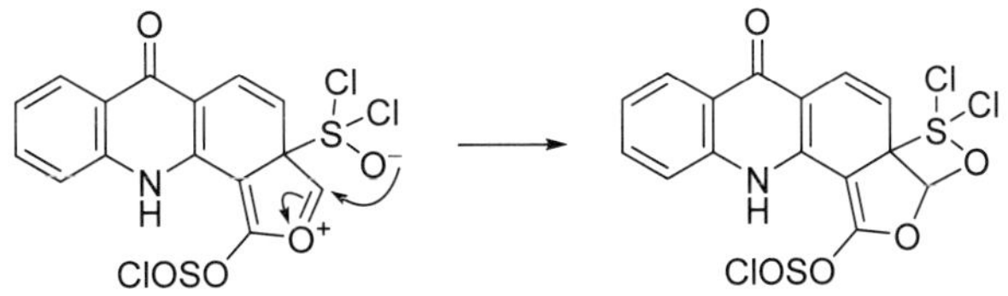

这就实现了在原先的苄位，现在的呋喃环α位引入了 O 原子。接下来，四元环的开环可以分以下两种方式。

第一种：接着按照醇被氧化形成羰基的方式，O 原子α位的 H 以质子的形式离去，形成 C=O 双键：

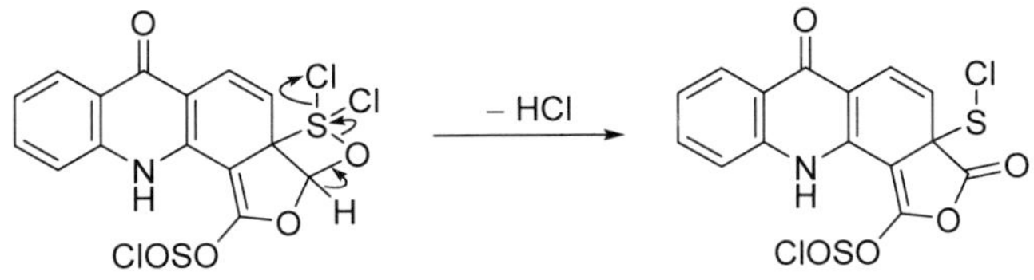

在整个氧化过程中，$SOCl_2$ 中的 S(Ⅳ)肯定要被还原。此时，可以预测上述中间体的 C–S 键会断裂，S(Ⅱ)原子得到电子被还原为 S(0)。这个过程通过五元环中的 C=C 双键中 π 电子对 C–S 键的亲核取代即可，此时，O 原子上孤对电子的参与使反应更容易进行：

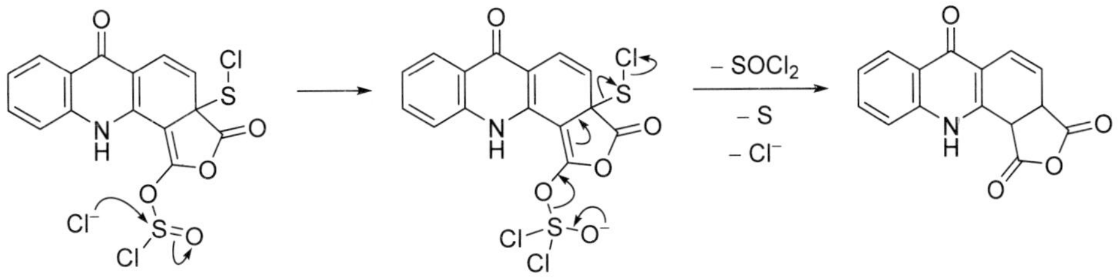

第二种：经分子内 S_N2'反应切断 C–S 键：

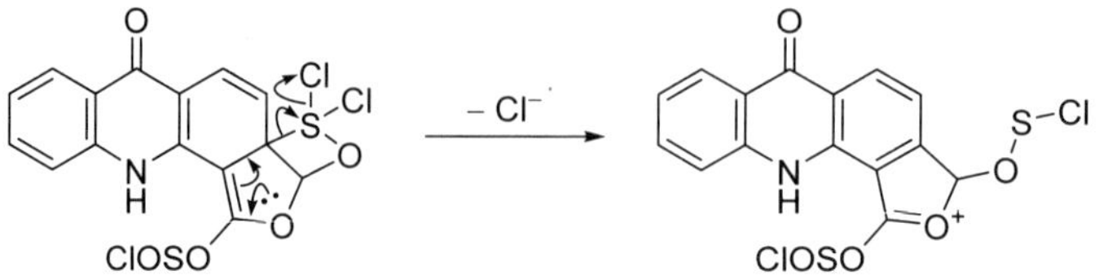

接着按照醇被氧化成羰基的方式，O 原子α位的 H 以质子的形式离去，形成 C=O 双键，接下来脱去 $SOCl_2$，转化为产物：

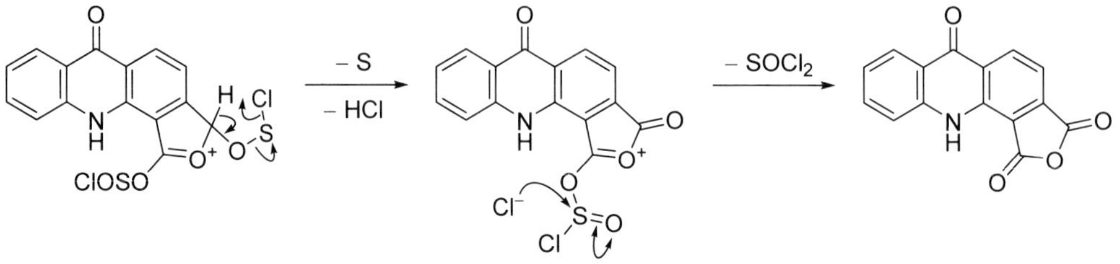

综上分析，这个反应的整个转换过程可以为：

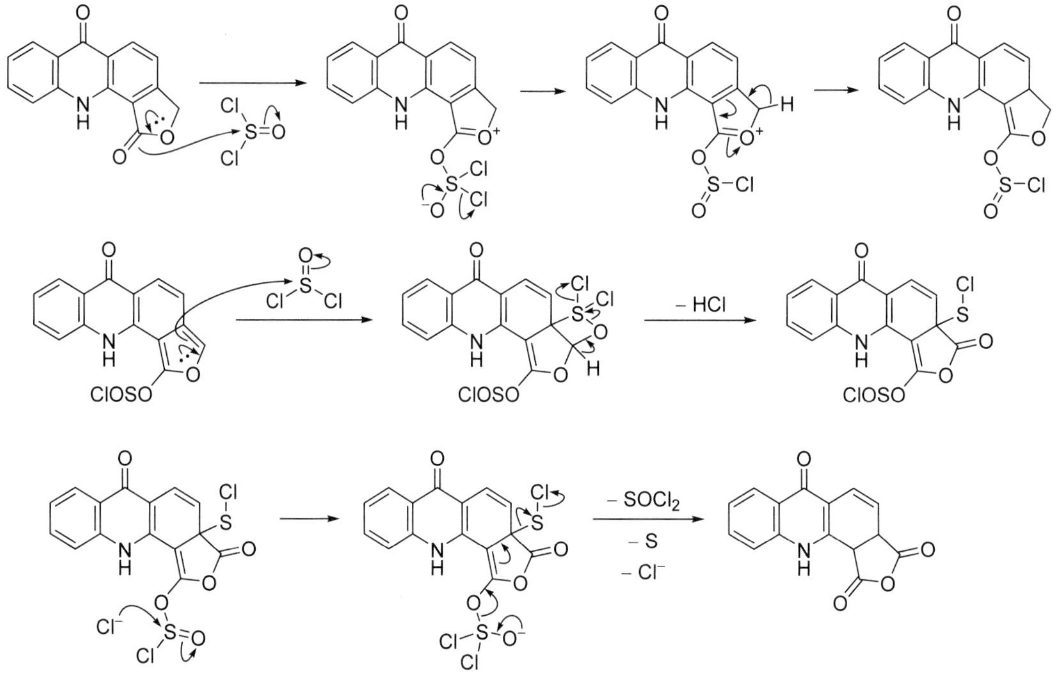

❖第 7 题

请为以下转换提供合理的电子转移过程，须标出准确的电子转移箭头：

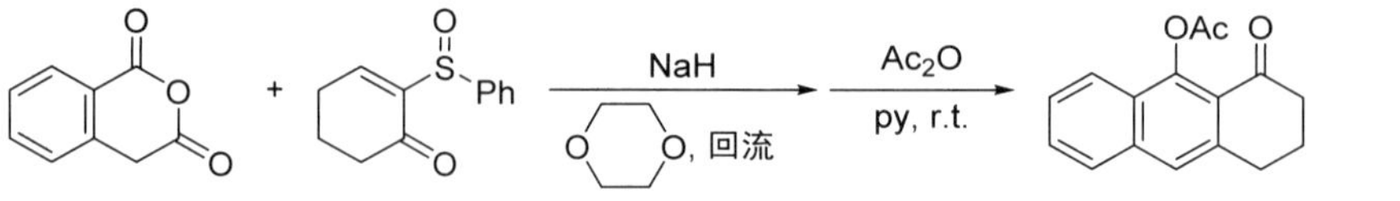

解答：

随着对反应机理的学习不断深入，会发现在这个反应中，最终结果是原料酸酐失去了 CO_2。这是非常典型的 Diels-Alder 反应的正反应和逆反应串联在一起的结果：

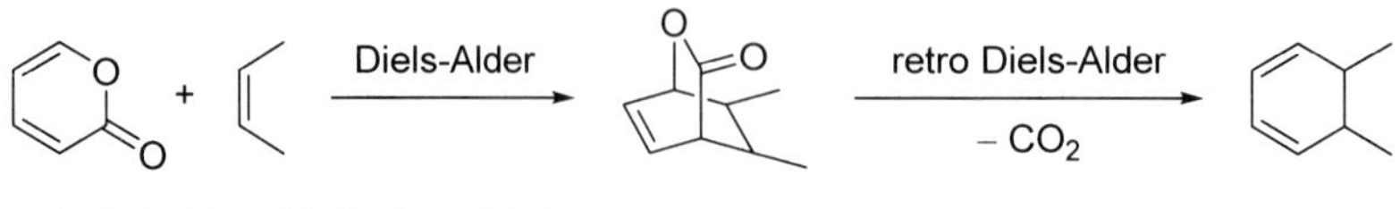

首先应该将酸酐在碱性条件下转化为双烯体：

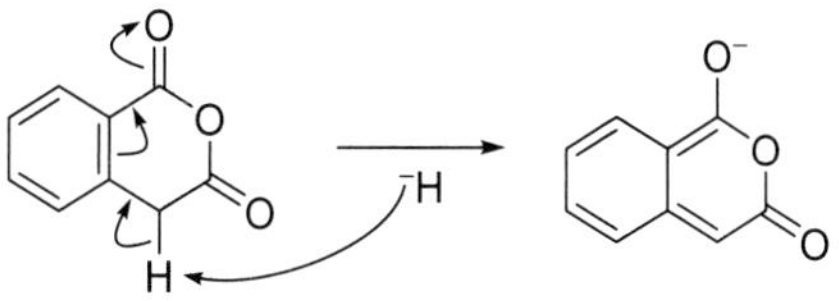

在接下来的 Diels-Alder 反应中，需要考虑反应的区域选择性。这就需要注意最终产物中酮羰基的具体位置：

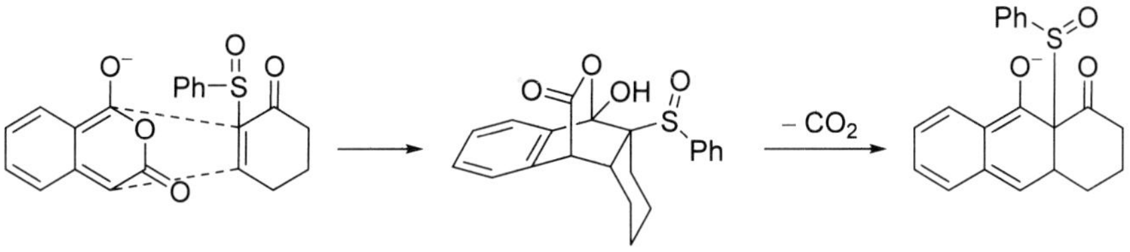

考虑到环状亲双烯体的双键构型，这个并环体系的立体结构中亚砜基团和 H 处在顺式的位置（要么都朝上，要么都朝下），这个 H 原子也具有一定的酸性，亚砜上的 O 原子作碱攫取此 H，通过五元环过渡态发生顺式消除形成烯烃。类似的过程还可以在硒氧化物、砜以及氧化胺的 Cope 消除中发生（β-H 的顺式消除）：

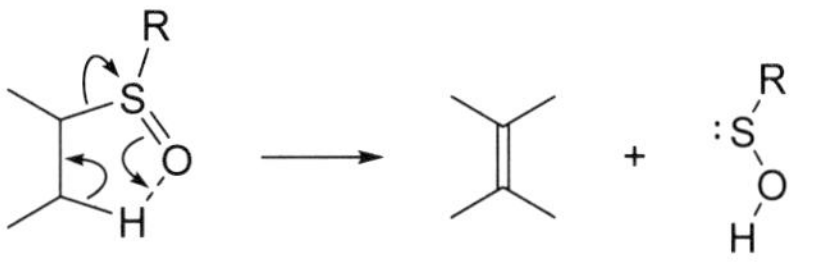

因此，脱除 PhSOH 后形成萘衍生物。最终，酚氧负离子被乙酸酐酯化，形成产物：

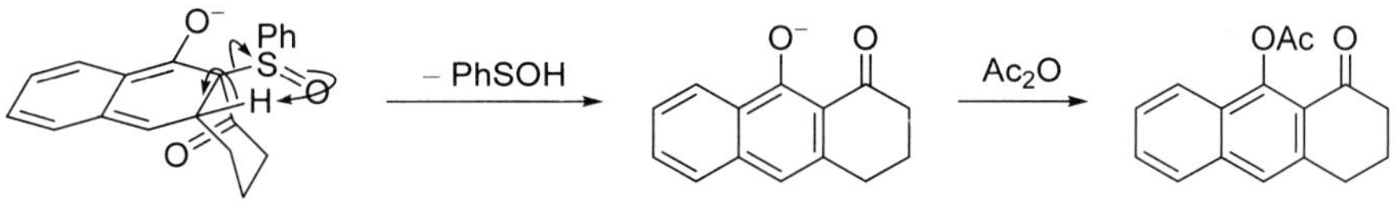

综上分析，这个反应的整个转换过程为：

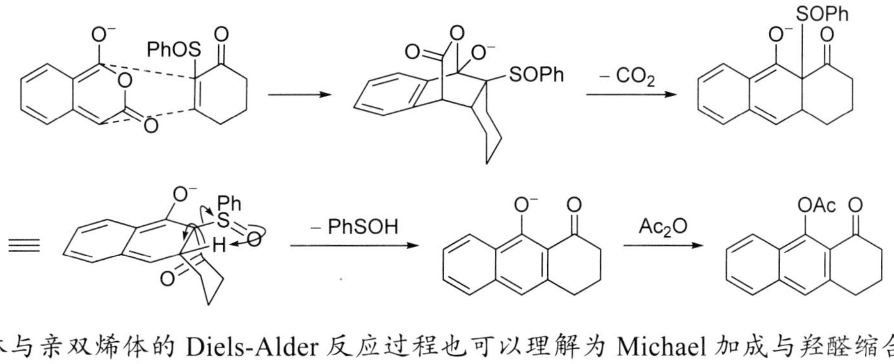

说明：双烯体与亲双烯体的 Diels-Alder 反应过程也可以理解为 Michael 加成与羟醛缩合串联在一起的结果。

第 8 题

请为以下转换提供合理的电子转移过程，须标出准确的电子转移箭头：

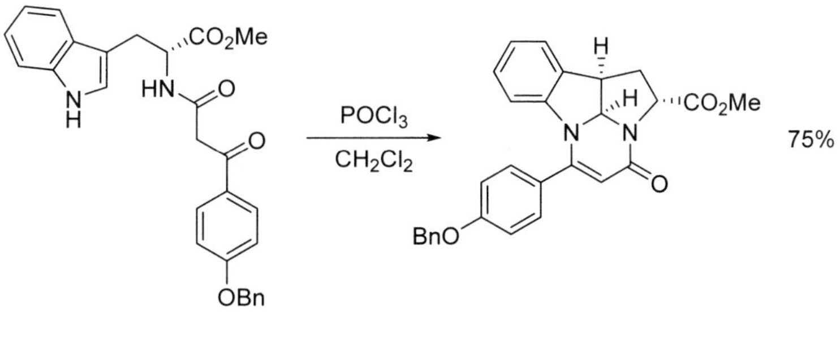

解答：

在吲哚环系的反应中，大多进行芳香亲电取代反应，而且吲哚环的β位亲核能力强于α位。$POCl_3$与酰胺反应可转化为亲电基团，是芳香环引入甲酰基的最佳条件之一。但是，在这个反应中，酰胺骨架却没有发生任何变化，反倒是吲哚环中的C=C双键被还原了。因此，在这个转换过程中，并没有发生吲哚环的芳香亲电取代反应。

首先，在$POCl_3$参与反应的体系中，肯定会有质子，可以将吲哚环质子化：

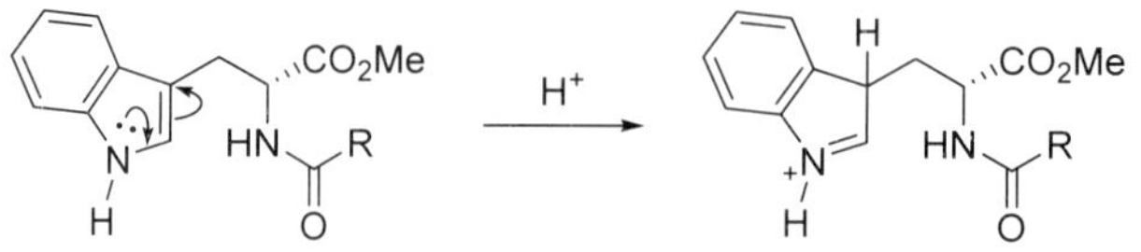

接着，酰胺N原子上的孤对电子对亚胺正离子亲核加成，构建了二氢吲哚环并四氢吡咯环系：

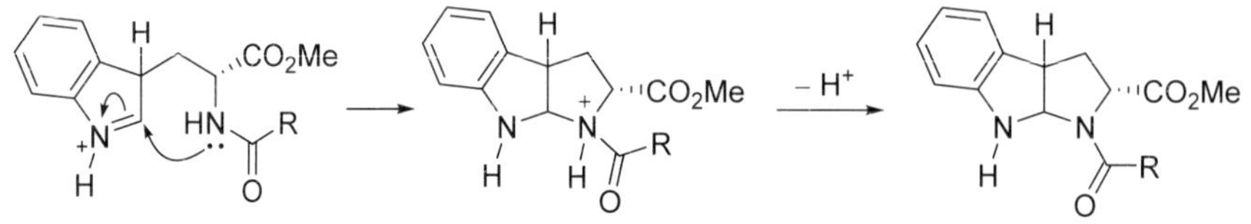

随后，二氢吲哚环中的N原子与酮羰基形成烯胺，构筑六元环。为了让这个反应顺利进行，需要将反应物中的酮羰基转化为一个易离去基团。仿照甲酰胺转化为Vilsmeier试剂的过程，酮羰基转化为烯醇磷酸酯：

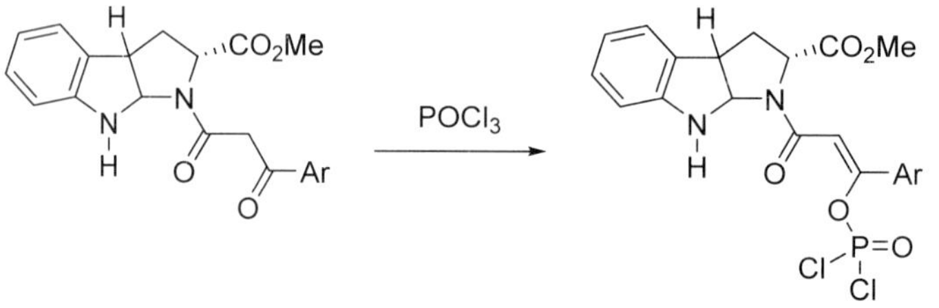

最后，N原子的孤对电子对烯醇磷酸酯进行1,4-共轭加成和逆1,4-共轭加成，转化为产物：

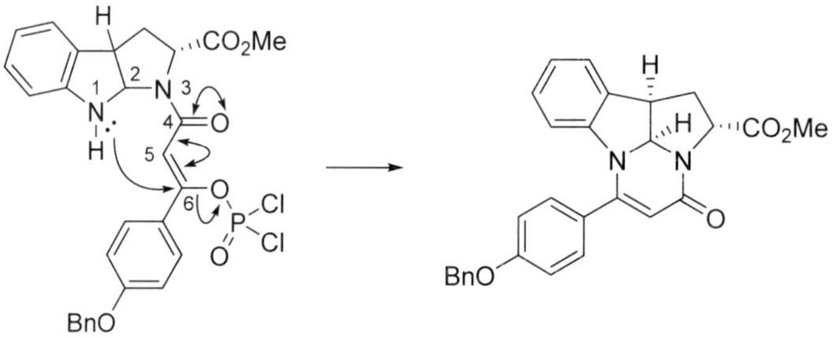

综上分析，这个反应的具体转换过程为：

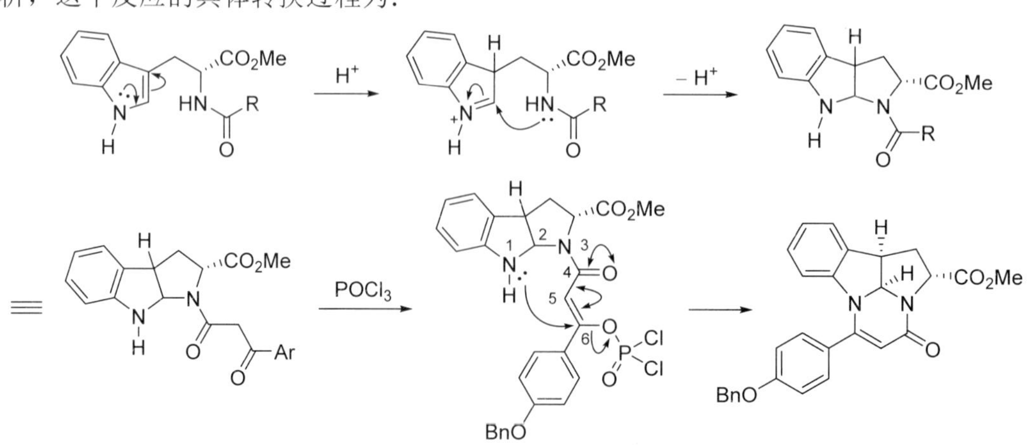

❖第 9 题

请为以下转换提供合理的电子转移过程，须标出准确的电子转移箭头：

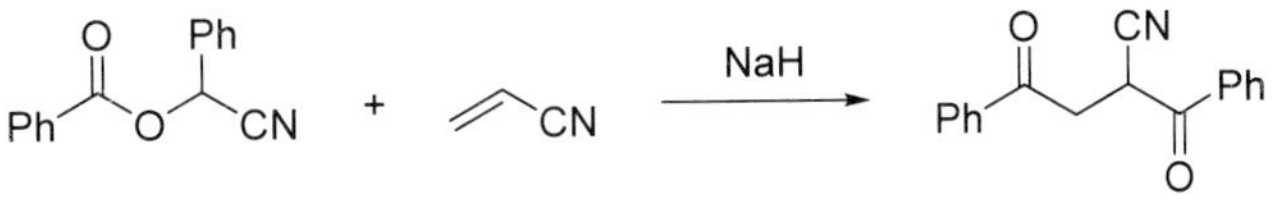

解答：

首先从产物的结构分析，应该可以观察到丙烯腈的α位和β位均连接了苯甲酰基：

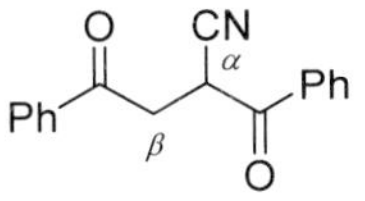

苯甲酰基为亲电基团，但是丙烯腈α和β位的电性完全相反：α位为亲核的，而β位则是亲电的。另外，还需要考虑苯甲酰基的来源，如果氰基负离子离去的话，另一个原料可以有两个提供苯甲酰基的可能性：

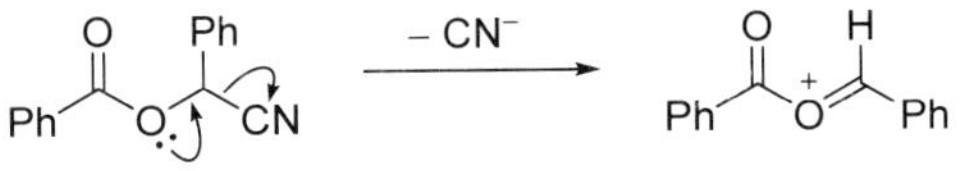

首先考虑与丙烯腈连接的第一根 C–C 键的构建。考虑到苯甲酸酯原料中氰基连接的α-H 具有酸性，在碱的作用下形成 C 负离子（也可以画成与氰基共轭的共振式）后，对丙烯腈进行 1,4-共轭加成：

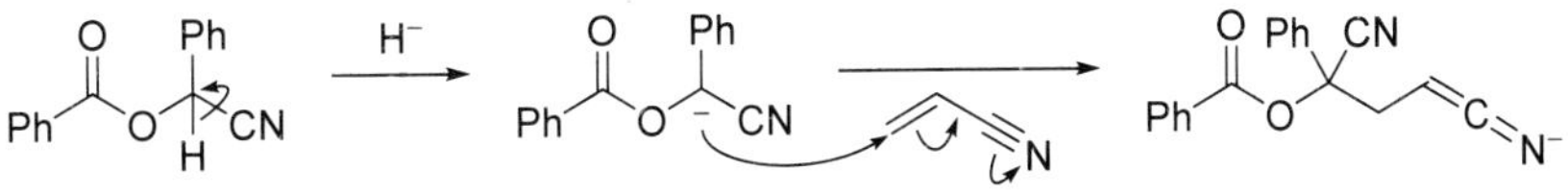

这个新形成的负离子使原料丙烯腈α位的亲核性大幅度增加，可对苯甲酸酯衍生物中的酯羰基进行亲核加成-消除，构建产物要求的其中一根 C–C 键，并在α位引入了苯甲酰基：

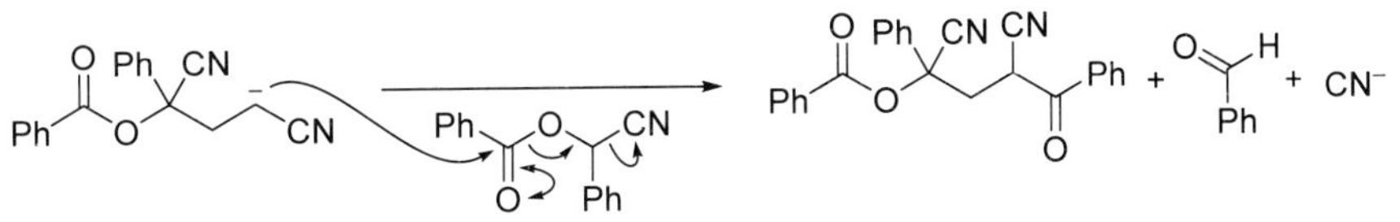

接下来需要在β位引入第二个苯甲酰基。在这个转换过程中，氰基负离子起到了桥梁作用。但是，体系需要氰基负离子，其来源为上述转化过程中的中间体：

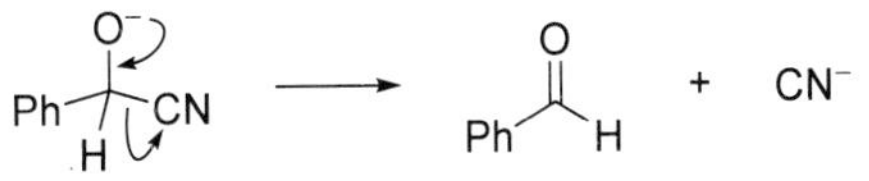

氰基负离子作为亲核基团进攻苯甲酸酯中的羰基：

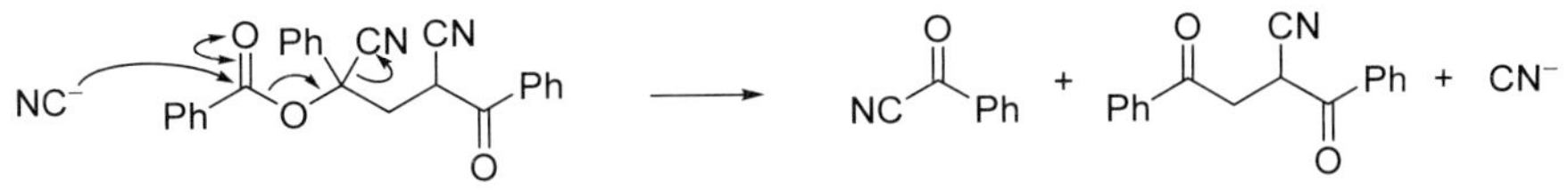

结果产物中的两个苯甲酰基分别来自于原料的两个不同部分，这是一个很有意思的转换。

综上分析，这个反应的整个转换过程为：

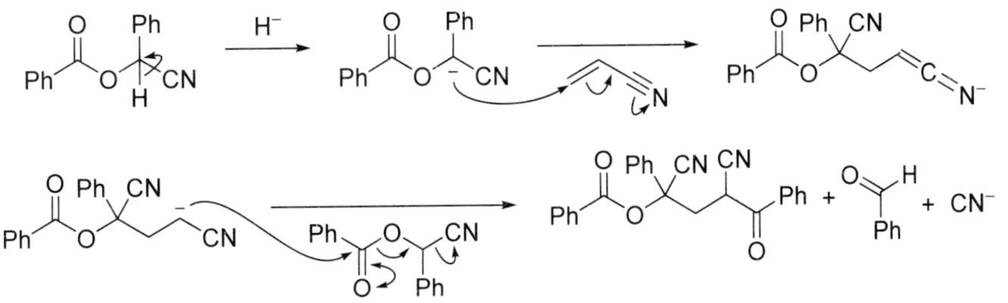

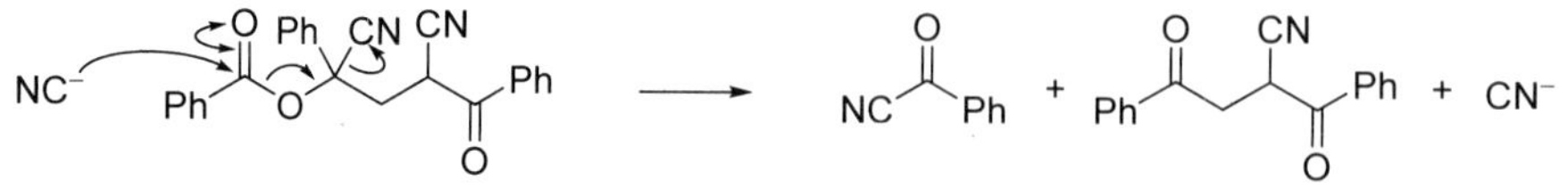

反应也可以通过分子内酰基转移，转化为产物：

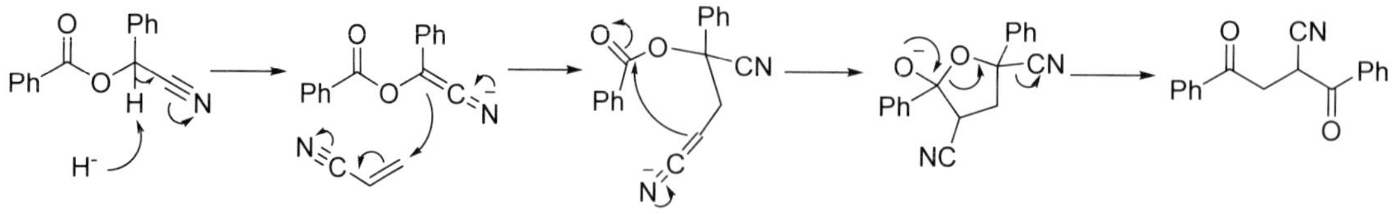

第10题

请为以下转换提供合理的电子转移过程，须标出准确的电子转移箭头：

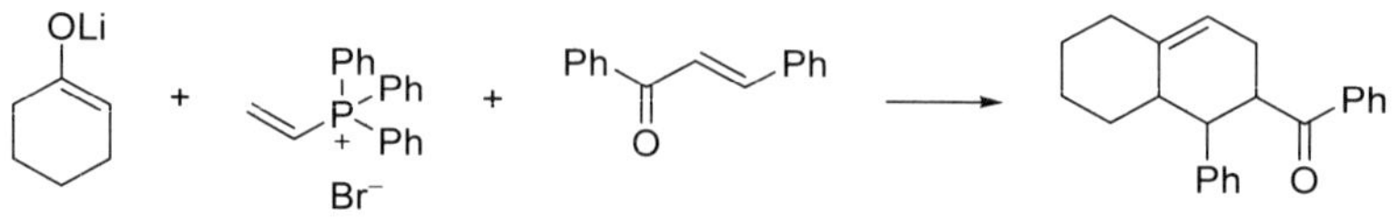

解答：

这又是一个很有意思的反应，也是考查读者对有机化合物性质的了解程度。从最终的结果看，烯醇盐作为亲核试剂反应后必定转化为环己酮。对比产物的结构，此酮羰基应该与亲核基团构建了 C=C 双键。Wittig 反应是常见的构建 C=C 双键的经典反应。反应中的亲核试剂应该是 Wititg 试剂，体系中似乎也存在此试剂。三苯基膦正离子看上去好像是 ylide，但是三苯基膦正离子连接的是 C=C 双键，而不是碳负离子，因此它目前还不是 ylide。因此，此时三苯基膦正离子不可能与酮羰基进行 Wittig 反应。但是，三苯基膦正离子连接的烯烃是个缺电子烯烃，如果有基团对此 C=C 双键进行亲核加成的话，就可以转化为 ylide。此时，就需要一个亲核基团对此亲电双键进行亲核加成：

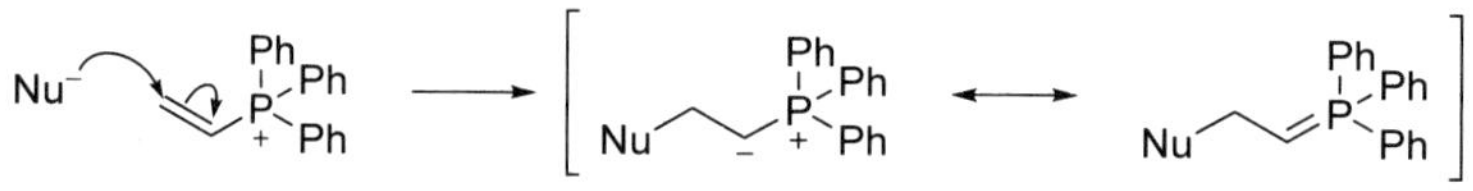

这个亲核基团肯定不能是烯醇负离子，那就需要考虑其他来源。体系中还存在一个亲电基团：α,β-不饱和酮，它可以与烯醇盐进行 1,4-共轭加成，形成新的烯醇负离子：

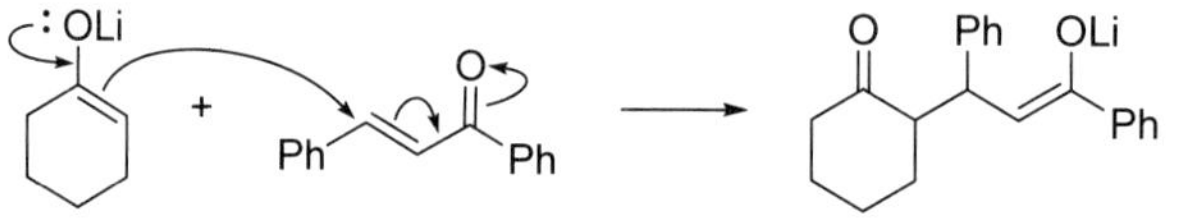

新形成的烯醇负离子与三苯基膦正离子取代的乙烯进行亲核加成：

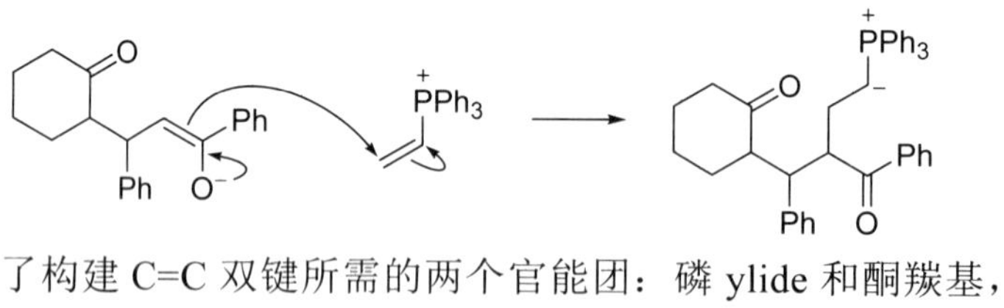

此时，这个中间体含有了构建 C=C 双键所需的两个官能团：磷 ylide 和酮羰基，即可进行 Wittig 反应生成目标产物。

综上分析，这个反应的整个转换过程为：

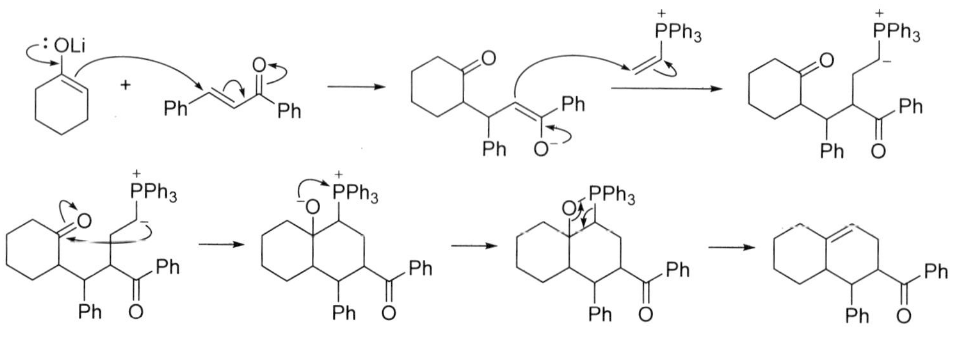

❖第 11 题

请为以下转换提供合理的电子转移过程，须标出准确的电子转移箭头：

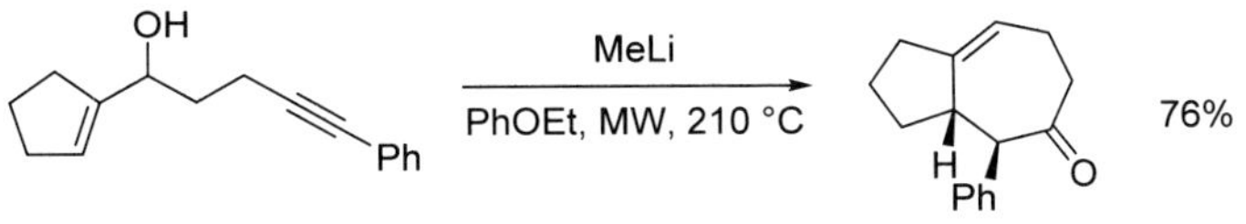

OH
Ph
MeLi
PhOEt, MW, 210 °C
H
Ph
O
76%

解答：

这个反应看上去好像是烯丙醇被亲核基团进攻发生了 S_N2'反应，C=C 双键迁移，羟基离去。但是，这是碱性条件，醇羟基会转化为氧负离子，而氧负离子不是一个好的离去基团，应该不会直接进行这样的过程。所以，需要改变思路。

首先，醇羟基在强碱甲基锂的作用下，进行基本的酸碱反应形成醇盐，在有机反应中这是动力学驱动的过程：

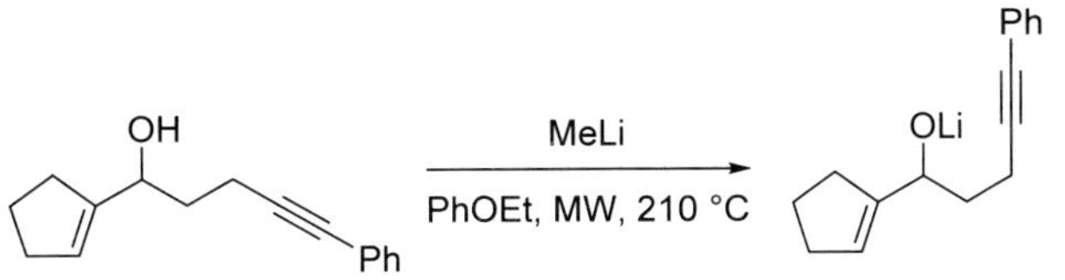

OH
Ph
MeLi
PhOEt, MW, 210 °C
OLi
Ph

随之，需要考虑苯基连接的 C 原子要与 C=C 双键中的 C 原子形成 σ 键。那么，应该先增加苯基连接 C 原子的亲核能力。氧负离子对炔基亲核加成，打开炔烃中的 π 键，形成烯基负离子：

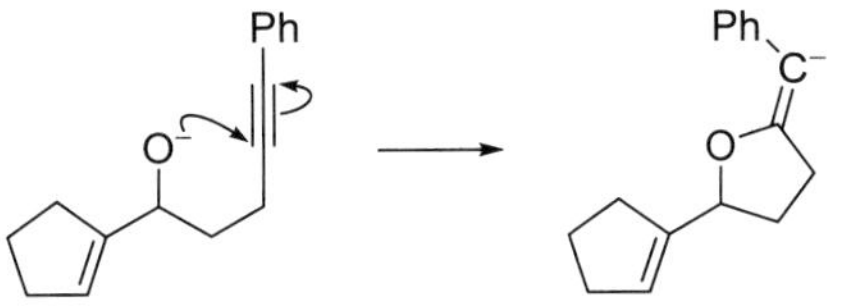

Ph
O⁻
Ph
C⁻
O

此时，需要仔细观察这个分子的骨架，而且仔细思考这个中间体与产物之间的关系。在这个转换过程中，需要断裂一个 C–O σ 键，形成一根 C–C σ 键。接着，烯烃的 C=C 双键要移位，烯基负离子的 C=C 双键要转化为 C=O 双键。这难道不是典型的[3,3]-σ 重排的基本特点吗？

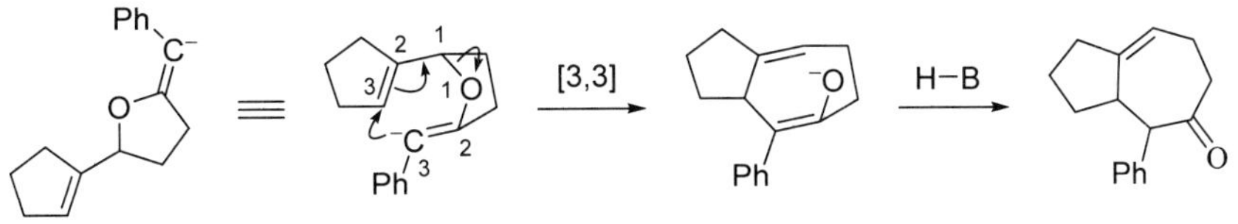

Ph
C⁻
O
[3,3]
H−B
Ph
O

说明一下，此时如果考虑 S_N2'类反应，由于 C–O 断裂时离去基团为烯醇负离子，也是可行的。

此时，这个酮羰基 α位负离子很快互变异构为烯醇负离子（可自行考虑反应中的立体化学）：

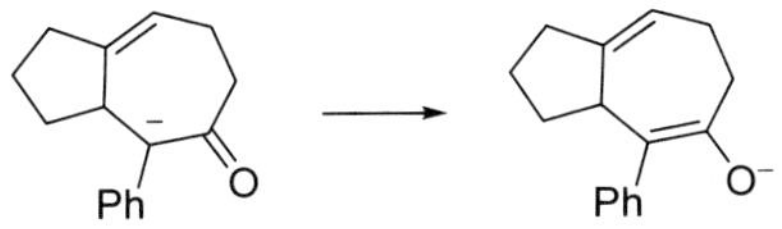

Ph
O
Ph
O⁻

综上分析，这个反应的整个转换过程为：

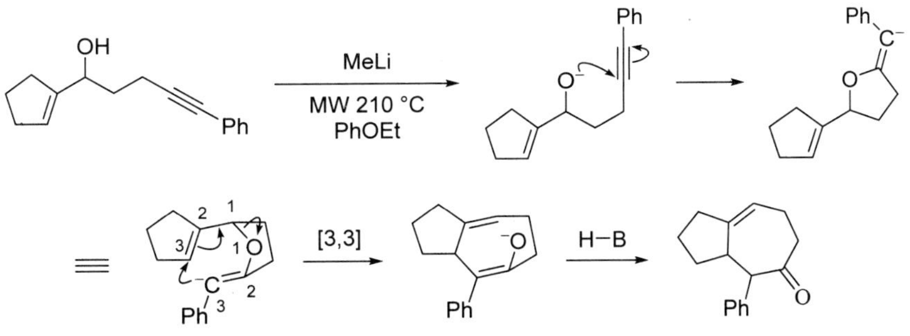

OH
Ph
MeLi
MW 210 °C
PhOEt
Ph
O⁻
Ph
C⁻
O
[3,3]
H−B
Ph
O

❖第 12 题

请为以下转换提供合理的电子转移过程，须标出准确的电子转移箭头，并解释其选择性：

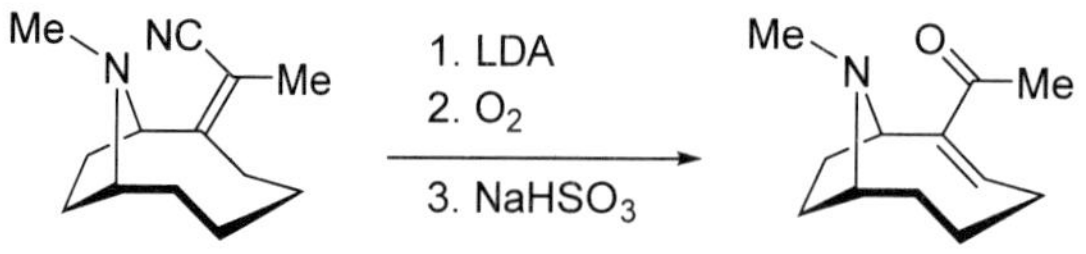

1. LDA
2. O_2
3. $NaHSO_3$

解答：

二异丙基胺锂 (LDA) 是读者熟知的大空阻强碱，常用于攫取空阻较小的酸性 H。因此，底物中具有酸性的 H 是反应开始的第一个位点。由于 CN 的强吸电子效应，其 γ 位的 H 优先被攫取（烯丙位甲基上 H 的酸性相比要弱得多），同时考虑到 LDA 的空阻作用，环中 CH_2 上的 H 更容易被攫取：

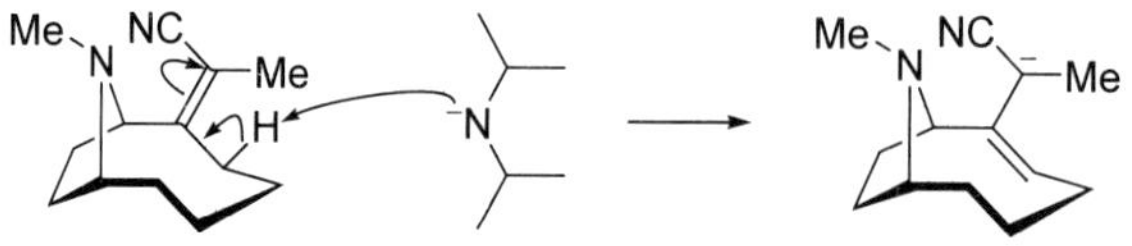

接下来，此中间体对氧气进行亲核加成。中间体中存在两个亲核位点：氰基的α位和 γ 位，但α位的电子云密度明显强于 γ 位，更易被氧化：

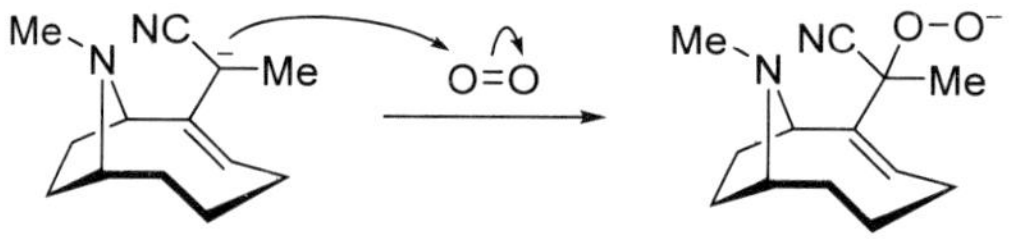

由于氰基负离子是一个非常好的离去基团，氧负离子作为亲核基团进行 S_N2'类反应，构建含过氧键的五元环：

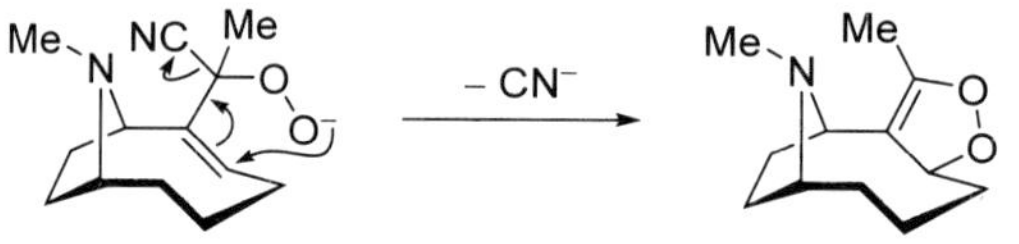

$-CN^-$

亚硫酸氢钠对过氧键进行还原，这个过程类似于 Me_2S 对 C=C 双键臭氧化反应后对形成的五元环中过氧键的还原（可自行复习该反应）。接下来，通过亲核取代与 S_N2'类反应即可得到产物。

综上分析，这个反应的整个转换过程为：

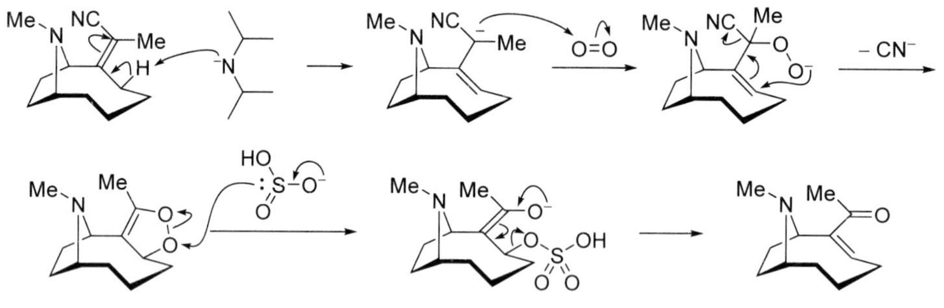

$-CN^-$

❖第 13 题

请为以下转换提供合理的电子转移过程，须标出准确的电子转移箭头：

NaOH

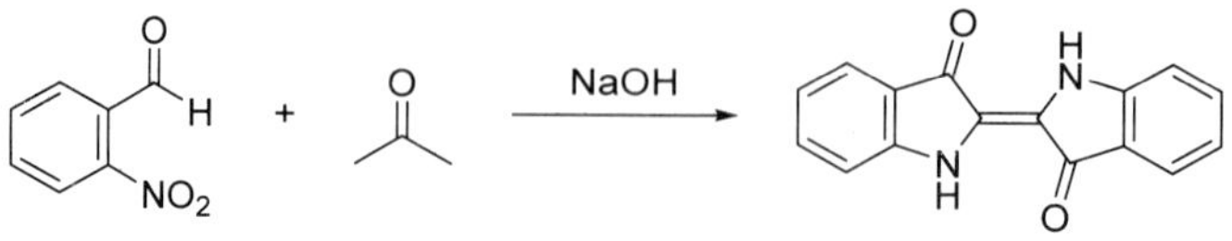

提示：在碱性条件下，形成的关键中间体为

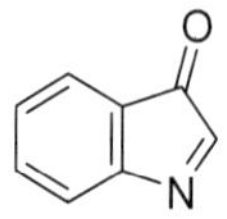

解答：

靛青和异靛青都是非常古老的蓝色染料。利用这些染料印染织物，是我国民间的传统工艺。这个反应是以简单的工业原料邻硝基苯甲醛和丙酮为原料在碱性条件下合成靛蓝的一种方法。

在这个转换过程中，硝基被还原，形成题干中所示的关键中间体，这个关键中间体可以与水反应转化为：

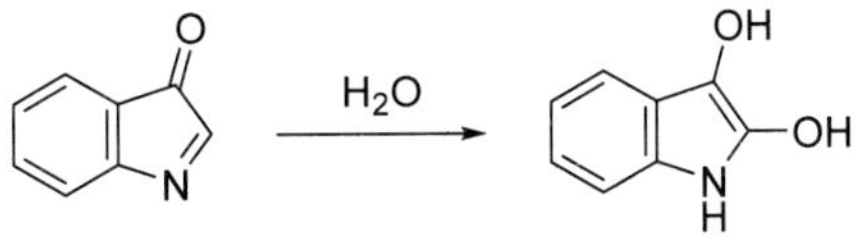

这个烯醇式产物可与亚胺发生 Mannich 反应：

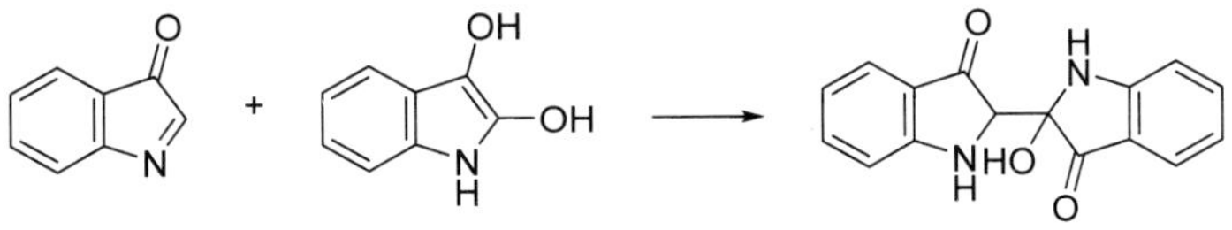

脱水后即为产物。

那就回过头合成这个关键中间体。由于硝基取代的苯甲醛具有很强的亲电性，可以与丙酮发生羟醛缩合反应：

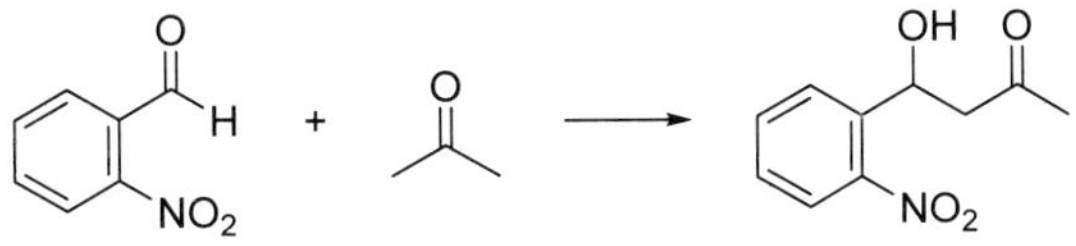

注意，由于此中间体的苄位上还连接有氧，所以现在不能马上脱水形成α,β-不饱和酮。此时，硝基是亲电的，酮羰基的α位具有亲核能力，分子内反应形成五元环：

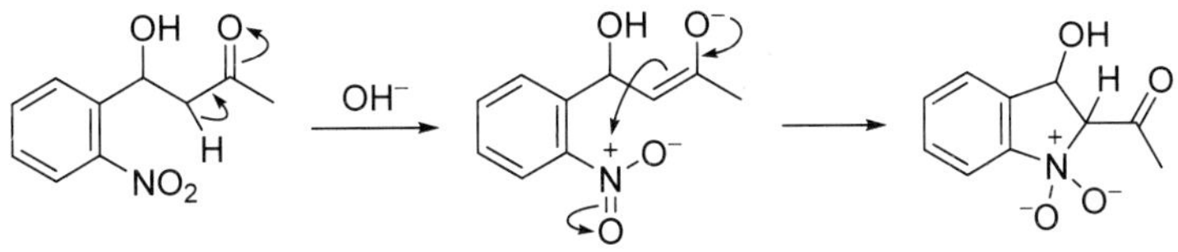

考虑到中间体苄位为酮羰基，这个酮羰基的最佳转化方式应该是烯醇的互变异构转化，但是不可能通过在羰基的α位和β位脱去两个氢的方式构建烯醇式，而是可以通过以下互变异构的方式转化：

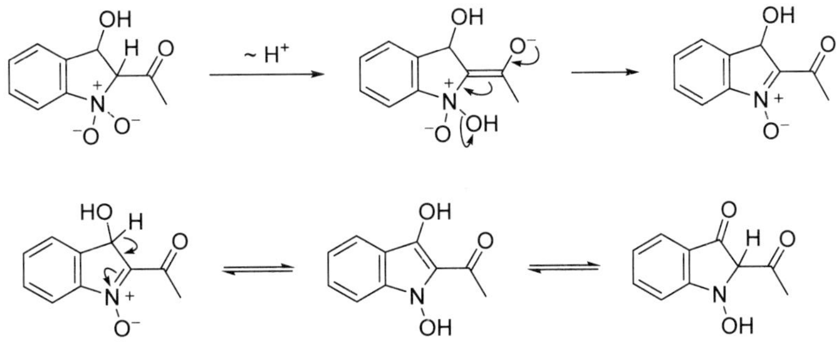

接下来脱去乙酸即为关键中间体。但是这个乙酸是如何消除的？氢氧根负离子对酮羰基亲核加成接着再消除：

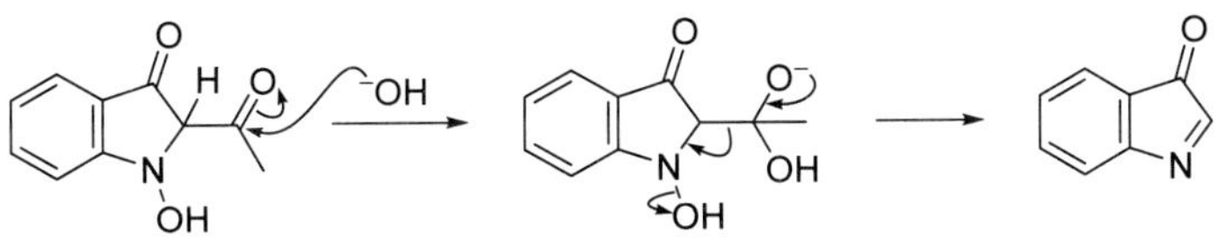

综上分析，这个反应的整个转换过程为：

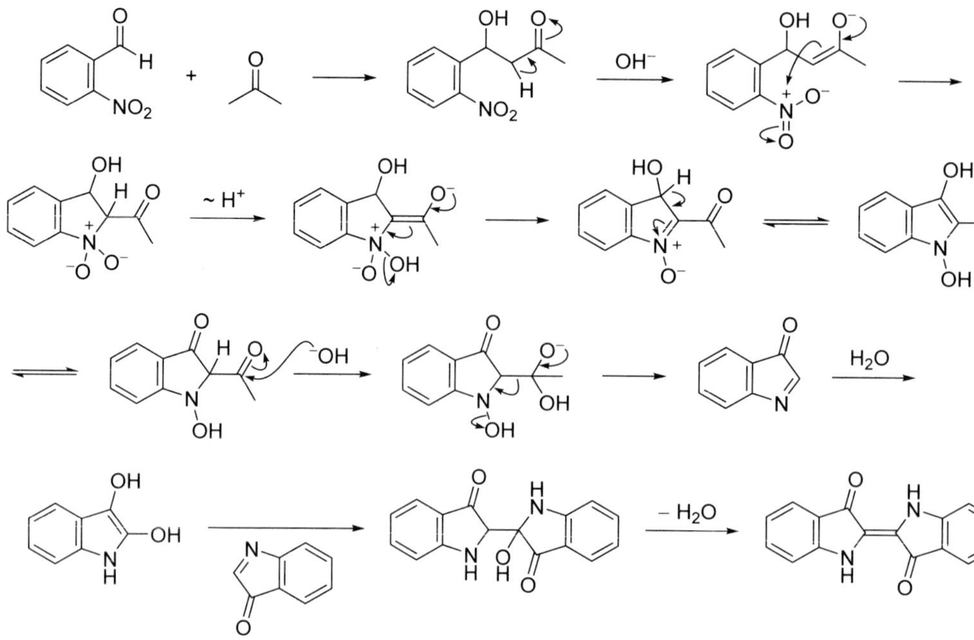

第 14 题

请为以下转换提供合理的电子转移过程，须标出准确的电子转移箭头：

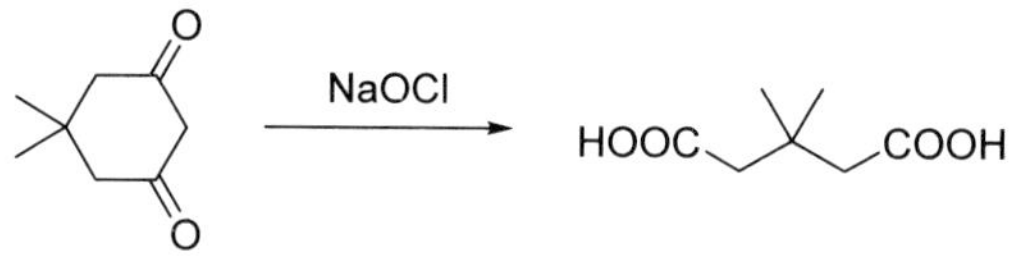

解答：

这是酮被氧化成羧酸的反应。在碱性条件下，碱优先攫取酸性较强的α位氢，形成烯醇负离子，然后与溴或碘反应生成α-卤代酮。由于卤素的吸电子效应，随着α-卤代的进行，该位点氢的酸性逐步增加，更易形成烯醇负离子，使α-卤代反应在碱性条件下更易进行，直至α位氢完全被卤素取代：

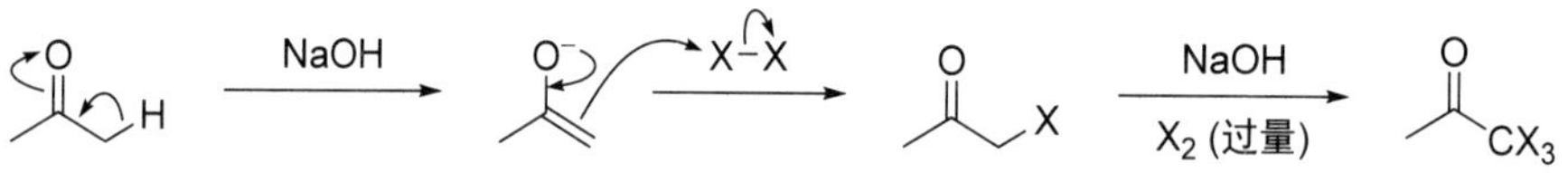

由于三卤代甲基的强吸电子效应，使得酮羰基更加亲电，被氢氧根负离子亲核加成，然后消除形成羧酸负离子和三卤甲烷：

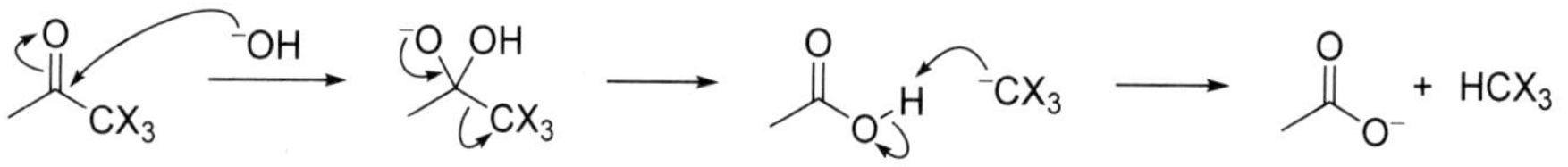

在这个过程中，三卤甲基负离子的稳定性具有非常重要的作用。因此，底物在次氯酸钠的作用下进行了类似的反应（次氯酸钠起到了碱和氧化剂的双重作用）。底物为对称分子，两个酮羰基间的亚甲基酸性最强：

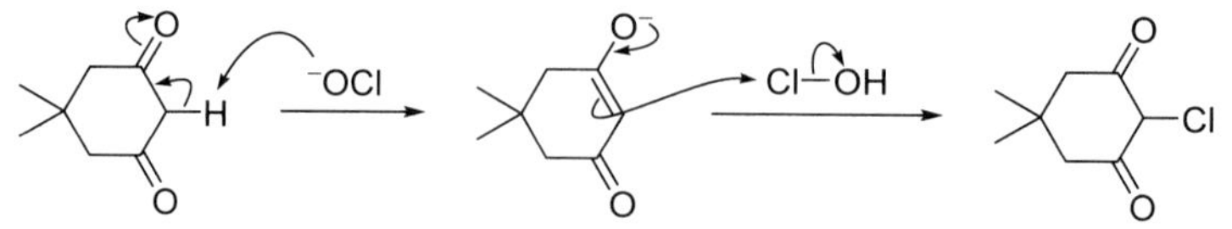

两次α位卤代形成中间体：

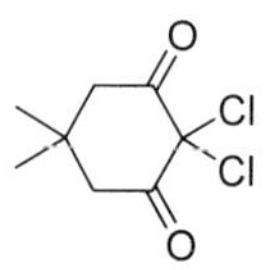

接着酮羰基被 OH^- 进攻，发生亲核消除（此时，与普通卤仿反应中离去基团为三卤甲基负离子不同的是此时离去基团为二卤代烯醇负离子）：

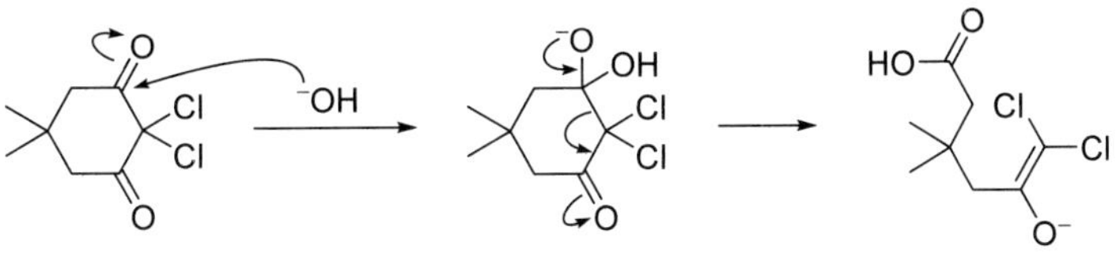

在碱性条件下，羧酸很快转化为羧酸根负离子。接着二卤代烯醇负离子再次α位氯代，转化为三氯甲基取代的酮：

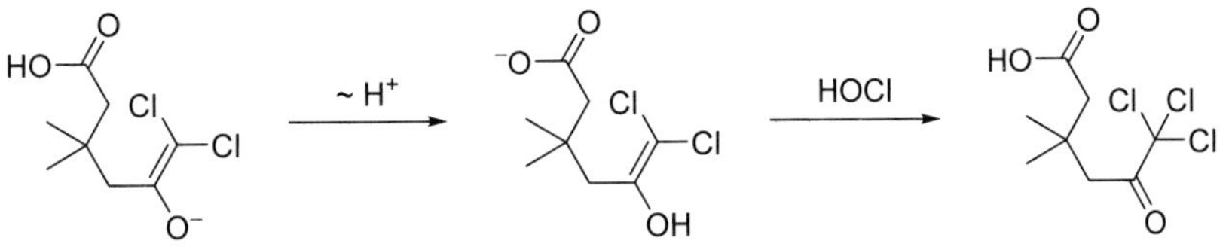

随后与常规卤仿反应一样，在碱性条件下发生亲核加成-消除，最后用水后处理即为产物。

综上分析，这个反应的整个转换过程为：

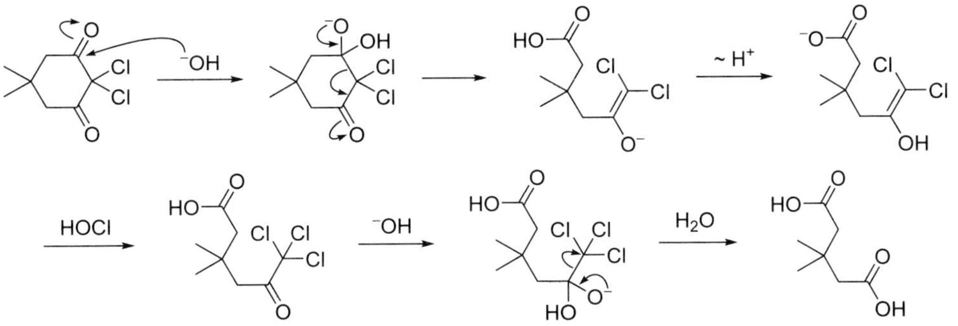

第 15 题

请为以下转换提供合理的电子转移过程，须标出准确的电子转移箭头：

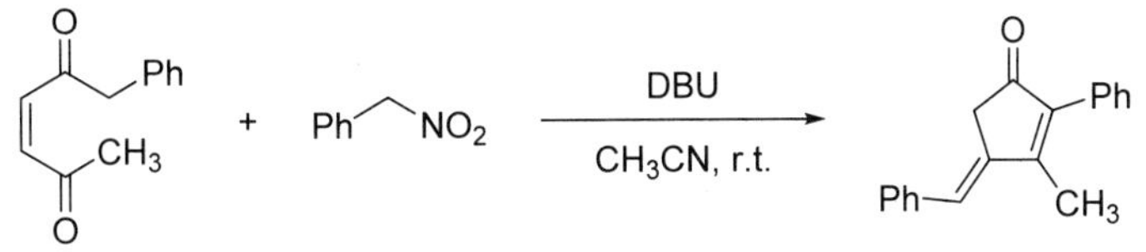

实验结果表明体系中没有以下副产物，为什么？

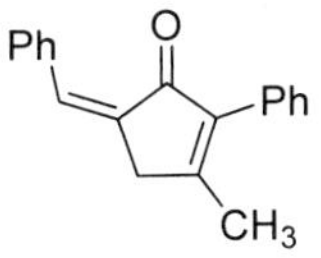

解答：

在这两个底物中，苯基硝基甲烷由于硝基的强吸电子作用，亚甲基上的 H 具有较强的酸性。在碱的作用下，该 C 原子具有较强的亲核能力；另一个底物带有多个官能团：α,β-不饱和酮以及羰基α位具有亲核能力的甲基和苄基。所以，这两个底物可以发生分子间的 1,4-共轭加成，而且 1,4-共轭加成可以分别从 C3 和 C4 位进行：

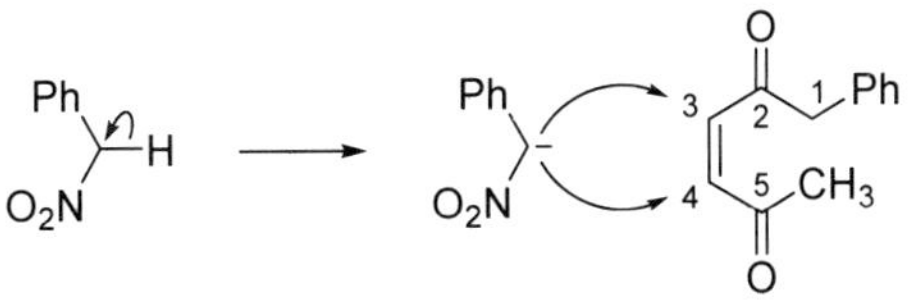

而此底物还可以发生分子内缩合反应形成五元环（这是由于苄位的 H 比甲基上的 H 酸性更强）：

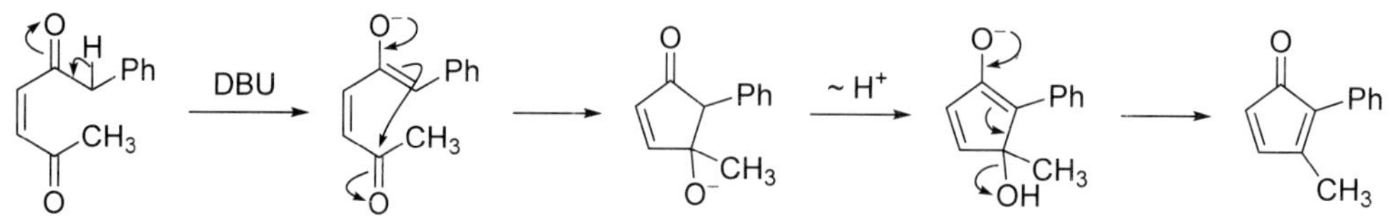

实验结果表明，体系中没有在 C3 位反应的副产物，这说明没有在 C3 位发生分子间的 1,4-共轭加成。因此，从实验结果可知反应的起点很可能不是分子间的 1,4-共轭加成，而是分子内的缩合反应先形成环戊二烯酮。

接着，苯基硝基甲烷在碱作用下形成碳负离子，对环戊二烯酮进行 1,4-共轭加成反应，由于甲基的位阻，反应就在左边的α,β-不饱和酮上进行：

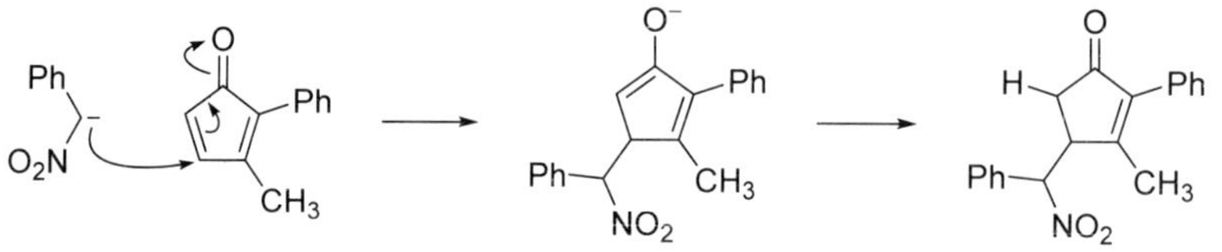

然后进行消除反应脱去 HNO_2，构建 C=C 双键，即为产物。

综上分析，这个反应的整个转换过程为：

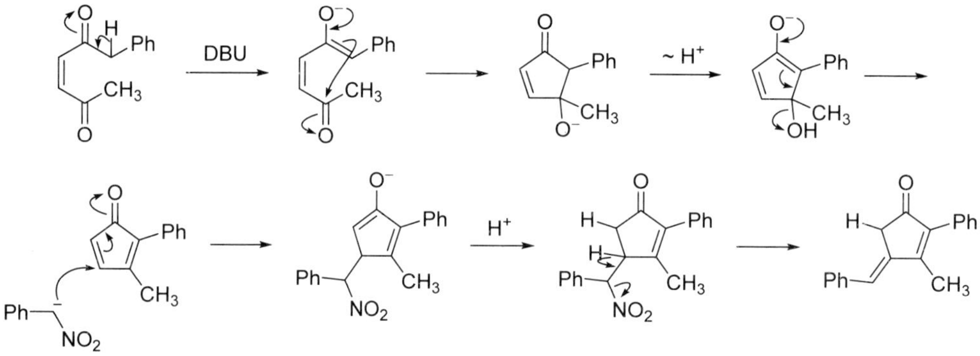

第 16 题

请利用反应机理分析以下实验结果，解释不能环化的原因：

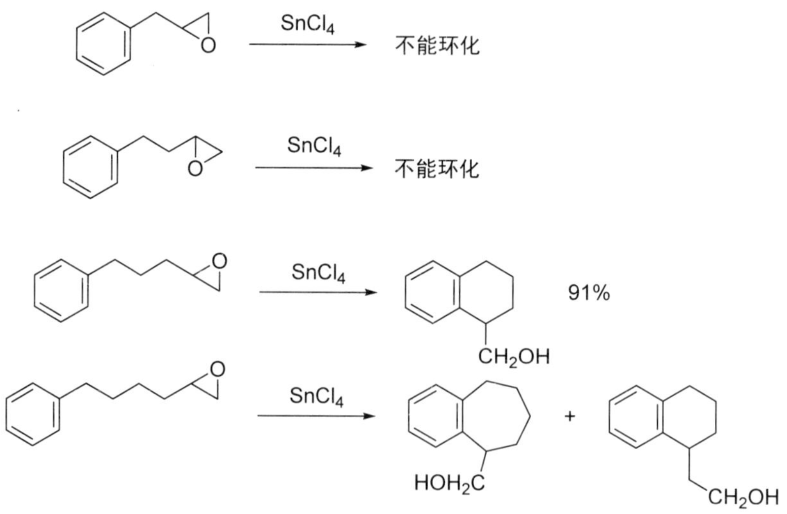

解答：

Friedel-Crafts 烷基化反应是芳香亲电取代反应中非常典型的反应之一，是在芳环上引入烷基取代基的重要方法。亲电试剂或基团可以是碳正离子或带有易离去基团的极化配合物。常见的这些试剂包括在 Lewis 酸作用下的卤代烷、磺酸酯、烯烃、醇或环氧化合物：

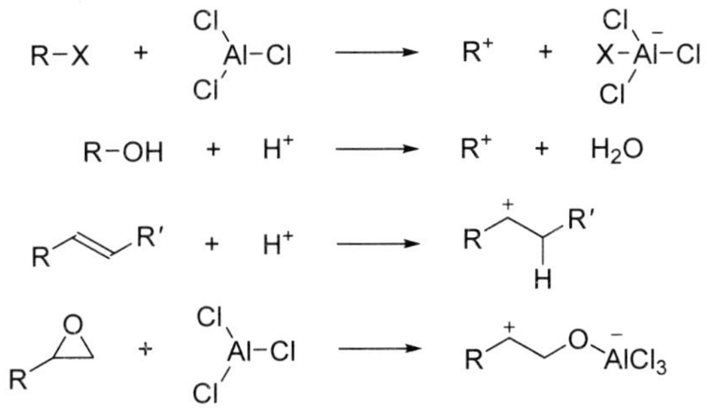

在这个反应中，芳环与碳正离子反应，因此正离子的反应活性越高，这个反应越容易进行。

分子内 Friedel-Crafts 烷基化反应是构建稠环芳香化合物的重要方法。在这个反应中，构建苯并六元环要比苯并五元环更容易些。例如，4-苯基-1-丁醇在磷酸作用下形成四氢合萘，产率为 50%，而 3-苯基-1-丙醇在磷酸作用下的产物则为烯烃混合物：

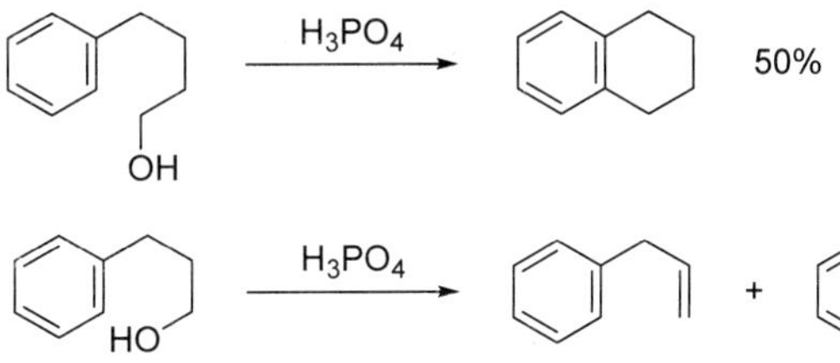

在某些处在可形成苯并五元环的碳正离子体系中，可以通过氢或烷基迁移的方式形成四氢合萘骨架：

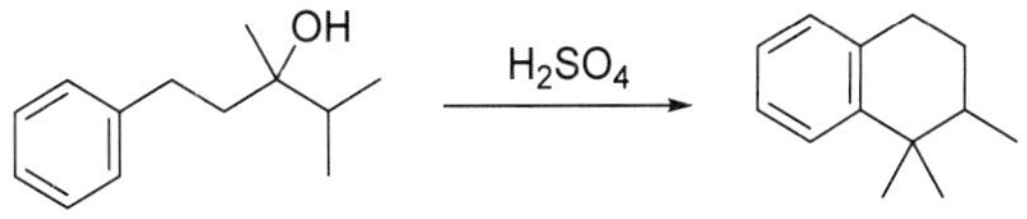

因此，这表明在分子内 Friedel-Crafts 烷基化反应中更易形成苯并六元环，而非苯并五元环或七元环。这是由于构建苯并环体系需要苯环上 π 电子与碳正离子的空轨道接近并成键，而形成五元环在空间上是不利的：

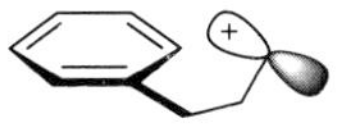

因此，对此一系列反应而言，其形成的碳正离子为：

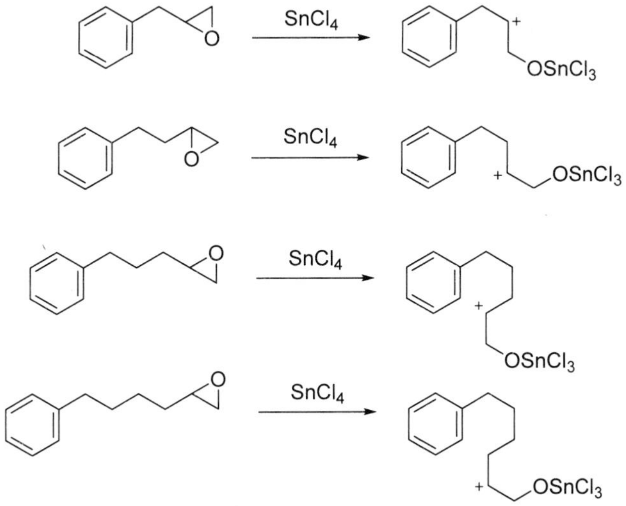

对第一个、第二个反应而言，环氧开环后，形成二级碳正离子，如果直接进行分子内 Friedel-Crafts 烷基化反应，则要形成苯并四元环或五元环，前面已经分析过这是不行的，因此，无法直接进行环化反应。

对第三个反应而言，通过分子内反应形成六元环，产率高达 91%：

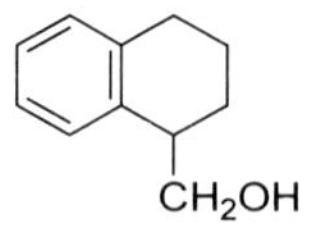

对于第四个反应，前面也分析过，可以形成苯并七元环：

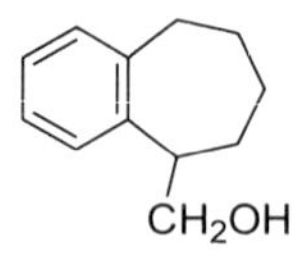

也可以通过 H 迁移，转化为能形成六元环的二级碳正离子：

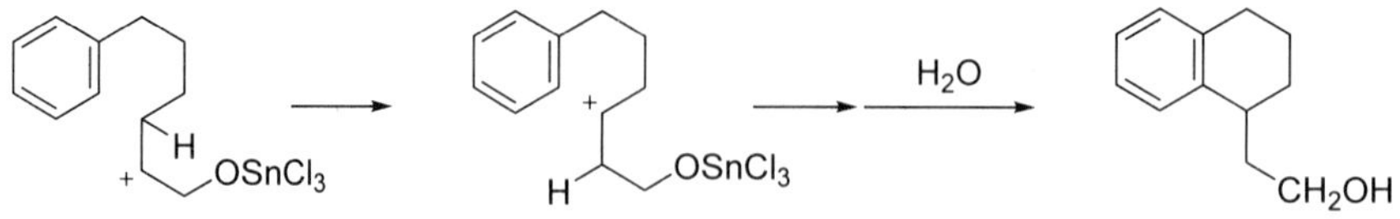

❖第 17 题

请为以下转换提供合理的电子转移过程，须标出准确的电子转移箭头：

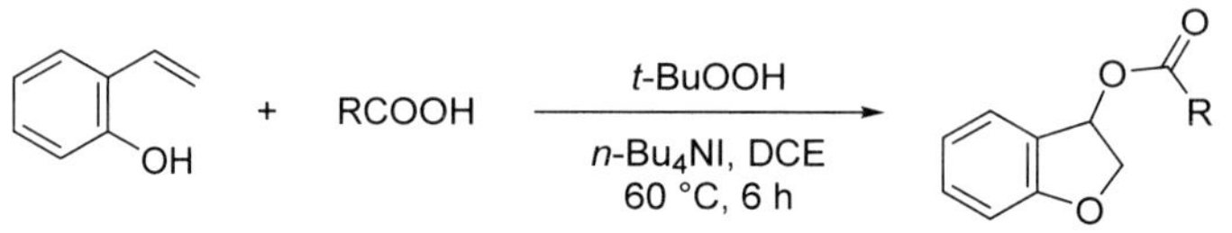

解答：

这个反应的重点在于酚羟基与邻位取代的烯烃形成五元环。在这个过程中，酚羟基的氧肯定作为亲核位点，这就需要将烯烃的末端转化为亲电位点。可能有读者会考虑烯烃在过氧叔丁醇的作用下，形成环氧，然后酚羟基对环氧亲核取代形成苯并二氢呋喃环：

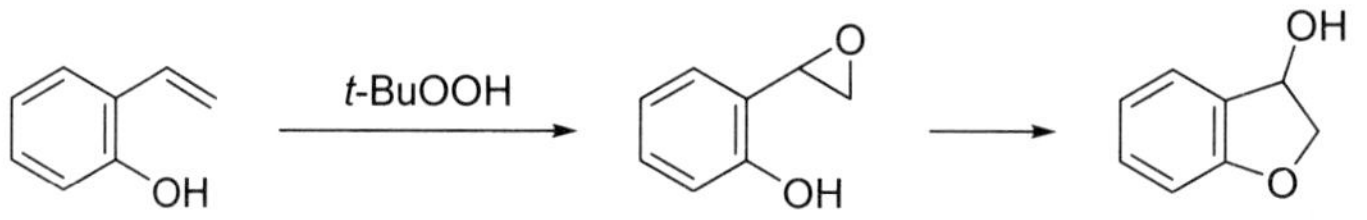

如果按照此思路考虑的话，接下就应该找到将此二级醇与羧酸形成酯的反应条件。通常情况下，酸与醇成酯要么在酸催化下或碱作用下进行，要么加入缩合剂活化羧酸。但是，此处并没有提供合适的条件使醇与酸反应成酯。这就需要抛弃醇与酸成酯的反应，那就考虑在成酯的位点进行羧基对该位点的亲核取代反应。那么，最合适的底物应该是碘代烷烃：

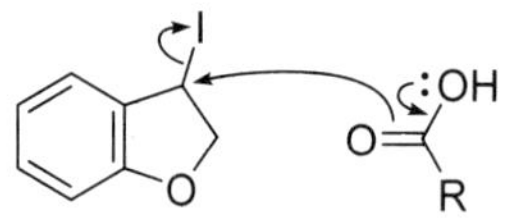

这个碘代烷烃中间体可以通过酚羟基对三元环碘鎓离子亲核取代得到：

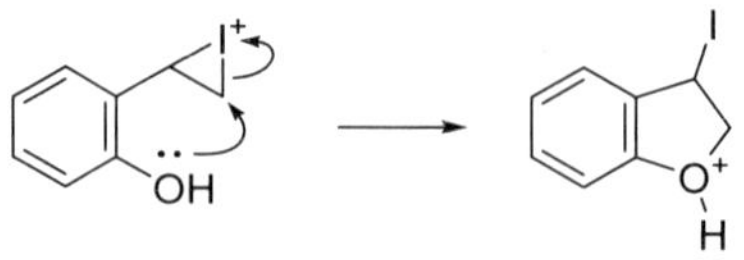

三元环碘鎓离子通常是烯烃与碘或碘正离子反应形成的。但是，体系中只有碘负离子，并没有碘或碘正离子。这就可以考虑利用过氧叔丁醇将碘负离子氧化成碘正离子：

$$n\text{-}Bu_4NI + t\text{-}BuOOH \longrightarrow n\text{-}Bu_4NOI + t\text{-}BuOH$$

$$I^- + HO\text{-}O\text{-}Bu\text{-}t \longrightarrow I\text{-}OH + {}^-O\text{-}Bu\text{-}t$$

综上分析，这个反应的整个转换过程为：

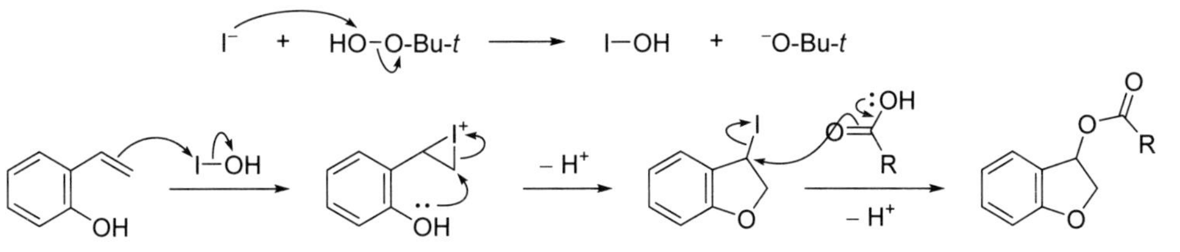

第 18 题

请为以下转换提供合理的电子转移过程，须标出准确的电子转移箭头：

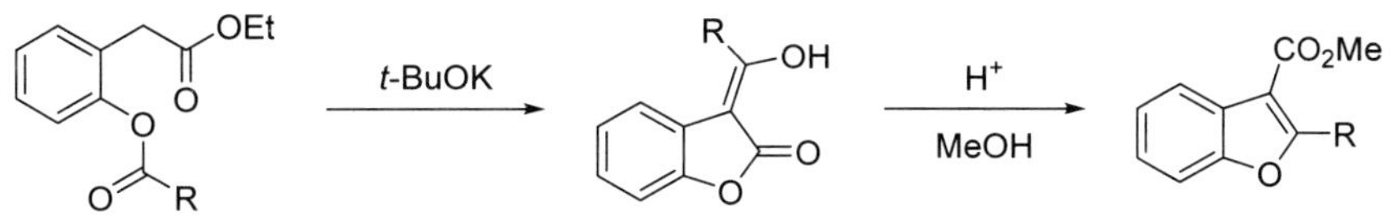

解答：

后一个转换比较简单，应该是酚酯在酸性情况下醇解，然后构建苯并呋喃环系：

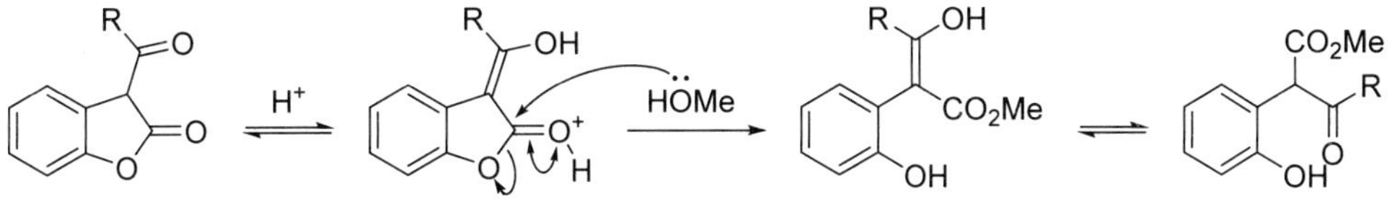

醇解后，酚羟基对质子化的酮羰基亲核加成，构建苯并二氢呋喃环：

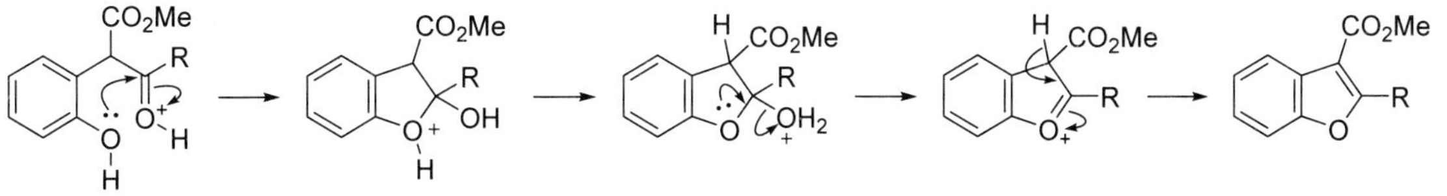

脱水后，即构筑了苯并呋喃环。

现在，仔细考虑第一个反应。对比产物和原料的结构，这是一个碱性条件下的重排反应，即原先连接在酚氧基上的酰基转移至酯基的α位，这两个位点的连接非常符合反应的电性要求：酰基亲电和酯羰基的α位亲核。因此，在碱性条件下，酯羰基的α位氢被攫取形成烯醇负离子：

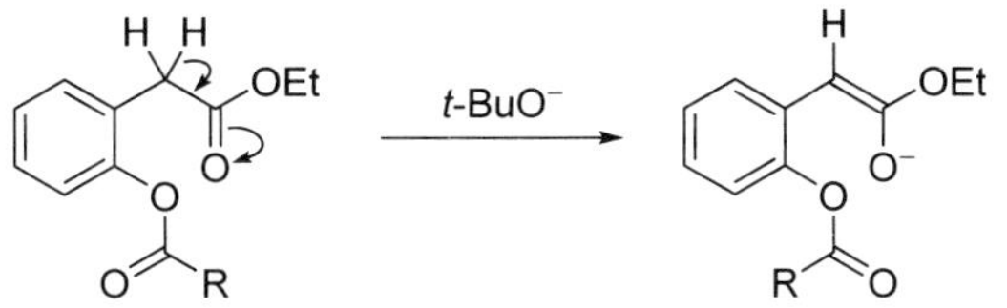

然后，烯醇负离子对酯羰基进行亲核加成消除反应，酚氧基负离子离去：

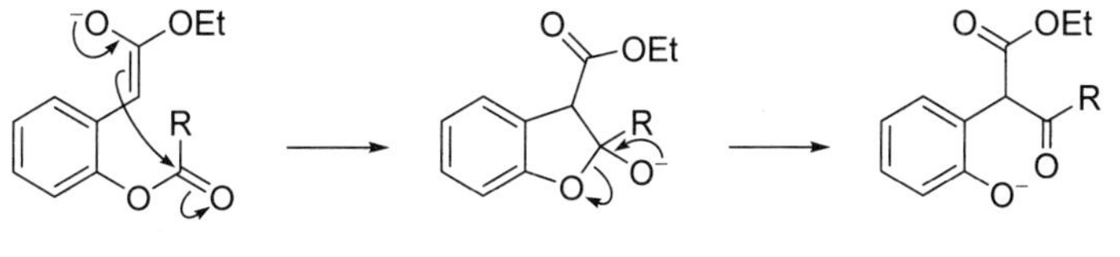

然后酚氧基负离子与羧酸乙酯进行酯交换形成产物内酯。本质上而言，这个重排反应就是分子内的酯缩合反应。

综上分析，这两个反应的整个转换过程为：

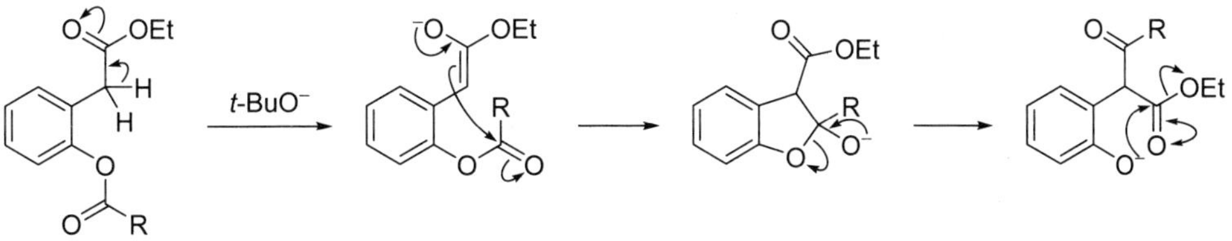

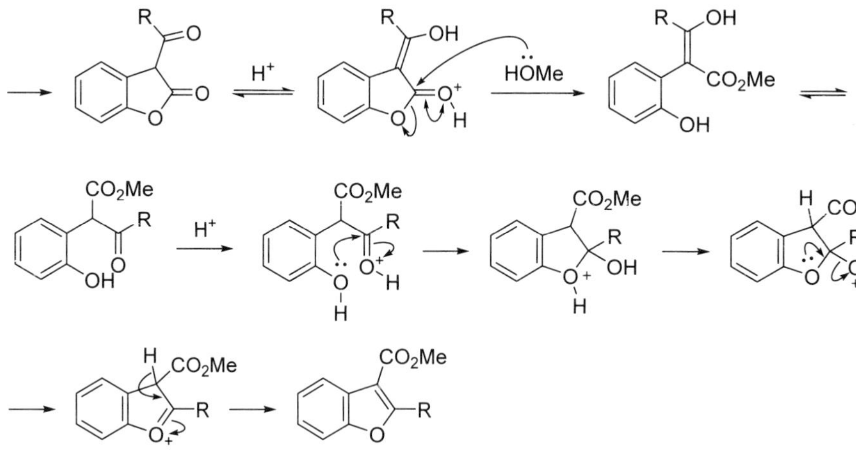

第 19 题

请为以下转换提供合理的电子转移过程，须标出准确的电子转移箭头：

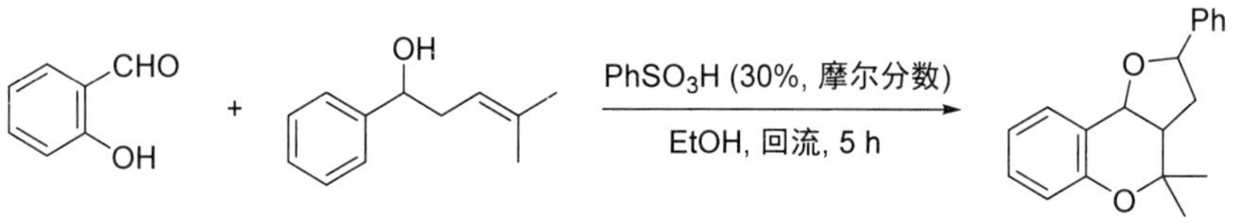

PhSO$_3$H (30%, 摩尔分数)

EtOH, 回流, 5 h

实验结果表明此反应具有高度的立体选择性，请解释此立体化学的不同点：

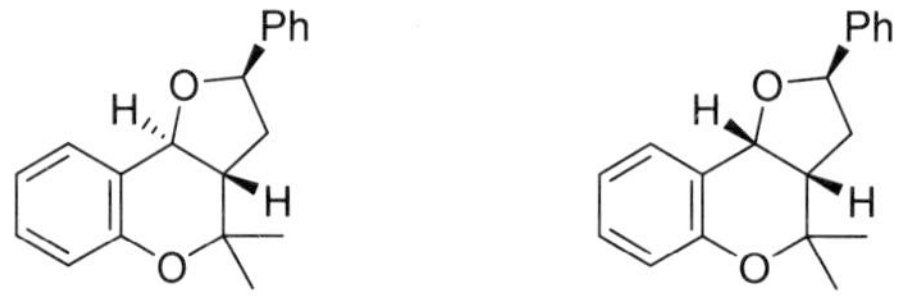

90 : 10

解答：

这是一个构建并环体系的反应。此反应具有高度的立体选择性，这意味着反应应该经过分子内的环状过渡态。在这个前提下，需要将底物的两个分子连接成一个分子。在这两个分子中，最容易发生反应的官能团是甲酰基和醇羟基。在酸性条件下，醇与邻羟基苯甲醛反应形成半缩醛：

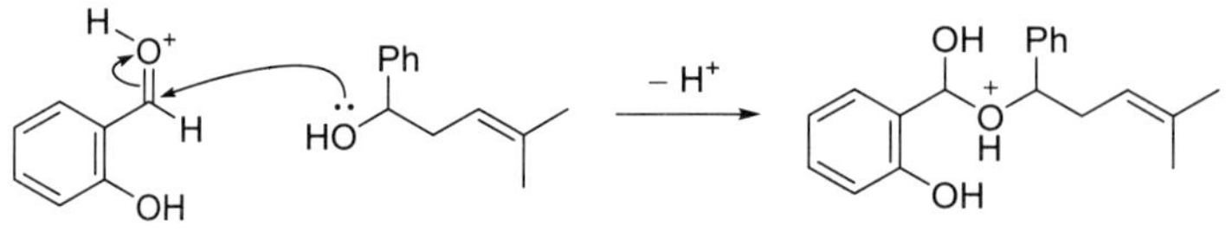

接着，思考在这个分子的基础上，需要形成苯并六元环。二甲基取代的烯烃作为亲双烯体与双烯体发生 Diels-Alder 反应可以构建这个六元环。这个双烯体应该是：

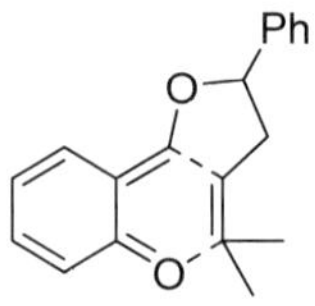

那么，如何构建这个双烯体？

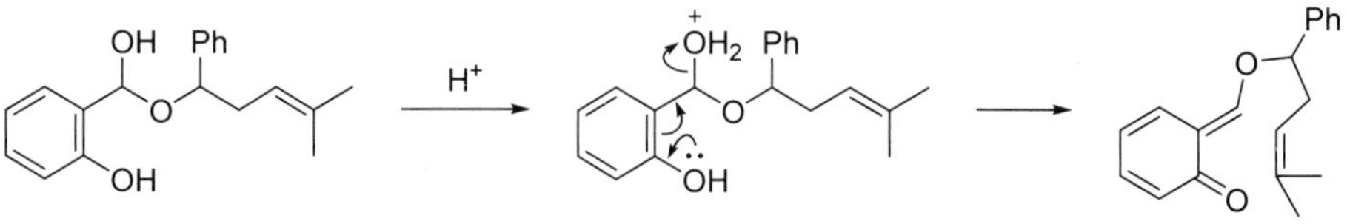

在学习过程中，有些读者会认为芳环非常稳定，不容易被打开。实际上，在很多反应中均会涉及芳环体系的去芳构化过程。在这个氧杂 Diels-Alder 反应中，这个六元环过渡态可以以下面两种方式存在：

第一，亲双烯体以外型的方式（不考虑亲双烯体上的两个甲基取代基）接近双烯体，形成反式的六元环并五元环骨架：

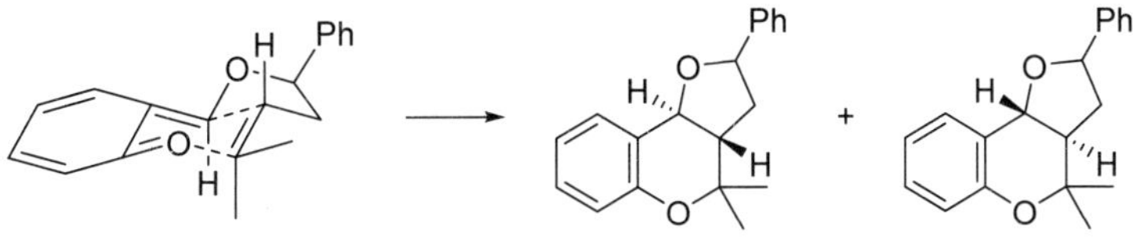

第二，亲双烯体以内型的方式接近双烯体，形成顺式的六元环并五元环骨架：

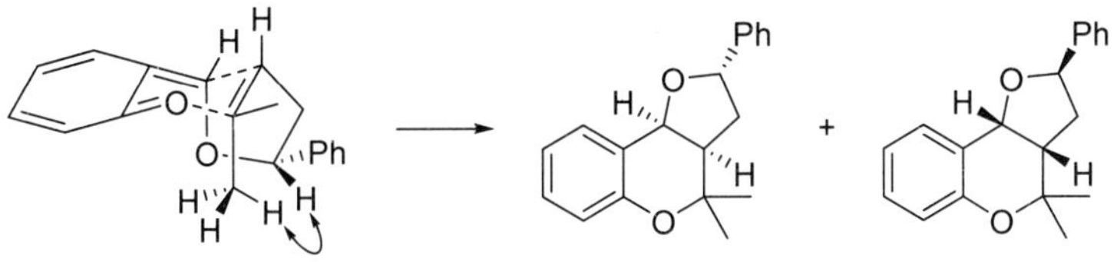

对比这两个过渡态可以看到，亲双烯体以内型方式形成过渡态时，存在如图所示的 H 与 H 之间的相互排斥，导致其不是反应过渡态的优势构象。因此，反应主要形成以外型为主的过渡态，形成的六元环并五元环上的两个 H 原子处在反式。

综上分析，这个反应的整个转换过程为：

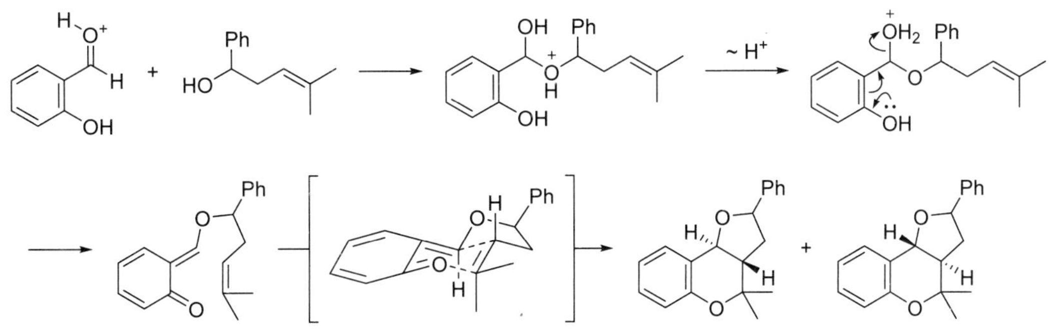

第 20 题

请为以下转换提供合理的电子转移过程，须标出准确的电子转移箭头：

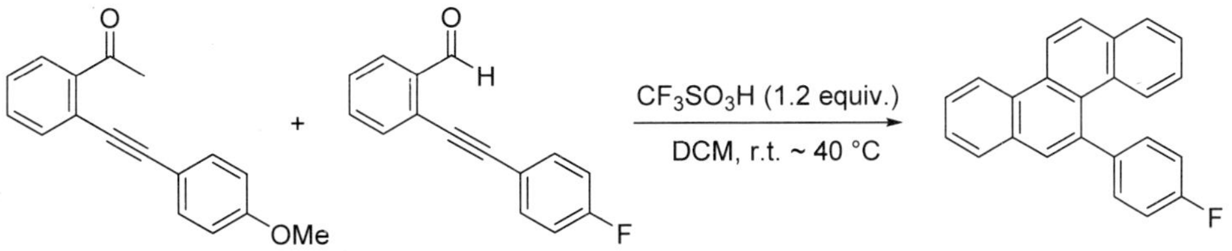

CF_3SO_3H (1.2 equiv.)

DCM, r.t. ~ 40 °C

解答：

在这个转换中，两个底物结构非常接近。为了便于研究反应的转换机理，分别将两个炔烃底物的取代苯基加了不同的取代基，非常明显可以观察到：甲氧基取代的苯环已经不在最终产物的骨架中，而且炔烃中的 C 原子数少了一半，这意味着炔烃中的 C≡C 叁键被切断了。炔键不可能一次被切断三根键，应该先切断一根 π 键，再切断第二根 π 键，最后切断 C–C σ 键。此外，两个底物分子结构中的羰基完全消除，在此酸性条件下，羰基的消除应该归结于其与具有亲核性的 C 原子构建 C=C 双键。那么，对于这个转换，甲酰基可以与甲基酮通过缩合反应形成 C=C 双键。通过以上分析，可以将产物分子拆分为：

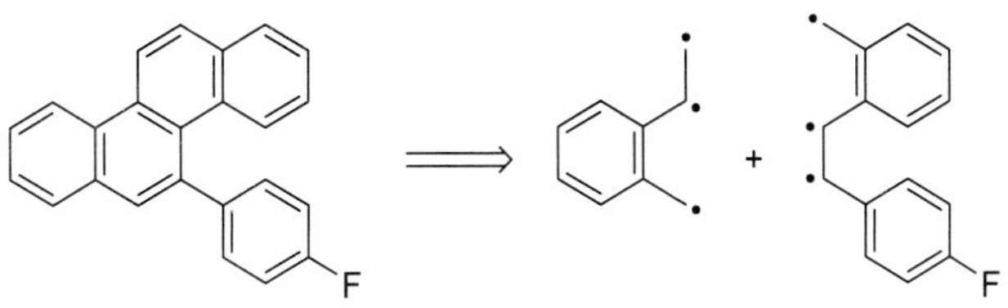

由此可以发现，氟代苯基取代的炔烃与另一底物分子构建了六元环，并使得另一底物分子失去了甲氧基取代的苯环，这个过程最大的可能性应是 Diels-Alder 反应和逆 Diels-Alder 反应串联在一起。在此过程中，氟代苯基取代的炔烃肯定作为亲双烯体，那么甲氧基苯基取代的炔烃需转化为 Diels-Alder 反应的双烯体。由于这个底物是炔基取代苯环，不会构筑成常见的邻苯醌式双烯体：

因此，这个双烯体的构筑方式有些与众不同：

H+ OMe H OMe

这个羰基正离子双烯体与炔烃进行 Diels-Alder 反应：

MeO O+ H OMe ≡ H CHO F MeO O+ H CHO F

接着，经逆 Diels-Alder 反应脱去甲氧基苯基酰基正离子后，重新芳构化形成化合物 **A**:

MeO O+ H CHO F OHC Me F **A** + MeO C O+ $^{-}O_3SCF_3$ MeO O_3SCF_3 O

常见的逆 Diels-Alder 反应脱去的基团均为稳定的基团，如 CO_2、N_2 和腈等，很少见到酰基正离子作为离去基团。在这个酰基正离子中，对位甲氧基的给电子作用使得羰基的亲电性降低，同时也使得整个离子更加稳定；因而相对的，底物中酰基正离子基团的离去能力得到了提升。接下来，体系中的三氟甲磺酸迅速与此正离子结合，生成对甲氧基苯甲酸与三氟甲磺酸的混合酸酐。

随后，化合物 **A** 中的甲酰基与甲基缩合形成双键，实现了最后的芳构化。

综上分析，这个反应的整个转换过程为：

H+ OMe H OMe ≡ MeO O+ H CHO F MeO O+ H CHO F

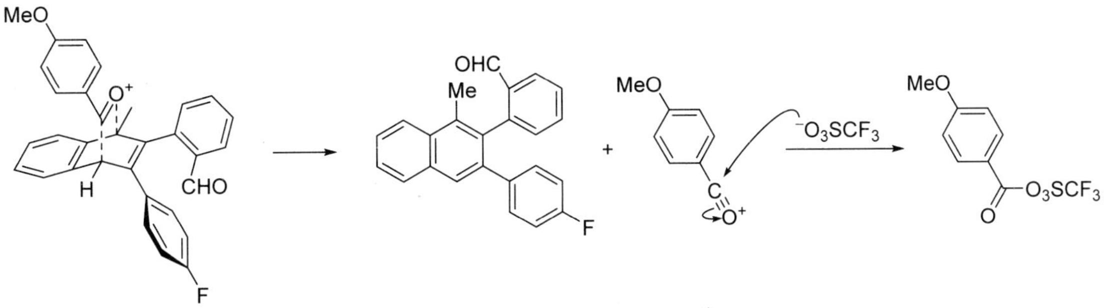

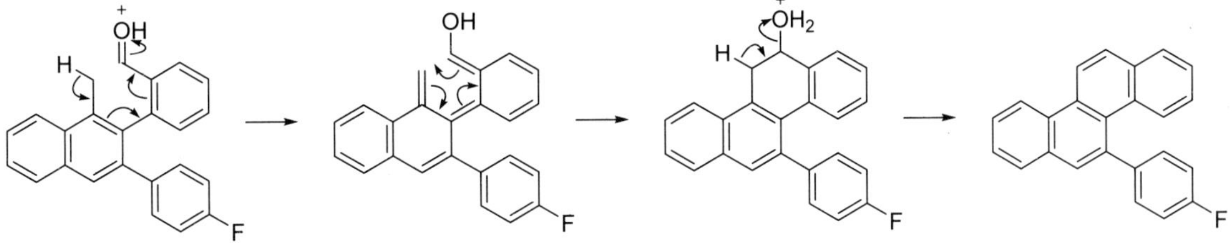

第 21 题

请为以下转换提供合理的电子转移过程，须标出准确的电子转移箭头：

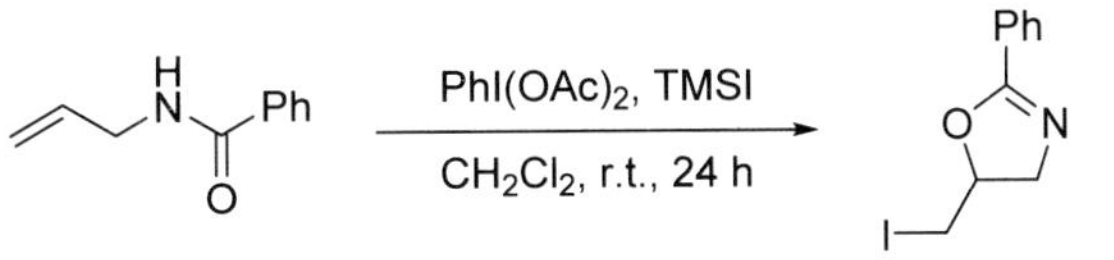

^{1}H NMR 研究表明，加入 TMSI 后，N 原子上 H 的化学位移从 6.35 移到了 9.35，N 原子连接的烷基链上所有氢原子的化学位移均移向低场。请结合你所给出的机理，解释此实验结果。

解答：

这是一个分子内环化反应，如果将酰胺互变异构：

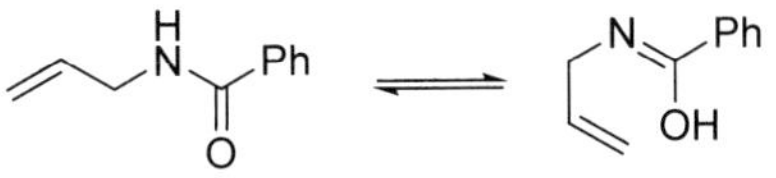

就能很清楚地看到，产物中的五元杂环，是通过 O 原子对 C=C 双键进行亲核加成反应来构筑的。但如果想实现这个亲核加成，就需要将原本富电子双键转化为缺电子的基团（极性反转），也就是需要将其先与亲电试剂反应。从结构看，这个亲电试剂就应该是碘正离子。

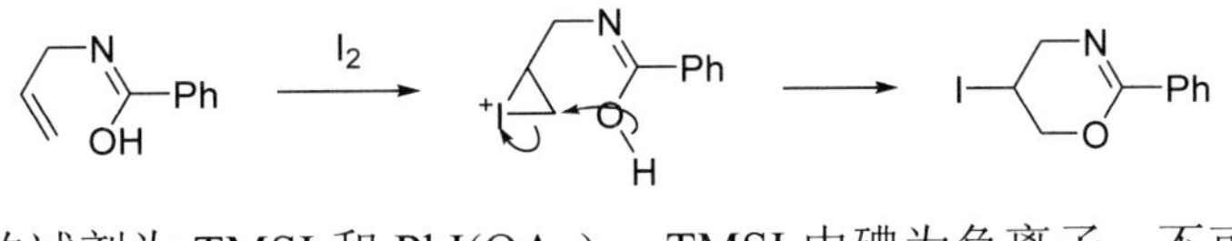

但是，体系中含有碘的试剂为 TMSI 和 $PhI(OAc)_2$。TMSI 中碘为负离子，不可能直接与烯烃反应，而 $PhI(OAc)_2$ 则可以替代碘正离子：

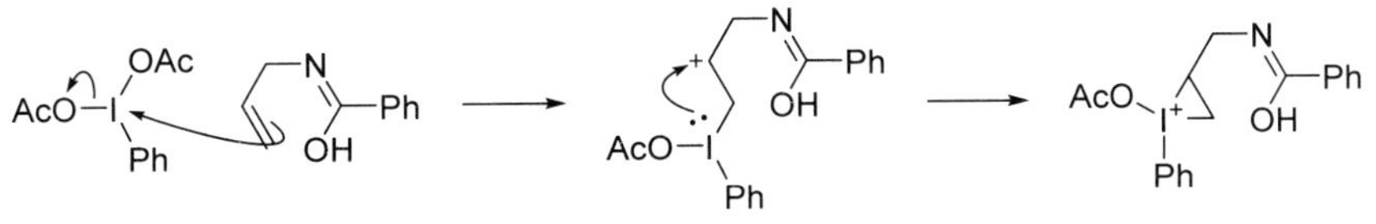

然后，羟基 O 原子进攻三元环碘正离子，发生开环：

此时，环外连接的基团还不是碘甲基，需要 I^- 对此位点进行亲核取代反应：

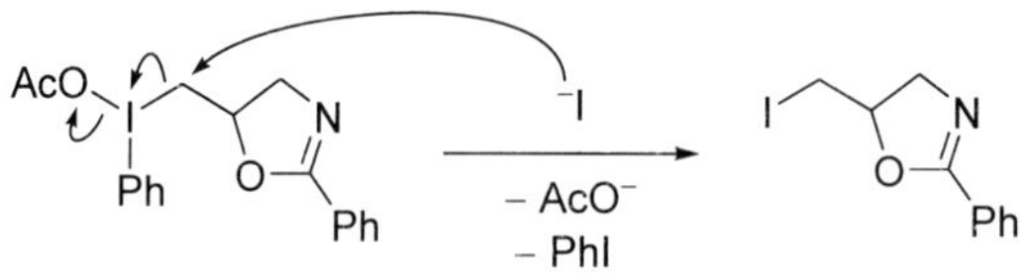

最后，来考虑起始步中的问题——如何实现酰胺的互变异构？酰胺明显更为稳定，不容易异构出C=N 双键。这就要用到实验中的 ^{1}H NMR 表征数据：当体系加入 TMSI 后，N 原子上 H 的化学位移从 6.35 移到了 9.35，N 原子连接的烷基链上所有氢原子的化学位移均移向低场。这些结果主要归结于：TMS 的加入使得酰胺键活化，以亚胺正离子的形式存在。其结果使得 N 上的 H 及邻位亚甲基的 H 均向低场移动，表现出较大的化学位移值：

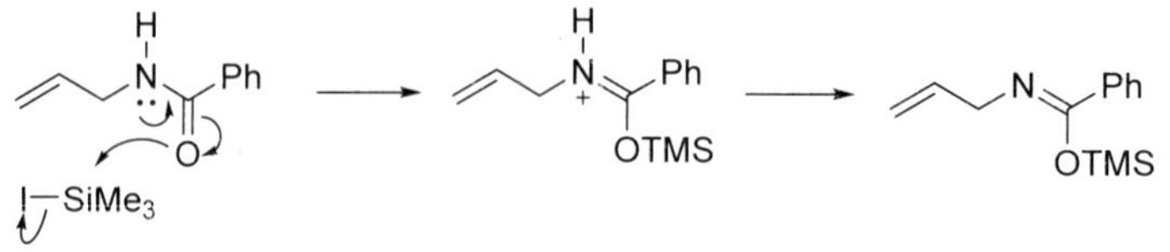

综上分析，这个反应的整个转换过程为：

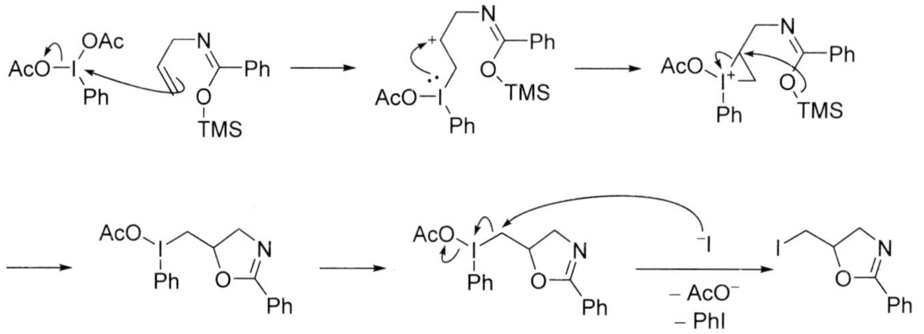

❖第 22 题

请为以下转换提供合理的电子转移过程，须标出准确的电子转移箭头，并推测此反应的副产物：

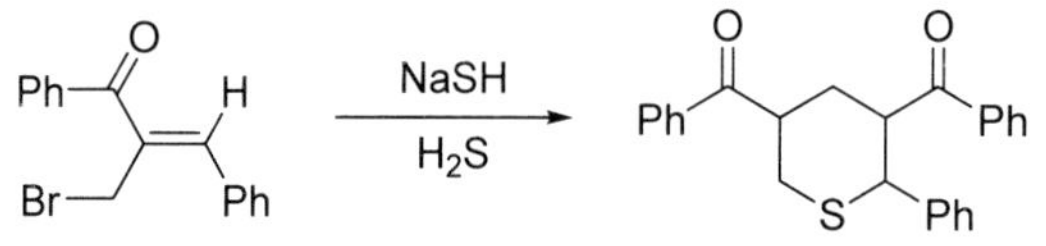

解答：

这个反应的转换过程中肯定包括了 1,4-共轭加成，并且 S 原子作为亲核位点进行了两次 1,4-共轭加成构建了硫醚键。在构筑硫杂环己烷六元环的过程中，还需要实现一根 C–C 单键的构建，这是由酮羰基的α位和另一个酮羰基的β位进行连接得到的，仍然是一个 1,4-共轭加成反应：

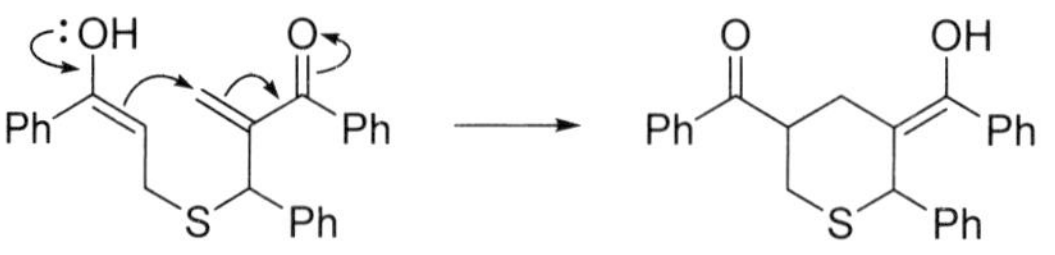

这个中间体可以由 S 作为亲核原子，与两个不同的α,β-不饱和酮进行两次 1,4-共轭加成来构建：

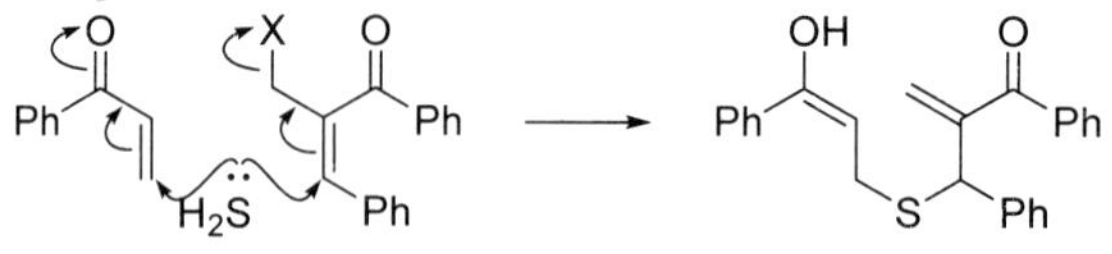

因此，首先发生 HS^-对原料进行的 1,4-共轭加成：

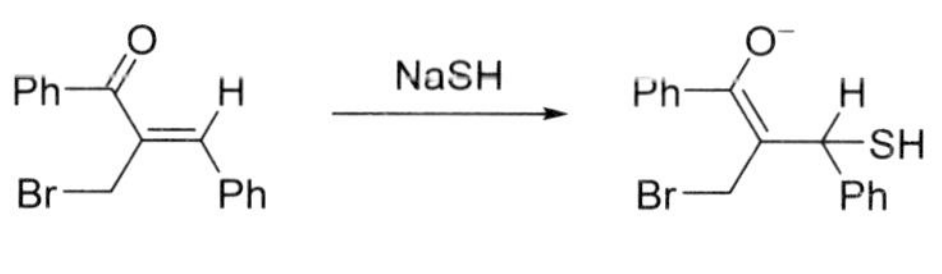

接着逆 1,4-共轭加成离去 Br^-，转化为中间体 **A**：

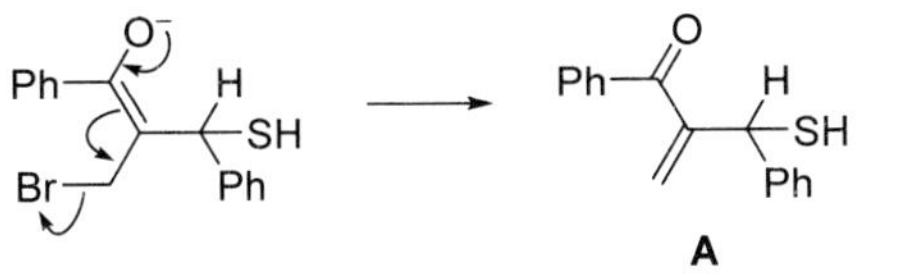

接着硫氢根负离子再次进行 1,4-共轭加成：

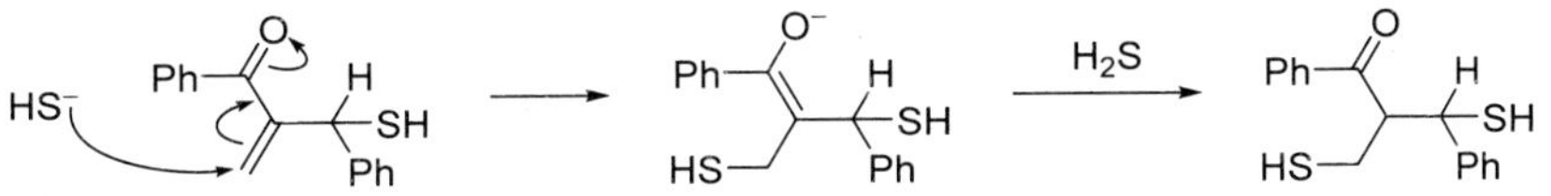

这个化合物再次发生逆 1,4-共轭加成，转化为构建六元杂环的另一个 α,β-不饱和酮——苯基乙烯基酮：

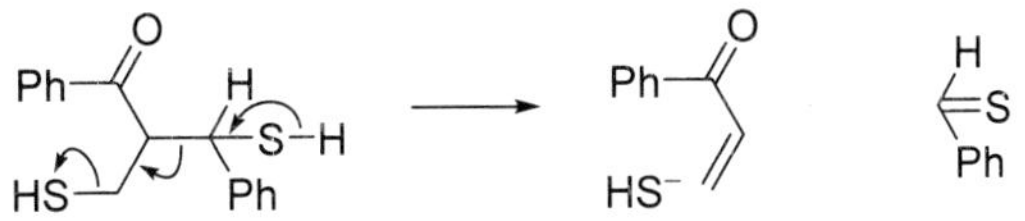

因此，一连串的逆反应构建了苯基乙烯基酮，同时得到了副产物硫代苯甲醛。以上这些中间体均有可能在反应过程中检测到，为了进一步证明硫代苯甲醛的存在，可能会在体系中找到另一个副产物：

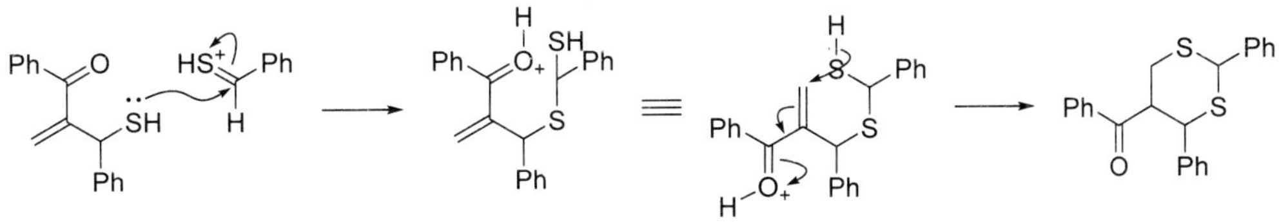

苯基乙烯基酮与中间体 **A** 发生 1,4-加成，再关环得到产物，完整的转换过程为（与上述途径不完全一致，它们都是可能的）：

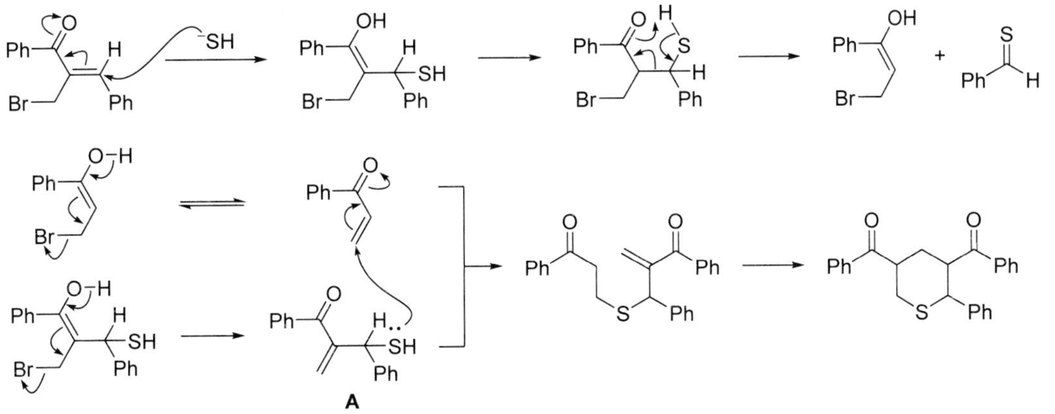

说明：这个反应是想告诉读者，有机反应大多是可逆的。因此，在学习有机化学的过程中，准确理解反应的转换过程尤为重要，切不可为了记住反应的结果去学习有机化学，这将使有机化学变得寡淡无味。

第 23 题

请为以下转换提供合理的电子转移过程，须标出准确的电子转移箭头（DMAD 为丁炔二酸二甲酯）：

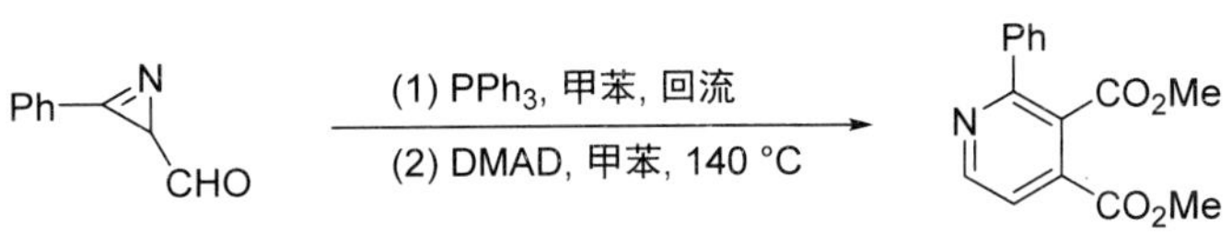

(1) PPh_3, 甲苯, 回流
(2) DMAD, 甲苯, 140 °C

解答：

丁炔二酸二甲酯为 Diels-Alder 反应中常见的亲双烯体，而此反应的结果正好构建了吡啶六元环。假定这是一个 Diels-Alder 反应，双烯体应该为：

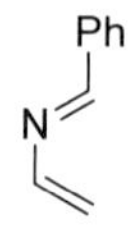

那这个双烯体只能由三元杂环开环构建：

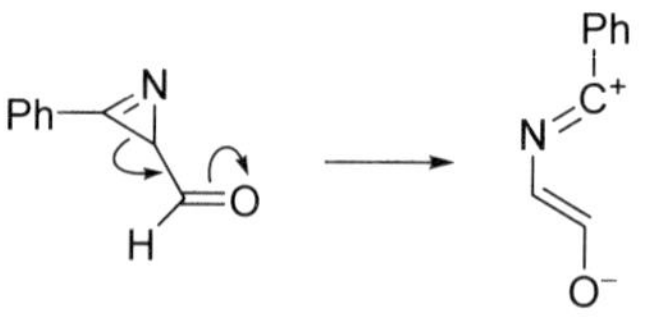

后续的过程需要涉及 C–O 键的断裂，这就需要将氧负离子与一个亲电试剂或基团连接。但是，体系中加入了 PPh_3，这也是一个亲核试剂，也没有氧化剂的存在，这就说明以上的转化方式不可行。尽管以上分析证明了双烯体的形成不可行，但三元杂环开环是必须的。将 C=N 双键转化为其共振式：

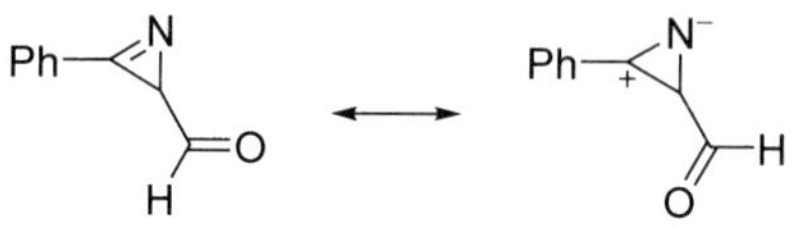

接着发生α-消除可以形成氮卡宾：

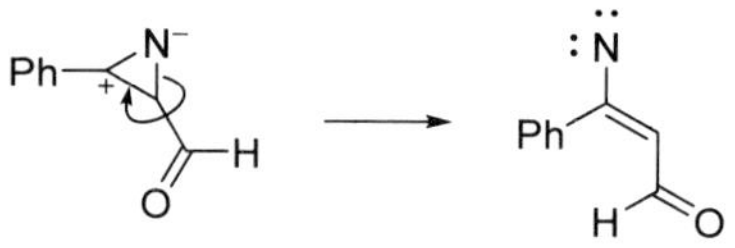

氮卡宾与三苯基膦形成 ylide，此 ylide 相当于烯胺：

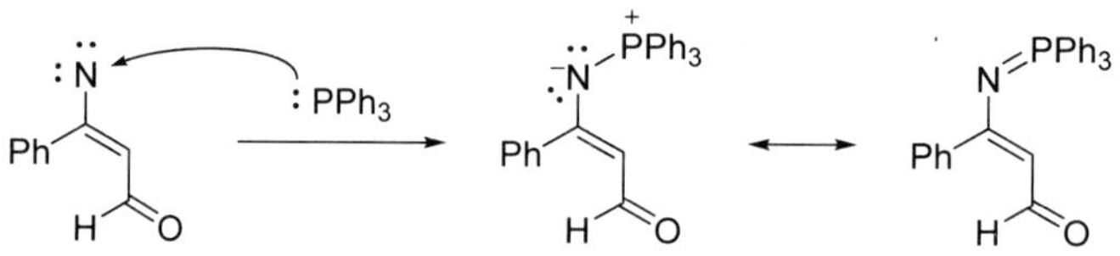

然后对丁炔二酸二甲酯进行 1,4-共轭加成：

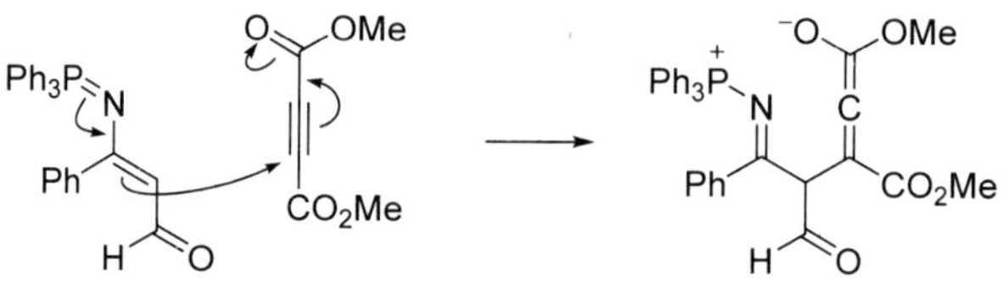

此时，此中间体中含有连接正离子的亚胺与烯醇负离子，亲核加成后形成四元环：

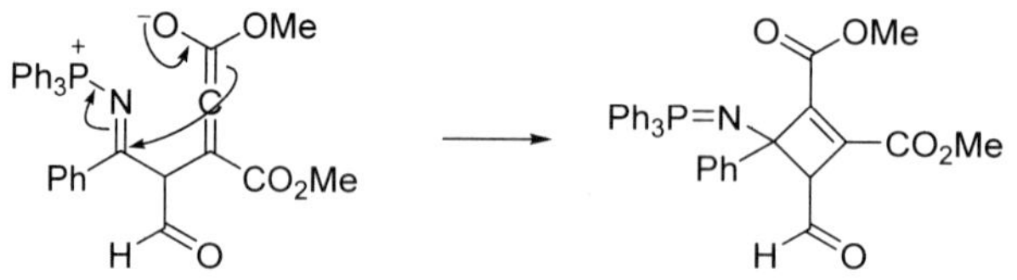

经逆 4n 电子开环反应后，转化为氮磷 ylide：

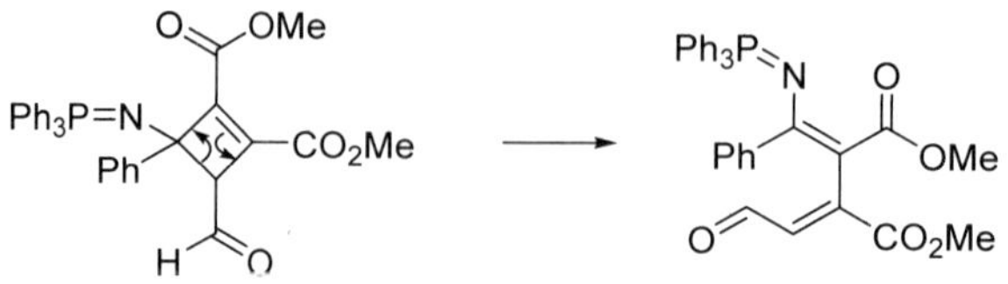

然后氮膦 ylide 与甲酰基经[2+2]和逆[2+2]反应，形成 C=N 双键构建产物中的吡啶环。

综上分析，这个反应的整个转换过程为：

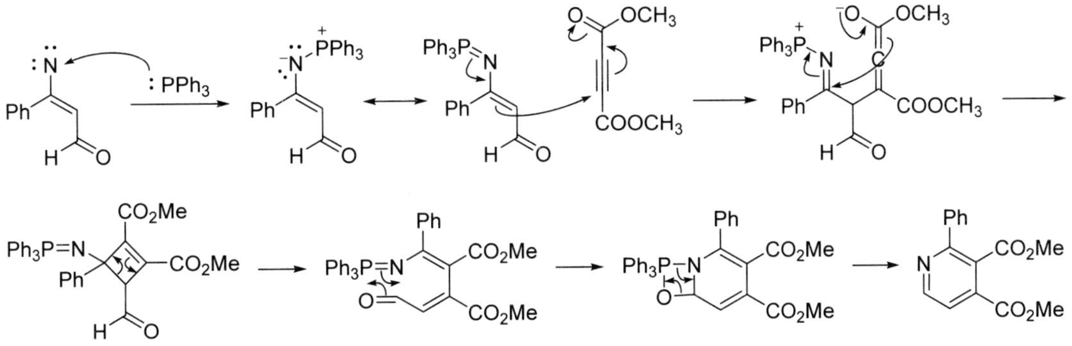

❖第 24 题

请为以下转换提供合理的电子转移过程，须标出准确的电子转移箭头：

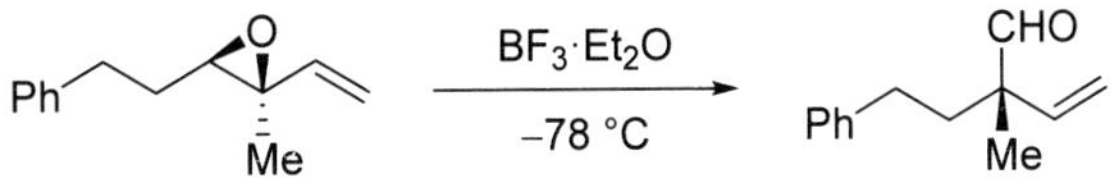

$BF_3 \cdot Et_2O$, −78 °C

实验中没有监测到以下产物的形成，请解释此反应的立体化学和实验结果：

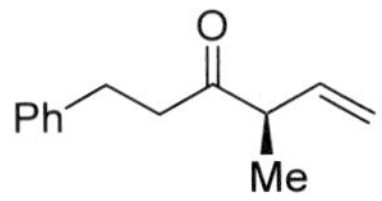

解答：

这是环氧在 Lewis 酸三氟化硼作用下进行的 pinacol 重排反应。因此，首先环氧形成氧鎓离子，接着开环，形成碳正离子。由于乙烯基的存在，开环从而在烯丙位形成碳正离子：

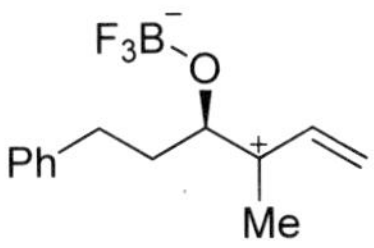

接下来，在 pinacol 重排中涉及了苯乙基或氢的迁移。产物的结果已经知晓，在这个重排过程中是苯乙基迁移而不是氢迁移。此时，就需要通过构象分析来判断立体构型。首先，先画出原料与 BF_3 配位后的构象：

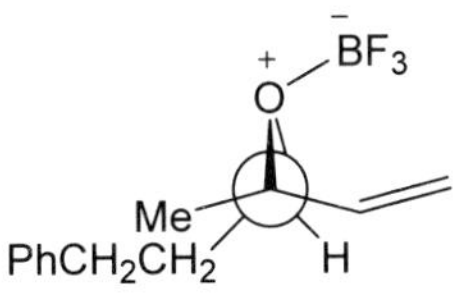

形成碳正离子后的构象为：

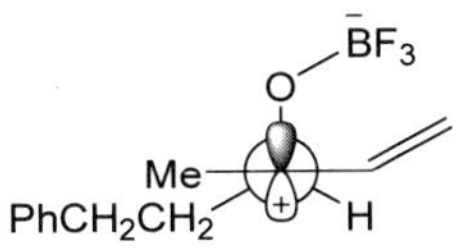

迁移基团迁移前的 σ 键必须与碳正离子的空轨道处在同一平面上，这是迁移的优势构象。这样就会有两个构象：

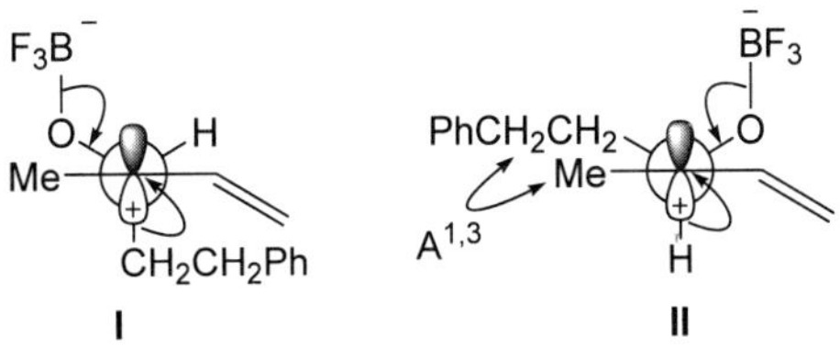

对于构象 **I** 而言，苯乙基所连接的 σ 键与碳正离子的空轨道共平面；对于构象 **II** 而言，氢所连接的 σ 键与碳正离子的空轨道共平面，但此时苯乙基上的氢或苯甲基与甲基存在 1,3-位的大空阻效应。

这使得构象 II 不是重排的优势构象，导致氢迁移的能量远远高于苯乙基迁移的能量。因此，产物为：

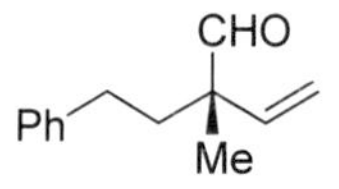

第 25 题

请为以下转换提出两种可能的反应机理，并设计可以区分所提出的两种机理的实验方法：

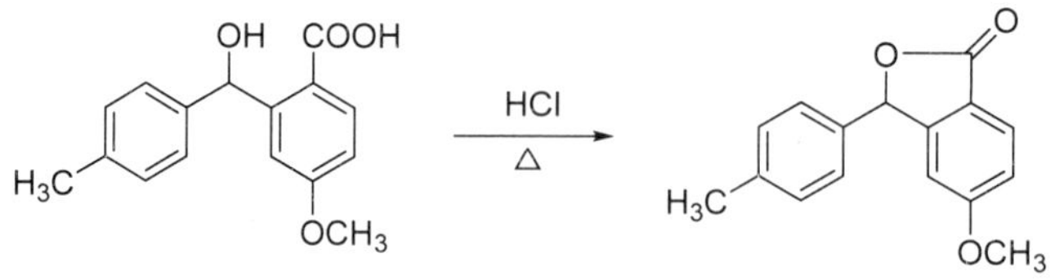

解答：

酯的构建方式有两种：(1) 通过羟基氧对羧基中羰基的亲核加成-消除机理构建酯基；(2) 在酸性条件下，羟基失水形成碳正离子，接着羧基中羰基 O 原子与碳正离子构建 C–O 键，脱去质子后形成酯。

第一种机理：羟基 O 作为亲核基团：

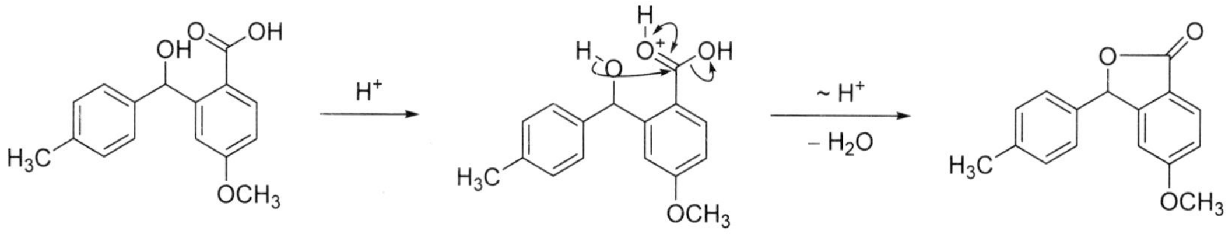

第二种机理：羟基质子化失水形成碳正离子：

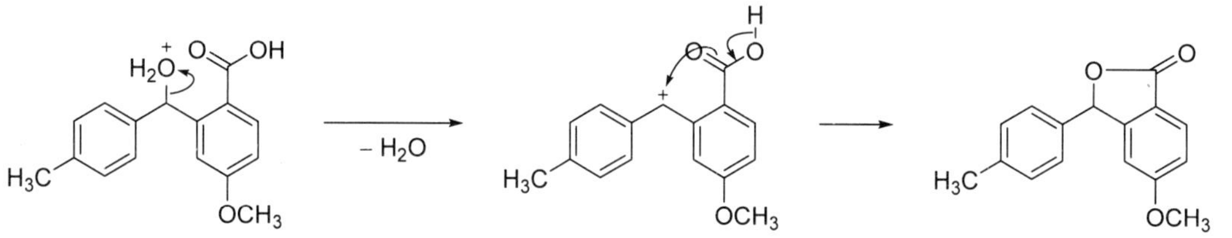

对于第一种方式，羟基的氧被保留在产物中；而对于第二种方式，羟基的氧将不会在酯中出现。考虑到羧基中含有两个 O 原子，而且很难对羧基中羰基 O 原子和羟基 O 原子进行区分，如需对羧基进行标记，就需要将两个 O 原子都标记，与标记羟基 O 原子的方式相比，就显得比较麻烦。因此，在这个转换中，只需要将羟基 O 原子进行 ^{18}O 标记。如果产物还保留着 ^{18}O，表明羟基在此转换中作为亲核基团进攻羧基；如果产物中没有 ^{18}O，表明是羧基 O 原子做了亲核位点。

第 26 题

请为以下转换提供合理的电子转移过程，须标出准确的电子转移箭头：

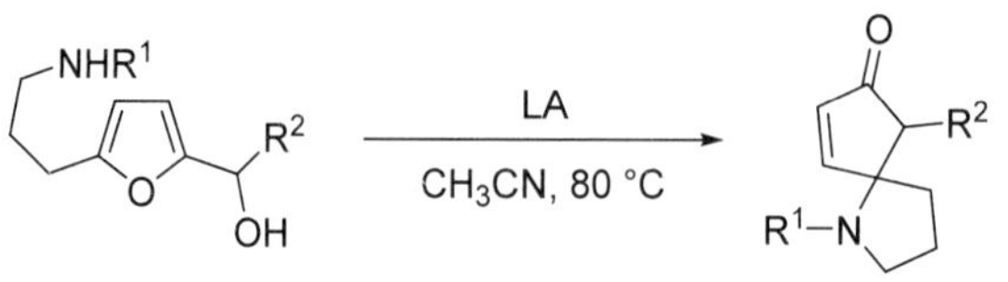

解答：

这是一个形成螺环的反应，在这个反应中，构建螺环的过程可以是以下两种。

二级胺中 N 原子对五元环中某个位点 C 原子的亲核过程：

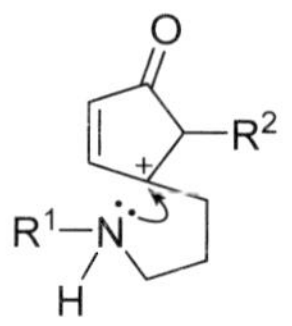

R^2所连接的 C 原子具有亲核能力，对亚胺正离子进行亲核加成：

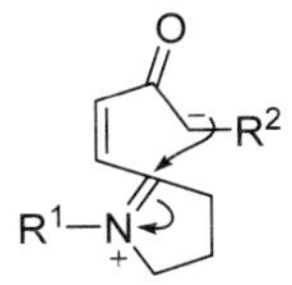

无论反应按照哪一种方式进行，N 原子始终处于构建五元环的过程（第二种方式也是 N 原子去构建五元环），那么就对原料进行数字标记：

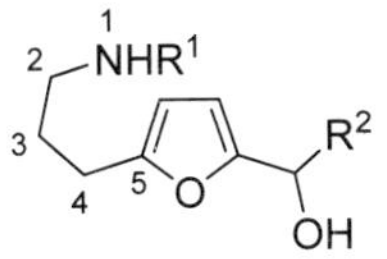

由于胺基 N 是亲核原子，因此需要将 C5 位转化为一个亲电原子（极性反转）。加入 Lewis 酸后，胺基 N 原子、羟基 O 原子以及呋喃环 O 原子均可以与 Lewis 酸配位，但是胺基 N 原子需要作亲核位点，所以无需考虑其与 Lewis 酸的配位，那就考虑羟基 O 原子与 Lewis 酸的配位：

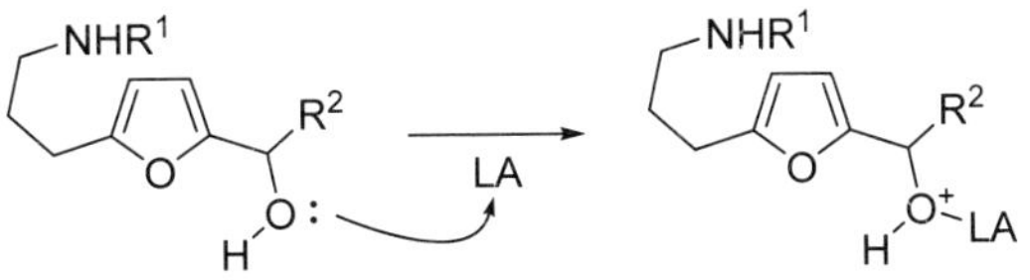

利用呋喃环中 O 原子的给电子能力，脱去羟基，使 C5 具有亲电能力：

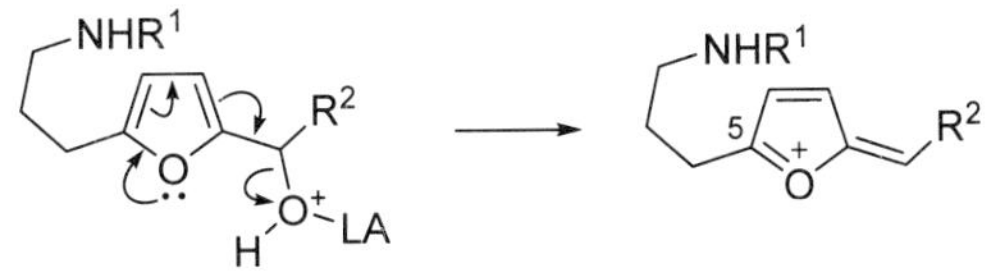

N 原子对 C5 位的羰基正离子亲核加成：

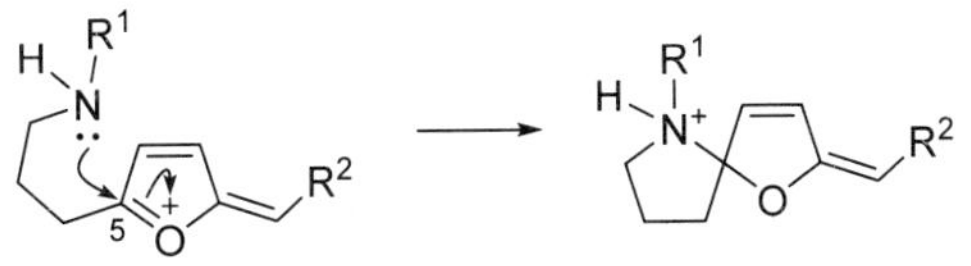

质子转移后，N 原子进行分子内亲核取代转化为：

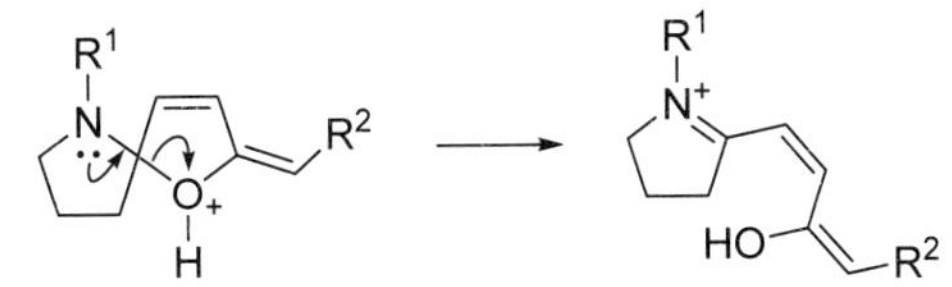

烯醇亲核进攻亚胺正离子，得到产物：

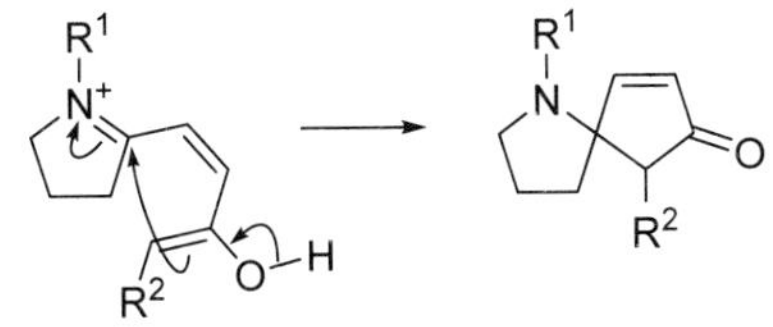

构建螺环的第二种方式请读者自行分析。

综上分析，这个反应的整个转换过程为：

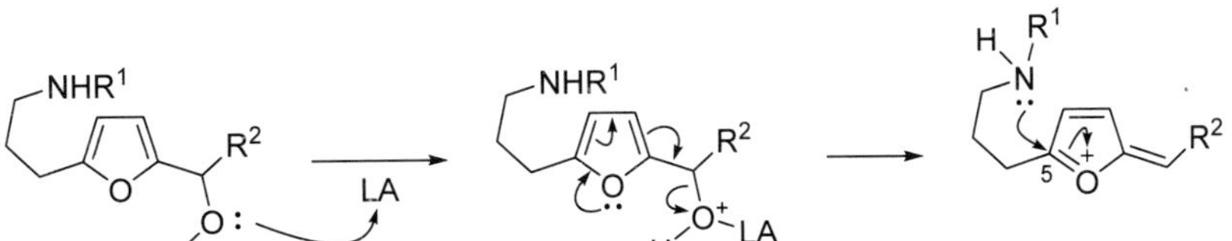

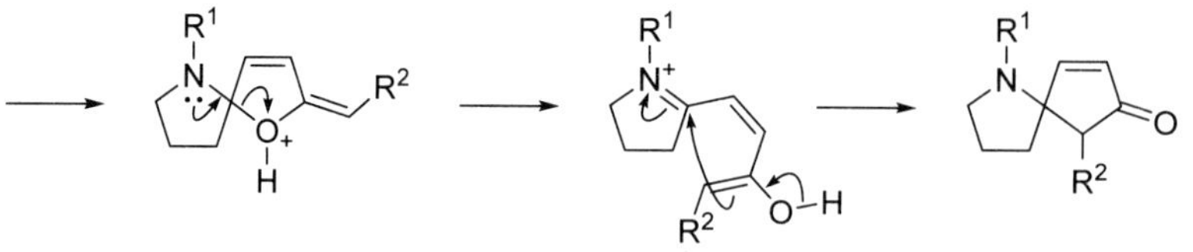

第 27 题

请为以下转换提供合理的电子转移过程，须标出准确的电子转移箭头：

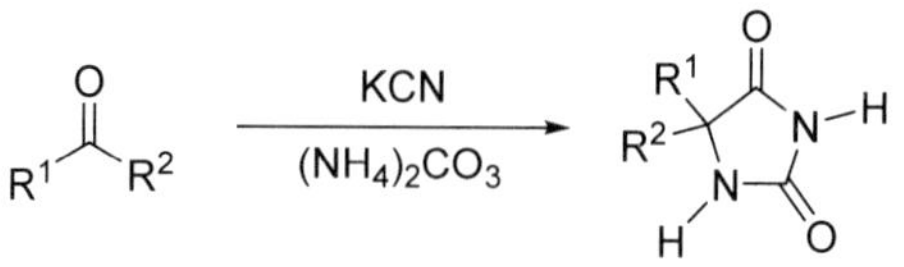

解答：

这个反应的转化结果为脲的衍生物。如果将这个五元杂环切开，去掉脲上的羰基，可以分解为：

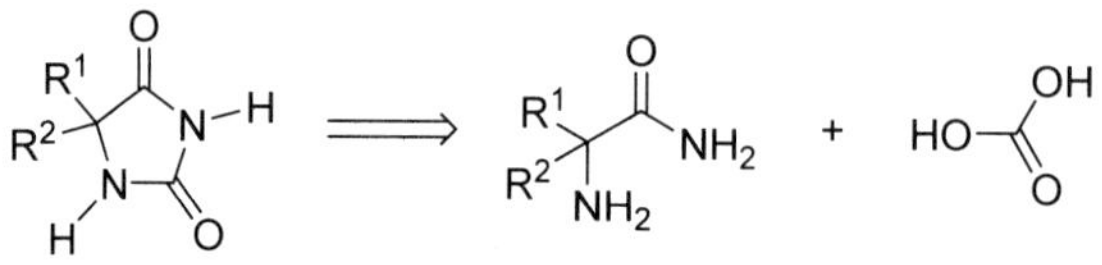

这个酰胺应该是氰基水解后形成的，那么这个中间体的前体为：

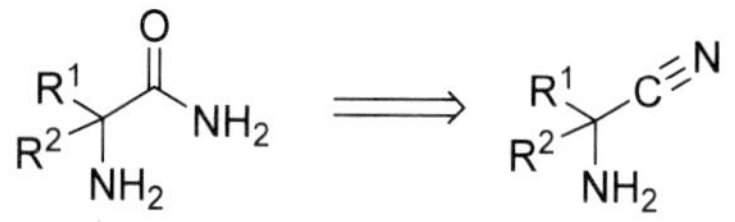

这下就比较清楚了，这是酮转化为亚胺被 CN^- 亲核加成的产物。结合以上分析，可认为酮转化为亚胺所需要的氨来源于$(NH_4)_2CO_3$，而脲中的羰基应该也来源于$(NH_4)_2CO_3$ 中的碳酸，反应的整个转换过程为：

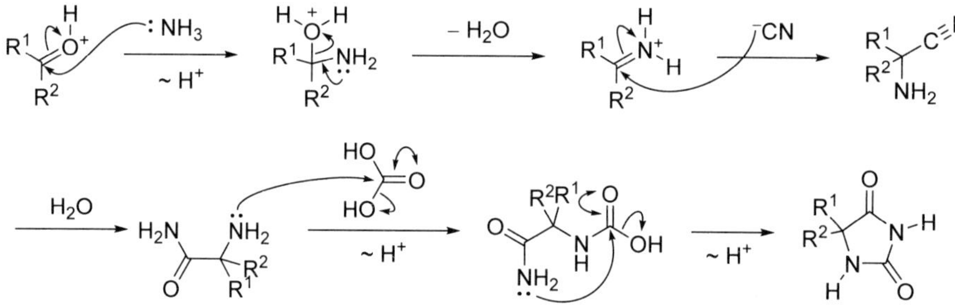

第 28 题

请为以下转换提供合理的电子转移过程，须标出准确的电子转移箭头：

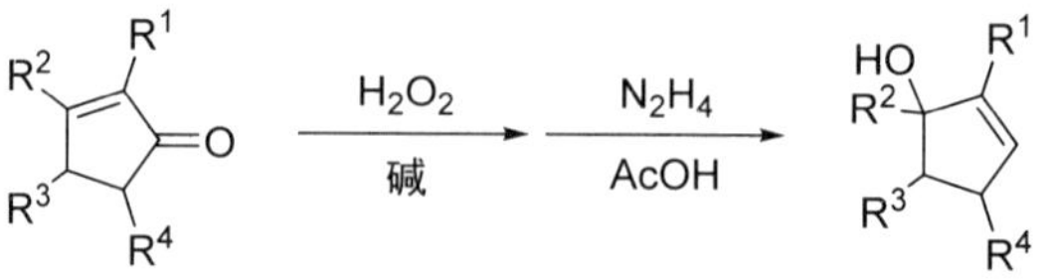

解答：

在讨论 Baeyer-Villiger 氧化重排反应时，曾经提到α,β-不饱和酮在过氧化物的作用下（尤其是在过酸的氧化下），需要依据具体的酸碱条件，考虑究竟是 C=C 双键被环氧化，还是酮羰基被氧化成酯。双氧水在碱性条件下被攫取质子形成负离子，增加了其亲核能力（这与硼氢化-氧化反应中使用氢氧化钠处理双氧水的目的是一致的），从而就可以对α,β-不饱和酮进行 1,4-共轭加成，然后再经 O 原子上的亲核取代，形成环氧衍生物：

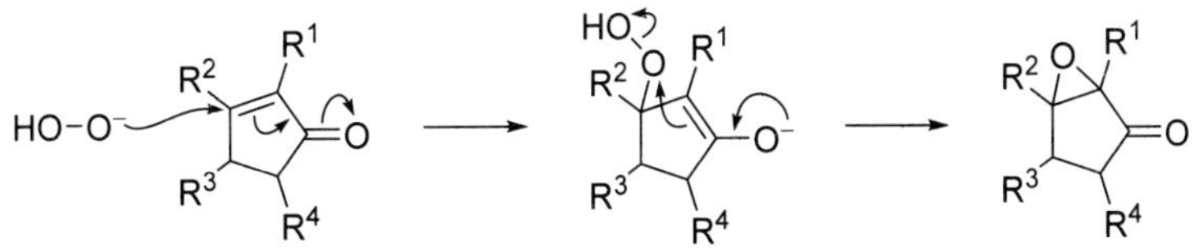

接下来应该是水合肼还原酮羰基的过程。如果将每一步转换进行分解，会使理解过程变得简单。首先，在酸性条件下，肼与酮羰基发生亲核加成反应，脱水形成 C=N 双键：

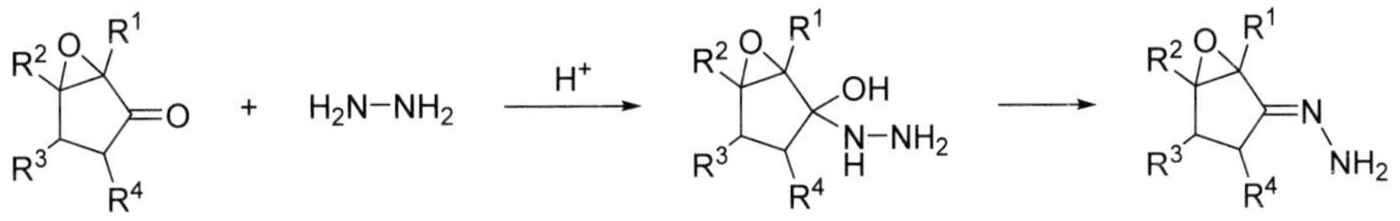

接着氨基 N 上的孤对电子进行分子内 E2′反应，打开环氧环，然后亚胺上的 H 被碱攫取，脱去 N_2 后形成烯基负离子，质子化后即为产物。

这两步的转换称为 Wharton 烯烃化反应。其转换过程为：

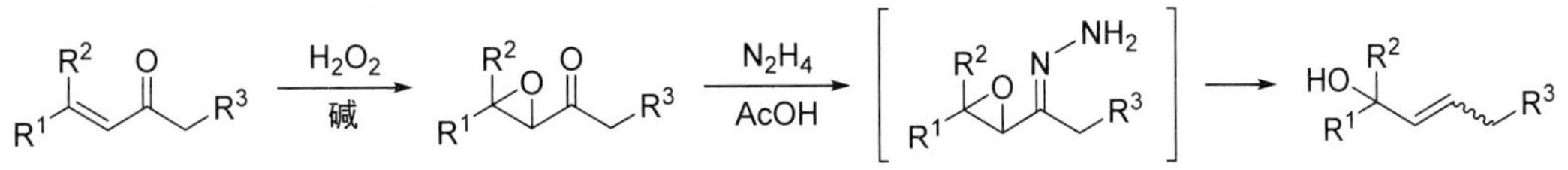

说明：在 Wharton 烯烃化反应的理解过程中，需要回顾 Kischner 消除反应。早在 1913 年，N. Kischner 在 Wolff-Kischner 还原反应的基础上首次报道了 2-羟基-2,6-二甲基辛-3-酮被还原为 2,6-二甲基-2-辛烯：

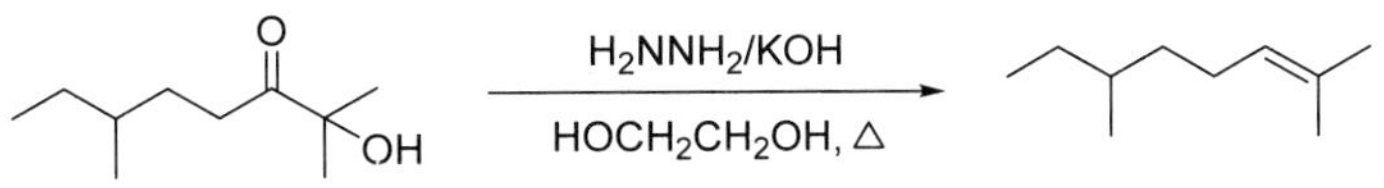

随后，发现α-取代酮均可以在此条件下转化为烯烃。这些取代基可以为羟基、烷氧基、苯氧基、氨基、硫醚键、酯基和卤素等。

综上分析，这个反应的整个转换过程为：

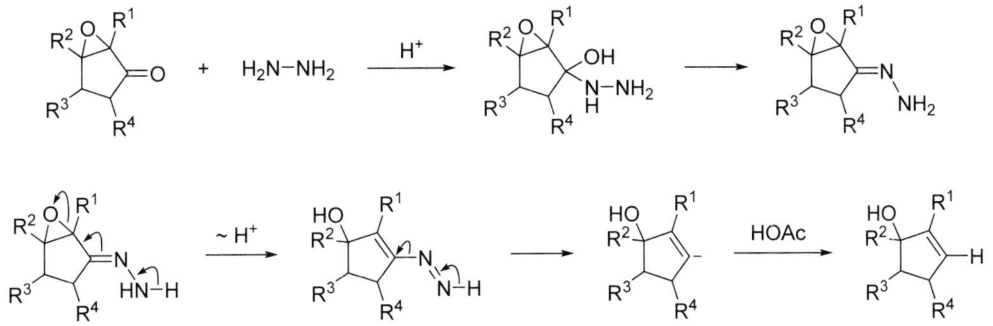

第 29 题

请为以下转换提供合理的电子转移过程，须标出准确的电子转移箭头：

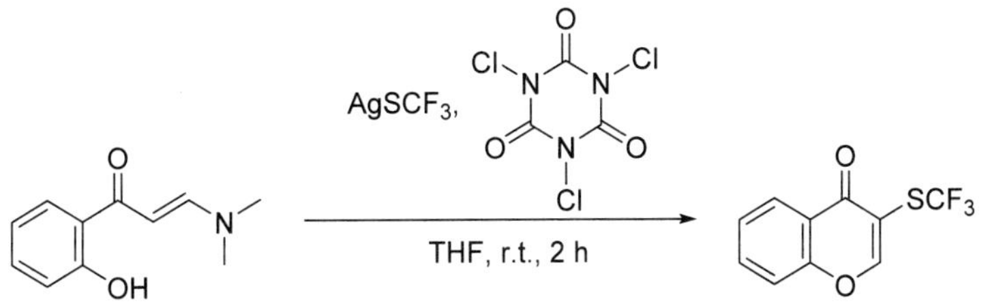

解答：

这个产物中含有多个官能团，但其中的重点在于酚羟基形成的烯醇醚和羰基的α位连接了 SCF_3 基团。但是，在此体系中，SCF_3 基团是亲核的，羰基的α位也是亲核的，如果不将这两者中的其中一个转化为亲电的话，这两个位点是不可能连接的。这个转换需要一个氧化剂，这个氧化剂与 *N*-氯代丁二酰亚胺(NCS)类似，其中的 Cl 具有较强的亲电性，可被$^{-}SCF_3$负离子进攻：

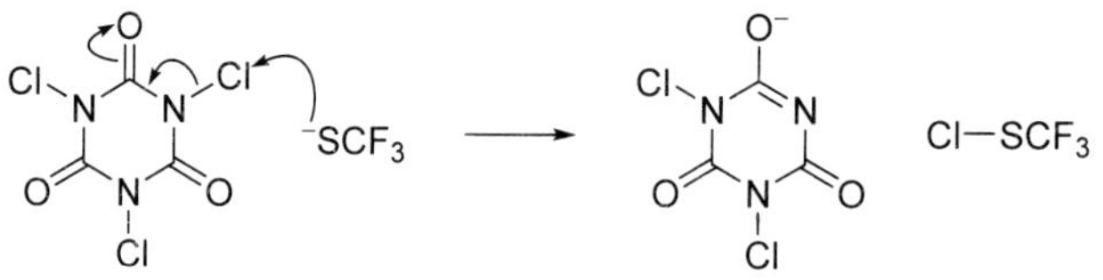

由于 S 和 Cl 的电负性差异，此时 S 原子由亲核性转化为亲电性。

原料的结构可以共振为：

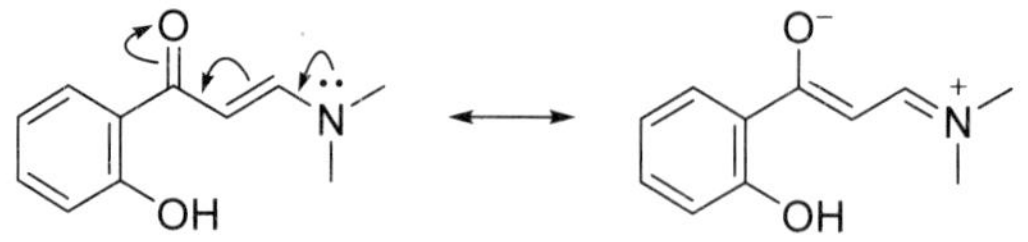

酚羟基对亚胺正离子亲核加成，形成氧鎓结构，然后质子交换转化为烯醇，对三氟甲基硫氯亲核取代，就在酮羰基的α位引入了三氟甲硫基：

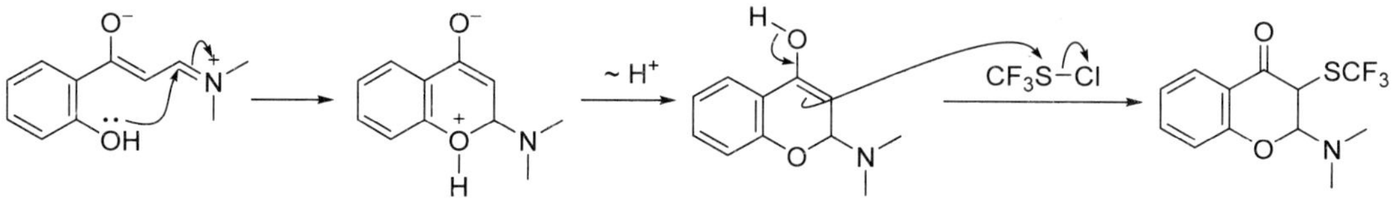

然后酮羰基再次异构化为烯醇盐，通过 E1cb 消除反应形成产物。

综上分析，这个反应的整个转换过程为：

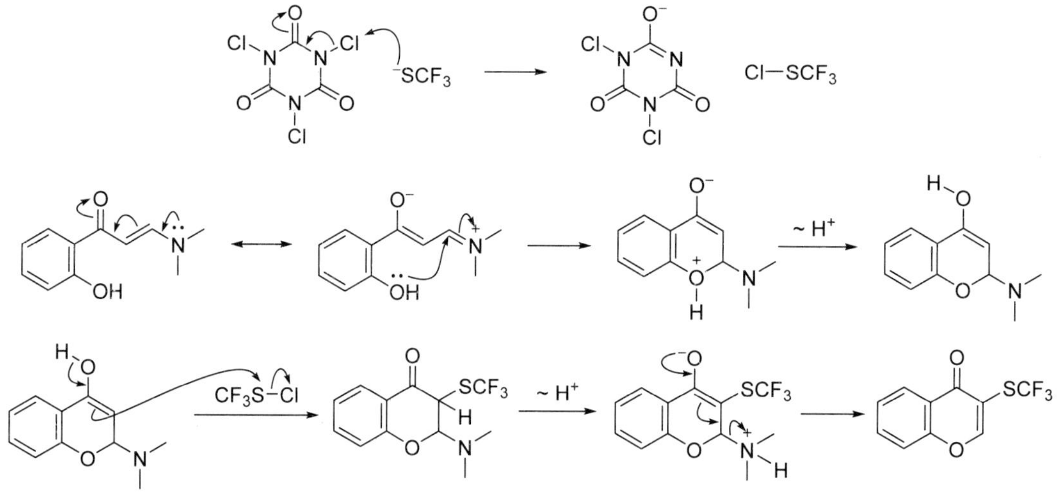

❖第 30 题

请为以下转换提供合理的电子转移过程，须标出准确的电子转移箭头：

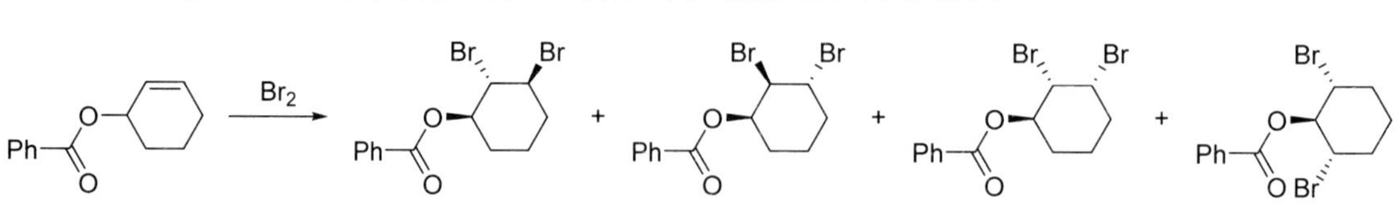

解答：

邻基参与 (neighboring group participation, NGP) 是指具有亲核能力的基团或原子参与到相邻饱和 C 原子的亲核取代反应过程。邻基参与效应不仅能加速亲核取代反应速度和导致重排反应，而且还可控制反应的立体化学。具有邻基参与效应的基团通常为含有带孤对电子的杂原子（如 O、S、N 和卤原子等）和具有 π 电子的基团（如苯环、烯烃和炔烃中的 π 键等）。在反应过程中，这些具有孤对电子或 π 电子的基团或杂原子作为亲核位点优先发生分子内的亲核取代，形成不稳定的环状中间体，然后再接受亲核试剂或基团的进攻，转化为稳定的取代产物。

本题就是典型的邻基参与的烯烃亲核加成反应。首先，C=C 双键被 Br_2 亲电加成形成三元环正离子。在底物中，没有标明原料中手性 C 原子的构型，但由于空阻的影响，溴鎓三元环正离子与酯基取代基必定成反式：

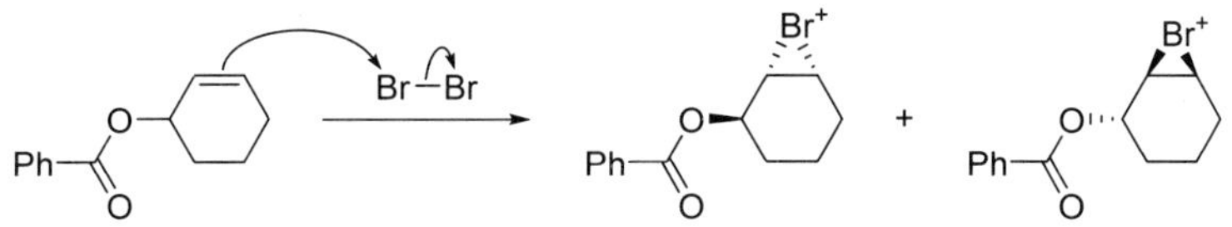

考虑到酯基取代基的空阻影响，Br^-对三元环的进攻开环优先发生在远离酯基的位置。因此，这两个溴鎓三元环正离子中间体直接被溴负离子进攻开环，

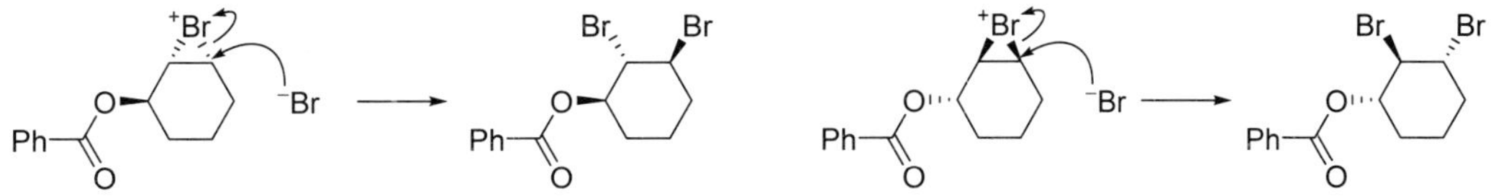

这两个化合物正好是一对对映体，与总反应中的第一个产物结构一致，这是一个没有邻基参与的烯烃亲电加成的常规产物。请注意，此时远离邻基参与基团的取代基与邻基参与基团成顺式。接下来考虑邻基参与，羰基氧上孤对电子对溴鎓三元环正离子开环，形成五元环：

接着溴负离子对五元环正离子亲核取代开环：

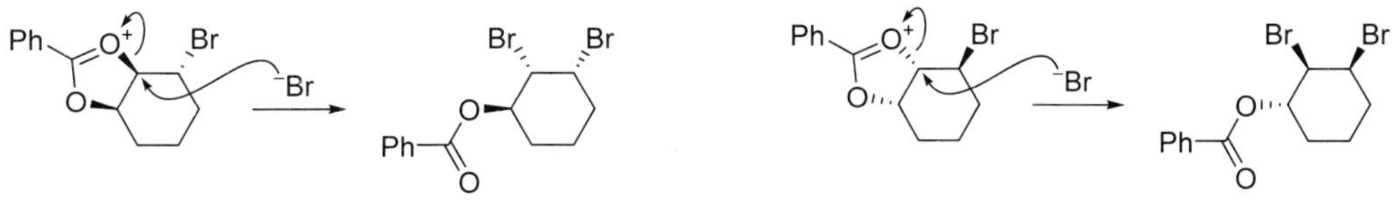

这两个化合物正好是一对对映体，是反应式中的第三个产物。

如果溴负离子进攻的位点为醚键，则产物为：

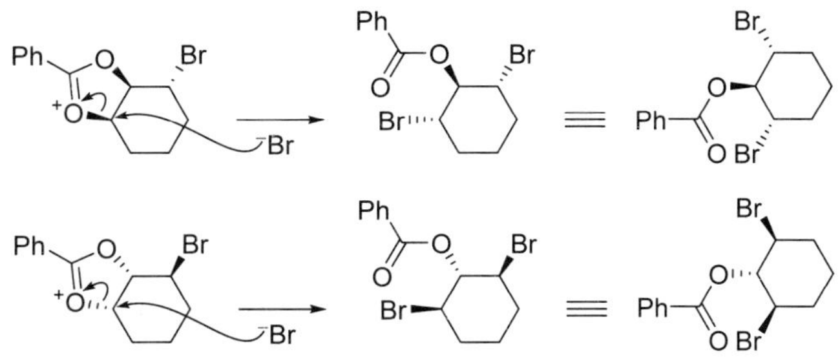

这两个化合物正好是一对对映体，是反应式中的第四个产物。

此时，应该注意到在此邻基参与反应中，亲电试剂的两个 Br 原子在六元环中处于顺式，与邻基参与的基团处于反式，这是由于邻基参与的反应中发生了两次 S_N2 反应。反过来，考虑反应中的第二个产物，此产物的立体构型表明两个 Br 取代基还是处于反式，且与酯基相邻的溴取代基与酯基处在顺式，这暗示这个过程不属于邻基参与过程，而是：

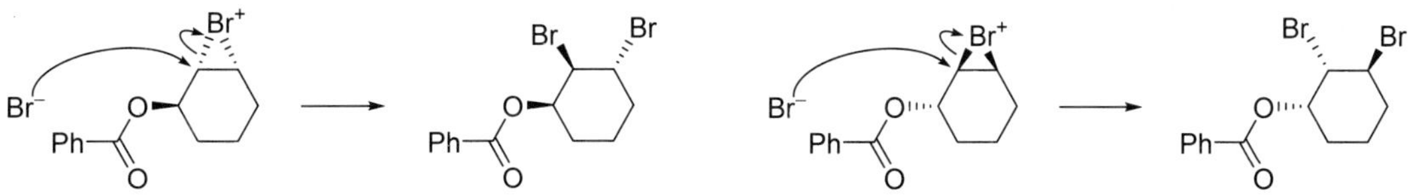

在这个过程中，Br^-从空阻大的位置对此溴鎓三元环正离子开环，应该是反应中产率较低的产物。这两个化合物正好是一对对映体，是反应式中的第二个产物。

如果读者对反应中构象间能量不同感兴趣，可以继续思考以下问题：

取代环己烯和溴的亲电加成先生成溴鎓离子，由于空间位阻，得到的取代基和溴鎓离子成反式，如中间体 **A** 所示；溴负离子对溴鎓离子 **A** 的进攻受轨道方向限制，采用反式 1,2-直立键加成的方式，可以有 a 和 b 两种途径；其中 a 的后续途径经过的构象改变较小，因此，a 途径优于 b 途径优先发生，得到经 a 途径的产物为主；若中间体 **A** 结构中的酯基对溴鎓离子进行分子内亲核进攻，即发生邻基参与（NGP），只能形成中间体 **B**；溴负离子对 **B** 的进攻可以有 c 和 d 两条途径，其中 c 途径的空间位阻较小，因此，c 途径优于 d 途径而发生。

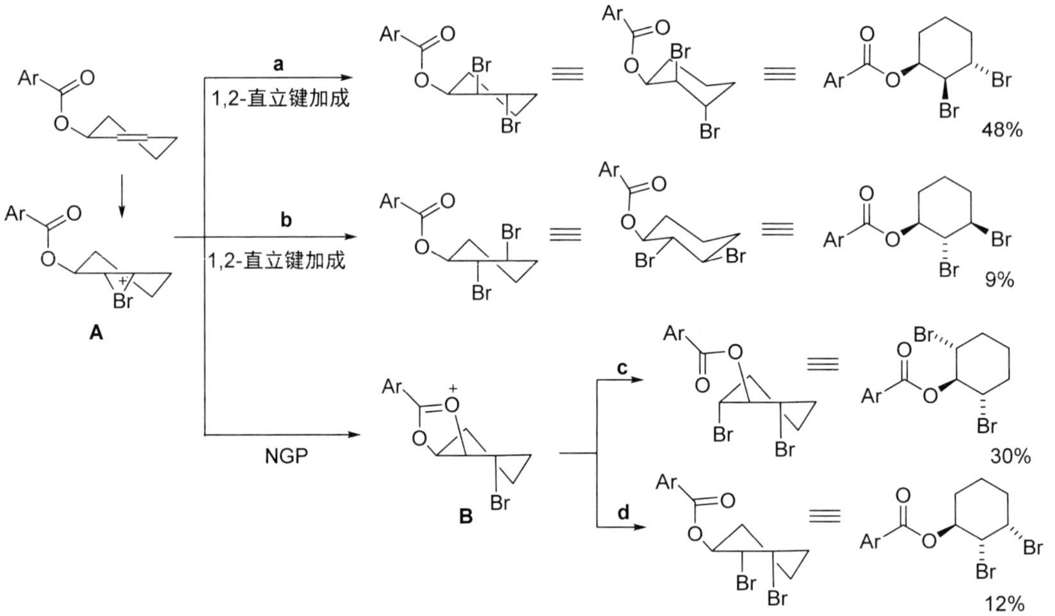

a 1,2-直立键加成 48%

b 1,2-直立键加成 9%

NGP **A** **B**

c 30%

d 12%

前面两种直立键加成后，转化成椅式构象所需的能量是不同的，第二种情况要经过能量较高的扭船式，所以第一种产物的产率最高。

如下所示的结构，更容易看出这种能量的关系：

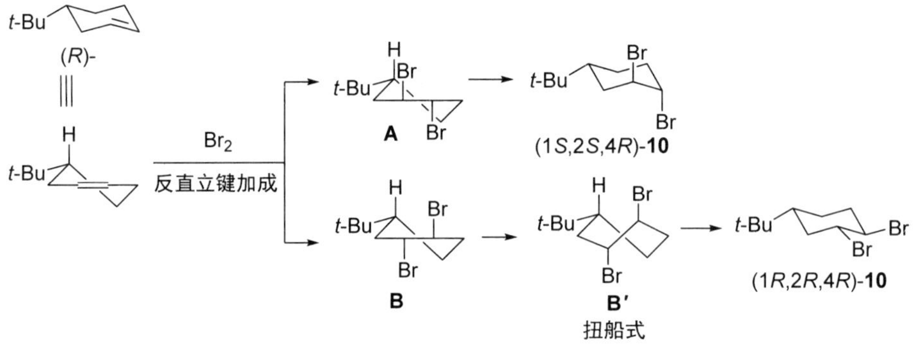

(*R*)- Br_2 反直立键加成 **A** (1*S*,2*S*,4*R*)-**10** **B** **B′** 扭船式 (1*R*,2*R*,4*R*)-**10**

第 31 题

请为以下转换提供合理的电子转移过程，须标出准确的电子转移箭头：

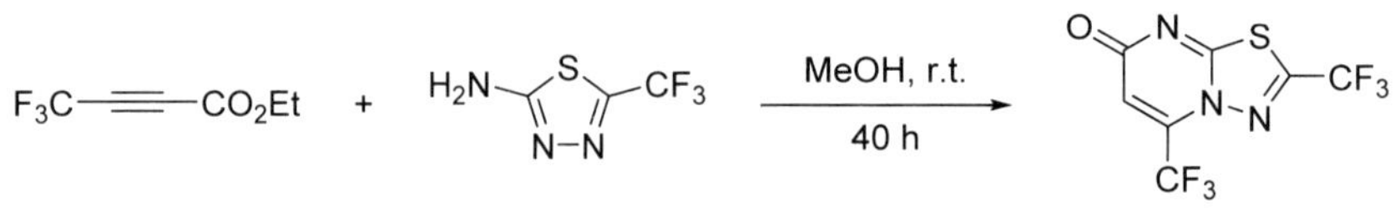

$F_3C{-}C{\equiv}C{-}CO_2Et$ + H_2N-(5-CF_3-1,3,4-噻二唑-2-基) —MeOH, r.t., 40 h→ 产物

解答：

这个反应相对比较简单。三氟甲基取代的丙炔酸乙酯是个典型的α,β-不饱和体系。对于五元杂环体系而言，由于氨基和 S 原子的给电子共轭效应，C=N 键上 N 原子的孤对电子具有较强的亲核能力：

这个烯醇负离子互变异构为：

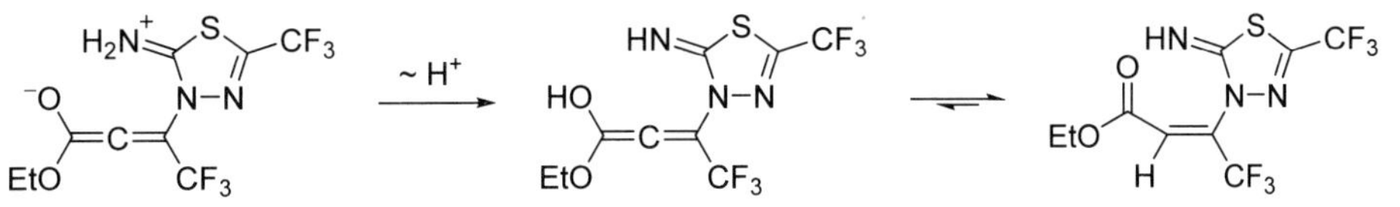

接下来需要构建内酰胺环，这个就相对比较简单了。综上分析，这个反应的整个转换过程为：

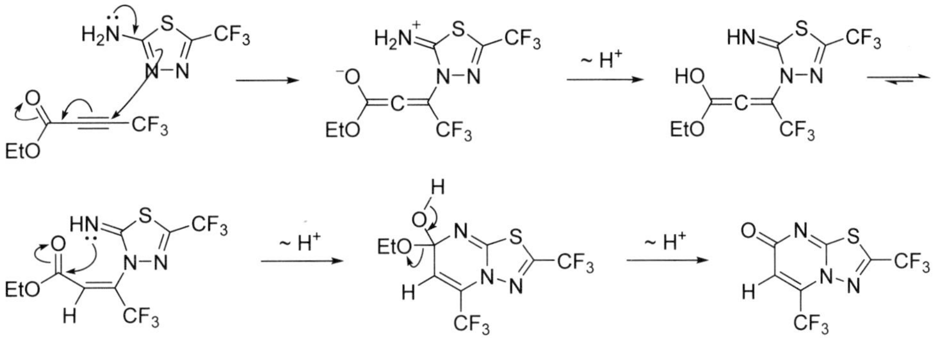

第 32 题

请为以下转换提供合理的电子转移过程，须标出准确的电子转移箭头：

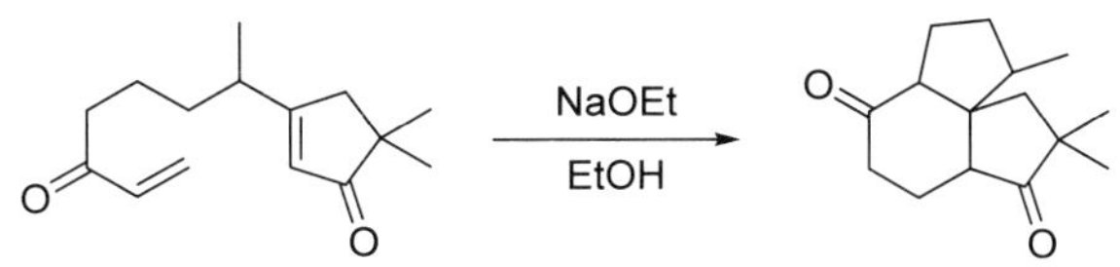

解答：

这种多环体系的构建经常会给读者带来各种困惑，但实际上如果能准确判断官能团的反应方式的话，这些多环体系的构筑就相对比较简单了。

首先，产物中α位两个甲基取代的环戊酮与原料中的完全一致，表明这个环在这个反应的转化过程中保持了骨架的稳定。在原料中，这个骨架为α,β-不饱和酮，这表明在这个骨架上进行了 1,4-共轭加成，这就需要另一个羰基的α位作为亲核位点对其进行共轭加成：

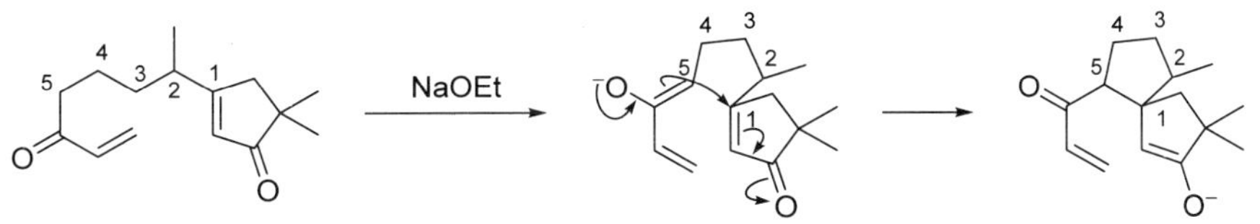

随后，原先的α,β-不饱和酮转化为富电子的烯醇负离子，随之对另一个α,β-不饱和酮进行 1,4-共轭加成，构建了此三环体系：

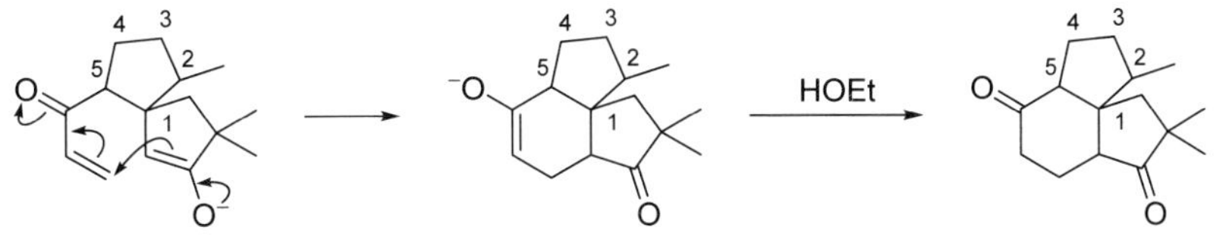

这个转换也可以看作[4+2]环加成：

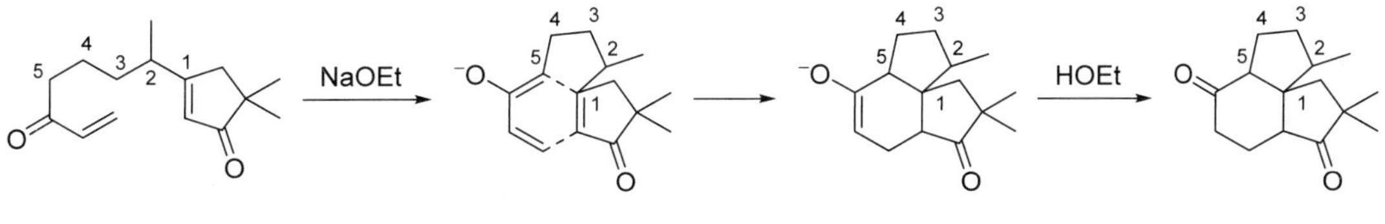

第 33 题

请为以下转换提供合理的电子转移过程，须标出准确的电子转移箭头：

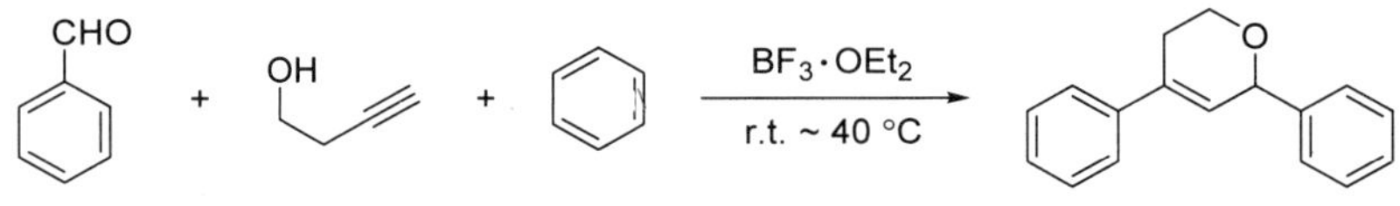

解答：

这是一个 Lewis 酸催化的反应。产物中的两个苯环分别来自苯甲醛和苯。在 Lewis 酸催化下的与苯进行 C–C 键构建的反应应该是芳香亲电取代反应。与苯相对应的必须是亲电基团，应该是：

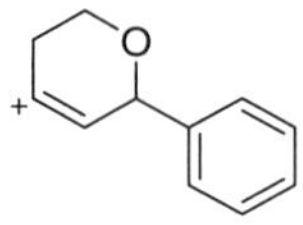

这个烯基碳正离子应该来自另一个亲电基团对炔基中 π 键的亲电加成，那么应该为：

此中间体的共振式为：

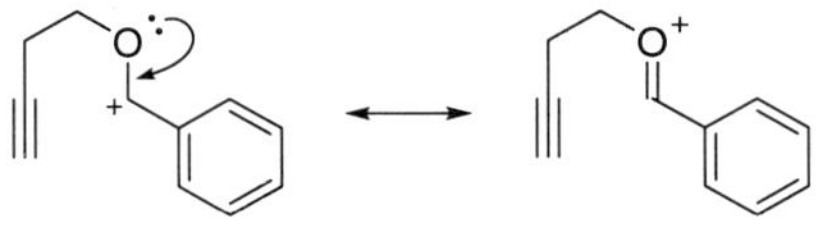

这是炔丙醇与苯甲醛在 Lewis 酸作用下形成羰基正离子的结果。
综上分析，这个反应的整个转换过程为：

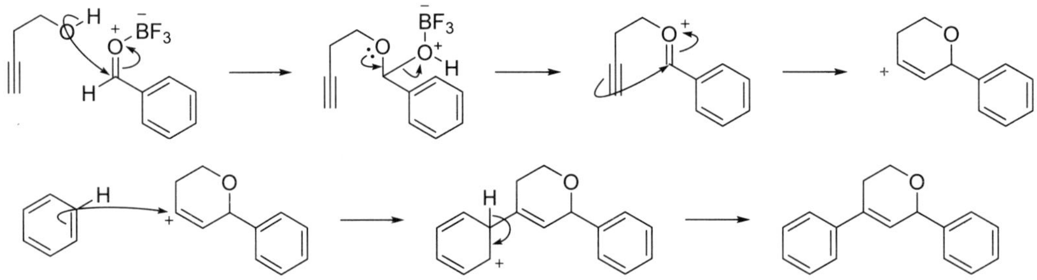

❖第 34 题

请为以下转换提供合理的电子转移过程，须标出准确的电子转移箭头：

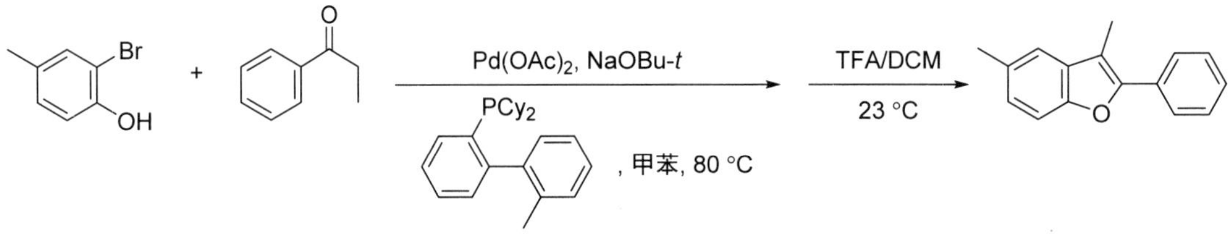

解答：

这个反应属于过渡金属催化的 C–C 键偶联反应。考虑到这是 sp^2 杂化 C 原子连接的 C–Br 键参与的反应，需要金属 Pd(0)对 C–Br 键氧化加成。但是，体系中使用的是醋酸钯，需要还原剂将其还原为 Pd(0)。体系中的还原剂为膦：

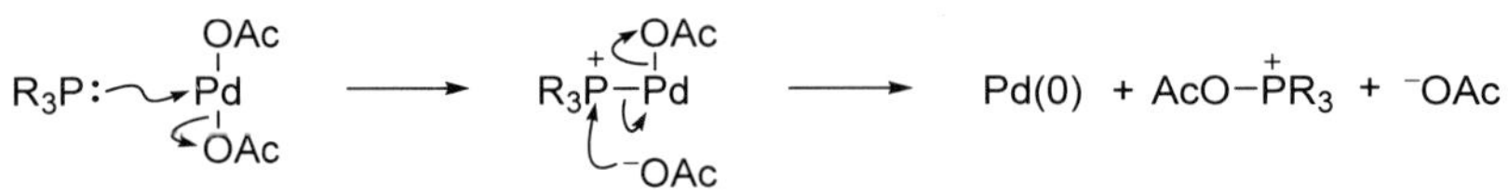

能将 Pd(II)还原为 Pd(0)的除了三烷基膦外，还有三乙胺等。

对于这个偶联反应，看上去是 sp^2 杂化 C 原子与羰基α位 sp^3 杂化 C 原子的偶联。但是，在叔丁醇钠的作用下，羰基α位的 H 被攫取，形成烯醇负离子：

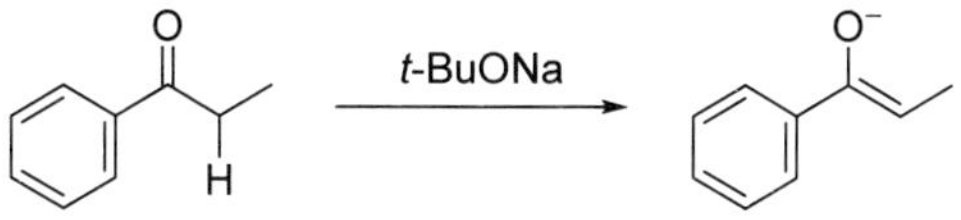

反应就转化为 sp^2 杂化 C 原子与烯醇中 sp^2 杂化 C 原子的偶联反应，这是经典的 Heck 偶联反应。按照基元反应来描述 Heck 反应的转换过程：

Pd(0)对 C–Br 键的氧化加成：

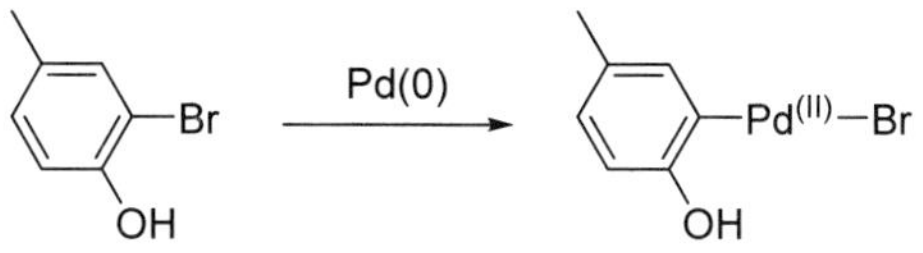

此时，Pd(0)转化为 Pd(II)，具有亲电能力。在碱性条件下，为了进一步增加 Pd(II)的亲电性，叔丁氧基负离子可以对 Pd(II)亲核取代，转化为：

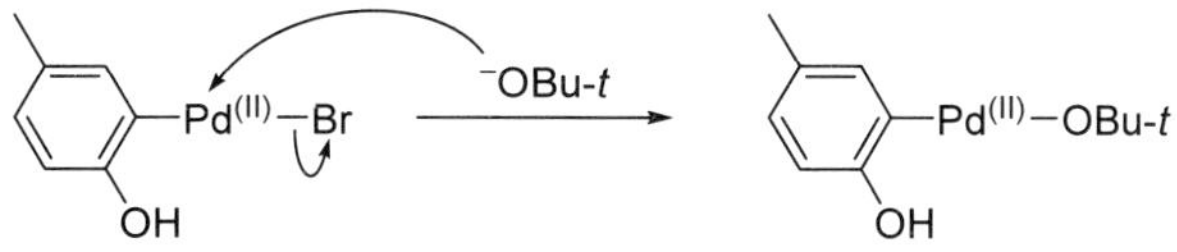

Pd(II)与烯烃配位：

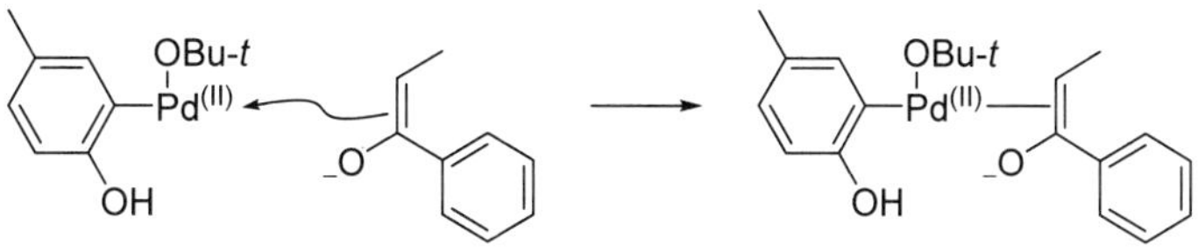

迁移插入：

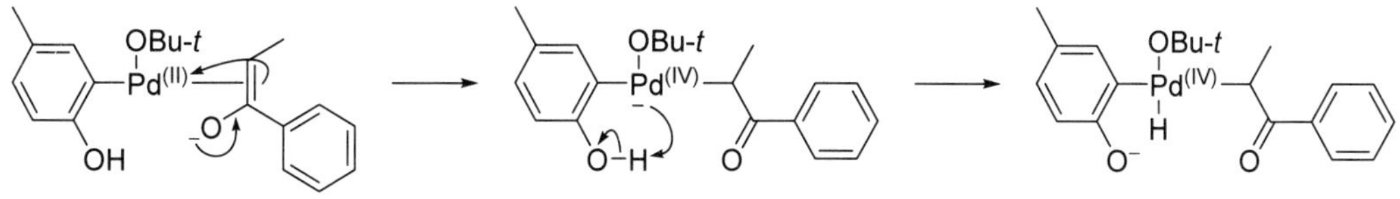

顺式消除，构建双键：

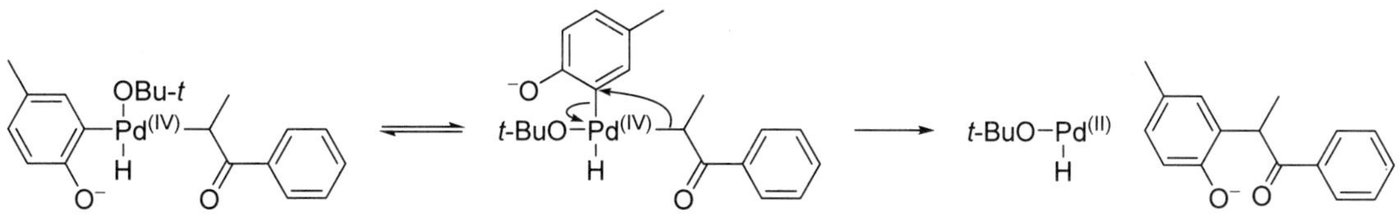

还原消除，Pd(0)继续参与催化循环：

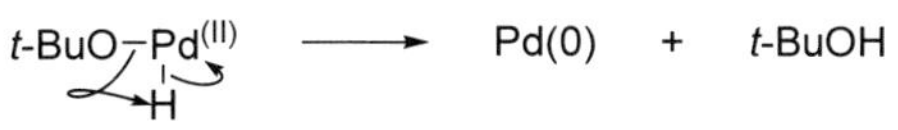

在三氟乙酸作用下，酮羰基被质子化后，酚羟基对其进行亲核加成，最后脱水后即为产物：

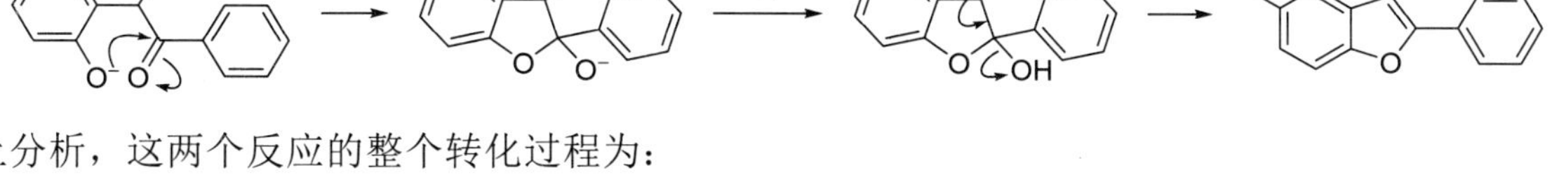

综上分析，这两个反应的整个转化过程为：

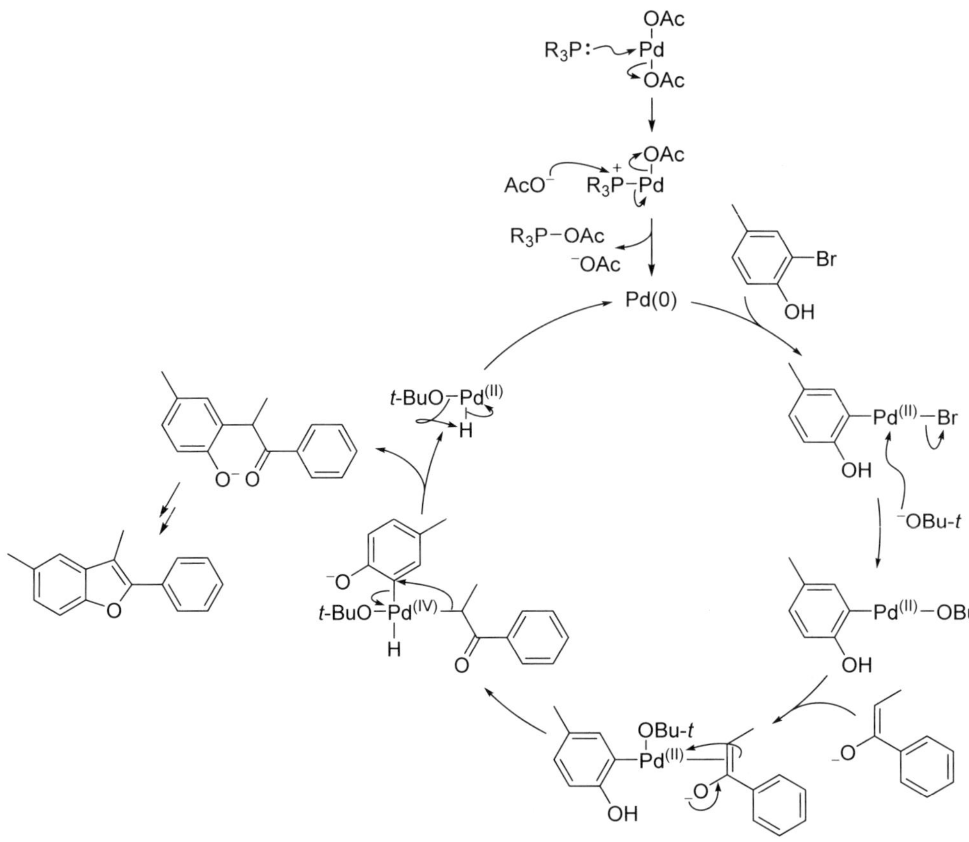

❖第 35 题

请为以下转换提供合理的电子转移过程，须标出准确的电子转移箭头：

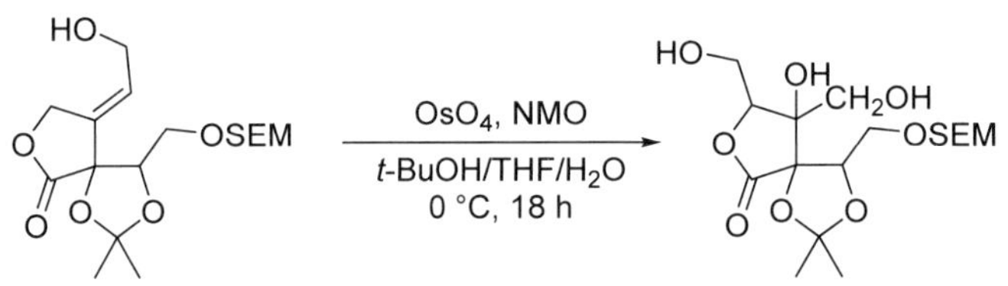

OsO_4, NMO
t-BuOH/THF/H_2O
0 °C, 18 h

解答：

这是一个利用四氧化锇(OsO_4)作氧化剂氧化 C=C 双键的反应。*N*-甲基吗啉-*N*-氧化物 (NMO)在这里用作共氧化剂，这主要是由于 OsO_4 非常贵且毒性较大，而其氧化反应是化学计量反应。所以，NMO 将反应后的 Os(Ⅵ)氧化再生为 Os(Ⅷ)，重新参与反应，就大大减少了反应中 OsO_4 的使用量。

OsO_4 对 C=C 双键的氧化经过五元环中间体，水解后形成邻二醇，不会切断 C=C 双键。因此，不能被产物的结构所欺骗。在这个反应中，羟甲基不会迁移至产物中内酯氧的α位，但是产物中含有多个羟基，如何判断哪些羟基来源于 C=C 双键被氧化后形成的邻二醇骨架？还是可以通过数字标记的方式来解决这个问题：

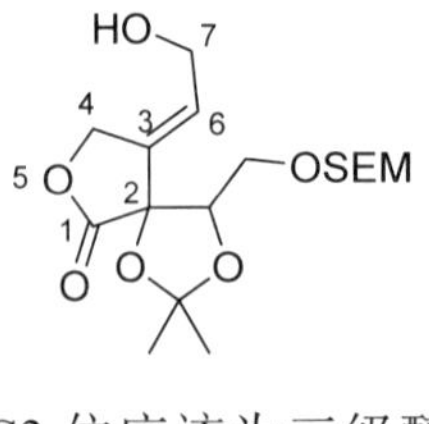

那么，当 C=C 双键被氧化成邻二醇后，C3 位应该为三级醇，与 C3 位相连的 C6 位应该为二级醇，而 C4 位应该为内酯环中的一级醇，最长的碳链到一级醇的 C7 位。依据此骨架，可以对产物中的 C 原子进行标记：

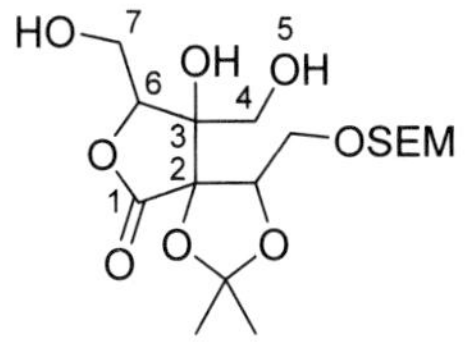

可以发现 C6 位的二级醇现在在内酯环中，而 C4 位的一级醇则以羟甲基的方式连接在 C3 位，因此，C=C 双键首先转化为邻二醇：

在这个反应过程中，原先的内酯环要开环形成新的内酯：

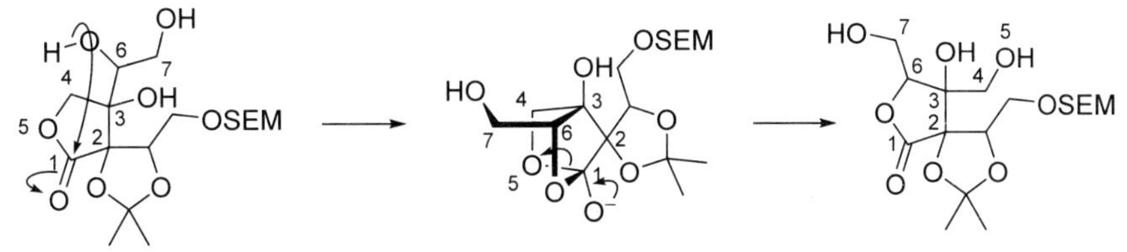

综上分析，这个反应的整个转换过程为：

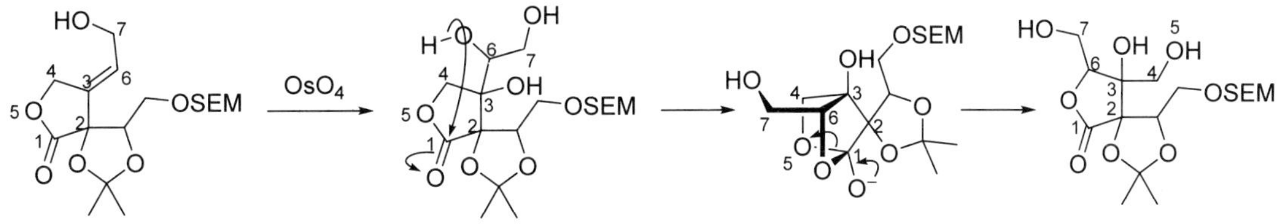

第 36 题

请为以下转换提供合理的电子转移过程，须标出准确的电子转移箭头：

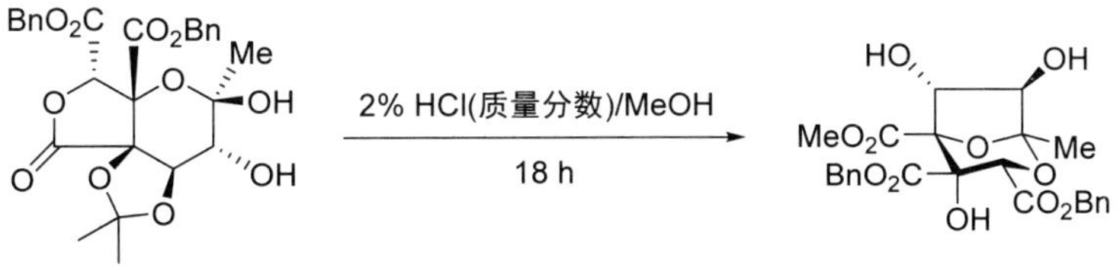

2% HCl(质量分数)/MeOH

18 h

解答：

这是一个酸化开环再关环的热力学稳定化过程。在底物中，最不稳定的基团为半缩酮，这个半缩酮转化为缩酮（仔细观察就可以发现，主要的变化发生在甲基取代的 C 原子上）。此外，丙酮保护的邻二醇的缩酮保护基已经在酸性条件下开环，内酯也转化为甲酯，且甲酯的α位羟基成为甲基酮缩酮的一部分。将原料和产物进行对照，将缩酮的六元环用数字标记为：

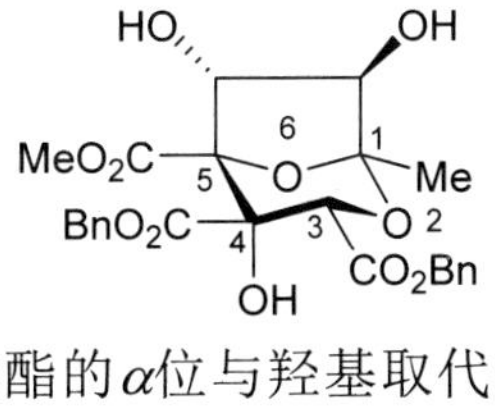

两个相邻的苄酯连在一起，此外，甲酸酯的α位与羟基取代苄酯也连接在一起。反过来，根据产物的 C 原子位置对原料进行数字标记：

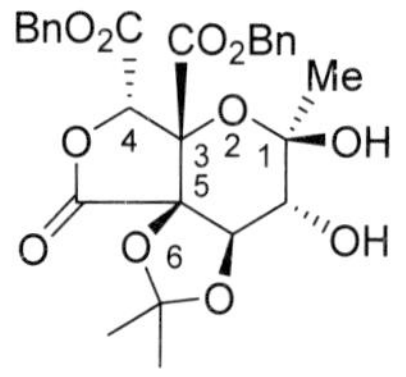

但是，按照这种方式，发现 C3 和 C5 位连接的 C–C 键需要切断重组，也就意味着这个反应存在重排。在这么弱的酸性条件 (2% HCl) 下，这种可能性似乎不大，那很可能是数字标错了。如果将 C3 和 C4 位换一下位置，这个六元环的数字排序就比较正常了：

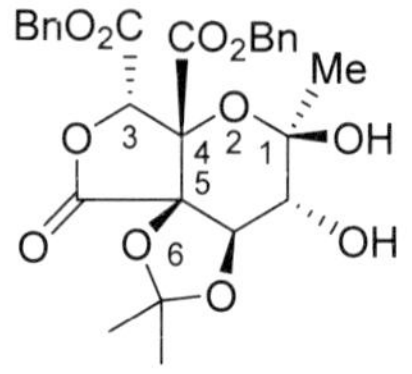

那么原来标号为 2 的 O 原子标号也不对，这个 O 原子应该是内酯开环后羟基中的 O 原子：

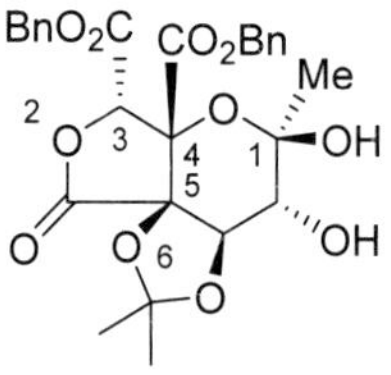

现在应该就比较清楚了，在酸性条件下，半缩酮脱水形成羰基正离子，内酯甲醇解开环，转化为：

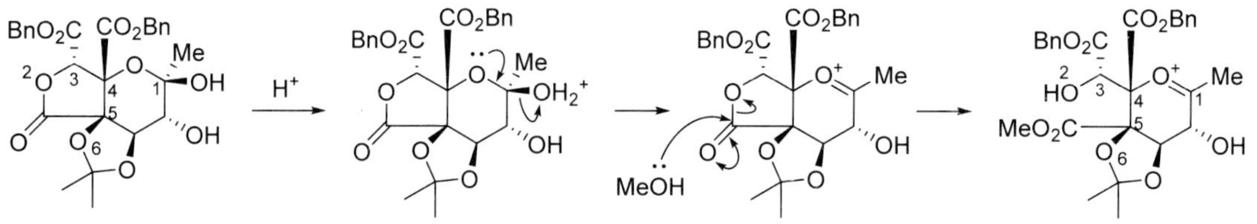

C3 位的羟基对羰基正离子亲核加成，形成五元环：

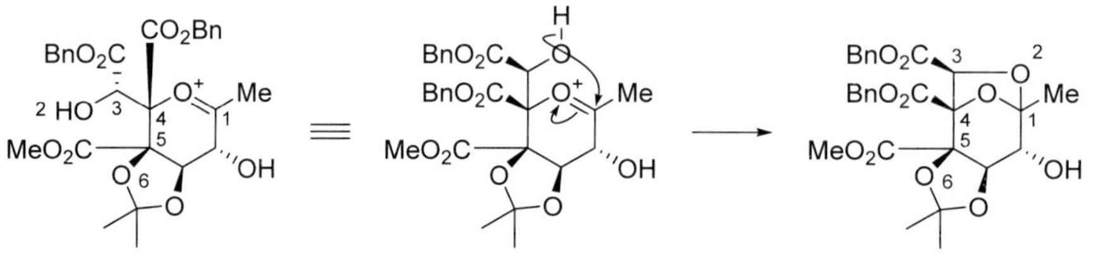

原先六元环的醚键酸性断裂，形成七元环羰基正离子：

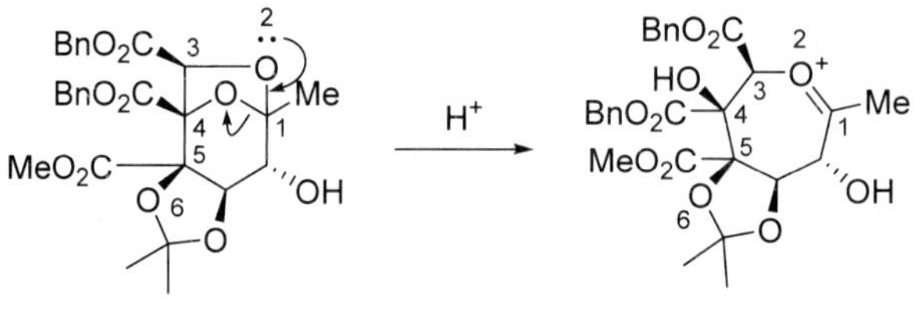

接着缩酮开环，甲基上的羟基对羰基正离子进行加成，形成五元环与七元环的桥环骨架：

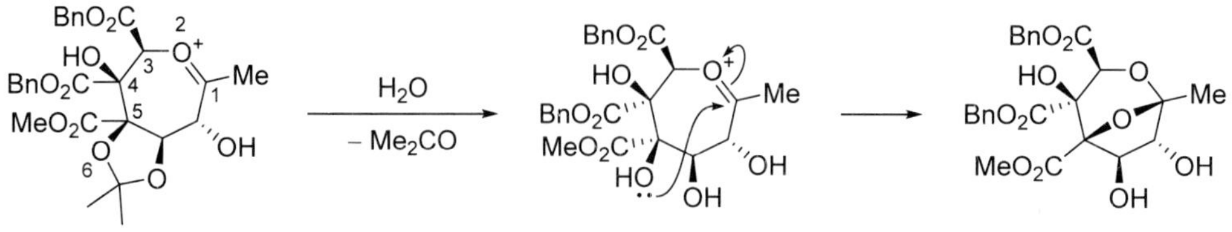

综上分析，这个反应的整个转换过程为：

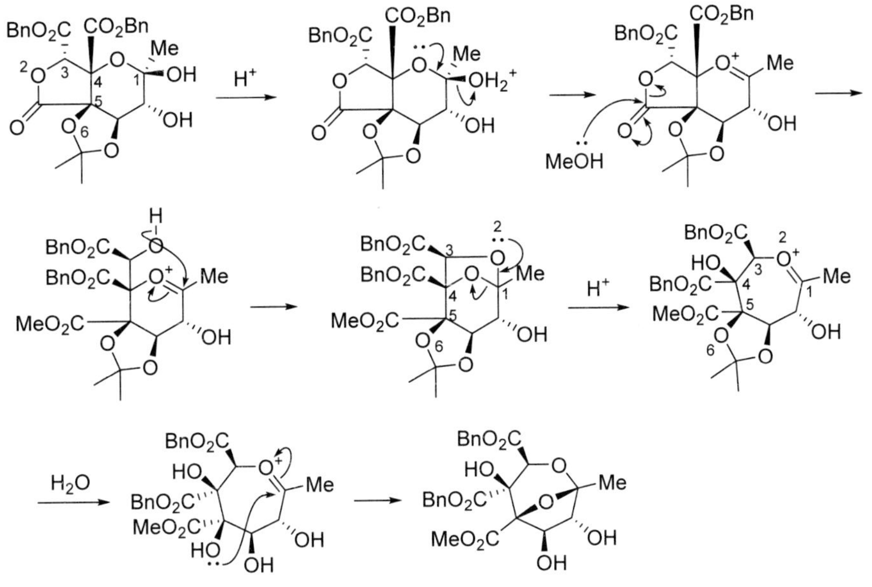

❖第 37 题

请为以下转换提供合理的电子转移过程，须标出准确的电子转移箭头：

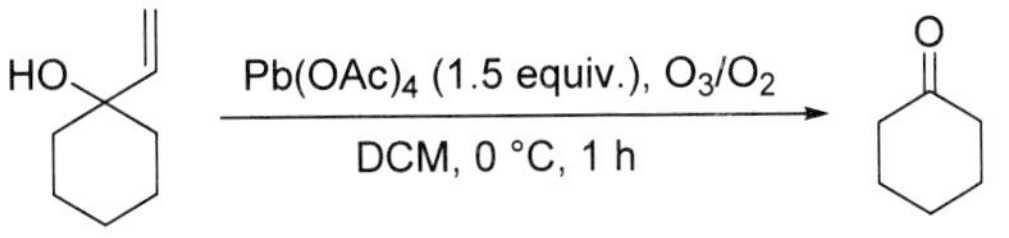

$Pb(OAc)_4$ (1.5 equiv.), O_3/O_2

DCM, 0 °C, 1 h

解答：

这是一个 C=C 双键臭氧化反应与四醋酸铅氧化串联在一起的反应。臭氧可以将 C=C 双键氧化切断形成双羰基化合物，而四醋酸铅是与邻二醇形成五元环内酯中间体，然后将 C–C 单键氧化切断。这两者都是切断碳碳键，除了这个相同点之外，这两个反应还具有一个相互连接的点，即臭氧化可以将 C=C 双键氧化切断形成双羰基化合物，那么也可以将烯丙醇氧化切断为α-羟基羰基化合物，而α-羟基羰基化合物可以与四醋酸铅形成五元环内酯中间体，从而切断 C–C 单键：

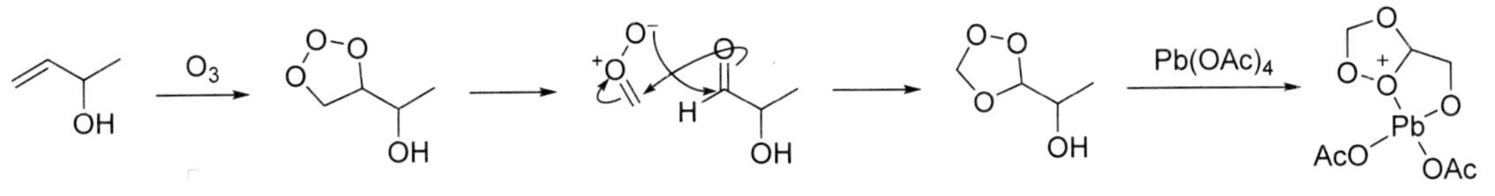

因此，这个反应应该是 C=C 双键首先与 O_3 发生臭氧化反应，即经 1,3-偶极环加成，逆 1,3-偶极环加成，和再次 1,3-偶极环加成，转化为：

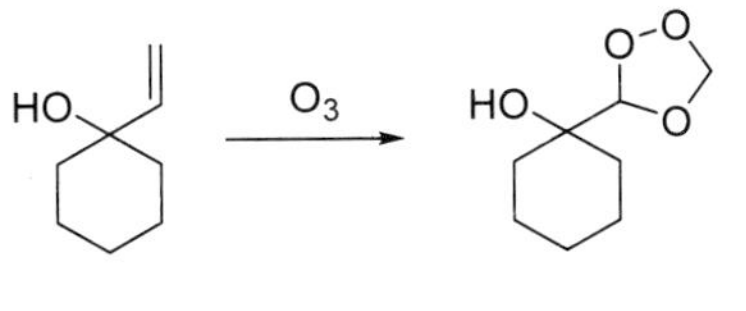

此中间体与四醋酸铅反应：

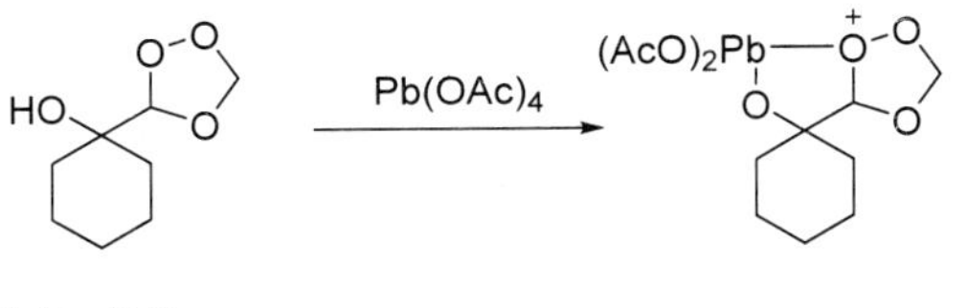

接着氧化切断 C–C 单键，转化为产物。

综上分析，这个反应的整个转换过程为：

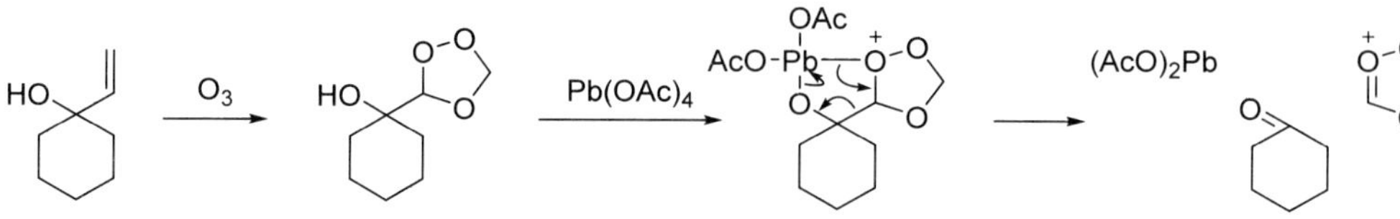

第 38 题

请为以下转换提供合理的电子转移过程，须标出准确的电子转移箭头：

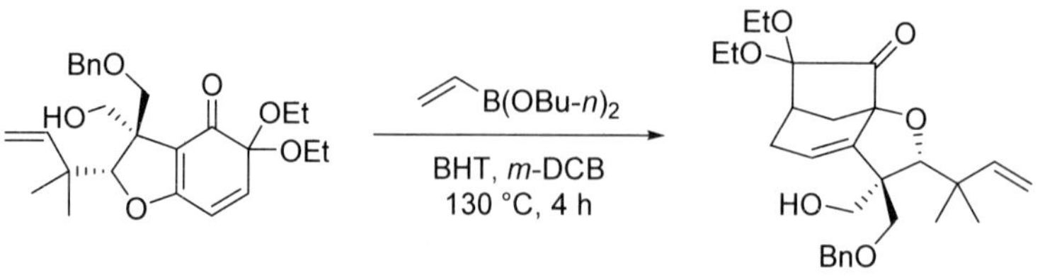

解答：

在这个反应中，底物和产物的骨架看上去很复杂，有些无从下手。但是，如果能从产物中去掉没有参与反应的部分，可能会使产物的骨架变得简单一些：

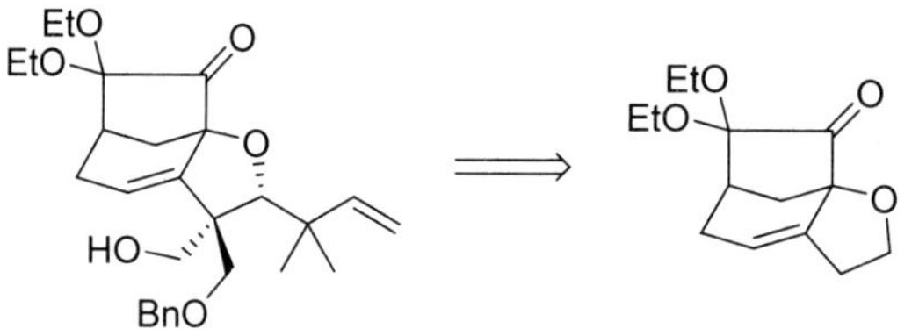

这部分剩下的骨架与底物对比，原料中的羰基与二氢呋喃的β位连接，而现在则与四氢呋喃环的α位连接，表明这个迁移过程是一个重排过程：

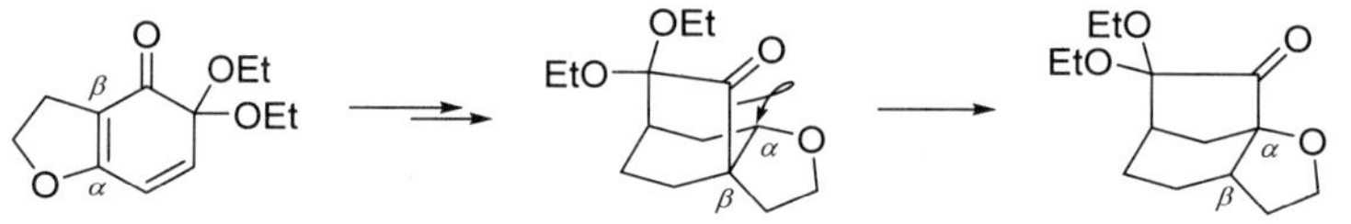

当然，这个迁移过程需要与 O 原子相连的 C 原子具有较高的亲电性，那应该是：

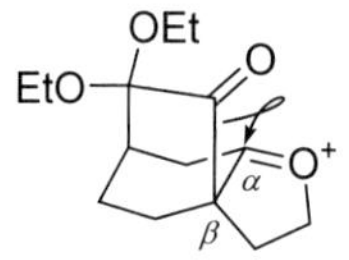

但是，这个羰基正离子在体系中并不存在，结合原料的结构考虑，它可以互变异构为：

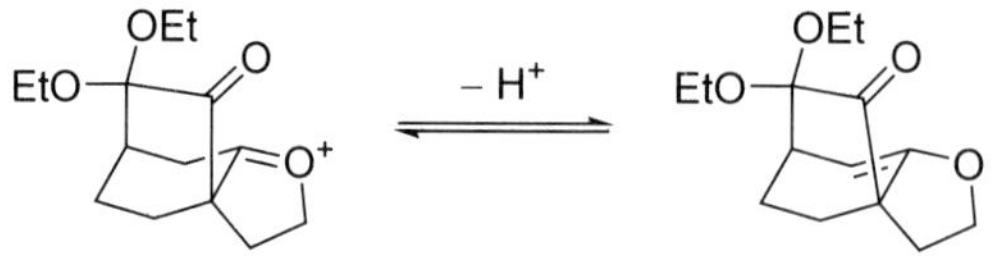

再来看看底物，初始的骨架为：

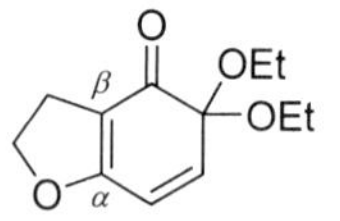

这是典型的 Diels-Alder 反应的双烯体，通过上述对产物骨架的分析可以发现：

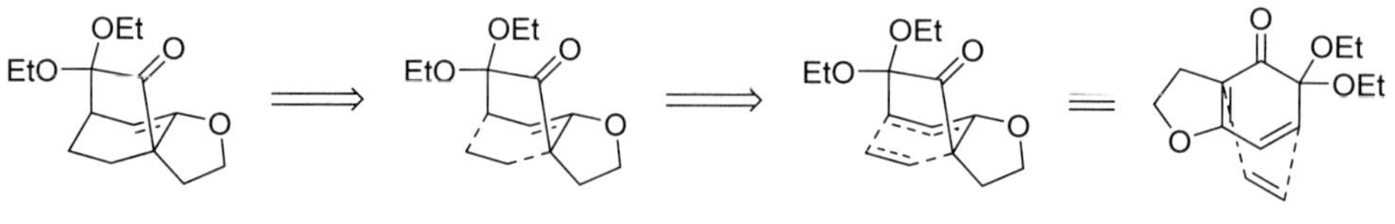

因此，反应的第一步应该是六元环双烯体与亲双烯体的 Diels-Alder 反应。不过这个双烯体不应该来源于底物分子内的末端烯烃，而应该是另一个原料：乙烯基硼酸酯。考虑到这个反应具有高度的立体选择性，因此应该是通过分子内的 Diels-Alder 反应实现的。这个桥连的过程应该是由作为 Lewis 碱的一级醇羟基与作为 Lewis 酸的硼酸酯反应：

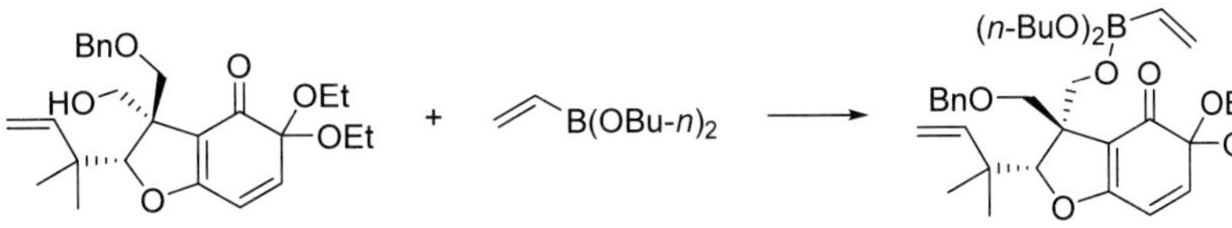

由于现在连接的基团位于并环体系的下方，因此亲双烯体只能从下方与双烯体系形成六元环过渡态。为了更能清楚地了解接下来 Diels-Alder 反应的六元环过渡态，需要将这个分子结构进行转换：

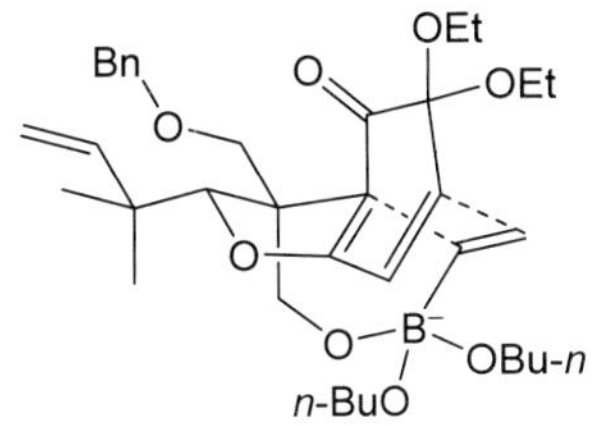

这个过渡态的区域选择性符合反应的电性要求（有兴趣的读者可以分析一下），高度立体选择性地转化为：

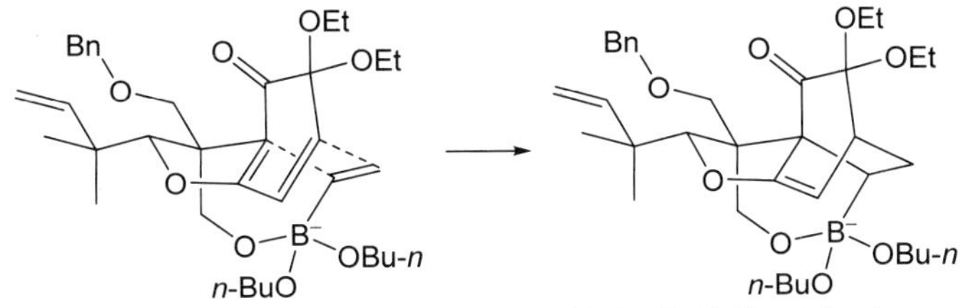

2,6-二叔丁基-4-甲基苯酚 (BHT) 提供质子，将此烯醇转化为羰基正离子：

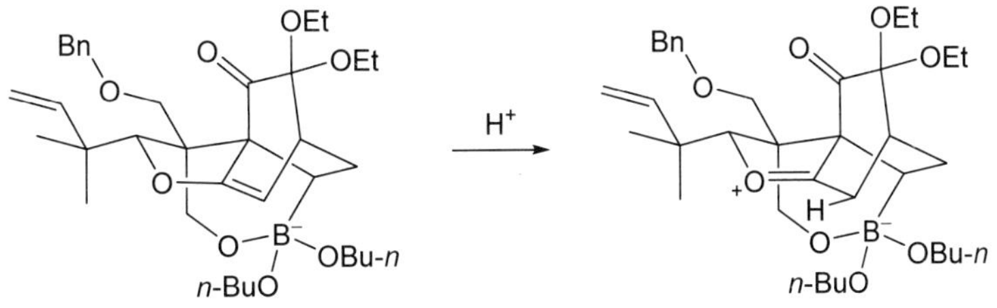

继续分析，酮羰基迁移对此羰基正离子进行加成，转化为：

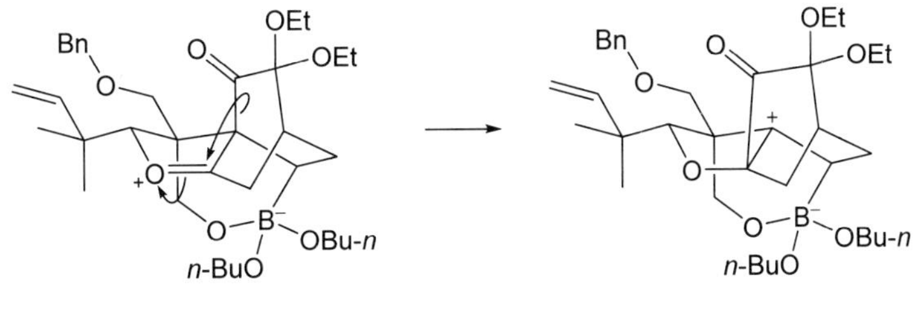

然后，发生β-消除构建 C=C 双键：

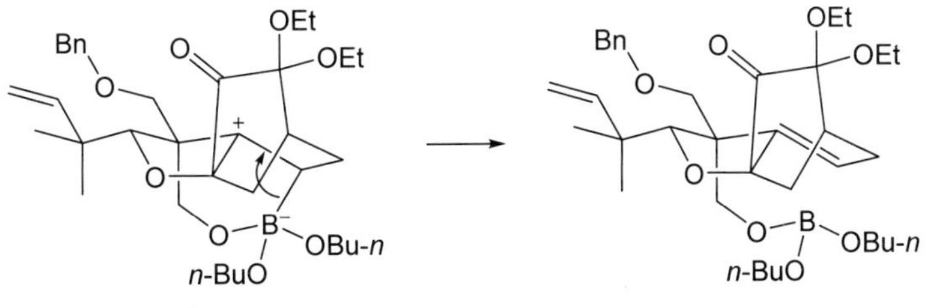

此时就可以很清楚地了解，与 B 相连的 C 原子的强亲核能力、和羰基正离子的强亲电性两方面原因导致了这个重排反应的发生。接下来，后处理水解硼酸酯即为产物。

综上分析，这个反应的整个转换过程为：

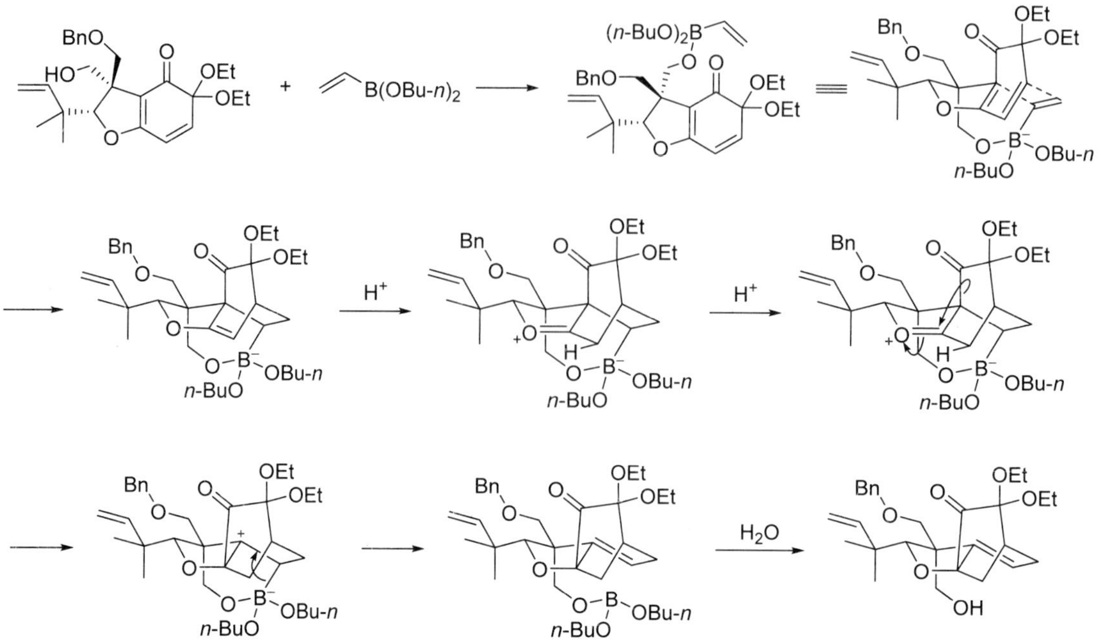

❖第 39 题

请为以下转换提供合理的电子转移过程，须标出准确的电子转移箭头：

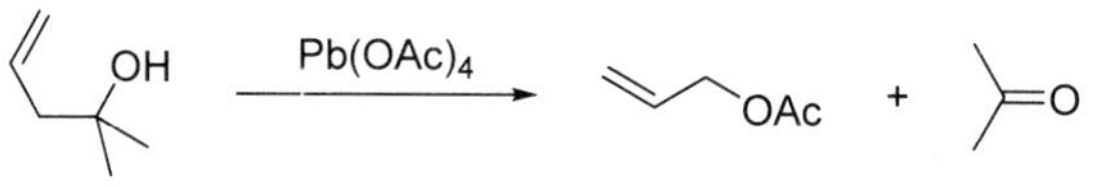

解答：

这个反应看上去由两个反应构成，一个是烯丙位 C–H 被氧化为烯丙醇；而另一个反应似乎有些不可思议：三级醇居然被氧化为丙酮。一般地，醇被氧化的基本过程为：

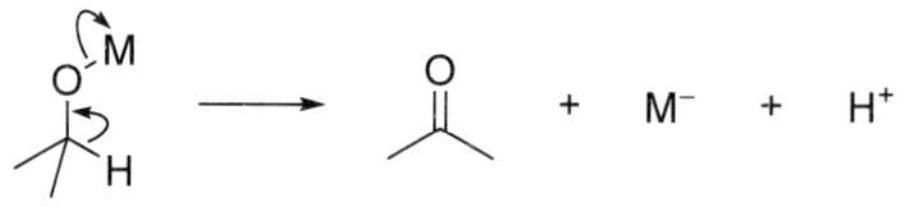

此处 M 为氧化中心，M–O 键异裂，M 得到 2 个电子形成 M^-，同时 C–H 键异裂，形成 H^+和 C=O。按照这种方式，底物生成丙酮的过程应该是烯丙位的 C–C 键断裂。为了能使这根 C–C 键断裂，必须将羟基与氧化剂结合，那就应该是醇羟基与四醋酸铅形成酯：

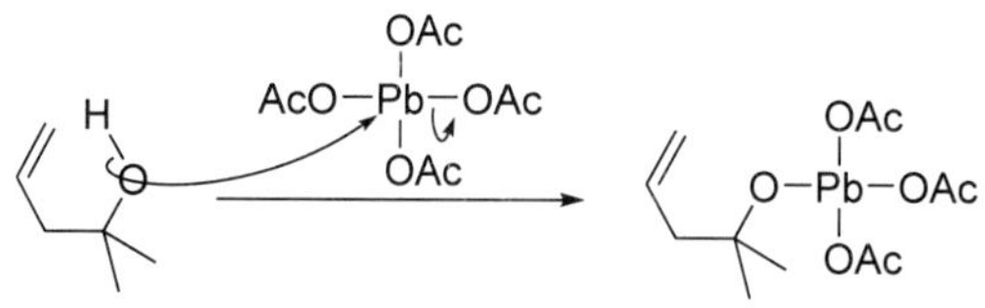

那么与三级醇连接的 C–C 键被氧化断裂，形成丙酮。此时，如果将丙酮视作离去基团的话，那么在双键的末端应当进行亲核加成，同时发生 C=C 双键的转移。因此，这个过程同时也是 S_N2'类亲核取代反应，亲核基团是 Pb 上的醋酸根离子：

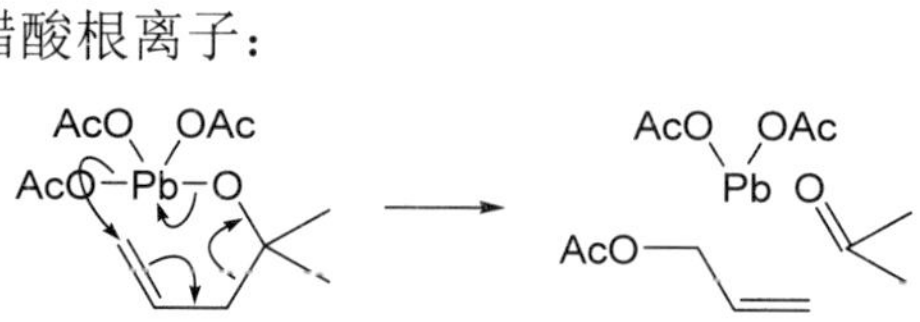

这个过程也可以视作通过六元环芳香过渡态发生，然后经还原消除转化为乙酸烯丙酯：

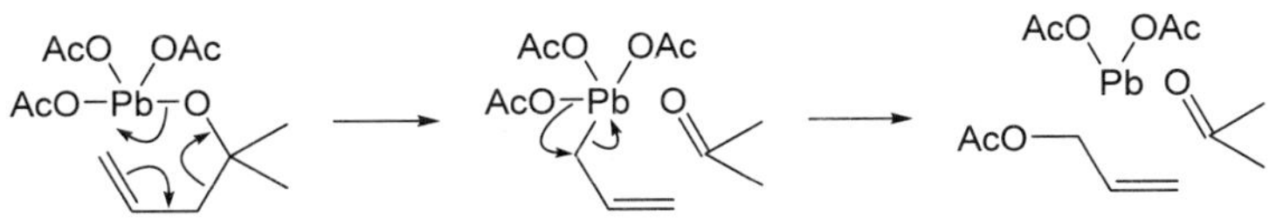

综上分析，这个反应的整个转换过程为：

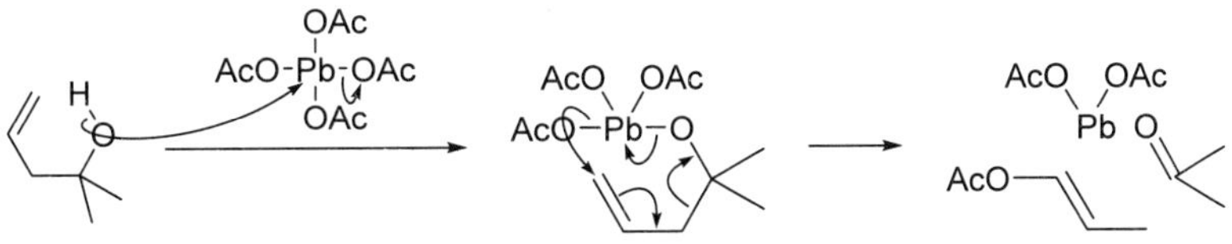

第 40 题

请为以下转换提供合理的电子转移过程，须标出准确的电子转移箭头：

p-TsOH

PhH, △

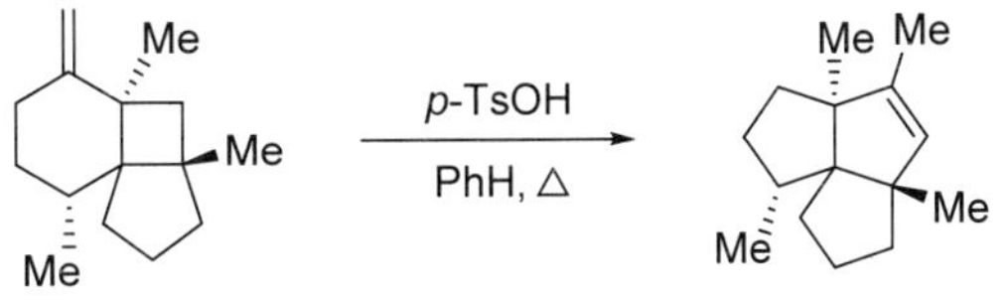

解答：

这是一个六元环缩成五元环，同时四元环扩成五元环的重排反应，下方的五元环应该没有参与。体系中只有一个官能团：环外 C=C 双键。在酸性条件下，C=C 双键加成质子，形成三级碳正离子：

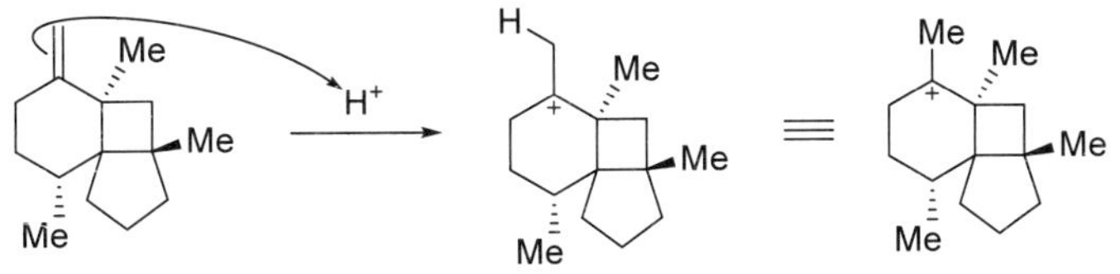

此时，这个环系上的四个甲基取代基位置，与产物中四个甲基的位置是一致的。但是，两个相邻的甲基在反应前后发生了变化：原先四级 C 原子上的甲基连接在了 C=C 双键上，而原先连接在三级碳正离子上的甲基转而连接在四级 C 原子上。这就是因为，四元环与六元环并接的那根 C–C 单键发生了迁移：

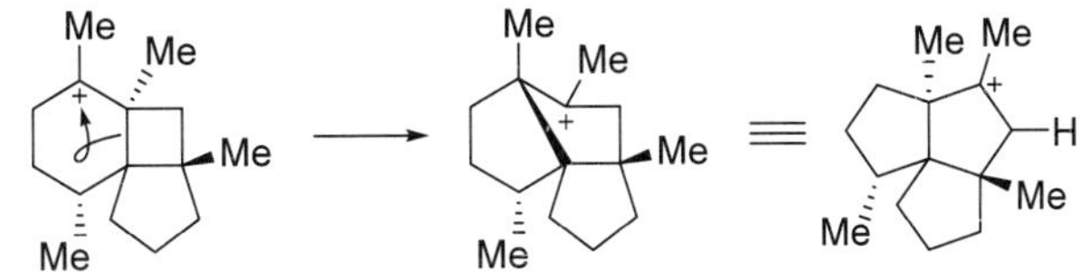

脱去质子后即为产物。综上分析，这个反应的整个转换过程为：

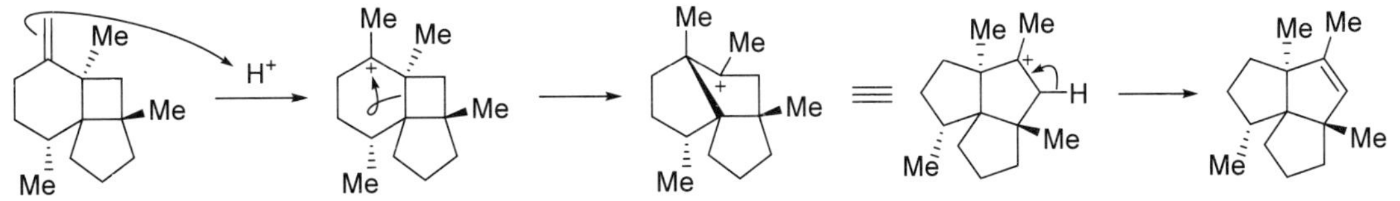

第 41 题

请为以下转换提供合理的电子转移过程，须标出准确的电子转移箭头：

I_2, $NaHCO_3$

MeOH, CH_2Cl_2

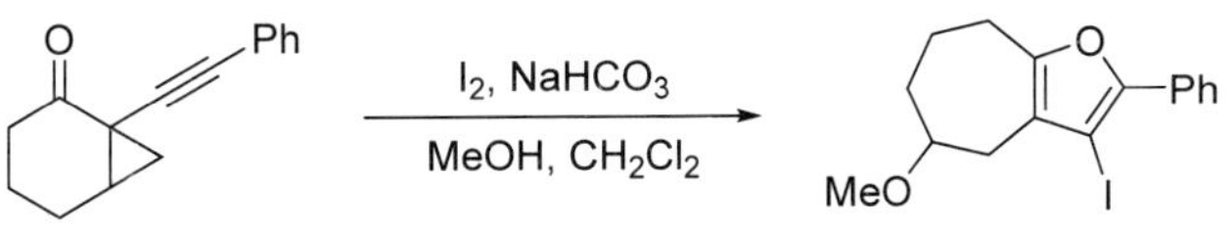

解答：

在这个转换中，六元环并三元环体系扩环成七元环，这个扩环过程中，并环的 C–C 键断裂：

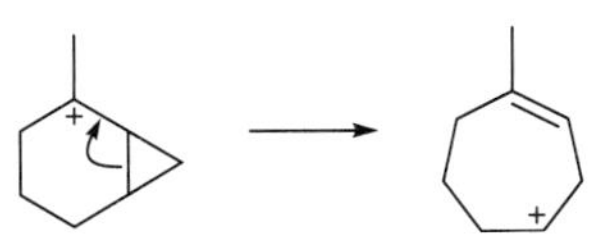

为了使这个扩环反应顺利进行，可行的方式之一就是在环丙烷的α位引入电正性的基团。

此外，羰基与炔烃构建了呋喃环：

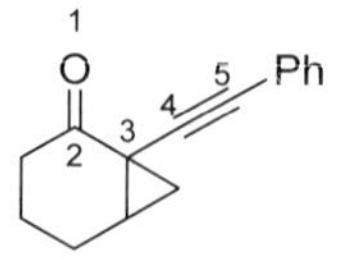

现在 C2 位连接了羰基 O 原子，因此，此位点本身具有亲电性，如果能将羰基 O 原子正离子化，将使 C2 位的亲电性大幅度增加。

此反应的起点是 I_2 对炔烃的亲电加成形成三元环正离子：

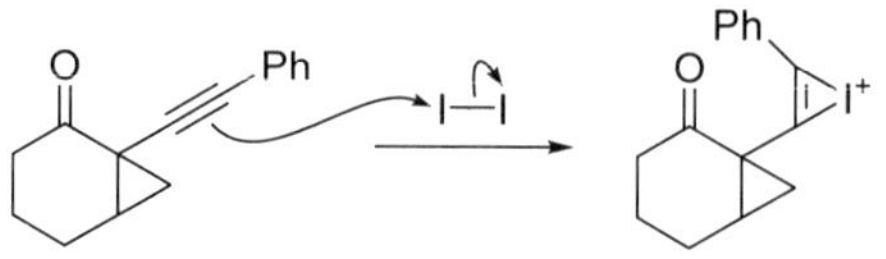

此时羰基 O 的孤对电子对此三元环碘正离子进行亲核取代反应，构建了五元环：

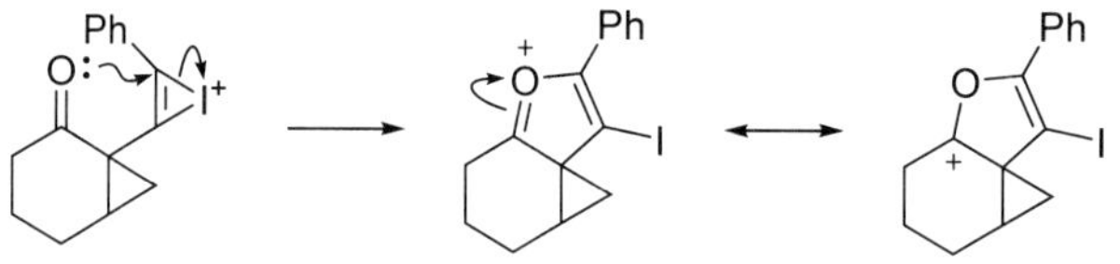

羰基正离子的共振式即为碳正离子，此碳正离子正好为环丙烷的α位正离子，从而诱导了环丙烷的开环，构建了呋喃环：

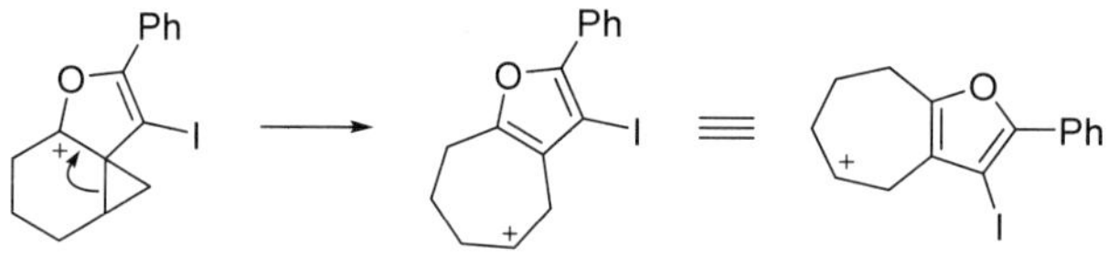

正离子与甲醇形成 C–O 键后脱去质子即为产物。综上分析，这个反应的整个转换过程为：

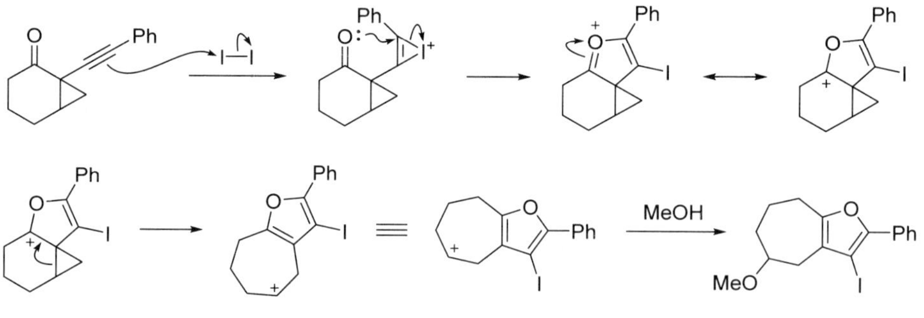

第 42 题

请画出中间体 **A** 的结构简式，并为以下转换提供合理的电子转移过程，须标出准确的电子转移箭头：

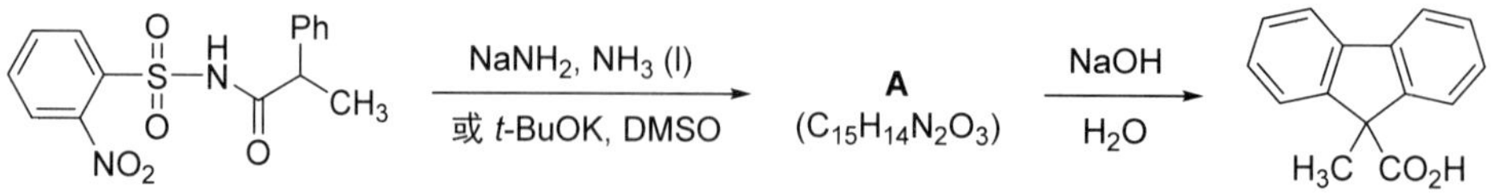

NaNH$_2$, NH$_3$ (l) 或 *t*-BuOK, DMSO → **A** ($C_{15}H_{14}N_2O_3$) → NaOH, H$_2$O

A 的光谱数据：FT-IR (cm^{-1}): 3470, 3360; 1670; 1535, 1365；NMR ($CDCl_3$): δ 2.15 (3H, s), 5.87 (2H, broad, s), 6.9~7.9 (9H, m)。

解答：

对于第一个反应，是在一个基本无亲核能力的强碱作用下的转换过程。因此，此时强碱只能攫取分子中具有酸性的 H——磺酰胺中 N 原子上的 H 和酰胺α位上的 H。此外，化合物 **A** 的分子式已经告诉读者，**A** 比原料分子少了 SO_2，这表明与苯环相连的 C–S 键断裂。底物的分子结构中磺酰基连接在硝基的邻位，这非常符合芳香亲核取代反应 (S_NAr) 的结构特点。

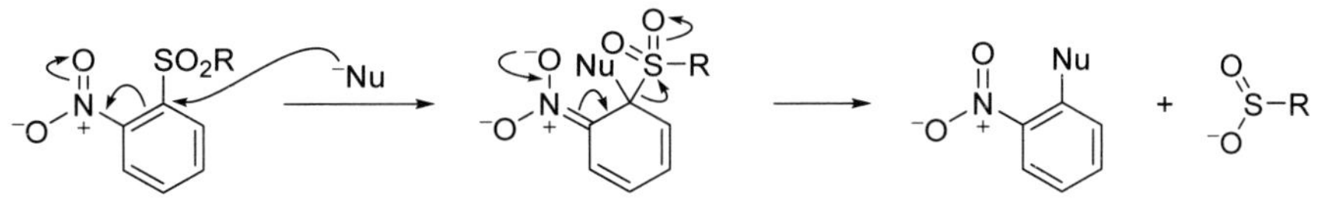

但是，这是一个分子内的反应，考虑到环的张力，进行芳香亲核取代反应的位点不应该是氮负离子，应该是酰氨基的α-C 原子。因此，在强碱作用下，先形成烯醇负离子，然后进行芳香亲核取代反应，这个反应就是 Smiles 重排：

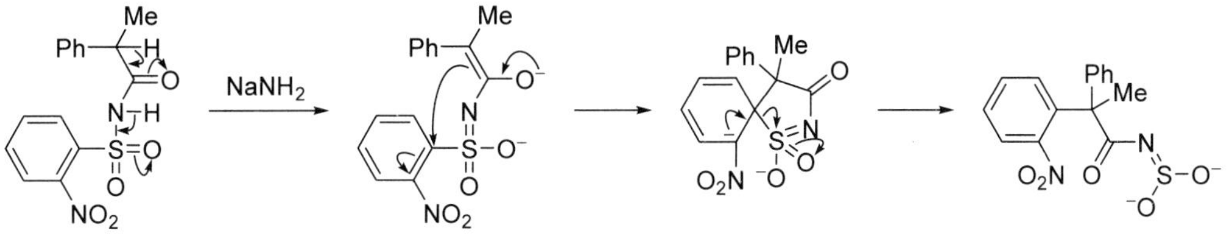

最后水解，转化为酰胺。因此，化合物 **A** 的结构为：

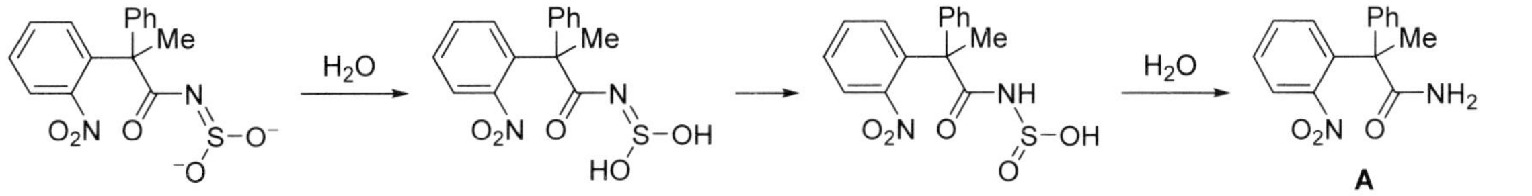

第二个反应构建芴环。从底物的结构分析，酰胺可以水解为羧酸，这个位点与产物芴环中 C9 位的两个取代基是一致的。因此，这个位点只是酰胺转化为羧酸。那剩下的就是两个苯环的偶联反应，而且连接的位点应该是硝基取代的位点。硝基连接的位点通常是苯环的亲电位点，如果能使硝基转化为一个离去基团，就可以让另一个苯环对该位点进行芳香亲核取代反应，实现两个苯环间的偶联反应。在碱性条件下，酰胺 N 原子上的 H 具有酸性，可以被攫取从而增加 N 的亲核能力（与 Hoffman 降解反应的第一步类似），实现对硝基的亲核加成：

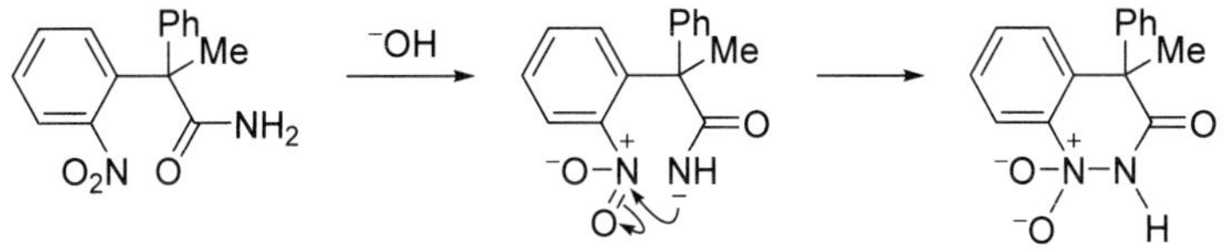

脱水后，形成偶氮键：

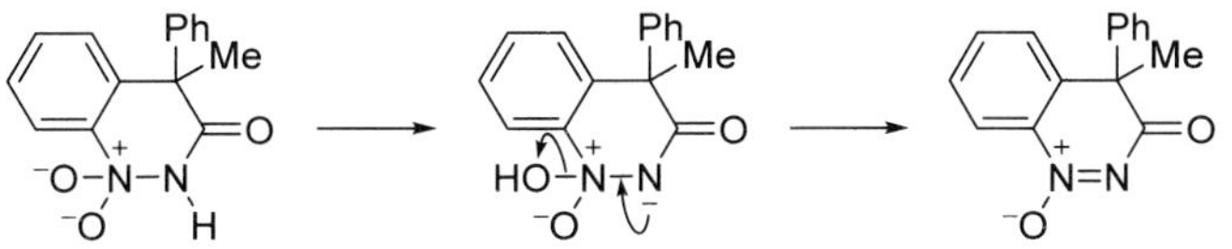

此时，OH^-对羰基进行亲核加成-消除，转化为：

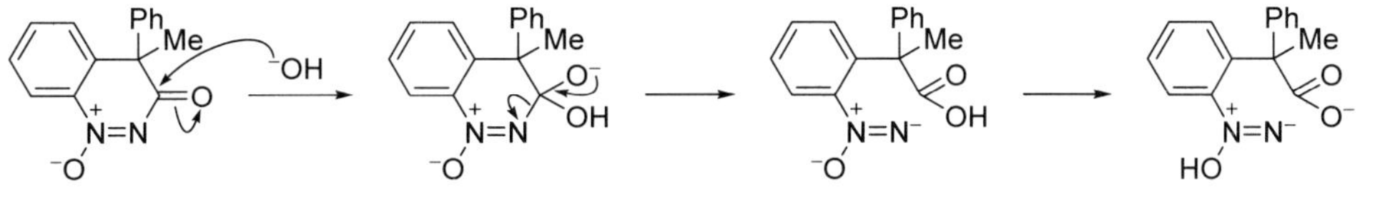

这个中间体脱去 N_2 和 OH^-，就可以形成苯基苯离子（能量很高），接着迅速与另一个苯环进行芳香亲电取代反应，实现苯环与苯环的偶联形成产物。这个偶联类似于苯基重氮盐与苯偶联的 Gomberg-Bachmann 反应或分子内的 Pschorr 反应。

综上分析，这个反应的整个转换过程为：

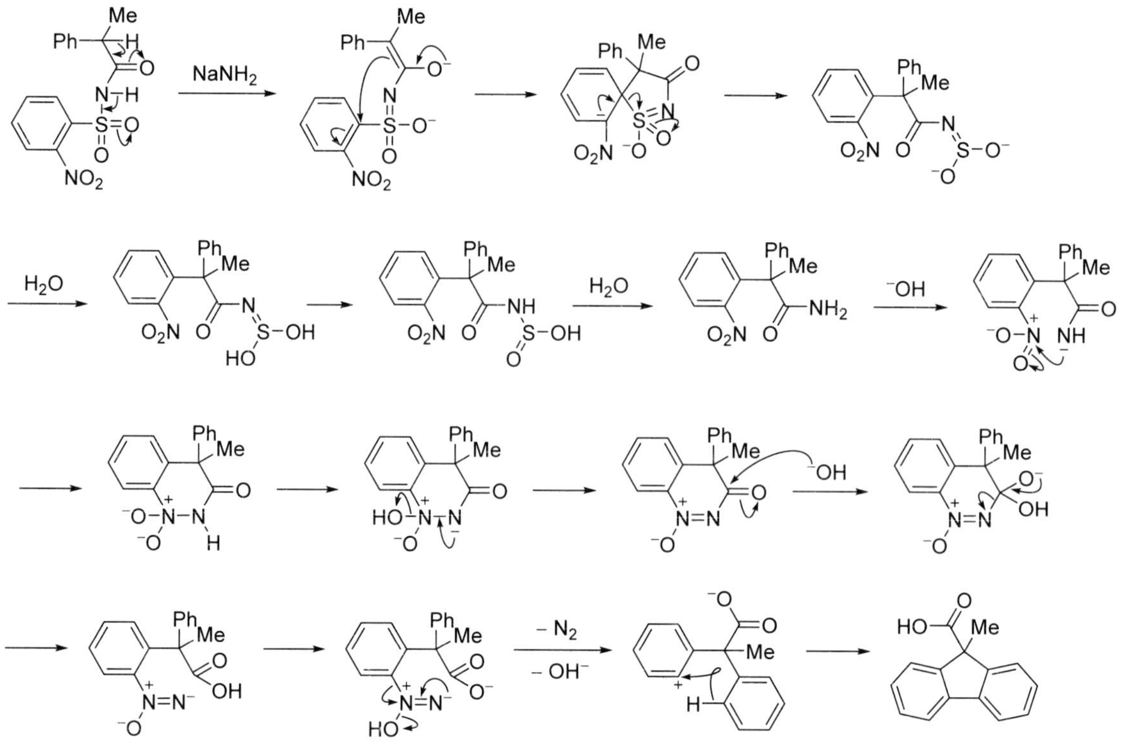

第 43 题

请为以下转换提供合理的电子转移过程，须标出准确的电子转移箭头：

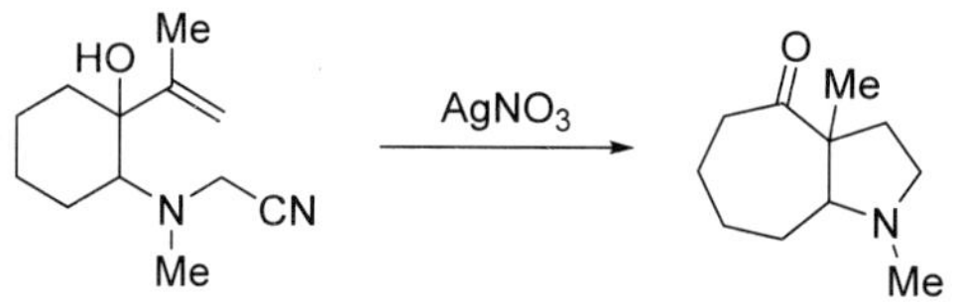

解答：

这个反应中主要的结构变化在于六元环扩成了七元环并五元环系，而且三级醇转化为酮羰基，这是非常明显的类 pinacol 重排：

这就意味着羟基的β位须先转化为碳正离子。烯烃作为亲核基团，与一个亲电基团反应后可以转化为碳正离子：

那么这个亲电基团来源于何处？考虑到产物不再含有氰基，而且氰基是一个非常好的亲核基团，也是很好的离去基团：

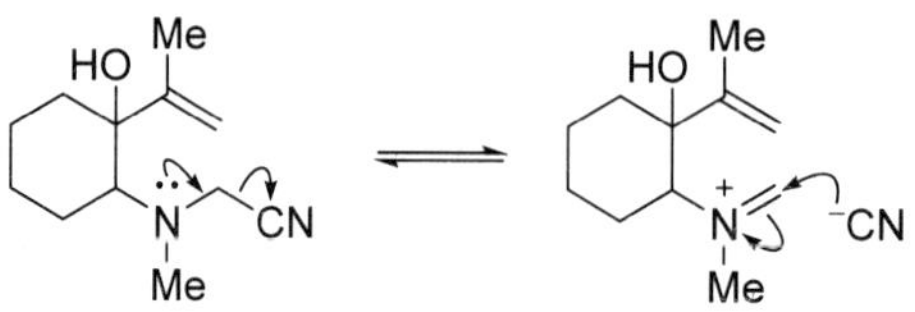

综上分析，这个反应的整个转换过程为：

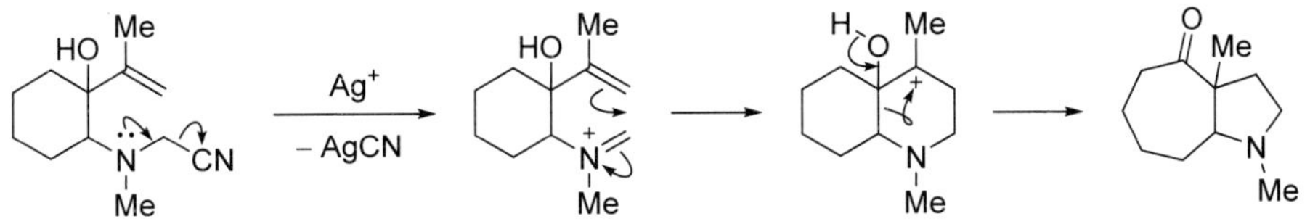

说明：此转换过程也可以考虑[3,3]-σ重排。

第 44 题

请为以下转换中的立体化学结果提供合理的解释：

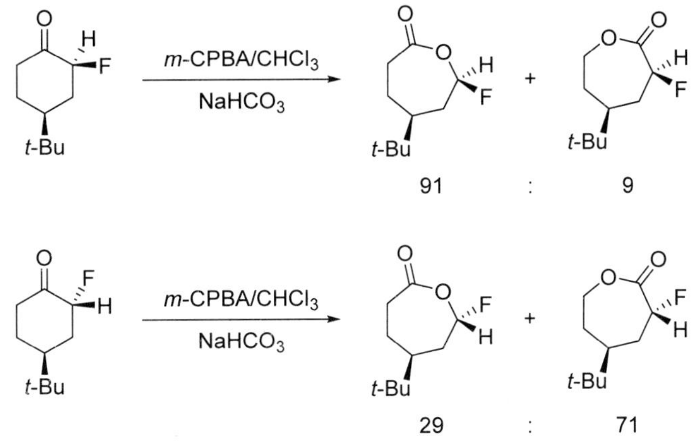

91 : 9

29 : 71

解答：

这是一个典型的将酮转化为酯的 Baeyer-Villiger 氧化重排反应。这里解释这个过程的目的在于让读者理解反应过程中构象的分析非常重要。这两个底物的优势构象分别为（此时，叔丁基须处在六元环椅式构象的平伏键）：

第一个底物的转换过程为：

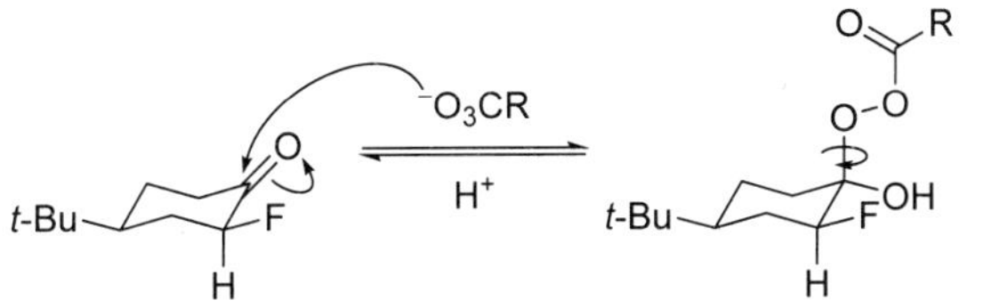

处在直立键的 C–O 键可以自由旋转，将其转化为 Newman 投影式。考虑到过酸上取代基与羟基上 H 的空阻，两者应该处在反式位置上，这样可以有以下两种 Newman 投影式：

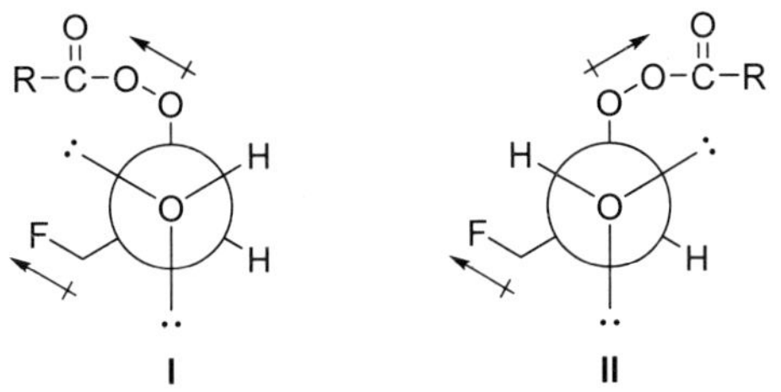

对于投影式 **I** 而言，C–F 键的极化方向与过酸 O–O 键的一致，这会导致这个投影式的分子极性变大，不是一个优势的构象；而对于投影式 **II** 而言，这两者的极化方向正好相反，反应按这个优势构象进行，迁移基团与离去基团处在反式的位置。主产物为：

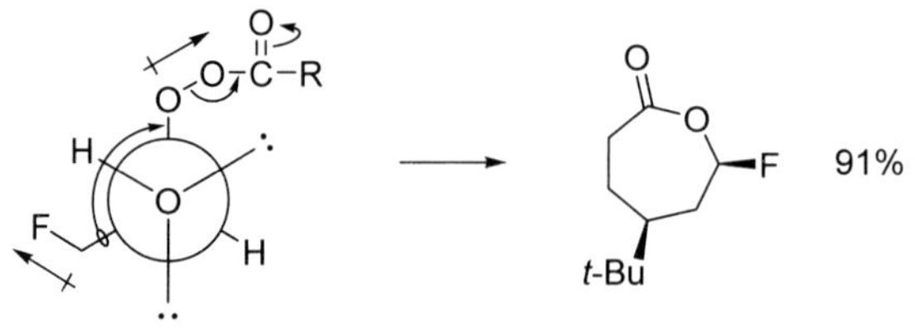

II

副产物为：

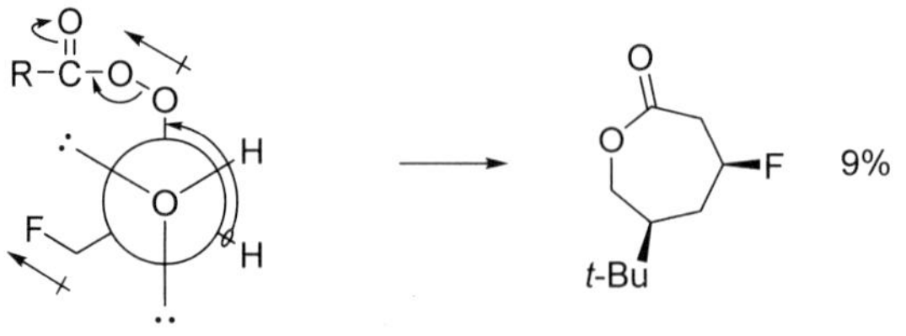

I

接着分析第二个底物，其第一个产物的转换过程为：

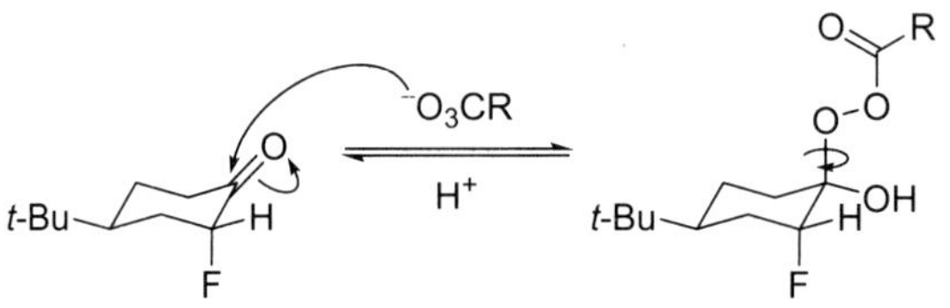

按照以上方式还是将其转化为 Newman 投影式：

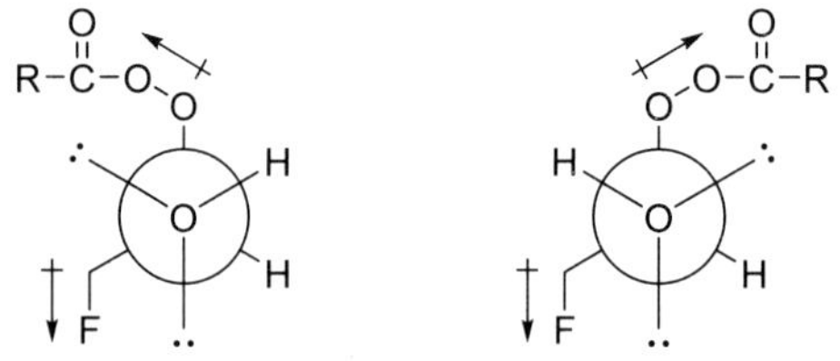

III IV

对于这两个构象而言，能量上没有明显的差别，此时，亚甲基的迁移速率要比氟代次甲基快。因此，主产物为：

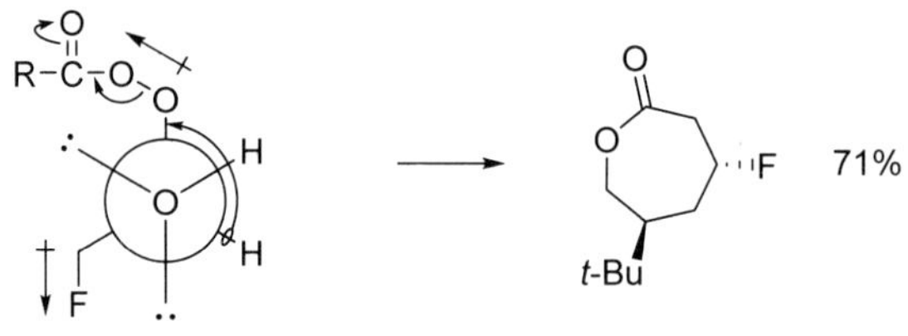

III

副产物为：

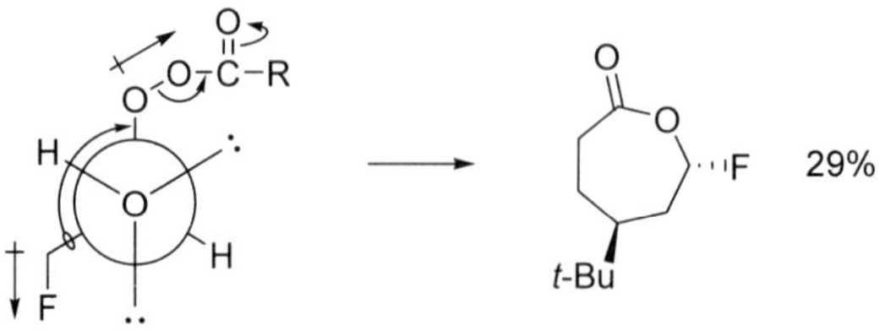

IV

❖第 45 题

请为以下转换提供合理的电子转移过程，须标出准确的电子转移箭头：

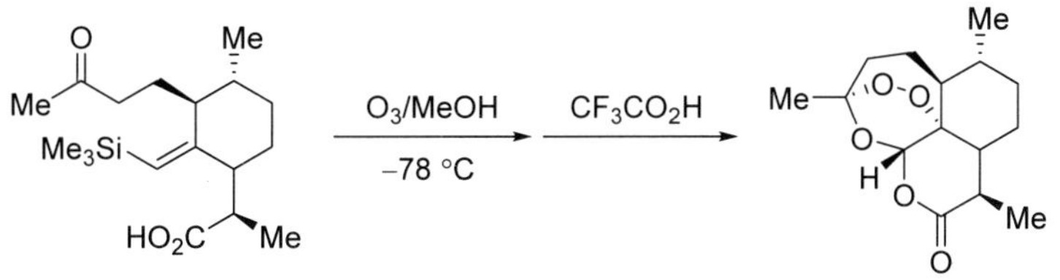

解答：

这个反应看上去很简单，似乎是 C=C 双键的臭氧化反应：

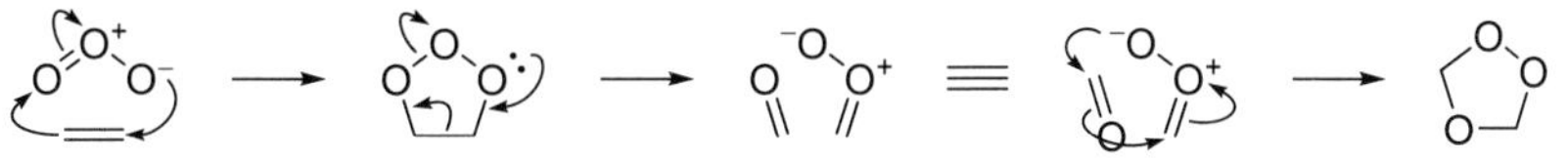

这是 1,3-偶极环加成反应、逆 1,3-偶极环加成反应以及再一次 1,3-偶极环加成反应，形成含过氧键的五元环过程。在这一系列反应中，碎片化过程非常重要。结合这个过程，底物中含有 C=C 双键，但是最后的过氧键在六元环中，而且 C=C 双键并没有断裂。这就意味着双键臭氧化后的碎片化过程，以及后续的重组过程，与经典的双键臭氧化反应完全不同。

首先，按照常规方式，C=C 双键与臭氧通过 1,3-偶极环加成反应形成五元环：

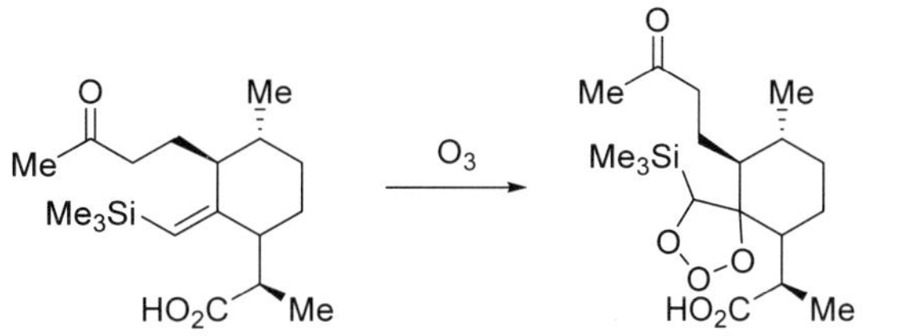

接下来，碎片化的过程不是切断 C–C 单键，而是切断 C–Si 单键：

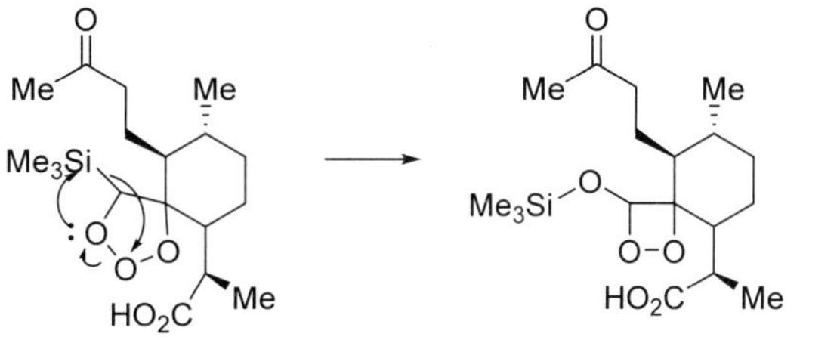

在三氟乙酸作用下，四元环开环：

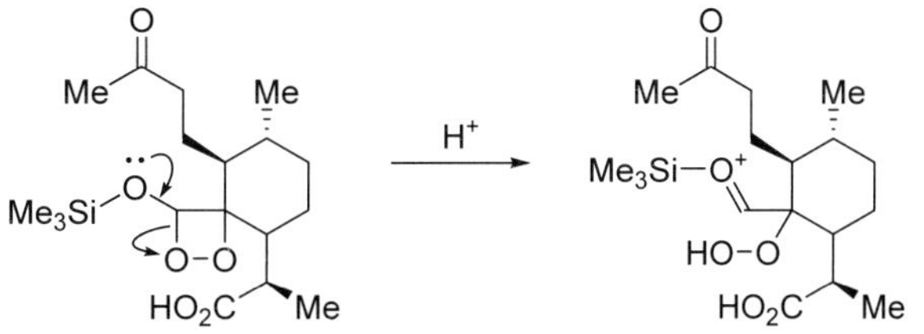

后续的反应就比较简单了，一连串的缩酮、缩醛和内酯的反应构建了最终的产物。综上分析，这两步反应的整个转化过程为：

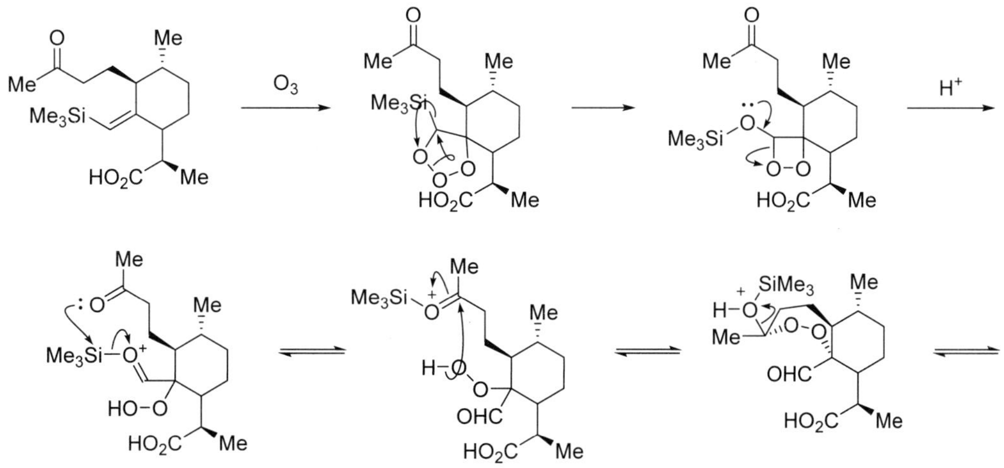

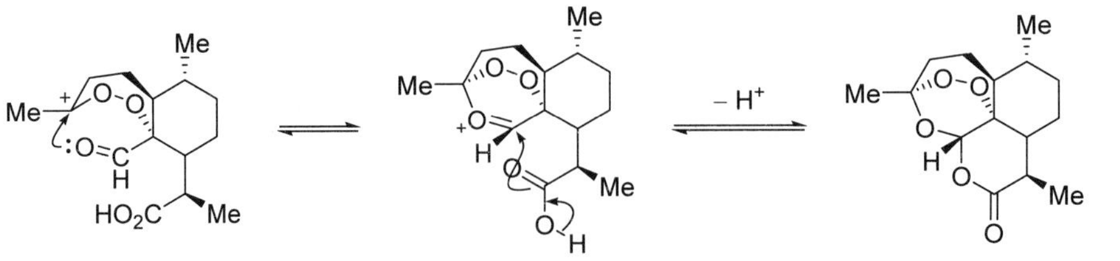

❖第 46 题

请为以下转换提供合理的电子转移过程，须标出准确的电子转移箭头：

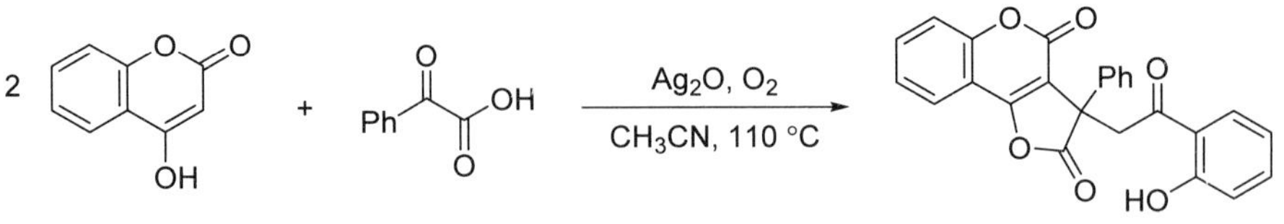

Ag_2O, O_2

CH_3CN, 110 °C

解答：

这个反应看上去包含了多个环，让人很头疼。但实际上，认真观察产物的结构，就可以发现 2-氧代苯乙酸中酮羰基的 O 原子消失了。这个位点肯定是亲电的，这种酮羰基上氧的消失通常是先加成转化为羟基，然后消除实现的。而另一个原料中含有一个重要的官能团——烯醇，正好发生羟醛缩合反应：

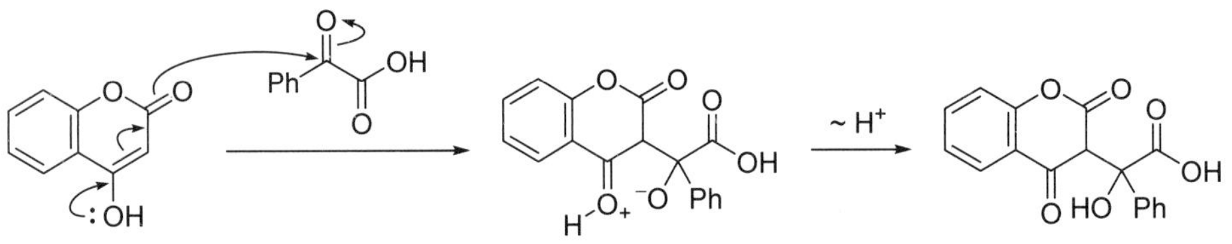

接着经 E1cb 反应转化为α,β-不饱和体系：

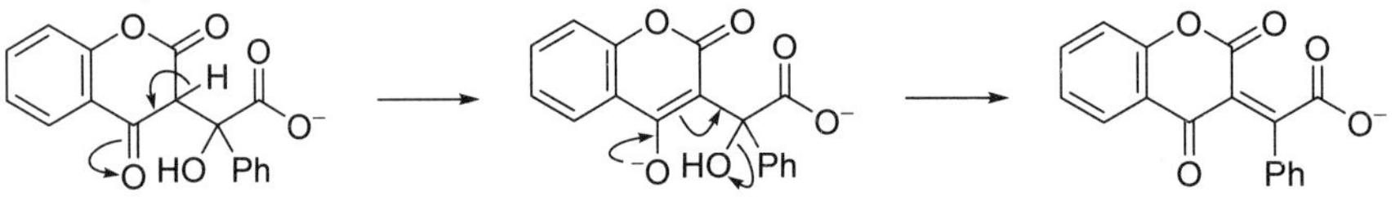

另一分子的烯醇对此α,β-不饱和体系进行 1,4-共轭加成：

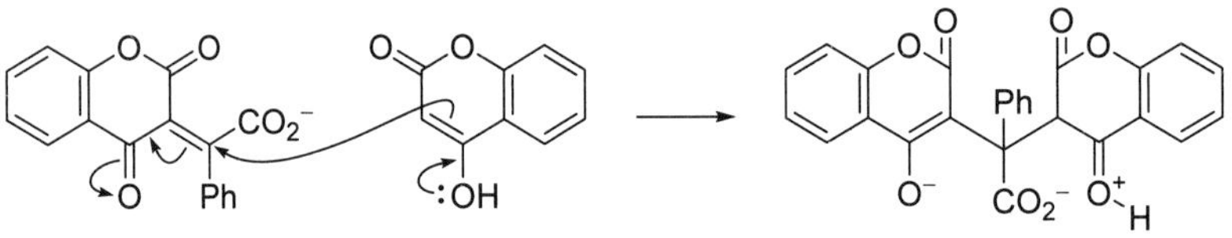

质子交换，羧酸根负离子对此酮羰基亲核加成-消除后形成内酯：

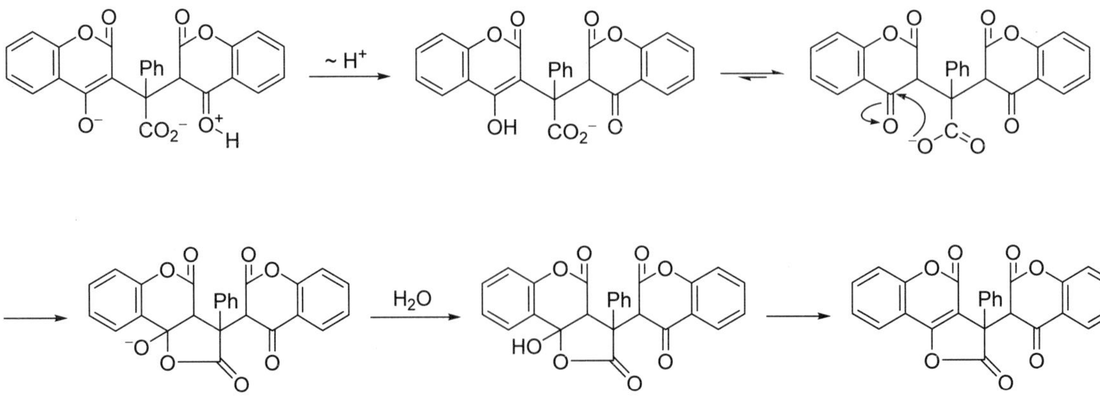

接下来，通过水解脱羧的过程得到产物。按照文献中的描述需要氧化银的参与。通常情况下，氧化银是一个弱碱，有助于羟醛缩合反应的进行。此外，后续的脱羧过程可能是银离子参与的自由基脱羧过程。氧气（文献中是空气）的作用是将后续的 Ag(0)再氧化成 Ag^+。

综上所述，这个反应的整个转换过程为：

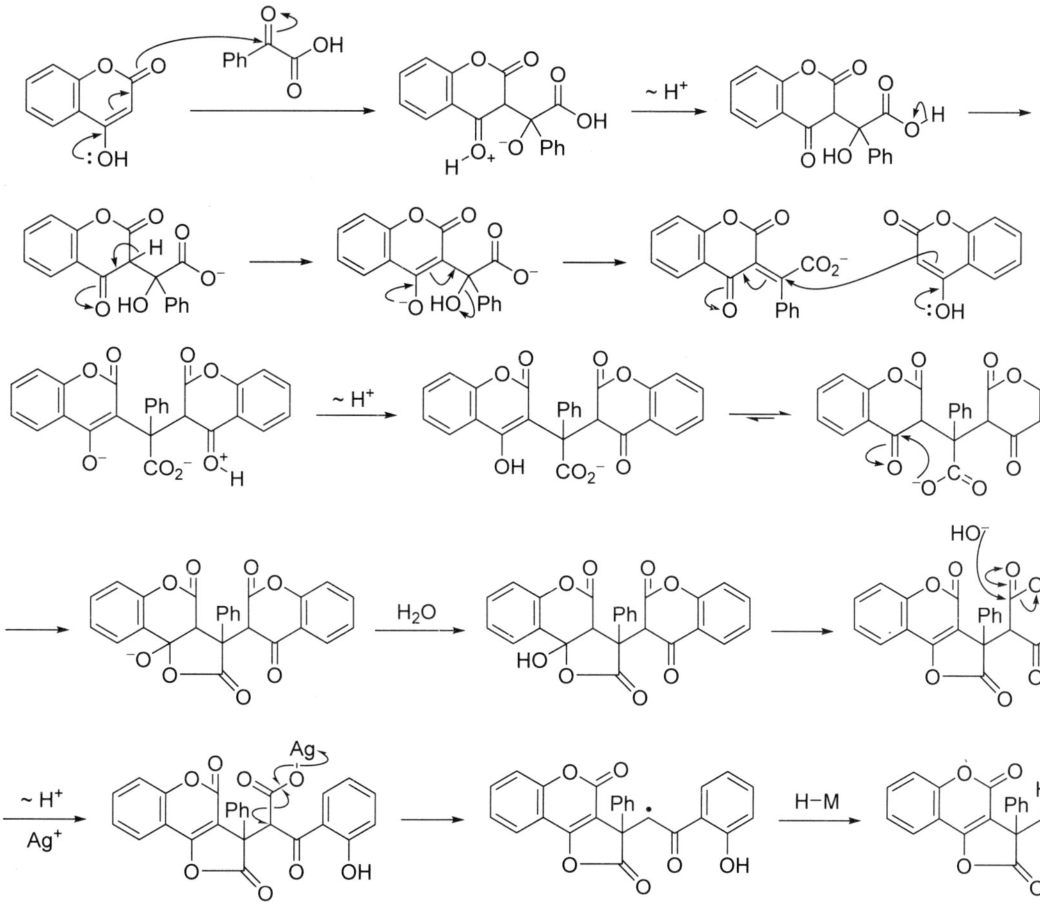

第 47 题

请为以下转换提供合理的电子转移过程，须标出准确的电子转移箭头：

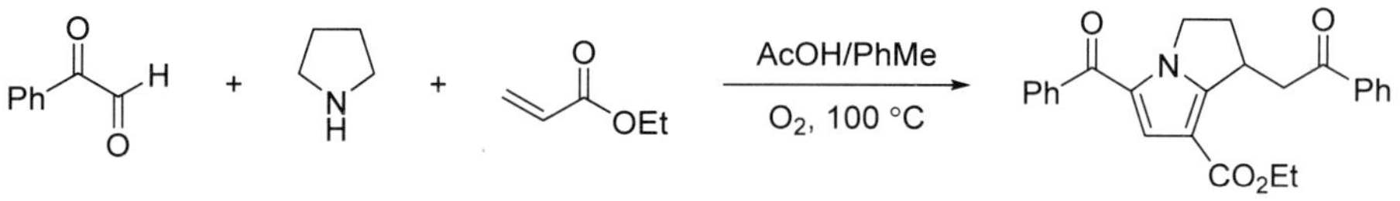

解答：

有机反应基本上都是官能团决定的，官能团的转化过程决定了有机反应的发展方向。因此，当思考其具体的转化过程时，需要密切注意官能团在产物中所处的位置，这能提供非常详细的线索。如在这个转化反应中，丙烯酸乙酯是其中一条线索。丙烯酸中的 C=C 双键成为产物中吡咯五元环中的两个 C 原子。因此，这个吡咯五元环应该是 N 原子的两个α位与丙烯酸乙酯中的 C=C 双键构建的，这个反应应该是 1,3-偶极环加成反应（后续的芳构化由 O_2 氧化完成）：

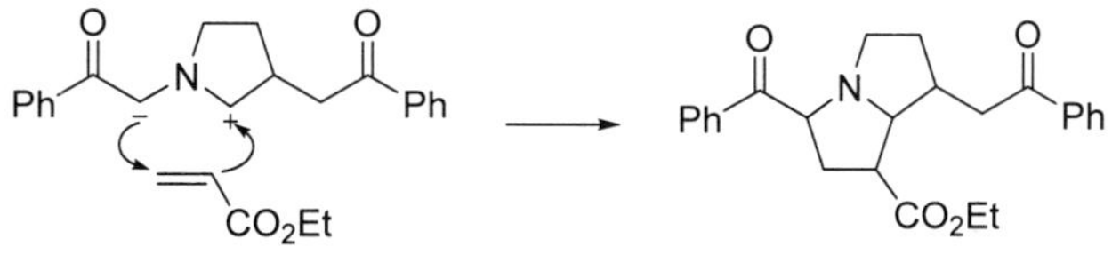

那么这个 1,3-偶极子从何而来？还是可以通过官能团来分析：它是由四氢吡咯与两分子 2-氧代苯乙醛构筑的。2-氧代苯乙醛与四氢吡咯 N 原子的反应比较简单，甲酰基与四氢吡咯中的 N 原子可以形成亚胺正离子：

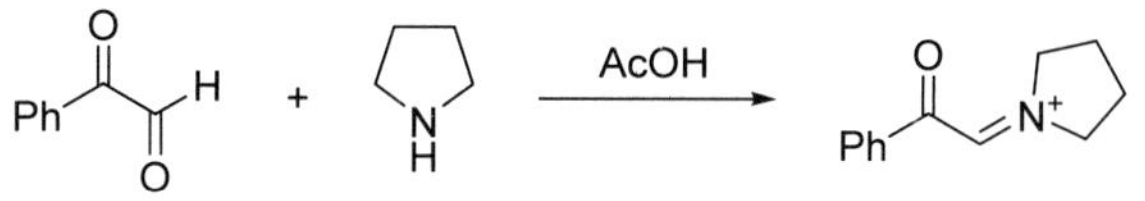

而甲酰基与四氢吡咯的β位又是如何反应的？为了使接下来的反应发生在四氢吡咯的β位，肯定需要进行官能团转化：

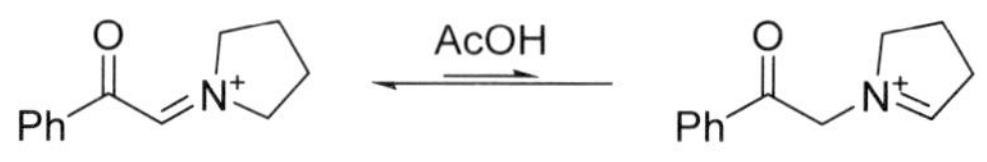

尽管这个亚胺正离子间的转换并不是一个热力学有利的过程，但是，随后的亚胺正离子转化为烯胺还是切实可行的（尽管这不是一个热力学有利的转换）：

接着，此烯胺与另一分子 2-氧代苯乙醛中的甲酰基进行缩合反应：

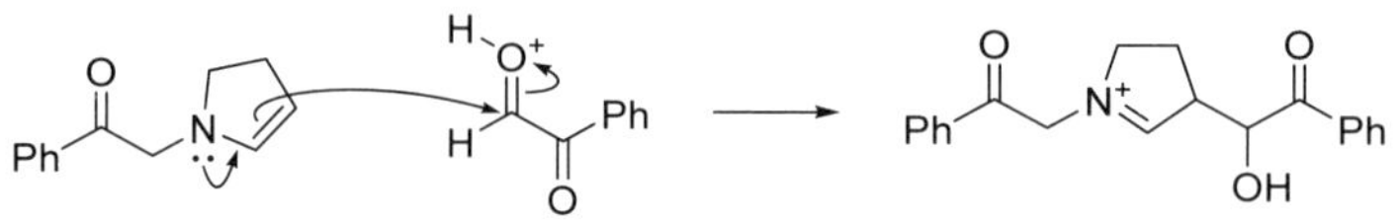

在酸性条件下失水，构建一个更大的共轭体系，这也是反应转化的驱动力：

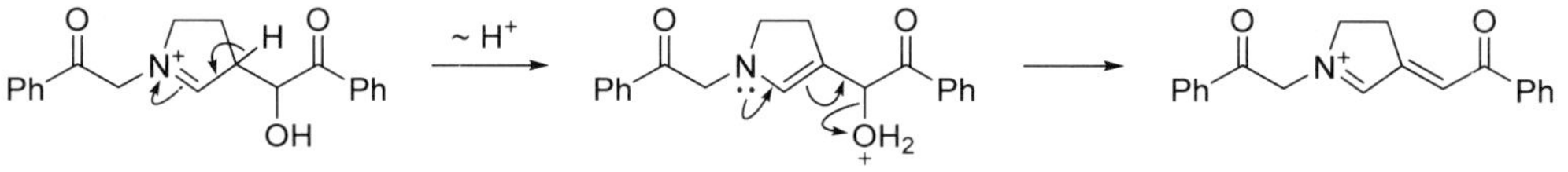

在此体系中，酮羰基合亚胺正离子间的α-H 具有很强的酸性，离去后可以构建 1,3-偶极子：

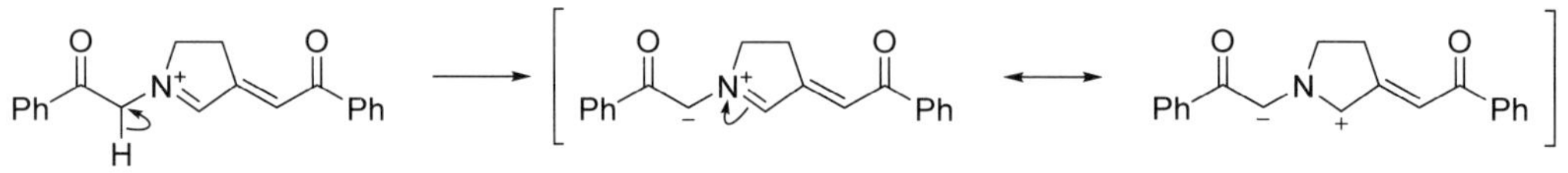

此 1,3-偶极子与丙烯酸乙酯进行 1,3-偶极环加成反应构筑五元环：

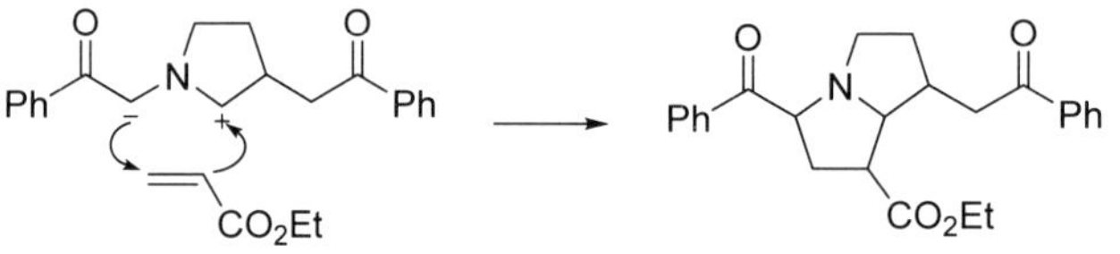

随后的反应应该是在氧气的作用下，将连接酯基的四氢吡咯环氧化为吡咯环。这里面包含了一连串的 H 迁移。尽管在这里 H 迁移的过程不是一个热力学有利的过程，但最终吡咯环的芳构化是这个转化的最重要驱动力：

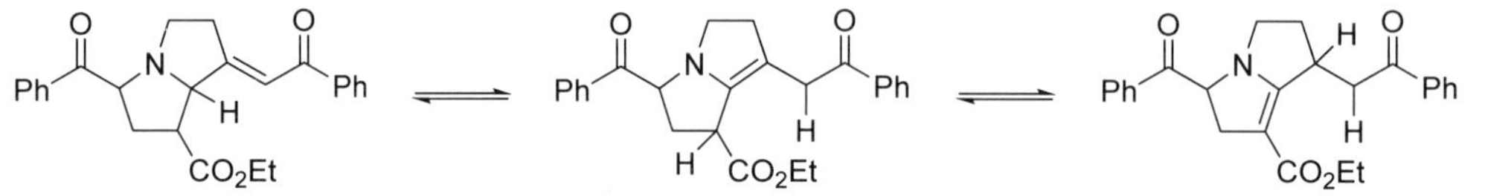

最终，二氢吡咯被氧气氧化芳构化，转化为最终产物：

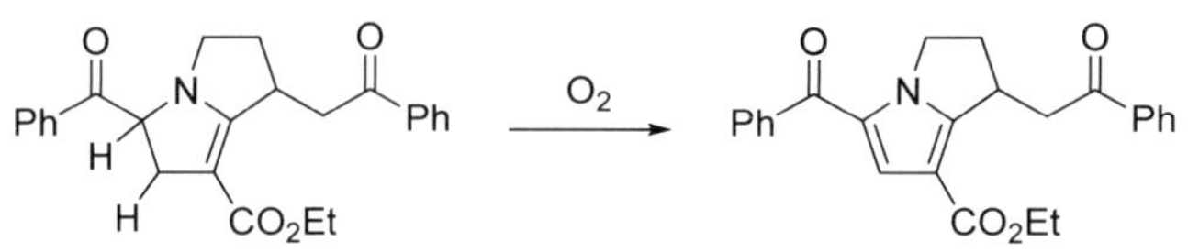

为了证明这个机理的可行性，可以通过对其他副产物的鉴定进行验证，如第一个亚胺正离子形成后，也可以转化为 1,3-偶极子：

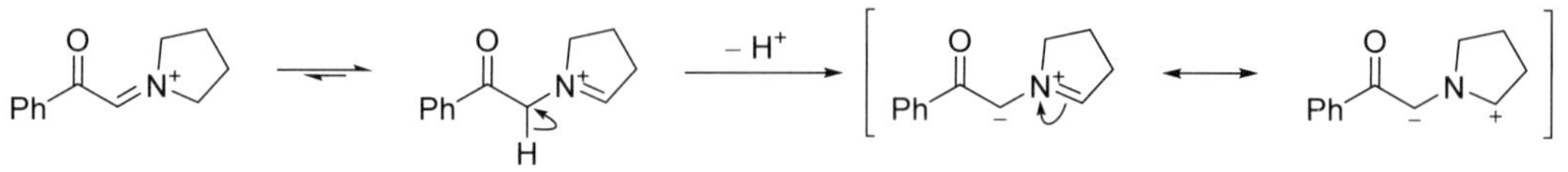

进而与丙烯酸乙酯进行 1,3-偶极环加成反应：

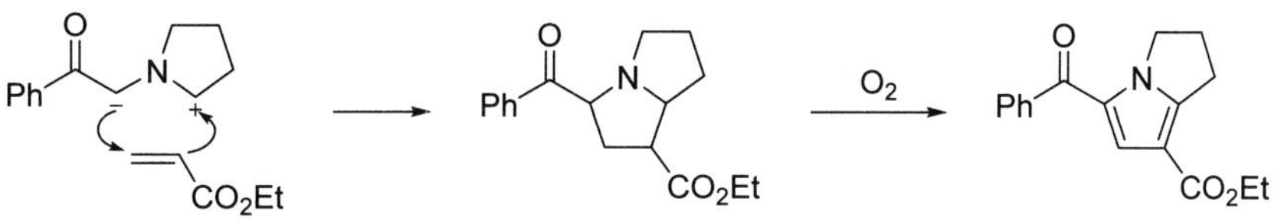

因此，在反应过程中应该会有这个副产物形成。

综上分析，这个反应的整个转换过程为：

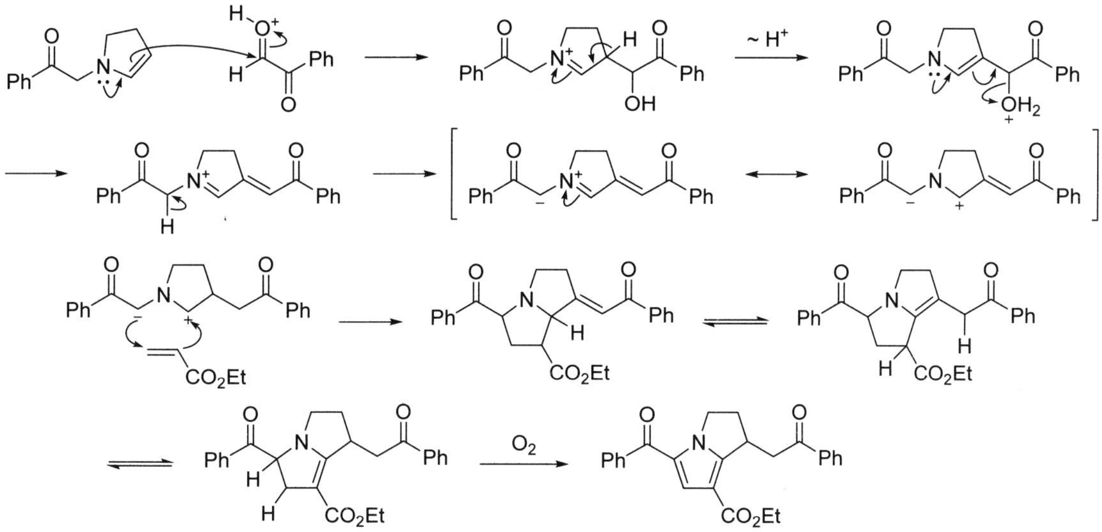

第 48 题

请为以下转换提供合理的电子转移过程，须标出准确的电子转移箭头：

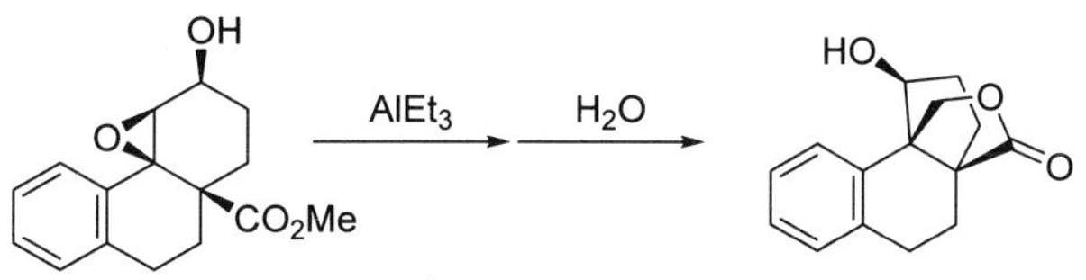

解答：

首先，对这个反应中的官能团转换进行分析，四氢合萘环没有发生任何变化，甲酯转化为内酯，但是羰基没有参与任何反应；环氧环开环，环己醇缩环转换为环戊醇，但还是二级醇，必定发生了重排反应。通过分析可以理解为真正参与这个转换的基团是：

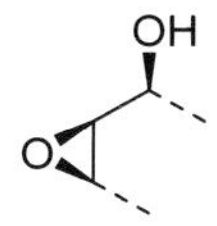

在这个骨架中，可以发生典型的 Payne 重排：

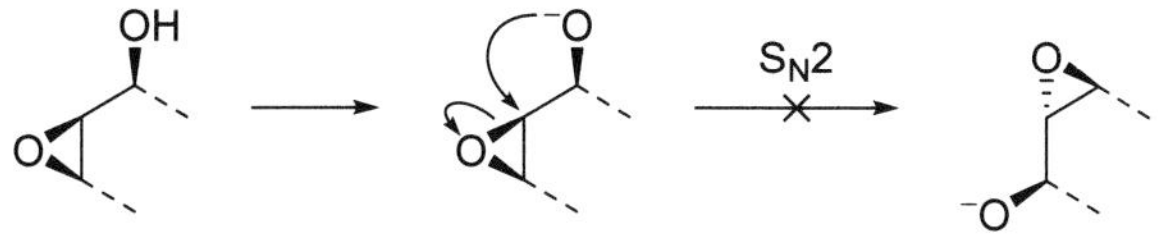

但是，在这个转换中，肯定没有进行此重排反应。从六元环缩成五元环的角度考虑，应该是：

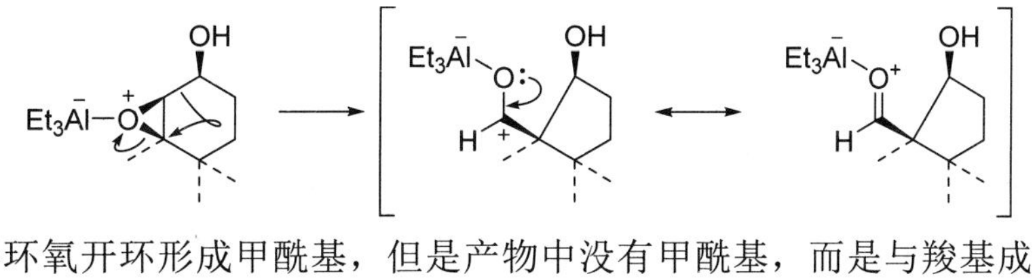

这个缩环重排使得环氧开环形成甲酰基，但是产物中没有甲酰基，而是与羧基成内酯的羟甲基，这就意味着甲酰基需要被还原为羟甲基，那么这个还原试剂是哪一个呢？体系中只有三乙基铝作为 Lewis 酸催化这个反应。类似的含铝 Lewis 酸还原酮或醛羰基的反应为 Oppenauer 还原，即异丙醇在三异丙氧基铝催化下将丙酮还原为异丙醇：

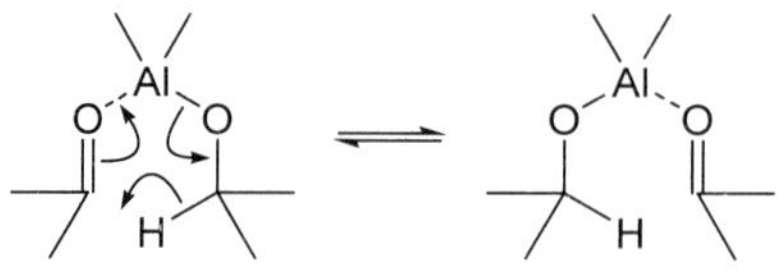

在 Petasis-Ferrier 重排中，利用异丁基铝还原酮羰基：

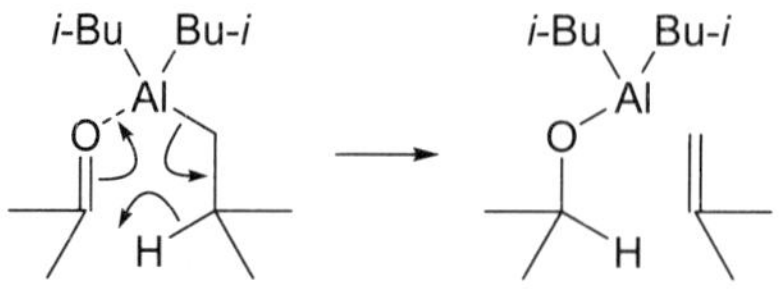

在这些铝的配合物中，能将羰基还原的这些转移的 H 具有相同的特点：均位于铝的β位。这与前面讨论的在过渡金属催化中的β-氢消除的基元反应是一致的。

而现在 Lewis 酸三乙基铝也有β-H，因此，也可以将甲酰基还原，其中乙基转化为乙烯（这个反应可以认为是硼烷还原烯烃的逆反应）：

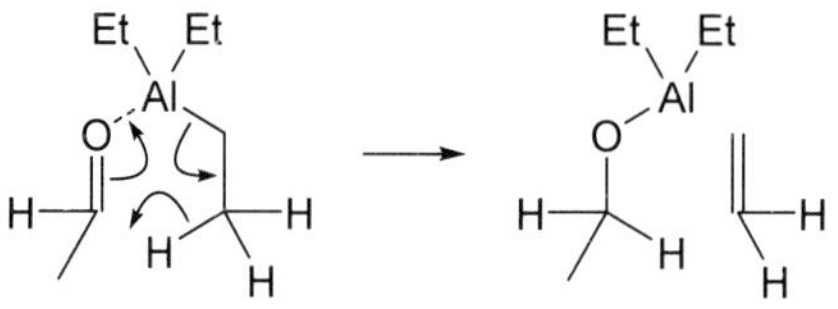

综上分析，这个反应的整个转换过程为：

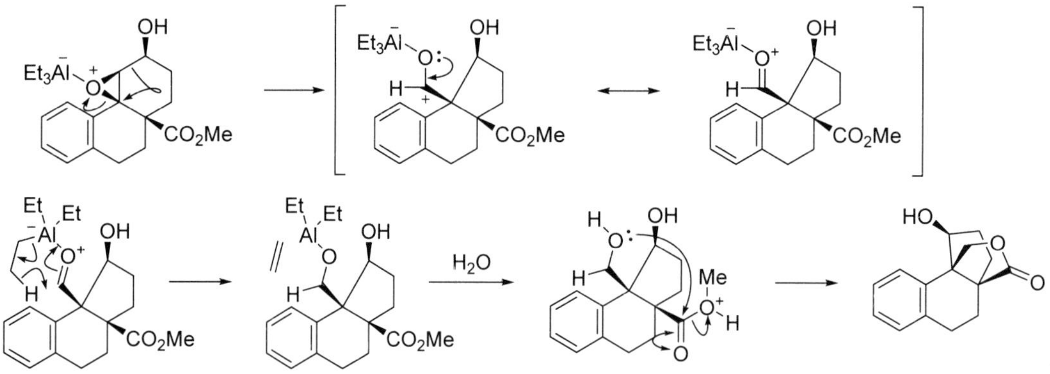

第 49 题

请为以下转换提供合理的电子转移过程，须标出准确的电子转移箭头：

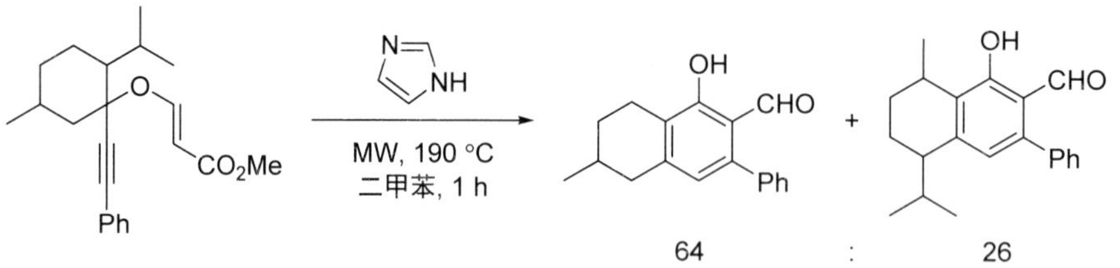

64 : 26

解答：

这个转换过程看上去非常复杂，无从下手。那么，可以先不考虑最终的苯环是如何构建的。先观察底物中官能团的特点，这是一个烯醇醚，与烯醇连接的为炔丙基，这是一个典型的[3,3]-σ 重排的基本骨架：

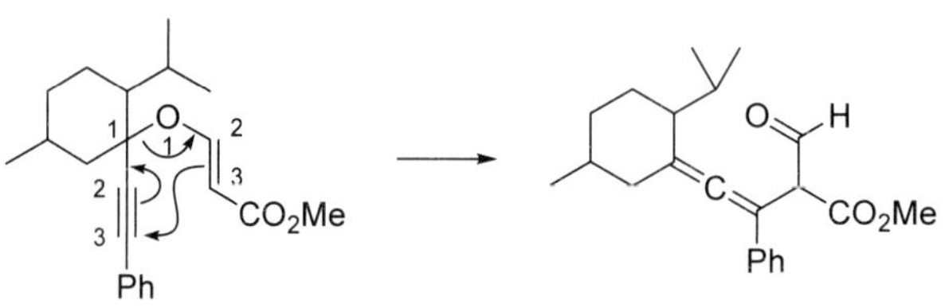

从这个结构，可以观察到甲酰基与苯基处在邻位。再与副产物的结构进对比：

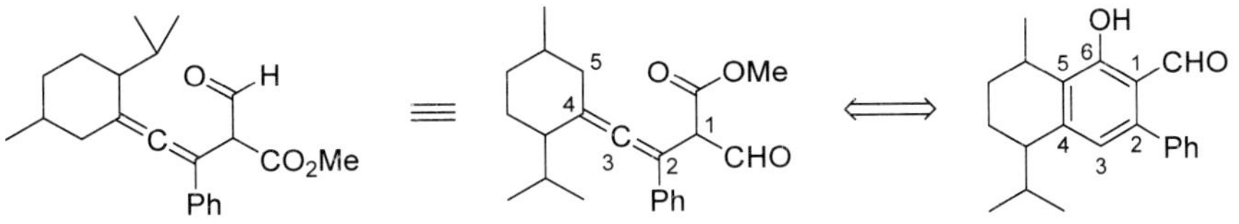

此时，需要考虑如何在 C5 位和 C6 位构建 C–C 键形成六元环。为了保证这两个位点的连接，首先需要使这两个位点在空间上能够接近，但是由于丙二烯的结构特点，很难实现这两个位点的连接。那么，接下来应该考虑的是将丙二烯的结构进行转换，最容易的应该是氢迁移：

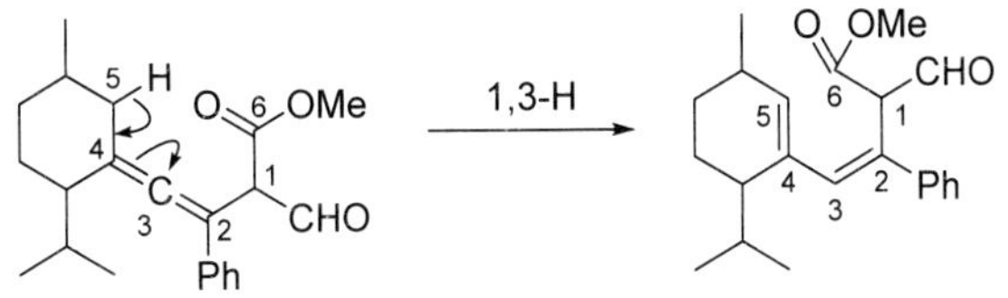

此时，如果将酯羰基烯醇化，就可以构建 1,3,5-己三烯的 6π 电子体系：

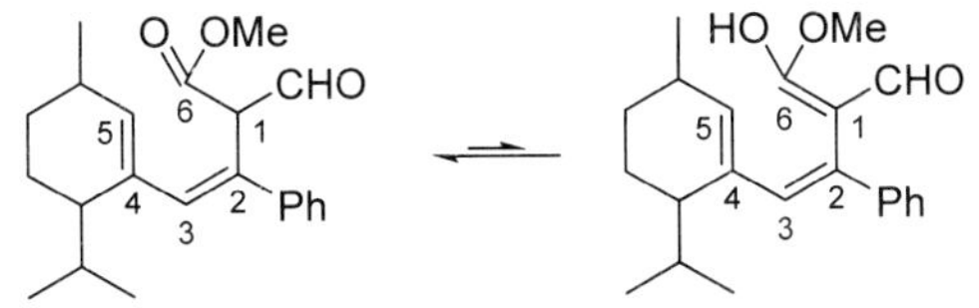

此时，进行 6π 电子体系的电环化反应构建六元环：

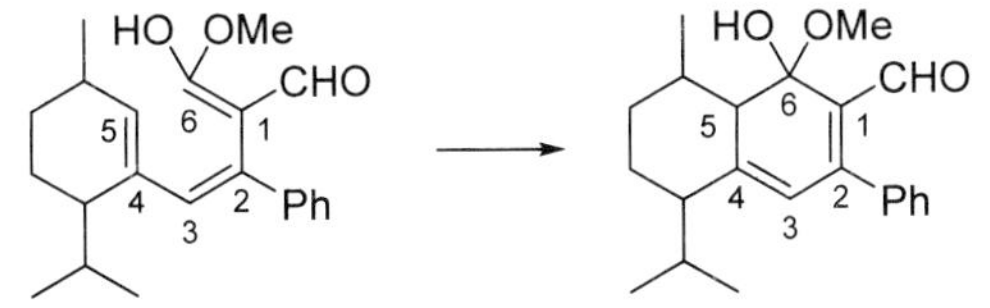

此中间体脱去甲醇后即为副产物：

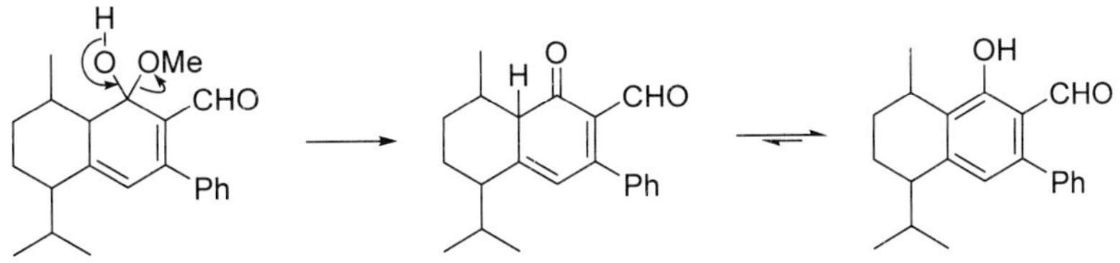

接着考虑主产物的转换过程。在副产物的转换过程中，甲基的β-H 转移构成 1,3,5-己三烯的 6π 电子体系。那么，另一个方向可以是异丙基取代的 C 原子上的 H：

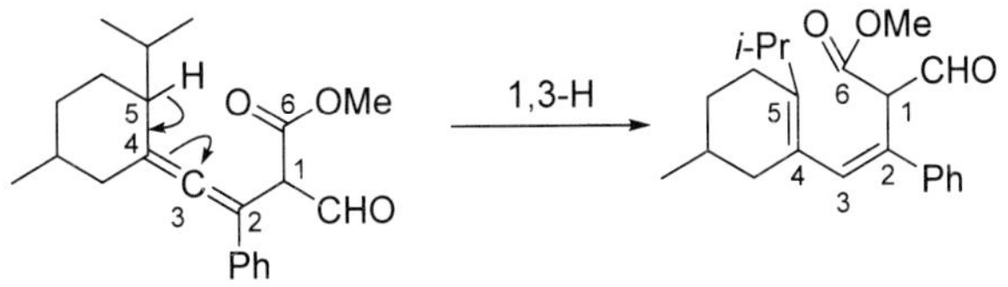

同样，酯羰基烯醇化，就可以构建 1,3,5-己三烯的 6π电子体系，然后通过电环化反应构建六元环：

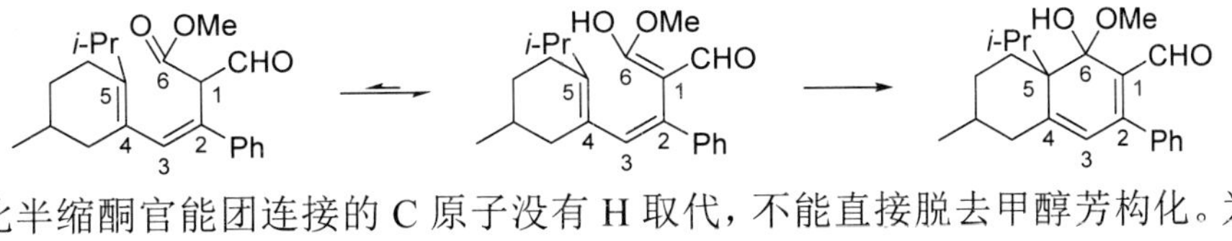

此时，由于与此半缩酮官能团连接的 C 原子没有 H 取代，不能直接脱去甲醇芳构化。为了构建苯环，需要异丙基与六元环连接的 C–C 键断裂，这种断裂方式似乎很难想象。可以将半缩酮先脱去甲醇形成酮羰基，接着失去异丙基正离子，就构建了苯酚骨架：

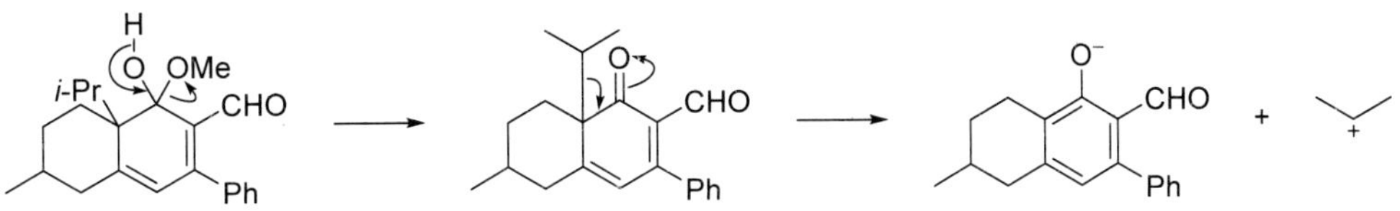

这个反应似乎可以看作是 Friedel-Crafts 烷基化反应的逆反应。因此，结合这些分析，这个主产物的转化方式为：

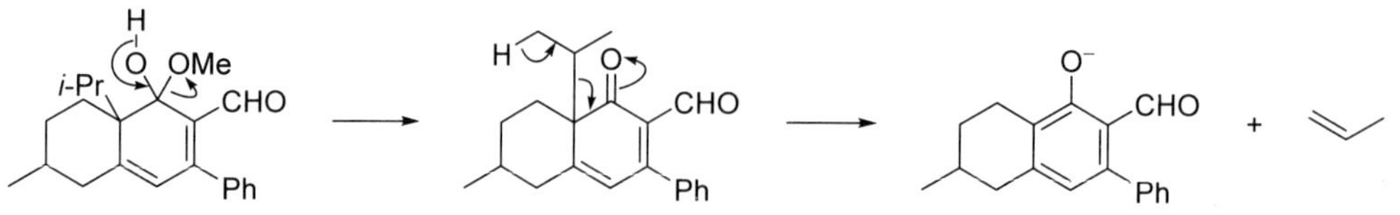

综上分析，这两个化合物的整个转换过程为：

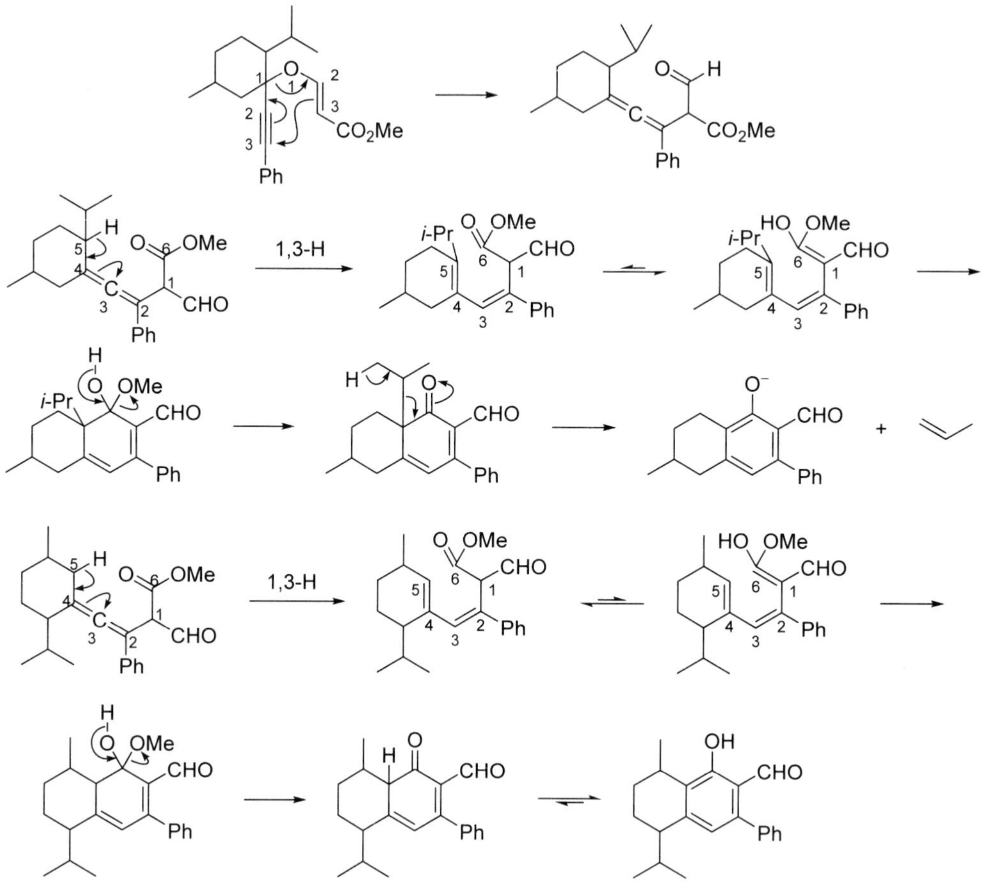

第 50 题

请为以下转换提供合理的电子转移过程，须标出准确的电子转移箭头，并解释此反应的区域选择性：

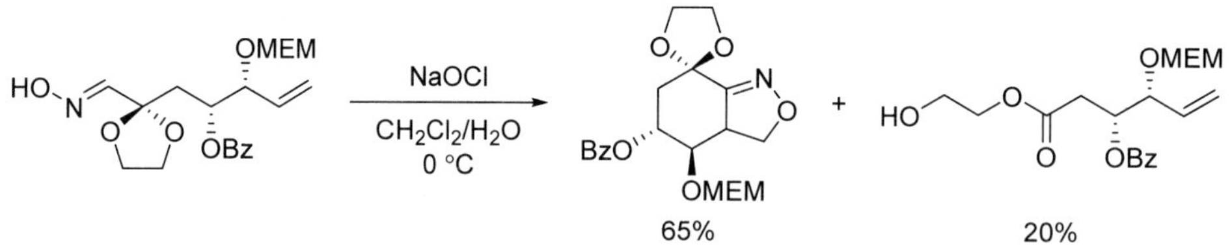

解答：

次氯酸钠是一个常见的氧化剂，但很少用于有机反应。在将醛转化为羧酸的 Pinnick 氧化反应中，作为氧化剂的亚氯酸钠在氧化过程中转化为次氯酸钠。但是，由于次氯酸钠的氧化能力在某些条件下强于亚氯酸钠，因此为了保证反应的顺利进行，Pinnick 氧化反应采用了缓冲溶液调节反应的 pH 值，并用 2-甲基-2-丁烯作为“清道夫”清除反应中生成的次氯酸。这些结果表明次氯酸钠是一个强氧化剂。

针对这个反应，先分析结构比较简单的副产物的转化过程，这应该是原料中的缩酮被氧化成酯，然后水解的产物：

这表明在氧化过程中 C–C 键发生了断裂。按照亚氯酸钠对甲酰基氧化的 Pinnick 氧化机理，次氯酸根离子的氧负离子也具有较强的亲核能力，对肟中的 C=N 双键亲核加成：

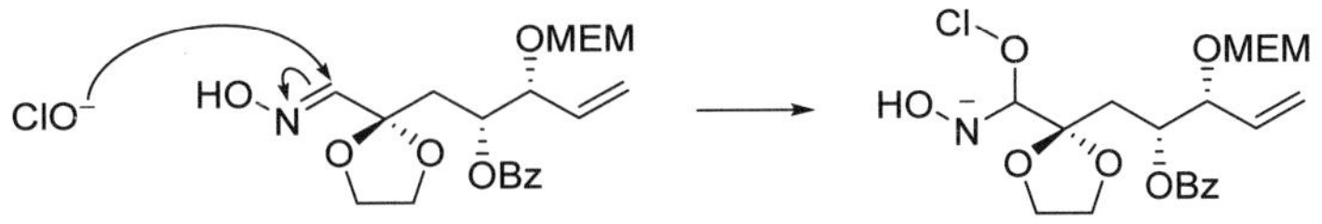

按照氧化机理，脱去 HCl，形成羰基：

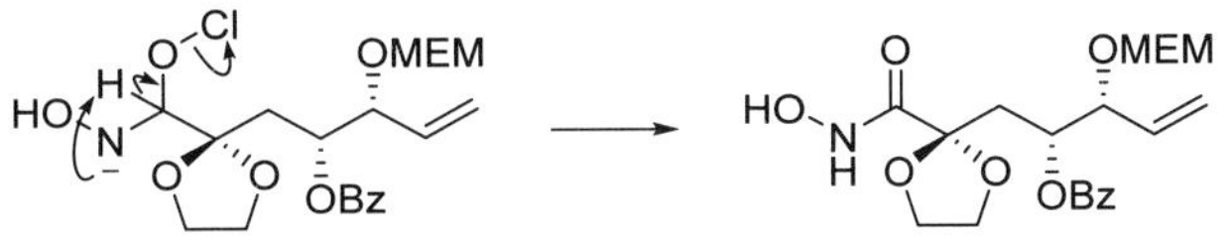

此中间体互变异构为：

但此时还无法确定 C–C 键如何直接断裂转化为羰基正离子形成副产物。

再仔细分析主产物的结构，末端烯烃与含 N–O–的基团构建了五元环，此时氧上带有负电荷，这应该是烯烃与 1,3-偶极子的环加成反应。这个 1,3-偶极子应该是：

$$—C\equiv \overset{+}{N}—O^{-} \longleftrightarrow —\overset{+}{C}=N—O^{-}$$

现在就比较清楚了：

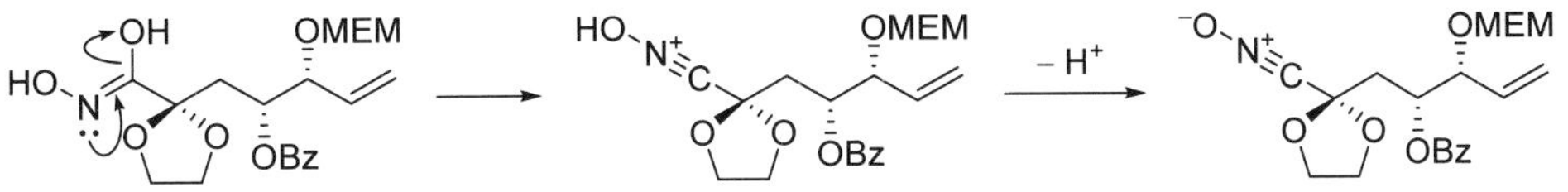

那么副产物可以按照以下方式形成：

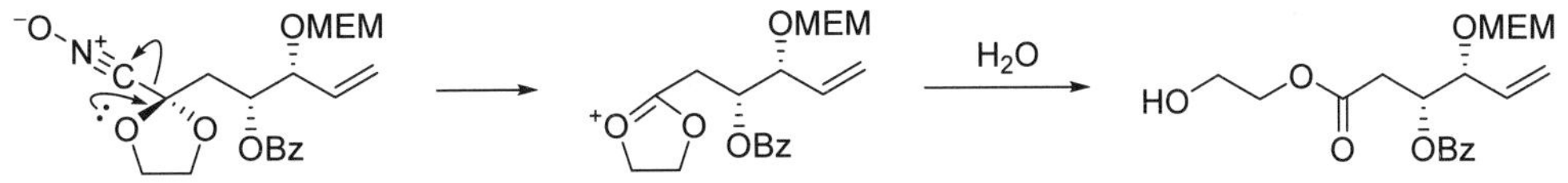

在分析过程中，已经确定其关键中间体为 1,3-偶极子。此 1,3-偶极子与末端烯烃进行 1,3-偶极环加成反应，构建了主产物：

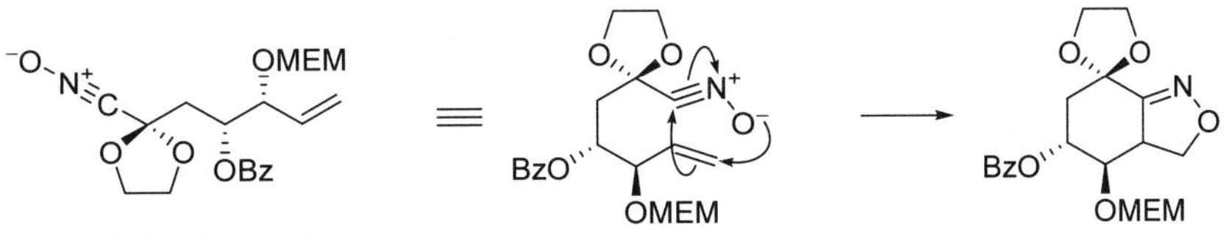

综上分析，这个反应的整个转换过程为：

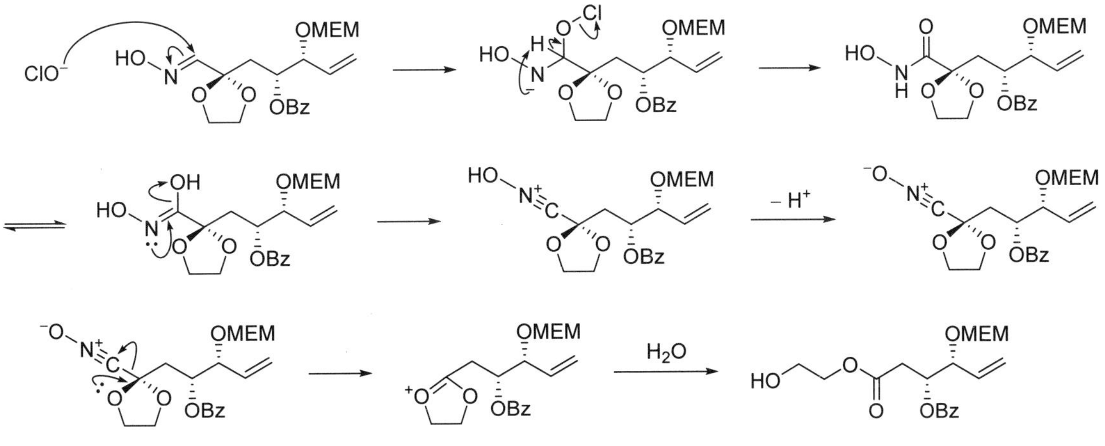

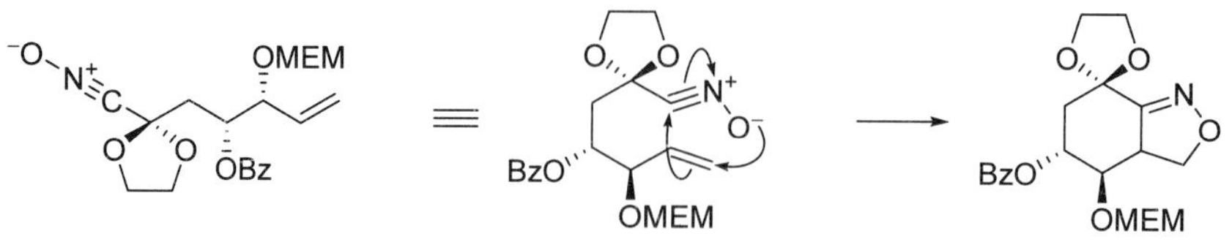

第 51 题

请为以下转换提供合理的电子转移过程，须标出准确的电子转移箭头：

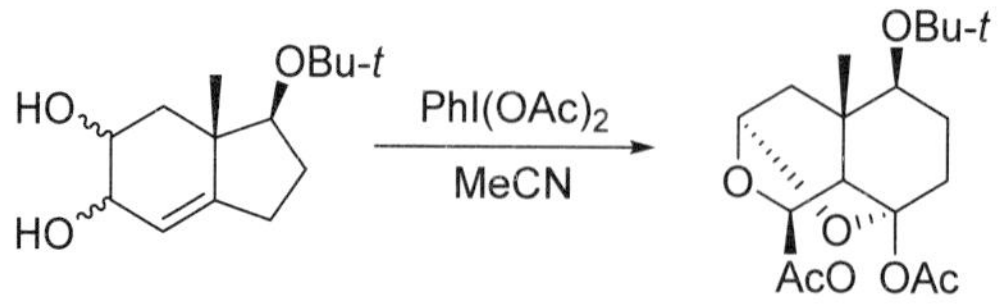

解答：

反应过程的分析均需从原料和产物结构的对比开始。首先，原料中的五元环扩环转化为六元环，很明显，这个扩环过程应该是：

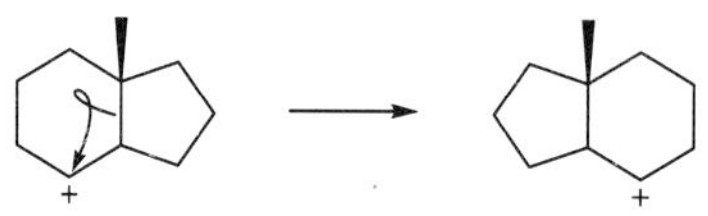

这就需要在五元环的α位带有正电荷。在目前的反应体系中，不存在将烯烃直接氧化为碳正离子的条件。因此，在这个碳正离子诱导的扩环反应之前，邻二醇应该先被氧化。这个邻二醇官能团被氧化后形成 1,6-二甲酰基中间体：

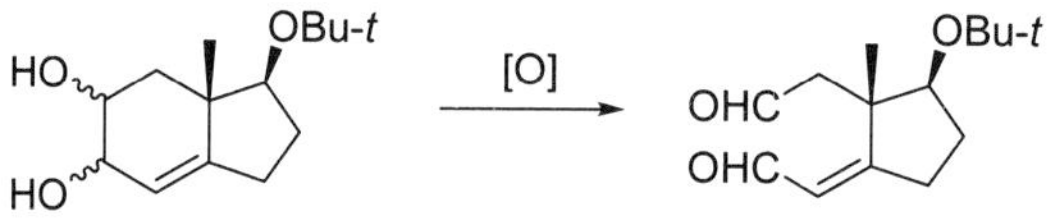

在此中间体中，其中一个甲酰基为α,β-不饱和体系，而上方那个甲酰基与下方甲酰基的β位形成了五元环，这可以通过 1,4-共轭加成的方式进行：

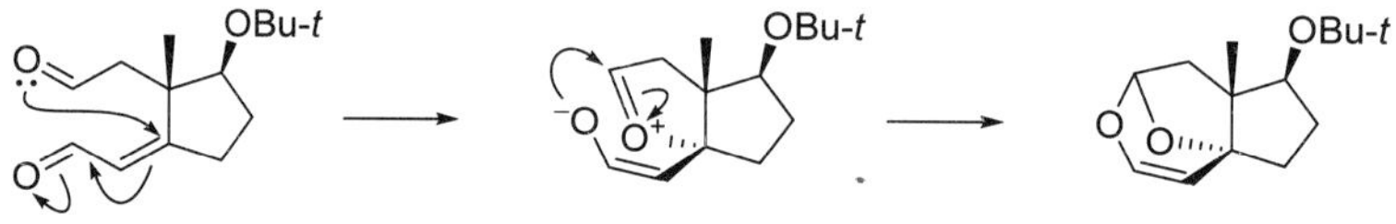

形成烯醇负离子，接着对羰基正离子亲核加成形成桥环。由于甲基和叔丁氧基的空阻，在进行 1,4-共轭加成反应时，羰基氧从下方进攻。为了下一步的扩环反应，此富电子的烯醇醚需要在氧化剂二乙酰氧基碘苯的作用下被氧化：

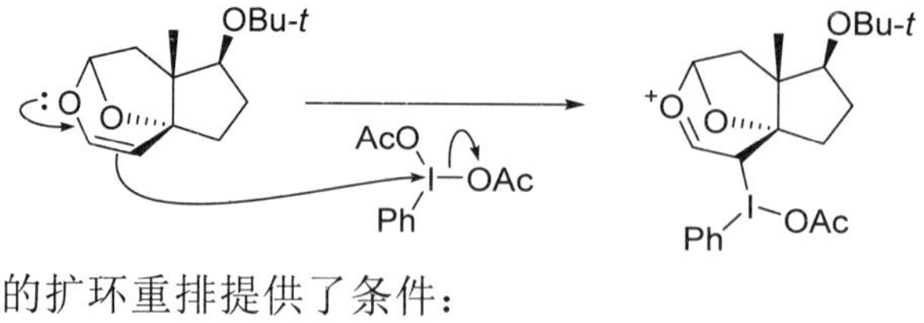

此时，这个中间体为后续的扩环重排提供了条件：

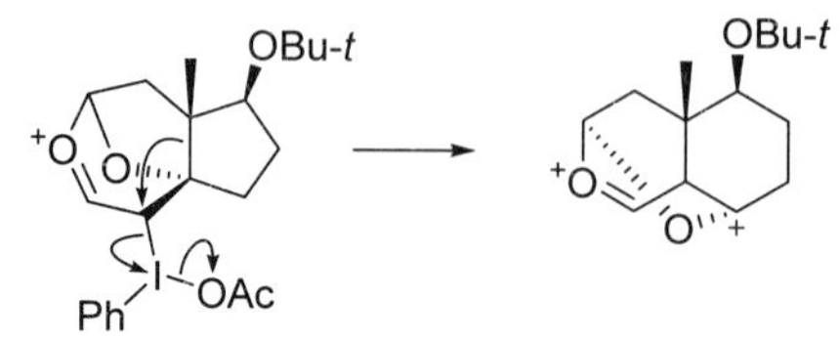

这个重排过程的驱动力在于形成更为稳定的碳正离子。后续的反应就比较简单了。

综上分析，这个反应的整个转换过程为：

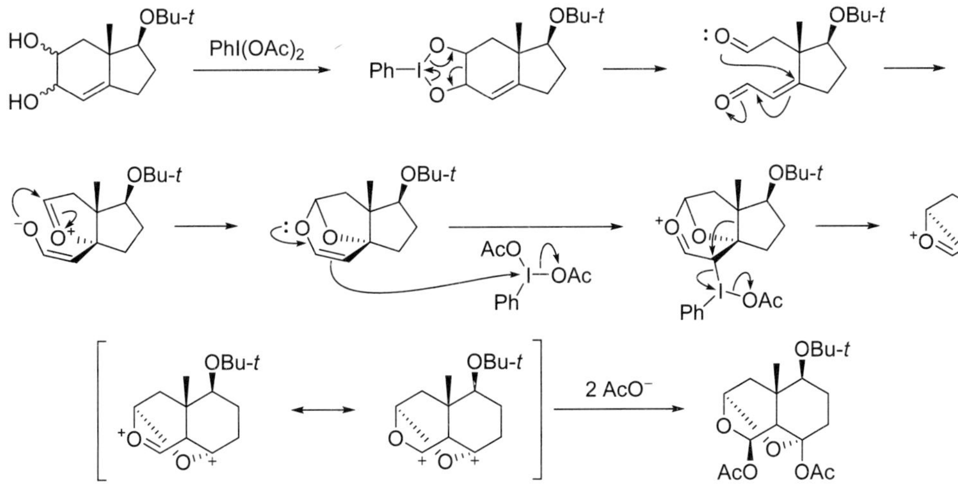

❖第 52 题

第 51 题的产物经碳酸钾的甲醇水混合溶液后处理，可以重排。请为此转换提供合理的电子转移过程，须标出准确的电子转移箭头：

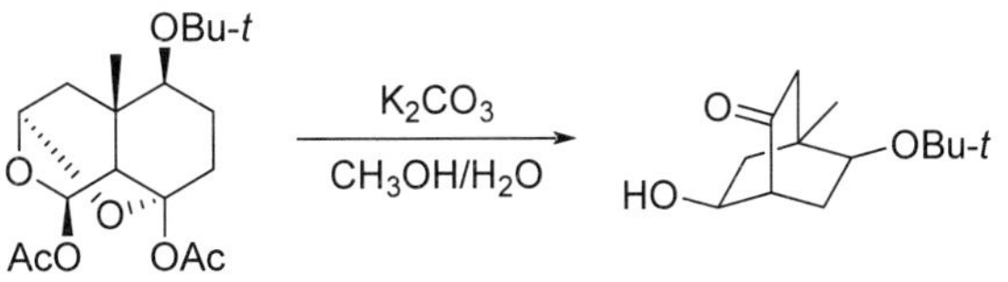

$$\xrightarrow[CH_3OH/H_2O]{K_2CO_3}$$

解答：

从产物的结构分析，这是两个六元环桥连的桥环体系，是从六元环并六元环的体系转换过来的。那么，在原料的六元环并六元环骨架中，其中一个六元环必定是要打开的。那么，如何判断原料中应该切开的环系？按照正常的有机反应，原料中的缩酮是不稳定的，而环己烷的骨架是最稳定的，并在产物中得以保留，因此，叔丁氧基可作为定位基团。此外，原先在并环上与四级 C 原子连接的甲基现在处于桥头，那么，就需要判断产物中处在叔丁氧基对位的羰基或羟基哪一个来自原料中环己烷中的叔丁氧基对位的缩酮。

继续分析产物的骨架，这属于典型的β-羟基酮，符合羟醛缩合的产物特征：

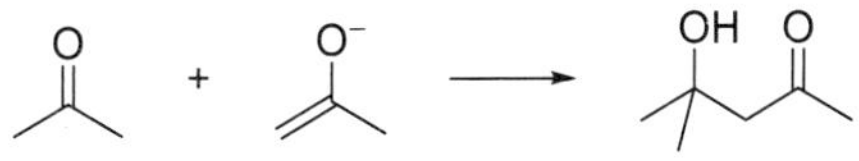

因此，这个桥环的构建是通过羟醛缩合方式进行的：

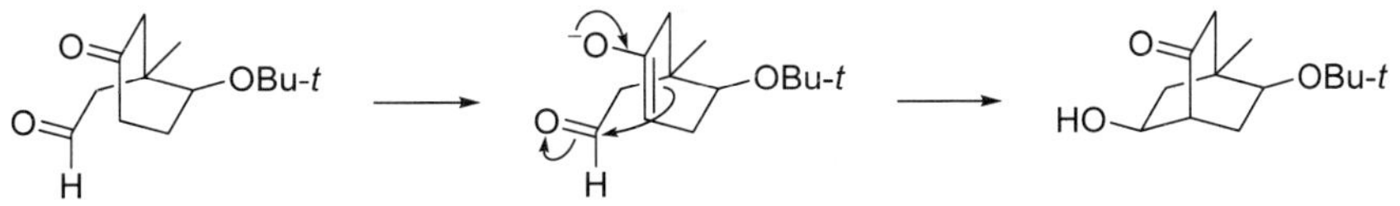

从这个羟醛缩合反应的中间体分析，需要将原料中的缩酮或者缩醛去保护才能释放出反应所需的酮羰基和甲酰基。将原料中的缩酮或缩醛全部去保护的产物为：

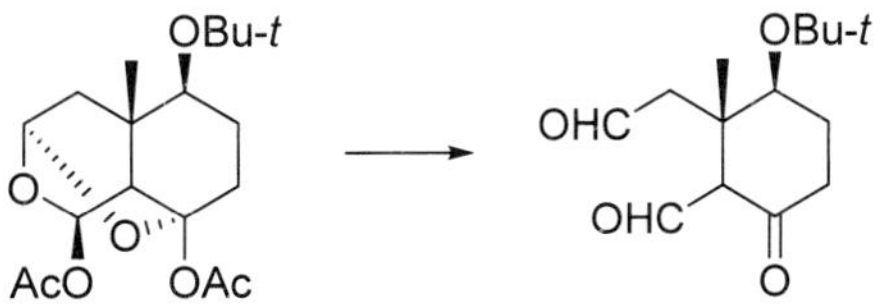

与羟醛缩合反应所需的中间体相比，这个中间体还多了一个甲酰基，这可以通过在碱性条件环己酮衍生物与甲酸酯的酮酯缩合反应的逆反应转化：

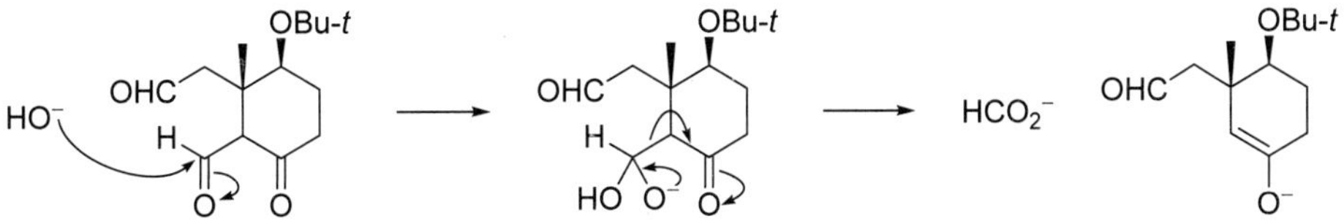

综上分析，这个反应的整个转换过程为：

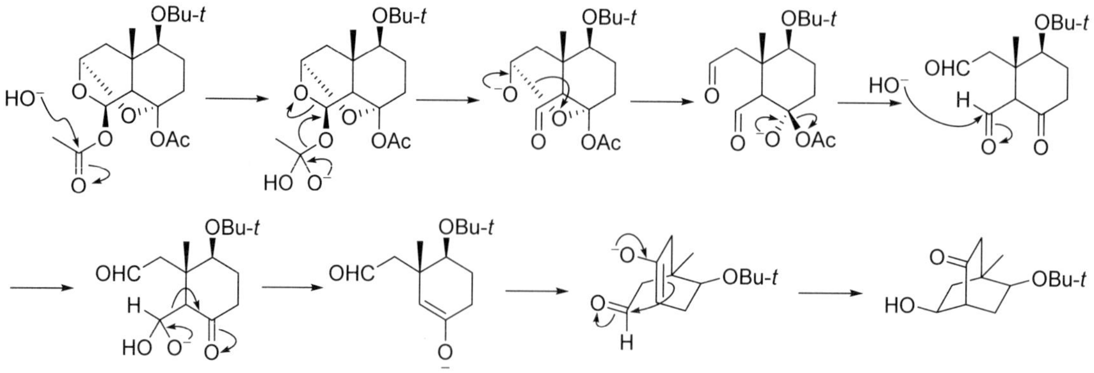

第 53 题

此原料在稀碱处理下转化为四个产物，但产率高低不一。对这些产物的准确了解可为研究反应的转化过程提供更为充分的证据。请为以下转换提供合理的电子转移过程，须标出准确的电子转移箭头，以及产率最高的产物中羟基的构型：

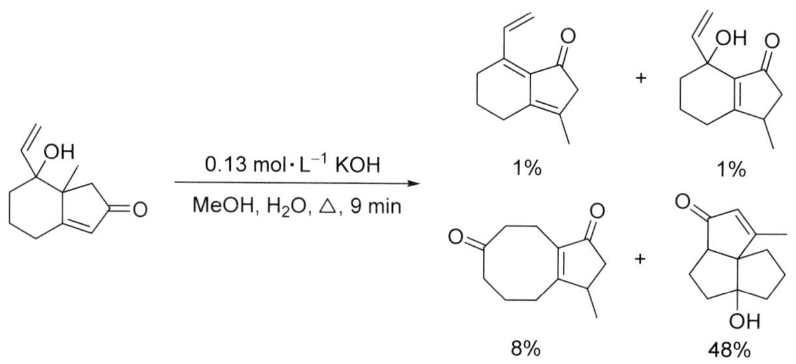

0.13 mol·L^{-1} KOH

MeOH, H_2O, △, 9 min

1%　　1%

8%　　48%

解答：

这个转换看上去非常复杂，似乎很难用定位基团对产物进行分析。但是，对比产物与原料的骨架，甲基与酮羰基的相对位置没有发生变化，这也许表明 3-甲基环戊酮在反应过程中没有开环。但是，在这个转换过程中，原料中的乙烯基和甲基处在相邻的位置，而在产率较低的两个产物中，这两个基团的相对位置发生了变化，在产率较高的两个产物中，乙烯基消失了，这表明三级醇取代的环己烷需要开环。在原料的六元环中，与碱反应的基团应该是醇羟基：

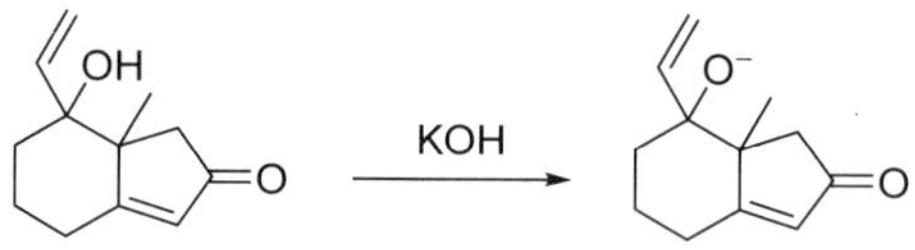

KOH

通过羟醛缩合的逆反应打开六元环：

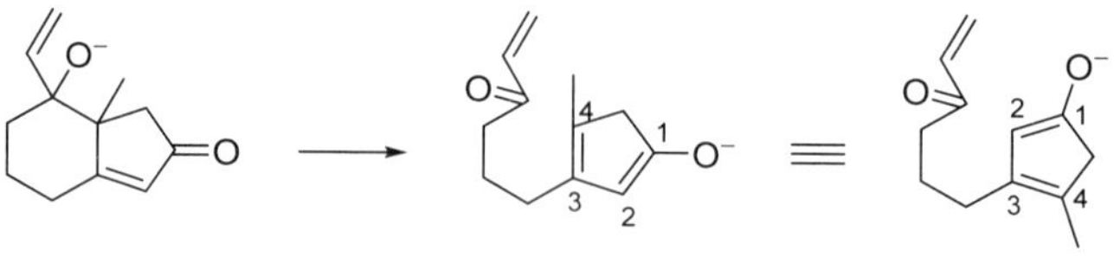

通过 C–C σ 键的旋转，可以发现烯醇负离子 (C2) 可以对酮羰基亲核加成：

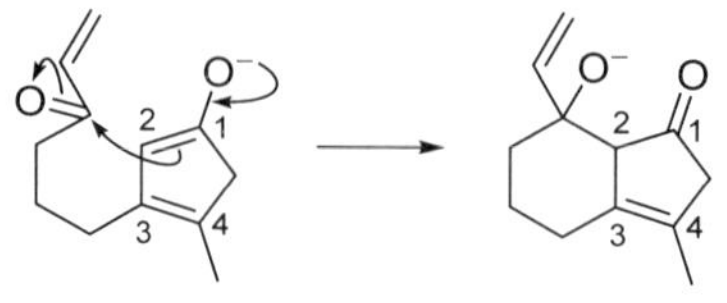

这个中间体通过 E1cb 脱去 OH^-就是第一个产物。在碱性条件下，处于 C3 和 C4 位的 C=C 双键发生迁移至并环处，即为第二个产物。

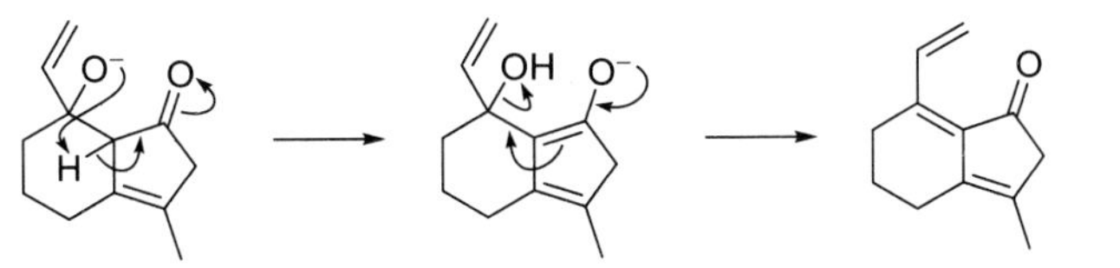

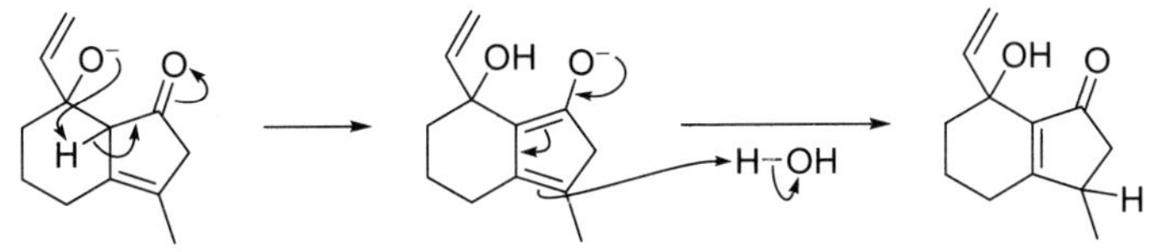

如果烯醇负离子 (C2) 对α,β-不饱和酮进行 1,4-共轭加成：

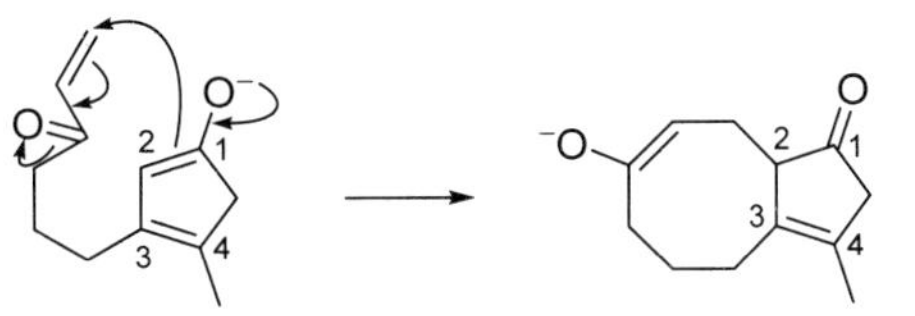

C=C 双键发生迁移至并环处，即为第三个产物：

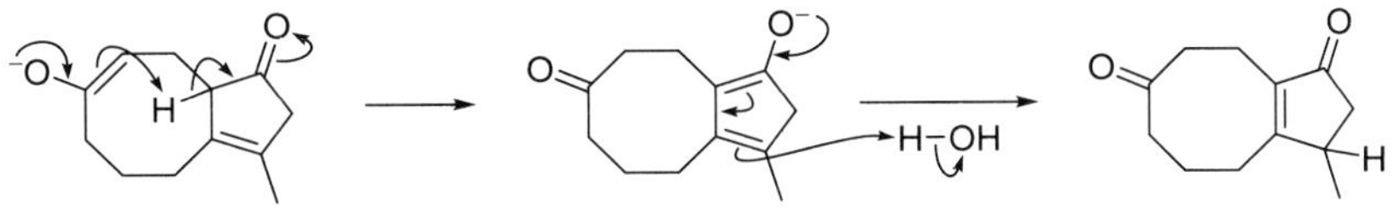

将此步的中间体与第四个产物进行对比：

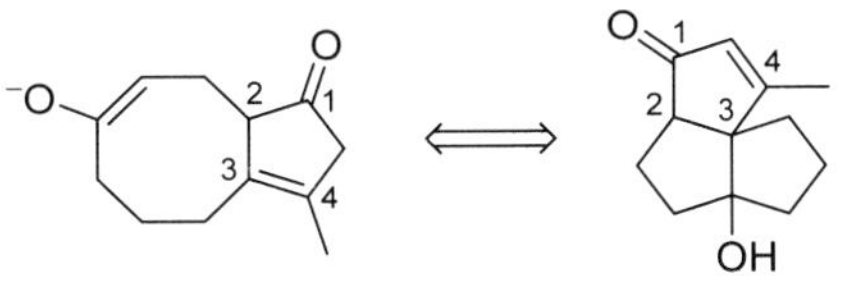

可以观察到这是 C3 位 C 原子对八元环中的酮羰基进行了亲核加成。为了能使这个反应顺利进行，需要增加 C3 位的亲核能力。碱攫取酮羰基的α-H，形成烯醇负离子，通过插烯的方式增加了 C3 位的亲核能力，随后对酮羰基亲核加成：

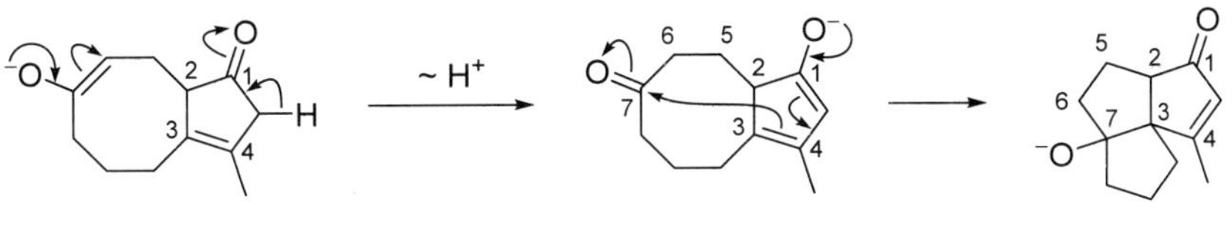

当然，第三个产物也可以转化为此羟醛缩合反应的前体（读者自己可以画一下）。

接下来，分析这个转换过程的构象。考虑到环戊二烯醇负离子为平面构型，因此，反应的构象与 C2 位的构型紧密相关：

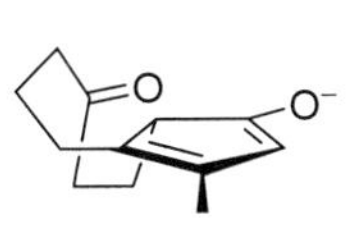

从这个构象可以看出，双键对酮羰基亲核加成时，新形成的羟基与 C2 位的取代基处在顺式：

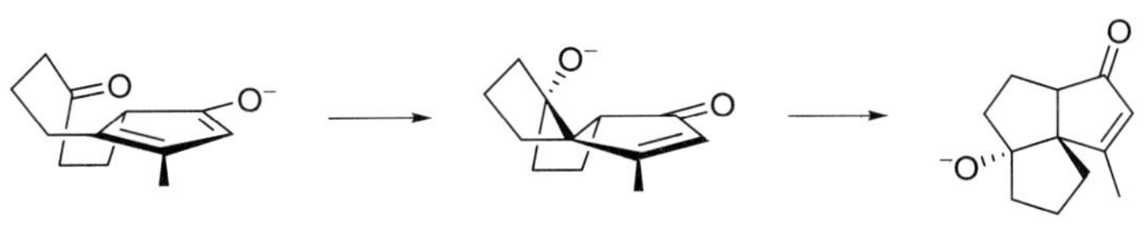

顺着这个方式，可以画出产物的另一个构象。

❖第 54 题

请为以下转换提供合理的电子转移过程，须标出准确的电子转移箭头，并尝试分析是否还有其他副产物：

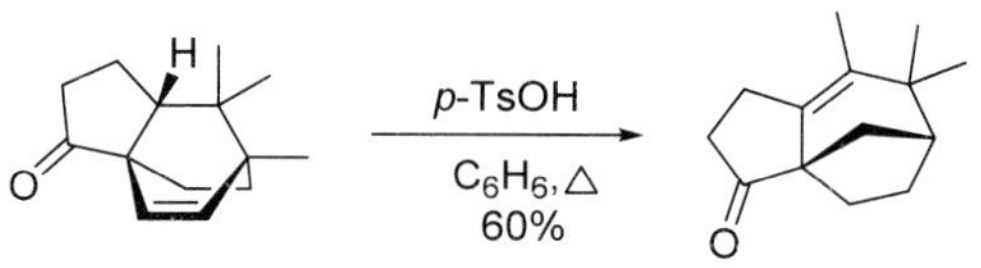

解答：

将原料与产物的结构进行对比，环戊酮的骨架没有发生任何变化，六元环的双键发生了迁移，而且甲基取代的位置发生了变化；最大的变化在于下方桥环在原料中为六元环，而在产物中则为五元环，说明在这个转换中，发生了一系列 C–C σ 键的迁移。那么，这个反应就是在酸性条件下碳正离子的1,2-重排。能与质子结合的基团只有两个——酮羰基和 C=C 双键。考虑到酮羰基没有发生任何变化，那么这个重排的启动点应该是 C=C 双键质子化后形成的碳正离子：

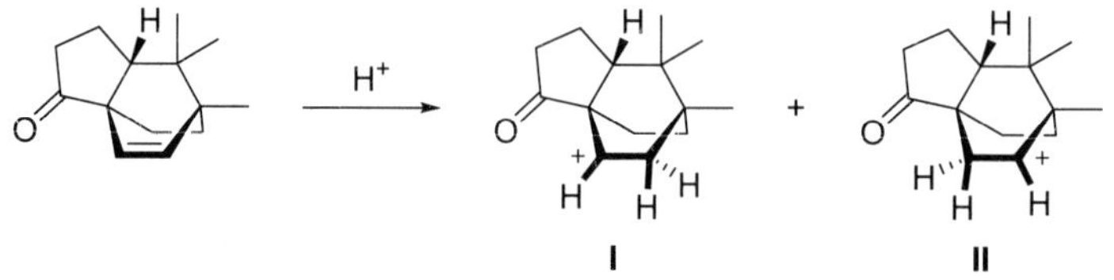

对于碳正离子 **I** 而言，可以有以下三种迁移方式：

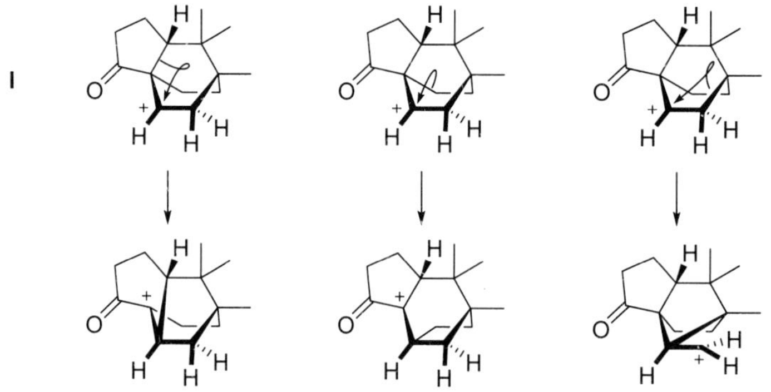

前两种迁移的结果生成了羰基α位碳正离子，这是极不稳定的碳正离子；第三种迁移方式形成了一级碳正离子，也是不合理的重排过程。因此，在这个 C=C 双键的质子化过程中，碳正离子 **I** 不是一个理想的中间体。

这个重排过程应该是从碳正离子 **II** 为起点：

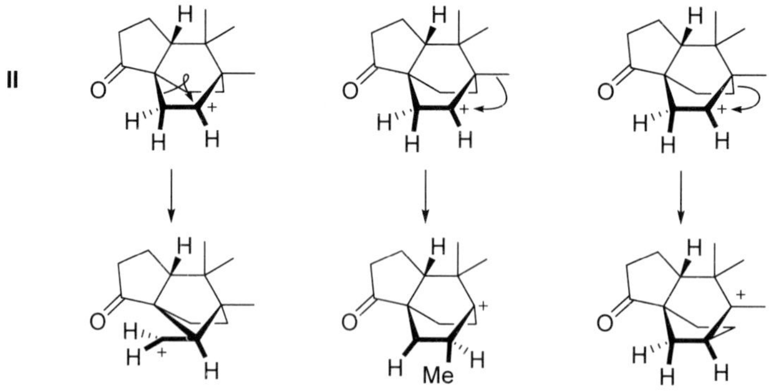

依据前面的分析，第一个重排生成一级碳正离子的方式是不可行的。考虑到产物中两个甲基取代基还是处在相邻的位置上，因此，第二种甲基迁移的方式也不是与产物结构相符的。第三种方式，相当于一个缩环的过程，桥环下方的六元环重排缩为五元环，这与产物的结构相符。因此，第一步 1,2-重排形成的中间体应该是这个缩环的碳正离子中间体。在这个碳正离子的基础上，应该注意到产物与这个中间体的差别在于这些甲基所取代的位置。因此，接下来甲基进行 1,2-迁移：

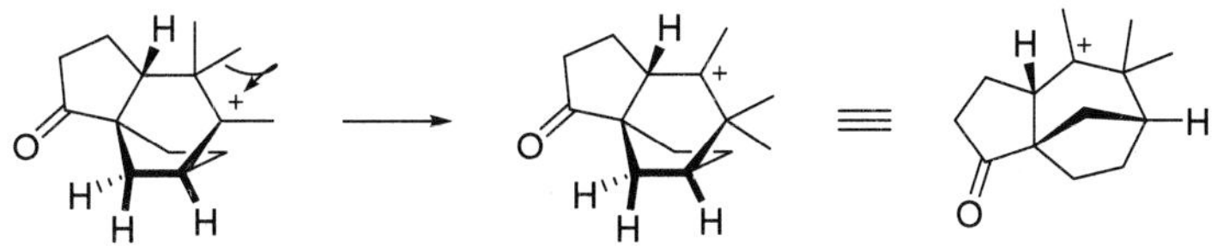

此中间体失去质子后，转化为产物：

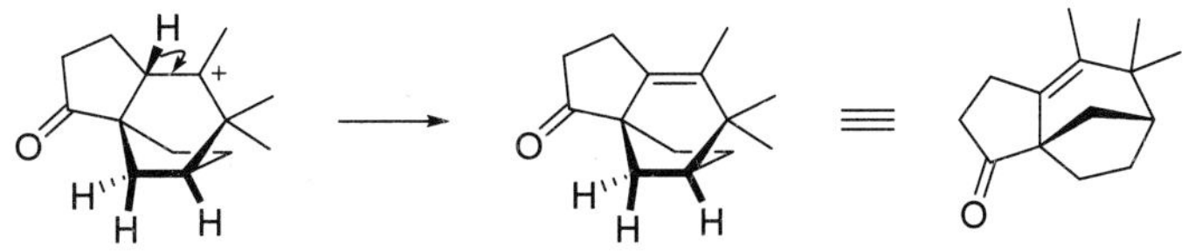

综上分析，这个重排反应的转换过程为：

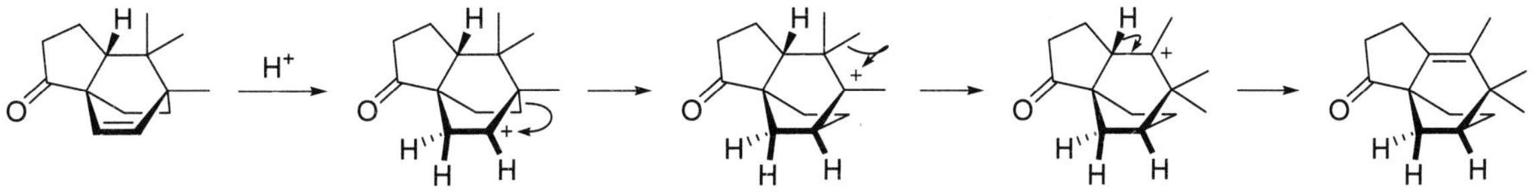

接下来分析这个重排还会有哪些副产物？

最后的中间体在形成 C=C 双键前，还可以发生并环 C–C σ 键的迁移：

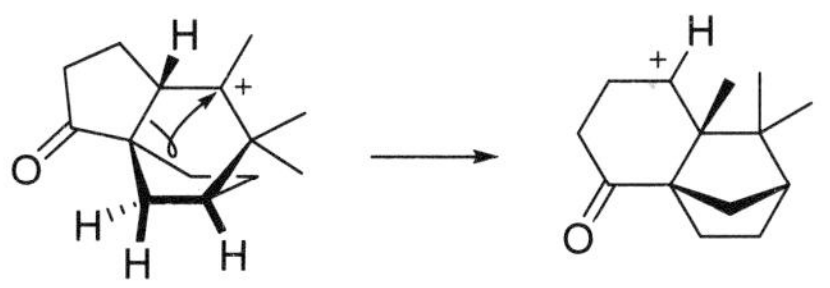

接着氢迁移，形成酮羰基β-碳正离子，然后失去质子形成α,β-不饱和酮：

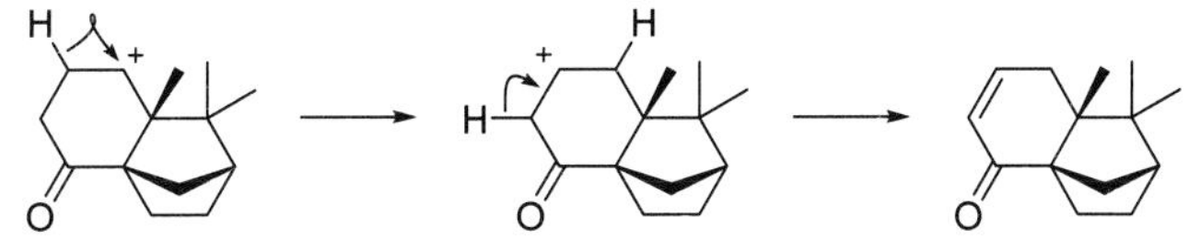

再从这个碳正离子回溯到它的前体：

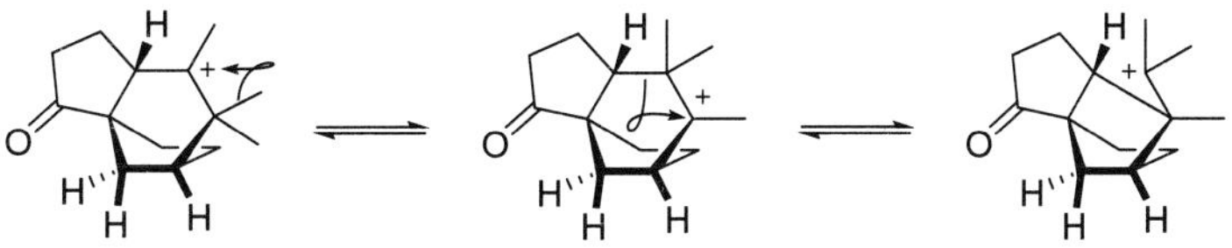

这个五元环碳正离子中间体继续 1,2-重排至脱去质子形成烯烃：

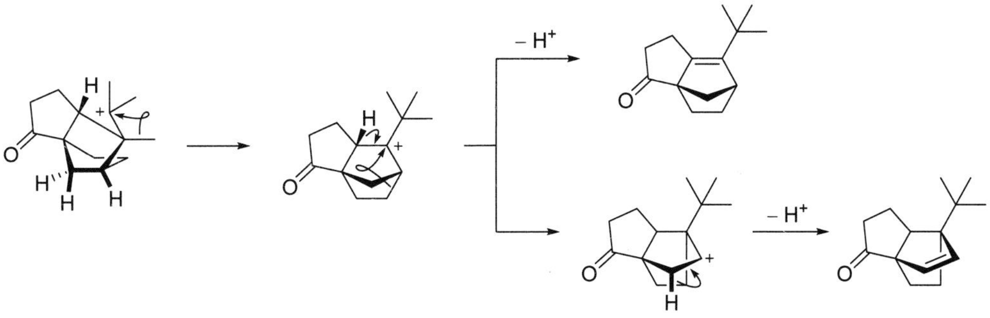

第 55 题

有机化学分子结构的些微变化都会导致完全不同的反应结果。下面转换的底物与上一题的只有很小的差别，唯一的变化只是并环上氢的差向异构化。但在相同的条件下，却还有不同的产物。请为以下转换提供合理的电子转移过程，须标出准确的电子转移箭头，并解释这两个反应不同的原因：

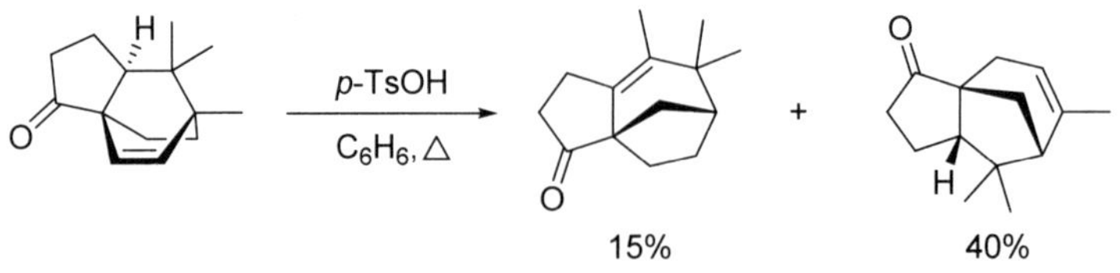

解答：

对于第一个产物的形成，前面已经讨论过：

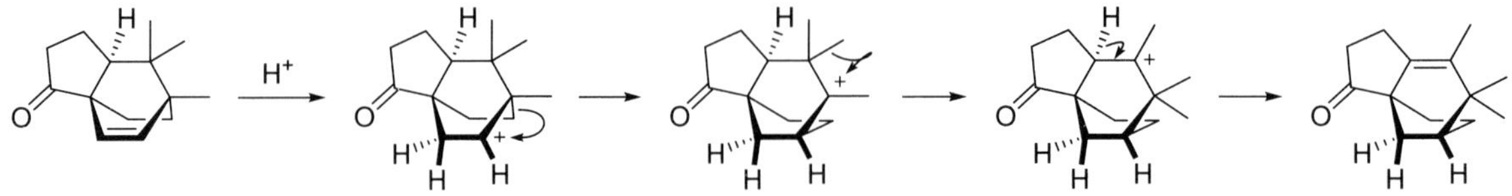

此处重点讨论第二个产物的形成。首先，可以画出底物的构象：

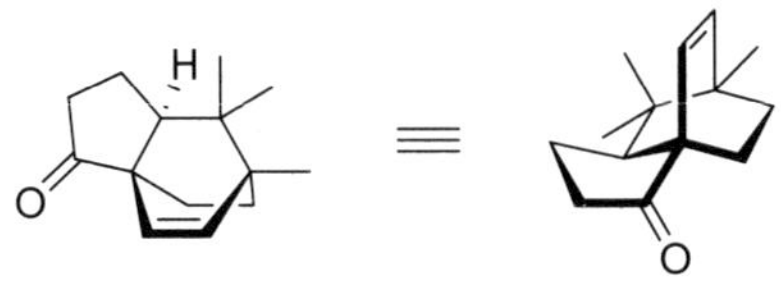

C=C 双键质子化后形成正离子：

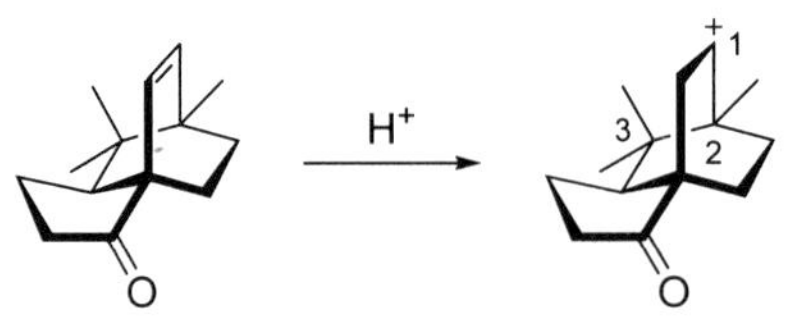

随后碳正离子引发 1,2-迁移：

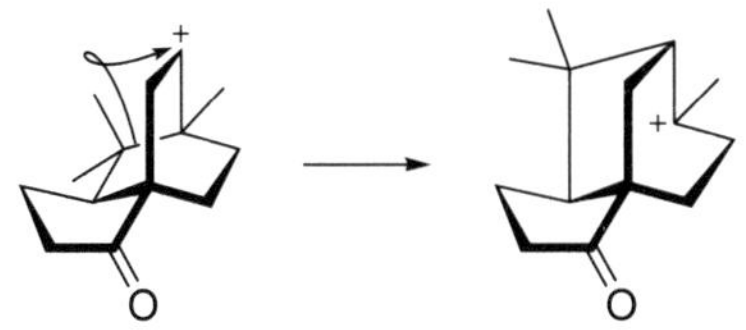

随后，脱去质子形成 C=C 双键得到产物：

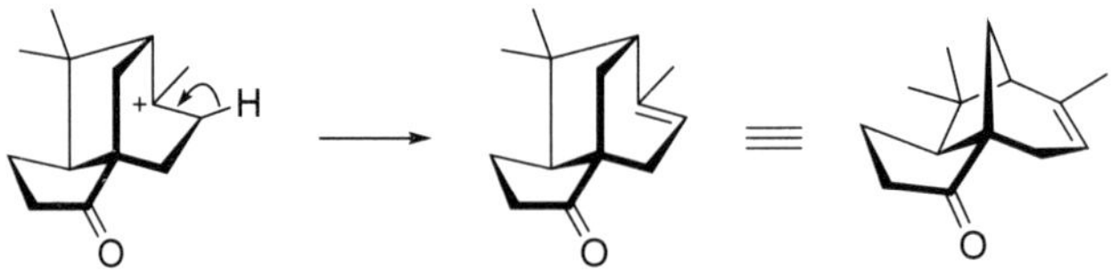

形成这个产物的原因在于：双键质子化后形成的碳正离子由于顺式五元环的影响，C1、C2 和 C3 在空间上相对接近，具有非经典碳正离子的作用，导致两个甲基取代的三级碳离子更易迁移。

这个反应的转换过程为：

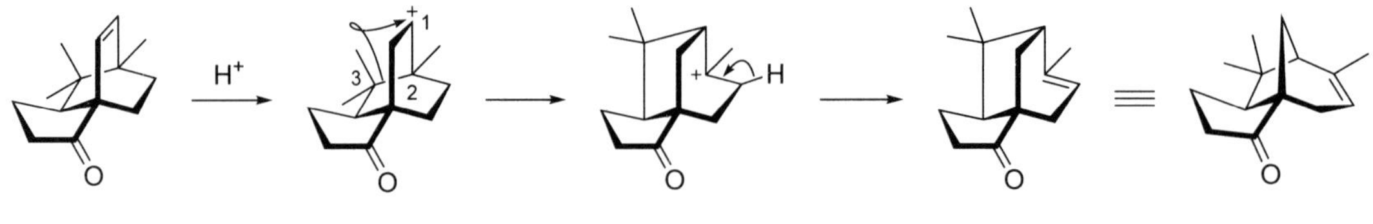

第 56 题

请考虑以下碳正离子还可以形成哪些产物：

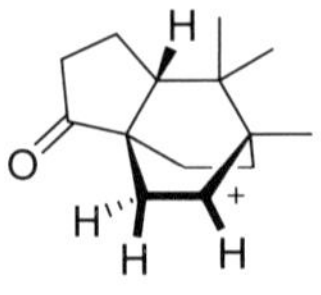

54-II

解答：

碳正离子 **54-II** 除了前面介绍过的可能的三种迁移方式外，还有一种缩环的重排方式：

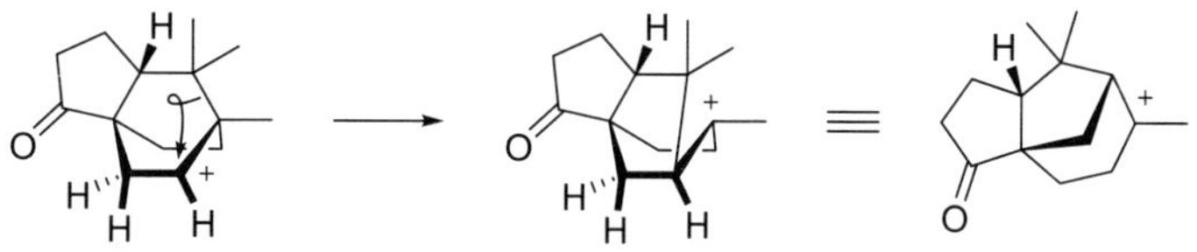

此碳正离子失去质子后形成烯烃：

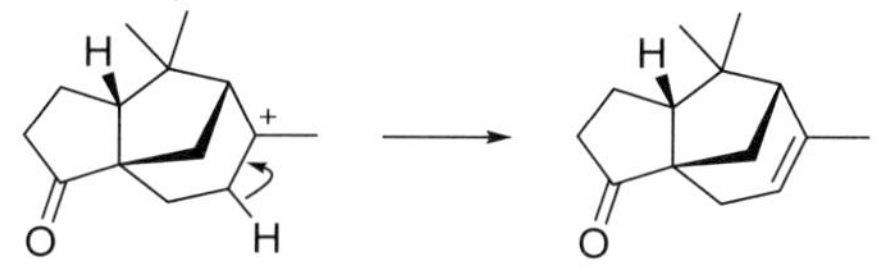

此碳正离子可以继续重排：

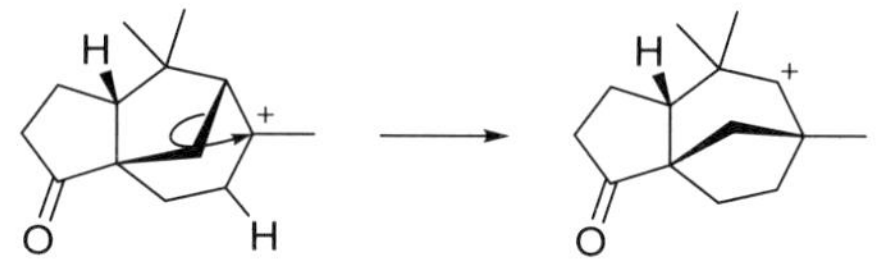

新形成的碳正离子可以有以下三种重排方式：

第一种：

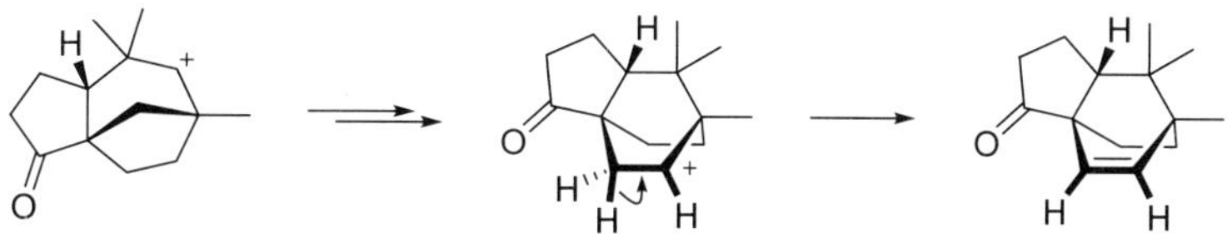

这种迁移的方式可以回到起始的碳正离子，失去质子后就是原先的原料。

第二种：

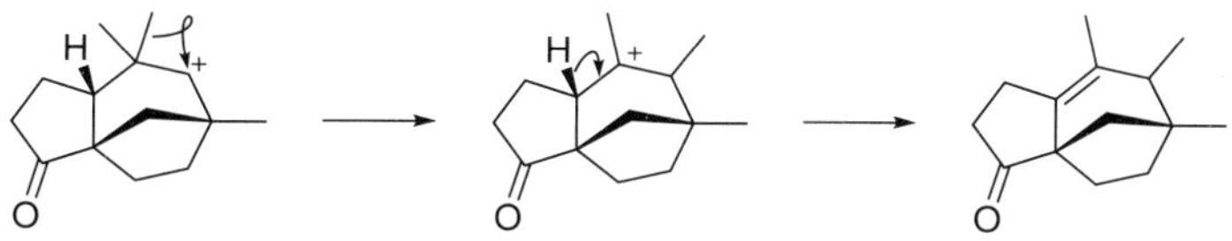

这个碳正离子在失去质子以前，可以使五元环扩环，最后形成α,β-不饱和酮：

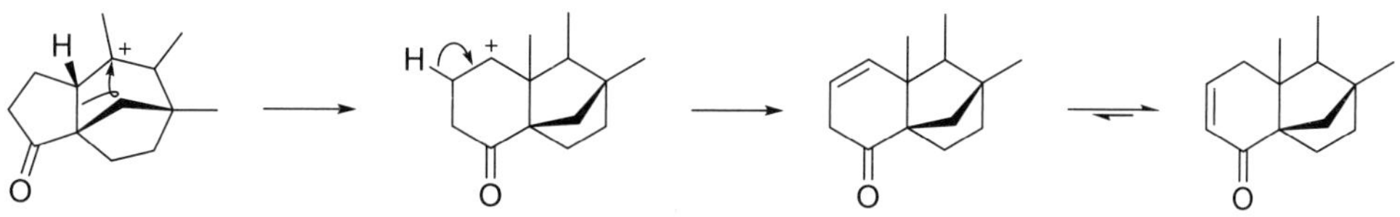

第三种：可以按第一种方式回到原先的碳正离子：

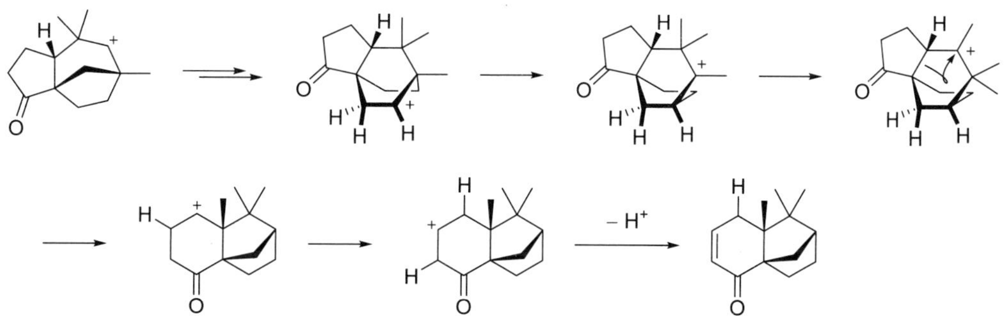

以上重点讨论了与碳正离子相关的各种重排反应。这些碳正离子的重排反应创造了丰富的有机天然化合物库。此处主要想向读者介绍碳正离子重排的本质，以及这种碳正离子诱导的重排对天然产物在自然界中相互转换的重要性，也对自然界中丰富多彩的有机化合物的合成过程有初步的了解。有机化学与我们的日常生活息息相关，无所不在地影响着我们的生活。

❖第 57 题

化合物 3,5,5-三甲基环己-2-烯-1-酮在碱的作用下三聚构建了六元环，产物为以下两个产物之一，即化合物 **A** 和 **B** 的其中一个，另一个肯定是错误的。研究人员通过 X-射线衍射技术确定了其结构，但是后续的研究表明他们对产物的结构鉴定发生了偏差。请为以下两个产物的转换提供合理的电子转移过程，须标出准确的电子转移箭头，并依据你提供的转换过程，确认此反应准确的产物。

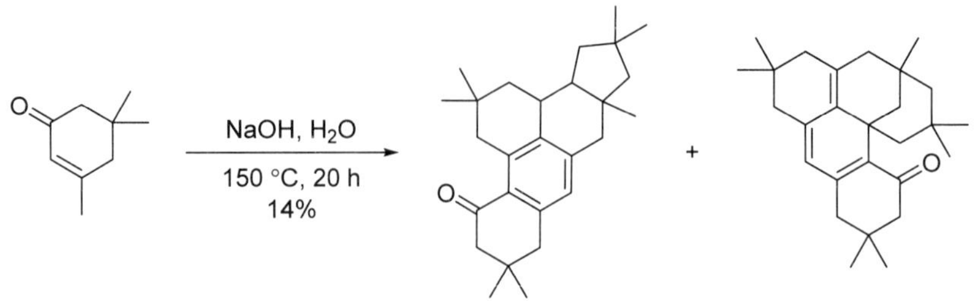

NaOH, H_2O
150 °C, 20 h
14%

A B

解答：

随着各种表征技术的发展，有机化合物的结构确定似乎变得简单了，对反应机理的理解和学习好像变得不太必要了。实际上，对有机反应的准确理解是非常重要的，尤其是对新反应的发展更为重要。先分析产物结构，化合物 **A** 和 **B** 实际上是同分异构体，是底物三聚并脱去两分子水的结果。分子中的二甲基取代的 C 原子非常特征，可以用于后续的定位。接下来将这两个产物拆分成三个单体：

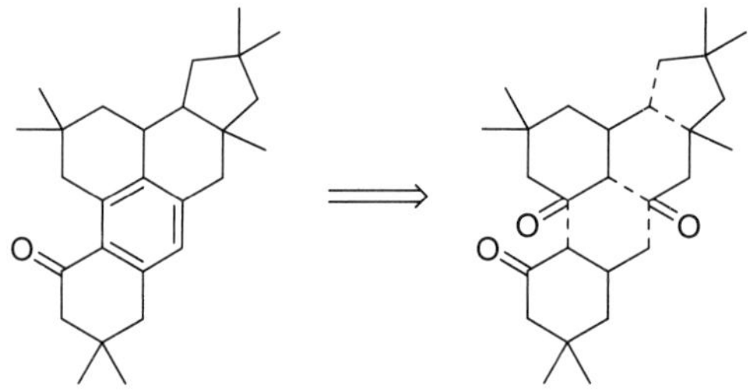

A

将化合物 **A** 拆分后，其中两个部分与原料的结构完全相符，但是第三个片段中发生了一根 C–C 键的断裂，这符合羟醛缩合反应的逆反应，将其连接起来也符合底物结构：

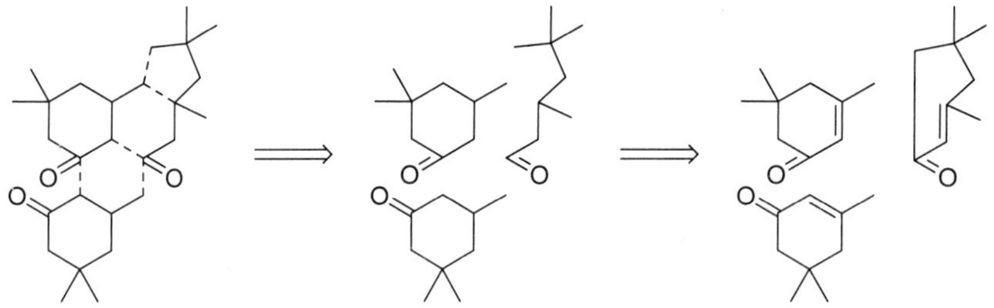

将化合物 **B** 拆分：

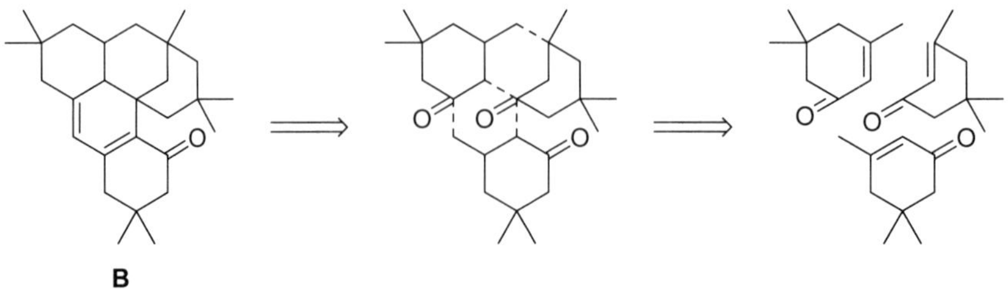

B

拆分过程中也可以发现，在这个三聚的过程中基本上都是羟醛缩合反应和 1,4-共轭加成反应及其逆反应。

底物的特征结构为α,β-不饱和酮，这是一个标准的缺电子体系。既然需要底物自身进行三聚反应，这就意味着需要将底物转化为一个富电子体系。在这个缺电子体系中，由于羰基吸电子作用，必定会有酸性的 H。那就可以在碱的作用下，实现将一个缺电子体系转化为富电子体系：

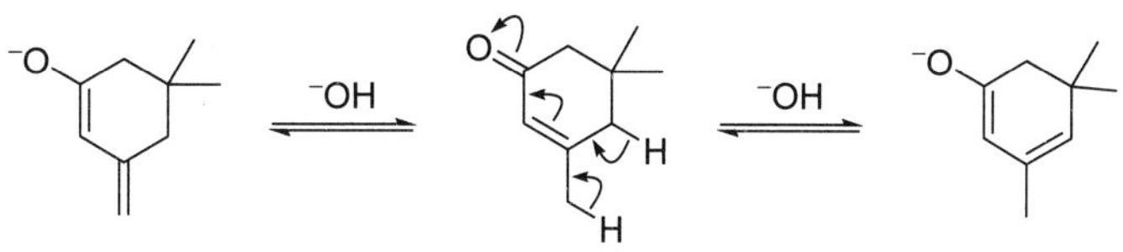

从产物的结构分析，三聚后，其中两个连接在烯基上的甲基发生了转化，因此，形成环外双键的烯醇负离子应该是主要的反应中间体，先发生二聚反应。

首先，两者进行 1,4-共轭加成：

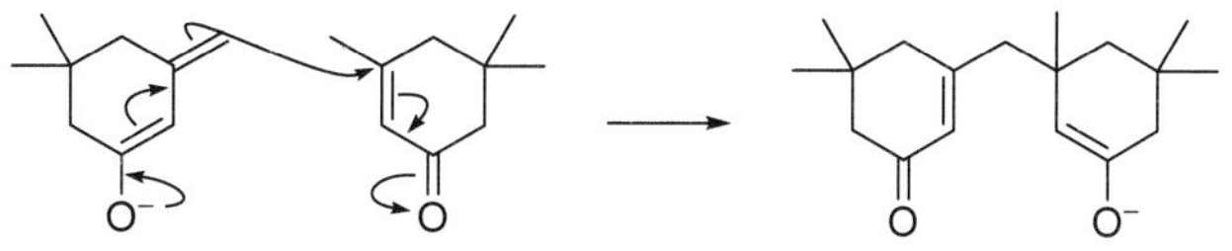

此时，这个中间体又含有两种官能团：α,β-不饱和酮和烯醇负离子，但目前不能直接再次发生 1,4-共轭加成，需要将烯醇负离子转化：

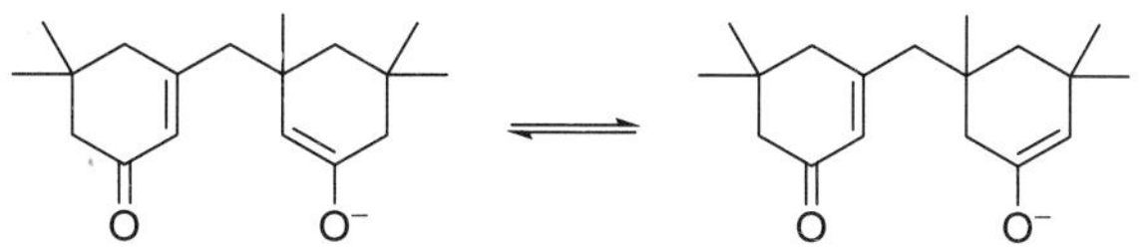

分子内反应产物为：

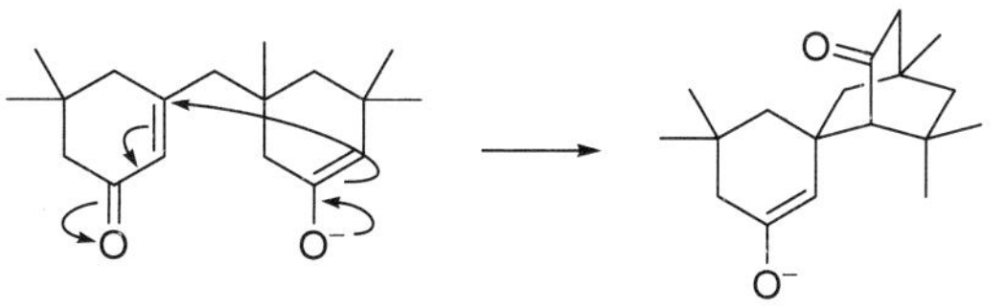

但是这个螺环体系显然不能再次与第三分子底物继续反应，可见这种转换方式不合适。那就再重新思考前面的二聚体：

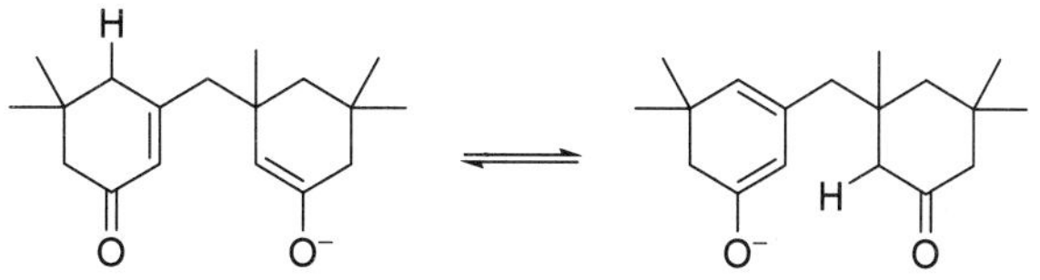

这个烯醇负离子与酮羰基反应会有两个产物：

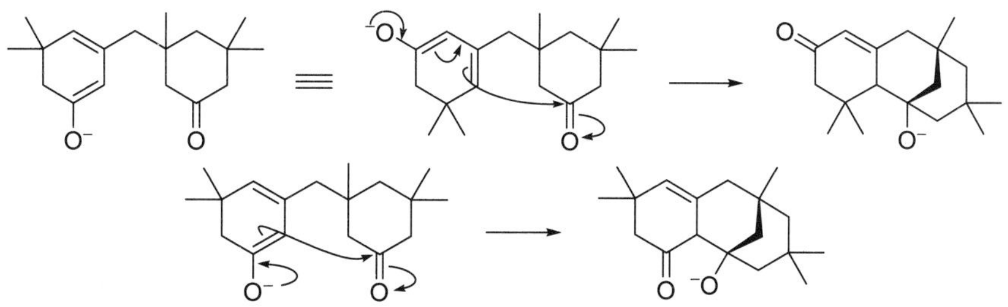

从两个分别被二甲基取代的 C 原子的位置观察，第二个桥环中间体更符合后续转化的要求。此中间体的 C=C 双键在碱性条件下移位，与酮羰基形成共轭体系：

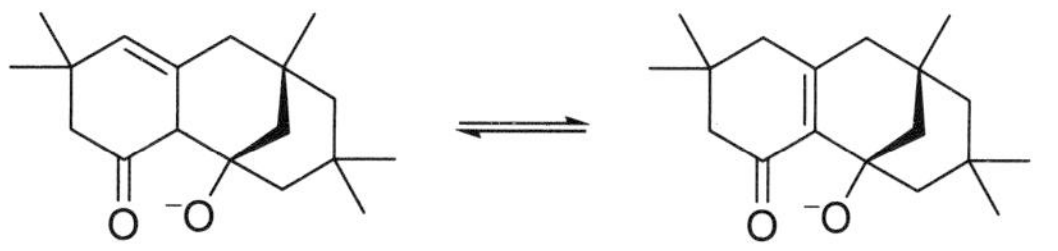

这个烯醇负离子可以通过以下三种方式进行后续转换：

通过类 semipincaol 重排与 1,4-共轭加成串联的反应形成一个新的环状中间体：

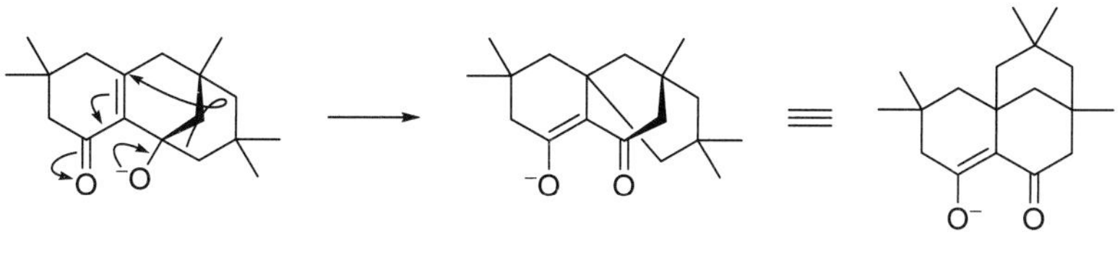

这个中间体与原料进行两次缩合反应可以构建一个芳香环，但不是目标产物：

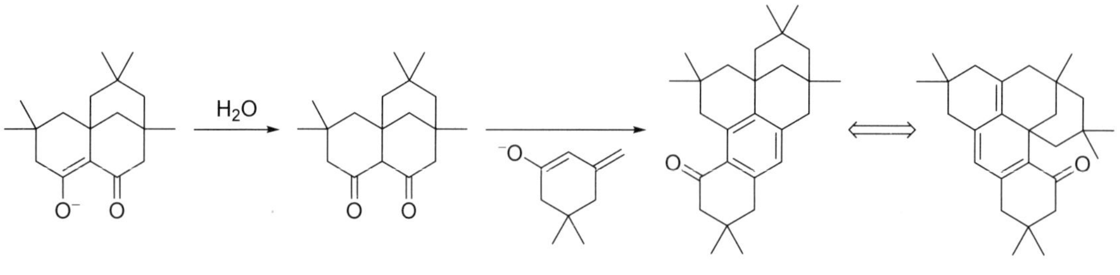

H_2O

B

通过 E1cb 类消除反应，离去羟基，形成共轭体系：

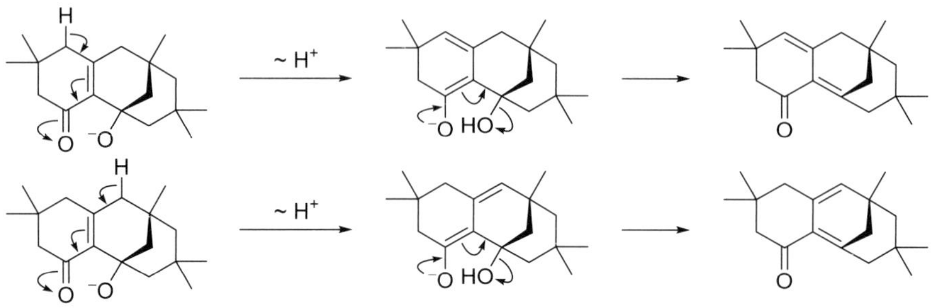

~ H⁺

~ H⁺

消除后的第一个中间体与原料先进行 1,4-共轭加成，互变异构后再进行羟醛缩合反应，构建中心六元环，脱水后即为化合物 **B**：

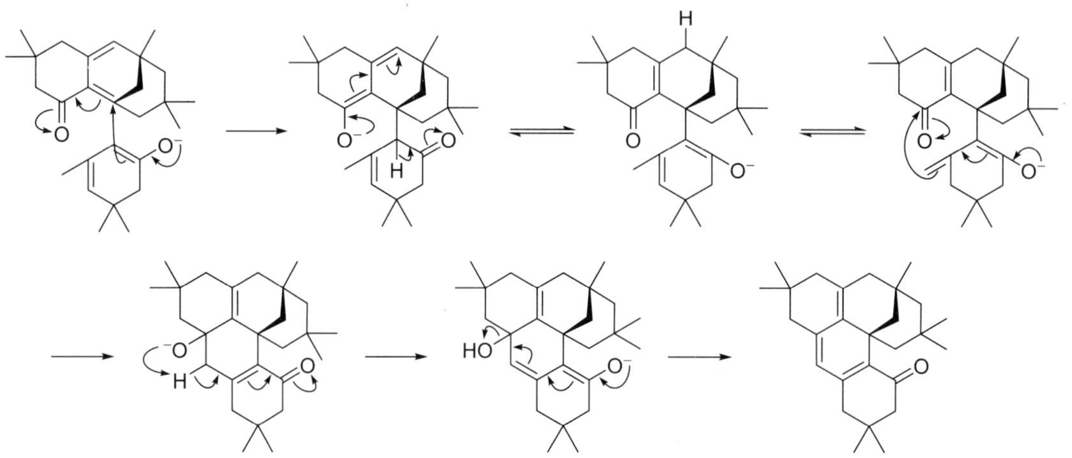

B

在对化合物 **A** 结构的拆分过程中，六元环中羰基与二甲基取代 C 原子的α位相连的 C–C 键需要被切断，二甲基取代 C 原子的α位连接某个位点后构建了一个有二甲基取代的五元环：

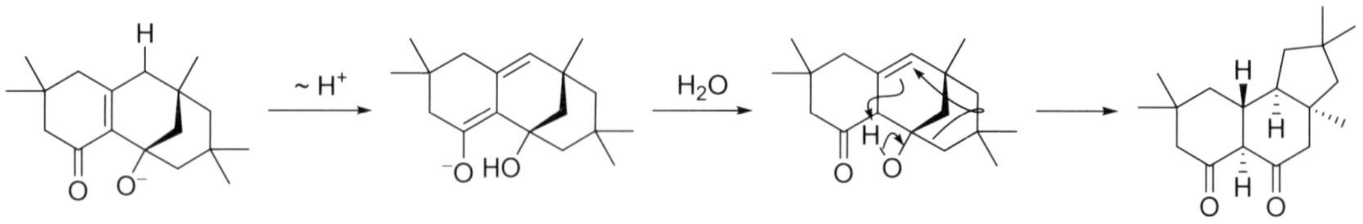

~ H⁺

H_2O

此为构建化合物 **A** 的重要中间体，随后进行两次缩合反应：

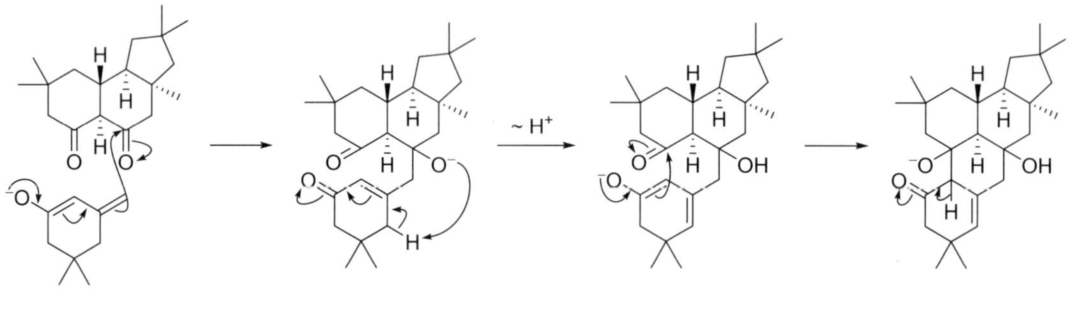

~ H⁺

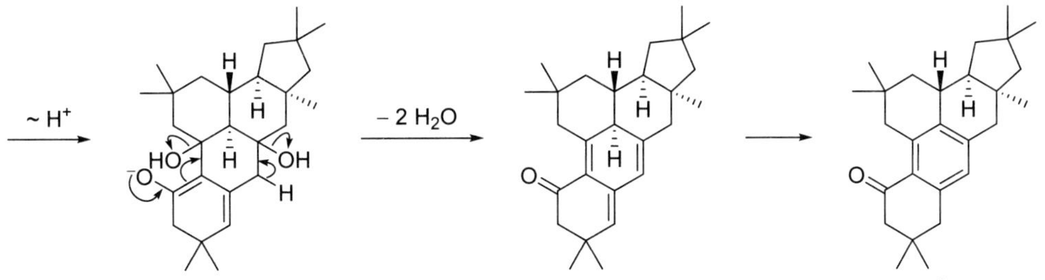

在完成这两个化合物的构建过程后，现在需要考虑究竟哪一个是准确的结构。尽管看上去化合物 **B** 的转换过程要比化合物 **A** 更具有可能性，但确定化合物的绝对构型仍需要表征验证。确定一个化合物绝对构型最重要的表征方法就是 X-射线衍射法。在获得化合物单晶后，均可以采用此技术确定化合物的绝对构型。但是，在 20 世纪 60 年代，该技术还存在一些缺陷。因此，为了获得更好的衍射数据，当时常规的方法就是在化合物的结构中引入重原子。因此，在获得三聚体后，这些科学家将其与 I_2 和三氟乙酸银一起处理，得到了两个单碘代化合物。他们没有获得单碘代主产物的单晶衍射数据，但获得了另一个产率较低的单碘代产物的单晶，并用 X-射线衍射技术表征了其结构。获得的数据表明此单晶结构为：

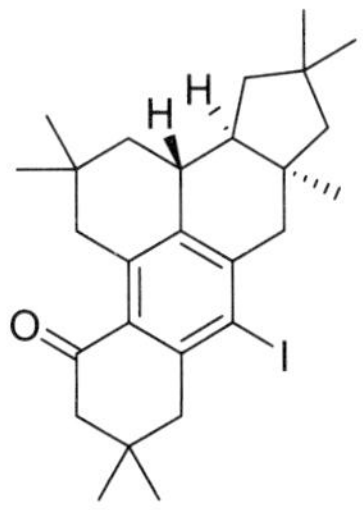

从而认为此缩合反应的产物为化合物 **A**。十多年后，经过后续的研究，发现此碘代衍生化获得单晶表征从而确定产物结构为 **A** 的结论是错误的，正确的应该是化合物 **B**。读者可以尝试探索化合物 **B** 经 I_2 和三氟乙酸银处理转化为两个化合物的过程。

第 58 题

请为以下转换提供合理的电子转移过程，须标出准确的电子转移箭头：

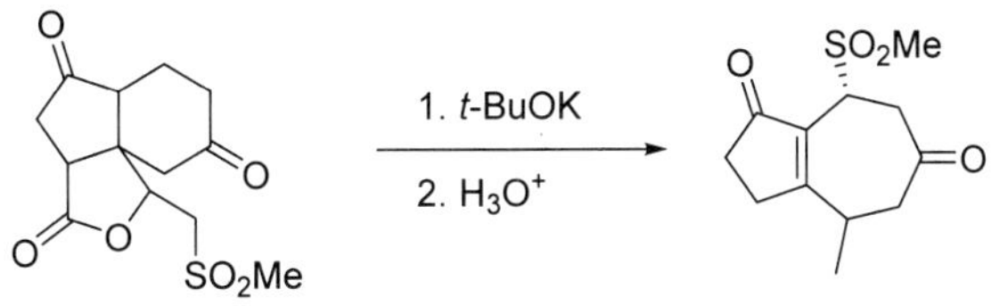

解答：

这两个化合物的分子式只差了一个 CO_2，意味着这个反应相当于一个脱羧过程。脱羧过程看上去应该很简单，但是深入思考却发现并非如此。这个转换过程中，环己酮的骨架扩环转化为环庚酮。以五元环中的酮羰基为定位基团的话，砜基团发生了迁移，且从与一级碳连接转化为与二级碳连接，但是两个羰基的相对位点没有发生任何变化。

在这些结构分析的基础上思考反应过程，反应在碱性条件下进行，那么优先考虑那些具有酸性 H 的位点：

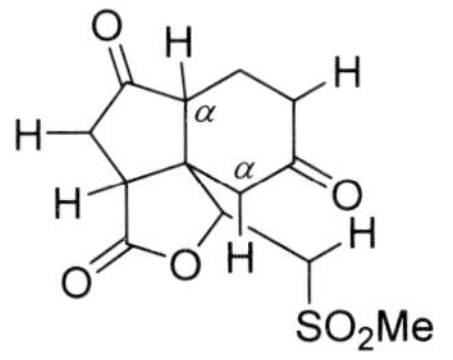

在这个化合物中，如结构中所示，具有酸性 H 的位点很多。这个化合物还具有一个非常特征的骨架：

1,5-二羰基化合物，这是 Michael 加成的骨架特征。那么，就应该首先考虑这个骨架中的羰基α位，考虑到五元环保持不变，六元环要扩环，因此，六元环是可以打开的。那么，构建这个骨架的 Michael 加成反应为：

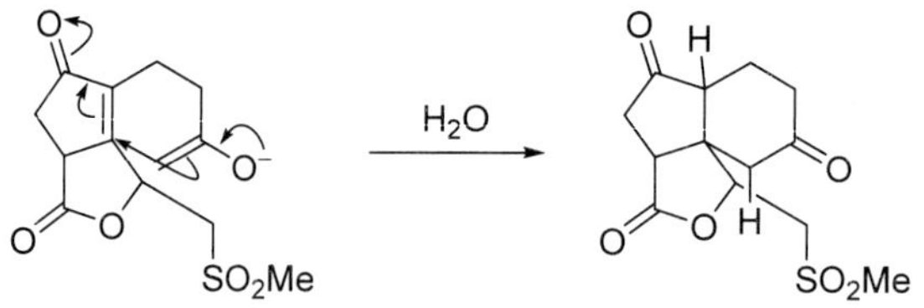

依据这个分析，那就在碱性条件下，攫取环戊酮羰基的α-H，然后发生逆 Michael 加成转化为：

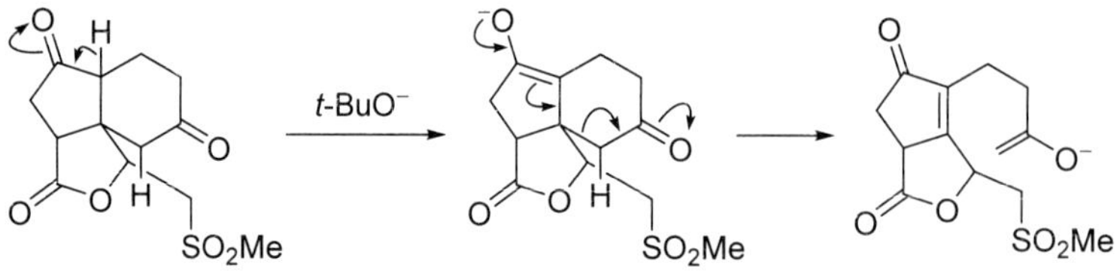

此时，将羧酸根负离子视为离去基团，烯醇负离子对其进行亲核取代反应，扩环成七元环：

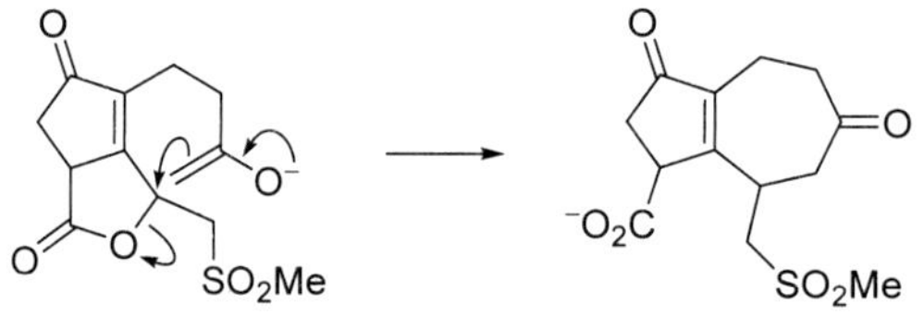

接下去需要考虑两个转换：脱羧和砜基的转移。首先，考虑砜基的转移，通过五元环芳香过渡态脱除 $MeSO_2H$，并形成 C=C 双键：

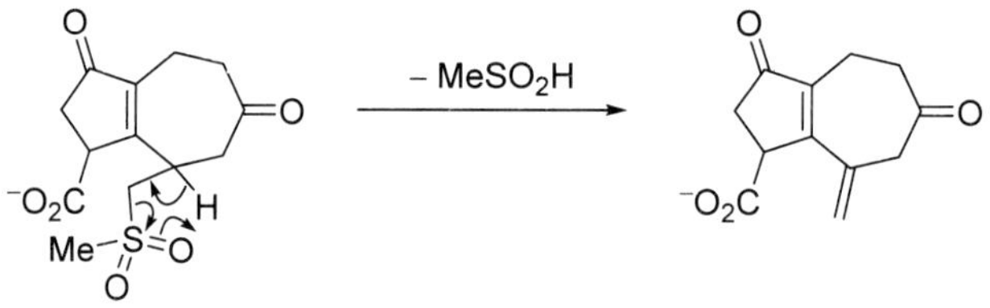

此化合物经 1,5-H 迁移转化为：

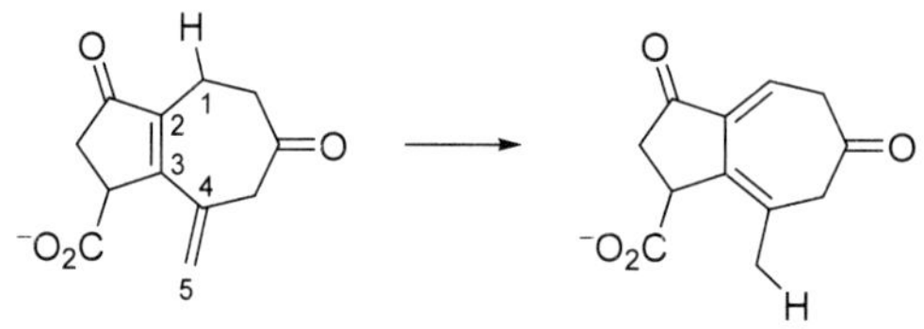

$MeSO_2H$ 对α,β-不饱和酮进行 Michael 加成：

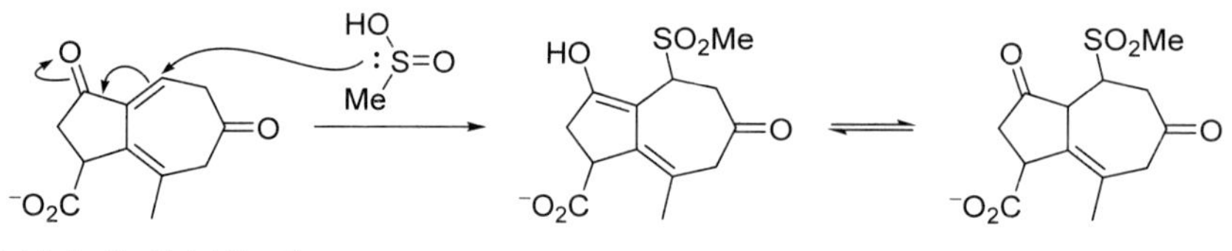

中间产物的双键转化为共轭体系：

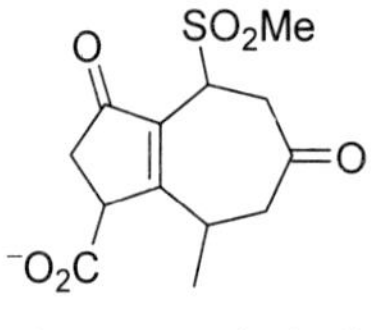

接着脱羧，形成环戊二烯醇负离子，用水后处理即为产物：

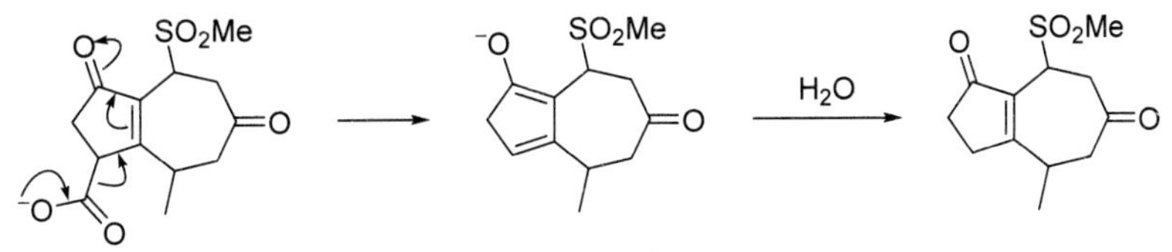

考虑其他的转换方式，如攫取六元环酮羰基的α-H：

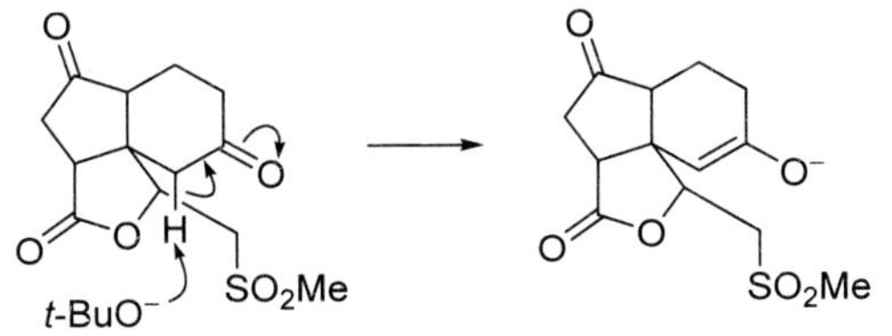

此烯醇负离子对羧基进行亲核取代反应，形成六元环并三元环：

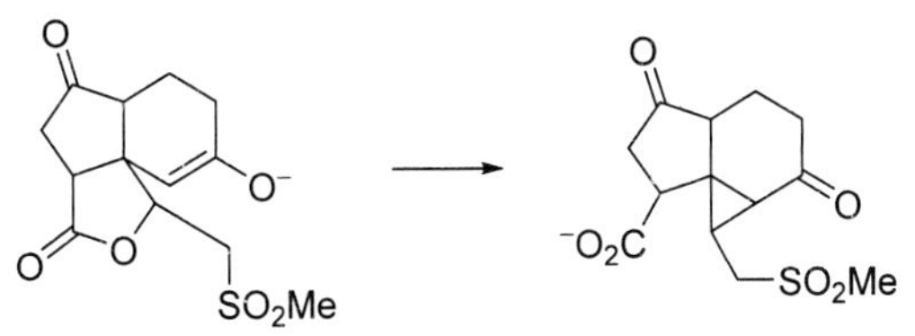

通过类似于前面的逆 Michael 加成，打开三元环转化为七元环：

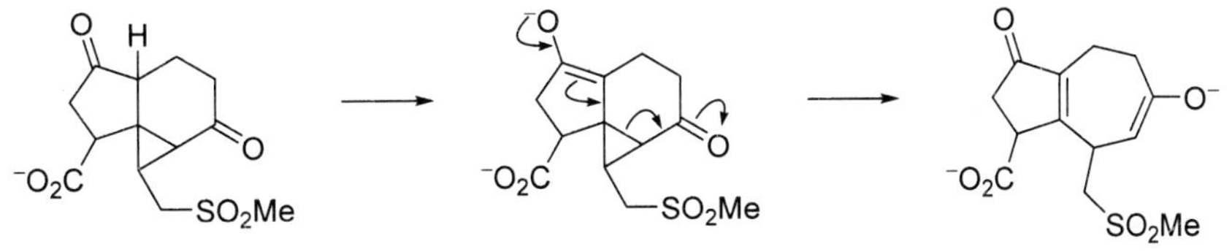

这个中间体与前面讨论过的一致，后续的转换就完全一样了。

第三种方式考虑攫取砜基的α-H，然后发生 E1cb 消除：

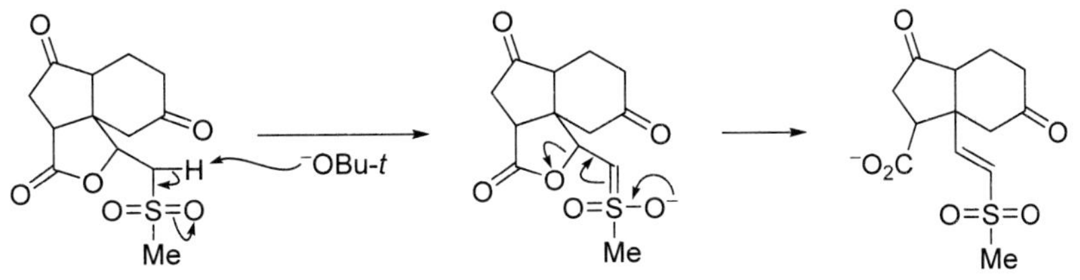

接着六元环酮羰基α位对此不饱和砜体系进行共轭加成，形成六元环并三元环：

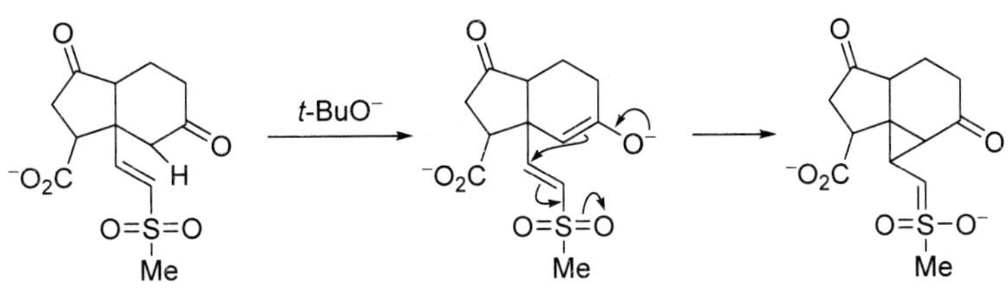

这个中间体与前面展示的一致，后续也就不再赘述了。

综上所述，这个反应的整个转换过程为：

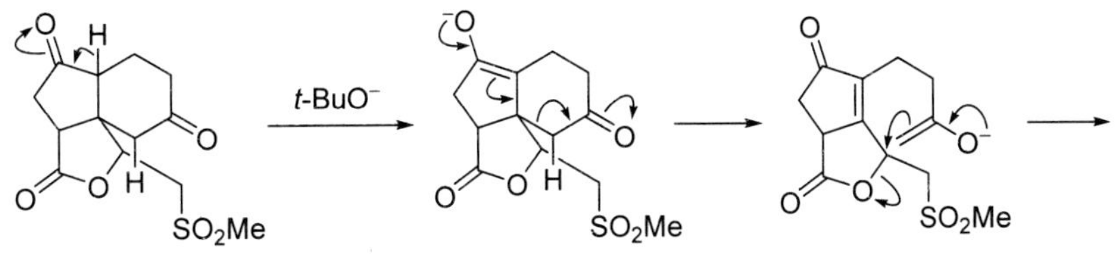

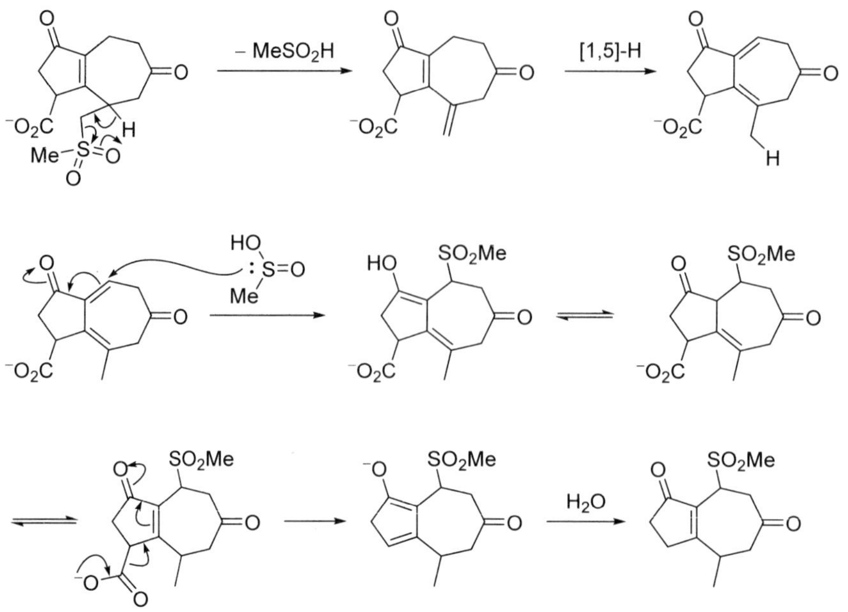

前面重点讨论了碳负离子或烯醇负离子反应的多变性，结合碳正离子的多样性反应，向读者展示了有机反应丰富多彩的一面。也正是这些丰富多彩的反应创造了我们美丽的世界，也给了我们更多探求这个世界奥秘的欲望。经过这 258 题的解析，我尝试告诉各位读者，尤其是刚接触有机化学的同学们，学会思考远比知道一个答案重要得多。

世界是美丽的，让我们怀着美好的心态去拥抱这个世界，也拥抱创造这个美丽世界的有机化学。

第三部分 基本训练

第十一章 有机反应基本训练

说明

按照要求为以下反应式提供主要产物的结构式，如有立体化学要求，须画出其立体结构：

1. COOH, COOH $\xrightarrow{Br_2}$

2. $\xrightarrow[THF,\ H_2O]{Hg(OAc)_2}$ $\xrightarrow[THF,\ NaOH]{NaBH_4}$

3. $\xrightarrow[THF,\ H_2O]{Hg(OAc)_2}$ $\xrightarrow[THF,\ NaOH]{NaBH_4}$

4. $\xrightarrow{HCl}$

5. $\xrightarrow{PhSCl}$ [ ] $\longrightarrow$

6. $\xrightarrow{m\text{-CPBA}}$

7. O, OH, O_2N $\longrightarrow$

8. HO⁀≡ / NBS →

9. Br$_2$ / $NaHCO_3$ →

10. HgO / H_2SO_4 →

11. HCl →

12. OMe, H; O_3 / DCM, −70 °C →

13. 1. BH_3 / 2. NaOH, H_2O_2 →

14. OH, H, CH_3, H; Br_2 →

15. 2 + Cl, O, O, Cl; $AlCl_3$ →

16. + O; H_2SO_4 →

17. HNO_3 / H_2SO_4 →

18. N, N, H; CH_3I →

19. OH; 1. NaOH / 2. CO_2 → 1. H_3O^+ / 2. Ac_2O →

20. O, O; 1. SO_3/H_2SO_4 / 2. NaOH →

21. OH, Br, Br, Br; Br_2 / HOAc, NaOAc → Me_2N, CF_3 →

22. Br-C6H5 —[Cl-C(CH3)2-CH2CH2-C(CH3)2-Cl / $AlCl_3$]→

23. (2-isopropyl-5-methylphenol) —[$NaNO_2$ / HCl]→ —[NH_4SH / H_2O]→

24. (6-methoxypyridin-2-amine) MeO, N, NH_2 —[HNO_3 / H_2SO_4]→

25. (pyridine) N —[RCOOOH]→ —[HNO_3 / H_2SO_4]→ —[PCl_3]→

↓ SO_3/H_2SO_4 200 °C

26. (furan) O —[dimethyldioxirane]→

27. (indole with D_2C-CH2CH2CH2-OH at C3) N H —[BF_3]→

28. Ph-CH2-(2-furyl) O —[HCHO / H_3O^+]→

29. CH3CH2CH2CH2CH2-Br —[*t*-BuOK / **E2**]→

30. (1-chloroheptyl-1,3-dioxolane) Cl, O, O —[KF / **E2**]→

31. (2-chloro-2-methylcyclohexanone) O, Cl —[LiCl/DMF / **E1**]→

32. Ph-CH(Br)-CH(Br)(H)-CO-CH3 —[NaOAc / **E1cb**]→

33. Ph-CH(Br)-CH2Br —[$NaNH_2/NH_3$ / **E2**]→

34. Cyclopentyl–OTs $\xrightarrow[\textbf{E2}]{t\text{-BuOK}}$

35. Cyclohexyl–$\overset{+}{N}(CH_3)_2CH_2CH_3$ ^{-}OH $\xrightarrow[\textbf{E2}]{\triangle}$

36. Norbornane with D and $^{+}NMe_3$ ^{-}OH $\xrightarrow[\textbf{E2}]{\triangle}$

37. Fischer projection: CH_2CH_3 (top); H–C–OH; H–C–$SiMe_3$; CH_2CH_3 (bottom) $\xrightarrow[\textbf{E1 + E2}]{H_2SO_4}$

38. Fischer projection: CH_2CH_3 (top); Br–C–H; Br–C–$SiMe_3$; CH_2CH_3 (bottom) $\xrightarrow[\textbf{E2}]{NaOMe}$

39. Fischer projection: Ph (top); H–C–Br; H–C–Br; Ph (bottom) $\xrightarrow{KI}$

40. $RCOOCH_2CH_2SiMe_3$ $\xrightarrow[\textbf{E2}]{R_4NF}$

41. $CH_3CH_2CH(Br)CH_2OCOCH_3$ $\xrightarrow[Bn_3SnH]{AIBN}$

42. Bicyclic lactone with H_3COH_2C, I, $OCOCH_3$ $\xrightarrow[NaBH_4\text{ (1 equiv.)}]{Bn_3SnCl\text{ (0.1 equiv.)}}$

43. 1,3-Dioxolane (C_6H_5, ICH_2, C_9H_{19}) + $CH_2=C(CH_3)COOCH_3$ $\xrightarrow[NaBH_4\text{ (1 equiv.)}]{Bn_3SnCl\text{ (0.1 equiv.)}}$

44. Bis(bicyclo[2.2.1]heptane-1-carbonyl) peroxide $\xrightarrow{CCl_4}$

45. $(CH_3)_2CHOH$ + $CH_2=CHC_6H_{13}$ $\xrightarrow[\triangle]{ROOR}$

46. $HC\equiv C(CH_2)_3C(CH_3)_2I$ $\xrightarrow[AIBN,\ C_6H_6]{Bn_3SnH}$

47. 1-Bromo-2-methylnaphthalene $\xrightarrow[(PhCOO)_2]{NBS}$ $\xrightarrow[\triangle]{CaCO_3/H_2O}$

48. O (cyclohexanone) — acetic anhydride, $HClO_4$ →

49. (phenyl pentyl ketone) — Br_2/Et_2O, $AlCl_3$ (0.75%, 摩尔分数) →

50. O, OH (acetic acid) — $SOCl_2$ → — Br_2 → — MeOH → — PPh_3 →

51. O (2-pentanone) — LDA → — Me_3SiCl → — PhSCl →

52. Br (bromocyclopentane) — Mg → — CN, Cl (2-chlorobenzonitrile) → — Br_2, HOAc →

53. O, Cl — NH (aziridine) →

54. O, Cl — NH (aziridine), Et_3N →

55. O (cycloheptadienone) — MeOH, NH_2OH →

56. O, OH — MeONa, MeOH →

57. O, H — 1. BuLi, −70 °C ~ 20 °C; 2. H_2O →

58. O, NMe_2 — 1. BuLi, −70 °C ~ 20 °C; 2. H_2O →

59. O, Cl — NH_3 →

60. O, OMe — NH_3 →

61. O, H — Bu_2CuLi, Me_3SiCl → — H_3O^+ →

62. O (cyclopentenone) — $NaBH_4$ → [ ] — $NaBH_4$ →

63. O (4-tert-butylcyclohexanone) — $(CH_3)_2S^+(O)–CH_2^-$ →

64. O $\overset{+}{S}$ $\overset{-}{C}H_2$

65. O O ^{+}S $\overset{-}{C}H_2$

66. O $\overset{+}{S}$ $\overset{-}{C}H_2$

67. Ts N $\overset{+}{Br}$ HMDS CH_2Cl_2, 0 °C, 3 h *d.r.*: 95:5

68. N N CF_3 $Ph_2^+SMe\ BF_4^-$ (1.5 equiv.) NaHMDS (2 equiv.) THF, 0 °C ~ r.t., 1 h

69. O O R^2 $PhICl_2$, MeCN 70 °C

70. OH CH_2I_2 Zn/Cu

71. Cl N RSH NaOH

72. N H O $POCl_3$

73. COOH N Cl + H_2N CF_3

74. N Me_2NH HCHO

75. O COOEt NaOEt

76. O BuLi PhS O Cl

77. (2-methylbutan-3-one structure) $\xrightarrow[NH_3,\ MeOH,\ 30\ ^\circ C,\ 4\ h]{NaCN,\ NH_4Cl,\ MgSO_4}$ $\xrightarrow[2.\ NaOH\quad 3.\ EtOCOCl]{1.\ 100\ ^\circ C,\ 20\ h}$

78. (tetrahydrothieno[3,2-c]pyridine, NH) + (2-chlorophenylboronic acid, $B(OH)_2$, Cl) + (glyoxylic acid, H, O, OH) $\xrightarrow{DMF,\ r.t.}$ $\xrightarrow[\triangle]{H_2SO_4,\ MeOH}$

79. (indole, N H)
- $\xrightarrow[\triangle,\ 62\%]{NaOAc,\ Ac_2O}$ $\xrightarrow{aq.\ NaOH,\ r.t.}$
- $\xrightarrow[\triangle,\ 60\%]{HOAc,\ Ac_2O}$ $\xrightarrow[\triangle]{Ac_2O}$ $\xrightarrow{aq.\ NaOH,\ r.t.}$

80. (N-methylindole, N) $\xrightarrow[PhMe,\ \triangle\ 40\%]{BtCH_2OH}$ $\xrightarrow[2.\ TMSCl]{1.\ n\text{-}BuLi}$ $\xrightarrow{MeMgBr}$

81. (2,3-dichloropyrazine, N, Cl, N, Cl) $\xrightarrow[n\text{-}BuLi,\ THF\ 73\%]{\text{1,3-dithiane (S, S)}}$ $\xrightarrow[MeCN,\ H_2O\ 60\ ^\circ C,\ 68\%]{MeI,\ CaCO_3}$ (OHC, N, N, Cl)

82. (2,6-dichloropyrazine, N, Cl, N, Cl) $\xrightarrow[n\text{-}BuLi,\ THF\ 73\%]{\text{1,3-dithiane (S, S)}}$ $\xrightarrow[MeCN,\ H_2O\ 60\ ^\circ C,\ 68\%]{MeI,\ CaCO_3}$ (N, CHO, N, Cl)

83. (epoxide O, ketone O, Et) $\xrightarrow[r.t.,\ 100\%]{BF_3,\ Et_2O}$

84. (pyrrolidine, OMe, N, COOMe) $\xrightarrow[TiCl_4,\ 81\%]{\text{OTMS (2-trimethylsilyloxypropene)}}$

85. (β-propiolactone, O, O) $\xrightarrow{C_6H_5OH,\ H^+}$

86. (β-propiolactone, O, O) $\xrightarrow[NaOEt]{CH_2(COOEt)_2}$ $\xrightarrow{H_3O^+}$

87. (Ph, styrene) $\xrightarrow{\text{Ts-N(Cl)-Na}}$

Ts, N, Cl, Na — Chloramine T

88. (allylamine, NH_2) $\xrightarrow[95\%]{Br_2,\ EtOH}$ $\xrightarrow[THF,\ -78\ ^\circ C]{3\ n\text{-}BuLi}$ $\xrightarrow{50\%\ aq.\ KOH}$

$\xrightarrow[r.t.]{TsCl}$ (azetidine, Cl, N, Ts)

89. PMB–NH–CH$_2$CH$_2$–COOMe $\xrightarrow[94\%]{\text{NCS, Et}_2\text{O, r.t.}}$ $\xrightarrow[72\%]{\text{LiHMDS, THF, –78 °C}}$

90. (indol-3-yl)CH$_2$COOH $\xrightarrow[57\%]{\text{Ac}_2\text{O, BF}_3}$ $\xrightarrow[120\ °\text{C}]{\text{N≡C–COOEt}}$ (1-methyl-β-carboline-3-COOEt)

91. (benzene) $\xrightarrow{\text{N}_2\text{CHCOOEt}}$

92. CH$_3$CH$_2$CH$_2$CD$_2$Cl $\xrightarrow{\text{PhNa}}$

93. (cyclobutyl)COOEt + R–CH=N–S(=O)–t-Bu $\xrightarrow[-78\ °\text{C, 3 h}]{\text{LiHMDS, THF}}$ $\xrightarrow[\text{2. TsCl, NaH, r.t., 2 h}]{\text{1. LAH, THF, r.t., 2 h}}$

94. MeNH–CH$_2$CH$_2$–CH(Ph)–O–C$_6$H$_4$–CF$_3$ $\xrightarrow[\text{MeOH, 55 °C, 12 h}]{\text{CH}_2\text{=CHCN (5.0 equiv.)}}$

$\xrightarrow[\text{DCM, –78 °C ~ r.t., 12 h}]{m\text{-CPBA (1.1 equiv.)}}$ $\xrightarrow{\text{BzCl, NEt}_3\text{, DMAP, DCM, r.t., 30 min}}$

95. (L-proline) $\xrightarrow[\text{CHCl}_3,\ \triangle\text{, 6 h}]{\text{Cl}_3\text{C–CH(OH)}_2}$ $\xrightarrow[\text{Br–CH}_2\text{CH=C(CH}_3)_2\text{, –78 °C ~ –40 °C, 1.5 h}]{\text{LDA, –75 °C, THF, 0.5 h}}$

$\xrightarrow{\text{NH}_3\text{/MeOH, r.t., 5 h}}$ +

$\xrightarrow[\text{CH}_2\text{Cl}_2\text{, 0 °C ~ r.t., 5 h}]{\text{BrCH}_2\text{COBr, 1 mol·L}^{-1}\ \text{K}_2\text{CO}_3}$ +

$\xrightarrow{\text{NH}_3\text{/MeOH, r.t., 24 h}}$

$\xrightarrow{\text{NaH, THF, MOMCl, 0 °C ~ r.t., 20 h}}$ $\xrightarrow[\text{(3-furyl)CH}_2\text{Br, –78 °C ~ –50 °C, 3.5 h}]{\text{1. }n\text{-BuLi, THF, –78 °C, 1 h}}$ (prenyl-substituted N-MOM diketopiperazine bearing a 3-furylmethyl group)

96. $HO\!-\!CH_2CH_2CH(Br)CH_2\!-\!OH$ —NaH→ —NaH, BnBr→ —$NaBH_4$→ —(dihydropyran), H^+→ —Na, NH_3→ —1. TsCl 2. NaI, 丙酮→ —Li–N(NMe$_2$)– (hydrazone)→ —1. n-BuLi 2. I–CH$_2$CH$_2$CH(CH$_3$)–OTHP→ (bis-THP ether dimethylhydrazone, N–NMe$_2$)

97. (cyclopentadiene) —HCl→ —1. Mg 2. CO_2 3. $SOCl_2$→ —1. (1-morpholinocyclopentene) 2. H_3O^+→ —$ClCOOCH_2Ph$→ —hv→ —H_2/Pd/C, HOAc→ (tricyclic diketone, O, O)

98. I–CH=CH–CH(OSiR$_3$)–C_5H_{11}-n —n-BuLi→ Li–CH=CH–CH(OSiR$_3$)–C_5H_{11}-n —1. CuI 2. (4-R$_3$SiO-cyclopent-2-enone)→ —I–CH$_2$CH=CH(CH$_2$)$_3$COOMe→ —1. n-Bu_4F 2. H^+→ (O, COOH, HO, HO, C_5H_{11}-n)

99. CHO OMe $\xrightarrow[\text{碱}]{Ph_3\overset{+}{P}\text{—Et}}$ $\xrightarrow[H_2O]{NBS}$ $\xrightarrow[MeOH]{K_2CO_3}$

HBr MeOH

NBS

Et_3N, ROH

Me_3SiBr MeCN

O OMe

100. HO O OH HO OH $\xrightarrow{MeOH/H^+}$ $\xrightarrow[AcOH,\ H_2SO_4]{Ac_2O}$

HCl Et_2O

NH_2 N N N N Ag

NH_2 N N N N AcO O AcO OAc

酯水解

O H^+

BnO P Cl BnO O

1. H^+, H_2O

2. H_2, Pd/C

NH_2 N N N N HO P O HO O O HO OH

AMP

第十二章　有机反应机理基本训练

说明

请为以下转换提供分步的、合理的反应机理，须准确表示其电子转移过程：

1. CF_3SO_2Cl —— 4-ClC$_6$H$_4$C≡CH；PPh_3, DMF, 90 °C, 8 h → (Cl)(SCF$_3$) 烯烃产物 69%

Cl　Cl　SCF_3

CF_3SO_2Cl —— 4-ClC$_6$H$_4$CH=CH$_2$；PPh_3, DMF, 90 °C, 4 h → Cl　Cl　SCF_3 80%

2. Cl　O　OTBS　Cl　5 —— TMSCl → Cl　OH　OTBS　Cl　Cl　5　*syn* 4% + Cl　OH　OTBS　Cl　Cl　5　*anti* 39%

3. H　O　BocO　OBoc —— MeMgCl；Et_2O, −78 °C → [　　] —— Bn–N=CH–Bn；0 °C → Bn　N　Bn　BocO　O　83%

4. O　OH —— Ph(C=O)CH=PPh$_3$ (Ph　O　Ph　P　Ph　Ph)；甲苯, 80 °C, 2 d → Ph　O　CHO

O　OH —— EtO(C=O)CH=PPh$_3$ (EtO　O　Ph　P　Ph　Ph)；甲苯, 80 °C, 2 d → EtO　O　OH

5. O　H + 甲苯 —— 1.1 equiv. NaN(SiMe$_3$)$_2$, Cs_2CO_3 (5%, 摩尔分数)；110 °C, 12 h → NH_2

6. Ph-CH=CH-BF_3K, MeCN; $LiPF_6$ (0.5 equiv.), 23 °C, 3 h → [ ] → Ph-CH=CH-BF_3K → 95%

7. PhSePh (20%, 摩尔分数); $BF_3 \cdot Et_2O$, DCE, −10 °C, 12 h → 99%

8. NaH (2 equiv.); DMSO, r.t., N_2 → 95%

(TEMPO 抑制反应；I 取代物可以反应，而 F, Cl, Br 则不行)

9. PBu_3 (1.2 equiv.), PhCOCl (1.1 equiv.); Et_3N (1.2 equiv.), 甲苯, 30 °C, 3 h → 95%

10. $PhI(OAc)_2$; HFIP, 0 °C, 2 min → 62%

$PhI(OAc)_2$, DCM; HFIP, −17 °C, 2 min →

11. (5%, 摩尔分数); DMAP, EtOH →

12. (20%, 摩尔分数); $NaHCO_3$, EtOH, r.t., 12 h → 98%

13. 1.3 equiv. + → CH_2Cl_2, r.t.

0 equiv. HOAc, 24 h, 0 %
1.3 equiv. HOAc, 1.5 h, 84%

14. 1. I_2 (10%, 摩尔分数) 2. N_2=CCOOEt

15. t-BuOK, EtOH, DME, 5~40 °C

16. 1. 9-BBN 2. H_2O_2, NaOH → MsCl, Et_3N → Na_2CO_3, H_2O → 1. TsCl 2. 9-BBN 3. H_2O_2, NaOH

17. $CHBr_3$, $NaOC_2H_5$

18. H_2O

19. PPh$_3$, DBU, n-Bu$_4$NI, CH_3CN, r.t., 18 h

82%

20. H^+

21. Br_2

22. HO — CH_3COCH_3, H^+ → HO, OH — CH_3COCH_3, H^+ → OH, OH

23. Ph, NO_2 — N_2CHCN, CH_3I, THF; Cs_2CO_3, r.t., 1~3 h → N, N, NC, Ph (73%) + N, N, NC, Ph (18%)

24. O, OTs + Ph, $\overset{+}{N}$, O^- — Et_3N, CF_3CH_2OH; r.t., 2.5 h → O, Et, Et, Ph, N, O (78%)

25. $COOCH_3$ — 1. I_2, MeCN-H_2O, r.t.; 2. KOH, DMF, 60 °C; 3. MeI, r.t. → O, $COOCH_3$

26. OH — BsCl; py → OBs

27. OH — BsCl; py → OBs

28. Cl — CF_3COOH → Cl, $OCOCF_3$

29. OH, NH_2 — HNO_2 → O

30. OH, NH_2 — HNO_2 → *t*-Bu, CHO, H, H

31. O, Br — H_3O^+ → OHC, OH

32. OH — $(CH_2O)_n$; $PhB(OH)_2$, CH_3COOH → **A** ($C_{14}H_{13}O_2B$) — H_2O_2 → OH, OH

33. CH_3COCl (SiMe$_3$ → COCH$_3$)

34. KNH_2/NH_3 (Cl, O, O, N H → O, OH, N H)

35. $POCl_3$ (N H, O → N, Cl)

36. H_2O_2 → PCl_3 → H_2O (COOH, N → COOH, N, Cl)

37. Et → (m-CPBA, $NaHCO_3$ / DCM, r.t., 过夜) → O, Et → (LiTMP (2 equiv.), THF / PhB(pin) (2 equiv.), 0 °C (2 h) ~ r.t., 过夜) → Ph, Et

38. MeO, OH, Ph → (1. cat. Tf_2NH, CF_3CH_2OH, 50 °C, 10 min / 2. $(CH_2OH)_2$ (5 equiv.), 50 °C, 8 h) → O, O, Ph

78%, *d.r.* > 98:2

39. Ph—NH_2 + Et, O → (1. KI/CH_3SO_3H / 2. I_2) → Ph, N, Et, Et

40. O, Ph, Ts, N, H + BocO, COOEt → (PCy_3 (20%, 摩尔分数) / $CHCl_3$, 100 °C, 1 h) → O, COOEt, N, Ph, Ts

41. OAc, Ph, C, COOEt + OCOOMe, EtOOC, R → ($P(4\text{-}MeC_6H_4)_3$(20%, 摩尔分数) / 甲苯, r.t., 12 h, 85%) → Ph, COOEt, EtOOC, COOEt

R = COOEt

R = COAr ↓ 1.2 equiv. $P(4\text{-}MeC_6H_4)_3$ 1.2 equiv. Na_2CO_3 88%

Ar, COOEt, Ph, COOEt

42. O, CF_3, OMe, OMe → (5% $Sc(OTf)_3$, $ClCH_2CH_2Cl$ / △, 24 h) → CF_3, O, OMe

91%, *d.r.* = 13:1

43. + + $\xrightarrow[\text{KI, DMSO, } O_2]{}$ 51%

44. 1. PPh_3, NBS, DCM, 0 °C ~ r.t., 15 min
2. $Et_3N \cdot 3HF$ (2 equiv.), DCM, r.t., 2 h

45. COOMe COOMe
1. MeONa, MeOH
2. ^-OH, H_2O
3. H^+, △

46. O_2N CHO NO_2 + HN
AcOH
△, 2 h
O_2N N NO_2

47. COOMe OH
Br OMe
K_2CO_3, NMP, 120 °C, 8 h
COOMe O COOMe
82%

48. O N_3 COOMe
$FeBr_2$ (5%, 摩尔分数), **L2** (5%, 摩尔分数)
DMF, Ar, 120 °C
O NH COOMe
80%

L2: NH N

49. Ph O O
C5 (10%, 摩尔分数)
二甲苯, r.t., 96 °C
Ph O O
82%, *ee*: 93%

C5: CF_3 F_3C S N H N H NH_2

50. H N N Ts
Ph_3P=CHCOOMe (1.5 equiv.)
DMPU, 95 °C, 10 min, 66%
O S O

51. O Ph Ph
Et_3N, NH_2CH_2COOEt
MeOH
Ph O EtOOC N H Ph
I_2 (2 equiv.), K_2CO_3 (2 equiv.)
DCE/甲苯 (1:1), $^{18}O_2$
80 °C, 4 h
^{18}O EtOOC N Ph O Ph
72%

52. CHO N + OTf I Ph OMe (1.1 equiv.) —— **NHC-1** (10%, 摩尔分数); DMAP (1.5 equiv.), DCE (0.1 mol·L^{-1}) −35 °C, 24 h → O Ph N 85%

NHC-1: C_6F_5—N N N

53. R + OH Ph Ph —— ZnI_2 (1.0 equiv.); N_2, CH_2Cl_2 0 °C, 15 h → Ph Ph H I Ph **R = H** 73%

R + OH Ph Ph —— ZnI_2 (1.0 equiv.); N_2, CH_2Cl_2 0 °C, 40 min → Ph Ph **Ph** **R = Ph** 89%

54. Ts N N Ts —— Br_2 (2 equiv.); CH_2Cl_2, 0 °C → Ts N Br Br N Ts (±) + Ts N Br Br N Ts (±)

55. Br N $COCH_3$ + OMe OMe —— BF_3 (2 equiv.); $(CF_3)_2CHOH$ r.t., 4 h → Br MeO N $COCH_3$ OMe 82%

56. MeOOC MeOOC 2.5 (equiv.) + N Ar Ph —— NaH (2.0 equiv.); THF, △, 7 h → O N Ar Ph COOMe 58% + O N Ar Ph 15%

Ar ≡ OMe

57. NO_2 N —— $ClCH_2COOEt$, KOBu-*t*; THF, −30 °C, 78% → **A** —— 1. aq. NaOH, THF, r.t., 97%; 2. K_2CO_3, DMF, 90 °C, 84% → NO_2 CH_3 N

58. O Ar $^+S^-$ + N Ts Ph COOMe —— 1. CF_3CH_2OH (0.1 mol·L^{-1}), r.t., 10 min; 2. CH_3CH_2ONa, 40 °C, 10 h (Ar = 4-MeC_6H_4) → COOMe Ar O N H Ph 87%

59. H; =O; N–NH; Cbz; Cbz —— MeI, Cs_2CO_3 / MeCN, r.t. → H; O–; N–Cbz

88%

60. Br; O —— PhMgX / $CeCl_3$ → Br; OH; Ph —— t-BuOK / DMSO, 70 °C → OH; Ph

—— HBr → Br; Ph —— m-CPBA → Br; O; Ph —— $ZnBr_2$ → Br; O=; Ph

61. TBSO; Ph; N–NPhth —— PPh_3AuCl (5%, 摩尔分数) / AgOTf (5%, 摩尔分数) / 甲苯, △, 4 h → Ph; N; NPhth

63%

62. n-C_6H_{13}; O; N–Cl; H —— NaOH → n-C_6H_{13}; CN

63. Ph; N; H + CHO; Ph —— N; H; Ph; Ph; OTMS (20%, 摩尔分数) / DDQ (1.2 equiv.), $CHCl_3$ / 4 Å 分子筛, 50 °C —— $NaBH_4$ / MeOH → Ph; CH_2OH; Ph; N; H

57%, *d.r.*: 3:1, *ee*: 99%

64. O + NH_2; OCH_3 + O —— Cl; O; P; O; OH; O; Cl (5%, 摩尔分数) / 甲苯, r.t. → O; H; Tol; N; PMP + O; Tol; H; N; PMP

endo:*exo* = 87:13
71%, *ee*: 85%

65. TMSO; SPh —— AIBN / n-Bu_3SnH → OTMS

66. 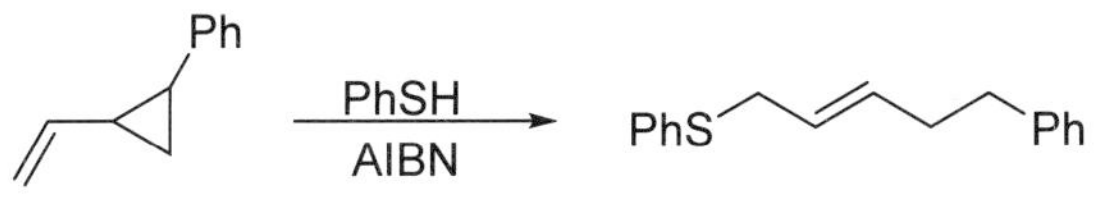 Ph; $\xrightarrow[\text{AIBN}]{\text{PhSH}}$ PhS ... Ph

67. 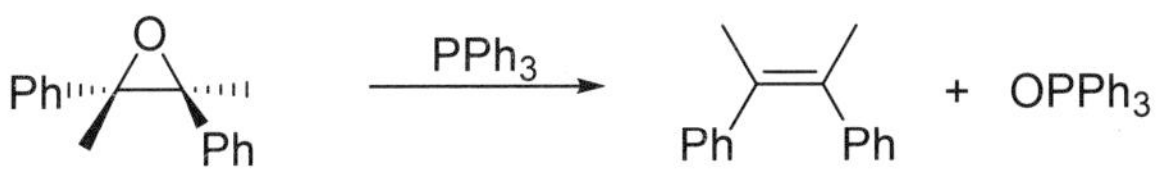 Ph, Ph (epoxide) $\xrightarrow{\text{PPh}_3}$ Ph, Ph + $OPPh_3$

68. 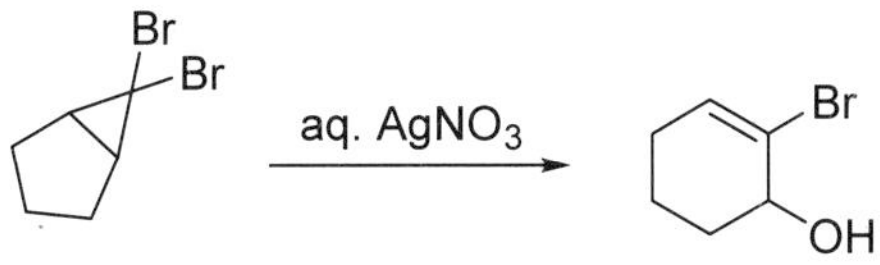 Br, Br $\xrightarrow{\text{aq. AgNO}_3}$ Br, OH

69. 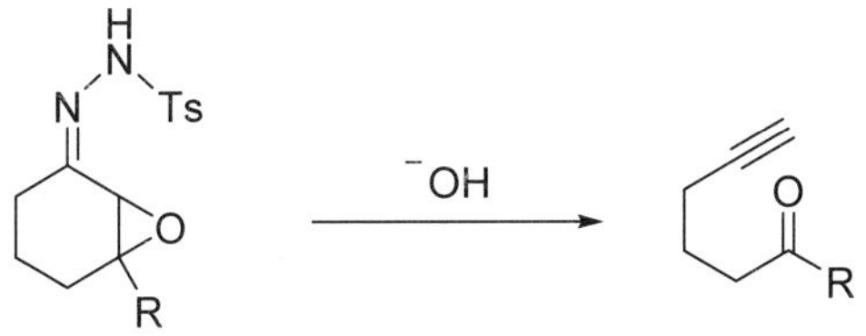 H, N, N, Ts, O, R $\xrightarrow{^{-}\text{OH}}$ O, R

70. 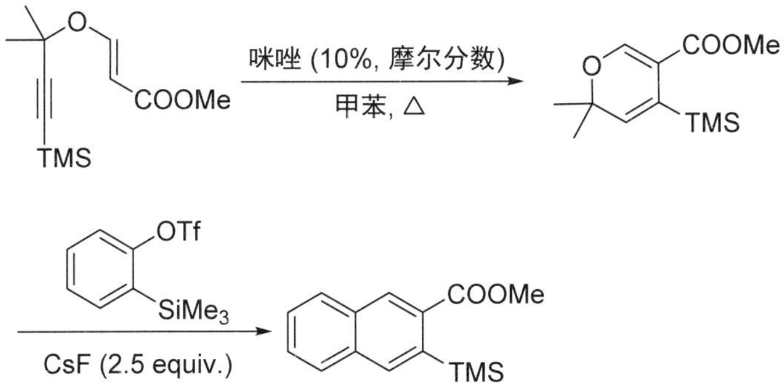 O, COOMe, TMS $\xrightarrow[\text{甲苯, }\triangle]{\text{咪唑 (10\%, 摩尔分数)}}$ O, COOMe, TMS

OTf, $SiMe_3$; CsF (2.5 equiv.) → COOMe, TMS

71. 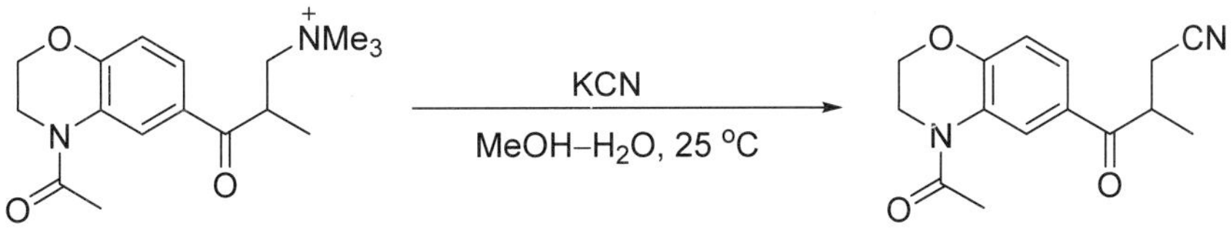 O, N, $\overset{+}{N}Me_3$, O, O $\xrightarrow[\text{MeOH–H}_2\text{O, 25 °C}]{\text{KCN}}$ O, N, CN, O, O

72.  O + PhN_3 $\xrightarrow[\text{DMSO, 80 °C, 24 h}]{\text{NH (20\%, 摩尔分数)}}$ N=N, N–Ph

73. 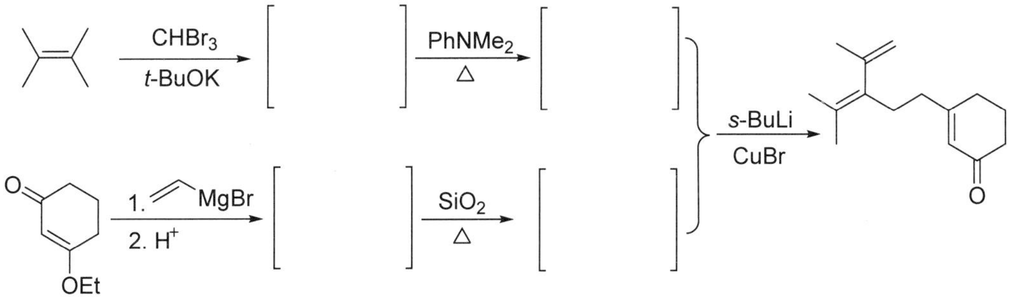 $\xrightarrow[t\text{-BuOK}]{\text{CHBr}_3}$ [ ] $\xrightarrow[\triangle]{\text{PhNMe}_2}$ [ ]

O, OEt $\xrightarrow[\text{2. H}^+]{\text{1. MgBr}}$ [ ] $\xrightarrow[\triangle]{\text{SiO}_2}$ [ ]

$\xrightarrow[\text{CuBr}]{s\text{-BuLi}}$ O

74. 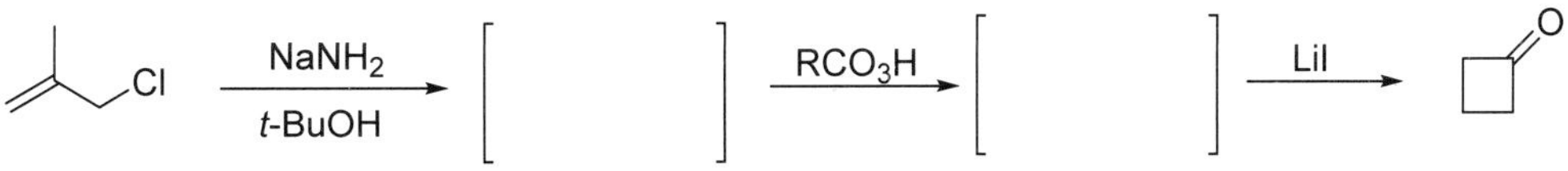 Cl $\xrightarrow[t\text{-BuOH}]{\text{NaNH}_2}$ [ ] $\xrightarrow{\text{RCO}_3\text{H}}$ [ ] $\xrightarrow{\text{LiI}}$ O

75. 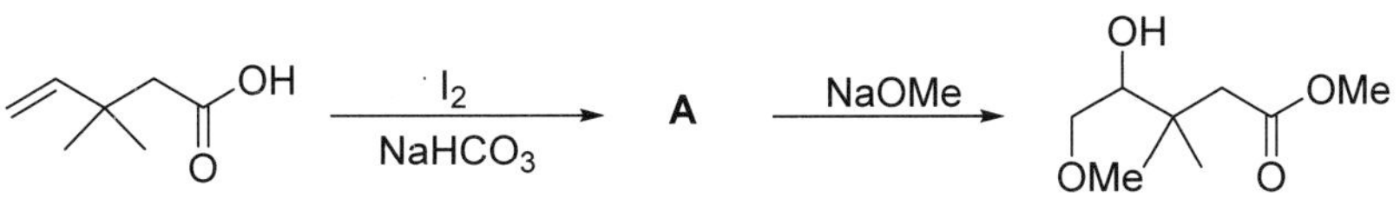 OH, O $\xrightarrow[\text{NaHCO}_3]{\text{I}_2}$ **A** $\xrightarrow{\text{NaOMe}}$ OH, OMe, OMe, O

76. TsOH, 二甲苯, △; Et_2O, rt; 1. aq. HCl, 60 °C 2. H_2, Pd/Al_2O_3 MeOH, r.t.

77. NH_2OH; H_3O^+

78. H^+

79. 1. $SOCl_2$ 2. DMF, 140~160 °C

80. 苯, Ar, r.t., 2 h, 85%

81. (20%, 摩尔分数); LiOH

82. BBr_3 DCM, r.t., 1 h; H_2O r.t., 1 h; K_2CO_3

83. n-Bu_3Sn TMSOTf, –78 °C, 10 min; Et_3SiH

84. NHC (20%, 摩尔分数), DABCO (50%, 摩尔分数) 氧化剂 (3.5 equiv.) NMP/t-BuOH (2/1), 60 °C

65%, *ee*: 98%

NHC
氧化剂

85. $i\text{-}Bu_2AlH$

86. $i\text{-}Bu_2AlH$

87. $h\nu$, H_2O, K_2CO_3 / 9 h

96%

88. n-BuLi → RCHO → TsOH / H_2O

89. SPh_2 → HBF_4 → MeO^- / MeOH

90. 碱

91. $K_3Fe(CN)_6$

Pummerer's ketone

92. $Cl_3C(CO)CCl_3$ / PPh_3

93. 酸 (痕量)

94. 1. $NaNO_2$, HCl / 2. H_3O^+

95. MeO, MeO, Cl; $\triangleright$NH, K_2CO_3; Br, OMe; → MeO, MeO, N, Br, OMe

96. Ph, Li; THF, 0 °C, 6 h → Ph

97. TMS, OTf + NMe_2 + Br, Se; KF, 18-冠-6, THF, 25 °C, 12 h → N, Se, Ph

98. TBDPSO, O, OTBS, COOBu-*t*, H, COOBu-*t*; 1. HF/py 2. MeOH, NEt_3 → COOMe, COOBu-*t*, HO, O, COOBu-*t*, 69%

99. N, H + O, H, N; PA (20%, 摩尔分数), Na_2SO_4, DCM, 80 °C → N, N

O, O, P, O, OH — PA

100. Ph, O, OMe, O, O

1. I_2, MeCN, 85 °C 2. K_2CO_3, MeOH, r.t. → Ph, COOMe, OH

1. I_2, MeCN, 85 °C 2. NH_4OAc, HFIP → Ph, COOMe, N

本书词汇缩写对照表

缩写	中文名称	英文名称	化学结构
Ac	乙酰基	acetyl	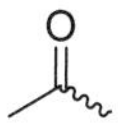
acac	乙酰基丙酮负离子	acetylacetonyl	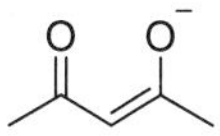
AIBN	2,2′-偶氮二异丁腈	2,2′-azo bisisobutyronitrile	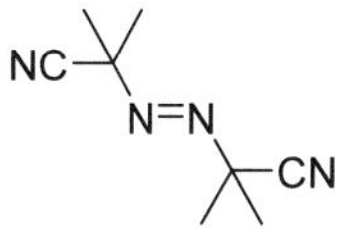
Alloc	烯丙氧基羰基	allyloxycarbonyl	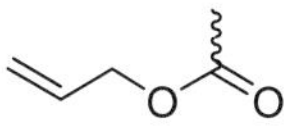
Am	正戊基	amyl (*n*-pentyl)	
p-An	对甲氧基苯基	*p*-anisyl	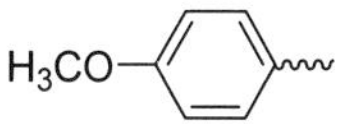
aq	水溶液	aqueous	—
Ar	芳基	Ar (substituted aromatic ring)	—
Ar	氩气	Argon	—
B	碱	base	—
BBN (9-BBN)		9-borabicyclo[3.3.1]nonyl	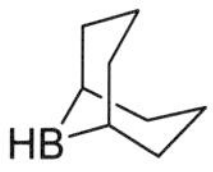
BHT	4-甲基-2,6-二叔丁基苯酚	butylated hydroxytoluene	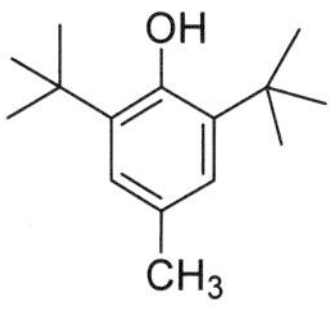
Boc	叔丁氧基羰基	*t*-butoxycarbonyl	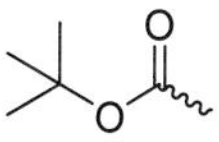
Bn	苄基	benzyl	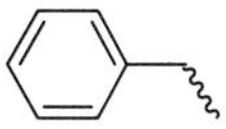

缩写	中文名称	英文名称	化学结构
Bs	4-溴苯磺酰基	Brosyl (4-bromobenzenesulfonyl)	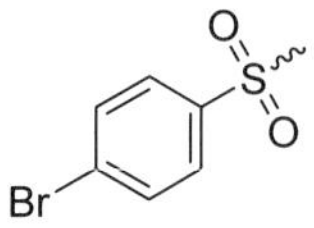 Br O S O
i-Bu	异丁基	*i*-butyl	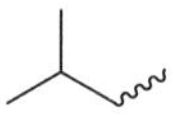
n-Bu	正丁基	*n*-butyl	
s-Bu	二级丁基	*s*-butyl	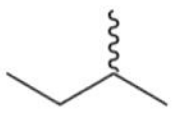
t-Bu	叔丁基	*t*-butyl	
Bz	苯甲酰基	benzoyl	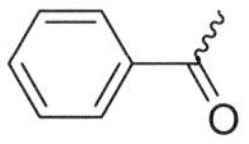 O
cat.	催化量	catalytic	—
cbz	苄氧基羰基	benzyloxycarbonyl	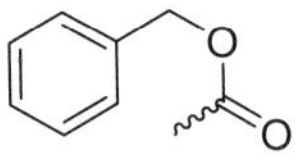 O O
CDI	羰基二咪唑	carbonyl diimidazole	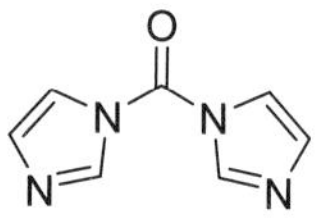 O N N N N
Cp	茂基（环戊二烯基负离子）	cyclopentadienyl	 -
Cy	环己基	cyclohexyl	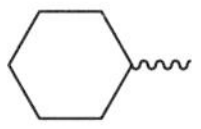
d	天	Day	—
DABCO	1,4-二氮杂双环[2.2.2]辛烷	1,4-diazabicyclo[2.2.2]octane	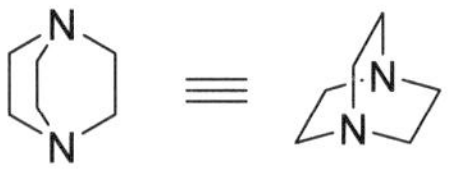 N N ≡ N N
DBN	1,5-二氮杂双环[4.3.0]壬-5-烯	1,5-diazabicyclo[4.3.0]non-5-ene	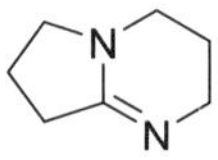 N N
DBU	1,8-二氮杂双环[5.4.0]十一-5-烯	1,8-diazabicyclo[5.4.0]undec-7-ene	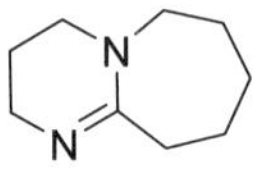 N N
DCC	二环己基甲烷二亚胺	dicyclohexylmethanediimine	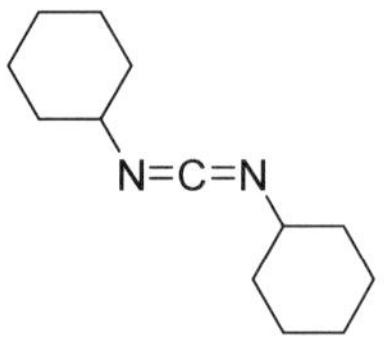 N=C=N
DCE	1,1-二氯乙烷	1,1-dichloroethane	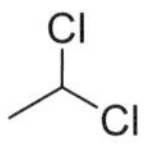 Cl Cl

续表

缩写	中文名称	英文名称	化学结构
DCM	二氯甲烷	dichloromethane	 Cl⌒Cl
DDQ	2,3-二氯-5,6-二氰基-1,4-苯醌	2,3-dichloro-5,6-dicyano-1,4-benzoquinone	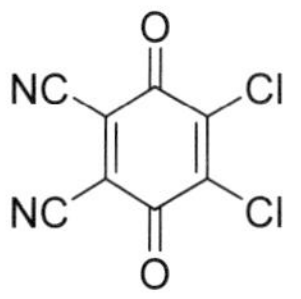 NC, NC, Cl, Cl, O, O
DEAD	偶氮二羧酸二乙酯	diethyl azobicarboxylate	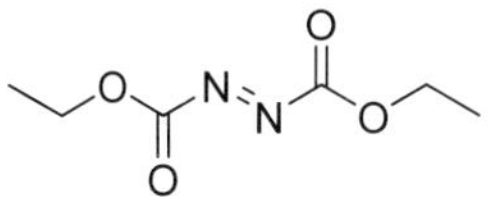 O, N, N, O, O, O
DIBAL (DIBALH)	二异丁基氢化铝	diisobutylaluminium hydride	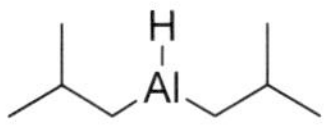 H, Al
DIPEA	二异丙基乙基胺	diisopropylethylamine	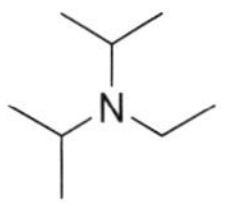 N
DMAD	丁炔二酸二甲酯	dimethyl acetylene dicarboxylate	EtOOC—≡—COOEt
DMAc (DMA)	*N,N*-二甲基乙酰胺	*N,N*-4-dimethylacetamide	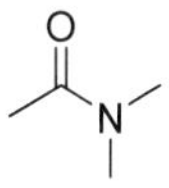 O, N
DMAP	*N,N*-二甲基-4-氨基吡啶	*N,N*-dimethylaminopyridine	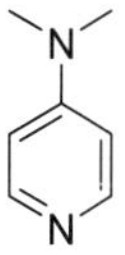 N, N
DME	1,2-二甲氧基乙烷	1,2-dimethoxyethane	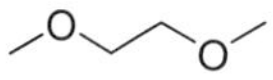 O, O
DMF	*N,N*-二甲基甲酰胺	*N,N*-dimethylacetamide	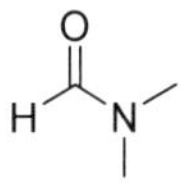 O, H, N
DMFDMA	1,1-二甲基-*N,N*-二甲基甲胺	1,1-dimethoxy-*N,N*-dimethylmethanamine	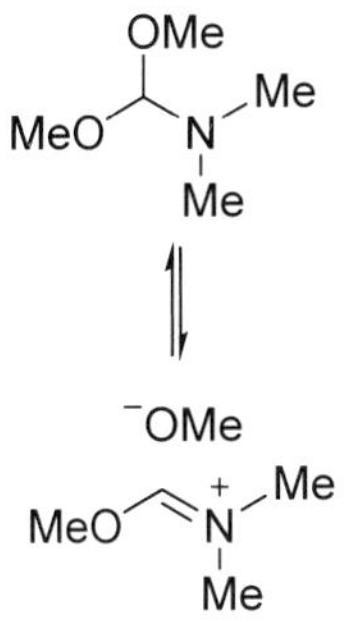 OMe, MeO, N, Me, Me ⇌ $^{-}$OMe, MeO, N^{+}, Me, Me
DMPU	1,3-二甲基-3,4,5,6-四氢-2-嘧啶酮	1,3-dimethyl-3,4,5,6-tetrahydro-2 (1*H*)-pyrimidone	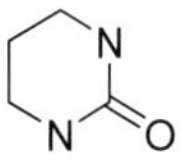 N, N, O
DMSO	二甲亚砜	dimethylsulfoxide	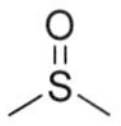 O, S
DPA	二异丙基胺	diisopropylamine	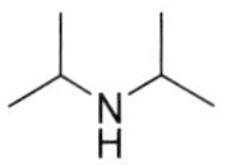 N, H

缩写	中文名称	英文名称	化学结构
E^+	亲电基团	electrophile	—
Et	乙基	ethyl	
h	小时	hour	—
HFIP	六氟异丙醇	1,1,1,3,3,3-hexafluoropropan-2-ol	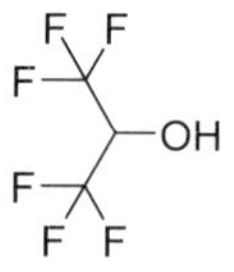
HMDS	二-三甲基硅基胺	bis(trimethylsilyl)amine	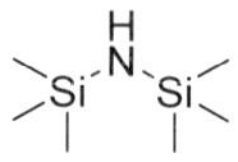
HMPA	六甲基磷酰胺	hexamethylphosphoramide	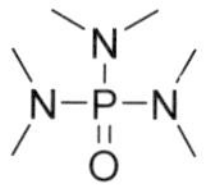
imid	咪唑	imidazole	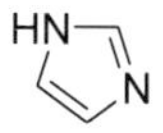
KHMDS	二(三甲基硅基)氨基钾	potassium bis(trimethylsilyl)amine	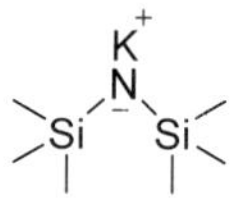
LA	Lewis 酸	Lewis acid	—
LAH	四氢锂铝	lithium aluminum hydride	$LiAlH_4$
LDA	二异丙基胺基锂	lithium diisopropylamide	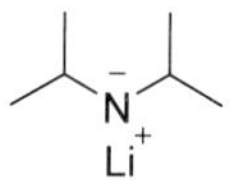
LHMDS	二(三甲基硅基)氨基锂	lithium bis(trimethylsilyl) amine	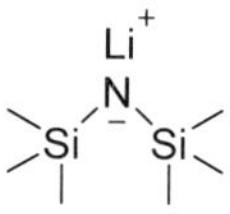
LiTMP		lithium 2,2,6,6-tetramethylpiperidide	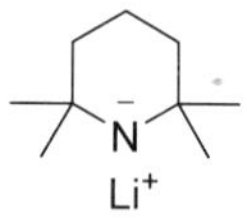
m-CPBA	间氯过氧苯甲酸	*m*-chloroperbenzoic acid	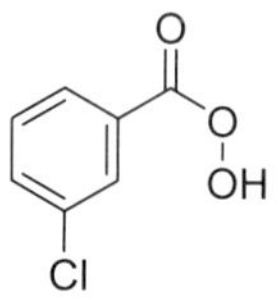
m-DCB	间二氯苯	*m*-dichlorobenzene	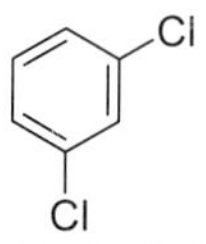
Me	甲基	methyl	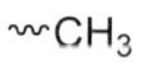 $\sim CH_3$
MEM	2-甲氧基乙氧基甲基	(2-methoxyethoxy)methyl	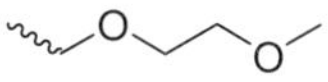

续表

缩写	中文名称	英文名称	化学结构
Ms	甲磺酰基	mesyl (methanesulfonyl)	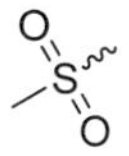
MS	分子筛	molecular sieves	—
MW	微波	microwave	—
NaHMDS	二(三甲基硅基)氨基钠	sodium bis(trimethylsilyl)amine	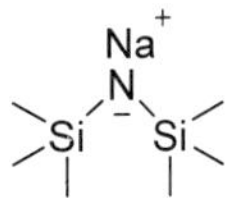
NBS	*N*-溴代琥珀酰亚胺	*N*-bromosuccinimide	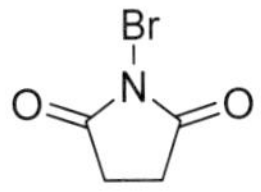
NMO	*N*-甲基吗啉氧化物	*N*-methylmorpholine *N*-oxide	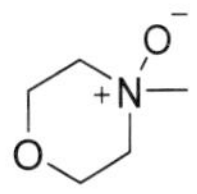
NMP	*N*-甲基吡咯烷酮	*N* -methyl-2-pyrrolidone	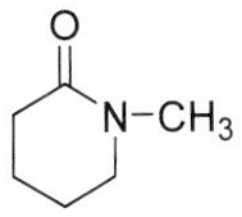
NMR	核磁共振	nuclear magnetic resonance	—
PEG	聚乙二醇	polyethylene glycol	—
Ph	苯基	phenyl	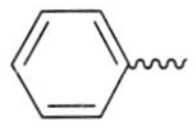
Phth	邻苯二甲酰基	phthaloyl	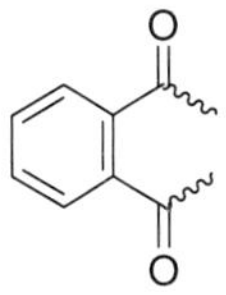
PMB	对甲氧基苄基	*p*-methoxybenzyl	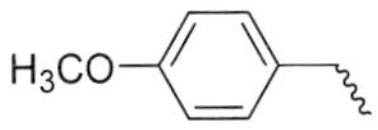
PNB	对硝基苄基	*p*-nitrobenzyl	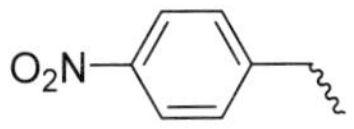
pr	丙基	propyl	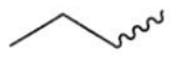
i-pr	异丙基	*i*-propyl	
py	吡啶	pyridine	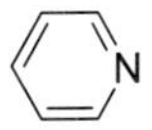
rt 或 r. t.	室温	room temperature	—
rac	外消旋的	racemic	—

续表

缩写	中文名称	英文名称	化学结构
SEM	2-(三甲基硅基)乙氧基甲基	2-(trimethylsilyl)ethoxymethyl	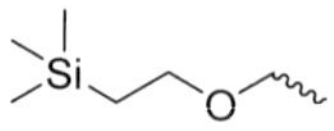
TBAF	四正丁基氟化铵	tetra-*n*-butylamonium fluoride	$n\text{-}Bu_4NF$
TBDMS	二甲基叔丁基硅基	*t*-butyldimethylsilyl	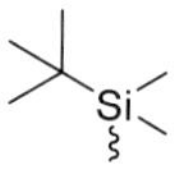
TBDPS	叔丁基二苯基基硅基	*t*-butyldiphenylsilyl	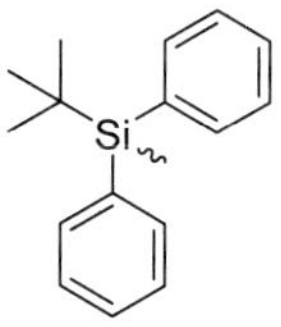
Tf	三氟甲磺酰基	trifluoromethanesulfonyl	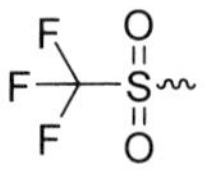
TFA	三氟乙酸	trifluoroacetic acid	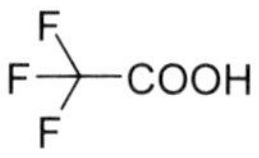
TFAA	三氟乙酸酐	trifluoroacetic anhydride	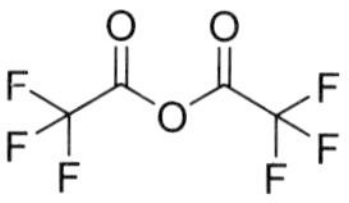
THF	四氢呋喃	tetrahydrofuran	
TIPS	三异丙基硅基	triisopropylsilyl	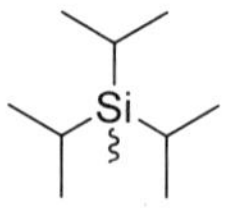
TMS	三甲基硅基	trimethylsilyl	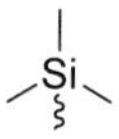
Tol	对甲基苯基	*p*-tolyl	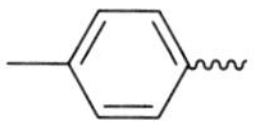
Tr	三苯基甲基	trityl (triphenylmethyl)	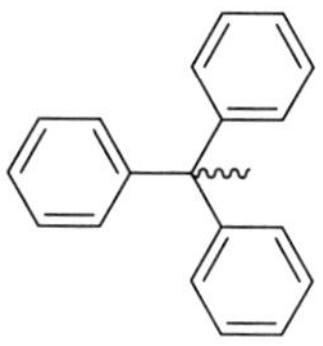
Ts	对甲基苯磺酰基	*p*-toluenesulfonyl	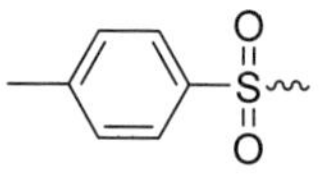
VSEPR	价层电子对互斥理论	Valence Shell Electron Pair Repulsion	—

参考书籍

[1] 邢其毅，裴伟伟，徐瑞秋，裴坚. 基础有机化学. 4 版. 北京：北京大学出版社，2016 年.

[2] K. P. C. Vollhardt, N. E. Schore. 有机化学:结构与功能. 戴立信，席振峰，王梅祥, 等译. 4 版，北京：化学工业出版社，2006 年.

[3] J. Clayden, N. Greeves, S. Warren. Organic Chenistry. 2nd ed.. Oxford: Oxford University Press, 2012.

[4] J. Clayden, N. Greeves, S. Warren, Solutions Manual to Accompany Organic Chenistry. 2nd ed.. Oxford: Oxford University Press, 2012.

[5] M. Harmata. Organic Mechanisms Reactions, Stereochemistry and Synthesis. Heidelberg: Springer-Verlag Berlin Heidelberg, 2010.

[6] L. Kürti, B. Czakó, S. Rategic. Application of Named Reactions in Organic Chemistry. Amsterdam: Elsevier Academic Press, 2005.

[7] D. E. Lewis. Advanced Organic Chemistry. Oxford: Oxford University Press, 2016.

[8] M. E. Alonso. The Art of Problem Solving in Organic Chemistry. New York:John & Wiley Sons, 1987.

[9] A. Hent. Strategies and Solutions to Advanced Organic Reaction Mechanisms:A New Perspective on McKillop's Problems. 1st ed. Amsterdam:Elsevier Academic Press, 2019.

[10] J. A. Joule, K. Mills. Heterocyclic Chemistry. New York: John Wiley & Sons, 2010.

[11] 王剑波. 物理有机化学简明教程. 北京：北京大学出版社，2013.

后记

当完成最后一个问题的解析，双手离开键盘时，我突然想起，今天，正好是我到北京大学工作满 19 年的日子。19 年，比我儿子的年龄小 1 岁，不短了。

在这个新冠肺炎笼罩的寒假，这么长时间一个人孤寂地坐在办公室里，开着门，望着寂静无声的楼道，每天放空自己的脑子。一切都只能在线上进行，让放假回家的学生每日健康打卡，与在湖北的学生互问早上好报个平安，请湖北的中学化学竞赛老师们平安接龙……在这样的寂静中度过了好些天。有一天（我已经想不起具体是哪一天了），脑子里突然冒出一个念头，是不是可以为正困在家中准备化学竞赛的同学们做点事情？往年寒假应该是他们集中备赛的时候，看完教材后他们需要再做一些练习。我想，当下能为他们做的事情，就是出一些能真正激发他们兴趣的、让他们“喜欢”的练习题。想到此，一下就觉得自己的生活又有了乐趣。在这么一个压抑的、撕裂一切的疫情氛围中又有了一些亮光。也许，人就需要这么一点亮光。

完成第一卷，发给了同学们。没想到，同学们的反应比我预期的更强烈，他们真的喜欢，还通过各种方式点评，和我讨论。此后，一发不可收拾，于是有了第二卷、第三卷、第四卷、第五卷。就这样整整忙碌了一个春天，在键盘和锅碗瓢盆的“交响乐”中，完成了这本“成环秘籍”。书写完了，感觉自己对有机化学的理解也进了一大步；同时，厨艺也进了一大步。

在过去的十九年来，我热爱着讲台，在教学过程中常与学生们进行讨论，并从他们身上学到很多。但每当学生问我关于标准答案时，我总是茫然。我告诉他们，不要追求标准答案，应该关注思考问题的方式和过程。有时，会看到有些学生脸上浮现出不以为然的表情。后来通过一些事情和讨论，我渐渐地明白了，有的学生很“聪明”，他们已经学会了将日常的学习考试与自己的生活分开。他们认为当下的学习考试只是为了取得文凭，获得进入这个社会的资本。因此，只需要答案，完成任务，取得高分，而不是在学习过程中学会科学思考的方式。

学生们形成这样的想法自然有很多原因，我理解，也无可奈何，但仍然坚持认为，对每一个学生而言，培养科学思考的能力和质疑的习惯，远比追求问题的标准答案要重要得多。在自然科学的发展过程中，已经建立了周密完备的、逻辑严谨的、精微思辨的、大胆质疑的、多方位多层次的思维体系，每一个问题的产生和解答均包含多种思考方式和多个思考环节。每条思维路径不一定指向正确答案，但是思考方式却是最重要的。每一个经过自然科学训练的人，都应该具备独立思考问题的能力和大胆质疑的勇气。科学思考方式不仅是解决自然科学问题的利器，也可以帮助我们思考哲学问题、社会问题以及生活中的相关问题，这才是一个理科生引以为傲的学科素养。否则一旦离开专业范畴，我们很可能陷入“反智”状态，不管获得了多高的学位和职称。

有机化学的神奇与奥秘在于其千变万化的转换方式。一个碳正离子的重排也许能给出几十个产物，一个环化反应可以给出一个更为精彩的分子结构，一个简单的羟醛缩合反应能给出“站立”的力量，让我们站立在这个世界上的力量。而中间体、过渡态、共振式、可逆过程、平衡态等等，则可以让我们体会到化学反应的多面性，告诉我们如果只看一面肯定会使自己进入误区，成为摸象的盲人，井底的青蛙。有机反应是这样的，由化学反应构成的世界更是这样的。

感谢浙江大学吕萍老师认真审核了此书，提出了很多新的见解，并提供了后续的200道习题！感谢宋林青编辑，她认真地与我讨论书的提纲，为此书的顺利出版付出了很多努力！感谢高珍老师在春节期间收集来自于许多同学的反馈，使得此书更能贴近同学们的需求！感谢远在美国的柳晗宇同学为此书绘制、优化了分子结构图！感谢我的学生们绘制了此书的结构图！感谢一直关心此书的各位小朋友和他们的老师们！

裴 坚

2020年4月23日于北京大学化学楼